讓親子能快樂共讀的體驗型圖書

數學科學百科
趣味數學小故事365

尋找、遊玩、實做

日本數學教育學會研究部／著
黃筱涵／譯

前言

數學不是死板的理論，正因如此，才顯得有趣。

細水保宏

各位有拿過菱形紙折紙鶴嗎？我一開始對這件事情抱持懷疑態度：「真的能夠折出鶴嗎？」「會折出什麼樣的鶴呢？」實際折過之後，還真的出現頭部與尾巴都很長、還長有恐龍般大翅膀的鶴，令人訝異。在我意識到一開始的折法，會決定折出來的形狀後，就被此趣味深深吸引，這股衝擊感至今仍令我印象深刻。後來，我就不由自主地思考「為什麼會這樣？」因此便打開折好的紙鶴，仔細研究上面的折痕，發現了許多原本沒有注意到的事情——「原來與對角線的長度有關！」「原來如此！」我用對角線相等的正方形色紙折紙鶴時無法察覺的狀況，在使用菱形紙折的時候，就可以清楚看見鶴的頭部、尾巴與翅膀都在對角線上。「既然如此，就算是用像風箏一樣的鳶形紙，因為對角線也像正方形或菱形一樣互相垂直，應該也能折出紙鶴吧……」我當時認為「應該會出現『頭部或尾巴特別長』、或是『單邊翅膀特別長』的鶴」，接著就馬上剪出鳶形的紙張，並實際折出了紙鶴，得到了預期中的結果時，那股感動至今仍深深留在我的心裡。所以我又進一步想出更多可能性，「那我就用長方形……」、「用三角形的話……」、「如果是圓形的話……」當時雖然是大半夜，我卻滿懷興奮不斷地嘗試各種可能，當時的畫面至今仍歷歷在目。

本書是由日本數學教育學會（簡稱「日數教」）研究部小學部會的成員，秉持著「數學好好玩！」「希望幫助小朋友喜歡上數學！」的想法執筆寫成。日數教創立於1919年，即將迎來100週年，是極具歷史與傳統的研究團體。本會總是引領日本

細水保宏

出生於神奈川縣。畢業於橫濱國立大學研究所數學教育研究系，曾任職橫濱市立三澤小學、橫濱市立六浦小學，以及筑波大學附屬小學。2010年起擔任5年的副校長，並於2015年4月起，擔任明星學苑教育支援室長兼明星大學客座教授。
其他經歷包括筑波大學兼任講師、橫濱國立大學兼任講師、日本數學教育學會常任理事、全國算術教學研究會前會長，同時也是教育出版教科書《算數》的作者，以及小學學習指導要領解說數學科篇（2008年版本）製作協力委員。
著作包括《細水保宏の算数授業のつくり方》（東洋館）、《算数が大好きになるコツ》（東洋館）、《算数のプロが教える授業づくりのコツ》（東洋館）、《算数のプロが教える教材づくりのコツ》（東洋館）、《随想集「スカッとさわやかに！」》（東洋館）、《確かな学力をつける算数授業の創造》（明治図書）、《確かな学力をつける板書とノートの活用》（明治図書）、《細水保宏の算数教材研究ノート》（学事出版）、《考える楽しさを味わう算数》（東洋館）、《子どもの眼が輝く算数授業》（日本書籍）等。

的算術與數學教育，在促進成長方面扮演了重要角色。現在不僅涉足幼稚園、小學、中學、高中職、大學的算數・數學教育研究，也與國外研究團體締結友好關係，使活動成果不僅在日本國內發揮影響力，更推廣至世界各地。

日數教研究部的成員現在最大的願望，就是「讓更多人喜歡上數學！」

想讓更多人喜歡數學，就必須讓大家從生活中，發現算術與圖形的不可思議之處，並感受到算術的優點與美感，以及思考的樂趣。我們也相信，這是培養思考能力與表達能力的重要因素。所以本書規劃成1天1則，總共366則的數學相關故事。為了能夠讓小學低年級的學童，也能夠樂在其中，本書刻意以較簡單的方式表達，但是仍以數學的本質為基礎，提供了程度相當高的內容，所以連大人都能夠從中獲得許多有趣的數學知識。如同前面提到的折紙鶴，這本書就像往池子丟入小石頭後，會掀起的陣陣漣漪，或許其中有一則介紹啟發了你，讓你能更深入且更廣泛地探索數學世界。

生活環境、氣氛與空間，其實也對一個人能否享受數學有很大的影響。數學並不是死板的知識。數學理論能夠將過往的經驗串在一起，能夠從中發現甚至創造出新的事物，正因如此，數學才顯得更加有趣。請家長務必每天讀1則給孩子聽，同時也拿出紙筆陪孩子一起親手計算。如此一來，孩子肯定會因為這有趣的數學，露出發亮的眼神和躍躍欲試的身影，而這會是讓孩子喜歡上數學的特效藥。

目錄…… 1月 January

符號介紹：關於數字與計算／關於單位與測量／關於圖形／找出規則的方法／數字與計算的歷史故事／與生活有關的算術／算術相關的偉人故事／數字與圖形小遊戲／動手做做看

目錄…… **2**月 February

目錄……3月 March

目錄…… 4月 April

目錄……5月 May

目錄…… 6月 June

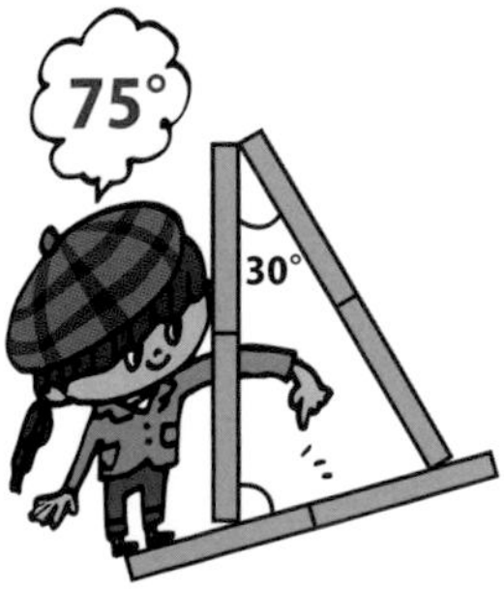

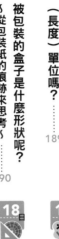

目錄……7月 July

目錄……8月 August

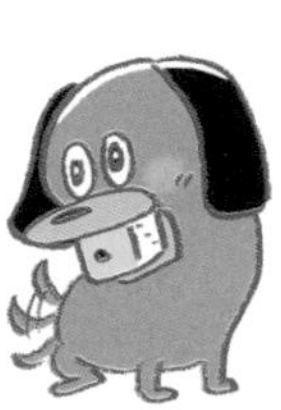

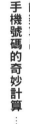

目錄…… 9月 September

目錄…… 10月 October

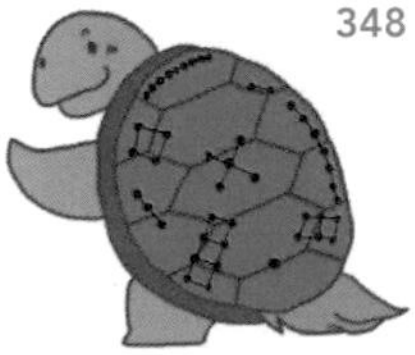

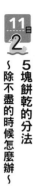

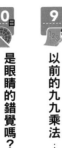

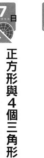

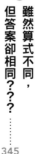

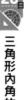

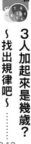

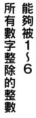

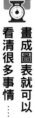

目錄……11月 November

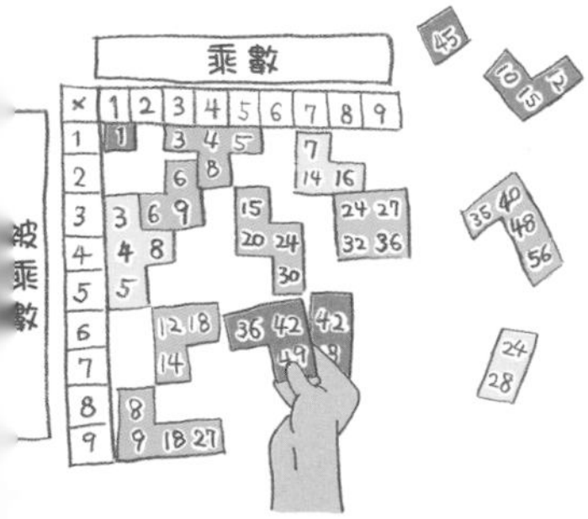

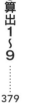

目錄……12月 December

本書的使用導覽

各個類別的符號

本書以日本的小學數學教科書中的4個領域:「數字與計算」、「數量與測量」、「圖形」、「數量關係」為基礎，再搭配貼近日常生活的例子，以及讓小朋友能夠動手做、以玩耍的方式學習的主題等，全書共有9個類別：

關於數字與計算
包括數字的表現方式、計算方式與相關規則。符合小學數學中「數字與計算」的領域。

關於單位與測量
介紹長度、重量等與生活息息相關的單位以及測量方式。符合小學數學中「數量與測量」的領域。

找出規則的方法
介紹圖表的使用方法，以及透過千變萬化的數字與數量探究規則的方法。符合小學數學中「數量關係」的領域。

關於圖形
介紹與形狀有關的知識，包括三角形、四邊形、骰子般的立方體以及生活中的箱子。符合小學數學中「圖形」的領域。

數字與計算的歷史故事
介紹以前的人，都是怎麼思考數字與計算，讓小朋友能夠了解算術與數學是如何演變的。

與生活有關的算術
這個類別所介紹的算術故事，都是教科書上不會談到，但是卻與日常生活息息相關的。

算術相關的偉人故事
介紹的是算術與數學歷史上名留青史的偉人小故事，可以了解這些偉人是如何將算術運用在工作與研究上。

數字與圖形小遊戲
讓小朋友透過遊戲與魔術等，開心體驗數字與圖形的趣味。請準備好紙、鉛筆、撲克牌與計算機，邊閱讀本書邊體驗吧。

動手做做看
能夠邊動手邊體驗數字與圖形的趣味性。在閱讀這部分之前，請先準備好紙、剪刀、膠水與膠帶吧。

執筆者姓名

本書是由活躍於小學教學現場的第一線老師所執筆。正是由這些直接面對學童的現任老師們執筆，才能夠用最淺顯易懂的方式來解說。

日期

為了方便讀者一天讀1頁，因此為每則故事都附上了日期，從1月1日～12月31日，就像在翻日曆一樣。

閱讀日期

這裡是給小朋友、陪讀的家人記錄閱讀日期的地方，考量到兄弟姊妹可共用本書，或是有重覆閱讀的需求，因此準備了3個記錄欄位。

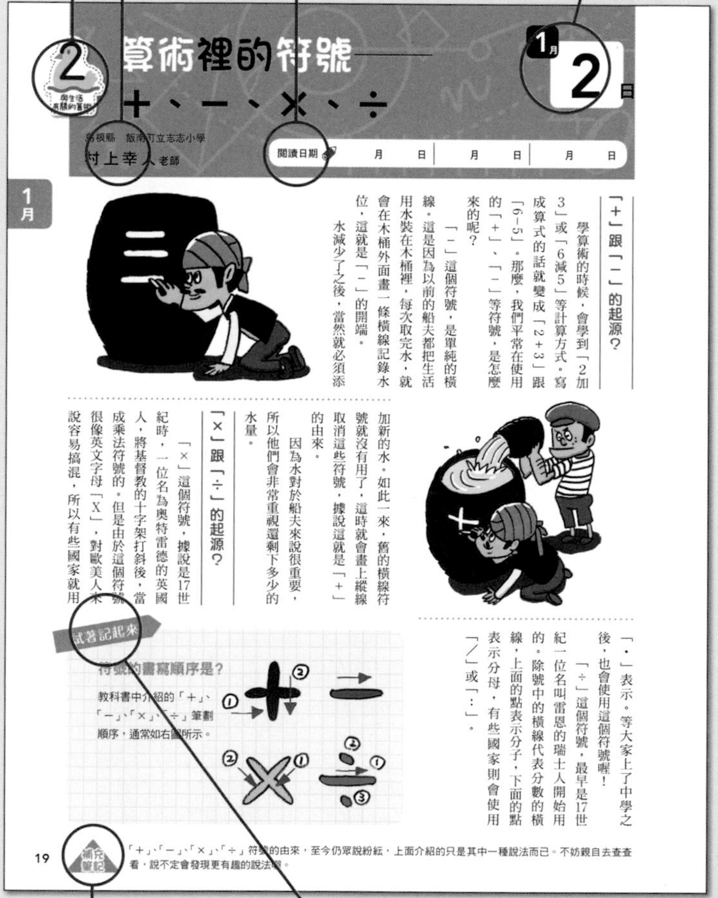
算術裡的符號
+、-、×、÷
島根縣　飯南町立志志小學
村上幸人老師
1月 2日
閱讀日期　月　日　月　日　月　日

「+」跟「-」的起源？

學算術的時候，會學到「2加3」或「6減5」等計算方式。寫成算式的話就變成「2+3」跟「6-5」。那麼，我們平常在使用的「+」、「-」等符號，是怎麼來的呢？

「-」這個符號，是單純的橫線。這是因為以前的船夫都把生活用水裝在木桶裡，每次取完水，就會在木桶外面畫一條橫線記錄水位，這就是「-」的開端。

水減少了之後，當然就必須添加新的水。如此一來，舊的橫線符號就沒有用了，這時就會畫上縱線取消這些符號，據說這就是「+」的由來。

因為水對於船夫來說很重要，所以他們會非常重視還剩下多少的水量。

「×」跟「÷」的起源？

「×」這個符號，據說是17世紀時，一位名為奧特雷德的英國人，將基督教的十字架打斜後，當成乘法符號的。但是由於這個符號很像英文字母「X」，對歐美人來說容易搞混，所以有些國家就用「・」表示。等大家上了中學之後，也會使用這個符號喔！

「÷」這個符號，最早是17世紀一位名叫雷恩的瑞士人開始用的。除號中的橫線代表分數的橫線，上面的點表示分子，下面的點表示分母，有些國家則會使用「/」或「:」。

試著記起來

符號的書寫順序是？

教科書中介紹的「+」、「-」、「×」、「÷」筆劃順序，通常如右圖所示。

19

補充筆記　「+」、「-」、「×」、「÷」符號的由來，至今仍眾說紛紜，上面介紹的只是其中一種說法而已。不妨親自去查查看，說不定會發現更有趣的說法喔。

補充筆記

介紹與主題相關的軼事，或是能夠在生活中派上用場的補充資訊。

「讓家人一起體驗」的小單元

本書刊載了許多體驗型的小單元，包括「試著做做看」、「試著查查看」、「試著記起來」等，讓小朋友能夠與家人一起體驗。

1 月

January

2 與生活有關的算術

生活中到處都有1

1月 1日

明星大學客座教授
細水保宏老師

閱讀日期　月　日｜　月　日｜　月　日

1月1日，元旦

新年快樂。

1月1日對全世界來說，都是1年的第1天，非常值得慶祝。台灣將這一天稱為「元旦」，日本則將這一天稱為「元日」。

日本在明治時代（1868～1912年）初期使用的是舊曆（太陰太陽曆的一種，名為天保曆），和現在使用的曆制完全不同，但是從1872年（明治5年）12月3日開始引進了公曆（太陽曆），將這一天視為1873年（明治6年）1月1日。所以1872年12月3日～12月30日這28天，並不存在於日本的歷史上。

日本就是從這一天開始，將現在（公曆）的1月1日視為1年的第1天。

在這之前，日本將每一年的第1天稱為「元日」，他們會在這一天舉辦特別的慶典，祭祀賦予萬物生命的「歲神」。於是日本政府於1948年（昭和23年）頒布法律，將這一天訂為「慶祝一年開始的日子」。

日常生活中充滿了許多1

代表開始的1，在算術與數學裡是意義非常重大的數字。1是自然數中第1個數字，與數字相關的所有體系，都將1視為基本。

舉例來說，在算東西的個數時，都會從1開始算，然後按照順序1、2、3……算下去，如果少了1，就沒辦法往前算了。另外，其他數字不管是乘以1還是除以1，算出來的結果還是等於原本的數字，就像3×1＝3、3÷1＝3一樣，由此可以看出1的性質很特殊。

很多諺語與成語也都是用「1」組成的，像是「聞一知十」、「一帆風順」、「一心一意」等。

從日常生活中找出1，也是一件很有趣的事情喔。

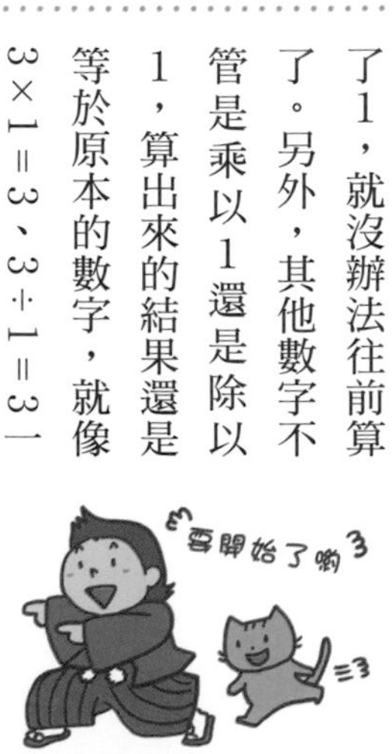

試著想想看

你能解出幾個呢？

這裡列出了幾個有數字的成語，□中該填入什麼數字呢（不只有1）？

□字□句	□人□腳
□催□請	□上□下
□全□美	□發□中

補充筆記　算術裡充滿了許多樂趣。閱讀本書既有趣，又能夠喜歡上算術，真是□石□鳥。

算術裡的符號——＋、－、×、÷

1月 2日

島根縣　飯南町立志志小學
村上幸人老師

閱讀日期　月　日　月　日　月　日

「＋」跟「－」的起源？

學算術的時候，會學到「2加3」或「6減5」等計算方式。寫成算式的話就變成「2＋3」跟「6－5」。那麼，我們平常在使用的「＋」、「－」等符號，是怎麼來的呢？

「－」這個符號，是單純的橫線。這是因為以前的船夫都把生活用水裝在木桶裡，每次取完水，就會在木桶外面畫一條橫線記錄水位，這就是「－」的開端。

水減少了之後，當然就必須添加新的水。如此一來，舊的橫線符號就沒有用了，這時就會畫上縱線取消這些符號，據說這就是「＋」的由來。

因為水對於船夫來說很重要，所以他們會非常重視還剩下多少的水量。

「×」跟「÷」的起源？

「×」這個符號，據說是17世紀時，一位名為奧特雷德的英國人，將基督教的十字架打斜後，當成乘法符號的。但是由於這個符號很像英文字母「X」，對歐美人來說容易搞混，所以有些國家就用「・」表示。等大家上了中學之後，也會使用這個符號喔！

「÷」這個符號，最早是17世紀一位名叫雷恩的瑞士人開始用的。除號中的橫線代表分數的橫線，上面的點表示分子，下面的點表示分母，有些國家則會使用「／」或「：」。

試著記起來

符號的書寫順序是？

教科書中介紹的「＋」、「－」、「×」、「÷」筆劃順序，通常如右圖所示。

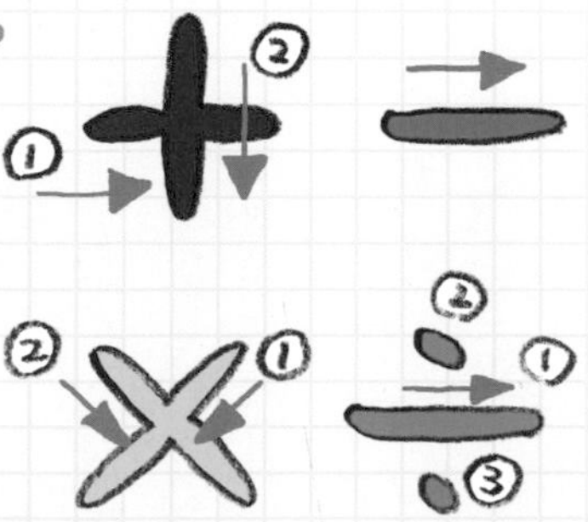

補充筆記　「＋」、「－」、「×」、「÷」符號的由來，至今仍眾說紛紜，上面介紹的只是其中一種說法而已。不妨親自去查查看，說不定會發現更有趣的說法喔。

關於單位與測量

時鐘為什麼會往右轉呢？

1月 3日

學習院初等科
大澤隆之老師

閱讀日期　月　日｜　月　日｜　月　日

時鐘的指針往右轉的原因

時鐘的指針為什麼要往右轉呢？

據說最早的機械鐘，是在13世紀的歐洲製造出來的。當時的時鐘指針就是向右轉的。

想要探究這個祕密，就必須追溯到很久很久以前的巴比倫時代。

日晷（太陽時鐘）誕生的年代，應該在西元前5000年到前3000年之間，有人認為最早發明日晷的是巴比倫，有人認為是埃及。所謂的日晷，其實就是在地面上豎立一根棒子，其目的並不在於要刻度一天的時間，而是為了編寫日曆。

當時的人們觀測了白天與黑夜的長度，以及春分與秋分的太陽，同時也透過觀測找出「正午」，進而區分出上午與下午。

祕密就藏在日晷裡！

西元前2050年，終於出現了趨近完善的日晷。而這時的日晷，就是往右轉的。

因為太陽會從東方升起，再穿過天空的南側，往西方下沉。所以最初的影子會出現在右邊，然後再漸漸往左邊移動。後來人們便仿效影子的移動，創造出了機械時鐘。

試著做做看

用日晷確認看看吧

請製作一個簡單的日晷，確認影子的運行方向是不是真的往右轉。

補充筆記　北半球的日晷才會往右轉，南半球會往左轉。此外，掛在牆壁上的「壁掛式日晷」放在北半球時，也會往左轉。

快樂的算術遊戲「Shut The Box」

大分縣　大分市立大在西小學
二宮孝明老師

閱讀日期　月　日｜月　日｜月　日

有骰子就能夠玩

你有聽過「Shut The Box」這個遊戲嗎？這是從以前就受到全世界歡迎的計算遊戲。遊戲的規則很簡單，只要有骰子的話就能輕鬆開始玩。由於這是對戰型的遊戲，所以請和朋友、家人一起玩吧！

請先準備2顆骰子吧。接著再用剪刀製作9張與撲克牌差不多大小的紙卡，分別在上面寫下1～9的數字。直接使用撲克牌的1～9也可以喔。

規則很簡單！

接下來就開始說明規則吧。首先，讓所有紙卡的數字都朝上，接著再擲出2顆骰子，將2顆骰子的數字加起來。從紙卡當中，挑出加總後等於骰子數字的1張或2張紙卡後蓋起來。舉例來說，骰子擲出「2」與「4」之後，加起來就等於「6」。這時可以從紙卡中挑出1張「6」蓋起，或是挑出「1和5」或「2和4」的組合蓋起2張紙卡。玩家可以依自己的想法，蓋上喜歡的組合。

接著繼續擲骰子，然後依骰子數字將卡片蓋起來。等到還沒蓋起來的紙卡少於6張的時候，就拿掉1顆骰子。如果擲出來的數字已經沒有對應的紙卡可以蓋的話，就直接輪到下一個人。等全部卡片都蓋起後，蓋起的紙卡數字加總起來最大的人，就是贏家。

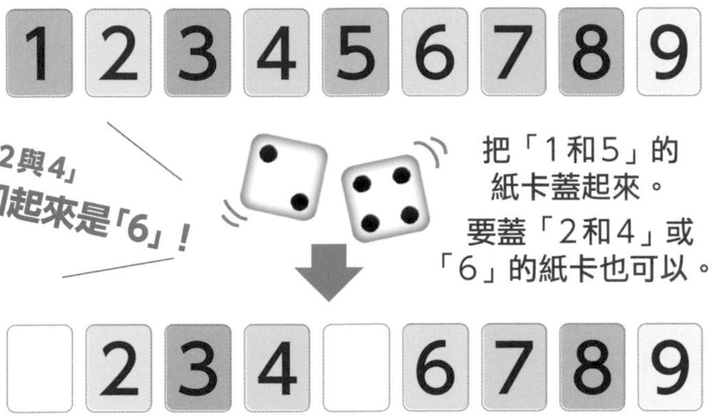
1 2 3 4 5 6 7 8 9
「2與4」加起來是「6」！
把「1和5」的紙卡蓋起來。
要蓋「2和4」或「6」的紙卡也可以。
2 3 4 6 7 8 9

再繼續擲骰子，加總擲出的數字，並蓋上同樣數字總和的紙卡組合。直到沒有紙卡可以蓋的時候，遊戲就結束了。

試著玩玩看

也能自己做喔！

使用魚板附的木板、木片或布料等，試著創造出專屬於自己的「Shut The Box」。先用顏料塗上繽紛色彩後，再刷上一層透明塗料（清漆），就很漂亮了。

這是用百元商店的材料製成的Shut The Box。照片提供／二宮孝明

補充筆記　玩Shut The Box的時候，花點巧思更改規則也很有趣。【例①】也可以蓋起3張紙卡。【例②】當骰子出現「3」的時候，就必須使用減法，蓋上「9與6」等。

關於單位與測量

用身體表示長度

1月 5日

御茶水女子大學附屬小學
久下谷 明老師

閱讀日期　月　日　｜　月　日　｜　月　日

以前都用身體測量長度

雖然很突然，但你知道這本書的長邊有多長嗎——聽到這個問題時，我想你應該會拿著尺貼在書上，然後回答24cm對吧。

但是在沒有「尺」這種能夠量出精準長度工具的時代，人們是如何量出長度，又是如何告訴別人有多長呢？事實上，古代的人們都是用最貼身的東西測量長度的。而所謂最貼身的東西，就是我們自己的手、腳等身體部位。

從日本傳統的數量或長度單位來看，就可以發現有很多都是用手來表現長度的。

記下來說不定很方便喔？

這邊舉了幾個例子：

・『1寸』：約等於1根大拇指的寬度（圖1）。

・『1拳』：等於握起拳頭後，1個拳頭的寬度（圖2）。

・『1咫』：日本將張開手掌時，中指指尖與大拇指指尖之間的長度，稱為「咫」（圖3）。

・『1尋』：將雙手撐到最開時，左右手的中指指尖距離（與身高幾乎相同，圖4）。

如何呢？事先記下用自己身體量出的長度大約是幾cm時，會讓日常生活方便許多呢。

圖1

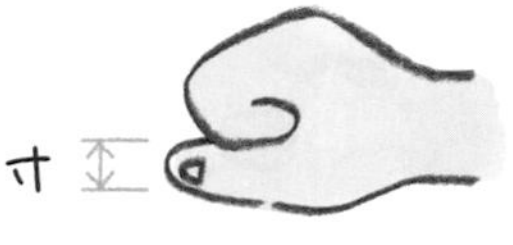

圖2

圖3

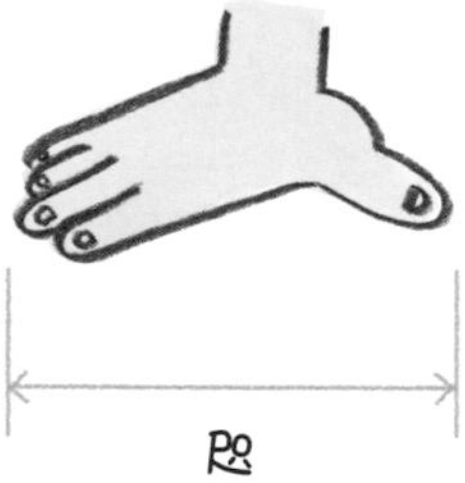

圖4

試著記起來

古埃及的單位『肘（cubit）』

古埃及將國王的手臂（手肘到指尖）長度稱為『1肘』，並將其視為長度單位。所以每換一個國王，肘代表的長度就會改變，不過幾乎都在50㎝左右。據說金字塔就是用「肘」為單位建造出來的。

補充筆記

美國與英國現在仍使用一種叫做「英尺（Foot／Feet）」的單位。這個單位的英文就是腳，最初是指腳尖到後腳跟之間的長度。1英尺約等於30㎝，真是個大腳丫呢！

找出規則的方法

跳台滑雪的計分方式

1月 6日

神奈川縣　川崎市立土橋小學
山本　直老師

閱讀日期　　月　　日｜　　月　　日｜　　月　　日

跳台滑雪比賽的分數

你有沒有聽過跳台滑雪呢？這是高緯度國家每到冬天就會舉辦的競技，奧運等國際比賽的跳台滑雪項目中，也可以看見很多日本選手的身影。這種運動就是從高處滑雪下來後，從特定的位置起跳，評審會依選手的跳躍距離給出「距離分」，再依他們的跳躍姿勢優美程度給出「姿勢分」，這2個分數加起來後，就是選手的得分。

為了避免不公平，計算「姿勢分」的時候，會先將5名評審個別給出的分數去掉最高分與最低分後，再將剩下3位評審的分數加起來。

選手	評審①	評審②	評審③	評審④	評審⑤	5人合計	得分
(A)	10	9	8	7	7	41	24
(B)	10	9	8	6	6	39	23
(C)	9	9	8	8	6	40	25

去掉最高分與最低分的意義

這邊舉個簡單的例子吧！假設每位評審最高只能給出10分，且所有評審都給某位選手10分的時候，因為最高分跟最低分都是10分，所以總計50分當中，會去掉2位評審給的10分，剩下其他3位評審的分數總和為30分，而這就是選手所得到的分數。

接著請看一下右上表格。5位評審給（A）選手的分數加起來共41分，扣掉最高分與最低分的話，就變成24分；（B）選手合計共39分，得分則為23分；（C）選手合計共40分，雖然低於（A）選手得到的合計總分，但扣掉最高分與最低分後得分為25分。因此，（C）選手的排名反而變成3位選手中最高的一位。

雖然是令人不可思議的計分方式，但是了解這項規則之後再去觀戰，或許會覺得更加有趣呢。

試著想想看

為什麼會不公平？

這邊要舉最極端的例子。下表是（D）選手的得分，他扣掉最高分與最低分之後的得分為29分，幾乎接近滿分了。但是如果將5位評審的給分都加起來時，他所得的40分卻比（A）選手還要低。也就是說，就算5位評審中有4位覺得「太棒了！」，但只要1位評審給了非常低的分數，這位選手就會落敗了。因為這樣的結果對選手太不公平，所以才會採用在計分時，扣掉最高分與最低分的方式。

選手	評審①	評審②	評審③	評審④	評審⑤	5人合計	得分
(D)	10	10	10	9	1	40	29

補充筆記　不知道為什麼要設計這種規則時，只要想想看最極端的情況，就能夠了解規則的意義了。

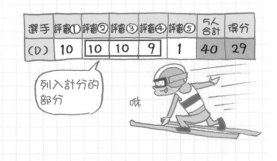

一寸法師的身高是多高呢？

御茶水女子大學附屬小學
久下谷 明老師

閱讀日期　月　日　月　日　月　日

一寸法師跟大拇指差不多大小？

童話故事《一寸法師》，敘述一個很小的小孩，雖然被鬼怪吞進肚子裡了，仍成功戰勝對方的故事。那麼，一寸法師的身高有多高呢？

1寸是1尺的$\frac{1}{10}$

也就是說　約3.03cm
（10寸＝1尺）

一寸法師名字中的「寸」，是古代在用的長度單位。指的是大拇指的寬度（參照第22頁）。後來日本在1891年訂立了《度量衡法》，為了能夠將「寸」換算成「尺」，所以就正式規定「1寸」等於1尺的$\frac{1}{10}$，也就是約3cm（$\frac{1}{33}$m）。

試著量拇指的寬度時，得到的結果大約是2cm，但是1891年制訂的《度量衡法》則規定1寸約3cm。由此可知，一寸法師的身高大約在2～3cm之間，真的非常嬌小呢！

從尺與寸到m與cm

以前日本常用的長度單位——「尺」與「寸」等，現在幾乎沒有在用了。因為1921年修正的《度量衡法》中，開始使用全世界共通的單位「m（公尺）」與「cm（公分）」了。到了1959年，全日本都已經完全改用「m」與「cm」了，「尺」與「寸」的長度單位就漸漸不用了。

試著記起來

1尺是幾cm？

「尺」這個字，是從張開大拇指與食指測量長度的手部形狀演變而來，這時的長度約15cm，也就是5寸。所以只要用這個手勢量2次的話，就可以量出1尺了。尺蠖這個名稱，就是因為幼蟲蠕動的模樣，很像用這個手勢量長度的動作。

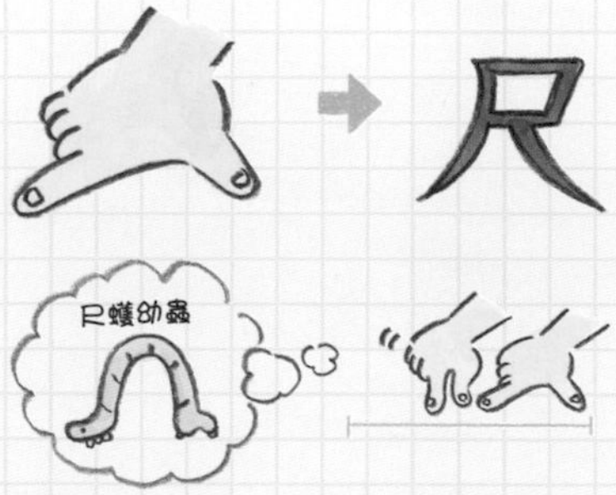

補充筆記　日本有首歌叫做《阿爾卑斯一萬尺》。這首歌的歌名就是在表示日本阿爾卑斯的山脈高度。一萬尺約等於3000m，而日本阿爾卑斯有很多高達3000m的山。

關於數字與計算

是偶數？還是奇數？①

御茶水女子大學附屬小學
岡田紘子老師

1月 8日

閱讀日期 月 日 月 日 月 日

偶數與奇數

你有聽過偶數與奇數這2個名詞嗎？

除以2的時候可以除盡的整數就是偶數，除不盡且會多出1的整數就是奇數。

偶數跟奇數哪個比較多？

骰子上的數字中，偶數與奇數哪個比較多呢？骰子上的數字有1、2、3、4、5、6，其中2、4、6為偶數，1、3、5為奇數，由此可知，骰子上的奇數與偶數一樣多。

這裡有個問題。那就是同時擲出2顆不同大小的骰子時，將出現的數字相加後得出的結果中，奇數比較多還是偶數比較多呢？例如，這2顆骰子的數字分別是1與1的時候，因為1＋1＝2，所以結果是偶數。

讓我們把2顆骰子擲出來的所有結果都列出來吧。畫成表格的話，就不怕有數字重複或是漏掉囉（圖1）。

透過左表可以發現，加總之後出現偶數的有18組，出現奇數的也有18組。由此可知，偶數與奇數數量是一樣的。

另外，就算不寫出所有的數字，也有方法能夠確認奇數與偶數的數量。透過圖2可以看出，偶數＋偶數＝偶數、偶數＋奇數＝奇數、奇數＋偶數＝奇數、奇數＋奇數＝偶數。所以可以得知奇數與偶數的數量是一樣的。

圖1

+	1	2	3	4	5	6
1	2	3	4	5	6	7
2	3	4	5	6	7	8
3	4	5	6	7	8	9
4	5	6	7	8	9	10
5	6	7	8	9	10	11
6	7	8	9	10	11	12

圖2

偶數＋偶數＝偶數

偶數＋奇數＝奇數

奇數＋偶數＝奇數

奇數＋奇數＝偶數

補充筆記 將2顆骰子的數字相乘的話，得出的數字是奇數比較多？還是偶數比較多呢？答案就寫在第35頁！

●剪開莫比烏斯帶的話會怎樣呢？

想想看如果從莫比烏斯帶正中央剪開的話，會變成什麼樣子呢？

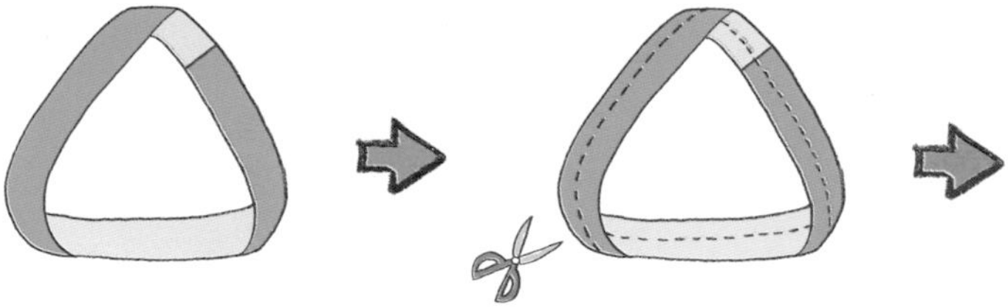

將寬度剪成原來的一半……。

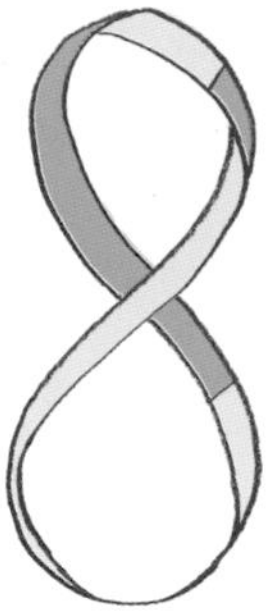

竟然變成1個更大的圈圈了。

●將扭轉 1 圈的莫比烏斯帶剪開的話會怎樣呢？

剛才在製作莫比烏斯帶時只扭轉了半圈。現在要試著扭轉 1 圈後，再剪開看看。

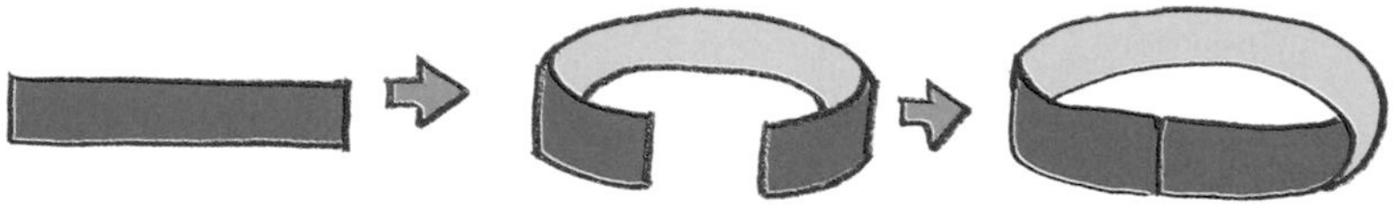

將紙條的一端扭轉1圈後，將兩端黏起來。

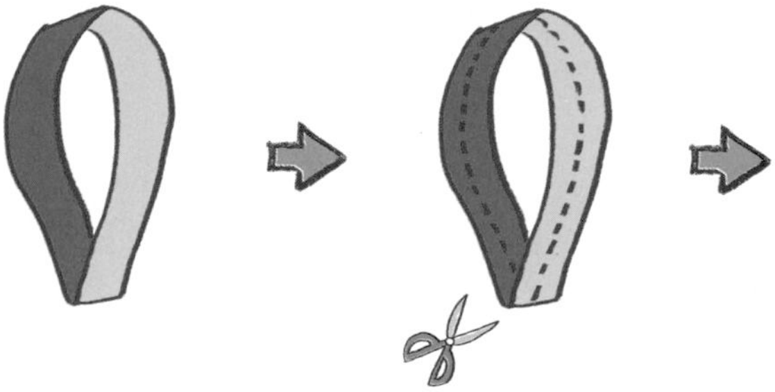

將寬度剪成原來的一半……。

這次變成2個相扣的圈圈了。

●將莫比烏斯帶剪成3等分的話，會變怎麼樣呢？

最後試著將莫比烏斯帶剪成 3 等分吧。最後究竟會變成什麼樣子呢？

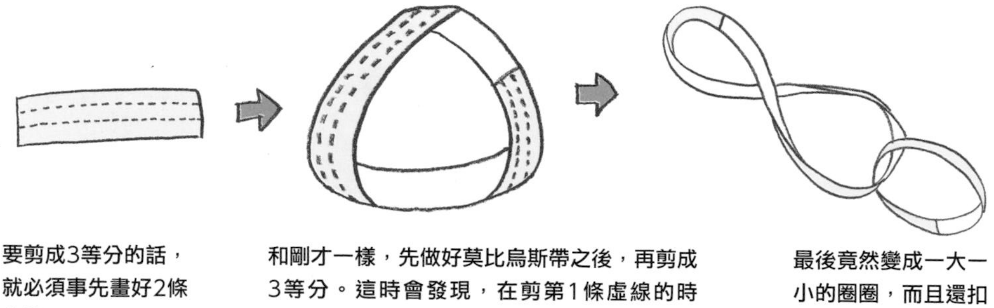

要剪成3等分的話，就必須事先畫好2條虛線。

和剛才一樣，先做好莫比烏斯帶之後，再剪成3等分。這時會發現，在剪第1條虛線的時候，不知不覺就剪到了第2條虛線。

最後竟然變成一大一小的圈圈，而且還扣在一起。

補充筆記 莫比烏斯帶這個名稱，源自於1790年出生的德國數學家奧古斯特·費迪南德·莫比烏斯（August Ferdinand Möbius）。

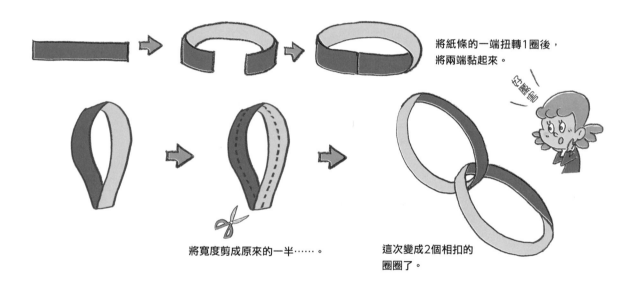

哪一面是正面呢？奇妙的莫比烏斯帶

1月 9日

御茶水女子大學附屬小學
久下谷 明老師

閱讀日期 月 日 | 月 日 | 月 日

莫比烏斯帶是種形狀奇妙的帶子，完全沒有辦法分辨出「哪一面是正面」。莫比烏斯帶的製作方法很簡單。先準備細長的帶狀長方形，將一端旋轉半圈後將兩端接在一起就完成了。

要準備的東西
- ▶紙
- ▶鉛筆
- ▶剪刀
- ▶尺
- ▶膠水

●這就是莫比烏斯帶！

這就是莫比烏斯帶。這種中途扭轉的細長帶子，如果是道路的話，人們原本走在正面時，會在不知不覺間就走到反面……。真是不可思議。

●試著製作莫比烏斯帶吧

接下來就試著實際製作莫比烏斯帶吧。

準備一張細長的紙條。

將紙條繞成一圈。

將紙條的一端扭轉半圈後，將兩端黏起來。

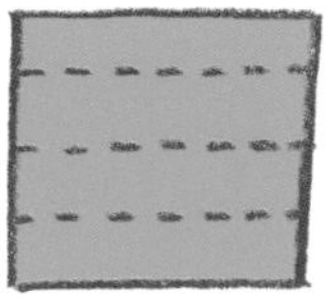

可以將正方形的彩色紙折成4等分，剪成4張紙條後，再連接成1張長紙條。

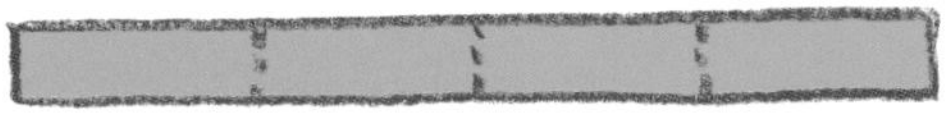

「0」到底是什麼呢？

1月10日

筑波大學附屬小學
盛山隆雄老師

閱讀日期　月　日　月　日　月　日

籃子中有幾顆橘子呢？

籃子裡放有5顆橘子，依序1顆顆拿出來後，最後籃子裡就會空空的。這時，籃子裡的橘子數量就變成「0顆」了，而這個「0」也是數字。

用筷子試圖夾出籃子裡的橘子時，不管多麼努力都夾不出來，這時拿出來的橘子數量就是0顆，所以5－0＝5，籃子裡還是有5顆橘子。這麼一想，是不是對0的意義有更深刻的體會了呢？

乘法中0的力量

（1個的價錢）×（購買的個數）＝（全部的價錢），所以如果1個的價錢是0元時，不管買多少個，全部的價錢都還是0元。

相反的，不管1個的價錢多麼昂貴，只要購買的個數是0的話，那麼整體的價錢也還是0元。

由此可知，在乘法中登場的0，具有把所有數字都變成0的力量。

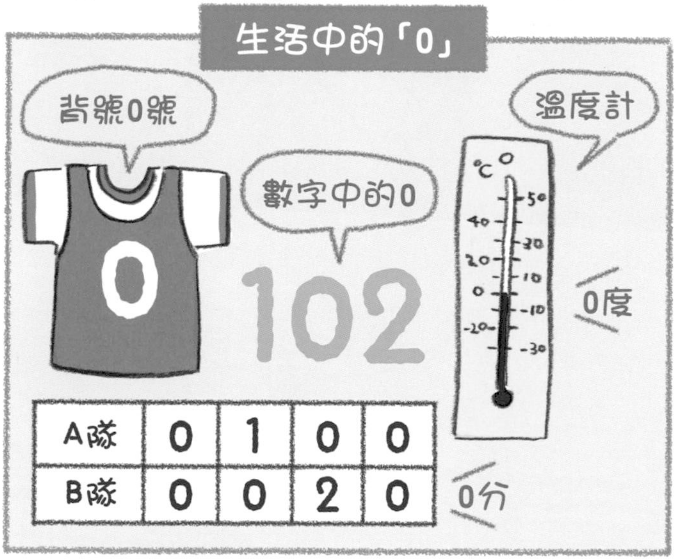

試著想想看

除法中的0是什麼？

除法與乘法一樣，不管是除0還是除以0，最後的結果都是0。0÷2＝0、0÷100＝0，反過來變成2÷0還是等於0嗎？以2÷0＝0這個算式反推回來的話，就會變成0×0＝2，所以其實沒有除以0的算式。

補充筆記　據說0是在早於1500年前由印度人發現的（參照第281頁）。

關於數字與計算

藉1×1、11×11……表達出優美的富士山

1月11日

福岡縣　田川郡川崎町立川崎小學
高瀨大輔老師

閱讀日期　月　日　月　日　月　日

找出規則吧

將簡單的算式排在一起，就能夠形成美麗的山形，看起來就像富士山一樣。接著，就趕快來試試看吧。

請用只有1的數字相乘吧。首先就從1×1＝1開始，然後像圖1一樣不斷延續下去。

結果就形成了一座小山。在繼續計算下去之前，請先仔細觀察這座小山，有沒有從中發現什麼規律了呢？

①用2位數相乘的時候，乘出來的答案是121。

②用3位數相乘的時候，乘出來的答案是12321。

圖1

按照這個規律繼續寫下去的話，就算不用計算也能夠順利地寫出後續呢！也就是說，用4位數相乘的時候，就會變成1234321，到了5位數的時候就會變成123454321。

為什麼能夠排列出這麼整齊的數字呢？這邊先試著拿出筆，實際計算一下5位數的11111×11111吧。

結果發現，使用5位數相乘之後，就如同圖2表示的一樣，連6位數、7位數也符合這個規律，最後就形成和富士山一樣優美的形狀了（圖3）。

圖2

圖3

接下來要提問囉！

但是，這個規律還是有極限的。超過某個位數的話，這座富士山的形狀就不會這麼漂亮了。那麼，你覺得是幾位數呢？答案就寫在補充筆記裡喔。

補充筆記

答案是10位數。用10位數相乘的話，就變成「1111111111×1111111111＝12345678900987654321」。1到9位數按照上面規則相乘時，都會依序增加1個位數喔。

關於單位與測量

時代劇常常聽到！？江戶時代的時間

1月 12日

學習院初等科
大澤隆之老師

閱讀日期　月　日　月　日　月　日

以前的時間是以十二地支為準

日本江戶時代（1603～1867年）是以寺廟的鐘聲報時，黎明時的卯時會敲6下，中午的午時則會敲9下。

古老日本的時間，是用奈良時代（710～794年）從中國傳進來的十二地支——子、丑、寅……戌、亥表示。每一個地支之間約相隔2小時，天剛亮時即代表卯時，日落即代表酉時，所以時間乃是隨著太陽的運行變動，夏季時的白天比較長，冬季則比較短。

古代時間與九九乘法有關

那麼，寺廟的鐘聲數是怎麼決定的呢？

這就與九九乘法有關了。當時的占卜（陰陽學）認為9是帶有能量的數字，所以就將子時視為1、丑時視為2……並於中午的午時起，再度從1開始算起。將這些時刻的數字乘以9之後，取個位數的數字當作鐘聲數。例如：子時是1，$1\times9=9$，所以子時的鐘聲是9下；而丑時是2，$2\times9=18$，所以丑時的鐘聲是8下。黎明的卯時是從子時算起的第4個地支，$4\times9=36$，所以要敲6下鐘。日本報時的鐘響數量只有4～9而已，就是受到九九乘法的影響。

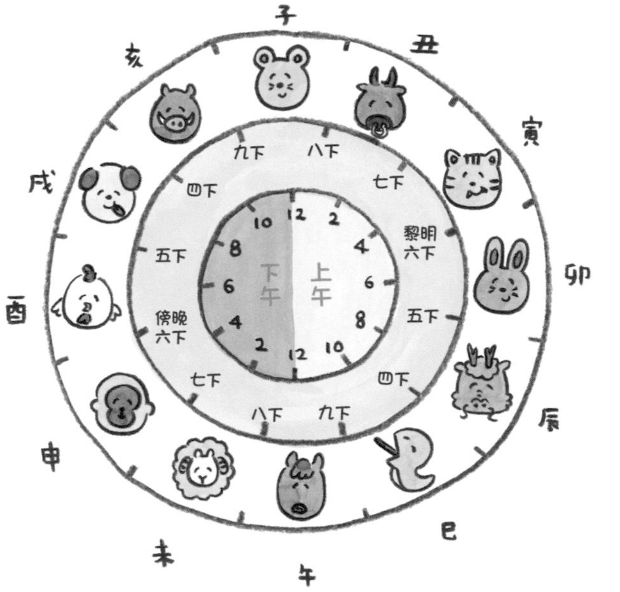

試著記起來

那1～3聲的鐘聲呢？

你一定在想，為什麼沒有1～3聲的鐘聲呢？其實有喔！因為十二地支的間隔約2小時，這段期間內每30分鐘就會敲一次鐘，鐘聲的數量依序為1、2、3聲。而位在正中央、敲2下鐘的時間，就是這個時刻的「正刻」。

補充筆記 零食的日文是「おやつ（OYATSU）」，直譯就是「八聲」，也就是下午的未時。因為江戶時代的日本人一天只吃兩餐，到了下午就會肚子餓，因此養成了在下午3點左右吃零食的習慣。

關於數字與計算

用圖形表現出九九乘法表①

1月 13日

東京都　杉並區立高井戶第三小學
吉田映子老師

閱讀日期　月　日｜　月　日｜　月　日

用3的乘法試試看吧

用3的乘法來想想看吧。

3	× 1	=	3	
3	× 2	=	6	
3	× 3	=	9	
3	× 4	=	12	
3	× 5	=	15	
3	× 6	=	18	
3	× 7	=	21	
3	× 8	=	24	
3	× 9	=	27	

畫出時鐘的圖案後，從0開始，用直線依序連接起3的乘法中所有的個位數。

例如：3×4＝12的個位數是2，3×5＝15的個位數是5，按照這樣的順序把數字連接起來吧。

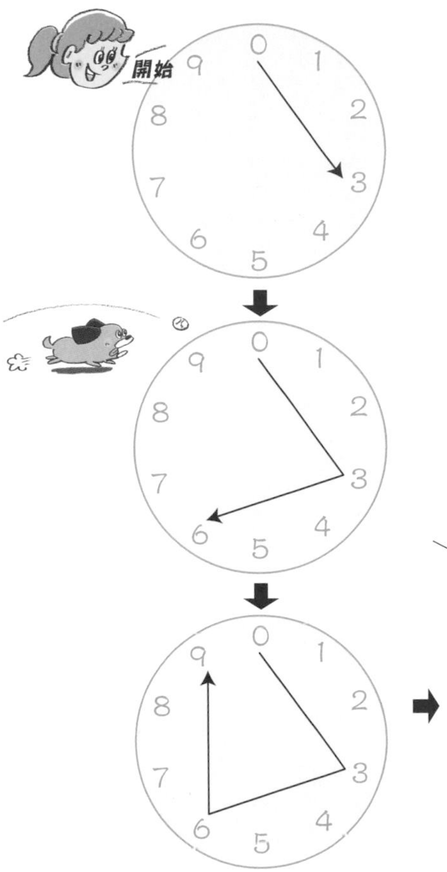

試著畫畫看吧。全部連接起來後，是否形成了漂亮的星形呢？

那麼，其他數字的乘法會變成什麼形狀呢？

試試看4的乘法吧。這時要連接的數字有0、4、8、2、6、0、4、8、2、6。

結果畫出什麼樣的形狀呢？

4 × 1 =	4
4 × 2 =	8
4 × 3 =	12
4 × 4 =	16
4 × 5 =	20
4 × 6 =	24
4 × 7 =	28
4 × 8 =	32
4 × 9 =	36

補充筆記　將九九乘法表中的個位數連起來，就會形成各式各樣的形狀，請你也試試看其他數字吧。那麼，超過10的乘法畫起來會變成什麼形狀呢？答案請參照第60頁。

關於圖形

製作出無縫花紋吧！

1月 14日

神奈川縣　川崎市立土橋小學
山本 直 老師

閱讀日期　月　日｜　月　日｜　月　日

製作、提供／杉原厚吉

無縫花紋

左圖的作品就是「無縫花紋」，是由杉原厚吉老師創作。仔細觀察的話，會發現裡面的圖形大小與形狀都相同，卻能夠毫無縫隙地貼合在一起。這種花紋是怎麼做出來的呢？讓我們拿遠一點看，會發現看起來就像好多正方形並排在一起。

事實上，這類花紋通常都是由很簡單的基本形狀經過變化所形成。這些花紋是從原本能夠緊密貼合在一起的形狀，針對其中幾個部分做變化後完成的。

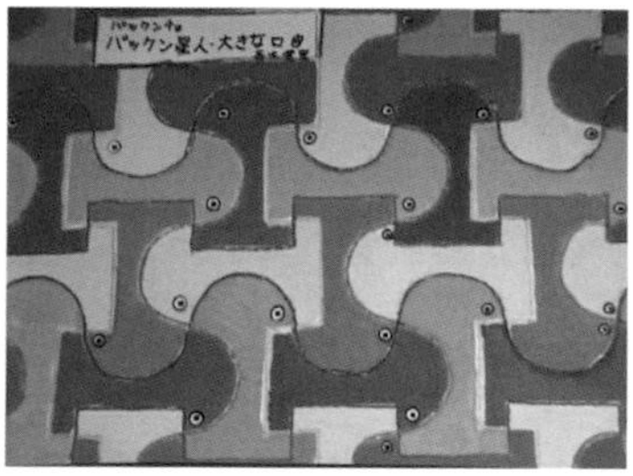
攝影／山本直　製作／橫濱國立大學教育人類科學部附屬橫濱小學平成14年度畢業生製作

基礎圖形是正方形或長方形？

照片中的作品，是小學6年級的學生創作出來的。看起來就像有著奇妙身形的生物緊密排在一起，但其實這些形狀都是從正方形、梯形、四邊形演變而來的。只要剪下四邊形的一部分，再將剪下來的部分貼在其他部位，然後重覆多進行幾次，就能夠連成非常有趣的圖案。

如果剪成擁有曲線或是線條複雜的形狀時，製作難度就會比較高，但是創作出來的形狀也會更加特別。此外，在思考剪下來的部分要貼在哪裡時，也可以多發揮一點巧思，看是要貼在相反的方向，還是轉一圈再貼都可以。

請大家也挑戰看看，製作出自己的作品吧。

試著做做看

反覆剪下與貼上

請像右圖一樣，剪下正方形或長方形的一部分後，貼在相反方向的邊緣等地方，如此一來，就能夠輕易創作出無縫花紋。只要改變基礎的形狀，或是改變黏貼的位置等，就可以呈現出有趣的作品。

補充筆記　基礎形狀不一定只有一種，可以用多種不同的形狀（正方形與三角形等）組成基礎形狀後，再開始剪剪貼貼，同樣能夠創作出有趣的作品。

古代馬雅人表達數字的方法

1月15日

岩手縣　久慈市教育委員會
小森 篤老師

閱讀日期　月　日｜　月　日｜　月　日

圓點是1～4，橫線是5

現今的墨西哥一帶，在很久很久以前，有個叫做馬雅的國家。在那個沒有望遠鏡也沒有電腦的時代，他們已經有了非常先進的文明，能夠正確觀測星星的動向，還製作出精準的日曆。

這個叫做馬雅的國家，會用3個符號表現出數字（圖1）。

他們表現數字的方法，其實與算盤很像。

20進制

雖然我們是到10就進位，但是馬雅人不一樣，他們採用的是20進制。

馬雅人的數詞中包含「五進位」，從他們特有的數字表現方法中，也可以看出這種文化。馬雅人在表達數字的時候，會把貝殼當作0，圓點當作1，橫線當作5，每到20就進1位。

因此，當馬雅人在表現「18」的時候，就會像圖2一樣。

像馬雅人這樣以「20」為基本的數字表現方法，就稱為「二十進制計數體系」。

圖1

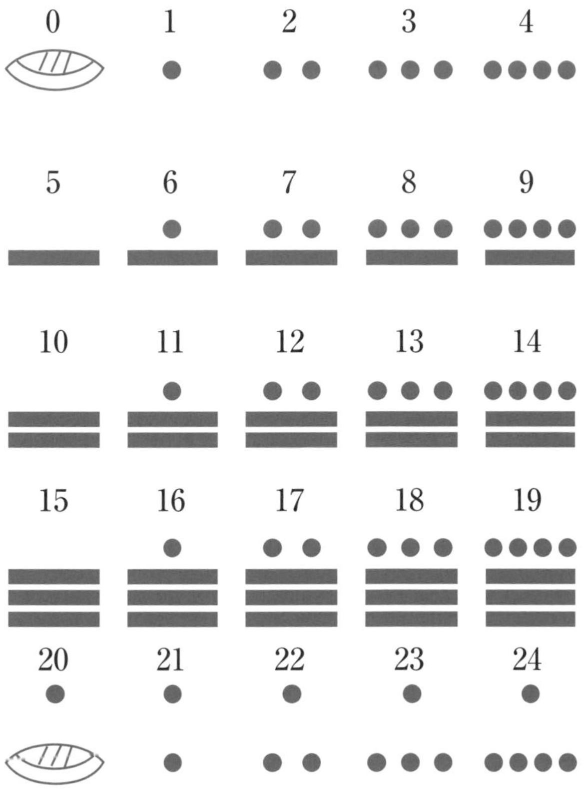

圖2

1×3＝3
5×3＝15
合計18

18

試著記起來

古代表現數字的方式五花八門

從很久以前開始，全世界就有各式各樣的數字表現方式。大家知道幾種呢？

美索不達米亞文明（楔形文字）	𒁹	𒈫	𒐈	𒐉	𒐊
古羅馬	Ⅰ	Ⅱ	Ⅲ	Ⅳ	Ⅴ
馬雅文明	•	••	•••	••••	—
中國文明	一	二	三	四	五
阿拉伯數字	1	2	3	4	5

補充筆記　世界上仍有很多地區，還保留著20進制的計算體制。

數字與圖形小遊戲

來玩猜生日魔術吧！

1月16日

東京學藝大學附屬小金井小學
高橋丈夫老師

閱讀日期 月 日 月 日 月 日

猜猜對方的生日吧

接下來要介紹的是猜生日的魔術。這種魔術可以用問答的方式，和家人朋友一起玩喔！

首先，請要猜的對象拿著計算機，接著依圖1指示讓對方計算。

圖1

①首先，請將你的出生月份乘以4，將得到的答案加上8。
②接著將算出來的數字（①的答案）乘以25之後，再加上你的出生日期。
③接著將算出來的數字（②的答案）減掉200。
哈！得出的結果，就是你的生日對吧！

當然，要請對方不要透露他的生日。

等對方說出①②③的計算結果後，你就能夠得知對方的生日囉！

出生於7月15日的話

這邊以7月15日出生的人為例吧。

① 7（出生月份）×4＋8＝28＋8＝36

② 36×25＋15（出生日期）＝900＋15＝915

③ 915－200＝715

確實出現了7月15日這個數字了吧（圖2）。

對方聽到答案後，肯定會嚇一跳。所以請找朋友一起玩玩看吧！

圖2

猜生日魔術
～7月15日出生時～
①出生月份×4+8　7×4＋8＝28＋8＝36
②×25+出生日期　36×25＝900
900＋15＝915
③減掉200　915－200＝715
715→7月15日

補充筆記 為什麼這個算式能夠算出生日呢？答案就在第41頁，在這之前請先自己想想看吧。

是偶數？還是奇數？②

御茶水女子大學附屬小學
岡田紘子老師

閱讀日期　月　日｜　月　日｜　月　日

偶數與奇數哪個比較多呢？

骰子上的數字中，1、3、5是奇數，2、4、6是偶數。接下來要提問了。同時擲出2顆不同顏色的骰子時，將2個數字相乘的時候，得出的答案是奇數比較多，還是偶數比較多呢？舉例來說，當這2顆骰子擲出的數字分別是1與2的時候，1×2＝2，得出的答案就是偶數（圖1）。

接下來就把2顆骰子擲出的數字，統統都列出來吧！只要製成表格，就不怕有數字重複或是漏掉了。確認圖2的表格，可以發現出現偶數的有27組，出現奇數的卻只有9組，因此結論是偶數比較多。

另外，就算不全部列出來，也有方法能夠知道偶數跟奇數哪個比較多。因為偶數×偶數＝偶數、偶數×奇數＝偶數、奇數×偶數＝偶數、奇數×奇數＝奇數，所以偶數比較多。

如果是10顆骰子的話？

擲出10顆骰子的話，將這10顆骰子擲出的數字相乘後，得出的結果中偶數跟奇數哪個比較多呢？這種情況下要全部列出來的話，相當困難對吧！不過有個方法可以不用全部列出來，也能夠知道偶數跟奇數哪個比較多。事實上，只要這10顆骰子中骰出1個偶數，得出的答案就會變成偶數。

舉例來說，其中1顆骰子出現6的時候，因為6可以拆解成2×3的關係，而乘法中只要遇到2，答案就一定會是偶數。所以偶數出現的次數會比奇數多上許多。

圖1

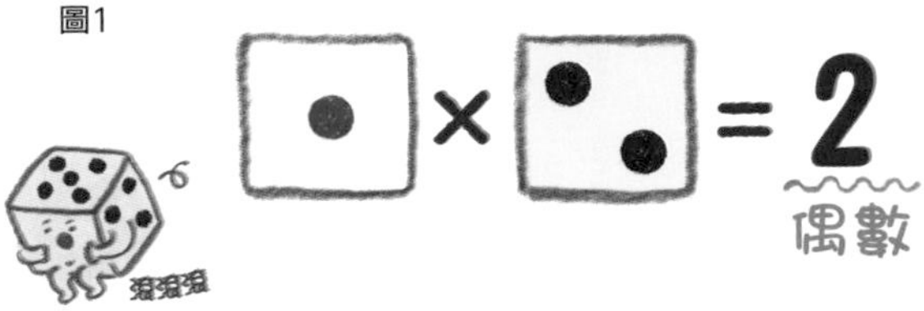

圖2

×	1	2	3	4	5	6
1	1	2	3	4	5	6
2	2	4	6	8	10	12
3	3	6	9	12	15	18
4	4	8	12	16	20	24
5	5	10	15	20	25	30
6	6	12	18	24	30	36

○ 偶數
■ 奇數

（例）只要有1顆出現2或4或6，就會變成偶數

1×1×1×3×3×3×5×5×5×2 → 偶數

（例）全部都出現1或3或5的話，就會變成奇數

1×1×1×3×3×3×5×5×5×5 → 奇數

補充筆記：為什麼日本骰子只有1點是紅色的呢？這是因為某間日本公司仿效日本國旗圖案，把1點塗成紅色，結果大受歡迎所造成的。台灣所使用的骰子，則是將1點與4點塗成紅色，相傳是從唐明皇開始的。

2 與生活有關的算術

祝賀長壽的詞各代表幾歲呢？

1月18日

青森縣　三戶町立三戶小學
種市芳丈老師

閱讀日期　月　日　月　日　月　日

「米壽」與「白壽」是幾歲呢？

日本有個詞叫做「米壽」，代表著某個年齡。你知道是幾歲嗎？

請參考圖1吧。

米壽代表的是88歲。將「米」這個字拆開的話，就會變成「八」、「十」、「八」了。關鍵在於把文字拆解開來。

圖1

那麼，「白壽」又是指幾歲呢？

請參考圖2吧。

白壽代表的是99歲。將「百」這個字去掉「一」，就變成「白」了。從減法的角度來看，100－1＝99，所以白壽就等於99歲。

圖2

試著拆解文字吧

最後一個問題就比較困難了。「皇壽」等於幾歲呢？

圖3

請參考圖3。

皇壽代表的就是111歲。將「皇」這個字拆開的話，就會變成「白」、「一」、「十」與「一」。將這些全加起來，就變成99＋1＋10＋1＝111。

這裡介紹的詞彙，都是在祝壽時使用的賀詞。祝壽這個活動起源於中國，據說是在奈良時代（710～794年）傳進日本的。解讀這些詞彙的時候，還會運用到加法與減法，真的很有趣呢！

補充筆記　除了「米壽」、「白壽」與「皇壽」以外，還有許多祝賀長壽的詞彙。例如：「卒壽」就是因為「卒」在日文中的簡寫為上九下十的「卆」，所以代表90歲。

關於數字與計算

除法的規律

1月19日

東京都　杉並區立高井戶第三小學
吉田映子老師

閱讀日期　月　日　月　日　月　日

邊思考邊動手吧

接下來要學習的是除法計算。

問題1　24÷4是多少呢？

答案是6。

問題2　48÷8是多少呢？

答案是6。

問題3　60÷10是多少呢？

答案是6。

這些算式的答案都是6呢！

還有其他答案也是6的算式嗎？接下來把這些算式都列出來看看吧。

6 ÷ 1 = 6
12 ÷ 2 = 6
18 ÷ 3 = 6
24 ÷ 4 = 6
30 ÷ 5 = 6
36 ÷ 6 = 6
42 ÷ 7 = 6
48 ÷ 8 = 6
54 ÷ 9 = 6

找出除法的規律吧

將除法從1開始照順序排列，就能夠看出規律了喔！

6÷1
12÷2 （×2）
18÷3 （×3）
24÷4
30÷5
36÷6 （×6）

除法有個規律，那就是「將除數與被除數分別乘以相同的數字後，再將乘完的除數與被除數相除，所得到的答案與原本相同」。接下來就用更多的例子，確認這個規律吧！

將6÷1中的2個數字，都乘以10，就變成60÷10，答案是6。將這2個數字乘以100，變成600÷100後，答案還是6。由此可知，就算乘以1000倍或是更多倍數，得到的答案都一樣喔！

試著算算看

能不能用心算計算呢？

這種除法的規律，能不能運用在心算上呢？

48÷12

把2個數字除以2。

48÷12＝24÷6

再除一次吧！

24÷6＝12÷3

雖然不能除以2，但可以除以3。

12÷3＝4÷1

4÷1＝4

所以答案是4。

順利用心算得出答案了呢！

補充筆記　只有可以整除的除法，才可以用「試著算算看」的方式心算。會出現餘數的除法無法這樣計算，所以要特別注意。

數字與圖形小遊戲

能不能夠一筆畫呢？

1月20日

東京都　豐島區立高松小學
細萱裕子老師

閱讀日期　月　日｜月　日｜月　日

請注意交叉點

你有聽過「一筆畫」嗎？「一筆畫」指的是用鉛筆或原子筆等書寫文具在紙上畫形狀時，過程中筆尖都不能離開紙面。當然，每一條線都只能畫1次。

那麼就趕緊來挑戰一筆畫吧。圖1的①～④，能不能用一筆畫完成呢？答案是①②③「可以」一筆成形，④則「不可以」。其實，一個圖形能不能用一筆畫完成，可以直接從形狀上看出來，不見得一定要動手畫。這是因為能夠一筆畫的圖形，都有一定的規則。

圖1

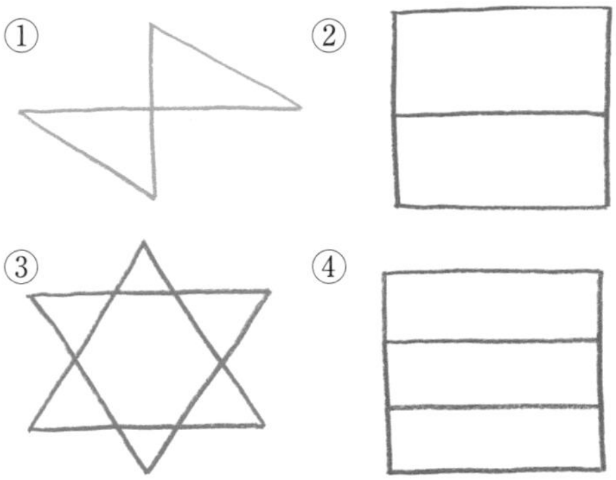

要注意的地方是交叉點（不同直線交叉的點，或是相接的點）。如果聚集在同一點上的直線是2條、4條、6條……等偶數條的時候，此點就稱為「偶點」，若數量是1條、3條、5條……等奇數條的時候，就稱為「奇點」。

圖2

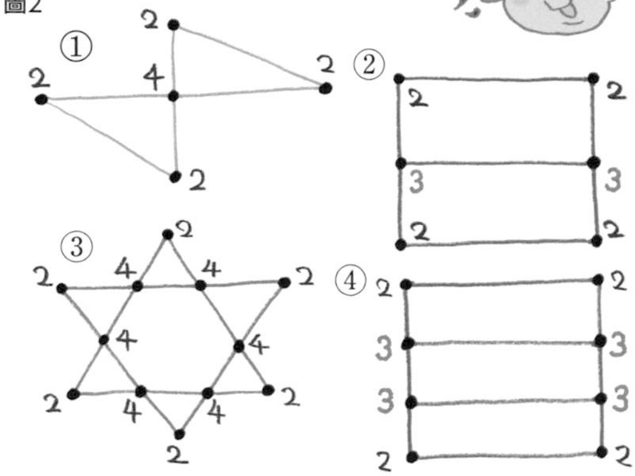

分辨偶點與奇點吧！

接下來要看的是圖2。像①③一樣，交叉點都屬於「偶點」的時候，就能夠畫成「一筆畫」。此外，像②一樣有2個奇點，剩下都是偶點的時候，也能夠用一筆畫完成。只不過在這個情況下，依開始畫線的點，有時候也無法用一筆畫完成。

在②的情況下，如果從紅色數字的偶點出發，就沒辦法一筆畫完成。不過，如果是從藍色數字的奇點出發，就可以用一筆畫完成。也就是說，像②這種形狀就必須從奇點出發，才能夠成功畫出一筆畫。

圖3　④有4個奇點，所以沒辦法用一筆畫完成。但是像⑤一樣多畫1條線，就剩下2個奇點，可以用一筆畫完成。

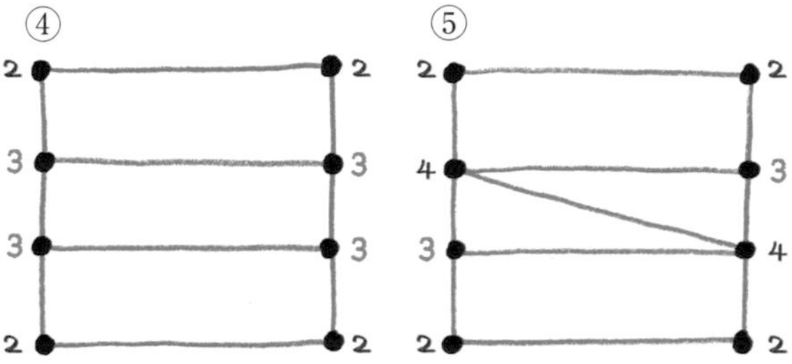

補充筆記　18世紀初期柯尼斯堡鎮的人們，挑戰了「柯尼斯堡的7座橋」問題。瑞士數學家歐拉將其視為一筆畫的問題，終於找出了解決方法（參照第39頁）。

柯尼斯堡的7座橋

東京都　豐島區立高松小學
細萱裕子老師

閱讀日期　月　日　月　日　月　日

為了證明「辦不到」？

這是發生在18世紀初期的事。普魯士王國裡有個城鎮叫做柯尼斯堡（Königsberg；現在俄羅斯的加里寧格勒）。城鎮裡有條普列戈利亞河，上面架了7座橋（圖1）。鎮上有人針對這7座橋提出了問題：「在每座橋都只能走一次的情況下，能不能走過所有的橋呢？」

結果引起熱烈的討論，很多人都試著挑戰，但卻始終找不到解答。而且也沒有人說得出「辦不到」的理由。

關鍵在於一筆畫

有一天，出現了一位能夠解開這道謎題的人物，那就是後來的大數學家萊昂哈德・保羅・歐拉（Leonhard Paul Euler）。

圖1

柯尼斯堡7座橋的地圖

歐拉將陸地當成點，將橋當成線畫成一張圖（圖2），並發現「一筆畫」的思維能夠用來解開7座橋的問題。只要能夠用一筆畫畫出這個圖形，7座橋的問題就能夠迎刃而解了。

但是這個圖形中，奇數條直線相交的奇點有4個，所以無法用一筆畫完成（參照第38頁）。也就是說，間接證明了「在每座橋都只能走一次的情況下，無法走過所有的橋」。

圖2

將7座橋畫成一筆畫圖形

補充筆記　歐拉是在思考7座橋問題的時候，發現了一筆畫的規則。所以一筆畫又稱為歐拉圖。

關於單位與測量

大象與鯨魚有幾t？
～比較生物的重量～

1月 22日

筑波大學附屬小學
中田壽幸老師

閱讀日期　月　日｜　月　日｜　月　日

地球上最重的生物是什麼？

跟你同學年的朋友中，會有體重比較重的人，也會有比較輕的人。由此可以看出，體重因人而異。那麼地球上最重的生物是什麼呢？

談到體積比較大的生物時，首先想到的是大象，而非洲大象的體重約8000kg左右，特別大隻的還會超過10000kg。

這麼大的數字會出現很多個0，所以無法馬上看出來到底是幾kg。這時候就可以用t（公噸）來表示體重，1t是1kg的1000倍。非洲象大約是8t。

鯨魚的體重很嚇人！

體重特別重的動物除了大象，像是犀牛與河馬也重達約2～3t。脖子很長的長頸鹿體重也很重，據說大約超過2t。分布在印度南部與澳洲北部的世界最大型的鱷魚，全身長度超過6m，體重也超過1t。

陸地上最重的生物是大象，而目前地球上想得出來的海洋動物中，最重的則是鯨魚。鯨魚中最龐大的藍鯨就超過100t，有的甚至還接近200t。正因為是遼闊的海洋，所以能夠容納這麼龐大的生物呢！

試著想想看

1t大約等於幾個4年級生呢？

要幾個小學生加起來，才能夠達到1t呢？日本小學4年級生的平均體重是30kg左右，所以33個人加起來大約就是1t。這麼說來，有33個人的教室每天都得支撐1t的重量呢！

補充筆記　若是180t的藍鯨，就大約等於6000個4年級生了。

數字與圖形小遊戲

猜生日魔術 為什麼會這麼準呢？

1月23日

東京都　東京學藝大學附屬小金井小學
高橋丈夫老師

閱讀日期　月　日｜月　日｜月　日

①首先，請將你的「出生月份」乘以4之後加上8。
②接著，將你得出的答案再乘以25，再加上你的「出生日期」。
③最後請減掉200，然後就會出現你的生日了。
圖1

解開魔術的祕密

還記得前面介紹過的猜生日魔術（參照第34頁）嗎？

為什麼使用這個方法，最後能夠算出生日呢？

其實祕密就在於要算出4位數的結果，並使月份出現在前2位數，日期出現在後2位數（圖2）。

所以必須引導計算者算出下列的算式……

「出生月份」×100＋「出生日期」

12月31日出生時

為了能更好理解，這邊再進一步說明吧！

①的算式中，會將「出生月份」乘以4，然後再乘上25，如此一來，「出生月份」就乘以100了。

如果是12月31日出生的人，①就會變成12×4＋8，然後在②的時候就變成（12×4＋8）×25，並且加上出生日期的31。

看到這個數字時，應該就可以發現出生月份12與出生日期31，都已經出現在數字中了，但是卻多了200，所以③才會要求對方再減掉200。如此一來，剩下的數字就是出生月份加出生日期了。只要使用這個算式，就能夠讓出生月份出現在4位數的前2位，出生日期出現在後2位（圖3）。

圖2

生日是12月31日時
前2位　後2位
12/31
1200
+　31

圖3

$$(12\times4+8)\times25+31$$
$$=12\times4\times25+8\times25+31$$
$$=12\times100+200+31$$
$$12\times100+200+31-200$$
$$=12\times100+31$$

補充筆記　請務必和朋友、家人玩這個遊戲吧。但是如果把①的8改成其他數字的話，最後扣掉的數字也要跟著改變。

2 與生活有關的算術

單位是會改變的

1月24日

學習院初等科
大澤隆之老師

閱讀日期　　月　　日　　月　　日　　月　　日

黑鮪魚變成生魚片之後

魚的單位是什麼呢？沒錯，就是「1條、2條」。但是當這些原本在海洋或河川游泳的魚，變成店裡的食物時，單位就會變成「1尾、2尾」或「1斤、2斤」了。

黑鮪魚這類大魚出現在市場上時，就會切成塊狀，大小差不多等於家裡的門牌，這時的單位就變成「1塊、2塊」。

進一步切成生魚片的話，單位就會變成「1片、2片」，擺在盤子等比較淺的容器時，就變成「1盤、2盤」。

如果將生魚片和醋飯一起做成壽司的話，單位就變成「1貫、2貫」了，如果是擺在飯上面當配料的話，就會變成「1碗、2碗」。

蒲燒鰻魚的單位是什麼？

如果把魚肉像蒲燒鰻魚一樣，把魚肉串起來的話，就是「1串、2串」，將鰹魚削成柴魚片的話，就是「1片、2片」。另外，把魚製作成標本的話，則要使用「1具、2具」當單位。

由此可知，魚所使用的單位，會隨著形態而改變呢！

試著查查看

2個1組的時候，會使用什麼單位？

有時也會把2個當1組，共同使用一個單位。例如：2支筷子等於「1雙」，2支鼓棒也叫做「1雙」。2根高蹺則等於「1對」，一雌一雄的動物也會稱為「1對」，2隻鞋子、2隻襪子與2隻手套都會稱為「1雙」。請試著查查看其他單位吧。

補充筆記　雖然鯨魚與海豚和魚一樣都住在海裡，但是單位卻是「頭」。另外，雖然蝴蝶與蠶寶寶的中文單位是「隻」，但日文單位同樣是「頭」喔！

25好厲害！

東京都　杉並區立高井戶第三小學
吉田映子老師

閱讀日期　月　日　月　日　月　日

心算能夠到達什麼程度呢？

先來做些乘法的問題吧。

問題1，6×8是多少呢？沒錯，答案是48。

問題2，13×3是多少呢？這題就比較難了，答案是39。

遇到這種有點難度的問題，或許有些人會覺得「用筆算比較快」吧。

問題3，24×5。

這次肯定就會有人覺得「用筆算比較快」了。這題的答案是120，由於數字比較大的關係，所以在確認答案前會有點緊張對吧？

那麼接下來這題如何呢？

問題4，25×12。

「這題一定要用筆算了啦！」

$$\begin{array}{r} 25 \\ \times\ 12 \\ \hline 50 \\ 25\ \ \\ \hline 300 \end{array}$$

答案是300。

25的乘法很特別？

但是請別這麼快放棄，因為25其實是很棒的數字。2個25等於50，3個就是75，4個正好是100，所以25×4＝100。

只要善用這個數字的特徵，計算就會變得簡單許多。

當25×12的時候，可以將12拆解成4×3。再將算式中的12替換成4×3，算式就會變成「25×4×3」，但答案不會變。

25×12＝25×4×3
＝（25×4）×3
＝100×3

如此一來，心算就變得簡單許多了。

如何呢？下次遇到有25的乘法的時候，不妨先確認另外一個數字能不能拆解成4的倍數吧。

試著算算看

用心算計算25×32吧！

因為32＝4×8，所以……
25×4×8
＝（25×4）×8
＝100×8
＝800

補充筆記　28×25是多少呢？以相同的思維判斷的話，就是7×4×25。先算出4×25的話，接下來就可以算出7×100＝700了。7×4×25雖然是7排在最前面，但還是可以先計算4×25，這就是乘法的「結合律」。

方便的計算機——算盤的歷史

1月26日

大分縣　大分市立大在西小學
二宮孝明老師

閱讀日期　　月　　日　　月　　日　　月　　日

小石頭與動物的骨頭，以及……

你用過算盤嗎？相信就算沒有用過，至少也看過吧。日本從很久以前就學會善用算盤，好快速、精準地計算數字。

日本的算盤是從中國傳來後改良的。但是在更早的時代裡，世界各地就運用生活中可取得的各種物品，想出了各種計算方式。

古羅馬的算盤，形狀與現代的算盤非常相似。

數千年以前的人類，應該是用手指來計算數字的。但是隨著要算的數字愈來愈大，光靠手指就不太夠用了。

因此，人類開始使用小石頭，或是在動物的骨頭上刻出符號等各種道具來計數，後來又為了能夠應付加法與減法，更發揮巧思利用了各式各樣的工具。

日本的算珠是菱形

很久以前的美索不達米亞，會在沙子上畫線後再擺上小石頭，打造出計算工具。

此外，古羅馬的計算工具則是在金屬板上刻數道溝槽，溝槽會分成上下，上方擺1顆珠子，下方擺4顆。

世界各地都像這樣發明出方便的工具，提升了算術的速度與精準度。其中，日本的算盤還使用了菱形的算珠，讓手指在撥算珠時更加流暢迅速。

試著查查看

世界各地的算盤

中國傳統算盤的算珠是圓形，上側有2顆代表5的珠子，下側則是5顆代表1的珠子。此外，俄羅斯的算盤則有10顆珠子，且必須橫向撥動算珠。日本算盤只有1顆代表5的珠子，4顆代表1的珠子，這是從1935年起就統一採用的形式。

補充筆記　日文的算盤叫做「そろばん（SOROBAN）」，據說就是從「算盤」的中文演變過去的。根據史書的記載，算盤是於室町時代（1336～1573年）從中國傳到日本的。

藏在和服裡的許多算術學問

福岡縣　田川郡川崎町立川崎小學
高瀨大輔老師

閱讀日期　月　日　月　日　月　日

圖1
市松紋

圖2
鱗紋

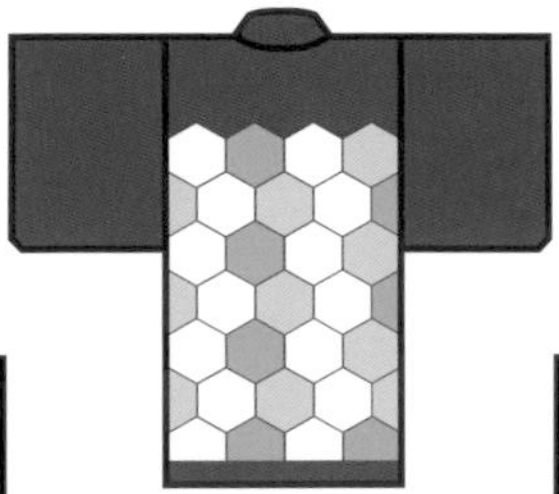
圖3
龜甲紋

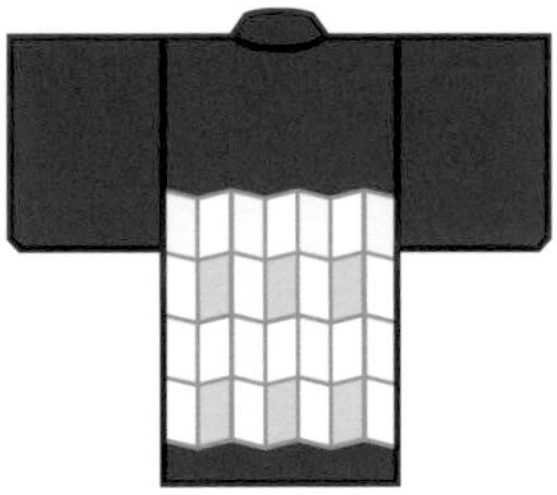
圖4
箭羽紋

仔細觀察和服的花紋吧

日本文化廣受世界矚目，很多國外遊客到日本，也都會穿上歷史悠久的和服。和服是一種日本文化的象徵，吸引了國際間的目光。

事實上，和服也與算術有相當密切的關係。首先，一起來看看和服的花紋吧。請參考圖1～4。

【市松紋（圖1）】

這是由許多四邊形整齊排列而成的花紋，有各種色彩的組合。

【鱗紋（圖2）】

這種由大量三角形組成的花紋，看起來就像魚鱗一樣。

【龜甲紋（圖3）】

這種由六邊形組成的花紋，看起來就像龜殼一樣。

【箭羽紋（圖4）】

這是由平行四邊形組成的箭羽形，在日本是種代表吉祥的圖案。

除了這4種之外，和服還有相當豐富的花紋，例如：自然風景、花卉與動物等。日本人從很久以前就已經學會藉著服飾花紋與配色，享受穿搭衣服的樂趣了。

僅用一塊布製成的和服

那麼，要製作一件和服的話，該使用什麼形狀的布？又該使用幾塊布呢？

其實，只要一塊寬約34cm，長約10.6m的長布，就能夠製成一件和服了。而這種長布就稱為「反物」。

反物

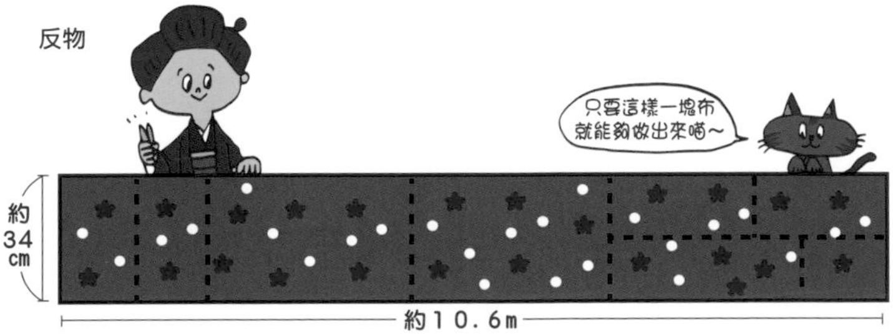
只要這樣一塊布
就能夠做出來喵～
約
34
cm
約10.6m
圖5

補充筆記

在製作和服的時候，會依圖5的虛線筆直地裁切「反物」成長方形後，再縫合起來。由於做法很簡單，破掉時也能夠輕鬆修補。由此可以看出，和服裡也藏有許多前人的智慧呢！

原本要借位的減法變簡單了！

1月 28日

御茶水女子大學附屬小學
岡田紘子老師

閱讀日期　月　日｜月　日｜月　日

讓原本要借位的減法變簡單！

減法裡有所謂的「借位」，是否有人對此感到棘手呢？如果不需要借位的話，減法就簡單多了……肯定會有人這麼認為吧！因此，這邊要介紹的方法，能夠讓「借位減法」變身成「不用借位的減法」，不妨記下它的訣竅吧！

省下「借位」吧！

以17－9為例吧！因為7沒辦法減9，所以一定得借位了。但是只要稍微調整一下，就會變成「不用借位的減法」囉！將17與9都分別加1，就變成18－10。只要同時為減數與被減數加上相同的數目，那麼減完後得到的答案就會與原本相同。所以18－10＝8，很快就可以得出答案了。

如果是51－15的話該怎麼做呢？光看個位數的話，會發現1－5沒辦法減對吧！所以，這邊就要將減數的個位數轉換成0，也就是說，要同時為51與15加上5，讓算式變成56－20。如此一來，就能夠輕易算出36這個答案囉！

接下來試試看100－87吧！這個算式必須借位2次，是否讓很多人感到棘手呢？這邊請分別為100與87加上3吧！如此一來，就變成103－90，就可以馬上算出13這個答案了。

只要把減數轉換成好算的數字，就能夠讓減法變簡單！請試著將這個方法，運用在其他的減法算式裡吧。

補充筆記：只要在計算時多發揮點巧思，連需要進位的加法都能夠變簡單，詳情請參考第188頁。

動手做做看

打造出雪花結晶吧
～挑戰剪紙～

1月29日

東京都　杉並區立高井戶第三小學
吉田映子老師

閱讀日期　月　日｜月　日｜月　日

折好紙後再剪剪看吧

如圖1般將紙折2次後，畫上心形後再沿著線條剪開……。攤開後就會變成像圖一樣的四葉幸運草。

改變一開始的折法，就能夠剪成像圖2一樣的雪花結晶。

和家人、朋友一起動手做做看吧！

把紙折好，再畫上形狀，之後沿著線剪開就可以了。不過有很多較細緻的地方，剪的時候要特別小心。

只要在繪製形狀的時候多下點工夫，就能夠製作出許多漂亮的雪花結晶。

圖1

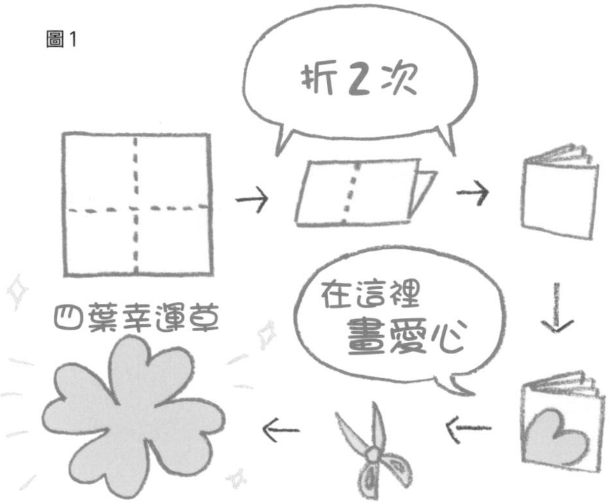
折2次
在這裡畫愛心
四葉幸運草

圖2

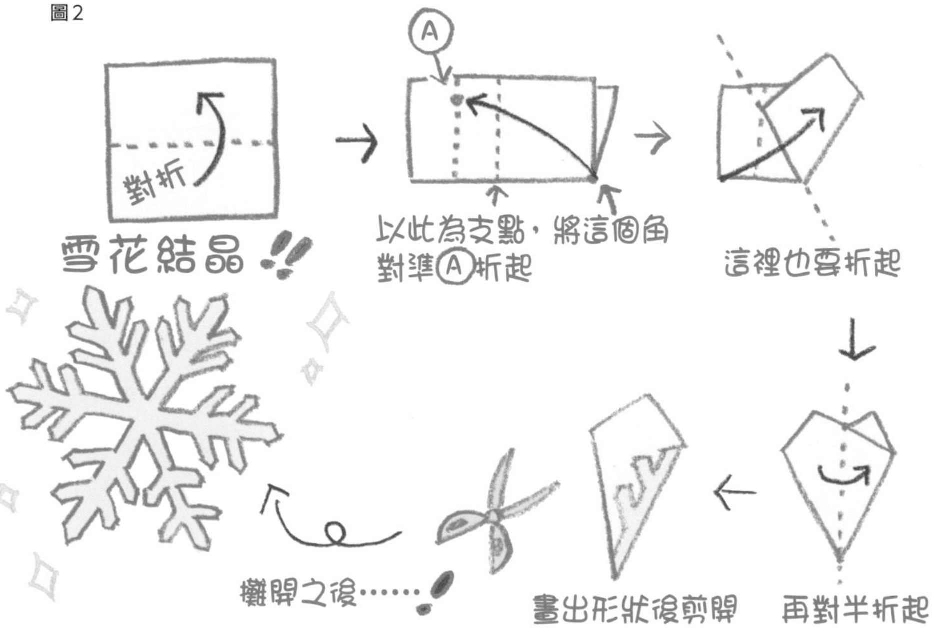
對折
A
以此為支點，將這個角對準A折起
這裡也要折起
再對半折起
畫出形狀後剪開
攤開之後……
雪花結晶!!

補充筆記　能夠完美疊合的圖形，稱為「全等圖形」。像上圖一樣將紙張折好再剪的話，就能夠形成多張相連的全等圖形，也能剪出各種雪花結晶。不妨試著製作各種形狀吧。

「取石子遊戲」的必勝法

1月30日

北海道教育大學附屬札幌小學
瀧平悠史老師

閱讀日期　月　日｜　月　日｜　月　日

取石子遊戲的規則

你曉得「取石子遊戲」這種算術遊戲嗎？這是2個人就能夠進行的遊戲，規則也相當簡單。首先，準備13顆石子後排成一列，接著輪流拿起石子，拿到最後1顆石子的人就輸了。

但是拿石子時有一項規定，那就是「1次最多只能拿走3顆」。也就是說，每次只能拿走1～3顆小石子。

其實有必勝法喔！

那麼，接下來就實際動手玩玩看吧！首先，A同學拿了2顆，B同學也拿走了2顆，所以剩下9顆。

接著A同學拿走3顆，B同學拿走了1顆，剩下5顆。

看到這個情況後，A同學覺得局面有點危險，所以就只拿走1顆。然後B同學毫不猶豫地拿走了3顆。於是就只剩下1顆，A同學落敗。

其實，「取石子遊戲」是有必勝法的，而B同學就是用這種方法取勝的。讓我們重看一次2個人的遊戲過程吧！

一開始2個人各拿走2顆石子，所以共計4顆對吧？由於總共有13顆石子，如果每一局，2個人加起來都拿走4顆石子，也就是4×3＝12。換句話說，經過3輪之後就會拿走12顆石子，於是就只剩下1顆。

圖1

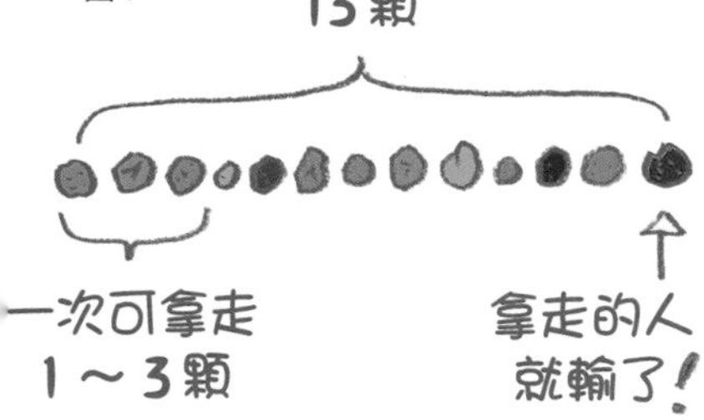

圖2

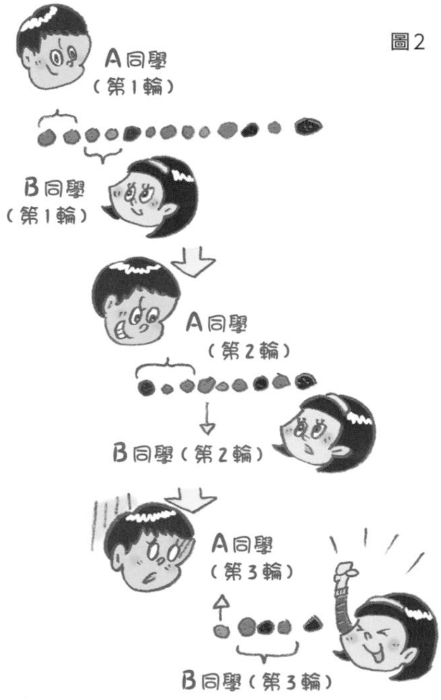

圖3　後拿的人比較容易贏，因為能控制讓每一輪拿走的石子加起來都是4顆。

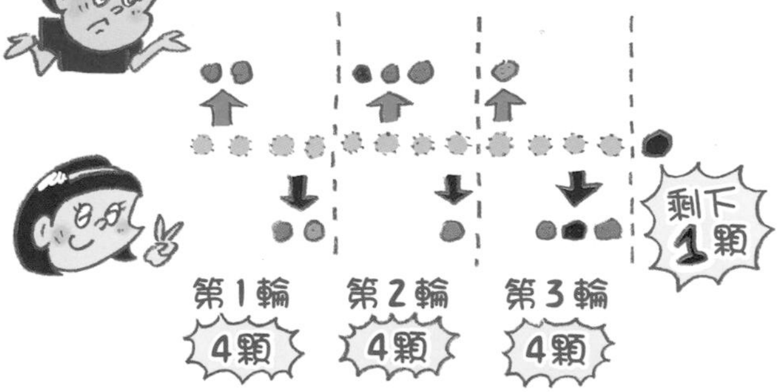

補充筆記　將規則改成「拿走最後1顆石子的人獲勝」同樣很有趣，不過必勝法同樣也會跟著改變，請想想看它的必勝法吧！

關於數字與計算

九九乘法表 個位數的祕密

學習院初等科
大澤隆之老師

1月31日

閱讀日期　月　日｜月　日｜月　日

1月

試著在九九乘法表中著色

請仔細觀察九九乘法表的個位數。

因為有人認為7是幸運數字，所以請找出個位數是7的數字，並把格子塗上黃色。

總共有4個地方。

接著，將個位數是9的格子塗成紅色。是不是覺得好像出現什麼圖案了？

圖1

×	1	2	3	4	5	6	7	8	9
1	1	2	3	4	5	6	7	8	9
2	2	4	6	8	10	12	14	16	18
3	3	6	9	12	15	18	21	24	27
4	4	8	12	16	20	24	28	32	36
5	5	10	15	20	25	30	35	40	45
6	6	12	18	24	30	36	42	48	54
7	7	14	21	28	35	42	49	56	63
8	8	16	24	32	40	28	56	64	72
9	9	18	27	36	45	54	63	72	81

A　B

這次再將個位數是6的格子塗成藍色。就可以看出圖案改變了。你發現了嗎？照著A、B線條折起之後，會發現相同的顏色重疊在一起（圖1）。

依數字上色的話會覺得很不可思議！

接著將個位數相同的數字組合在一起。沿著A線折起的話，會看見塗了黃色的格子1×7與7×1、3×9與9×3互相重疊，雖然算式的乘數與被乘數互換了位置，折起後卻會互相貼合。

接下來再照著B線折起的話，黃色格子的7與27又出現了什麼呢？1×7與3×9、7×1與9×3互相重疊了。

紅色格子的9與49則是3×3與7×7重疊。藍色的16與36則是4×4與6×6重疊（圖2）。

咦？將相同顏色的數字彼此加起來後，竟然都會變成10呢！很不可思議對吧！

圖2

黃色	黃色	紅色	藍色
1×7	7×1	3×3	4×4
3×9	9×3	7×7	6×6

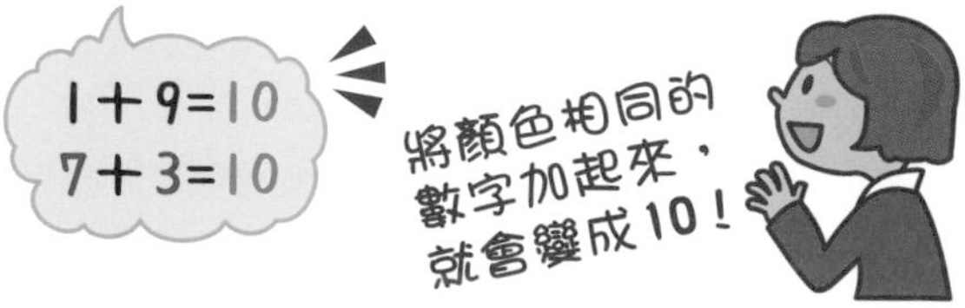
1＋9＝10
7＋3＝10
將顏色相同的數字加起來，就會變成10！

補充筆記　九九乘法表裡還藏有很多祕密。挖掘這些祕密也是一大樂趣喔！

感受一下吧

小孩的科學照相館 vol. 1

這邊要介紹與算術有關的獨特照片。
這才知道，原來算術的世界
這麼有趣、這麼美麗。

◉此頁照片提供／細水保宏

「出遊時，別忘了注意數字」

世界上有許多有趣的數字

在外出旅遊的時候，注意力都會放在美麗的自然風景，以及當地特有的美食對吧！其實，「數字」也值得留意喔。例如上圖的子午線標記，就位在沖繩縣西表島。子午線標記上標有這裡的經度，仔細一看……竟然正巧是從1、2、3到9這個順序！！

右上圖是電梯的按鍵，仔細看會發現1下面還有-1。其實有些國家就是用負數表現地下樓層喔！再看右下角時鐘，是不是覺得數字很奇怪呢？

仔細觀察身邊的數字，說不定會發現許多有趣的地方喔！

2月

February

找出規律！第21個是什麼圖形呢？

2月 1日

御茶水女子大學附屬小學
久下谷 明老師

閱讀日期　月　日　月　日　月　日

從排成一列的物體中找出規律

今天是2月1日，所以就來玩個小遊戲，算算看排在第21個的會是什麼圖形。

如圖1所示，這裡依照某種規律將狗、貓與老鼠排成1列。你覺得第14個應該會是哪一種動物呢？……答案是老鼠。那麼第15個又是什麼呢？……答案也是老鼠。

你是否注意到排列規律了？這些狗、貓、老鼠是依什麼規則排在一起呢？沒錯，就是依狗、貓、貓、老鼠、老鼠的順序組成一組。也就是說，每5隻就會重複1次。

圖1

能夠靠算術找出答案嗎？

那麼，接下來就要找出第21個是什麼圖形囉！找到規律之後，只要試著畫圖就能夠找到答案。按照這個順序的話，第21個圖形正是狗。

但是在沒有全部畫出來的情況下，能否算出第21個圖形是什麼呢？其實只要像圖2一樣，將5隻動物視為1組，然後搭配乘法或除法就可以算出來了。

以乘法來看的話，可以知道第21個等於4組（5隻動物）加上1隻。也就是說「21＝5×4＋1」，實際排列就是「5、5、5、5、狗」。由此可以算出，第21個就是狗。

用除法來看的話，也一樣要從1組5隻的角度來思考。「21÷5＝4餘1」。由此可知去除這4組（5隻動物）之後，就會多出1隻，所以同樣可以推算出第21個就是狗。

那麼第34個會是什麼呢？請以前面介紹過的方法想想看。因為「34÷5＝6餘4」，所以可以知道會有6組（5隻動物）加上4隻動物。排列起來就是「5、5、5、5、5、5、狗、貓、貓、老鼠」，由此可知，第34個圖形就是老鼠。

按照這種算式往下想，不管是第99個或第100個都能夠輕易找出答案。

圖2

補充筆記　按照這個規律的話，到第100個圖形之前，會出現幾隻狗呢？答案是……20隻。知道該怎麼算嗎？

找出規則的方法

「月份與日期同數字」真是不可思議

青森縣　三戶町立三戶小學
種市芳丈老師

閱讀日期　月　日｜月　日｜月　日

月份與日期同數字的日子？

請先準備好月曆，然後將月份與日期同樣數字的日子圈起來。例如：3月3日、4月4日、5月5日等。圈出所有符合條件的日期後，就仔細觀察這12個圈圈吧。你是否發現了「這些月份與日期同數字的日子，每隔2個月就會出現相同的星期數」。以2016年為例，4月4日、6月6日、8月8日、10月10日、12月12日都是星期一；3月3日、5月5日、7月7日都是星期四；而9月9日、11月11日都是星期五。真是不可思議。為什麼會有這樣的規律呢？

1月

日	一	二	三	四	五	六
					1	2
3	4	5	6	7	8	9
10	11	12	13	14	15	16
17	18	19	20	21	22	23
24/31	25	26	27	28	29	30

2月

日	一	二	三	四	五	六
	1	2	3	4	5	6
7	8	9	10	11	12	13
14	15	16	17	18	19	20
21	22	23	24	25	26	27
28	29					

3月

日	一	二	三	四	五	六
		1	2	3	4	5
6	7	8	9	10	11	12
13	14	15	16	17	18	19
20	21	22	23	24	25	26
27	28	29	30	31		

4月

日	一	二	三	四	五	六
					1	2
3	4	5	6	7	8	9
10	11	12	13	14	15	16
17	18	19	20	21	22	23
24	25	26	27	28	29	30

5月

日	一	二	三	四	五	六
1	2	3	4	5	6	7
8	9	10	11	12	13	14
15	16	17	18	19	20	21
22	23	24	25	26	27	28
29	30	31				

6月

日	一	二	三	四	五	六
			1	2	3	4
5	6	7	8	9	10	11
12	13	14	15	16	17	18
19	20	21	22	23	24	25
26	27	28	29	30		

7月

日	一	二	三	四	五	六
					1	2
3	4	5	6	7	8	9
10	11	12	13	14	15	16
17	18	19	20	21	22	23
24/31	25	26	27	28	29	30

8月

日	一	二	三	四	五	六
	1	2	3	4	5	6
7	8	9	10	11	12	13
14	15	16	17	18	19	20
21	22	23	24	25	26	27
28	29	30	31			

9月

日	一	二	三	四	五	六
				1	2	3
4	5	6	7	8	9	10
11	12	13	14	15	16	17
18	19	20	21	22	23	24
25	26	27	28	29	30	

10月

日	一	二	三	四	五	六
						1
2	3	4	5	6	7	8
9	10	11	12	13	14	15
16	17	18	19	20	21	22
23/30	24/31	25	26	27	28	29

11月

日	一	二	三	四	五	六
		1	2	3	4	5
6	7	8	9	10	11	12
13	14	15	16	17	18	19
20	21	22	23	24	25	26
27	28	29	30			

12月

日	一	二	三	四	五	六
				1	2	3
4	5	6	7	8	9	10
11	12	13	14	15	16	17
18	19	20	21	22	23	24
25	26	27	28	29	30	31

為什麼星期數會相同呢？

這是因為「30天與31天的月份會交錯出現」，且「因為隔了2個月所以要+2」。以3月3日到5月5日間的天數為例。從3月3日到5月5日的2個月之間，因為3月有31天，4月有30天，所以加起來共61天，距離5月5日還有2天，61+2=63（天數），63能夠用7整除，所以才會每隔2個月就出現相同的星期數。

從這個算式可以看出，每年都會出現一樣的狀況。看到這種不只月份與日期一樣，連星期數都能夠一樣時，就覺得好像會遇到什麼好事呢！

補充筆記　1月1日與3月3日的星期數會不同，是因為2月只有28天或29天。另外，7月7日與9月9日的星期數會不同，則是因為7月與8月都是31天。

讓乘法大變身！心算技巧

2月 3日

東京都　杉並區高井戶第三小學
吉田映子老師

閱讀日期　月　日　月　日　月　日

找到心算的線索

心算2位數×2位數的難度會比較高。但是，只要認識數字的特徵，再多思考一下，很多算式都能夠輕鬆用心算算出來。例如：45×18，你算得出來嗎？

乍看之下很困難，但是仔細看的話，就能夠找到心算的線索了。

45與18都是9的倍數。45是9×5，18是9×2。

因此，可以把算式改寫成45×18＝（9×5）×（9×2）讓算式大變身。

改變順序仍可得到相同的結果

乘法算式中，就算改變乘數與被乘數的位置，仍然可以得到相同的答案，所以

9×5×9×2＝9×9×5×2

這就稱為「交換律」。

分別計算9×9＝81，5×2＝10，就能將算式改寫成81×10。而81的10倍正是810。

如此一來，就能夠用心算找出答案了！

只要多發揮點巧思，找出能夠變成10的數字，就可以試著心算看看了。

試著算算看

你能夠心算出16×35嗎？

想想看有什麼心算妙方。

16×35＝（4×4）×（5×7）
　＝（4×5）×（4×7）
　＝20×4×7
　＝20×28
　＝560

20×28也可以用這種方法心算，但是乘數是28的話就比較難了……可別這麼想！請按照20×4×7的順序計算吧。

　20×4×7
＝80×7
＝560

用心算找出答案了呢！

補充筆記　學習九九乘法表的時候，不僅要藉著算式算出答案，也要練習從答案推算出算式。

鉛筆的單位

御茶水女子大學附屬小學
岡田紘子 老師

閱讀日期 月 日 月 日 月 日

將12支湊在一起……

買鉛筆的時候，會看到一整盒的商品對吧。盒中的數量通常都是12支而非10支。雖然生活中使用的物品中，很多都是以10為單位，但是鉛筆通常會以12支為一個單位。12支就等於1打。

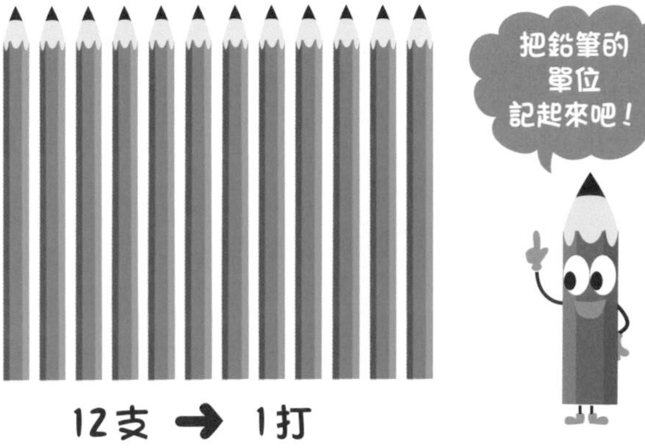

12支 → 1打

12打等於……

將12盒裝有1打鉛筆的盒子放在一起，就可以使用「蘿（gross）」這個單位。由此可知，12打＝1蘿。那麼1蘿有幾支鉛筆呢？因為這12盒中都裝有12支鉛筆，所以12×12＝144，共144支鉛筆。

再將12蘿的鉛筆放在一起的話，就可以使用「大蘿（great gross）」這個單位。因為12蘿＝1大蘿。這時共有幾支鉛筆呢？因為12蘿各含144支鉛筆，所以144×12＝1728支。

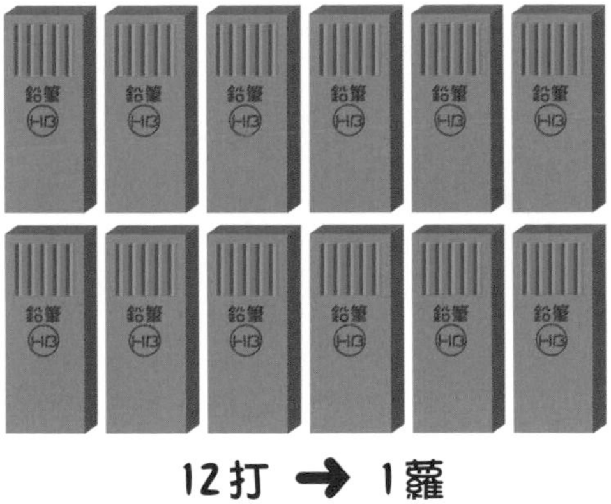

12打 → 1蘿

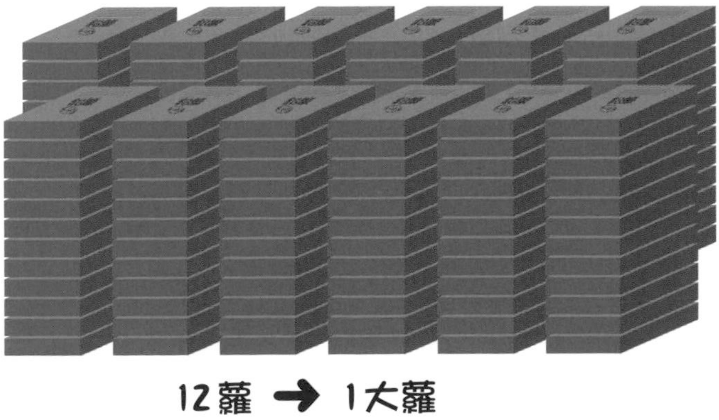

12蘿 → 1大蘿

補充筆記 另外還有一種單位叫做「小蘿（small gross）」。1小蘿等於10打，鉛筆的總量就是12×10＝120支鉛筆。

世界各國錢幣的數值與形狀

2月5日

大分縣　大分市立大在西小學
二宮孝明老師

閱讀日期　月　日　月　日　月　日

泰國的硬幣是多少錢？

錢包裡有放錢的人，不妨拿出1塊錢的硬幣。這時如果問說：「知道這是幾塊錢嗎？」肯定會有人說：「這種事情一看就知道了。」因為只要看硬幣上的數字是「1」或「10」，就能夠知道硬幣的面額了。那麼，你知道圖1這種泰國的硬幣是多少錢嗎？硬幣上可是有寫著數字喔。答案是5泰銖。泰文數字是用旋渦般的花紋代表5。

真是令人訝異的外國錢幣

其他還有許多形狀有趣的外國硬幣，例如：圖2的英國硬幣就是正七邊形，就算與錢包裡的其他硬幣混在一起，也很容易分辨。

接著來看看下圖的鈔票吧。這張鈔票的面額到底是多少？答案居然是100億辛巴威幣。只要拿著這一張，就會覺得自己變成有錢人了呢！但是遺憾的是，這張鈔票其實沒那麼值錢。

那麼，日本的硬幣又是如何呢？看起來比國外硬幣平凡許多，但是其實也暗藏著許多祕密，試著挖掘這些祕密也相當有趣。

例如：1日圓硬幣的直徑是2cm，重量為1g。5日圓硬幣中間有個洞，洞的直徑是5mm，而且只有5日圓硬幣上是用漢字的五。此外，一千日圓鈔票的長度是15cm（參照第70頁）。

圖1
硬幣左側的旋渦花紋，在泰國代表數字5。

圖2
這是英國的50便士，外觀是正七邊形（參照第268頁）。

照片提供／二宮孝明（此頁照片）

補充筆記　辛巴威是受到「惡性通貨膨脹（Hyperinflation）」的影響，才不得不發行如此高額的鈔票。

試著將數字連起來

學習院初等科
大澤隆之老師

閱讀日期　月　日　月　日　月　日

看著數字表試試看吧

拿出數字表之後，試著將相加後會變成50的2個數字連起來，例如：15與35、16與34、17與33、12與38。結果會發現所有線條都會交錯於一點。那一點就是25的位置。

繼續試下去吧！沒想到4與46、9與41、24與26……同樣會在25的位置交會，真是不可思議！

「25」究竟是什麼數字呢？「25」就是「50的一半」（圖1）。

圖1

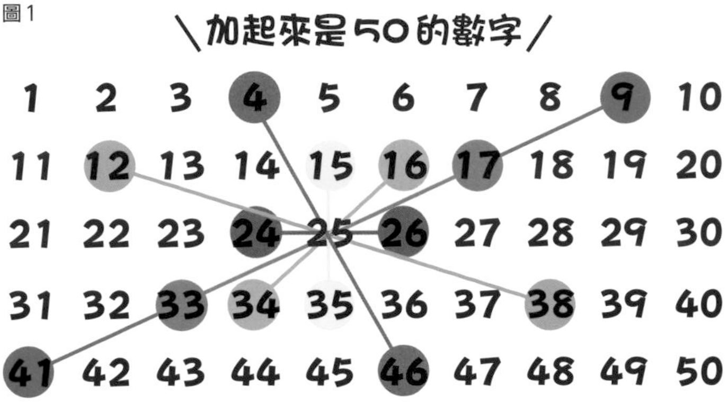

其他數字也會出現這種結果嗎？

那麼，如果將相加之後會變成44的2個數字連在一起時，會怎麼樣呢？像是11與33、2與42、1與43……果然，這些線條都在「44的一半——22」的位置交會了。

接下來換連接相加後會變成40的數字吧！結果10與30的線條會穿過40的一半——20，但是其他數字像是26與14、33與7、4與36等，都在沒有任何數字的位置交會了。不過仔細一看，會發現交會點就在15與25之間的正中間，而介於這2個數字正中央的數字……沒錯，就是「20」（圖2）。

圖2

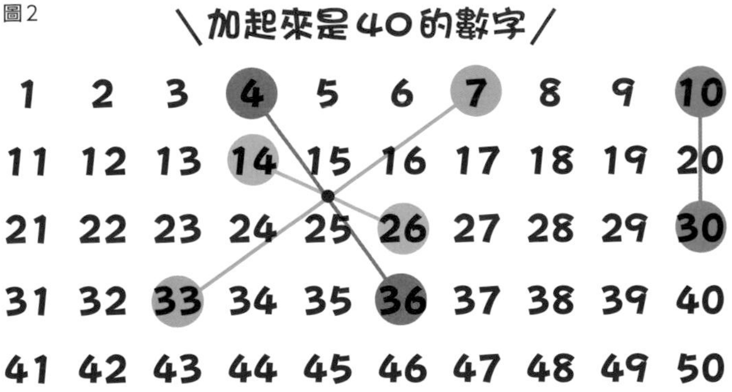

試著想想看

將紙張捲起後黏起來

像這樣捲起紙張後，將相加後等於40的數字相連起來，這些線條會在20的位置交會。這些數字被連接起來了呢。

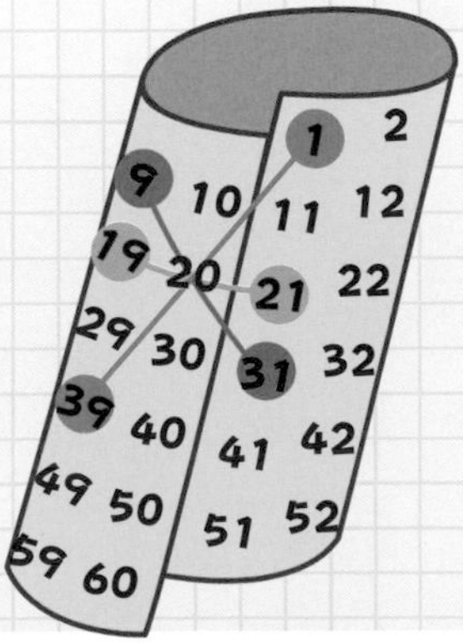

補充筆記　拿月曆來畫的話，也會出現同樣的結果嗎？請自己試試看吧！

藏在榻榻米中的算術

2月 7日

東京都　豐島區立高松小學
細萱裕子 老師

閱讀日期　月　日　月　日　月　日

仔細觀察和室的榻榻米吧

日本的傳統住宅中，有很多房間都是和室。和室，指的就是地板鋪有榻榻米，並會用日式拉門或日式拉窗隔間的房間。不過最近沒有和室的家愈來愈多，所以接觸到榻榻米的機會就變少了。

和室通常都會用榻榻米的數量來表示空間的大小。由於榻榻米的單位是「疊」，所以在表達和室有多大時，會說1疊、2疊等……，將疊視為一個單位。因此，6疊大的房間就等於鋪滿6張榻榻米的房間，4疊半的話就等於鋪了4張榻榻米與半張榻榻米的房間。

鋪設榻榻米的方法有哪些呢？

即使房間大小不變，仍然可以有豐富的榻榻米鋪設方法。那麼，究竟有哪些方法呢？以4疊半的房間為例，可以像圖1一樣把「半疊」擺在正中央，或是像圖2一樣把「半疊」擺在角落。

如果將「半疊」擺在圖3所示的位置會如何呢？由於1張榻榻米的大小無法調整，所以就無法順利塞進去了。順道一提，榻榻米的長邊長度一律是短邊的2倍。因為半疊是1疊的一半，所以就會正好形成正方形。此外，將2張榻榻米擺在一起，且讓長邊對準長邊的話，同樣會形成正方形。只要善用這種2：1的比例，就能夠想出許多鋪設方法呢。

圖1

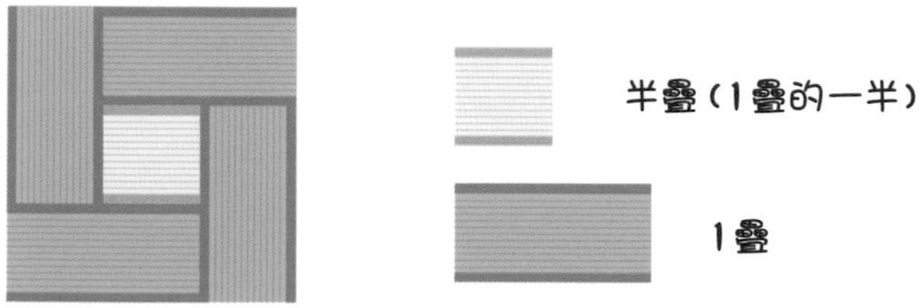

圖2

圖3

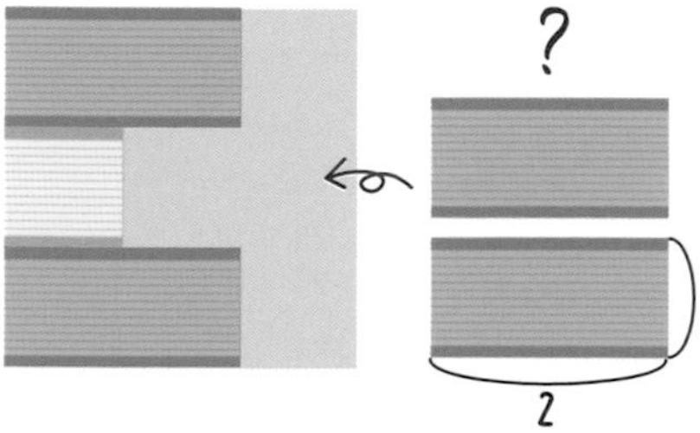

補充筆記

榻榻米尺寸會隨著地區與建築物而異。因此就算同樣是6疊大的空間或是8疊大的空間，實際上的大小卻可能不一樣。但是不管是什麼尺寸的榻榻米，長邊與短邊的比例都一定是2：1。

岩手縣的人口是多還是少？

2月 8日

岩手縣　久慈市教育委員會
小森　篤 老師

閱讀日期　月　日　月　日　月　日

由多排到少時是第幾名？

岩手縣位在日本本州的東北部，東西寬約122km，南北長約189km，看起來就像長長的橢圓形。岩手縣的土地面積僅次於北海道，比埼玉縣、千葉縣、東京都與神奈川縣所組成的首都圈還要遼闊。

岩手縣的居民約有128萬4千人。整個日本共有47個都道府縣，這個人口數在全日本中算多還是算少呢？

查查看之後就會發現，岩手縣的人口數在47個都道府縣中排第32名。從這個排名來看，可以發現岩手縣的人口談不上多。

名次	都道府縣	人口
第1名	東京都	1339萬人
第2名	神奈川縣	910萬人
第3名	大阪府	844萬人
…		
第24名	鹿兒島縣	167萬人
…		
第32名	岩手縣	128萬人
…		
第47名	鳥取縣	57萬人

（2014年10月）

各式各樣的比較方法

全日本的人口數約有1億2708萬人，將這些數量均分給47個都道府縣後，平均1個都道府縣會分到270萬人左右。

12708.3（萬人）÷47＝約270（萬人）

約270萬人這個數字，就是日本都道府縣的人口平均值。跟人口平均值放在一起比較的話，也可以看出岩手縣的人口真的不算多。

但是，其實這47個都道府縣中，有一半的地區人口都只有100萬人左右。所以，儘管人口數排名第32名的岩手縣，在排行榜中屬於倒數的名次，不過其實排行榜上後半段的地區都差不多。

到底是「多」？還是「少」？這類感覺會因為實際比較方式而改變呢！

試著記起來

中央值是什麼？

都道縣府人口數排行榜中，第24名的鹿兒島人口是166萬8千人，由於是位於在排行榜的正中央，所以就稱為中央值。

補充筆記　日本小學生會在5年級時學到平均值，並在中學時學到中央值。

關於數字與計算

用圖形表現出九九乘法表②

2月 9日

東京都　杉並區高井戶第三小學
吉田映子老師

閱讀日期　月　日　月　日　月　日

畫出圓形後試試看吧

請參考圖1。將數字畫在圓周上，接著依九九乘法表上的答案，將個位數的數字依序連在一起的話，會發現每個數字的乘法都會形成不同的圖案。

仔細觀察看看，有一樣的圖形喔。

分別是1的乘法與9的乘法、2的乘法與8的乘法、3的乘法與7的乘法、4的乘法與6的乘法。只有5的乘法沒有相同的圖案。

將這4組相同的圖形放在一起觀察，有發現什麼規律嗎？

1的乘法與9的乘法
2的乘法與8的乘法
3的乘法與7的乘法
4的乘法與6的乘法
都是相加後會變成10的組合呢！

圖1

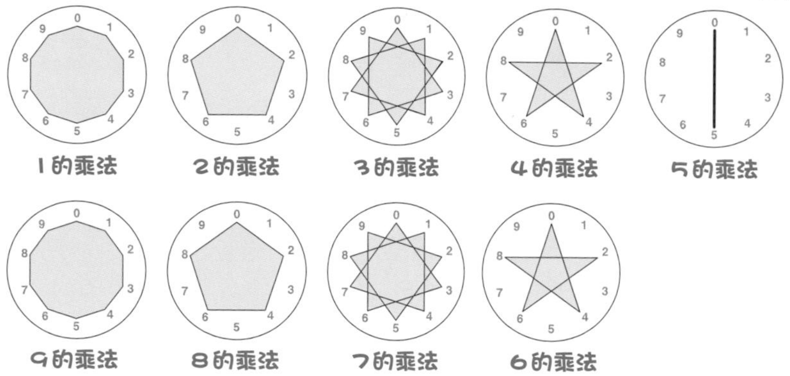

留意九九乘法的個位數！

這邊以2的乘法與8的乘法為例，做進一步的解析吧！試著回想自己在畫出圖1這圖案的過程，會發現2的乘法會依順時針方向，將2、4、6、8、0……連在一起，8的乘法則是依逆時針方向，將8、6、4、2、0……連在一起。

將2的乘法與8的乘法寫成表格，就可以看出它們的個位數剛好是反方向（圖2）。

接下來也請確認一下其他數字的九九乘法表吧！

圖2

○ 個位數的數字順序正好相反！

2的乘法	（個位數）	8的乘法	（個位數）
2×1 = 2	(2)	8×1 = 8	(8)
2×2 = 4	(4)	8×2 = 16	(6)
2×3 = 6	(6)	8×3 = 24	(4)
2×4 = 8	(8)	8×4 = 32	(2)
2×5 = 10	(0)	8×5 = 40	(0)
2×6 = 12	(2)	8×6 = 48	(8)
2×7 = 14	(4)	8×7 = 56	(6)
2×8 = 16	(6)	8×8 = 64	(4)
2×9 = 18	(8)	8×9 = 72	(2)

補充筆記　依正確的規則，將寫在圓周上的數字連在一起，有時候會形成星星的形狀，這時就稱為「星形」。改變「圓周上數字的數量」與「使用的數字規則」，就能夠形成更豐富的圖形。

為什麼要用「㎜」呢？關於降雨量

岩手縣　久慈市教育委員會
小森　篤老師

閱讀日期　月　日｜　月　日｜　月　日

你知道雨量計嗎？

相信在天氣預報中你會常常聽見「降雨量20㎜」等內容。降雨量是「下了多少雨」的表示。但是，明明是雨量，為什麼會使用長度單位呢？

其實祕密就藏在測量雨量的方法裡。

要測量降雨量的時候，必須使用「雨量計」。

雨量計就像左圖一樣，是長筒狀的儀器，上方設有可以接雨的開口，會依裡面累積的雨量高度計算降雨量。

換句話說，降雨量也就是在一定時間內，雨量計所儲存的雨量。由於這時測出來的是雨水的深度，所以降雨量所使用的當然是長度單位。

1㎜的雨量是多少呢？

「降雨量1.0㎜」指的雨量是多少呢？

「降雨量1.0㎜」，代表每1㎡（邊長1m的正方形寬度）的範圍內，積滿了1㎜的雨量。這時雨量的算式就是——

100㎝×100㎝×0.1㎝（1㎜）

這個算式會算出1000㎤，由於1㎤等於1mL，所以可以將降雨量轉換成1000mL。也就是說，1㎡的範圍裡下了1L的雨。1L大約等於1瓶牛奶的量，由此可知，1㎜看起來雖少，但實際上的降雨量卻不少呢！

此外，當1小時的降雨量超過1㎜的時候，就是需要撐傘的雨量了。

試著記起來

刻度為0.5㎜

降雨量的最小刻度是0.5㎜，因此實際降雨量是12.9㎜的時候，會視為12.5㎜，實際降雨量是13.2㎜的時候，則會標成13.0㎜。

補充筆記　「大雨特報・警報」考慮到的因素不只降雨量，還包括土壤中含有的水量。第231頁也會談到「豪雨」，請務必好好閱讀一下。

數字與圖形小遊戲

耍帥一下吧！撲克牌魔術

2月11日

御茶水女子大學附屬小學
岡田紘子老師

閱讀日期　月　日｜　月　日｜　月　日

猜猜撲克牌的數字吧！

接下來要介紹的，是使用撲克牌的魔術。首先請對方抽1張撲克牌，這時不用看到對方的牌，只要提出幾個問題，就能夠猜出是什麼牌了。

①請對方將抽到的數字，加上比這個數字大1的數字。例如：對方抽到愛心4的時候，就是4＋5＝9（圖1）。

②接著請對方將算出來的數字乘以5，也就是9×5＝45。

③如果對方抽到的是愛心，就要將乘過5倍的數字加上6，如果是方塊就要加上7，如果是黑桃就要加上8，如果是梅花的話就要加上9。也就是說，愛心的話就是45＋6＝51（圖2）。

光聽算出來的答案，就能夠猜中對方的牌了。

首先，讓51－5是46，十位數的數字就代表撲克牌的數字，個位數的數字就代表撲克牌的種類。因此，對方抽出的撲克牌就是「愛心4」。

圖1

圖2

圖3

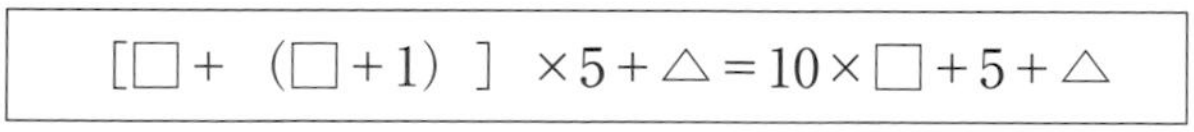

［□＋（□＋1）］×5＋△＝10×□＋5＋△

太驚人了！破解魔術

為什麼光是聽到這些數字，就能夠猜中對方抽的牌呢？祕密就藏在①②③的算式中。

首先，把卡片的數字當成□，將卡片種類的數字當成△，就會變成圖3的算式。只要把對方計算出的答案減去5，就會變成10×□＋△，所以十位數的數字就代表撲克牌的數字，個位數的數字則會代表撲克牌的種類。

請和朋友玩玩看這個遊戲，讓朋友也嚇一跳吧！

補充筆記　在①的步驟中請對方加上大1的數字，是為了避免讓對方一下子就看出①②③是怎麼算出數字的。最後再扣掉5也是避免魔術被看穿的障眼法。

算術相關的偉人故事

阿基米德在浴室裡想出了答案！

2月 12日

明星大學客座教授
細水保宏老師

閱讀日期 月 日 月 日 月 日

2月

發現了圓周率!?

距今約2300年前的古希臘，有座叫做敘拉古的城市，裡面住著一位天才數學家——阿基米德。

阿基米德發現了許多至今仍然很好用的計算方法與圖形的規律，他因為許多的發現而聞名於世。

他找出了計算各種圖形面積與體積的公式。並證明了運用「槓桿原理」可以用較小的力道搬動較大的物體。阿基米德在那個沒有電腦的時代，一步一腳印地算出圓周率的數值，藉此求得非常精準的數字。

Eureka! 我知道了！

但是阿基米德最有名的事蹟，乃是接下來要介紹的。

某天，敘拉古的希倫二世對阿基米德下了一道命令：「幫我確認這個黃金皇冠有沒有混入其他雜質。但是不准熔解或是傷到皇冠。」

於是，阿基米德就開始思考有什麼好方法能夠解決。有一天，當他準備泡澡的時候，他一坐入浴桶裡，就看到裡面的水溢了出來，於是就赤裸著全身跑了出來，大叫：

「Eureka（我知道了）！」

他想出的方法是：首先，準備好與皇冠相同重量的金塊，接著再準備裝水的容器，並且將皇冠與金塊分別放進容器中。結果發現放入皇冠時溢出的水量，比放入金塊時還要多。

也就是說，這個皇冠的原料並不是純金，還混有其他的材料。

試著做做看

在浴缸裡實驗看看吧！

當你把身體泡進浴缸裡的時候，會不會覺得身體好像變輕了一點呢？這是因為水具有把物體往上推的「浮力」。只要「浮力」大於體重（往下沉的力道），就會因為水把身體往上推的關係，讓人覺得身體好像變輕了。

補充筆記

西元前212年，攻陷敘拉古的羅馬兵在海邊殺死了一位正在畫圖形的老人。這個老人正是有名的阿基米德。據說他臨死前說的最後一句話是：「別踩壞我的圓！」

●沿著折線折起瓦楞紙

接著就沿著折線（虛線）折起瓦楞紙。

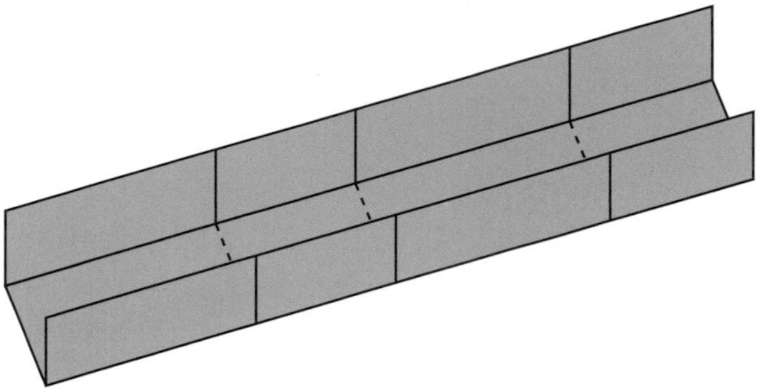

●將瓦楞紙組裝起來

接下來就像下圖一樣，把瓦楞紙組成立體的形狀。

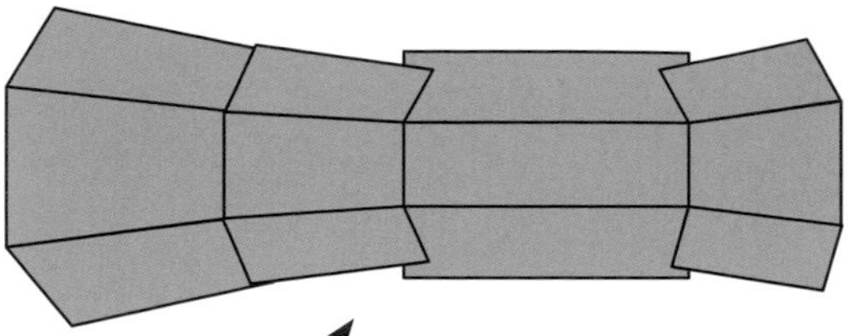
將短邊往內側折起

●用封箱膠帶固定起來

最後用封箱膠帶封起側邊與底部的開口，就大功告成了。

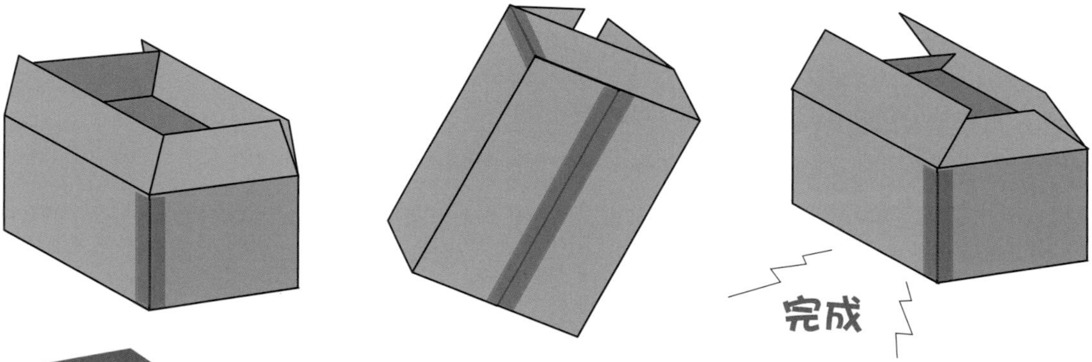

試著活用看看

試著做成骰子的形狀吧

前面製作出來的紙箱，6面都是長方形。如果將6面都製成正方形的話，就會變成骰子般的形狀。製作方法與製作一般紙箱時一模一樣。只要在最後黏好蓋子後，用麥克筆畫出骰子的點數，就能夠打造出漂亮的骰子造型紙箱囉！

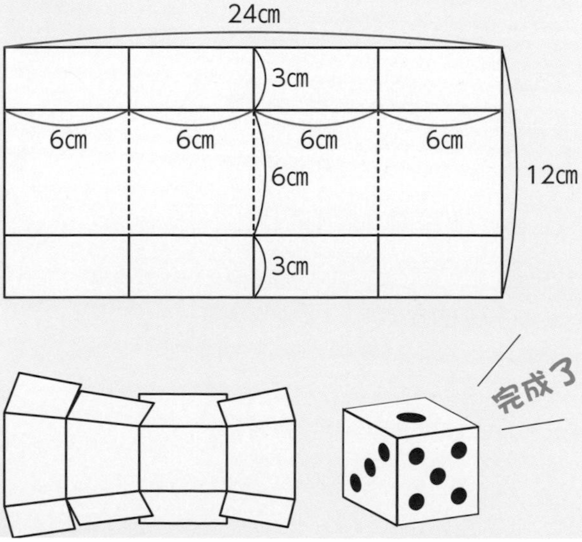

補充筆記　紙箱的蓋子與底部都有雙層瓦楞紙，所以會特別堅固。只要準備1片瓦楞紙，就能夠在不浪費紙張的情況下，製作出堅固的紙箱，真的是很棒的生活用品。

試著自己製作紙箱吧

動手做做看

2月 13日

神奈川縣　川崎市立土橋小學
山本　直老師

閱讀日期　月　日　月　日　月　日

談到最貼近我們生活的箱子，很多人都會想到紙箱吧！將立體的紙箱拆解開後，就會變成一張平坦的瓦楞紙，而這就稱為展開圖。今天要先畫出展開圖，再試著自己動手做出紙箱。

要準備的東西
- 瓦楞紙
- 剪刀
- 封箱膠帶
- 鉛筆
- 麥克筆
- 尺

●先畫出展開圖

請先畫出展開圖吧。將瓦楞紙裁切得像下圖一樣，然後用鉛筆畫出切割線（實線）與折線（虛線）。

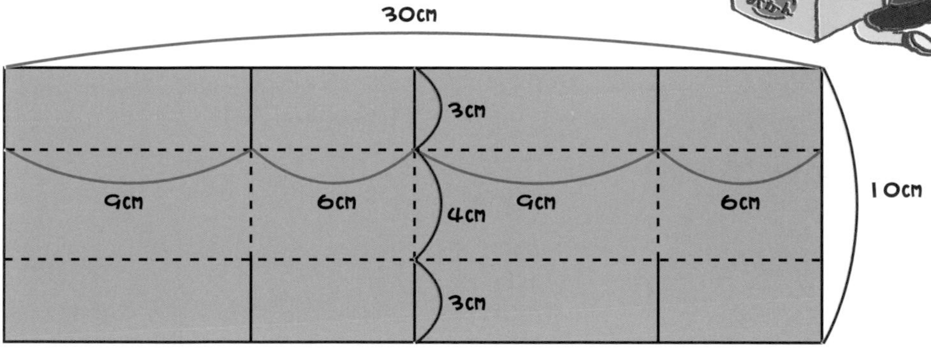

●用剪刀剪開切割線

拿出剪刀，沿著切割線剪開吧。

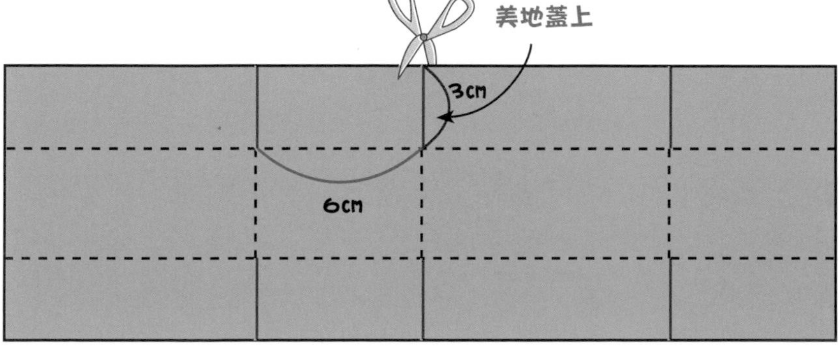
切割線的長度剛好等於箱子長度的一半，就能夠在完成後，讓蓋子完美地蓋上

找出規則的方法

切割巧克力的方法？

2月14日

御茶水女子大學附屬小學
岡田紘子老師

閱讀日期　月　日　月　日　月　日

圖1

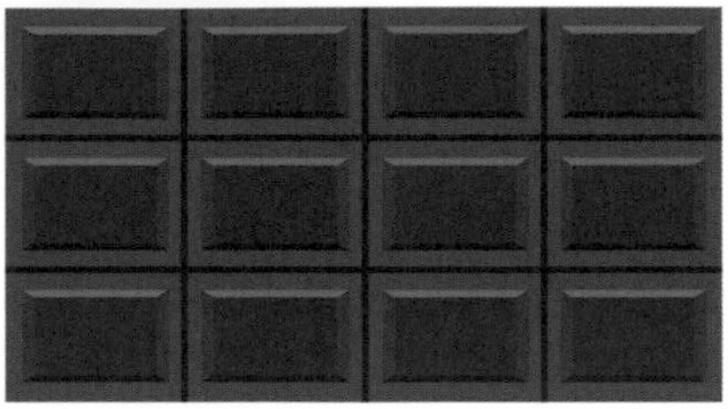

不管用什麼切法，
刀數都是巧克力數量－1嗎？？

要切幾次，才能夠完全分開？

市面上有像圖1這種片狀的巧克力，如果想將這種巧克力，切成12小塊的話，要切幾刀才能夠在不重複切割的情況下把每一塊巧克力分開呢？

接下來一起思考各式各樣的切割方法吧！首先是先切3刀，再切8刀的方法（圖2）。

再來，試試像圖3一樣的切割方法吧。結果發現總共還是得切11刀呢！為什麼不管怎麼切，都必須切11刀才能夠把每一塊巧克力分開呢？

將巧克力的數量減去1

切割片狀巧克力的時候，切1刀會變成2塊，切2刀會變成3塊，切3刀會變成4塊……依此類推，切11刀就會變成12塊。也就是說，想要把片狀巧克力全部切開時，必須切「12－1刀」才能夠完成。

如果片狀巧克力的數量是縱向5塊×橫向6塊的時候，要切幾刀才能夠把每一塊分開呢？

首先請算出小塊巧克力的數量，也就是5×6＝30塊。要將這30塊完全分開的時候，只要切割30－1＝29刀就可以把每一塊分開了。

圖2

先切
3刀
再切
8刀
3＋8＝11刀

圖3

先切
2刀
再切
9刀
2＋9＝11刀

補充筆記　不管使用什麼樣的切割法，結果都是巧克力數量－1刀。請試著想出各種切割方式來確認看看吧！

關於數字與計算

各式各樣的單位用法

2月 15日

大分縣　大分市立大在西小學
二宮孝明老師

閱讀日期　月　日　月　日　月　日

為什麼日本算兔子的單位要用「羽」呢？

大家看到有許多麻雀在飛的時候，會怎麼計算牠們的數量呢？一定會邊說著「1隻、2隻……」邊計算吧？那麼，如果眼前有很多車子的時候又會怎麼算呢？這次會邊說著「1台、2台……」邊計算對吧？

就像前面舉的例子一樣，計算物體數量時，會隨著物體種類而改變計算單位，例如：人、張、本、杯、粒……等。請看看自己身邊的物品，肯定也會找到許多不同的單位吧？接下來要介紹的，是日本一些很有趣或者是很罕見的單位使用方法。

在算動物的數量時，使用的單位通常是「隻」、「匹」或「頭」，但是日本在計算兔子的時候，卻會使用「羽」這個單位。而「羽」這個單位，在日本原本是用來計算鳥類的。為什麼日本要把鳥類的單位用在兔子身上呢？對此，日本人也有許多不同的看法，下面要介紹其中一種說法。

相傳很久很久以前的神明，曾經告誡人類不可以食用獸類（通常是指4隻腳的獸類）的肉。但是儘管如此，還是有些人會想要吃獸類的肉。這時，他們看到兔子跳躍的模樣後，就把牠們長長的耳朵當成翅膀，堅稱兔子屬於鳥類，所以當時就把「羽」當成計算兔子時的單位，並且一直沿用至今。

其他也有許多有趣的單位！

日本還有許多有趣的單位喔！例如：把「下了一場雨」稱為「一雨」、把「一隻魷魚」稱為「一杯魷魚」、把「一塊羊羹」稱為「一棹羊羹」等。

試著查查看

中文的單位用法

中文也有很豐富的單位用法。

【常見的中文單位】
細長物體（褲子、小黃瓜等）→條
有握柄或是有把手的物品（傘、菜刀等）→把
書或筆記本等→本
外套、衣服等上衣→件

補充筆記　外國也會將12支鉛筆稱為「1 dozen（打）」，6支鉛筆等於「half-dozen（半打）」，12打則等於「1 gross（籮）」，詳情請參考第55頁。

數字與圖形小遊戲

剩下的火柴棒數量？

2月16日

青森縣　三戶町立三戶小學
種市芳丈老師

閱讀日期　月　日　月　日　月　日

試著排在一起看看吧

接下來要介紹的是算術相關的魔術。要事先準備的東西是火柴棒。沒有火柴棒的話只要準備棒狀的物品就可以了。

【作法】（圖1）

①將20根火柴棒排在一起。

②請對方選好喜歡的個位數。（例：5）

③請對方依選好的數字，從邊端開始依序拿走火柴棒。

④數一數剩下的火柴棒數量後，再將個位數與十位數的數字加起來後，依算出來的答案拿走火柴棒。（例：15→1＋5＝6）

⑤最後拿走2根後，再算一算剩下的火柴棒數量。

非常不可思議地，不管對方選了什麼樣的數字，最後都會剩下7根。

請先和家人一起練習這個魔術後，再到學校表演給同學看吧。大家一定會嚇一跳的。

為什麼會剩下7根呢？

只要列出算式，就能夠輕易看出這個祕密。這邊以2、5、7為例子吧（圖2）。

從算式可以看出，不管選擇哪個數字，都會變成9。再讓9－2就一定會剩下7。

圖2

20 － 2 ＝ 18　18 －（1 ＋ 8）＝ 9　9 － 2 ＝ 7

20 － 5 ＝ 15　15 －（1 ＋ 5）＝ 9　9 － 2 ＝ 7

20 － 7 ＝ 13　13 －（1 ＋ 3）＝ 9　9 － 2 ＝ 7

圖1

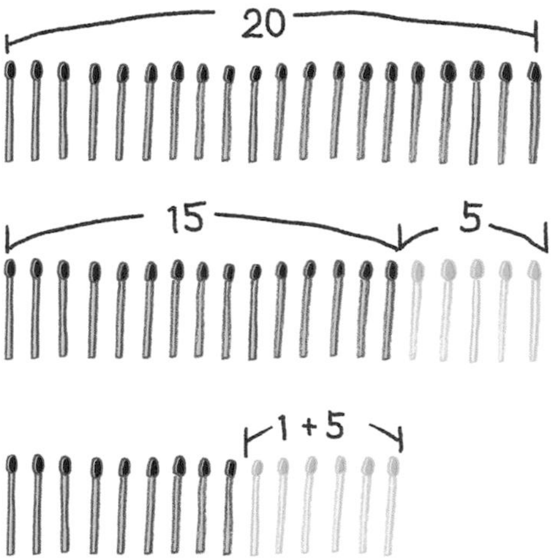

試著做做看

為什麼都會算出9呢？

在步驟④的時候，試著從別的方向開始拿走火柴棒吧。假設得出的答案是15，那麼十位數就會變成「10－1」，個位數就會變成「5－5」，所以不管選擇什麼樣的數字，都會形成「10－1」的算式，當然就都會算出9囉。

補充筆記　這個運用算術的魔術，是美國人馬丁・加德納所想出來的，這個人還想出了許多有趣的拼圖與算術問題。

廣播頻率的祕密

福岡縣　田川郡川崎町立川崎小學
高瀨大輔老師

閱讀日期　　月　　日　|　　月　　日　|　　月　　日

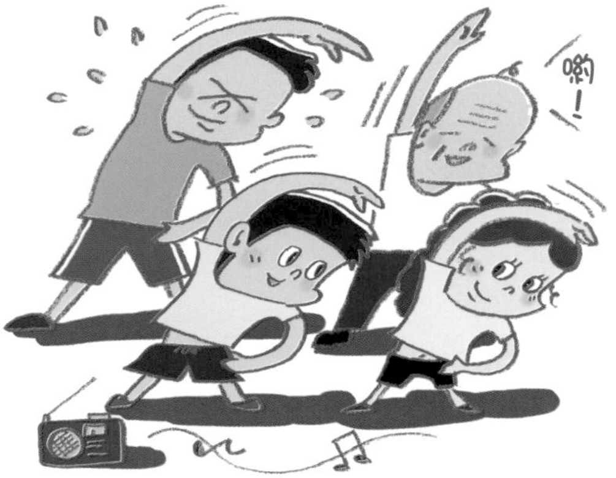

確認廣播的頻率

你知道廣播會分成ＡＭ廣播與ＦＭ廣播嗎？日本小朋友早晨常聽的「廣播體操」，是由ＡＭ廣播播放的。當ＡＭ廣播的節目出現雜音等問題，覺得聽不清楚的時候，有時候只要按按鍵改變頻率的數字，就可以聽清楚了。這是因為調成了符合節目的頻率。

每個ＡＭ廣播適合的頻率都不一樣。以日本東京的廣播頻率為例：

ＮＨＫ（第１）　５９４kHz
ＴＢＳ廣播　９５４kHz
文化放送　１１３４kHz
ＮＩＰＰＯＮ放送　１２４２kHz

頻率中藏有祕密

其實這些頻率中藏著祕密，請試著將這些數字都除以9吧。

594÷9=66
954÷9=106
1134÷9=126
1242÷9=138

非常不可思議呢！每個頻率的數字都可以被9整除，這些能夠被9整除的數字就稱為「9的倍數」。

因為國際間的ＡＭ廣播頻率，是在５３１kHz～１６０２kHz之間，以每9kHz為一個單位。而且最早的ＡＭ廣播頻率也是9的倍數，所以ＡＭ廣播的頻率就一律設為9的倍數。請實際打開廣播，試著調調看吧！

試著想想看

還藏有一些祕密喔

這次把頻率中所有數字都加起來。

594 → 5+9+4=18
954 → 9+5+4=18

咦，該不會所有頻率的數字加起來，都會變成18吧？再多舉幾個頻率出來試試看吧。

1134 → 1+1+3+4=9
1242 → 1+2+4+2=9

這次算出來的答案都是9呢。就像這樣，只要把這些頻道的所有數字加起來，就會變成9或18之類9的倍數喔！

補充筆記　大家也調查看看自己居住地方的AM廣播頻道吧。

關於單位與測量

2月18日

日常生活中方便的測量工具

東京都　杉並區立高井戶第三小學
吉田映子老師

閱讀日期　月　日　月　日　月　日

用錢測量長度?

想知道植物長出的新芽有多長?箱子的長寬高?……如果能夠在沒有尺的情況下,測量出大概長度的話,就會方便許多呢!沒問題!其實生活中很多物品,都可以幫我們測量物體。

1日圓硬幣直徑有多長呢?這種小小的硬幣直徑正好是2cm,將5枚1日圓硬幣排在一起,正好就是10cm(圖1)。

圖1

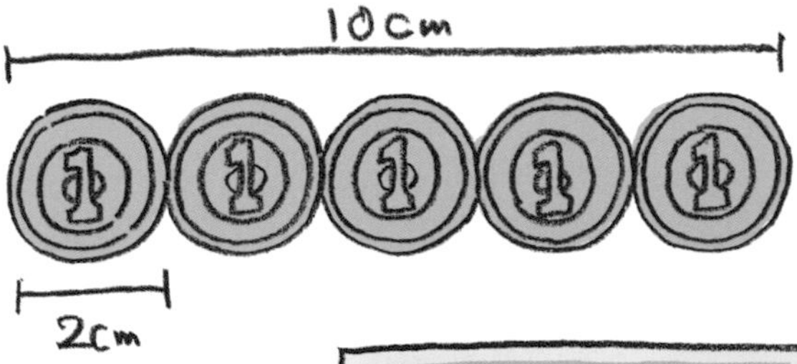

那麼鈔票有多長呢?1000日圓鈔票的長度為15cm,寬度為7cm6mm,雖然長度並非剛好寬度的2倍,但是將2張1000日圓鈔票擺在一起時的形狀,差不多就是正方形。一般拿來折紙的色紙邊長是15cm,所以1張1000日圓鈔票大約就等於是半張色紙(圖2)。

圖2

許多方便的測量工具

明信片同樣是很方便的測量工具,因為短邊的長度剛好是10cm。所以蒐集10張不要用的明信片,像圖3這樣排成一列的話,就能夠測量1m的長度。

那麼圖4是怎麼一回事呢?這種閃閃發光的圓盤叫做CD。這種會放進電視或電腦主機的CD或DVD,直徑都是12cm。

試著從日常生活中,找出其他便於測量長度的工具吧!

圖3

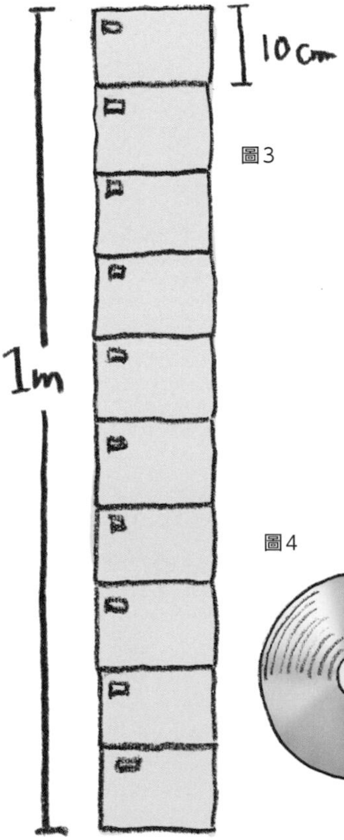

圖4

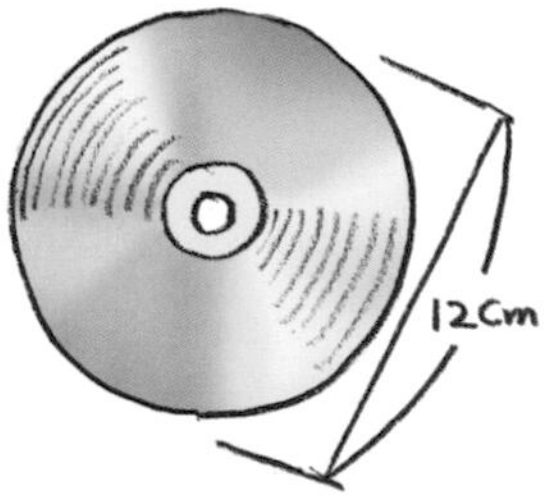

補充筆記　牛奶等的紙盒底部邊長約7cm,面積約50cm²。生活中的用品不僅可用來測量長度,還能夠用來測量重量或面積,請試著運用看看吧!利用重量為8g的1日圓硬幣就能夠測量重量呢。

「算數」這個詞的由來

青森縣　三戶町立三戶小學
種市芳丈老師

閱讀日期　月　日　月　日　月　日

從什麼時候開始使用的呢？

日本最早使用「算數」這個名詞的時候，是西元1941年，其實歷史不算悠久。在這之前的日本都和台灣一樣稱為「算術」。

但是「算數」這個詞本身卻相當古老，中國於距今約兩千年前的時候，就在《漢書・律曆志》中記載下列文章：「數者，一、十、百、千、萬也，所以算數事物，順性命之理也。」

此外，中國記載數學的文件中，最古老的竹簡（寫在竹子上的文章）上面就寫著《算數書》這個名稱。

「算」的意思

「算」最早是指使用竹子計算的技能，「數」則是包含理念。也就是說，「算數」這個詞本身的意義，並不只是要求算出答案，而是必須在計算的同時看清事物的本質。

這些道理讓日本決定將「算術」這個科目，改稱為「算數」。改變用字代表著從原本將重心放在熟練各種日常計算變成了包含圖形、代數等各種數學內容。

在學習數學的時候，不妨也想想「算數」背後的含義，培養出對圖形等算術以外領域的興趣。

補充筆記　日本的東京數學公司在西元1882年時，想把mathmatics翻譯成日文，當時他們列出了數理學、算學與數學這些選項，最後決定翻譯成「數學」。

七巧板遊戲

2月20日

東京都　杉並區高井戶第三小學
吉田映子老師

閱讀日期　月　日　月　日　月　日

全世界的人都愛玩

先在正方形的紙張上，畫出如圖1的線條後，剪成7片。接著就可以將這7片分開，藉此組合成豐富的形狀，這就是「七巧板」（圖2）。

圖1

最有名的七巧板形狀!!

世界上有許多類似的拼圖，是將1個形狀切割成多種不同的形狀，藉此拼出許多豐富的圖形，其中最有名的一種就是「七巧板」。這邊請準備較厚的紙板，製作出七巧板後，試著挑戰拼出各種圖形吧！

圖2

每個圖形都用了7片七巧板！

清少納言也有玩過？

日本也有切割法不同的七巧板，圖3就是自古流傳至今的「清少納言智慧板」。清少納言是日本平安時代的女作家。

圖3

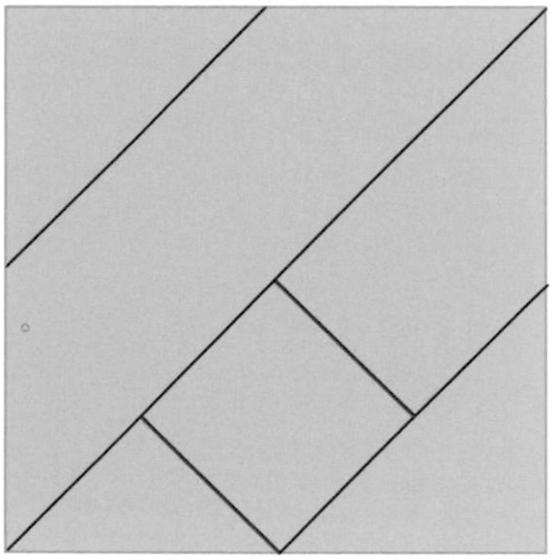

七巧板也未必都是從正方形演變而來，也有其他帶著曲線的形狀。像圖4就是從心形切割而成，名為「心碎（The Broken Heart）」（參照第392頁）。

圖4

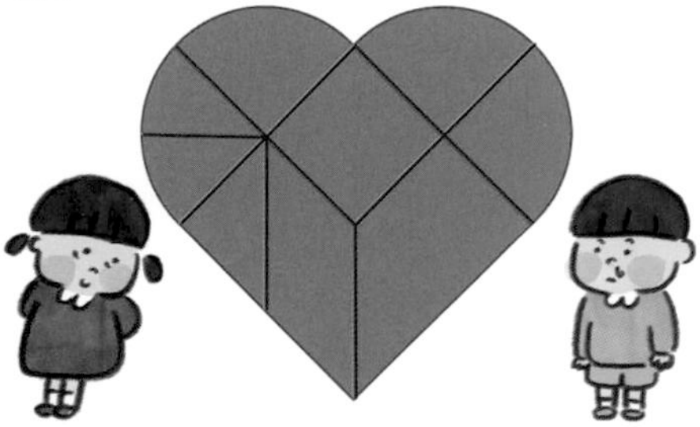

補充筆記　用7片七巧板也能組成2個正方形喔！請挑戰看看吧（「清少納言智慧板」請參照第276頁）。

輕鬆算出從1加到10的答案!?

北海道教育大學附屬札幌小學
瀧平悠史老師

閱讀日期　月　日　月　日　月　日

從1加到10？

看到像圖1的A這種算式時，你都是怎麼計算的呢？

把算式畫成圖的話，就是將圖2所有藍點的數量加起來的答案。

在計算這個算式的時候，當然可以按照順序一步一腳印地算出來，但是不曉得有沒有更簡單的算法呢？

圖1

A　1＋2＋3＋4＋5＋6＋7＋8＋9＋10＝？

圖2

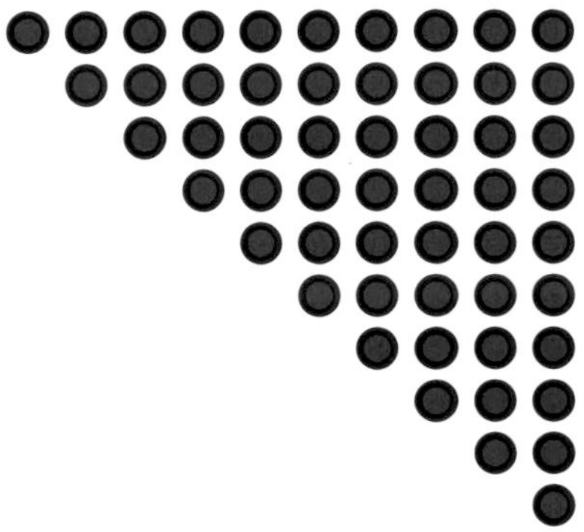

多發揮點巧思吧

其實只要使用2個算式，就能夠輕鬆算出答案囉！

11×10＝110

110÷2＝55

接下來一起思考這2個算式的原理吧！

首先，像圖3一樣把A的算式反過來，把從10加到1的算式列在A的下面。這個相反的算式就稱為B。

如此一來，1的下方就是10，2的下方就會是9對吧？將上下數字相加，結果都會算出11，由此可看出，A算式加B算式共有10組11對吧？

將這個狀況畫成圖的話，就會變成圖4。藍點代表的是算式A，紅點代表的是算式B。

從圖4中也可以看出，把所有的點加起來總共是11×10＝110個點。

而最初要計算的藍點數量，正好是所有點的一半，因此110÷2＝55。由此可知算式A的答案是55。

圖3

A　1＋2＋3＋4＋5＋6＋7＋8＋9＋10＝？

B　10＋9＋8＋7＋6＋5＋4＋3＋2＋1＝？

圖4

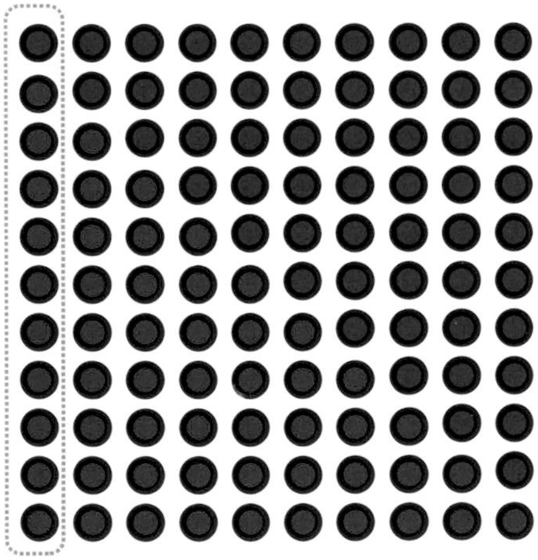

補充筆記　這個算式是一個名為高斯的數學家在少年時期想出來的。但是，他當時要計算的是從1加到100（高斯詳情請參照第293頁）。

關於數字與計算

用計算機算出的有趣加法2220

2月22日

東京學藝大學附屬小金井小學
高橋丈夫老師

閱讀日期　月　日　月　日　月　日

準備好計算機吧！

接下來要介紹的是，運用計算機按鍵的有趣加法。

計算機的數字鍵從1開始，依逆時針排列的順序為2、3、6、9、8、7、4。請像圖1一樣，從1開始照順序列出4個3位數後相加吧。

圖1

123＋369＋987＋741＝2220（圖2）

於是列出了這樣的算式與答案。這次換從2開始照順序列出4個3位數後相加吧。

236＋698＋874＋412＝2220（圖3）

接著不管是從3、6、9、8、7、4哪個數字開始，將按照這個規則列出的4個3位數加在一起，得到的結果都會是2220，非常奇妙。

試著順時針列出數字吧

這次換個方向，從1開始順時針列出4個3位數後相加。

147＋789＋963＋321＝2220（圖4）

結果算出的答案同樣是2220。

接著試試看從4開始的數字吧。

478＋896＋632＋214＝2220（圖5）

答案還是2220，真是太有趣了。

裡面到底藏著什麼樣的祕密呢？仔細觀察圖2～5的算式，可以發現各位數的數字總和都是20呢。

圖2

$$\begin{array}{r} 123 \\ 369 \\ 987 \\ +\ 741 \\ \hline 2220 \end{array}$$

圖3

$$\begin{array}{r} 236 \\ 698 \\ 874 \\ +\ 412 \\ \hline 2220 \end{array}$$

圖4

$$\begin{array}{r} 147 \\ 789 \\ 963 \\ +\ 321 \\ \hline 2220 \end{array}$$

圖5

$$\begin{array}{r} 478 \\ 896 \\ 632 \\ +\ 214 \\ \hline 2220 \end{array}$$

補充筆記　拿出計算機找找看，還有沒有相加後會變成2220的算式吧！

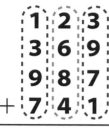

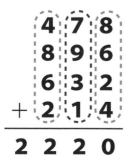

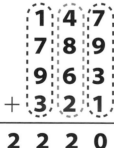

2月

關於單位與測量

測量大象重量的方法

2月23日

青森縣　三戶町立三戶小學
種市芳丈老師

閱讀日期　月　日　月　日　月　日

大象能夠站上去的磅秤？

你曾經去動物園看過大象嗎？看到身體非常龐大的大象，會忍不住思考牠們到底有幾kg對吧？在很久以前的中國，也有一位國王思考著同樣的事情，這個人即是魏王曹操……。

當時吳國的孫權送了一頭大象給魏國的曹操，曹操看到大象後，對於這個龐然大物的體重感到好奇，問了眾臣卻沒有人回答得出答案。

因為當時用來秤重的只有鐵秤或天平，都是大象無法站上去的東西。

王子想出的辦法

這時，魏王的兒子曹沖說：「我想到了能夠秤出大象重量的方法。」

曹操知道自己的兒子曹沖雖然還小，卻擁有大人般的智慧，所以就仔細傾聽了曹沖的辦法。

「首先讓大象搭上一艘大船，並在船側的水位做記號，接著讓大象離開船，再慢慢將石頭堆上大船，直到船下沉到與船側的水位記號一樣時為止。最後，只要測量這些石頭有多重，就可以知道大象的重量了。」（圖1）

後來測量了石頭的重量後，發現大象的體重大約4500kg，幾乎等於70名大人。這樣的結果令曹操非常高興，大大地稱讚了曹沖。

圖1

讓大象搭上船，
在船側做記號
接著堆上石頭，
直到船側的水位
到達記號為止
下沉深度的記號
石頭秤重後，
大約4500kg！
＝
大約是70名大人的
體重

補充筆記　動物園用來測量大象重量的體重計，都會嵌在地面。

猜數字遊戲！Hit and Blow

2月24日

御茶水女子大學附屬小學
久下谷 明老師

閱讀日期 月 日 | 月 日 | 月 日

Hit and Blow

規則

① 找好一起玩的人後，分成提問者與猜謎者。

② 提問者要想一個4位數的數字（答案），而且4個數字都要不同。
（例如：提問者決定正確答案是『1527』。）

③ 猜謎者要先說出自己猜的4位數字。
（例如：猜謎者先猜是不是『1425』。）

④ 如果猜謎者說的數字中，有任何一個數字的數字與位數都符合正確答案時，提問者就要回答「Hit」，只有數字猜中，位數卻不同的時候就是「Blow」。
（例如：提問者決定的正確答案是『1527』，猜謎者則猜是『1425』，這時提問者就要回答「2 Hit、1 Blow」。）

⑤ 在猜謎者猜出正確答案之前，不斷重複③與④的步驟。

在紙上寫出猜測數字與提問者的回答，可以幫助思考喔。
覺得有點困難的話，就從2位數或3位數開始挑戰吧！

圖1

「2 Hit 1 Blow」是什麼意思？

今天要介紹的遊戲「Hit and Blow」，是要2個人一起玩的猜數字遊戲。

規則如圖1所述。

光看規則的話或許覺得很難懂。請和家人一起實際扮演提問的人與猜數字的人，就比較容易了解了。

首先請家人先當提問的人，自己則試著猜猜答案吧。

看到規則覺得有點困難的時候，也可以先從2位數或3位數開始試起，不一定要從4位數開始。此外，在進行遊戲的同時，建議拿出筆記本，邊寫下猜測的數字，以及實際說出數字後，提問者說出的結果，邊推測正確答案用了哪些數字？以及數字的排列方式？

比賽看看誰能用最少的次數推測出正確答案。

試著做做看

你解得出這個問題嗎？

請將遊戲的技巧，運用在右側的題目吧！

問題1

正確答案是3位數。請問答案是？

345 → 0Hit 0Blow
268 → 2Hit 0Blow
201 → 1Hit 0Blow
278 → 1Hit 0Blow

問題2

正確答案是4位數。請問答案是？

3480 → 0Hit 2Blow
0741 → 0Hit 0Blow
9538 → 1Hit 2Blow
9823 → 0Hit 3Blow
8639 → 0Hit 2Blow

補充筆記　上面「試著做做看」的答案列於後方。問題1→269、問題2→2358。

2 與生活有關的算術

黃金比例！矩形

2月 25日

島根縣　飯南町立志志小學
村上幸人老師

閱讀日期　月　日　月　日　月　日

擁有優美穩定感的矩形

當你聽到「黃金矩形」這個名詞時，腦中浮現的會是怎樣的矩形呢？

是閃耀著璀璨光芒的金色矩形嗎？

不不，不是這樣的，其實「黃金」指的不是顏色而是形狀。那麼，「黃金」為何能夠用來形容形狀呢？

這是因為依照黃金比例組成的矩形，擁有絕佳的穩定感，形狀也相當優美，所以才會稱為黃金矩形。

來觀察古希臘遺跡帕德嫩神廟吧！從神廟的正面就能看出縱長（包括復原後屋頂的最大高度）及橫長是黃金比例的黃金矩形。

其他像是巴黎的凱旋門、日本的唐招提寺金堂、紐約的聯合國總部大樓、義大利藝術家達文西的鉅作《蒙娜麗莎》、日本畫家葛飾北齋的《富嶽三十六景》等，都藏有黃金矩形。

達文西的作品《蒙娜麗莎》。
照片來源／Artothek／Aflo

希臘帕德嫩神廟。
照片來源／Sergio Bertino／Shutterstock.com

祕密在於長與寬的比例

那麼黃金矩形到底是什麼樣的形狀呢？首先畫出一個長方形後，依這個長方形的短邊，畫出一個正方形。如果原本的長方形扣掉這個正方形後，剩下的形狀與最原始的長方形相同時（短邊與長邊的比例相同），這個原始的長方形就可以稱為黃金矩形。而剩下的小長方形，扣掉依短邊所畫出的正方形後，剩下的依然是比例與原始長方形相同的長方形，非常奇妙。

而這樣的黃金矩形長寬比例為1.62：1，數字看起來不上不下的。進一步探索這個比例時，會發現大自然也藏有許多黃金矩形，還有很多設計同樣暗藏著黃金矩形。

試著做做看

哪一個是黃金矩形呢？

下列圖形中，藏有2個黃金矩形，請問是哪個呢？

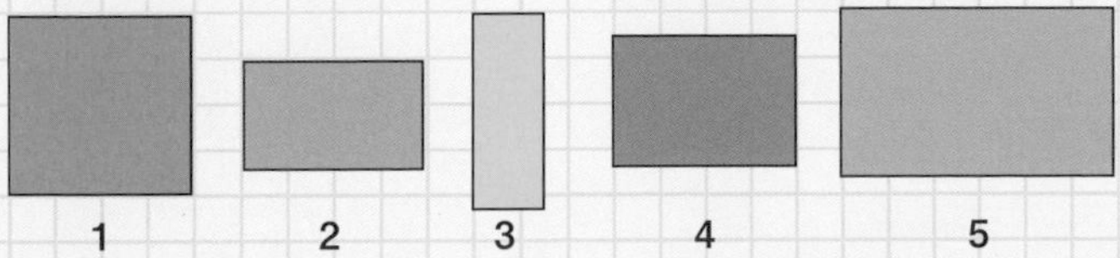

補充筆記　日常生活中的名片、數位照相機與隨身聽等，很多都是使用了黃金矩形。如果發現一看就覺得優美的長方形時，不妨試著調查看看是不是黃金矩形吧！〈試著做做看的答案〉2、5

關孝和是日本數學界的巨星!?

2月26日

明星大學客座教授
細水保宏老師

閱讀日期　月　日｜　月　日｜　月　日

「筆算」的發明

日本數學是以中國數學為範本。在進行加法與減法的簡單計算時，只要使用算盤就很方便了。遇到更困難的題目時，會搭配一種叫做「算木（長得很像火柴棒）」的計算工具。

但是要一一排出算木，是件很耗費時間與占空間的事情，所以人們就想出了在紙上書寫數字與符號的計算方法，看起來與大家使用的筆算差不多。在日本想出這種方法的人，是江戶時代（1603～1867年）的數學家關孝和（？～1708年）。

世界頂尖的日本數學！

關孝和原本是侍奉甲州（山梨縣）德川家的武士，他從年輕時就對數字特別敏感，因此負責管理地區的金錢。以現在的職位來說，大約等於區公所的會計。

關孝和以數學家的身分，留下了許多卓越的研究成績。

例如，他以獨創的方法計算圓周率，精準的算出了小數點以下10位數的數字——3．1415926535 9。

他最有名的事蹟，就是發明了寫在紙上的算式寫法「傍書法」。這個發明讓許多難以解開的複雜問題，都順利地迎刃而解了。

「傍書法」為日本數學界開拓了道路，使江戶時代的和算（由日本自行發展出的數學）有了大幅發展，躋身世界頂尖的行列。

試著做做看

江戶時代的筆算

本圖是關孝和想出的算式寫法「傍書法」。請與生活中熟知的西洋式寫法比較看看，然後試著用江戶時代的寫法進行加、減法的計算吧。

傍書法

西洋式	甲＋乙	甲－乙	甲×乙	甲÷乙
傍書式	｜甲 ｜乙	｜甲 乂乙	｜甲乙	乙｜甲

補充筆記　1994年發現的小行星，取名為「關孝和（7483 Sekitakakazu）」。據說關孝和也曾經研究過正確寫出天文曆的方法。

車道標字為什麼這麼細長？

神奈川縣　川崎市立土橋小學
山本　直老師

閱讀日期　月　日　月　日　月　日

寫在路面上的文字

車子在行駛的馬路上，寫有各式各樣的文字對吧？這些文字包括「停」、「禁行機車」、「公車專用道」等，向駕駛人傳遞了各式各樣的訊息。仔細觀察這些文字的話，是否會覺得路面的字體特別細長呢？走在路上時，也觀察一下這些路面標誌吧。

從不同角度看見的文字形狀不同？

請觀察圖1日文的「停（止まれ）」，可以發現右側的字體，比一般字體還要細長。在閱讀本書的時候，一定也覺得這個字特別細長吧？接下來請把書本水平放置，並移到斜前方的位置，這時是否覺得原本特別細長的字，現在看起來變正常了呢？原來，從不同角度看這些文字的時候，感受到的長度會不同呢！

實際寫在道路上的文字也一樣，雖然從正上方俯瞰的時候，會覺得字體特別細長。但是路面上的文字對駕駛人來說是位在斜前方，所以在駕駛人的角度看來就是一般的文字，更能輕易地確認內容。

這些寫在路面上的文字，在設計時都顧慮到了閱讀者（駕駛人）的閱讀方便性呢！

圖1

試著查查看

看起來立體的廣告

你有沒有去過足球或田徑比賽場地呢？這些比賽場地都設有各式各樣的廣告，而地面上的廣告通常都斜斜的，這是為什麼呢？事實上，這是為了讓透過電視觀賞比賽的觀眾覺得廣告是立體的，看起來就像立著的招牌一樣，才會使用這種斜斜的平行四邊形。如此一來，透過電視看見的這些廣告就會像長方形一樣。下次當你透過電視或是實際前往比賽場地時，不妨仔細觀察一下這些廣告吧！這裡的設計，也都有顧慮到觀看者的閱讀方便性喔！

補充筆記 日常生活中有許多事物，都運用了人類在觀看時腦袋的運作機制。而運用人類錯覺的錯覺圖，就是一種很好的例子（參照第326頁）。

數字與圖形小遊戲

暗號遊戲

2月 28日

東京都　杉並區立高井戶第三小學
吉田映子 老師

閱讀日期　月　日　月　日　月　日

什麼是狸貓暗號？

「おたやたつたはたぷたりたん（O TA YA TA TSU TA WA TA PU TA RI TA N）」是什麼意思呢？其實這個句子連日本人也看不懂。

這叫做「狸貓暗號」。因為「狸貓」的日文是「たぬき（TA NU KI）」，發音等於「去掉た（TA）」的意思。所以當我們將「た（TA）」都去掉，就會變成「おやつはぷりん（O YA TSU WA PU RI N，點心是布丁）」。

再看看其他種類的暗號吧！

53、73、41、44、74、84、61

這其實是參考電腦鍵盤，把注音符號編成像上圖的表格後，再用數字代替注音符號所產生的暗號。

像第一個的「53」，就是指第5行第3列的字，也就是「ㄕ」。

照順序查完上表之後，就會出現「數學」這個詞。

10	9	8	7	6	5	4	3	2	1	
ㄢ	ㄞ	ㄚ	˙	ˊ	ㄓ	ˋ	ˇ	ㄉ	ㄅ	1
ㄣ	ㄟ	ㄛ	ㄧ	ㄗ	ㄔ	ㄐ	ㄍ	ㄊ	ㄆ	2
ㄤ	ㄠ	ㄜ	ㄨ	ㄘ	ㄕ	ㄑ	ㄎ	ㄋ	ㄇ	3
ㄥ	ㄡ	ㄝ	ㄩ	ㄙ	ㄖ	ㄒ	ㄏ	ㄌ	ㄈ	4
ㄦ										5

你解得開這種暗號嗎？

接下來要介紹更難的暗號。

「逛超市時帶著書，有創意的造句，很暗的編號」

這組暗號還給了另一個提示，那就是「3」。這邊先去除標點符號，讓所有的字都黏在一起！

「逛超市時帶著書有創意的造句很暗的編號」

由於這裡的提示是「3」，所以我們試著將第3個字，以及其他位在「3的倍數（第6個字、第9個字等）」的字都標成紅色吧。

「逛超市時帶著書有創意的造句很暗的編號」

結果就出現了「市著創造暗號」這個句子，唸起來就是「試著創造暗號」。

試著做做看

來解讀暗號吧

73、101、21、101、41、63、101、11、93、52、14、101、41

提示是「2」。這是將前述使用注音符號表的暗號，結合最後一個暗號的問題喲！

補充筆記　多發揮點巧思，試著創造出專屬自己的暗號很有趣喔！「試著做做看」的答案是「蛋包飯」。

為什麼會有閏年呢？

2月 29日

大分縣　大分市大在西小學
二宮孝明老師

閱讀日期　月　日　月　日　月　日

農曆裡還有「閏月」

你有聽過「閏年」這個名詞嗎？一般來說，一年只有365天，但是因為每4年會有1次2月29日（閏日），這一年就會有366天。擁有「閏日」的這一天就是「閏年」。那麼，為什麼每4年要有一次366天呢？

很久很久以前的人是以月亮的陰晴圓缺在製作日曆的。他們將幾乎看不見月亮的新月，至下一次新月出現的期間視為一個月，這樣的陰晴圓缺循環12次後，就會過完一輪的春夏秋冬，定為一年。在這種情況下，每個月會有29天或30天，所以古代一年的日數比現代少。

結果隨著漫長的歲月流逝，當時製作出的日曆卻漸漸地脫離了原先的季節，於是便決定每隔幾十年就將一年的月數調整為13個月，多的這個月就稱為「閏月」。

沒有閏年的話，日曆與實際的季節就會隨著歲月流逝，慢慢地對不上了。

「閏日」的誕生

但是即使設置了「閏月」，日期與季節卻還是隨著漫長的歲月流逝，再度錯開了。於是人們開始追求不管過了多久，日期都不會與季節錯開的曆制。

現在使用的曆制稱為「公曆（西曆）」，是1582年問世的。公曆每年的日數，精準來說應為365.2425天。在一般情況下，每年都是365天，但是遇到年數能夠以4除盡的年（但能以100除盡的年份中，只有同時也可用400除盡的才算數）就設有閏日，藉此避免日期再度與季節錯開。

試著查查看

江戶時代的曆制

日本傳統使用的曆制，是於6世紀從中國傳入的。但是，隨著漫長的歲月流逝，漸漸地不符合日本的季節。因此江戶時代的天文曆學家澀川春海，就制訂了適合日本的新曆制。後來，澀川家的人代代都是政府的天文官，為曆制盡一份心力。

補充筆記　4年才有1次的2月29日是「閏日」，「閏」這個字有「偏」的意思。

感受一下吧

小孩的科學照相館 vol. 2

這邊要介紹與算術有關的獨特照片。
這才知道，原來算術的世界
這麼有趣、這麼美麗。

1 正多面體

骰子的形狀除了常見的正6面體以外，還有正4面體、正8面體、正12面體、正20面體等豐富的形狀。

2 小數、分數

（後方）形狀是10面體。寫有0.1這種小數第1位的數字，以及0.01這種小數第2位的數字。（前方）各種「分數骰子」。每一面都寫有不同的分數，研究看看並推測出這些分數之間的法則。

「五花八門的骰子」

骰子在數學課中登場的機率很高，雖然平常看到的都是6面的立方體（正6面體），但世界上其實還有各種充滿玩心的骰子。這裡將介紹幾種比較不常見的類型。

◉骰子提供／吉田映子

3 其他不同變化的骰子

（從左至右）
轉軸骰子：使用時會不是用丟擲的，而是要轉動握軸。
倍數骰子：點數包括2、4、8、16、32、64。
30面體骰子：共有30面菱形的面，點數分別是1～30點。
數學符號骰子：可以用來練習加減乘除的骰子。

4 骰中骰

骰子裡面還有小骰子的類型，拿來玩遊戲時，如果設定必須將所有數字加起來的規則，總覺得會更有趣呢!?

3月

March

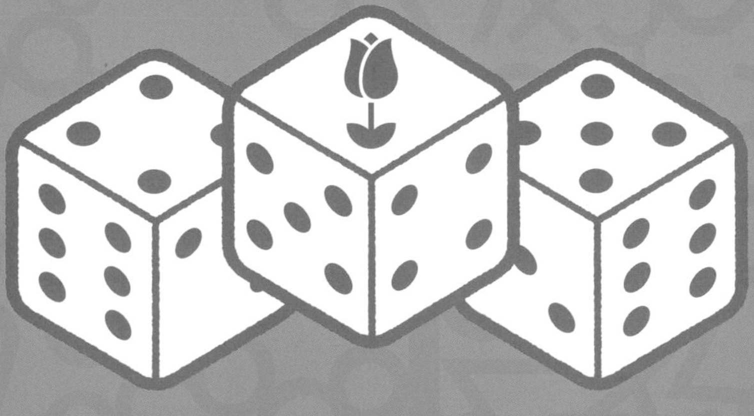

2 與生活有關的算術

高興？難過？零用錢

3月 1日

福岡縣　田川郡川崎町立川崎小學
高瀨大輔老師

閱讀日期　月　日　月　日　月　日

如果每天都2倍的話

大家每個月都領到多少零用錢呢？不管領了多少，都要好好珍惜自己的零用錢喔！

這邊先假設每個月（30天）的零用錢有1萬元。有這麼多，肯定會很開心吧。但要是30天內，每天只有1元，就會覺得很失望吧。

如果第1天領到1元、第2天2元、第3天4元……像這樣每天領到的錢，都是前一天的2倍時，1個月能夠拿到多少零用錢呢（圖1）。

圖1

第1天	…1元
第2天	…2元
第3天	…4元
第4天	…8元
第5天	…16元
第6天	…32元
第7天	…64元
第8天	…128元
第9天	…256元
第10天	…512元

希望能夠趕快填滿♪

從1元開始的數字好驚人

按照這個規律時，第10天也只可以領到512元，這10天的零用錢也才1023元而已，所以還是1個月領1萬元比較划算對吧？

這邊請計算一下第11天能夠領多少吧（圖2）。

圖2

第11天	…1024元
第12天	…2048元
第13天	…4096元
第14天	…8192元
第15天	…1萬6384元
第16天	…3萬2768元
第17天	…6萬5536元
第18天	…13萬1072元
第19天	…26萬2144元
第20天	…52萬4288元

存錢筒已經滿了呢！

是不是發現金額變得愈來愈驚人了呢？到了第20天時，1天就可以領到52萬元。請繼續計算下去吧（圖3）。

雖然第1天只能領1元而已，但是到了第30天時，數字竟然變成大約5億元……！多麼令人驚訝的龐大數字啊。原來「2倍」的力量這麼強大呢！

圖3

第21天	…104萬8576元
第22天	…209萬7152元
第23天	…419萬4304元
第24天	…838萬8608元
第25天	…1677萬7216元
第26天	…3355萬4432元
第27天	…6710萬8864元
第28天	…1億3421萬7728元
第29天	…2億6843萬5456元
第30天	…5億3687萬912元

約5億元！！！

補充筆記　日本的戰國時代（前5世紀～前221年）也有與2倍力量相關的故事，當時有名男子從豐臣秀吉手上，得到了非常大量的獎賞。詳情請參照第270頁。

折起後會完美重疊的圖形

3月2日

岩手縣　久慈市教育委員會
小森　篤老師

閱讀日期　月　日　月　日　月　日

用色紙折得出來嗎？

將4個正方形邊對邊連接在一起，能夠組合成下列形狀。

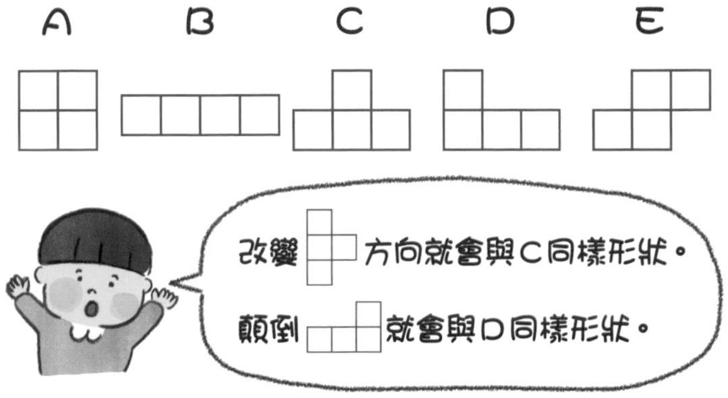
A
B
C
D
E
改變 方向就會與C同樣形狀。
顛倒 就會與D同樣形狀。

A、B、C只要以特定的方式對折，就能夠完美重疊。

C
B
B有2種折法呢！
A
A有4種折法，能夠讓圖形完美重疊。你知道該怎麼折嗎？
D
解答有3種！
E
解答有1種，找出來了嗎？

D、E則是不管怎麼折，都無法完美重疊在一起。

但只要再添加1個正方形，就可以在對折時完美重疊。請問你知道該將正方形加在哪裡嗎？

解答

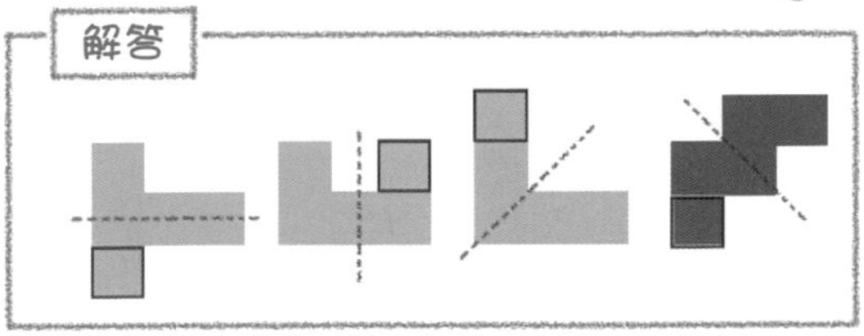

試著做做看

請試著找找看吧

生活周遭應該也有很多對折後，能夠完美重疊的圖形。在家裡與戶外找找看吧。

補充筆記　這些對折後能夠完美重疊的形狀，就叫做「線對稱圖形」。

地球33號地在哪裡!?

3月 3日

高知大學教育學院附屬小學
高橋 真老師

閱讀日期 月 日 月 日 月 日

沒有地址的地方該怎麼標示？

寫信給朋友的時候，必須寫上由5個數字組成的「郵遞區號」，以及像「○○路△號」這類由地名與數字組成的「地址」。當郵局的員工看到這些資料時，就能夠準確地將信件送達目的地。地址可以說是種人類的智慧結晶，能夠讓不認識這個地區的人，找到其他人居住的地方或建築物的位置。

那麼，如果是待在海洋或沙漠這種沒有□□市○○路等地名的地方，該怎麼表示所在位置呢？其實有種數字的組合方法，能夠標示出地球上所有的位置。

地球的北端是北極，南端就是南極。觀察地球儀可以發現，有縱線（經線）連接北極與南極，另外也有與縱線交錯的橫線（緯線）。從北極開始，經過英國倫敦再連往南極的縱線是0度，從這條線往左右各延伸出180度，稱為「經度」。同一條經線上的地點，經度都相同。

另外，位在南、北極中間的赤道同樣為0度，從這裡往南北分別延伸出90度，並稱為「緯度」。

同一條緯線上的地點，緯度也都相同。只要善用經度與緯度，就能夠輕易表現出地球上各個地方的位置。

日本所在位置大約是地球的東經130度～150度之間，北緯30度～45度之間。

12個相同的數字

標題「地球33號地」的所在位置，用經緯度表示的話如下：

東經133度33分33秒
北緯33度33分33秒
（1度等於60分，1分等於60秒）

這個地方就位在日本的高知縣高知市。由於經緯度共有6個「33」，所以才會稱為「地球33號地」。

補充筆記 地球上所有地方，都可以用經度與緯度組合出的數字標示位置。查詢地圖的網站的話，也可以知道自家的經緯度喔！

動手做做看

用三角紙磚組成的花紋

3月 4日

東京都　杉並區立高井戶第三小學
吉田映子老師

閱讀日期　月　日　月　日　月　日

試著用色紙折折看吧

首先照著左圖折起色紙後，沿著折線剪成2張長方形。

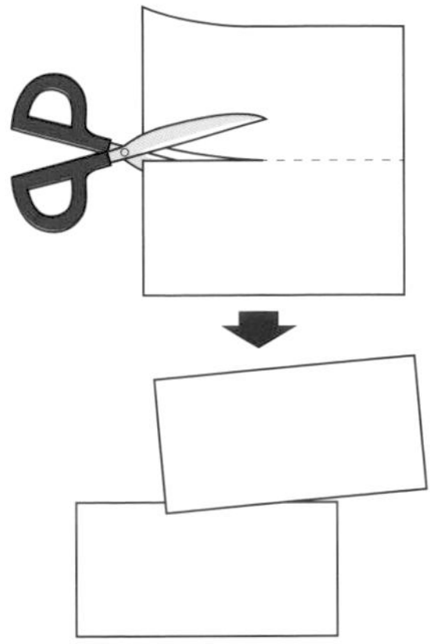

將長方形對折，折出中央的折線後，把其中一側正方形對折成三角形。

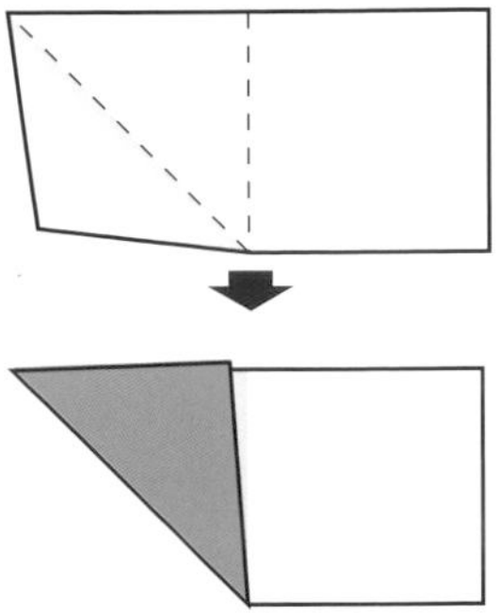

將折好的三角形如左圖折向另外一個正方形，並用膠水黏起來。

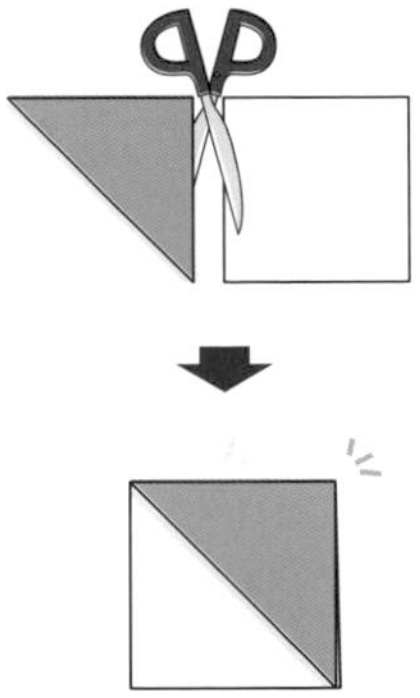

如此一來，三角紙磚就大功告成了！

接著使用2片三角紙磚，看能夠拼成什麼花紋吧？

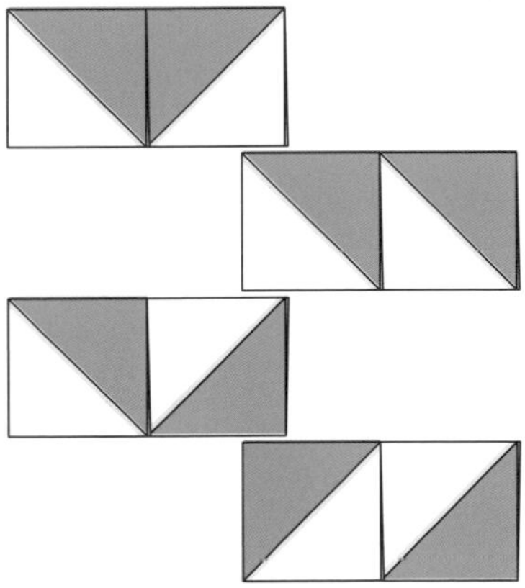

請算算看，總共能夠拼出幾種花紋。

接著使用4片三角紙磚，看能夠拼出什麼花紋？

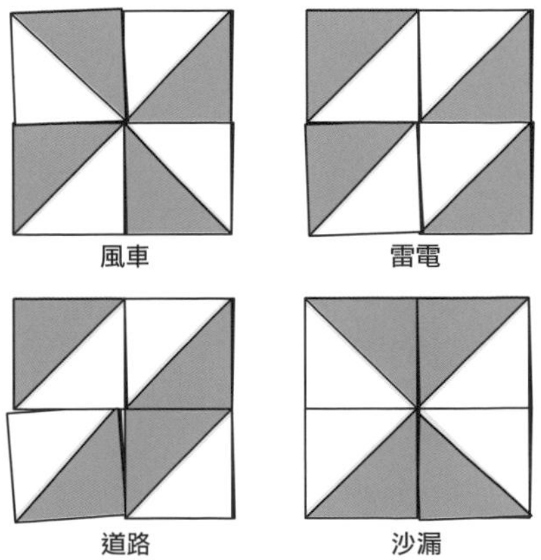

請為完成的作品取個名字吧。

補充筆記　只要將形狀相同的三角形拼在一起，就能組合出各式各樣的三角形或四邊形，真的很有趣呢！

關於單位與測量

1公尺是怎麼決定的呢？

3月 5日

大分縣　大分市立大在西小學
二宮孝明老師

閱讀日期　月　日　月　日　月　日

法國科學家的提議

「公尺（m）」是日常生活中常用的長度單位，也是世界各國都有在使用的國際單位。

原本表示長度的單位，會依國家與地區而異。很久很久以前，這些單位只會在各個國家或是地區內使用，所以不會有什麼問題。但是隨著社會發展，國家與地區之間開始頻繁交流與交易，如此一來，五花八門的單位就會造成不便。

1790年，法國的科學家們提出這樣的建議——取地球赤道與北極之間長度的1000萬分之1，當成世界的長度標準。於是，為了要知道這個長度，他們組成了一支測量隊。

「公尺」的誕生

首先，測量隊決定先測量法國與西班牙之間的長度，結果卻發生了許多阻礙，例如：捲進戰爭、測量隊長身亡等。

儘管如此，測量隊還是花了6年時間完成這項工作。法國政府則以此為依據，呼籲世界各國也一起使用公尺。

雖然剛開始並未順利推廣，但是選擇使用公尺的國家仍逐步增加。

現代為了測出更精準的公尺，改以光波前進距離為長度基準。

試著查查看

日本單位的「尺」與「寸」

日本傳統長度單位包括了「尺」與「寸」等。雖然現在生活中較不容易接觸到，但是日本的傳統產業——榻榻米製造業，至今在工作時仍會使用尺與寸等單位（參照第189頁）。

榻榻米製造者所使用的尺，就是以「尺」與「寸」為刻度。
照片提供／二宮孝明

補充筆記　1875年，各國簽訂了《公尺制公約》，日本於1885年加入，1921年4月11日頒布《公尺制法》，並將這一天視為「公尺制法頒布紀念日」。

數字與圖形 小遊戲

用數字表玩遊戲

3月 6日

熊本縣　熊本市立池上小學
藤本邦昭老師

閱讀日期　月　日｜月　日｜月　日

0	1	2	3	4	5	6	7	8	9
10	11	12	13	14	15	16	17	18	19
20	21	22	23	24	25	26	27	28	29
30	31	32	33	34	35	36	37	38	39
40	41	42	43	44	45	46	47	48	49
50	51	52	53	54	55	56	57	58	59
60	61	62	63	64	65	66	67	68	69
70	71	72	73	74	75	76	77	78	79
80	81	82	83	84	85	86	87	88	89
90	91	92	93	94	95	96	97	98	99

準備好扁平彈珠與數字表

這個遊戲必須2人一組。每個人各自準備一份「0～99」的數字表。

接著像圖一樣，將扁平彈珠擺在0上面就準備完成。

規則很簡單——

①猜拳。

②贏的人往下前進一格。

③輸的人往右前進一格。

④當扁平彈珠到達任何一個有「9」的格子時，遊戲就結束了。

⑤扁平彈珠跑到個位數為9的格子時，就是輸家；到達90這一列的人，就是贏家。

奇怪？總覺得很奇妙

在玩遊戲的途中，你或許會發現這樣的情況——

舉例來說，當自己的戰績是5勝2敗時，自己的扁平彈珠就會在52，對手則會在25。那麼，當自己的扁平彈珠跑到73的時候，對手的扁平彈珠會跑到哪裡呢？

沒錯，就是37，個位數與十位數正好和73相反呢！

接下來要提問囉！這個遊戲裡有一個數字，是扁平彈珠絕對到不了的地方，請問是哪個數字呢？

（答案就在補充筆記裡）

補充筆記　〈內文問題的答案〉這個遊戲裡，扁平彈珠絕對到不了的數字是「99」。因為在到達「99」之前，扁平彈珠一定得先到達「89」與「98」，但此時遊戲就結束了。

關於單位與測量

尋找裝滿了假金幣的袋子

3月 7日

明星大學客座教授
細水保宏老師

閱讀日期　月　日　月　日　月　日

哪個是裝滿了假金幣的袋子？

某個國家的國王，將從領地內5個地區收到的稅金分別裝在5個袋子裡，每個袋子裡有100枚金幣。但是他收到了情報，說其中一袋裡裝滿了假金幣。

因此，國王就開始思考要怎麼從5個袋子中，找出裝了假金幣的袋子。他目前知道的資訊，就是金幣的重量是10g，而假金幣的重量少了1g，所以是9g。此外，王國裡的秤重機，也可以正確量出1g的差異。

只要使用1次的秤重機

這邊將這5個袋子稱為A、B、C、D、E，分別從袋中取出1枚、2枚、3枚、4枚、5枚的金幣後，放在一起秤重。這時，秤重機上就有1+2+3+4+5=15枚金幣。

如果全部都是真正的金幣時，由於每枚金幣的重量是10g，所以秤出來應該是150g。如果發現重量少了4g，由於取出4枚金幣的是D袋，所以就可以知道裝著假金幣的是D袋。

也就是說，只要可以確認不足的重量，就可以知道假金幣是從哪一袋拿出來的。

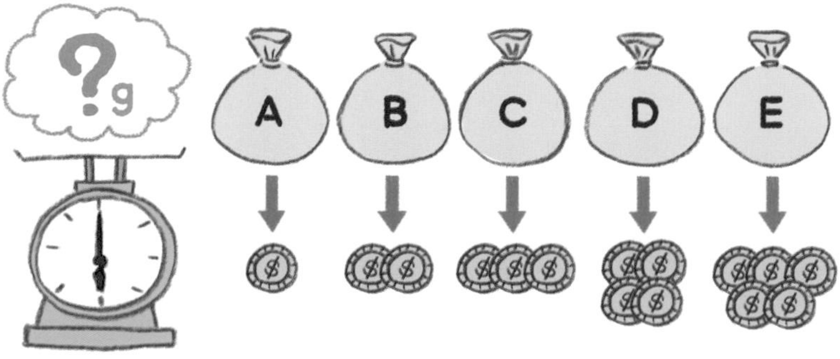

補充筆記　事前知道只有一袋是假金幣的話，不用從E袋中拿出金幣也可以得到答案。因為只要確認A～D袋不是假金幣的話，就可以確認E袋是假的了。

用生肖算術

3月 8日

御茶水女子大學附屬小學
岡田紘子老師

閱讀日期 月 日 月 日 月 日

從生肖算出年齡！

大家屬什麼生肖呢？生肖有鼠、牛、虎、兔、龍、蛇、馬、羊、猴、雞、狗、豬這12種。日本文化中，會以「年男、年女」來表示所屬生肖等於該年生肖的人，所以迎來猴年的時候，這一年的「年男、年女」的年紀就會是0歲、12歲、24歲、36歲、48歲、60歲、72歲、84歲、96歲……等。

因此，如果有人說「我屬狗」，而今年是猴年的話，就代表這個人還有2年就是「年男、年女」，由此可知，狗年－2就會等於猴年。

注意除以12的餘數

知道一個人的年齡後，也能夠算出他的生肖。例如：在猴年時26歲的人，因為26÷12＝2餘2，由此可知，這個人出生這年的生肖，是猴年前2年的馬年。因此，只要將人的年齡除以12後，就可以用餘數算出這個人的生肖。

此外，由於猴年的2016年能夠被12整除，也就是2016÷12＝168，所以想知道哪一年的生肖時，就可以用猴年當作基準，將該年的數字除以12就可以算出答案了。以2050年為例的話，因為2050÷12＝170餘10，那麼這一年的生肖就是從猴年開始算起第10個，也就是雞、狗、豬、鼠、牛、虎、兔、龍、蛇、馬，由此可知2050年是馬年。

另外，由日本東京舉辦奧運的2020年，則因為2020÷12＝168餘4，所以能夠算出這一年是鼠年。

補充筆記 生活中有許多以12為1個週期的事物，例如：時鐘或月曆等。也找找看其他的物體吧。

解答時間

那麼，接下來要公布正確答案囉。答案就是C的直線。請先找出包含一開始直線的長方形。

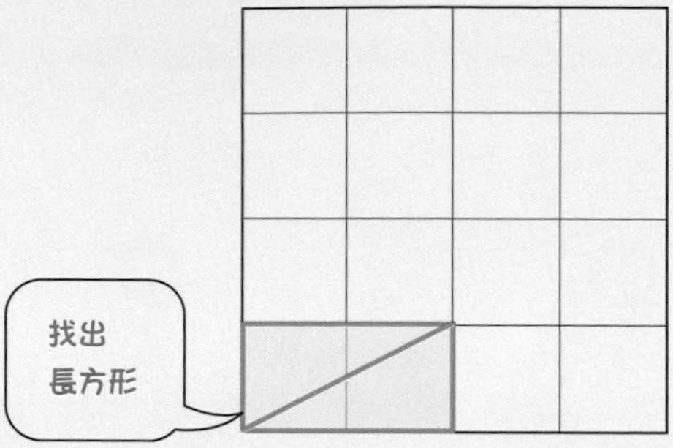

接著將這個長方形旋轉90度。如此一來，就能夠畫出與第一條直線互相垂直的直線了。

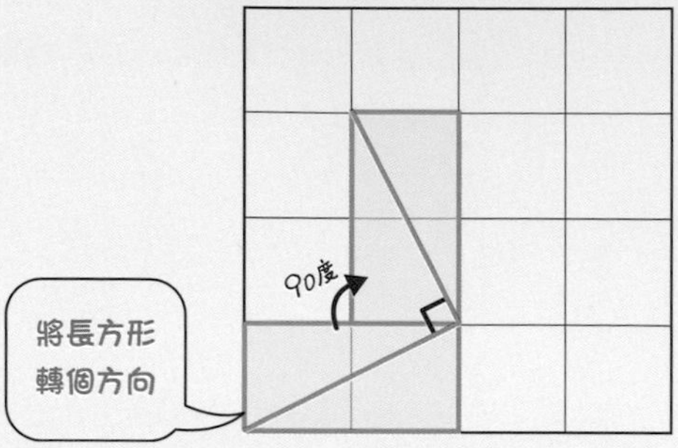

●也可以畫出正方形

將長方形旋轉 3 次，再畫出 4 條直線，就能夠成為正方形。

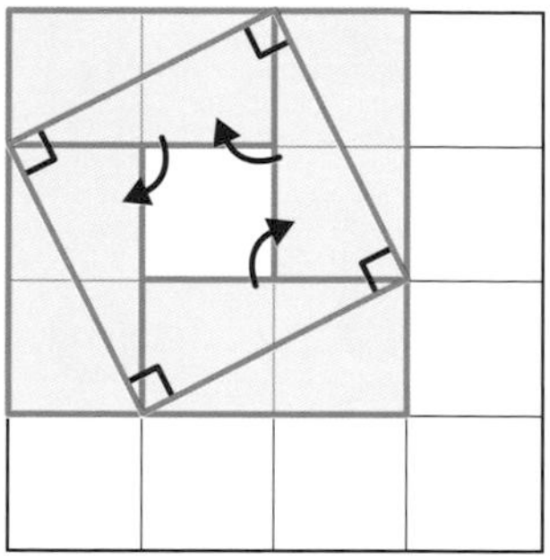

●格子數增加也沒關係

就算長方形從 2 格變成 3 格，也能夠用相同的方法畫出垂直的直線。

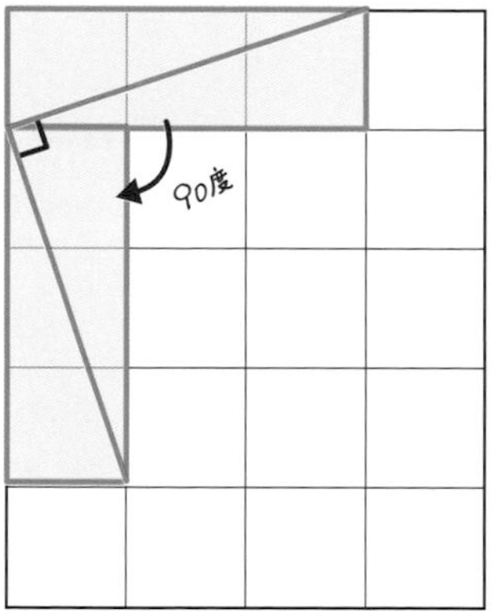

試著想想看

為什麼會形成90度呢？

接下來一起探討看看，為什麼這2條直線會互相垂直。首先請看圖1。長方形下方的★與●加起來就會變成直角。因為四邊形的對角線會形成2組相同的角度，所以長方形A上側●的角度等於下側的●，上側★的角度等於下側的★。接著請看圖2。長方形B等於轉換方向的A，所以A上側的●與B下面的★加起來，就會變成一個直角。如何呢？大家了解了嗎？

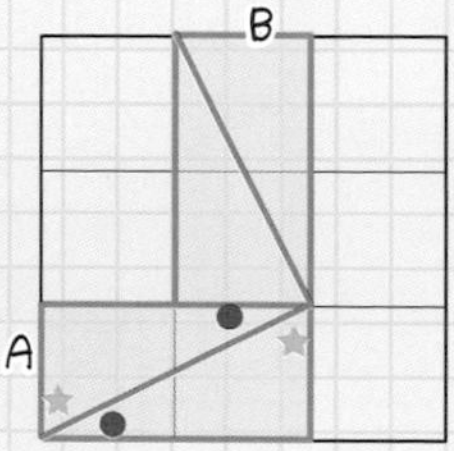

圖1

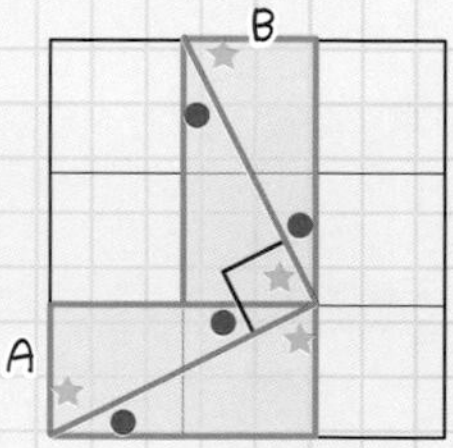

圖2

補充筆記　這裡的關鍵是找到含有直線的長方形。從不同角度看待這些圖形，會讓數學更加有趣。

使用方眼紙畫出垂直的直線

學習院初等科
大澤隆之老師

閱讀日期　月　日　月　日　月　日

大家知道嗎？使用2個三角板的話，就能夠畫出垂直的線。但是有方眼紙的話，就算沒有三角板，只要在紙張上畫出斜線，就能夠畫出垂直的線。

●能夠畫出垂直線嗎？

在方眼紙上畫出如右圖的直線。該怎麼畫出與這條線垂直的直線呢？請想想看吧。

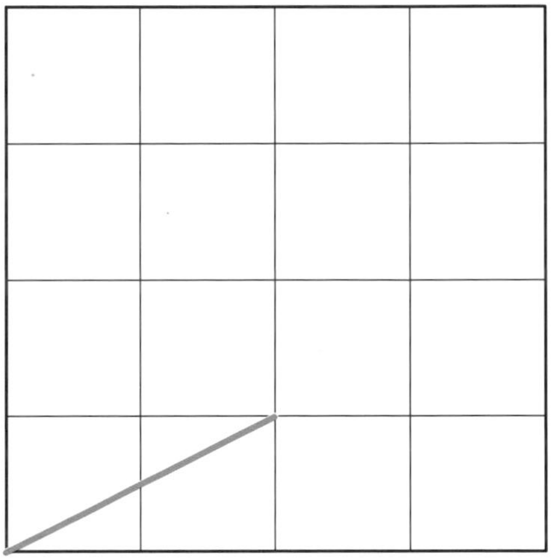

提示　提示是在方眼紙的線條上畫出點，再試著畫出幾條似乎能垂直的線吧。

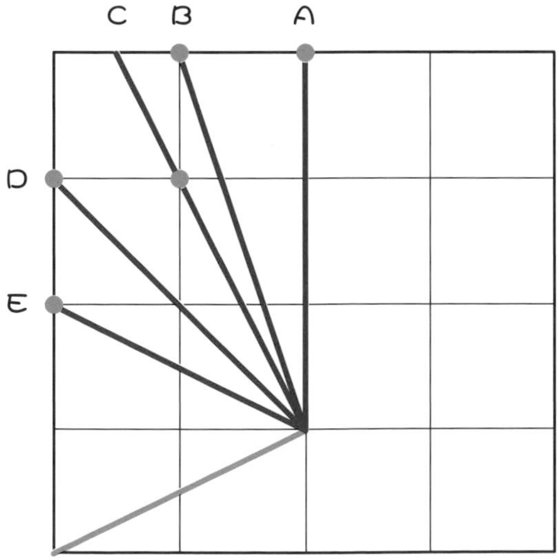

2 與生活有關的算術

牛奶包裝大變身!?

3月 10日

東京都　豐島區立高松小學
細萓裕子老師

閱讀日期　月　日　月　日　月　日

能夠回收的資源

日常生活會製造出許多垃圾呢！大家的家裡有沒有做好垃圾分類呢？

其實垃圾裡面，也有好幾種能夠回收的類型。

實際類型依地區而異，不過基本上會有寶特瓶、牛奶盒、金屬罐、鋁罐、玻璃瓶、塑膠製容器與包裝等這幾種回收分類。比較大型的種類像是電視、冰箱、洗衣機、自行車、汽車與電腦等，也都可以回收。

其中，最貼近我們生活的物品就是牛奶盒了，接下來一起思考看看牛奶盒吧。

牛奶盒會變成什麼呢？

牛奶盒回收之後，能夠變成捲筒衛生紙、面紙與餐巾紙等。30個1L的牛奶盒大約可以製造出5筒捲筒衛生紙（1筒60ｍ），30÷5＝6，所以6個1L的牛奶盒，就可以製造出1筒捲筒衛生紙呢！

據說1個人1年內使用的捲筒衛生紙大約50筒，60×50＝3000，所以每年用掉的捲筒衛生紙長達3km呢！

將這些捲筒衛生紙量，換算成牛奶盒的數量吧。由於每6個牛奶盒能夠製造1筒捲筒衛生紙，所以6×50＝300。由此可知要回收300個牛奶盒，才能夠製造出1個人1年份的捲筒衛生紙呢！

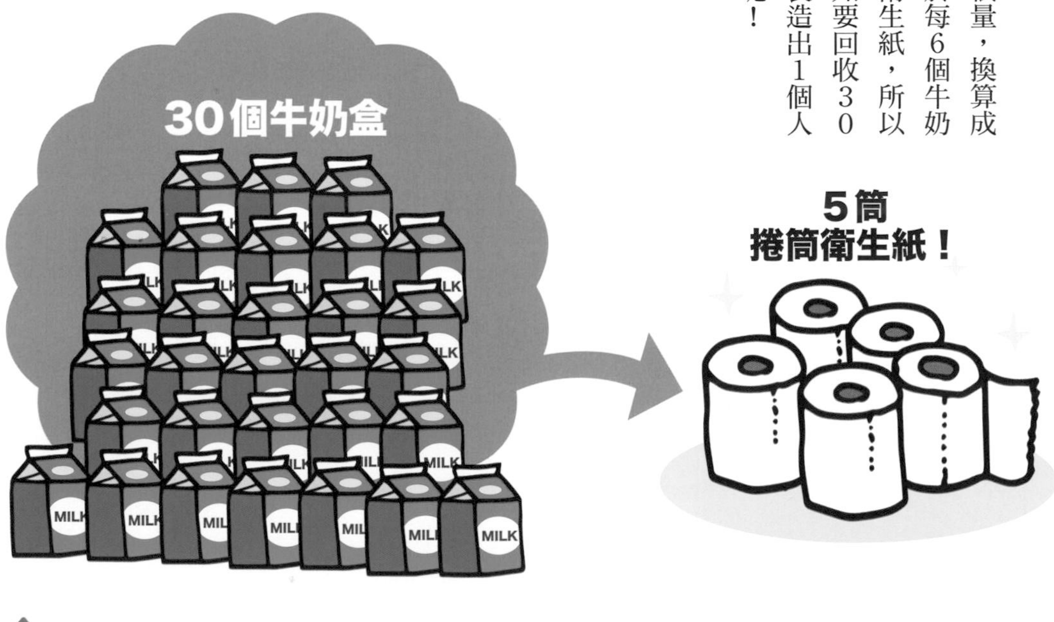

補充筆記　牛奶盒應該要與其他要回收的紙張分開。牛奶盒為了預防黴菌、滲水軟化，所以紙張雙面都會覆蓋一層聚乙烯。

隱藏數字是多少呢？

御茶水女子大學附屬小學
岡田紘子 老師

閱讀日期　　月　　日　　月　　日　　月　　日

九九乘法表隱藏數字的和？

先列出九九乘法表的數字後，用卡片蓋住其中2格。這時要怎麼算出這2格的總和呢？

首先，黃色卡片蓋住的2格數字相加後是多少呢？答案是①2×4＝8，②3×4＝12，所以8＋12＝20。

接著，藍色卡片蓋住的2格數字相加後是多少呢？答案是③4×2＝8，④5×2＝10，相加後就是8＋10＝18。

其實不管是被黃色卡片或藍色卡片蓋住的格子總和，都不用計算就可以立刻得出答案。這是為什麼呢？

瞬間得知答案的祕密

請看左邊的圖2，①與②相加後的答案，就位在同一縱列的5的乘法上，也就是5×4＝20。③與④相加後的答案，同樣位在同一縱列的9的乘法上，也就是9×2＝18。

這時可以發現，在同一縱列上，2的乘法＋3的乘法＝5的乘法，4的乘法＋5的乘法＝9的乘法。

再拿開綠色的卡片，也證實了前面推測出的狀況。因為3的乘法＋6的乘法＝9的乘法，所以⑤與⑥相加後的答案，就是72。

圖1

×	1	2	3	4	5	6	7	8	9
1	1	2	3	4	5	6	7	8	9
2	2	4	6	①	10	12	14	16	18
3	3	6	9	②	15	18	21	⑤	27
4	4	③	12	16	20	24	28	32	36
5	5	④	15	20	25	30	35	40	45
6	6	12	18	24	30	36	42	⑥	54
7	7	14	21	28	35	42	49	56	63
8	8	16	24	32	40	48	56	64	72
9	9	18	27	36	45	54	63	72	81

圖2

×	1	2	3	4	5	6	7	8	9
1	1	2	3	4	5	6	7	8	9
2	2	4	6	①	10	12	14	16	18
3	3	6	9	②	15	18	21	⑤	27
4	4	③	12	16	20	24	28	32	36
5	5	④	15	20	25	30	35	40	45
6	6	12	18	24	30	36	42	⑥	54
7	7	14	21	28	35	42	49	56	63
8	8	16	24	32	40	48	56	64	72
9	9	18	27	36	45	54	63	72	81

補充筆記　如果不是遮蓋縱向，而是改遮蓋橫向的數字，同樣能馬上看出答案喔！另外，將隱藏數字增加到3個，也會很有趣喔！

比賽抓彈珠！
～贏家會是誰？～

3月 12日

福岡縣　田川郡川崎町立川崎小學
高瀨大輔老師

閱讀日期　月　日　月　日　月　日

A同學與B同學的勝負？

A同學與B同學準備了4色（黑、灰、黃、白）彈珠，來進行抓彈珠比賽。這4個顏色的彈珠，分別代表1分、10分、100分、1000分。兩人把彈珠都放進袋子裡，比看誰抓出來的分數高……（圖1）。

圖1

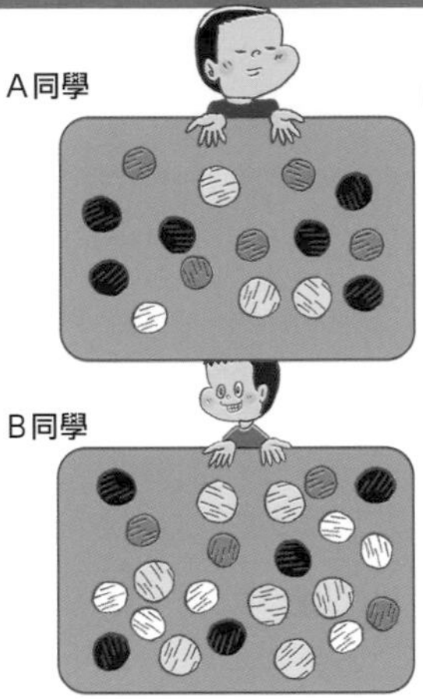

這場比賽是誰贏了呢？一口氣抓出了許多彈珠的B同學是不是贏家呢？因為2個人都抓出了許多不同顏色的彈珠，所以先依顏色排列吧（圖2）。這時可以發現，「如果黑色彈珠代表1000分的話，就是A同學贏了」。

也就是說，哪個顏色代表高分，才是影響比賽勝負的關鍵。

圖2

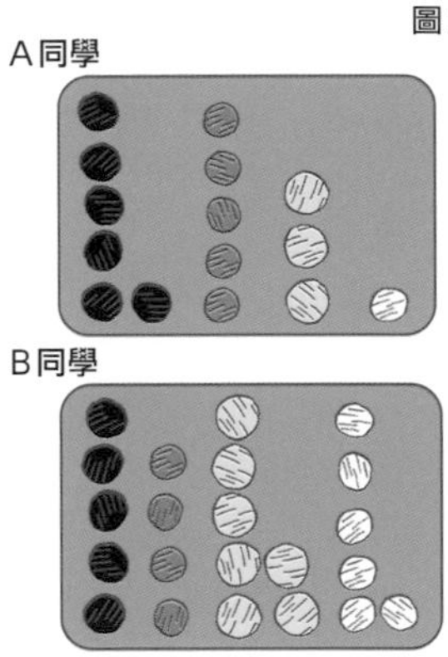

●黑色彈珠是1000分的話
→A同學贏

●灰色彈珠是1000分的話
→A同學贏

●黃色彈珠是1000分的話
→B同學贏

●白色彈珠是1000分的話
→B同學贏

途中C同學也加入了

這時C同學出現了，他用雙手從袋中抓出了許多彈珠，並堅稱：「一定是我贏！」（圖3）A同學與B同學抗議說：「我們都是用單手耶！」那麼，這兩人真的贏不過C同學嗎？

假設黃色是1000分，白色是100分，灰色是10分，黑色是1分的話，就會變成圖4的甲一樣。但是每個位數最多只能容納9，所以碰到10就必須往下一位數邁進，因此就出現了比千還要大一位的「萬」，形成了乙。

這麼看來，A同學與B同學都贏不了C同學呢！

圖3

圖4

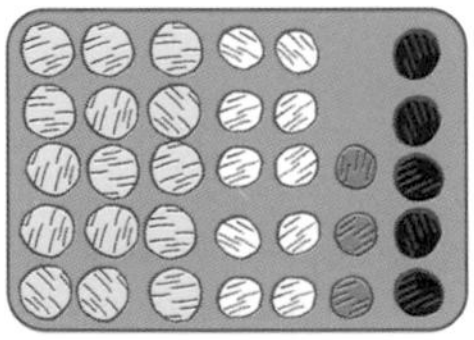

	萬	千	百	十	一
甲		15	10	3	5（分）
乙	1	6	0	3	5（分）

補充筆記　試著將代表1000分與100分的彈珠換成其他顏色的話，會發現A同學與B同學也有機會贏過C同學。請幫忙找找看吧。

剪開、扭轉再貼上

御茶水女子大學附屬小學
久下谷 明老師

閱讀日期　月　日　月　日　月　日

該怎麼製作呢？

請參考左側的照片。這是用一張綠色的紙做出來的形狀，仔細看會覺得有點不可思議。如果將豎起的部分壓下的話，會發現豎起的部分多了一大塊。該怎麼做，才能用一張紙剪出這樣的形狀呢？想得出來嗎？請仔細觀察這張圖，想想看有什麼辦法吧。

今天就一起來製作這種奇妙的形狀吧！

照片提供／久下谷 明（此頁照片）

製作方法非常簡單，只要「剪開、扭轉再貼上」就可以囉。

製作方法相當簡單

那麼趕快動手製作吧！

首先準備一張長方形的紙，像圖1一樣對半折出折痕。請讓紙張往前後兩側折出折痕。

接著像步驟②一樣用剪刀剪出3條線，再將其中一端扭轉半圈後黏在底紙上，就大功告成了。

圖1

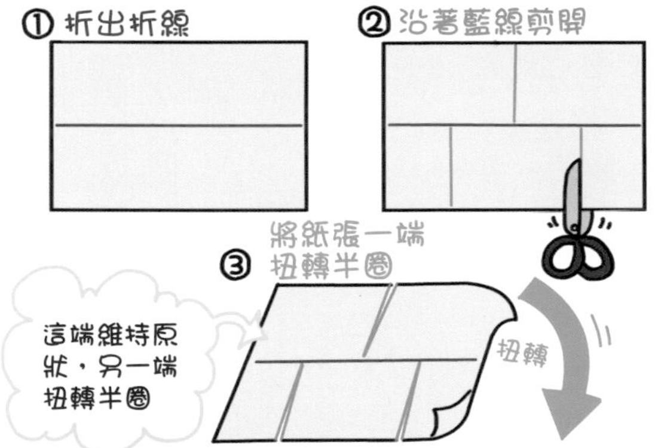
① 折出折線
② 沿著藍線剪開
③ 將紙張一端扭轉半圈
這端維持原狀，另一端扭轉半圈
扭轉

試著做做看

改變剪出的形狀……

參考右圖剪開藍色線條，再將一端扭轉半圈後，會出現什麼形狀呢？應該已經完成了吧。形狀是立起來的房屋。照片中還加入了樹木，請試著做做看吧。

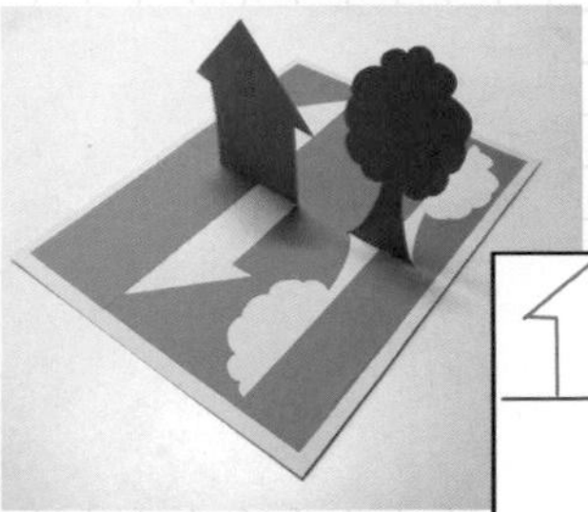

旋轉之後……

補充筆記　這種奇妙的形狀就稱為「HyperCard」，是古代的一種拼圖。你也可以試著剪出其他形狀，創造各式各樣的圖形。

2 與生活有關的算術

今天是「圓周率」日！

3月 14日

東京都　豐島區高松小學
細萱裕子老師

閱讀日期　月　日｜月　日｜月　日

決定圓周率日的理由

3月14日是圓周率日。圓周率指的是圓的周長與直徑的比率，也就是表達出「圓周長度是直徑長度幾倍」的數字。

圓周率是用「圓周÷直徑」求出的數字。一般都會直接使用3．14，但是實際上卻是3．1415926535897932384……這種永無止盡的數字。因此，財團法人日本數學檢定協會於1997年，決定依這個數值將3月14日訂為圓周率日。

挑戰圓周率的人們

圓周率是怎麼被發現的呢？其實從很久以前開始，就有許多人挑戰算出更精準的圓周率。

古希臘的阿基米德就發現圓周率大於3又$\frac{10}{71}$，小於3又$\frac{1}{7}$。用小數點表示的話，就是大於3．1408……小於3．1428……已經非常接近現代求出的數字了！

中國的祖沖之則發現圓周率大於3．1415926，小於3．1415927，並寫做$\frac{355}{113}$。

日本同樣有人挑戰計算圓周率。其中，松村茂清計算到小數點以下6位數，關孝和計算到小數點以下10位數，鎌田俊清則算到了小數點以下25位數。現在已經求至小數點以下13兆位數，相信未來也會有許多人挑戰吧！

試著做做看

求出圓周率吧

先準備好圓形的物品（茶葉罐、果汁罐與點心盒等），接著量出圓周（圓的周長）與直徑，再計算圓周÷直徑這個算式，看能不能得出接近3.14的數字呢？

補充筆記　與圓周率相關的日子有好幾個，例如：因為3又1/7＝22/7，所以7月22日就是阿基米德算出圓周率的紀念日。12月21日則是祖沖之算出的紀念日，因為355/113，所以會在第355天的「1點13分」慶祝。

挪動火柴棒就可以改變正方形的數量

3月15日

北海道教育大學附屬札幌小學
瀧平悠史 老師

閱讀日期　月　日　月　日　月　日

用火柴棒拼成的正方形

只要有12根火柴棒，就可以像圖1一樣拼出4個正方形。但是火柴棒的長度全部都要相同。

接著請從這12根火柴棒挪動3根，試著拼出3個正方形。但是不可以折斷原有的火柴棒來增加根數喔！

圖1

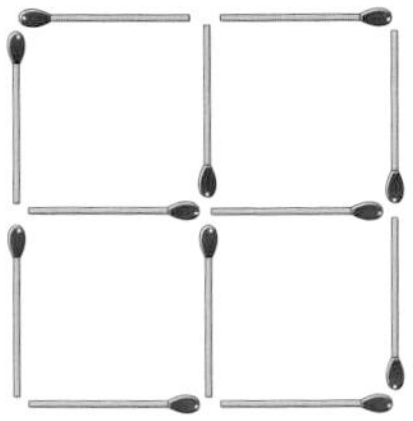

破壞2個製作出1個

首先像圖2一樣，拿出2根火柴棒，破壞其中1個正方形。這下子就可以變成3個正方形了。

圖2

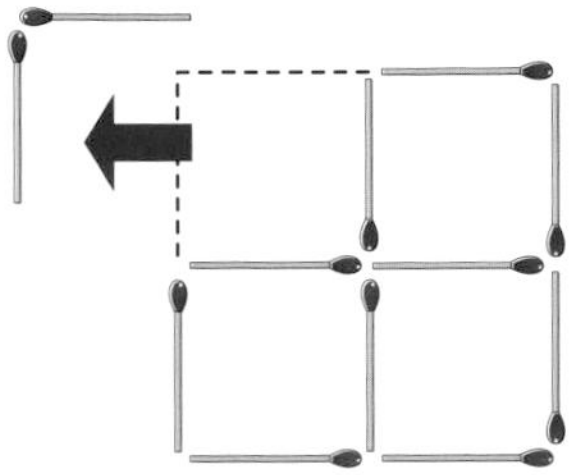

接著將拿開的2根火柴棒，像圖3一樣挪到右下角，創造出新的正方形。

然後像圖4一樣，再拿走1根火柴棒，如此一來，就又拆掉了一個正方形。而新拿走的火柴棒，與右下角的2根火柴棒，就組成了新的正方形。

圖3

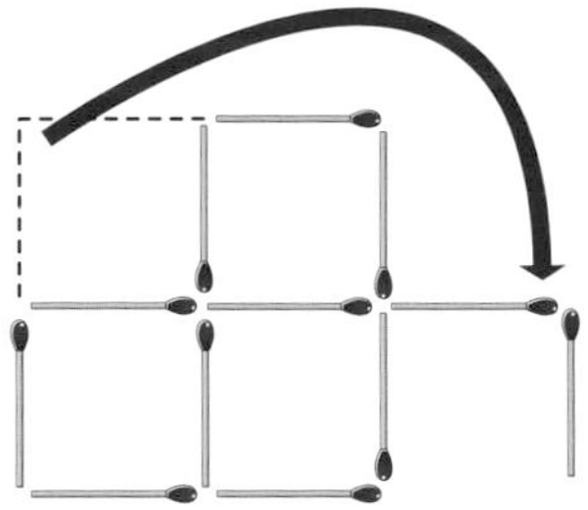

圖4

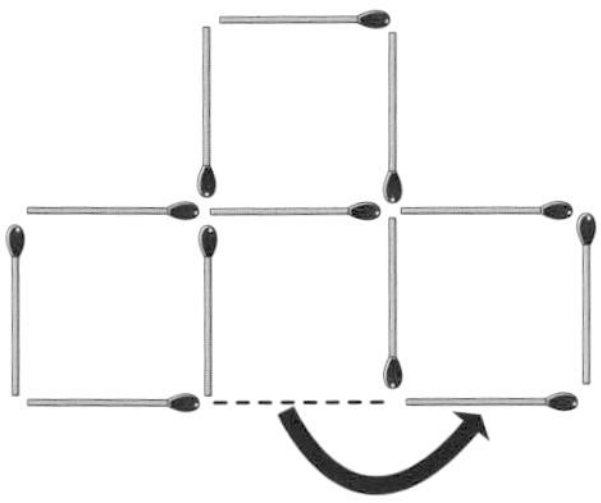

這下子只移動3根火柴棒，就拼出了3個正方形。

試著做做看

只動3根就能夠減少1個？

以和右圖同樣的方式，用火柴棒排出5個正方形。接下來請挪動3根火柴棒，把5個正方形變成4個吧。只要使用與剛才相同的思維就可以了。

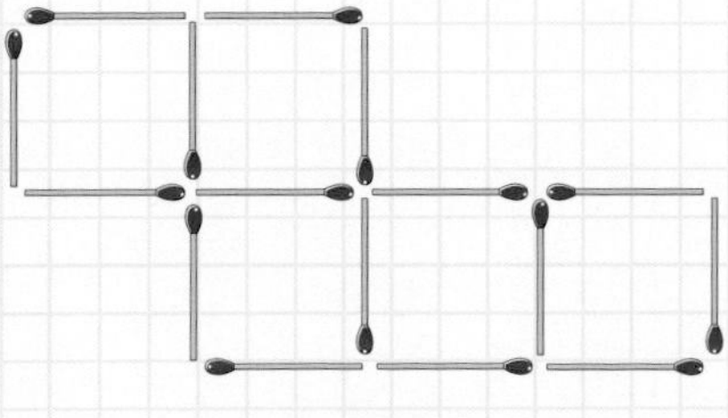

〈答案〉

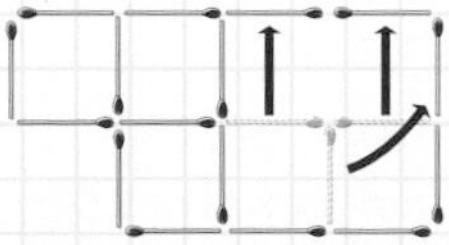

補充筆記 雖然可以畫圖思考，不過實際拿火柴棒拼拼看的話，會比較容易想出答案喔！沒有火柴棒的話，也可以準備牙籤或免洗筷子等，只要全部棒狀物的長度都相同就可以了。

關於單位與測量

迅速背起單位的奇妙咒語

3月16日

御茶水女子大學附屬小學
久下谷 明老師

閱讀日期 月 日 月 日 月 日

生活中的各種單位

「鄉里裡引路的丈尺先生走路快快，寸分小朋友跟不上不瞀不理」。請將這段文章唸3遍吧！你知道這段像咒語的話，是在講什麼嗎？

事實上，這段文章是取單位的第2個字組成的。

如果只有m（公尺）這個單位的話，要測量鉛筆長度時就太麻煩了，所以學者們針對長度制訂出像圖2這種單位規則，用cm（公分）等來表示更小的單位，如此一來，就能夠方便測量並表示尺寸小上許多的物體了。

圖1

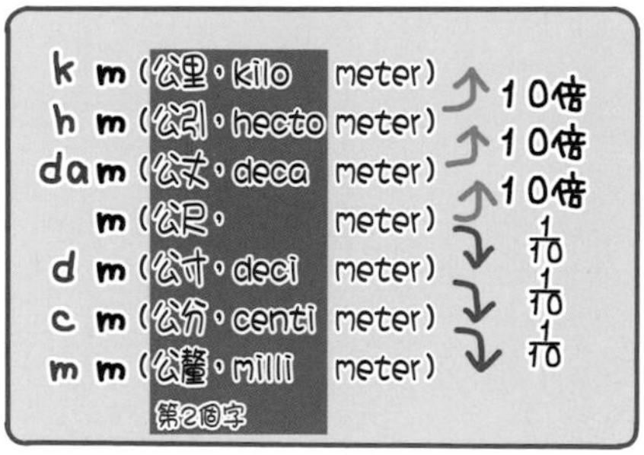

	第2個字		
k m	（公里・kilo	meter）	↑10倍
h m	（公引・hecto	meter）	↑10倍
dam	（公丈・deca	meter）	↑10倍
m	（公尺・	meter）	↓$\frac{1}{10}$
d m	（公寸・deci	meter）	↓$\frac{1}{10}$
c m	（公分・centi	meter）	↓$\frac{1}{10}$
m m	（公釐・milli	meter）	

圖2

你聽過這些單位嗎？

雖然生活中只有用到km（公里）、m（公尺）、cm（公分）、mm（公釐），但其實還有hm（公引）、dam（公丈）、dm（公寸）這些單位。而體積單位「L（公升）」與重量單位「g（公克）」也有相同的規則。

第一段很像咒語的文章，就是把這些單位的第2個字連接起來，讓大家能更容易記住這些單位。請試著想像這個畫面吧——在鄉里裡擔任引路工作的丈尺先生，不知道為什麼走得很快，跟在身後的寸分小朋友完全跟不上，但是走在前面的丈尺先生卻不瞀（理）他！

試著記起來

mega與giga、nano與pico

Y (yotta) ↑1000倍
Z (zetta) ↑1000倍
E (exa) ↑1000倍
P (peta) ↑1000倍
T (tera) ↑1000倍
G (giga) ↑1000倍
M (mega) ↑1000倍
K (kilo)

m (milli) ↓$\frac{1}{1000}$
μ (micro) ↓$\frac{1}{1000}$
n (nano) ↓$\frac{1}{1000}$
p (pico) ↓$\frac{1}{1000}$
f (femto) ↓$\frac{1}{1000}$
a (atto) ↓$\frac{1}{1000}$
z (zepto) ↓$\frac{1}{1000}$
y (yocto)

單位的英文都是有一定規則的，擺在前半段的英文以kilo為基準，更大的有mega、giga、tera、peta、exa、zetta、yotta，比milli小的則是micro、nano、pico、femto、atto、zepto、yocto。

補充筆記　小單位的zepto、yocto，以及大單位的zetta、yotta，是在1991年列入國際單位表。順道一提，femto、atto是1964年，peta、exa則是1975年，其他單位是1960年。

2 與生活有關的算術

為什麼菜刀能夠切東西呢？

筑波大學附屬小學
中田壽幸 老師

閱讀日期 月 日 月 日 月 日

接觸小黃瓜的面？

菜刀「因為刃部較尖銳」，所以才能夠切食物。那麼，為什麼「刃部比較尖銳，就可以切東西」呢？

這邊以用菜刀切小黃瓜為例吧！當菜刀的刃部比較尖銳時，接觸到小黃瓜的「寬度」就非常小，而這種「寬度」就稱為「面積」。當面積愈小，聚集在這個面積的力量就愈大。

面積與力量的關係

對物體施與相同的力道時，接觸面積愈小，力量愈會聚集在一起。即使是同樣的力道，接觸面積加大時，力量就會被分散並減弱。

所以菜刀的刃部面積會磨得非常小，如此一來，就算不使用很大的力量，也能夠切斷食物。如果是拿飯匙的話，施加與使用菜刀相同的力道，是切不斷食物的。

試著想想看

水管流出的水也是相同的道理？

灑水的時候，如果捏住水管的前端，水噴出的力道就會變強吧。因為從水管流出水的力道是一樣的，所以噴出力道增強是出水口面積變小的緣故。

補充筆記　據說常用的菜刀刃部寬度為0.002㎜，長度等於1㎜的1/500。也就是說，將500把菜刀的刀刃加在一起，也才1㎜而已，就算仔細觀察也看不出來吧！

用繩子繞地球一圈

3月 18日

御茶水女子大學附屬小學
岡田紘子老師

閱讀日期　月　日　月　日　月　日

地球赤道的長度

拿繩子沿著赤道繞地球一圈的話，長度大概是多少呢？答案是約4萬km。真的非常長呢！那麼，將這條繩子加長1m後，再重新繞地球一圈的話，因為繩子比地球長的關係，所以繩子繞成的圈會與地球相隔一段距離，你覺得這段距離有多寬呢？這邊有3個選項（圖1）。

①螞蟻可以通過的寬度，②老鼠可以通過的寬度，③貓咪可以通過的寬度。

圖1

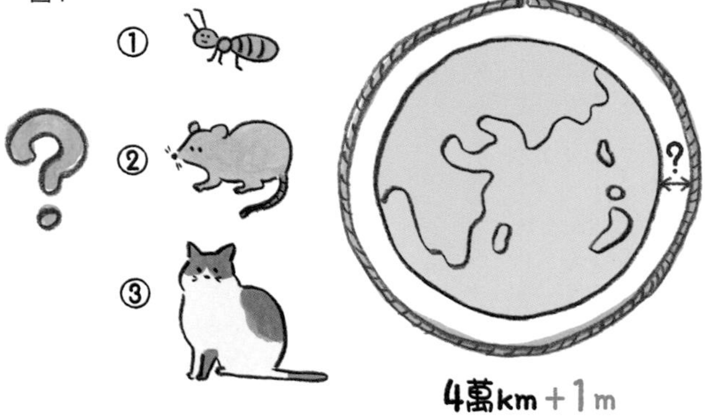

空隙有多寬呢？

正確答案是③貓咪可以通過的寬度。畢竟只增加1m長而已，所以應該很多人認為，不可能會出現多大的空隙吧？

實際上產生的空隙的寬度約16cm。其實繩子的長度，是以地球直徑×3.14求得的。

計算過後可以發現（計算方式請參考「試著做做看」）直徑約增加32cm，所以會從地球上浮起約16cm。沒想到只增加了1m，產生的空隙卻超乎想像呢。

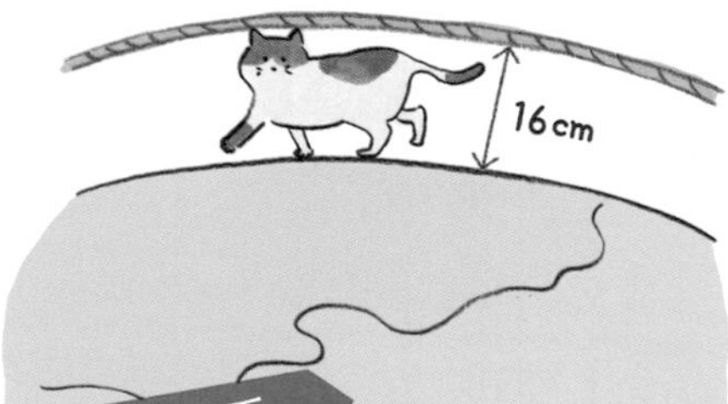

試著做做看

5年級以上的學生，知道下列計算方式嗎？

將直徑增加的部分視為□cm

（地球直徑＋□cm）×3.14＝4萬km＋1m

地球直徑×3.14＋□cm×3.14＝4萬km＋1m

□cm×3.14＝1m（100cm）

□cm＝100cm÷3.14

因此□cm大約32cm

圖中的Ⓐ與Ⓑ加起來約32cm，所以地球與繩子的空隙約16cm

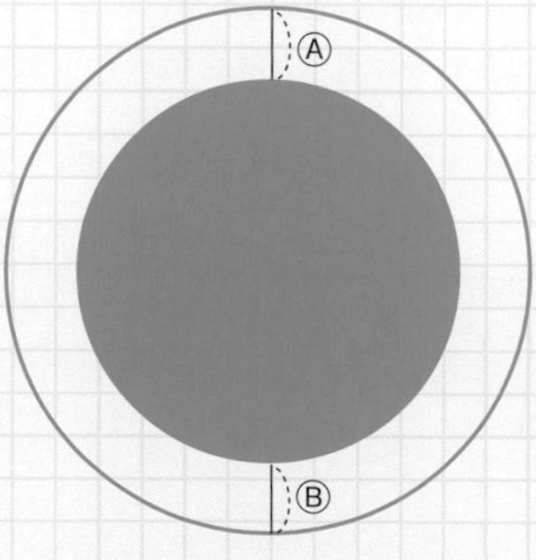

補充筆記　另外也可以從赤道的長度，求出地球的直徑。地球直徑×3.14＝赤道的長度，因此地球的直徑等於4萬km÷3.14，大約是1萬2742km。

與生活有關的算術 2

大家排在一起後……？

3月 19日

御茶水女子大學附屬小學
久下谷 明老師

閱讀日期　　月　　日　　月　　日　　月　　日

全日本有幾個小學生？

大家想想看，全日本有多少小學生呢？

試著調查看看，會發現1～6年級的學生加起來，共約650萬名（2015年5月1日的資料）。

聽到650萬這個數字，是否覺得人數非常多呢？或者是覺得比原以為的還要少呢？相信有些人對650萬這個數字完全沒概念吧！這邊再查查看各個年級的人數，發現雖然人數有多有少，但是每個年級的人數大約都是將近110萬人。

今天就要試著探討110萬與650萬這些龐大的數字。

讓同年級的學生排成一列？

舉例來說，有個人號召了全日本110萬名的小學5年級生，說：「日本小學5年級生們！我想請各位排成一列，請到東京車站集合！」接著，這個人就請小學5年級生們，從東京車站開始往北方排隊，以每個人間隔1m的方式排出一列筆直的隊伍。

那麼，這個隊伍最後一個人會在哪裡呢？

因為隊伍的間隔是1m，所以整個隊伍約110萬m。由於1000m＝1km，所以110萬m就等於1100km。試著查查東京車站北方約1100km的位置，會發現原來是北海道北端的「宗谷岬」。

雖然這邊是以小學5年級生為例，但只要想到請任何一個年級的小學學生排隊，就能夠從東京車站排到北海道的「宗谷岬」，應該都會很驚訝吧！

那麼，如果請全部的小學生，都從東京車站開始以每個人間隔1m的方式排隊，隊伍會排到什麼地方呢？

因為總共約650萬人，所以整個隊伍大約有6500km。而有個與東京車站距離約6500km的地方，就位在東京車站的東方。你知道是哪裡嗎？答案就是必須橫跨海洋的夏威夷（不過其實大家沒辦法在海上排隊呢……）。

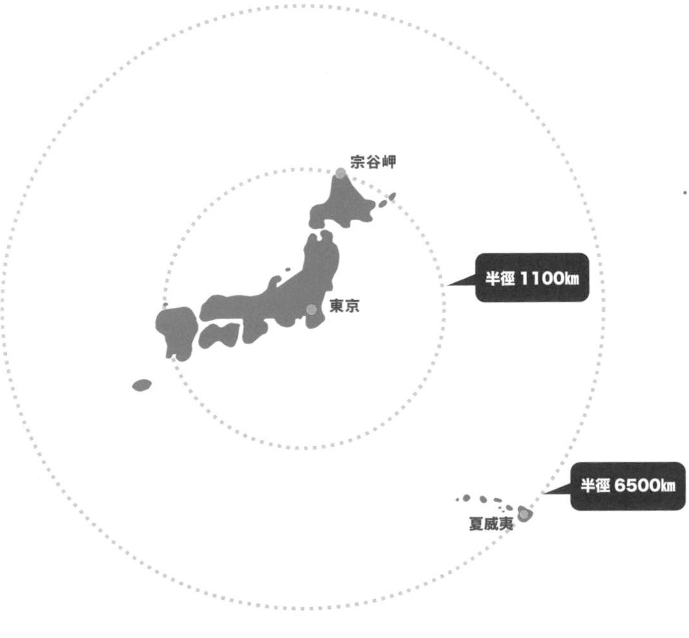

補充筆記　當數字愈大時就愈難以想像，這時就從生活中找個熟悉的物體，試著用這些物體想像的話，或許就會比較清楚。

電子計算機問世之前的機械式計算機歷史

3月 20日

大分縣　大分市立大在西小學
二宮孝明老師

閱讀日期　月　日　月　日　月　日

還沒有電子計算機的時代

現在使用電子計算機計算，已經不是什麼罕見的事情了。但是在電子計算機問世之前，使用的是機械式計算機。這是種會將許多齒輪以複雜的結構組合在一起，藉此進行計算的精密機械。

古代最有名的機械式計算機，是17世紀法國哲學家帕斯卡發明的。到了19世紀後半，機械式計算機隨著科技發展，以歐洲為中心開始普及，製造出更多元化的機械式計算機，並成為在市面流通的商品。

在眾多種類中有種非常小的計算機，被稱為「最後的機械式計算機」，那就是科塔計算機（Curta Calculator）。

科塔計算機，高度約11㎝。計算時要轉動上方的把手。
照片提供／二宮孝明

科塔計算機的誕生祕聞

科塔計算機是奧地利猶太人柯特．海爾茲史塔克（Curt Herzstark）開發的。柯特在第二次世界大戰時，曾經遭納粹逮捕並送進集中營。因為他是個優秀的技術專家，所以納粹便命令他管理機械工廠，並允許他設計計算機。

當戰爭於1945年結束時，身處集中營卻得以倖存的柯特，受到列支敦士登親王國的邀請，開始製造科塔計算機。雖然當時科塔計算機因為能夠一手拿起而聲名大噪，但是後來仍然隨著電子計算機的問世而消失。

試著查查看

日本製造的機械式計算機

1902年，日本發明家矢頭良一發明了日本第一個機械式計算機，叫做「老虎牌手動計算機」，受到日本各地的廣泛運用。在電子計算機登場的1970年代之前，銷售量高達50萬臺。

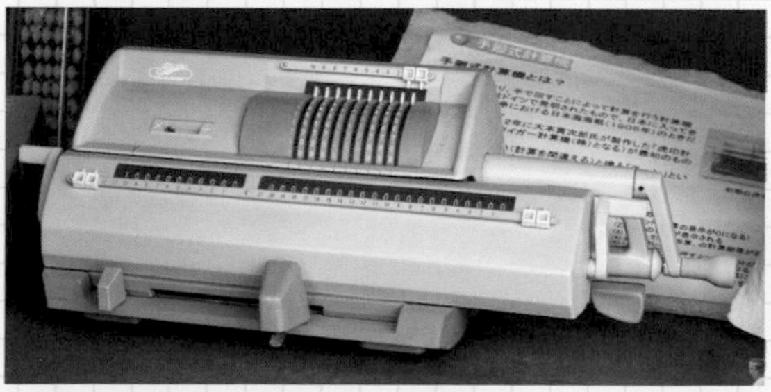
曾經在日本相當普及的老虎牌手動計算機。
照片提供／二宮孝明

補充筆記　3月20日是日本的「電子計算機日」。這是日本事務機械工業會（現在的商務機械、資訊系統產業協會）於1974年制訂的，是為了紀念日本的電子計算機生產數量達世界第一的事蹟。

雷從哪裡來？

3月 21日

東京學藝大學附屬小金井小學
高橋丈夫老師

閱讀日期　月　日　月　日　月　日

了解與雷之間的距離

你知道從看見閃電，到聽見「轟隆轟隆」雷聲之間的時間，能夠幫助我們算出自己與雷之間的距離嗎？

該怎麼做，才能夠算出與雷之間的距離呢？

其實非常簡單。首先請記錄從看見閃電，到聽見打雷聲之間的時間吧！使用碼表或是教室裡的時鐘都可以，只要能夠算出秒數就可以了。知道從閃電到雷聲之間的時間後，再除以3吧！除以3之後所得的數字，就是自己所在處與雷之間相距的公里數。

例如：看到閃電到聽見雷聲之間，有6秒的間隔的話，因為6÷3＝2，所以代表我們與雷之間的距離，大約是2km。

與雷之間的距離＝秒數÷3

為什麼要除以3？

聲音1秒可以傳遞的距離約340m，也就是說，只要3秒就可以前進1000m左右。

因此將聽到雷聲的時間（秒數）除以3，就是一次以3秒為單位做計算的意思。

以花了6秒的情況為例，因為6÷3＝2，所以大約等於2km，這時的2就是2個3秒的意思，也就是說有2個1000m，所以答案就會是2km。

補充筆記　談到雷電的時候，也會有「為什麼聲音會比較慢出現」的疑問呢！（參照第240頁）在探討這個問題之前，請先記錄時間，試著算算看自己與雷之間的距離吧。

算術相關的偉人故事

伽利略是大發明家!?

3月 22日

明星大學客座教授
細水保宏老師

閱讀日期 月 日 月 日 月 日

手工望遠鏡的大發現

你有聽過義大利天才科學家伽利略．伽利萊（Galileo Galilei）嗎？

伽利略曾經用自製的望遠鏡觀察夜空，成為第一個觀察月亮的人。結果，他發現原以為表面光滑的月球，其實就和地球一樣凹凸不平。

他的成就還不只如此。伽利略還發現金星會像月亮一樣有圓缺、木星四周跟著4顆衛星，以及太陽其實會自轉而不是靜止不動。

但是他應該從未想過，年輕時研究天文，會使自己在未來變成世界知名的偉人。

大熱賣的發明品！

伽利略年輕時是位大學的數學教授，因為他從孩提時代就很喜歡計算、繪製圖形。

他發明了許多使生活更方便的物品。圖1就是他發明的計算工具，形狀與大家在數學課使用的圓規有點相似呢！

圖1

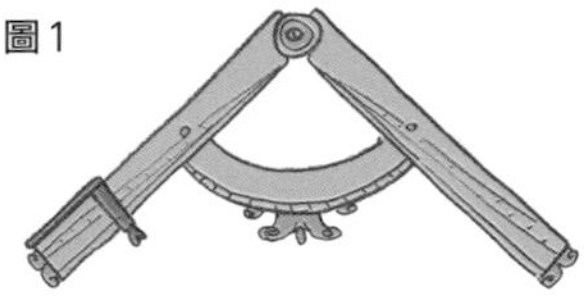

只要使用這種工具，就能夠精準計算射出大砲時的角度等，所以非常受到歡迎。

但是發明望遠鏡的卻不是伽利略。當時，他只是聽說荷蘭有種能夠將遠方物體放大的工具，所以試著製作出相同的物品。結果，他製作出的望遠鏡能看到的距離，卻遠得非常驚人。

原來，像伽利略一樣親自動手並發揮巧思，就有機會發明出偉大的物品呢！

補充筆記

義大利在稱呼歷史上的偉人時，通常都會稱呼姓氏而非名字。順道一提，伽利略的姓名在拉丁語中，姓氏與名字的發音都相同，非常有趣。

紅綠燈有多大呢？

3月 23日

東京都　豐島區立高松小學
細萱裕子老師

閱讀日期　月　日　月　日　月　日

紅綠燈其實很大!?

大家應該都看過紅綠燈吧！紅綠燈具有改善交通的功能，能夠預防交通意外，使車輛的行進更加順暢。

紅綠燈的顏色是世界共通的，綠色代表「可以前進」、黃色代表「停在應停止的位置」，紅色代表「禁止前進」。另外，顏色的變化方式與閃爍的方式，則會隨著國家而異。

你認為紅綠燈有多大呢？一般道路的駕駛專用紅綠燈，圓燈的直徑幾乎都是30cm；如果是交通量大的十字路口與高速公路等，就可能使用直徑45cm的圓燈。

日本東京都內或是交通量較少的非主要道路路口，有時也會使用直徑25cm的圓燈。

那麼行人專用紅綠燈呢？穿越馬路用的四邊形燈，通常都是邊長25cm的正方形。

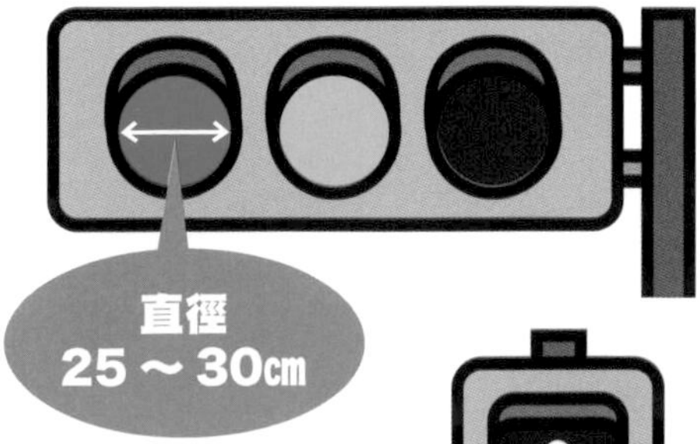

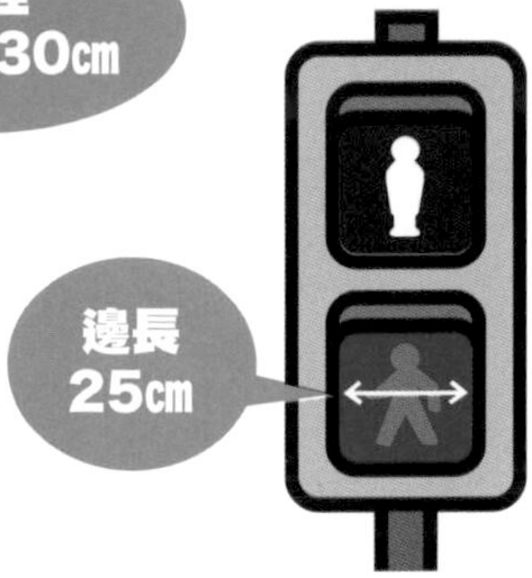

穿越馬路用的斑馬線呢？

供行人穿越馬路的地方，都繪有斑馬線對吧？這是種漆在道路鋪裝面上的白色條紋。你知道2條白色條紋之間的間隔有多寬嗎？

事實上，大部分的斑馬線不管是白色條紋還是間隔，都是45cm。道路比較狹窄的地方，也可能縮減成30cm。因此觀察斑馬線的話，也能夠算出馬路的寬度呢！

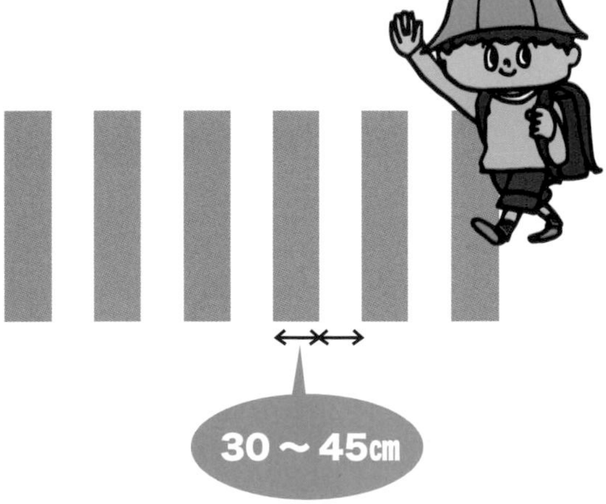

補充筆記　日本是於1930年3月23日，裝設第1支紅綠燈的，地點就在東京日比谷十字路口。而這支紅綠燈，是從美國進口的。

2 平常使用的紙張也藏有祕密！

與生活有關的算術

3月24日

島根縣　飯南町立志志小學
村上幸人老師

閱讀日期　月　日　月　日　月　日

試著將紙張對半切割

請先試著將色紙剪成一半吧。這時，紙張就會一分為二對吧？接著將細長紙膠帶剪成一半，如此一來，也會一分為二（圖1）。這些都是理所當然的事情吧。你一定在想：「到底要做什麼呢？」請不要太心急。

那麼，請大家拿出平常在用的影印紙後，剪成一半吧。影印紙的大小與平常在使用的筆記本等一樣大小，剪成一半之後，你有注意到什麼了嗎？這種紙跟其他紙不一樣呢！你發現了嗎？把影印紙剪成一半後，呈現出的形狀與原本一樣。接著再剪成一半後，又是相同的形狀……（圖2）。

順道一提，大家生活中熟悉的報紙，也屬於這種特別的形狀。打開整張報紙時的尺寸稱為A1，A1的一半就是A2，再切半的話就是A3，再切半的話又變成A4（等於將報紙對折3次），這時紙張大小就與學校發的講義一樣了。學校發的講義也一樣，剪成一半後也會形成與原本相同的形狀。

大家的身邊，也有許多紙張擁有如此特別的性質喔！

圖1

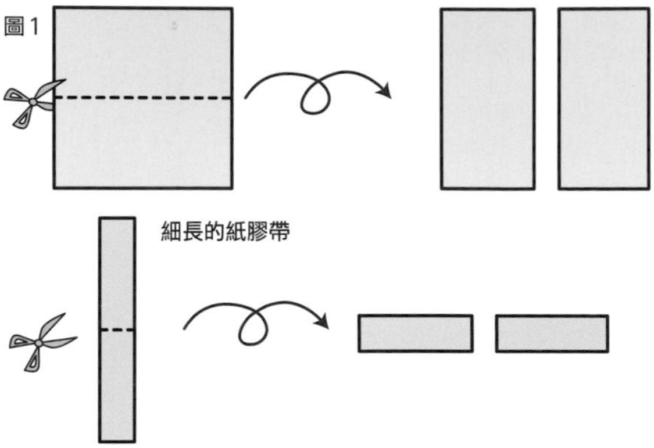

圖2

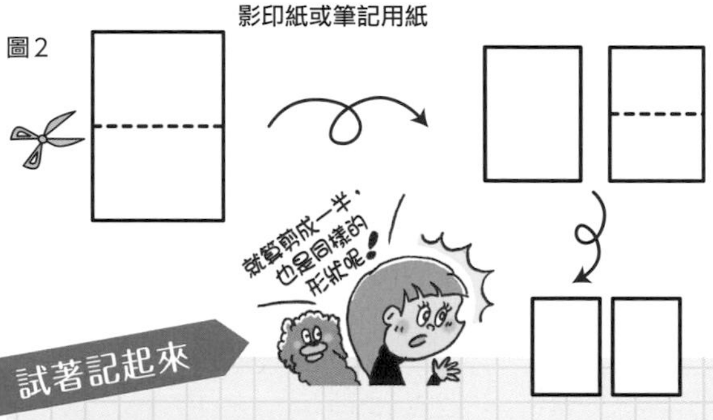

試著記起來

你聽過A4與B5嗎？

紙張或書籍的尺寸會用A4或B5等來表示。工廠最初製造出的紙張形狀稱為A0（841㎜×1189㎜），將A0對切4次後就會變成A4。如果製造出的是B0（1030㎜×1456㎜），那麼對切5次之後，就會變成B5。只要製作出A0與B0的紙張，依切割次數就能夠變成各種尺寸，又不會有多出來的紙張浪費，非常方便。

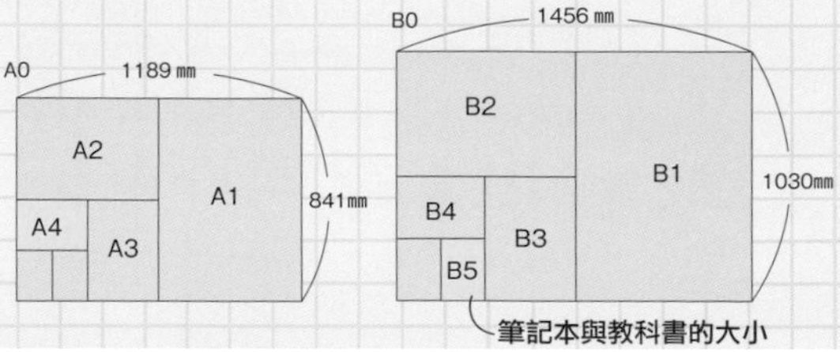

補充筆記　這邊要介紹的是由A0、A4等紙張所組成的「A系列」，這是由德國物理學家奧茲瓦爾德（Ostwald）所提議的，目前已經成為國際規格。

國字數字是如何誕生的？

3月25日

青森縣　三戶町立三戶小學
種市芳丈老師

閱讀日期　月　日　月　日　月　日

國字數字為什麼會是這個形狀？

寫作文或寫詩等直書的文章時，就會用「三」、「九」等國字表示數字。你有想過，為什麼國字的數字會長這個樣子呢？

大部分國字的數字，都是源自於表現數字的手勢，例如：

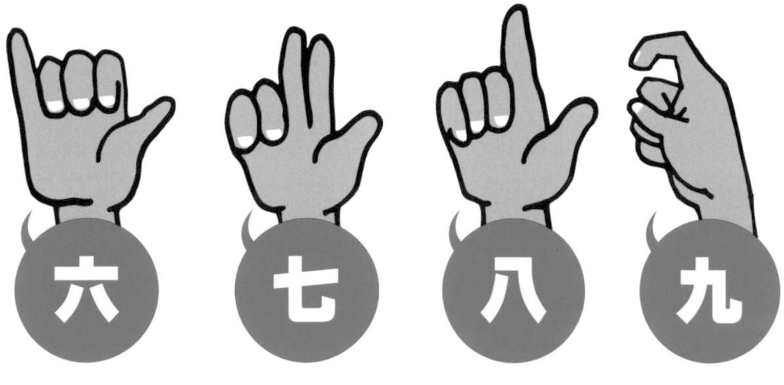

「一」、「二」、「三」就是與豎起手指表達數字的形狀一樣，只是從直的變成橫的而已。

「六」、「七」、「八」、「九」的形狀，則源自於中國表現數字的手勢，不過各地的手勢也有差異。舉其中一種為例：「六」就是伸出大拇指與小指，其他手指則要折起。「七」是伸出大拇指、食指與中指，然後折起剩下的手指。「八」是伸出大拇指與食指，並折起剩下的手指。「九」是只伸出食指，並像毛毛蟲一樣彎起。

不只手指與手掌

「十」則源自於手掌的形狀。將雙手合起來的話，就會變成「｜」的形狀，之所以會寫成「十」，有很大的可能性是為了與「一」做出區分。

而「四」、「五」、「百」、「千」等數字，就與手勢沒關係了。這些數字是從算木（用來計算的木頭工具）與甲骨文字演變而來，或是將不同漢字組合而成。

試著記起來

各位聽過「蘇州碼子」嗎？

「蘇州碼子」是香港等地在使用的數字，很多都看得出來是從國字演變而來的。

蘇州碼子

1	2	3	4	5	6	7	8	9	10
〡	〢	〣	〤	〥	〦	〧	〨	〩	十

補充筆記　人類想出了各式各樣的數字，因此數字的模樣會隨著時代與地區而異。本書也介紹了古馬雅人的數字（第33頁）與羅馬數字（第139頁）。

罐裝咖啡為什麼是「g」？

3月26日

東京都　杉並區立高井戶第三小學
吉田映子老師

閱讀日期　月　日　月　日　月　日

牛奶與水的單位不同？

許多飲料容器外面，都會標示出內容物。例如：玻璃瓶裝的牛奶就會寫200mL、紙盒牛奶會寫1L。寶特瓶裝的水就會標示500mL等。

罐裝果汁與咖啡也會標示容量，但是仔細看會發現，咖啡罐上寫的不是190mL而是190g。

為什麼咖啡要用g當單位呢？

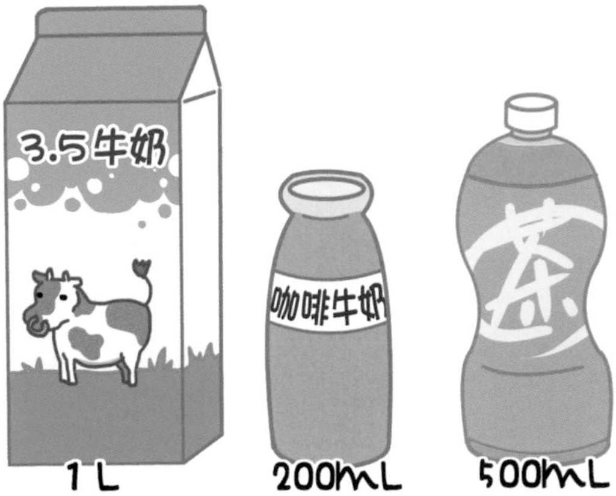

單位不是體積，是重量

mL與L是體積單位。

而咖啡等液體在加熱後體積會增加；相反的，冰過之後體積就會減少。

通常咖啡都是在90℃左右的時候裝罐，但是卻會以不同的溫度銷售，體積也會跟著改變。

所以罐裝咖啡才不會使用體積單位（mL），而是以重量單位（g）為準。

試著找找看

留意內容量！

是否還有其他用g表示的飲料呢？試著找找看也是件很有趣的事情喔！

補充筆記　各國政府都有頒布相關法條，規定各種商品必須標示成體積還是重量。

關於圖形

日本傳統的「無縫花紋」

3月 27日

神奈川縣　川崎市立土橋小學
山本 直 老師

閱讀日期　月　日｜月　日｜月　日

麻葉紋

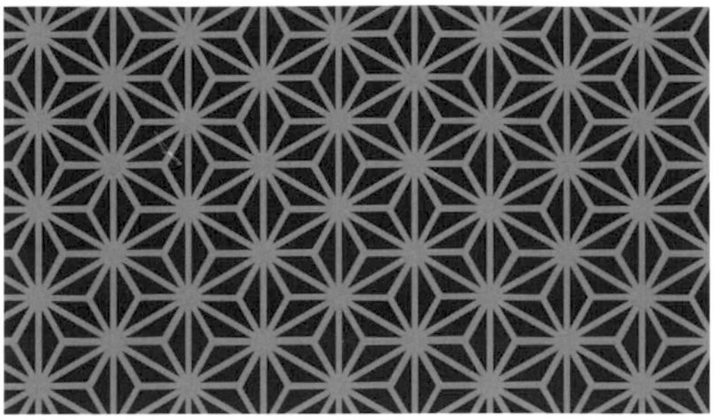

七寶紋

流傳至今的優美花紋

左圖的花紋由上至下分別是日本傳統花紋的「麻葉紋」與「七寶紋」。兩者都是由1個中心圈圈與4角圈圈重疊在一起，所形成的花紋。

這些花紋也稱為幾何花紋，色紙、包裝紙、座墊與壁紙等各種地方都有機會看到。請大家也找找看自己身邊有哪些類似的圖案吧！

仔細看會發現許多相同的形狀

仔細觀察這類花紋，會發現是由許多同樣的圖形組成的。

「麻葉紋」都是相同大小的等腰三角形。像這樣將許多形狀、尺寸都相同的形狀，連成密密麻麻的花紋，就稱為「無縫花紋」。

像「七寶紋」中的這種圓形，本身是無法在毫無空隙的前提下互相連接。但只要像這個花紋一樣，讓各個圓形互相交疊出相同的圖形，就能夠呈現出無限循環的花紋。

試著想想看

把相同形狀塗上顏色吧！

「麻葉紋」中不只有等腰三角形，這些等腰三角形又組成了相當豐富的形狀。請大家仔細研究並找出各種的形狀後塗色，試著創造出新的花紋。

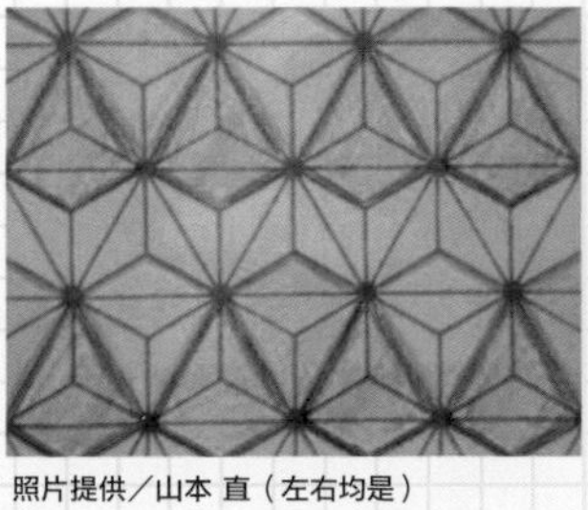

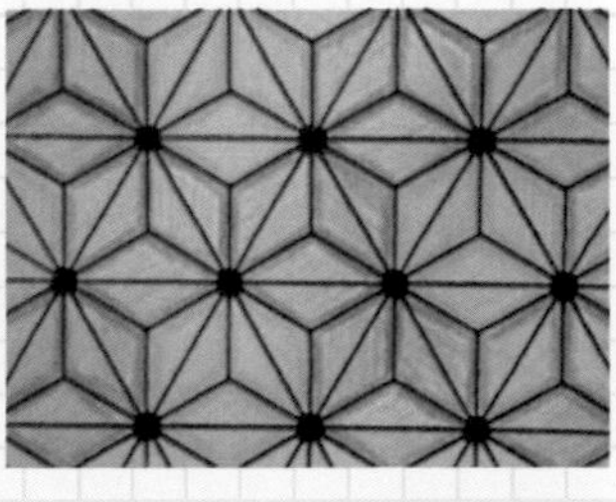

照片提供／山本 直（左右均是）

補充筆記　請試著把等腰三角形與正三角形等三角形、長方形與正方形等四邊形，毫無間隙地排列在一起。也試著調查看看或想想看，什麼樣的圖形能夠排成無縫花紋。

人孔蓋的祕密

3月28日

福岡縣　田川郡川崎町立川崎小學
高瀬大輔老師

閱讀日期　月　日　月　日　月　日

容易掉落的形狀？

人行道、馬路與公園等的地面上，常常可以看見人孔蓋。雖然人孔蓋有各種花樣，但幾乎都是圓形的。為什麼不是以四邊形或三角形為主呢？

在設計各種事物的時候，最重要的就是使用者的安全。如果人孔蓋脫落的話，人們就容易掉進洞裡，如果因此讓路人、車輛駕駛或乘客發生危險的話就糟糕了。所以這邊要探討的是……哪種人孔蓋容易掉落？

圖1

正方形與長方形等四邊形的對角線，比任何一邊都還要長（圖1）。也就是說，洞穴的對角線長度會比蓋子的四邊還要長，要是沒裝對方向的話，就會掉進洞裡。那麼，圓形的人孔蓋又是如何呢？

大部分的人孔蓋都是圓形

同一個圓形的直徑都是相同的，沒有直徑比邊還要長的問題（圖2）。因此選擇圓形人孔蓋的時候，就不會因為沒對準而掉進洞裡。

而人孔蓋之所以會是圓形的，還有一個原因——那就是減少斷裂的機率。因為三角形與四邊形都有角，對角施加太大的力道時容易斷裂，但是圓形沒有角，所以圓形就算只有局部承受較大的壓力，也比較不會斷裂。

圖2

補充筆記　圓形同時也是便於搬運的形狀。遇到較重的人孔蓋，也可以用滾動的方式搬運。大家在生活周遭也看得到人孔蓋吧？不妨多留意蓋上的花紋、形狀與大小吧。

單手能夠數到哪個數字呢？

3月29日

御茶水女子大學附屬小學
岡田紘子老師

閱讀日期　月　日　月　日　月　日

只能數到10而已嗎？

只用單手的話，能夠數到哪個數字呢？因為手指只有5根，所以只能數到5而已嗎？當然也會有人表示：「我單手可以數到10！」雖然平常用單手最多只會數到10，但是其實可以數到31喔！

「咦！只有5根手指而已，為什麼能夠數到31呢？」相信會有人浮現這樣的疑問吧？事實上，以不同的方式豎起與折起手指，最多是可以數到31的。

讓我們試著用單手數到31吧！請大家參考圖1。豎起大拇指是1、豎起食指是2、豎起中指是4、豎起無名指是8、豎起小指代表16。將豎起的手指所代表的數字加起來吧。使用這種方法的話，就可以從0數到31，用單手表現出32種數字。

圖1

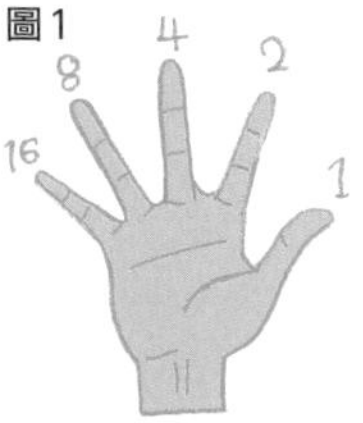

以圖2為例，同時豎起大拇指（1）與食指（2），所以1＋2＝3。接下來就實際看看從0比到31要怎麼比（圖3）。

圖2

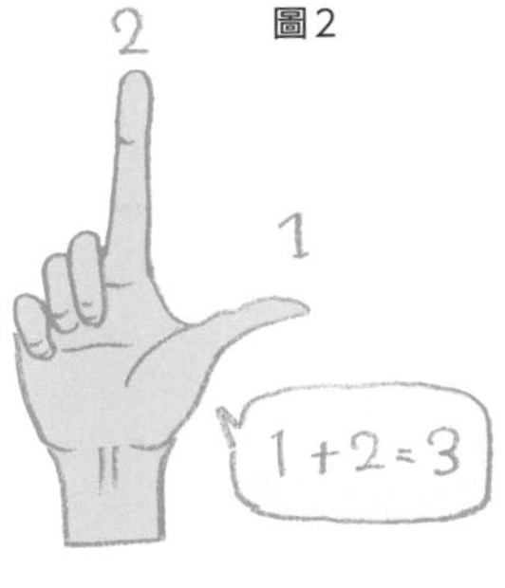

圖3

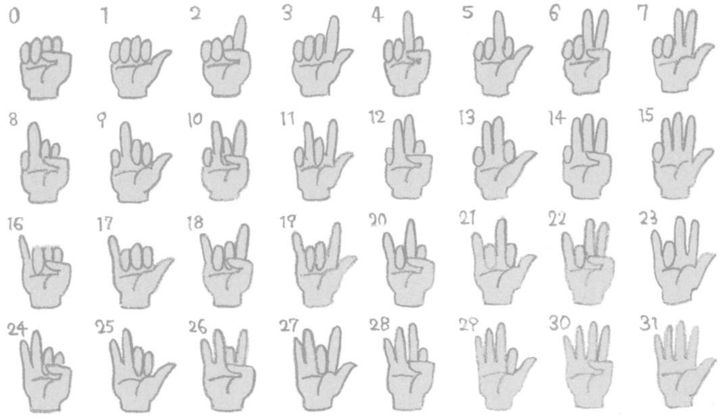

使用雙手的話？

如果同時使用雙手的話，能夠表示出幾個數字呢？

將右拇指視為1、右食指視為2、右中指視為4、右無名指視為8、右小指視為16、左拇指視為32、左食指視為64、左中指視為128、左無名指視為256、左小指視為512，這時雙手最大就能夠表現到1023（圖4）。光用10根手指頭就可以表現到1023，真的令人感到訝異呢！

圖4

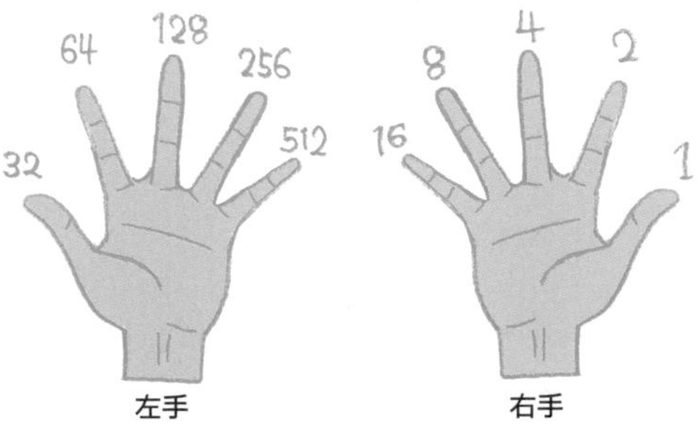

補充筆記　這些數字使用的是2進位，是電腦、條碼與點字等會用到的進位制。

能夠拿走全部的棋子嗎？

3月30日

大分縣　大分市立大在西小學
二宮孝明老師

閱讀日期　月　日　月　日　月　日

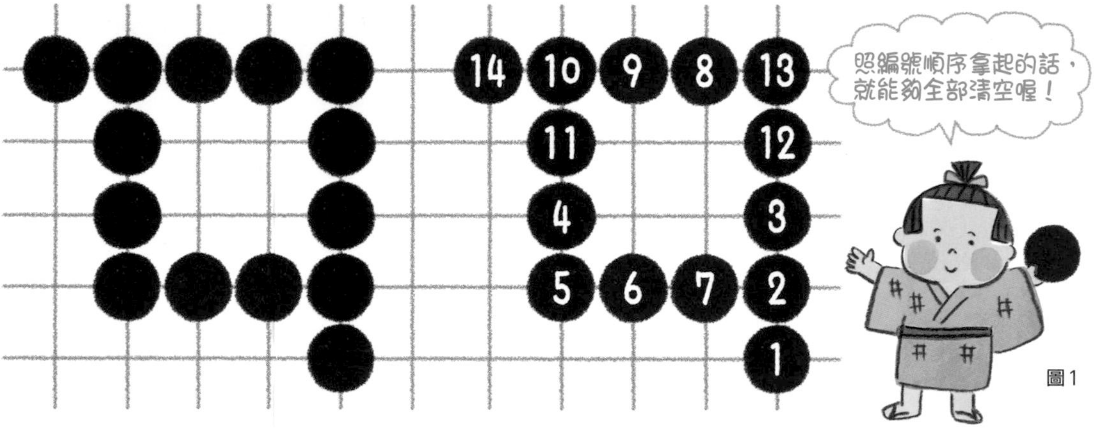

圖1

用棋子玩的拼圖！

日本江戶時代（1603～1867年）出版的書籍中，記載了一種叫做「拾物」的拼圖遊戲。規則很簡單，只要有棋盤與棋子就可以進行了。把自己當做是江戶時代的人，一起來玩玩看吧。

首先請像圖1一樣在棋盤上排列棋子，接著一個個拿起棋子，只要棋子全部清空，遊戲就結束了。但是在拿的時候，必須遵守一些規則。

①要從哪一顆開始拿都無所謂，②拿棋子的方向必須朝縱橫前進，不能往斜向拿取，③必須依序拿走每一顆棋子，不能跳過任何一顆，④位在同一條線上的棋子，就算與剛才拿走的棋子相距很遠，仍然可以拿走，⑤不能後退。

如果不知道怎麼照這個規則拿走所有棋子的話，也可以參考本頁的解答喔！

和朋友一起玩玩看吧

「拾物」這個遊戲一個人也可以玩。不過，要是找朋友一起玩的話，會更加有趣喔！大家可以同心協力，想出正確答案，也可以輪流出題考考對方。只要是能夠照順序全部拿光的圖形，都可以當作「拾物」的題目。另外，出題的時候也可以提示起點與終點喔！

最後再解解看一個問題吧（圖2）。但是本書沒有記載答案，所以請憑自己的力量，努力想出答案吧。

圖2

補充筆記 圖1問題是日本傳統酒杯「枡」的形狀，以前較大型的枡都裝有把手。圖2問題則是箭羽的形狀。大家也試著幫自己創造的問題取名字吧。

關於數字與計算

令人驚訝的印度乘法

3月31日

東京都　豐島區立高松小學
細萱裕子老師

閱讀日期　月　日　月　日　月　日

默背2位數九九乘法表!?

小學二年級都會教九九乘法表，裡面或許有些比較難的部分，讓人怎麼記也記不起來。一般的乘法表最多只列到九九（9×9＝81），但是印度的小學生竟然要背到19×19（答案是361）。

此外，印度人會透過日常生活與學校教學，學習「計算方面的技巧」，所以就連有些難度的算式，他們也能夠輕易求出答案。

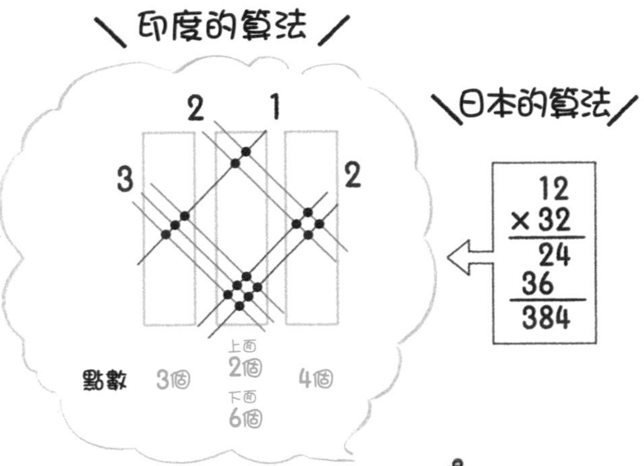

圖1

所謂的「計算方面的技巧」相當豐富，這邊將舉幾個例子介紹一下。

讓計算更簡單的技巧

圖1是印度人計算12×32的方法。只要善用點與線，就能夠輕鬆求出答案。首先，如圖中的紅線一樣，用紅色斜線表示被乘數12，接著再用與紅線交錯的藍色斜線表示乘數32，而紅藍線交錯的地方再畫上點。然後請算出綠框中的點數。

綠框由右至左分別代表個位數、十位數與百位數，所以答案就是384。

用日式筆算的話也能計算出相同的答案呢！

圖2則是用格子算出12×32的方法，將被乘數12寫在格子的上側，乘數32寫在格子的右側。並將求出來的積數分成十位數與個位數，再分別寫在格子中。如果是2×3的話，因為積數是6，所以會寫成06，最後再將斜向的數字相加，藉此求出答案。

圖2

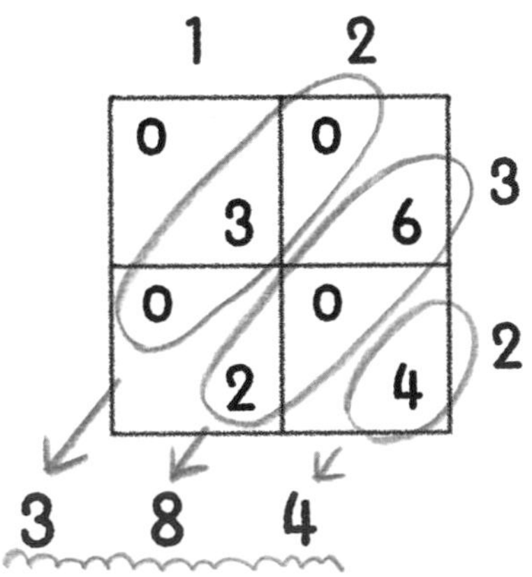

補充筆記　其他還有許多「計算方面的技巧」，試著想想看這些技巧的原理，或是創造出自己的小技巧，都會讓數學更有趣喔。

感受一下吧
小孩的科學照相館 vol.3

這邊要介紹與算術有關的獨特照片。
這才知道，原來算術的世界
這麼有趣、這麼美麗。

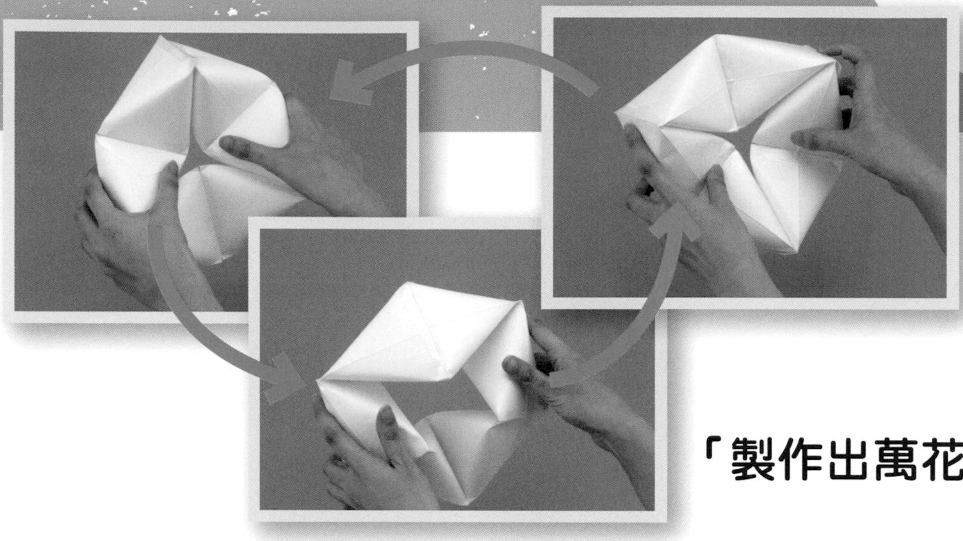

「製作出萬花環吧」

製作方法

1 準備信封袋，將開口黏起來後，從正中央剪成2個。

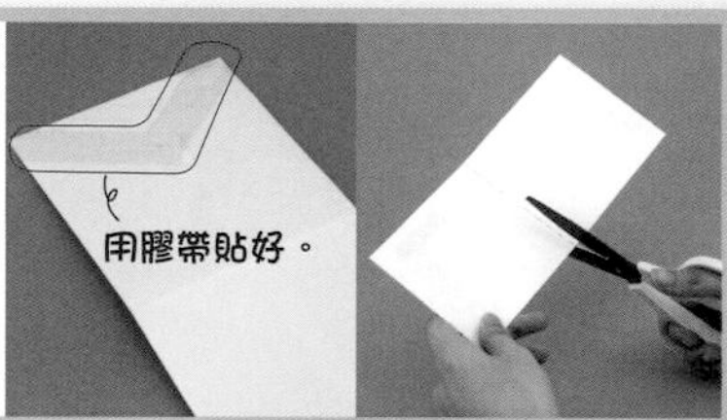

2 先讓開口朝上，折出與右下圖虛線一樣的折線，這時要將三角形往前後方向折出折線。再像右上圖一樣打開切口，讓信封袋本身的兩邊折線相連。

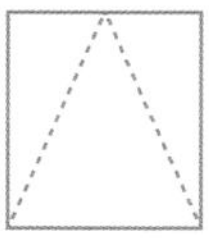

3 如此一來，就形成由4個三角形組成的四面體了。接著請製作6個一樣的四面體吧。

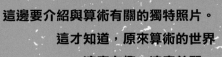

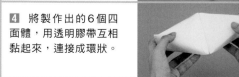

4 將製作出的6個四面體，用透明膠帶互相黏起來，連接成環狀。

完成了！

◉製作／吉田映子

用連成一圈的四面體玩耍

這種由4個三角形組成的立方體，稱為四面體。將6個四面體連接成環狀，就稱為「萬花環」，是能夠一直旋轉卻不會卡住的立體環。當然也可以用色紙製作，不過最簡單的做法，就是使用90×205㎜的信封袋。

將萬花環聚集在中央的三角形往下壓，就能夠一直旋轉而不會卡住。剛開始或許會覺得有點難轉，但是漸漸就會變得順手了。

有些零食袋能夠直接製作成四面體，只要把袋子折起相連，就大功告成了！

4月

April

與生活有關的算術 2

正確？錯誤？日本人的數字唸法

4月1日

學習院初等科
大澤隆之老師

閱讀日期　月　日　月　日　月　日

「十」有好幾種唸法？

你有學過日文嗎？那麼有唸過這個詞嗎？

「十分間」

很多人都會唸成「じゅっぷんかん（jyu ppun kan）」，但這其實是錯誤的。正確的唸法是「じっぷんかん（ji ppun kan）」。

翻開日本小學1年級的國語課本，會看到「十」這個字的唸法有「じゅう（jyuu）」或「じっ（ji）」，而「十本（十根）」就唸成「じっぽん（ji ppon）」。

通常10唸做「じゅう（jyuu）」，但是如果10的後面有加上單位或其他語詞的話，就會加上促音的「っ（不發音，代表頓一下）」，唸成「じっ（ji）」。

請翻翻看日文辭典，找出「十進数（十進位數）」、「十把一からげ（不分青紅皂白）」吧。唸法正是「じっしんすう（ji sshin suu）」與「じっぱひとからげ（ji ppa hi to ka ra ge）」。

提問時間

那麼你知道上圖其他4個詞的發音嗎？

正確答案是「こうすいかくりつさんじっぱーせんと（kou su i ka ku ri tsu san ji ppa - sen to）」、「にじってんご（ni ji tten go）」、「しちじさんじっぷん（shi chi ji san ji ppun）」、「ごじっかいめ（go ji kkai me）」。

如何呢？唸對了嗎？

不妨看看日本天氣預報或新聞，聽聽主播都是怎麼唸降雨機率等詞吧！

試著記起來

0～10的正確唸法

各位能夠正確唸出日文的0～10嗎？「0（れい；rei）、1（いち；i chi）、2（に；ni）、3（さん；san）、4（し；shi）、5（ご；go）、6（ろく；ro ku）、7（しち；shi chi）、8（はち；ha chi）、9（く或きゅう；ku或kyuu）、10（じゅう；jyuu）。「0」也有從英文轉化成日文的唸法「ゼロ（ze ro）」。4還能唸成「よん（yon）」，7則有「なな（na na）」的唸法。

補充筆記

只唸4的話是「し（shi）」，但是像「四千」就唸成「よんせん（yon sen）」。「14匹」則唸成「じゅうよんひき（jyuu yon hi ki）」。依數字前後添加的字，唸法也會改變呢！

尺與定規尺哪裡不同呢？

東京都　杉並區立高井戶第三小學
吉田映子老師

閱讀日期　月　日　月　日　月　日

很多人都不知道的差異

你知道定規尺與尺的差異嗎？「尺」是測量物體長度的工具，「定規尺」則是用來畫各種線條的工具。

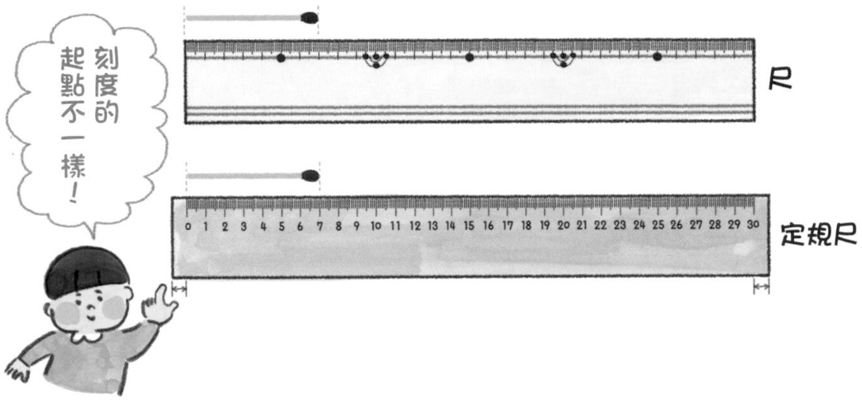

為了能夠測量出正確的長度，「尺」都會使用不容易因為溫度等環境因素變形的材質。在學校學習使用的尺，也會使用竹製品呢。

「尺」與「定規尺」的測量方式也不同。竹尺的刻度沒有寫數字。基本上尺的邊端都是0，而定規尺的兩端則沒有刻度，大多會留一點點空白。

所以用尺測量較長的物體時，假設一把尺長30cm，就能夠確認物體等於幾把尺的長度。

此外，要測量比30cm還要短的物體時，要使邊端吻合物體的某一端再測量的難度較高，或是不容易看到直線的另一端。遇到這些狀況，可以視情況改使用5cm或10cm的刻度，或是直接取途中的一條刻度當作0。

用尺畫出直線

①先用有刻度的一端量好長度後，在紙上做記號（畫點）。

②用沒有刻度的一端，將點與點連接在一起。

按照這個順序畫線的話，就不會弄髒刻度了。此外，尺沒有刻度的一端邊角較為銳利，所以將邊角貼合紙張的邊角，就能夠畫出完美的直線了。

試著做做看

用筆畫出直線

尺面上的凹槽，是用毛筆畫直線時使用的。同時拿著筆與另外準備的細棒，並將細棒插進凹槽，沿著溝槽滑動，就能夠畫出漂亮的直線。

補充筆記　定規尺除了直線外，還有能夠畫曲線的雲形板與三角板等。三角板則有２種不同的形狀，大家有看過嗎？

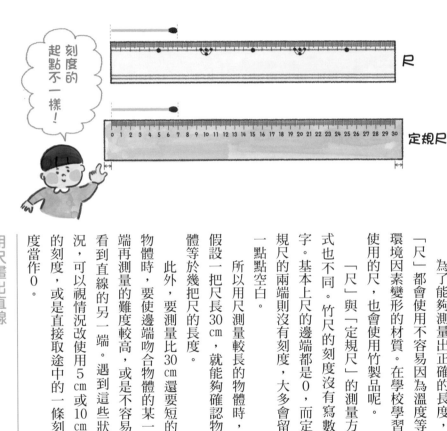

鬼腳圖的祕密①

4月 3日

御茶水女子大學附屬小學
岡田紘子老師

閱讀日期　月　日　月　日　月　日

試著玩玩看鬼腳圖

你有玩過鬼腳圖嗎？這是由直線與橫線組成的抽籤方式。首先來進行一場簡單的鬼腳圖遊戲吧！圖1中的兔子能夠得到什麼樣的食物呢？

以圖1的鬼腳圖來看，兔子最後會抵達紅蘿蔔，熊走到栗子，狐狸則走到葡萄的位置。

為什麼牠們不會到達同樣的位置呢？

從圖2就可以看出，兔子與熊遇到橫線時就交換了位置。而橫線的功能，就是讓動物們交換位置。因為每次遇到橫線時，就一定得跟著橫線換到另外一條路線，所以絕對不會有不同的動物到達一樣的終點。

圖1

圖2

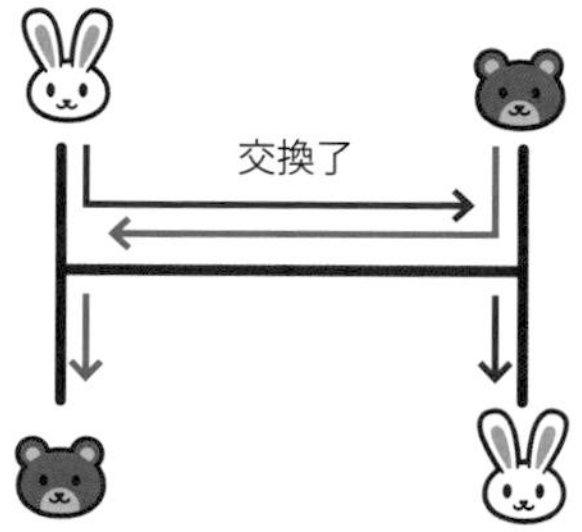

試著製作鬼腳圖吧

像圖3這種安排，該怎麼讓兔子、熊、狐狸與鴨子都回到各自的家呢？

訣竅是先用線將動物與各自的家連起來，接著把線與線的交會點畫成橫線，最後整理成鬼腳圖的形狀就大功告成。

使用這種製作方法的話，不管增加了幾條縱線，都能夠輕易完成鬼腳圖。

圖3

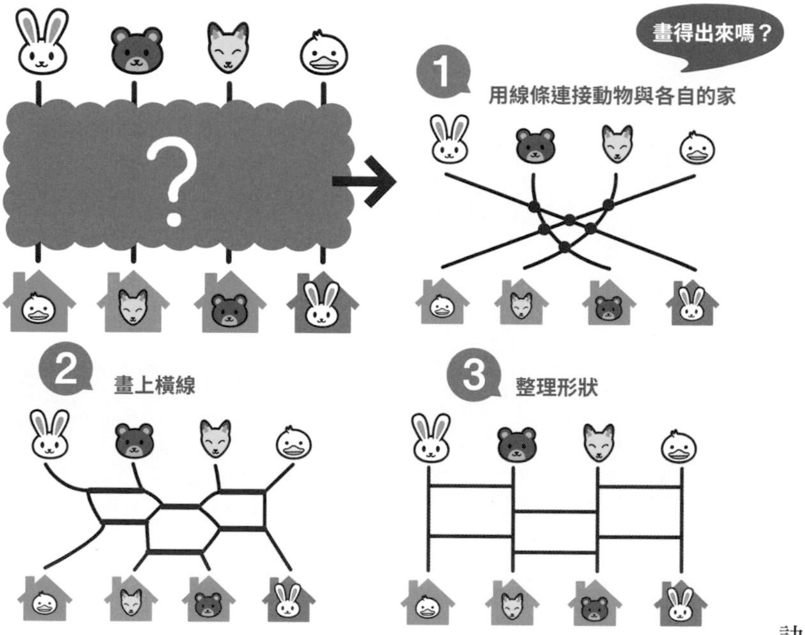

補充筆記　鬼腳圖又稱「阿彌陀籤」，據說是因為以前鬼腳圖的形狀，看起來很像阿彌陀佛背後的光芒（後光），所以才會取這個名字。

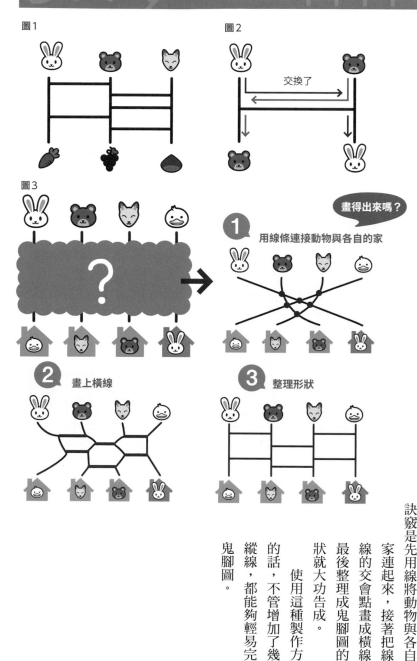

關於數字與計算

用同樣的數字算出「數字」

4月 4日

北海道教育大學附屬札幌小學
瀧平悠史老師

閱讀日期　月　日　月　日　月　日

用4個4算出的數字

這邊有4個4，請用這4個4組成的算式，算出1～5這些答案吧。

不管使用＋、－、×、÷都可以，首先請試著算出1吧。

使用2個4的話，以4÷4這個算式就能夠算出1了。剩下的2個4也可以使用4÷4＝1這個算式。最後再將2個1相除，1÷1就是1了呢！

算出2～5

接著一起來算出2吧！和剛才一樣，用2個4÷4的算式算出2個1。再將這2個1加在一起，就會變成2了呢。

那要怎麼算出3呢？首先，將3個4加在一起變成12，再將12除以4的話，就會變成3了。

接下來要算的是4。首先讓4－4＝0，再用這個0乘以4，結果還是0。最後只要將這個0加上最後一個4，就會得出4了。

最後要算的是5！首先讓2個4相乘，結果等於16。然後讓16加上1個4，就變成20。最後再用20除以剩下的4，就可以算出5了。

這下子，我們就成功使用4個4，得到1～5的數字了呢！

試著做做看

挑戰6～9吧！

這次同樣使用4個4，來挑戰算出6～9吧！

4　4　4　4 = 6
4　4　4　4 = 7
4　4　4　4 = 8
4　4　4　4 = 9

【4 ÷ 4 = 1, 4 ÷ 4 = 1
1 ÷ 1 = 1】
【4 ÷ 4 = 1, 4 ÷ 4 = 1
1 + 1 = 2】
【4 + 4 + 4 = 12
12 ÷ 4 = 3】
【4 - 4 = 0, 0 × 4 = 0
0 + 4 = 4】
【4 × 4 = 16, 16 + 4 = 20
20 ÷ 4 = 5】

補充筆記 使用4個「3」的話，也可以算出1～9。此外，使用4個「5」的話，1～9當中會有一個數字算不出來，不曉得你找不找得出這個數字？

關於數字與計算

查查看公平的分法
～神奇的因數～

熊本縣　熊本市立池上小學
藤本邦昭老師

4月 5日

閱讀日期　月　日　月　日　月　日

分成數量相同的數堆

這裡有6顆糖果。要分給2個人。該用什麼方法分比較好呢？（圖1）

6顆糖果可以分成2顆與4顆，但是拿到比較少的那個人就太可憐了。

那麼，各分2顆的話如何呢？這樣的話就只從6顆中分出4顆而已，又多出2顆了呢！

這時，只要分成3顆與3顆的話，就剛好是一樣的數量了。像這種每個人都分得相同數量的分法，就稱為「等分」。

如果有6顆糖的話，就有下列這4種等分的方式：

①分給2個人，每人各拿3顆。
②分給3個人，每人各拿2顆。
③分給6個人，每人各拿1顆。
④分給1個人，每人各拿6顆。

12顆糖果要怎麼分？

那麼，試著把糖果增加到12顆吧。這次有幾種等分的方法呢？（圖2）

這次有6種方法。

是因為糖果增加，所以等分法的數量也跟著增加嗎……。

接著分分看17顆糖果吧。這次到底能夠找到幾種方法呢？

圖1

圖2

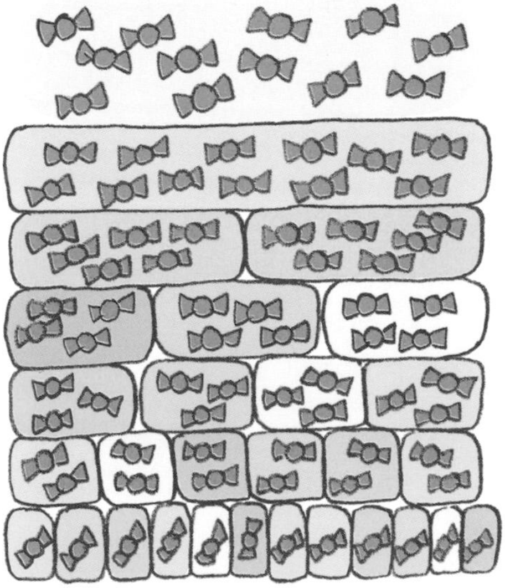

試著想想看

只有2種分法的數量

17顆糖果的等分法就只有「1個人拿走17顆」與「分給17人1人1顆」這2種方法，很奇妙對吧？那麼在1～20顆糖果當中，有幾種數量是像「17」一樣只有2種分法呢？

補充筆記　能夠將某個數字整除的數字稱為「因數」。每個數字的因數必定有1與「數字本身」，而除了這兩者就沒有其他因數的數字，就稱為「質數」。1～20之間有2、3、5、7、11、13、17、19這8個「質數」。

該怎麼比較玩具的速度呢？

神奈川縣　川崎市立土橋小學
山本　直老師

閱讀日期　月　日　月　日　月　日

比比看速度吧！

賽跑的時候，會決定好起點與終點，等裁判說出「預備，跑！」才可以開始跑，先抵達終點的人速度「比較快」。但是人多的時候，就很難讓所有人一起起跑。這時就要輪流起跑，其中，在最短時間內跑完相同長度的人，就是速度「比較快」的人。

但是像玩具汽車、電車與機器人，能跑的距離不同，就算設置了終點，也不見得能夠順利到達。這種情況下，該怎麼比較它們的速度呢？

採用共同的「距離」或「時間」

假設這裡有一輛5秒跑1m的玩具電車，以及20秒跑5m的玩具汽車，我們該怎麼比較這2種玩具的速度呢？

讓玩具電車用這樣的速度跑5m的話，花費的時間就是5秒的5倍，也就是25秒。如此一來，就可以看出玩具電車跑得比汽車慢了。相反的，如果想知道玩具汽車跑1m要花幾秒的話，只要用20÷5＝4的算式，就能夠得出4秒的結果，所以，玩具汽車跑1m的速度比玩具電車還要快。

比較不同玩具的速度時，只要像這樣採用相同的行駛距離或花費時間就可以了。

試著做做看

用捲尺或時鐘來測看看吧

只要準備好捲尺與時鐘，就能夠馬上測試出玩具電車與汽車的實際速度了。來試著計算出它們1m要跑幾秒吧。

照片提供／山本 直

補充筆記　汽車的速度計算單位是時速，也就是1小時能夠前進多少距離。而這就是統一時間的比較方法呢。

試著製作出月曆尺吧

東京都　杉並區立高井戶第三小學
吉田映子 老師

閱讀日期　月　日　月　日　月　日

一起動手做做看

你有聽過「月曆尺」嗎？今天要做的就是這個喔！

要準備的東西有：剪成寬度約5cm的圖畫紙（長度要33cm左右）、尺、鉛筆、色鉛筆與月曆。首先，就是用圖畫紙製作出尺。

①在圖畫紙左端算起的1cm處做記號（邊端就是0）。

②在記號上方寫「1」。

③按照尺上面的刻度，畫出1～30cm的刻度，並寫上數字。如此一來，就完成長度為30cm的尺了（圖1）。

圖1

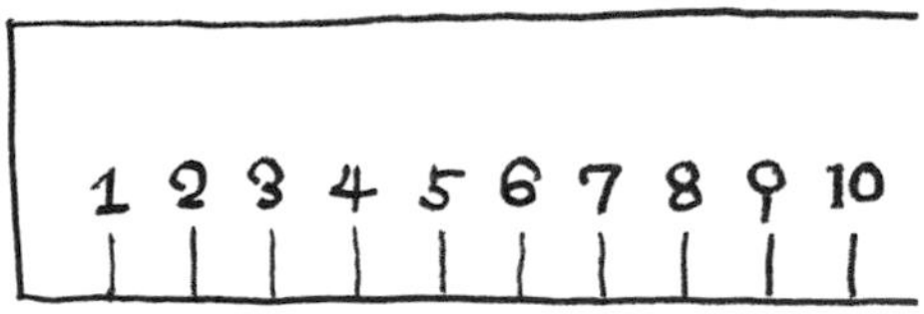

圖2

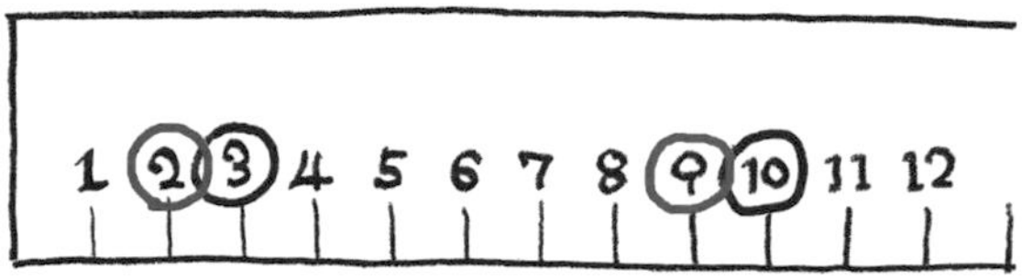

自己獨創的尺！

接下來，就要開始讓尺變身成月曆囉！

①按照想製作的月份，確認月曆上哪幾天是星期日。

②按照星期日的日期，拿紅筆圈起刻度上對應的數字。接著用藍筆圈起與星期六對應的數字。

這時，附加月曆的尺就完成了（圖2）。

最後在空白處寫上「○月」，並將這個月份的特色畫上去吧（圖3）。由於2月只有28天或29天，所以要製作短一點的尺。而其他有31天的月份，則應該製作長一點的尺。

一起做出自己獨創的月曆尺吧！不只製作出自己喜歡的月份，也為家人或朋友的生日月份，製作出專屬的月曆尺，當成禮物送給對方吧，收到的人一定會很開心的！

圖3

補充筆記　現在常用的曆制（陽曆）中，每個月有31天時就稱為「大月」，30天以下的就稱為「小月」。大月有1、3、5、7、8、10、12月，小月有2、4、6、9、11月。

關於數字與計算

認識比兆更大的龐大數字

4月 8日

島根縣　飯南町立志志小學
村上幸人老師

閱讀日期　月　日　月　日　月　日

大家唸得出日本人口數嗎？

日本有許多的居民，那麼總共有多少人呢？雖然要數清楚是件很辛苦的事情，但是只要仔細調查就會知道結果。現在的日本有：

128226483人（取自日本總務省／2015年1月1日的居民基本公冊記載人口）。

大家唸得出來嗎？因為要到小學4年級才會教到這些數詞單位的唸法，所以說不定有一點困難。這裡可以把數字切割如下：

1　2822　6483

接著加上數詞單位變成

1億2822萬6483

所以可以唸成「一億兩千八百二十二萬六千四百八十三」。遇到龐大的數字時，像這樣從個位數開始，每4個數字就切割開來的話就比較好唸了。話說回來，日本的人口真的很多呢！

比億更大的是兆，比兆更大的是？

那麼，比億更大的數字要怎麼唸呢？日本政府在2015年所使用的國家預算是：

963420億　日圓（取自財務省／2015年9月日本財政相關資料）。

寫成阿拉伯數字的話，就是

96342000000000

而這個數字的唸法是

96兆3420億。

由此可以看出，「兆」是比千億還要大的單位。

那麼比「兆」更大的單位該怎麼辦呢？

10000000000000000

這麼大的數字，就算去問家人，說不定也很少人唸得出來。這個數字唸做1京。雖然平常不會用到這麼大的數詞單位，就算不曉得也沒關係，但既然都已經學會了，還是記起來吧！

試著記起來

數詞單位到多大呢？

你肯定會想比京更大的數詞單位是什麼呢？這邊列出許多比億還要大的數詞單位，請參考看看吧。

100000000000000000000000000000000000000000000000000000000000000000000

無量大數｜不可思議｜那由他｜阿僧祇｜恆河沙｜極｜載｜正｜澗｜溝｜穰｜秭｜垓｜京｜兆｜億｜萬｜一

補充筆記　試著將1無量大數寫成阿拉伯數字時……發現1的右側排了68個0呢！

❷將色紙的右下角往中線折出三角形。再沿著折起來的邊長（粉紅色線條），用鉛筆畫線。

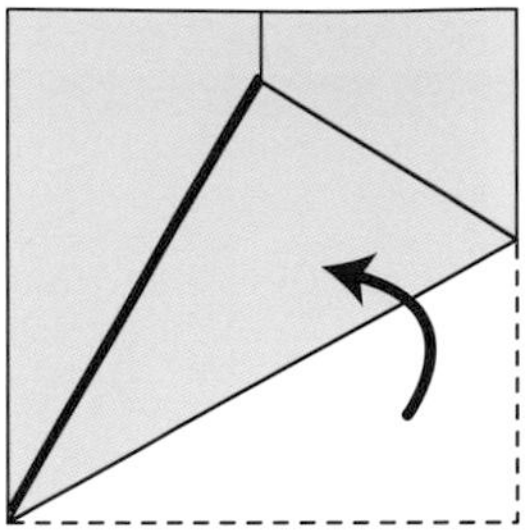

❸另一側也以相同的方式折起，再畫線。

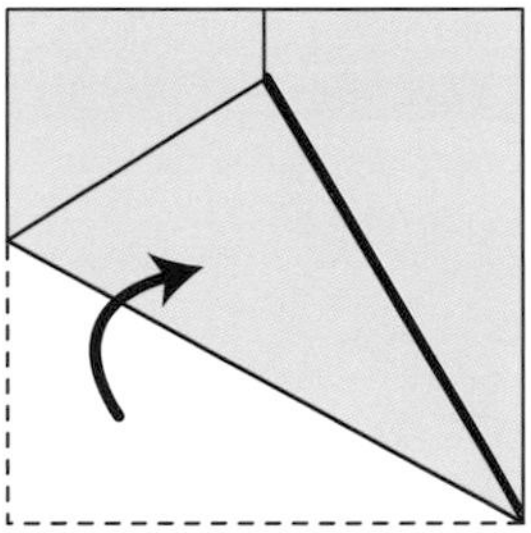

❹攤開紙張之後，再拿剪刀沿著鉛筆畫的線剪開。這就是完成了正三角形。

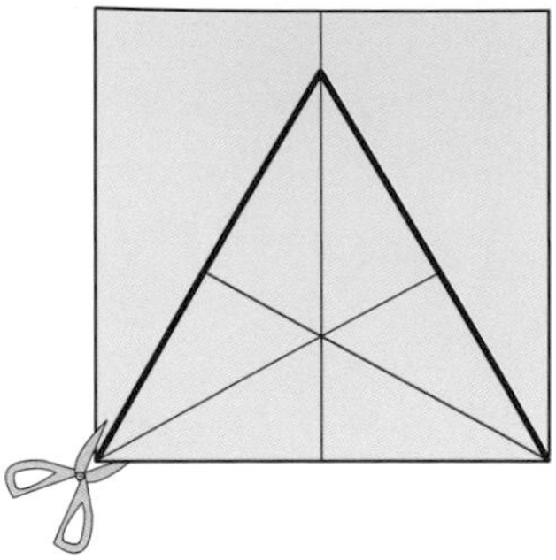

❺接著用正三角形做出正六邊形。將三角形的3個角往中心折起，再用透明膠帶固定。

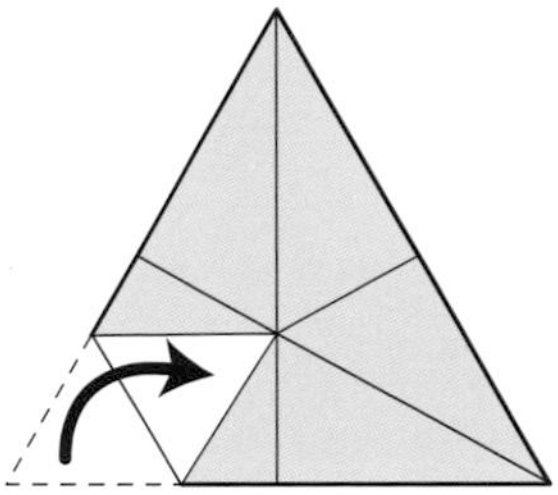

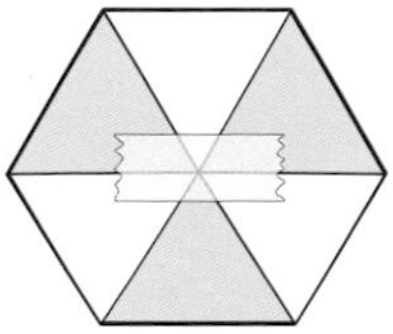

❻製作2個正六邊形後，同右圖用透明膠帶連接，此為1組。請做出10組。

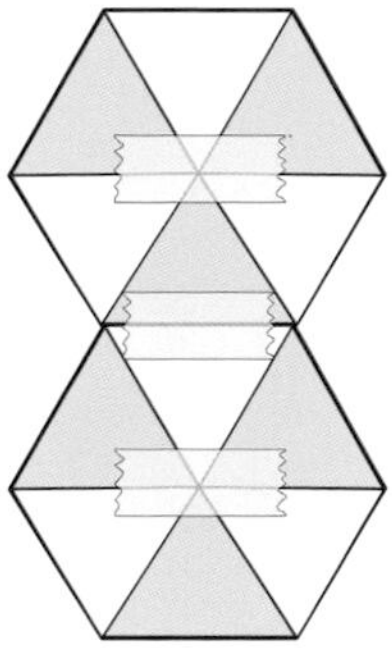

❼將這10組正六邊形，依下圖的方式連接，並用透明膠帶黏起來。

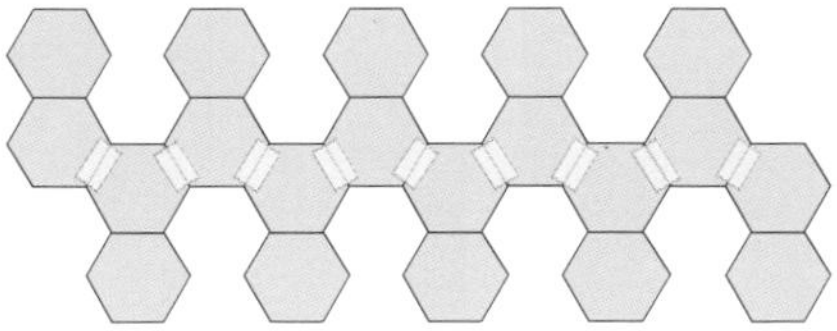

❽最後依照下圖，將相鄰的正六邊形用透明膠帶黏成立體形狀。最後將兩端的正六邊形的同色邊黏合的話，足球就完成了。

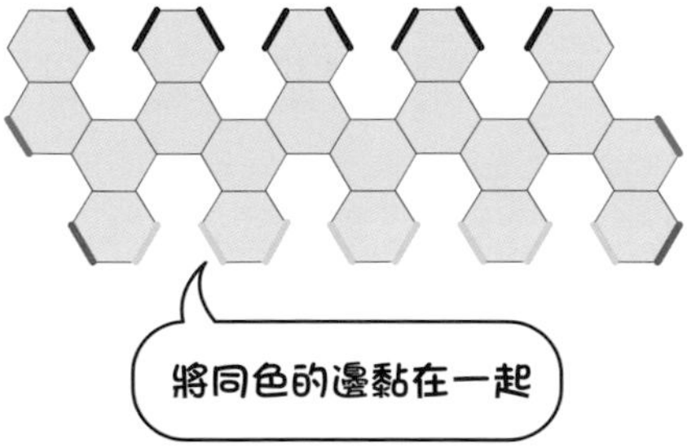
將同色的邊黏在一起

完成
空隙的部分就是正五邊形

補充筆記 其實有些足球的球門網，也是由六邊形組成的。因為六邊形吸收衝擊的能力優於四邊形，所以現在愈來愈多球網採用六邊形了。

動手做做看

來做足球吧

4月 9日

東京都　杉並區立高井戶第三小學
吉田映子老師

閱讀日期　月　日　月　日　月　日

你有沒有仔細觀察過足球呢？足球是由數種相同圖形組成的。今天就一起來用色紙製作出足球吧！

要準備的東西

- 20張色紙
- 剪刀
- 鉛筆
- 透明膠帶
- 尺

4月

●足球是什麼樣的結構呢？

首先要研究一下足球。仔細觀察足球的外觀，會發現是由許多正六邊形與正五邊形組成的。

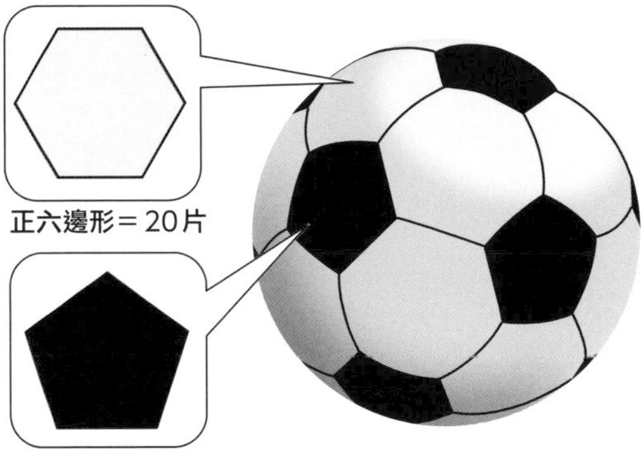

●用色紙做做看吧

接下來就拿色紙實際製作看看吧。

❶首先用色紙做出正三角形。將色紙對折後再打開，正中間就會有一條折痕。

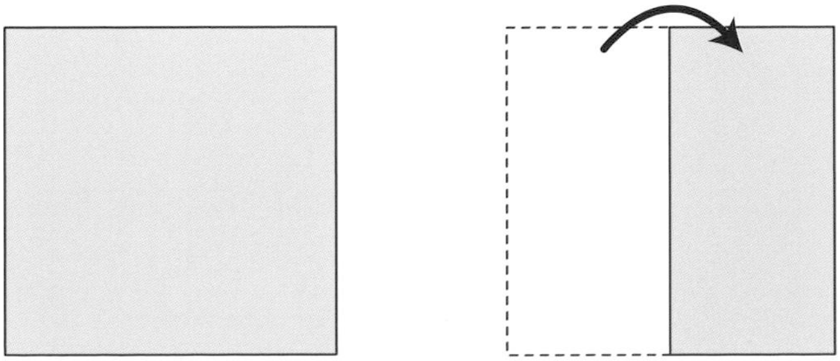

關於單位與測量

比比看動物的身高吧

4月10日

筑波大學附屬小學
中田壽幸老師

閱讀日期　月　日　月　日　月　日

身高最高的動物是？

同班同學中，有長得比較高的人，也會有比較矮的人呢！每種動物的身高也都不太一樣。

那麼地球上最高的動物是什麼呢？

很多人都會先想到體積非常龐大的大象吧，而大象的身高大約3m。最大型大象的身高則可高達約4m。

3m大約等於教室地板到天花板的高度。所以如果大象走進教室，背部就會頂到天花板呢。

像人類一樣用雙腳站立的動物中，據說最高的是北極熊。聽說也有身高超過3m的北極熊喔！

長頸鹿光脖子就2m！

地球上最高的動物是長頸鹿！而且公長頸鹿的身高還比母長頸鹿高，可以超過5m。如果長頸鹿來學校的話，就可以直接站在戶外，把頭伸進2樓的教室窗戶。

據說公長頸鹿的身高，會比母長頸鹿高上1m左右，較大隻的身高可高達5m50cm。長頸鹿的肩膀以下高度為3m，如果牠們走進教室的話，光是身體就會頂到天花板了。

由於長頸鹿很高，所以能夠吃到其他動物吃不到的很高的樹葉。

但是，因為牠們光是脖子就有2m，所以要喝水池裡的水會非常辛苦。幸好牠們可以從葉子攝取水分，所以就算不喝水也能夠活下去。

試著記起來

長頸鹿的舌頭也很長！

長頸鹿的舌頭很長，甚至長達40cm。日本人的舌頭長度大約7cm，所以長頸鹿的舌頭是日本人的5～6倍。牠們是用長長的舌頭纏住樹葉後再吃下去。

補充筆記　根據日本法律的規定，學校教室（地板面積50㎡以上）的高度必須為3m以上。這是因為教室裡人很多，所以空間要大一點，空氣才會比較新鮮。

算術相關的偉人故事

南丁格爾的另一張臉!?

明星大學客座教授
細水保宏老師

4月 11日

閱讀日期　月　日　月　日　月　日

最喜歡數學的淑女

談到世界上最有名的護士時，大家肯定會回答南丁格爾吧！她最有名的事蹟，就是努力照顧在戰爭中受傷的士兵。但是卻很少人知道，南丁格爾與數學也有很深的淵源。

南丁格爾是在距今200年前，出生於英國的一個富裕家庭。她從孩提時代就熱愛學習，不僅懂得許多計算方式，並擅長使用圖表思考。

藉圖表精準推測出結果！

後來，學習護理的南丁格爾被英國政府送到克里米亞戰爭的戰場上。

那裡的戰地醫院非常簡陋，沒有充足的藥物與食物。

於是她試著調查死於戰爭的士兵數量與原因，結果發現了令人訝異的結果！

因為骯髒病床造成感染而死亡的士兵，遠比戰死沙場的人數還要多。

南丁格爾將調查結果報告給政府，並強烈建議改善醫院環境。她在提出建議的同時，也提供了讓所有人都能一眼就了解的調查數據與圖表等資料。

經過她的一番努力，英軍的戰地醫院變得愈來愈乾淨，士兵死亡數量也大幅降低。贏得「克里米亞天使」美稱的南丁格爾，使用自己的數學技能，拯救了無數的性命。

試著做做看

製作出淺顯易懂的圖表

這就是南丁格爾製作出的圖表，人稱「南丁格爾玫瑰圖」。像這樣將各種數據畫成圓形的圖表，再複雜的數字都能夠一目了然。請找個調查主題，再試著將結果畫成圖表吧！

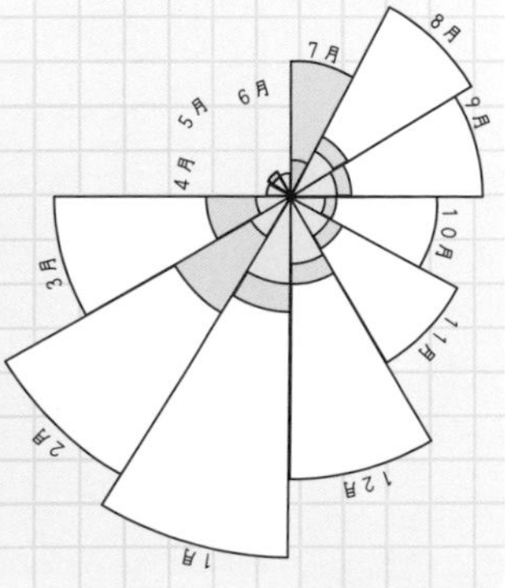

補充筆記　南丁格爾創設了世界第一間護理學校，並發明了能夠從病房裡呼叫護理師的響鈴、能夠一口氣搬運大量食物的運輸工具等。

三角形的故事

4月 12日

島根縣　飯南町立志志小學
村上幸人老師

閱讀日期　月　日　月　日　月　日

三角形是什麼呢？

我們的身旁有各式各樣的物品，請試著環顧四周看看吧。有電視、手機、時鐘、桌子、椅子、鉛筆、橡皮擦等。

這些東西都擁有什麼樣的形狀呢？

有圓形、有四邊形、有三角形……還有許多難以形容的奇怪形狀呢！

今天要談論的，就是其中的「三角形」。「三角形」是什麼樣的形狀呢？與「四邊形」有什麼樣的不同呢？

「三角形」是由3條線組成的。也有3個角。

用這3條線圍成的圖形，就是所謂的「三角形」。

身旁有哪些三角形呢？

那麼，請試著找找看身旁的三角形物品吧！例如：三角板、積木與大型的橋梁等，都可以找到三角形呢！

雖然三角飯糰與路上紅色的「警告標誌」也都是「三角形」，但是仔細看會發現3個角都不銳利呢！這樣就不能稱為「三角形」囉！

試著觀察看看

夜空裡也有三角形呢！

這個時期天氣晴朗的話，就能夠從夜空中看見大大的三角形。請專注觀察東南方的天空吧！有沒有找到3顆特別明亮的星星呢？將這3顆星星當成點，試著想像有3條線連接了這3點，就會形成一個大大的三角形，這就叫做「春季大三角」。這或許是我們生活中，最大的三角形呢！

補充筆記　用直線將3個點連接在一起，就稱為三角形。「試著觀察看看」中的「春季大三角」中的3個星星，分別為牧夫座的一等星「大角星」、處女座的一等星「角宿一」與獅子座的二等星「五帝座一」。

古埃及的拉繩師

4月 13日

大分縣　大分市立大在西小學
二宮孝明老師

閱讀日期　月　日　月　日　月　日

令人困擾的尼羅河水患！

埃及有條名為尼羅河的大河，在古埃及時代每逢7月初就會淹大水。

水患會從上游帶來能種出豐饒作物的土壤，同時也會對生活造成困擾，甚至將土地之間的界線或標誌沖走。

「從這裡到這裡都是我的土地！」「不，這裡應該是屬於我的！」為了避免這樣的紛爭，必須想出能夠正確測量土地的方法。

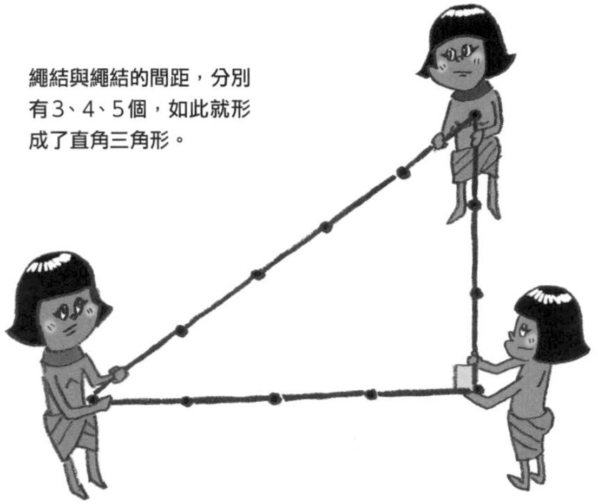

繩結與繩結的間距，分別有3、4、5個，如此就形成了直角三角形。

因此，古埃及的土地測量技術格外發達。當時會由「拉繩師」運用1根繩子，在地上畫出正確的圖形。

舉例來說，世界知名的金字塔底部為正方形，雖然是非常巨大的正方形，但這個正方形的四角可都是沒有絲毫偏差的直角。

關鍵在於繩結

那麼，「拉繩師」是如何善用繩子的呢？這邊舉個例子來說明吧！

「拉繩師」所使用的繩子，會每隔一段相同的長度就打一個結，用這個繩子拉出邊長分別有3、4、5個繩結間距的三角形，就會便成直角三角形，如此一來，就能夠製作出完美的直角。

由此可知，古埃及人就連運用繩子如此簡單的工具，也會融入數學的智慧，讓繩子在生活中派上用場。

試著查查看

日本的工具

現在種稻多半使用機器，但以前可是只能用雙手。而稻秧與稻秧間的距離相等，在割稻時會比較方便，所以以前的人們會使用「秧繩」或「插秧輪」等工具，這樣才能依相等的間隔插秧。

補充筆記　埃及的吉薩沙漠有3座巨大的金字塔，其中最大的就是古夫王的金字塔。這座金字塔於西元前2550年完工時，高度為146 m，底面正方形的邊長是230 m，斜度為52°。

關於圖形

用圓規畫出漂亮的圓

4月 14日

東京都　杉並區立高井戶第三小學
吉田映子老師

閱讀日期　月　日　月　日　月　日

拿碗出來描描看

當你想畫出漂亮的圓時，會使用什麼工具呢？

「我會拿碗或是起司盒，放在紙上描出圓形。」

沒錯，只要從日常生活中找出圓形的物品，就能夠畫出漂亮的圓形了。

用圓規畫圓

圓規是可以用來畫圓的工具。只要打開圓規腳的部分，測量好長度之後，就能夠在別的地方畫出相同的長度。這邊請使用圓規，將針腳刺進紙張後，用另外一支腳以相同的長度，在紙上做許多記號，再徒手將這些記號連起來，試著畫出圓形吧。

●使用圓規時的注意事項

・用轉陀螺般的方式，握著圓規頭旋轉。

・在紙上畫圓或做記號時，另一隻手要按住紙張。

・小心不要被針刺到了。

・如果連接兩隻腳的螺絲鬆掉了，圓規腳就會往外移，這樣就畫不出漂亮的圓形了。所以要經常檢查螺絲有沒有鬆掉喔！

試著畫畫看

製作出專屬自己的圓規吧

①使用方眼紙，製作出寬度1～2㎝，長度約10㎝的紙條。

②從其中一端開始，每隔1㎝就用圖釘刺1個洞（手指要小心別被圖釘刺到囉）。

③將圖釘刺在紙條最邊端的洞，把紙條固定在紙張上，再拿鉛筆刺進另外一個洞，接著用這種方法，試著在紙張上畫出圓形吧。

補充筆記　圓規的英文是「compass」，在日本現代多半稱為「コンパス（kon pa su）」，傳統則稱為「ぶんまわし（bun ma wa shi）」。

日本的人口是多還是少？

岩手縣　久慈市教育委員會
小森 篤 老師

閱讀日期　　月　日　　月　日　　月　日

印度約是日本的10倍

全球人口大約有71億2600萬人（2015年的世界衛生統計）。其中，日本就有約1億2700萬人。那麼日本的人口與其他國家相比，到底是算多還是算少呢？

表1是各國人口數量排行榜的前5名，由表來看日本的人口並沒有擠進前5名呢！人口排行榜中第2名的印度，人口大約是日本的10倍呢！

到底10倍的差異有多大呢？這邊以全校學生的數量為例，讓我們一起想想看。

假設A小學每班都有30個人，而且每個年級只有1個班級，那麼全校的學生就有180人。而B小學的全校學生數量是A小學的10倍，所以就有1800人。也就是說，B小學1個年級有10班，每個年級都有300個學生。

表1

排名	國家	人口（人）
1	中國	約13億9300萬
2	印度	約12億5200萬
3	美國	約3億2000萬
4	印尼	約2億5000萬
5	巴西	約2億

世界衛生統計2015

表2

排名	國家	人口（人）
6	巴基斯坦	約1億8200萬
7	奈及利亞	約1億7400萬
8	孟加拉	約1億5700萬
9	俄羅斯	約1億5700萬
10	日本	約1億2700萬
11	墨西哥	約1億2200萬
12	菲律賓	約9800萬
13	衣索比亞	約9400萬
14	越南	約8800萬
15	德國	約8300萬

世界衛生統計2015

日本人口排名世界第10名

接著請看一下人口數量排行榜的6～15名吧（表2）。

日本的人口是各國人口數量排行榜的第10名，而這個排行榜裡總共列出了全世界194個國家。也就是說，世界上有184個國家的人口比日本還要少。

試著查查看在194個國家中，位在人口數量排行榜正中央的國家吧！這個國家的數字，在數學領域中稱為「中央值」，而這個排行榜的中央值是約790萬人。請試著與日本約1億2700萬人的人口比比看吧。

與不同國家比較的話，日本的人口數量有時候感覺很多，有時候卻變得好像很少呢！

補充筆記　本頁的參考資料是WHO（世界衛生組織）公布的《世界衛生統計2015》，人口相關資料也參考了《世界人口白書2013》。你覺得日本的人口與世界各國相比是多？還是少呢？

關於數字與計算

除法是什麼呢？

4月16日

東京都　杉並區立高井戶第三小學
吉田映子老師

閱讀日期　月　日　月　日　月　日

該怎麼分呢？

這裡有12顆蘋果，要分給2個人。該怎麼分才好呢？（圖1）

①1人拿10顆，1人拿2顆。12可以分成10與2。

②哥哥8顆，弟弟4顆。不過這樣可能會吵架呢！

③每人各6顆。讓2人拿到的數量一樣，應該就不會吵架了。

想要將12顆蘋果分給2人，又想讓每人拿到的數量相同的話，每個人就要拿6顆。

將這個過程列成算式的話，就會是：

12÷2＝6（12除以2等於6）。

除法是什麼？

要將12顆蘋果分別裝進袋子裡，每袋要裝3顆，所以總共需要4個袋子（圖2）。用算式表現這種情況的話，就是：

12÷3＝4。

這種算式就稱為「除法」。

想知道將某個數字均分成相同數字時，每個數字有多大，或是想知道將某個數字分成特定份數後，每一份有多少的時候，都可以使用「除法」。

圖1

① 10顆與2顆

② 哥哥8顆，弟弟4顆

③ 各6顆

圖2

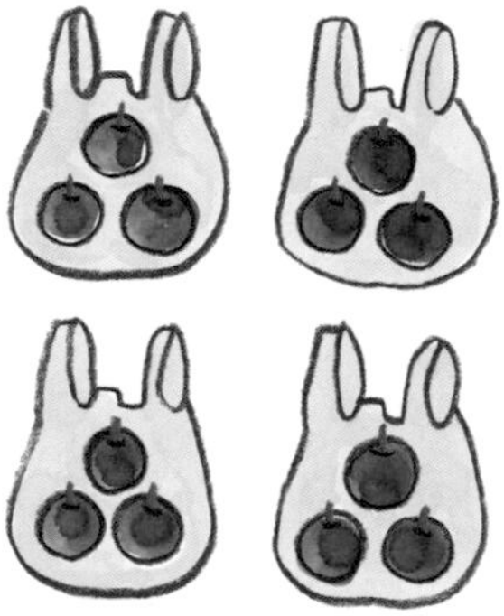

試著想想看

該怎麼找出答案呢？

這裡有15顆蘋果，每3顆裝1袋的話，想知道要用幾個袋子時，就使用「15÷3」這個算式。1袋有3顆，不知道的袋數就先用□代替，由於全部有15顆蘋果，用乘法表示就等於「3×□＝15」。所以，運用3的乘法就可以找出15÷3的答案囉！

補充筆記　當哥哥拿8顆蘋果，弟弟拿4顆蘋果時，就可以稱為「哥哥的蘋果是弟弟的2倍」。用算式表示的話則是「8÷4＝2」。想知道倍數的話，也可以使用除法喔！

2 與生活有關的算術

出乎預料地貼近生活？外國的單位

4月 17日

東京都　豐島區立高松小學
細萱裕子老師

閱讀日期　月　日｜月　日｜月　日

美國的長度單位英寸

去逛家電量販店的時候，會看見五花八門的電視。電視的尺寸有時候會標示為「30型」、「32型」吧！其實這就是代表「30吋（30英寸）」與「32吋（32英寸）」的意思，指的是螢幕的對角線長度。

吋是一種長度單位，1吋＝2.54cm。因此，30型（30吋）＝2.54×30＝76.2cm，32型（32吋）＝2.54×32＝約81.3cm。

由於電視是由美國開發並製成商品後再傳至各國，所以大部分國家都直接使用美國的單位。

另外，腳踏車的尺寸也會使用吋，而這裡的尺寸指的是輪胎直徑的長度。

近年愈來愈多發源於歐美的商店，所以逛街的時候，會看到許多鞋子與衣服的尺寸，也用吋表示。

用磅與盎司表示重量

除了吋以外，也可以用英尺與碼表示長度。1英尺＝12吋＝30.48cm，1碼＝3英尺＝91.44cm。英尺多半用來表示飛機的飛行高度，與保齡球道的長度等，碼則是會使用於高爾夫球場或美式足球場。

此外，重量則可用磅或盎司表示。1盎司＝28.3495231g，1磅＝16盎司＝453.59237g。磅會用來表示保齡球與保齡球選手體重等，盎司則會用來表示食品、釣魚用的假餌——路亞的重量等。

補充筆記：以前的電視螢幕是圓形的，所以會用圓的直徑表示電視尺寸。當螢幕變成四邊形後，為了還是能用1條直線的長度來表示，於是就決定以對角線長度來標示尺寸。

桌邊能夠容納的人數？

4月18日

北海道教育大學附屬札幌小學
瀧平悠史老師

閱讀日期　月　日　月　日　月　日

大家一起在桌邊排排坐

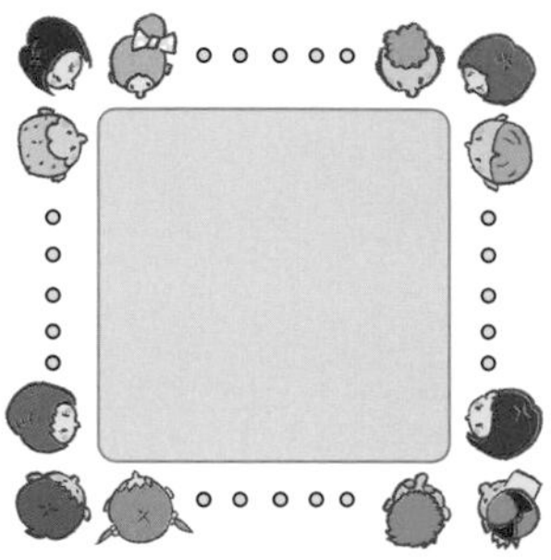
圖1

這裡有一個很大的四邊形桌子，大家決定將座位安排得像圖1一樣。

假設四邊形桌子的每邊要坐10個人時，圍在桌邊的總共會有幾個人呢？

從較少的情況開始思考

一下子就要思考10個人的坐法，會因為數字太大，而覺得一頭霧水。因此，我們先從每邊坐4個人的情況開始思考吧。

每邊要坐4個人的話，因為4×4＝16的關係，所以會預想應該有16個人。但是仔細看看圖2，會發現總共只有12個人而已。為什麼會比預期的少了4個人呢？請一起想想看理由吧。

請分別把每邊的4個人用線條框起來吧（圖3）。如此一來，會發現4角各有1個人都被框起2次。也就是說，他們被計算了2次。因此16這個數字必須再減掉角落4個人重複的部分。結果就會變成4×4－4＝12這個答案，所以總共是12個人。

那麼請以相同的方式，去計算每邊坐10個人時的情況吧。由於桌子共有4邊，所以10×4＝40，總共是40個人，然後再扣掉角落4個人重複的部分，所以40－4＝36，總共應該是36個人才對（圖4）。

圖2

圖3

圖4
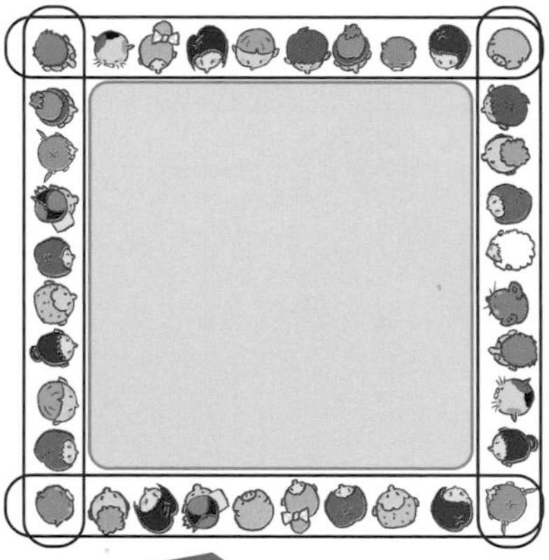

試著做做看

增加每邊人數的話？

接下來請想想看每邊有11人、12人、13人……等的情況吧。這些情況下，總人數又是依什麼規律增加呢？

坐11個人的話？

補充筆記
遇到較大的數字，很難解出答案時，先用較小的數字來思考，就會方便許多。此外，搭配圖片來思考的話，很快就能看懂了呢！

最小的數字才不是0！？

4月 19日

福岡縣　田川郡川崎町立川崎小學
高瀨大輔老師

閱讀日期　月　日　月　日　月　日

位在海平面下140m的車站

A同學說：「我考了0分！是最低的分數！」他明明認真唸書了，卻還是考了0分，肯定很悔恨呢！但是，A同學考的0分真的是「最低的」嗎？也就是說，沒有比0分更低的分數了嗎？

舉例來說，大家所住的地方比海平面高，所以會以「海拔○m」來表示。所以如果住在比海平面高140m的地方，就稱為「海拔140m」。

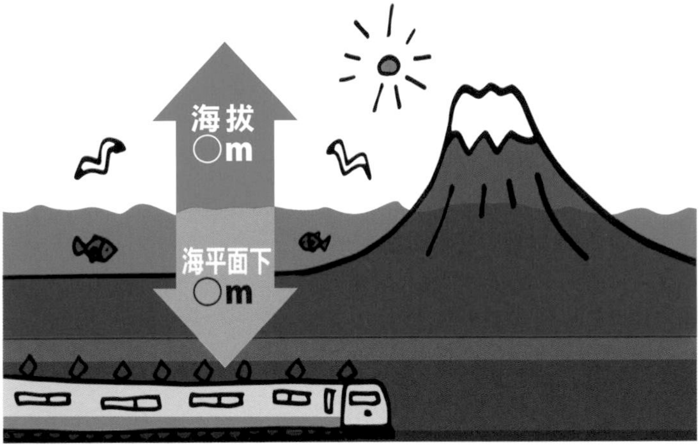

但是日本卻有比海平面還要低的土地，稱為「海拔0m地區」，因此可以標示為「海平面下○m」。而連接日本青森縣與北海道的青函隧道，竟然有座「海平面下140m」的車站！「海拔140m」與「海平面下140m」都是140m，所以光看字面的話很難判斷差異吧？所以，這邊把海平面當成0的話，往上就是「＋（正）140m」，往下就是「－（負）140m」。

看到＋與－的符號，應該很多人都會想到加法與減法吧？但其實這2個符號，並不是只能用來計算喔！

氣溫也可以用負表示

天氣很冷的地方，天氣預報會出現「氣溫負10度」等句子，這就是以0度為基準，比0還低的氣溫就會使用「－」這個符號。

我們的生活中，也有很多像這樣的標示方法，會先找到某個基準後，比基準更大的就使用「＋」，比基準更小的就使用「－」標示。

而考0分的A同學，如果還忘記在考卷上面寫名字的話，說不定就會被扣分，結果考出比0還低的分數呢！

補充筆記　日本傳統遊戲「雙六」中，也有＋與－的觀念。棋子前進6格稱為「＋6」，後退6格稱為「－6」。其他像是零用錢的增減或是上下樓，也都可以用＋與－表示喔！

來畫地圖吧！
～依用途畫得簡單一點～

4月 20日

神奈川縣　川崎市立土橋小學
山本　直 老師

閱讀日期　月　日　月　日　月　日

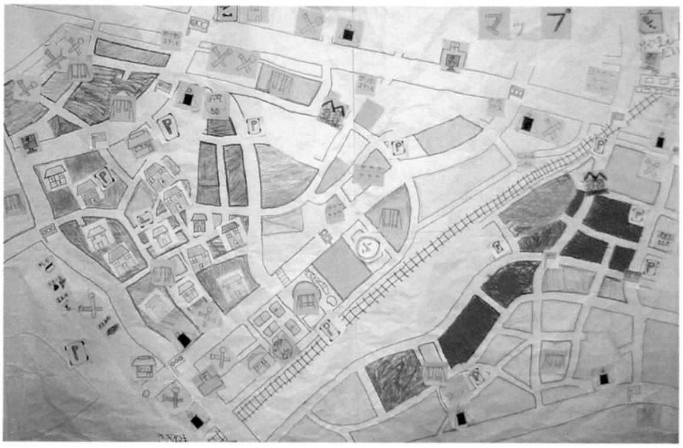
土橋小學2008學年度3年級生的作品。

學校周邊的地圖

地圖的種類五花八門，有的會畫得非常詳細，有的非常簡單，只畫上重要道路而已。

大部分的人使用地圖，都是因為要去陌生的地方，所以要調查前往的路線，或是想要知道某個地方的位置。

另外，日本小學3年級的學生在上社會課或是綜合學習課的時候，也會學著繪製學校周邊的地圖。左上角照片中的地圖，就是我與小學3年級生一起製作的地圖。

想要知道學校四周有哪些商店或設施，或是想知道學校周邊狀況的時候，這種地圖就可以派上用場了。

依照用途選擇地圖

依照地圖的用途，會大幅影響製作地圖時的詳細程度。

舉例來說，如果是開車在用的汽車導航地圖，所有的道路方向與長度關係，都必須完全符合實際狀況。

但如果是招待親朋好友到家裡，或是要告訴別人怎麼從家裡前往學校時，就只需要在地圖畫出必要的資訊，並且盡可能畫得簡單明瞭，讓人一看就懂。

請學著依照地圖的用途，來畫出適當的地圖吧！

試著畫畫看

從學校或車站到家裡的地圖

動手畫畫看從常去的地方回家的地圖吧。不用畫出所有道路，只要畫出必要的道路、能夠當成地標的建築物就可以了。實際上有彎度的道路也可以畫成直線，路口則可以畫成直角，盡量畫出簡單易懂的地圖吧！

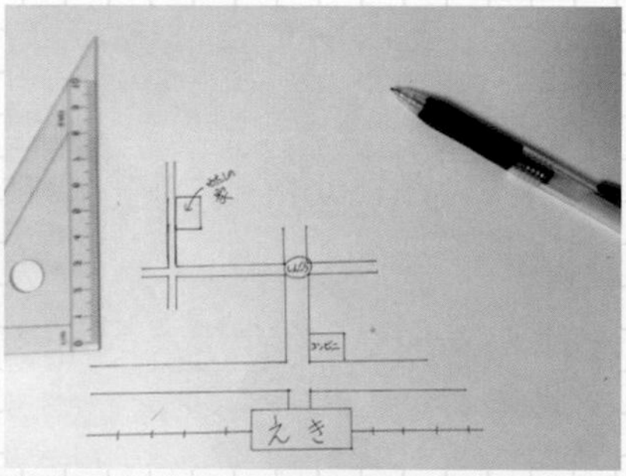

照片提供／山本　直（此頁照片）

補充筆記　讓直線與直線形成直角的話，就可以稱這2條直線為垂直。能表現直線位置關係的詞彙，還有平行這個詞。

標示羅馬數字的方法

青森縣　三戶町立三戶小學
種市芳丈老師

閱讀日期　月　日　月　日　月　日

時鐘上有羅馬數字！

你有看過像圖1這種時鐘嗎？平常看習慣的數字，變成了「Ⅱ」、「Ⅴ」等不熟悉的文字，這種文字又稱為「羅馬數字」。

圖1

按照平常時鐘的規則，就可以對照出這些羅馬數字各代表哪些阿拉伯數字（圖2），同時也可以看出羅馬數字的表現規則。

①羅馬數字的筆劃，會隨著代表的數字，像加法一樣遞增。

②通常大數字會放在小數字前面，而且每個字最多出現4次。

圖2

數字	羅馬數字	數字	羅馬數字
1	Ⅰ	7	Ⅶ
2	Ⅱ	8	Ⅷ
3	Ⅲ	9	Ⅸ
4	Ⅳ	10	Ⅹ
5	Ⅴ	11	Ⅺ
6	Ⅵ	12	Ⅻ

③依4＝5－1、9＝10－1的情況來看，這類數字的小數字會排在前面。

根據這個規則可以看出，18等於XⅧ、22等於XXⅡ。

了解規律的話就能夠唸出來

奇怪？如果「每個字最多出現4次」的話，就沒辦法表示出40以上的數字了……。這代表我們需要新的字母。事實上，50是「L」、100是「C」、500是「D」、1000是「M」。

只要背起這些文字的話，就能夠讀出大部分的羅馬數字。請挑戰看看下面的問題吧？

甲	XV
乙	XIX
丙	LⅢ
丁	XCⅡ
戊	MMXVI

答案是「甲15」、「乙19」、「丙53」、「丁92」、「戊2016」，如果沒有列出對應的阿拉伯數字，讀起來就暗號一樣辛苦呢！

圖3

補充筆記　羅馬數字有10與100，但卻沒有表示0的數字。

日本的硬幣大小與重量

4月22日

岩手縣　久慈市教育委員會
小森　篤老師

閱讀日期　月　日　月　日　月　日

硬幣的大小順序？

除了一些特殊硬幣外，日本的基本硬幣有500日圓、100日圓、50日圓、10日圓、5日圓、1日圓這6種硬幣。那麼，這些硬幣依尺寸（直徑的長度）由大至小排列順序是什麼呢？

其中，最大的是500日圓，最小的是1日圓，這應該猜得到吧？那麼剩下的硬幣該怎麼依尺寸排列呢？

此外，也請觀察看看有開孔的50日圓與5日圓硬幣。哪一個的開孔比較大呢？

順道一提，5日圓的開孔直徑是5㎜。既是5日圓，開孔又是5㎜，相同的數字真是有趣！

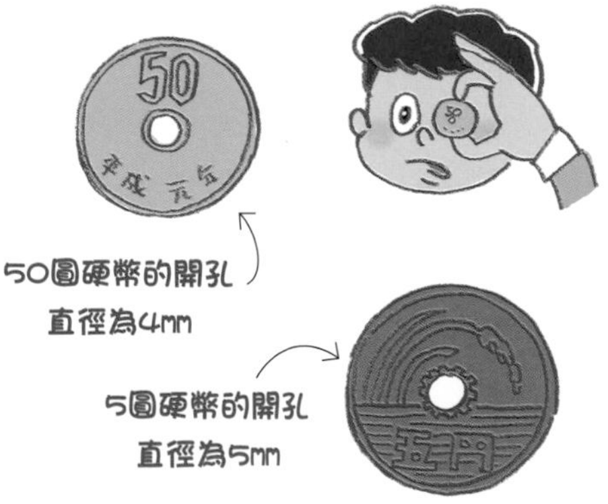
50圓硬幣的開孔直徑為4mm
5圓硬幣的開孔直徑為5mm

硬幣的重量順序？

讀到這裡，或許會有人想：「該不會5日圓的重量是5g吧？」這邊確認過各種硬幣的重量後，由重至輕製成了下面的表格。

可惜的是，5日圓硬幣並不是5g，而且數字還沒有其他硬幣那麼漂亮。其實這樣的設定與古代的重量單位「匁」有關（請參照第210頁）。

1匁＝3．75g

從表格上還能發現50日圓比5日圓重4g，是個有點不上不下的數字。此外，50日圓硬幣雖然和10日圓硬幣的尺寸差不多，但重量卻等於4個1日圓硬幣。這是因為每種硬幣的材料都不同的關係。

硬幣的尺寸及重量

硬幣	500	100	50	10	5	1
尺寸（直徑mm）	26.5	22.6	21	23.5	22	20
重量（g）	7	4.8	4	4.5	3.75	1

補充筆記　1圓硬幣的各項數值都很漂亮——重量為1g，半徑為1㎝（直徑2㎝）。此外，在量硬幣的尺寸與重量時，也找家人一同參與吧！

關於數字與計算

分數的起源
～古埃及的故事～

4月 23日

學習院初等科
大澤隆之老師

閱讀日期　月　日　月　日　月　日

大家一起分麵包

分數，是距今三千年以上的古埃及創造的。

古埃及人要將2塊麵包分給3個人的時候，會先將麵包各撕成2塊，分給3個人每人1塊。而將麵包撕成一半，就是1/2，分完後還剩下1/2塊。接著再將這1/2塊的麵包，平均分給3個人。第二次分到的，就是所有麵包的1/6塊（圖1）。

也就是說，每個人總共拿到了「1/2塊加1/6塊」。當時的埃及人，很堅持分子必須是1。

令人更開心的分法

但是把這件事情代入自己的生活時，就會覺得麵包撕得這麼碎不太好。所以要在第一次分麵包的時候，盡量分大塊一點，接著再將剩下的麵包平均分配。

使用現代的計算方法，可以導出下列的分配法（圖2）。

每人分到「1/3塊與1/3塊」，也就是每個人都分到其中一塊麵包的2/3塊。採用現代這種方法的話，會比較好算呢！

圖1

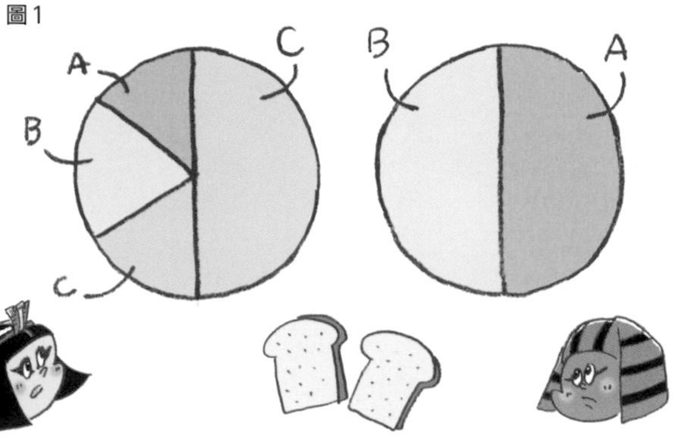

圖2

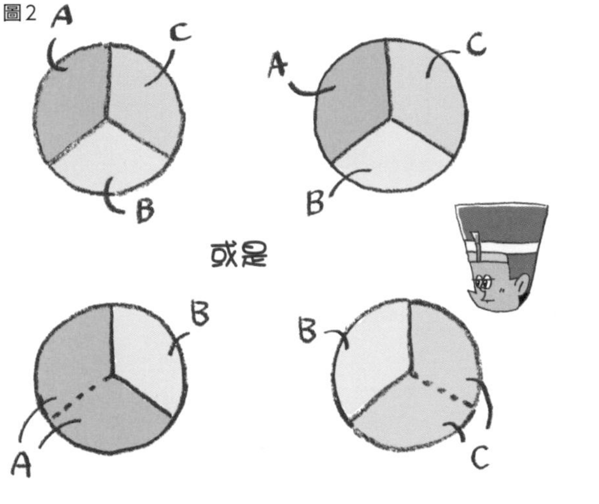

試著想想看

將2塊麵包分給5個人

用古埃及的方法，將2塊麵包分給5個人吧。1人1/2塊的話沒辦法均分，那想想看1/3塊的可能性吧！先把2塊麵包各切成1/3後，讓每個人都拿到1/3塊。剩下的麵包再切成5等分。那麼，每個人第二次分到的小塊麵包，是整塊麵包的幾分之幾呢？

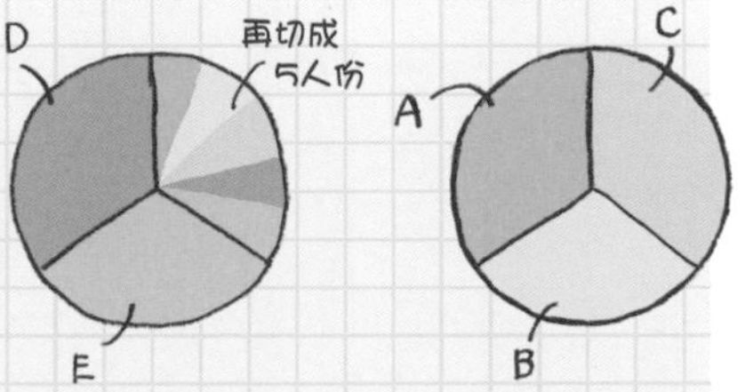

補充筆記　古埃及在使用分數時會堅持分子要是1，也就是「幾分之1」。當時分子為2的分數，只有2/3（3分之2）而已。

有幾隻鶴與烏龜呢？奇妙的「鶴龜問題」

4月24日

北海道教育大學附屬札幌小學
瀧平悠史老師

閱讀日期　月　日　月　日　月　日

日本古老的計算問題

「鶴龜問題」是日本從很久以前就有的算術問題。鶴與烏龜，是大家都聽過的動物。

請閱讀下述的問題吧。

【鶴加烏龜共有5隻，腳的數量共有14隻。那麼鶴與烏龜分別有幾隻呢？】

像這樣告知動物的合計數量，以及腳的合計數量後，求出各有幾隻的算術題目，就稱為「鶴龜問題」。

圖1

圖2

圖3

各是幾隻呢？

那麼，烏龜與鶴各有幾隻呢？一起試著解開題目吧。

每隻鶴有2隻腳，烏龜則有4隻腳。首先思考「全部都是烏龜」的可能性吧！

全部都是烏龜的話，就會像圖1一樣，但是腳的總數太多了。把1隻烏龜換成鶴的話，變成圖2的狀況，腳的數量總共是18隻，還是太多了。再把1隻烏龜換成鶴，變成圖3後，腳的數量總共是16隻。所以可以得知把1隻烏龜換成鶴的話，腳的數量就會減少2隻。

如此一來，就可以知道再減掉1隻烏龜的話，就能夠求出答案了。也就是說，答案是2隻烏龜與3隻鶴。

補充筆記 鶴龜問題是日本傳統算術「和算」的問題之一。和算，是指以前日本相當發達的算術技巧，於江戶時代融入了百姓的生活，據說擅長算術的人們還會互相出題呢。

能夠用幾根完成呢？

島根縣　飯南町立志志小學
村上幸人老師

閱讀日期　月　日　月　日　月　日

用細棒排成正方形

這邊要用相同長度的細棒排成正方形，那麼，該用幾根細棒呢？像圖1這種正方形的話，4根細棒就能完成了。那麼，接著來排排看圖2的正方形。看得出要幾根細棒嗎？1、2……算出來正確答案了嗎？正確答案是12根。

那麼，用這種方式排出每邊有3個小正方形的大正方形時，需要幾根呢？（圖3）「嗚哇！好難算！」沒錯，愈來愈看不出來要數哪個部分了吧？正確答案是24根。

圖1

圖2

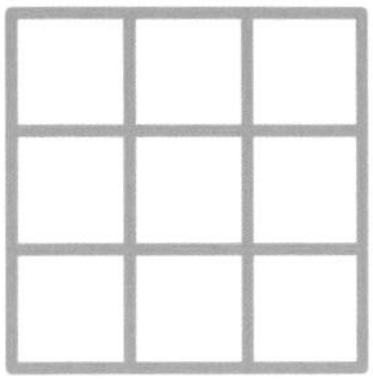

圖3

整理成表格吧

加1、再加1……要排出每邊有5個小正方形的大正方形時，該使用幾根呢？這下子別說算根數了，連畫圖都變困難了。嗯～先讓我們整理出表格吧（圖4）。

細棒數量是如何增加的呢？請從表格找出規律吧！但是，光看這個表格的話，很難找出細棒增加的規律呢。

因此，讓我們連增加的細棒數量都列出來吧（圖5）。「我知道了～這是九九乘法表中4的乘法！」沒錯！試著思考增加的細棒數量後，再把數量列成表格的話，就找到規律了。這時可以發現，當每邊的小正方形數量變成4個時，「增加的細棒數量」就是16，16與每邊有3個小正方形時所需的細棒總數（24根）相加，就變成40根了（圖6）。

每邊的細棒數量	1	2	3	4	5
所需的細棒總數	4	12	24		?

圖4

每邊的細棒數量	1	2	3	4	5
所需的細棒總數	4	12	24		?
增加的細棒數量	(4)	8	12		

圖5

每邊的細棒數量	1	2	3	4	5
所需的細棒總數	4	12	24 →	40	?
增加的細棒數量	(4)	8	12	16 ↑	

圖6

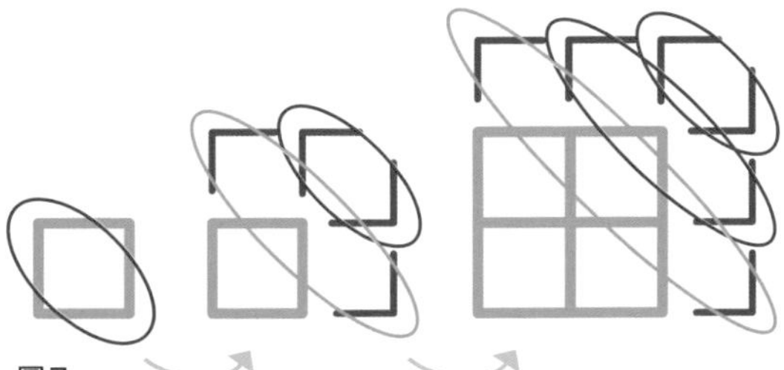

圖7
+4×2　+4×3

補充筆記
為什麼會是按照4的乘法增加呢？請參考圖7的例子來思考吧。用同樣的思考方式，就可以知道每邊有5個小正方形時所需的細棒總數。答案是60根。算出來了嗎？

改變視角的話，看起來像什麼呢？

御茶水女子大學附屬小學
久下谷 明老師

閱讀日期　月　日　月　日　月　日

看東西的視角有很多種喔！

今天要來觀察看看身旁的物品，試著從不同角度看物品的話，物品的形狀會變得如何呢？

以桌子上的咖啡杯為例。從杯子前面看過去的話，就會像圖１一樣。

那麼從正上方看下去的話，會變成什麼形狀呢？請先試著想像看看吧。從正上方或是從側面看杯子的形狀，就像是圖２一樣喔。

接下來換成鉛筆吧。從鉛筆的前方看過去的話，看起來就像圖３一樣。

那麼，直立鉛筆後從正上方看下去時，會是什麼樣子呢？（答案在下方的「試著想想看」）

試著想像物品在不同角度時的模樣

請試著像這樣，想像從正上方、側邊等等不同方向觀察身邊的物品時，物品會呈現的模樣吧。

想像後再試著實際確認看看，是否和想像中一樣，但是要注意安全喔。

此外，像東京鐵塔、通天閣等實際上難以確認的物體，就可以發揮想像力去思考由上往下看的模樣，一定會很有趣的！

圖1

圖2

正上方

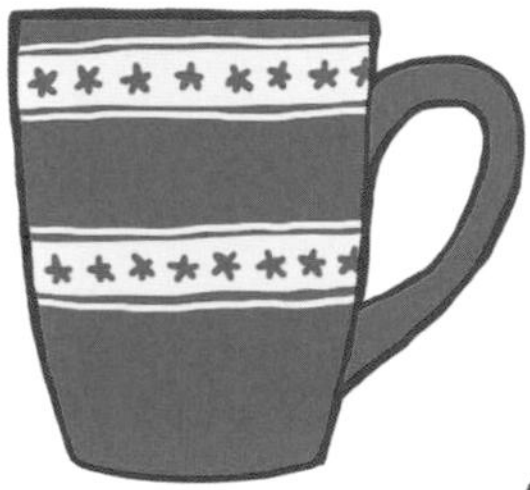

側邊

圖3

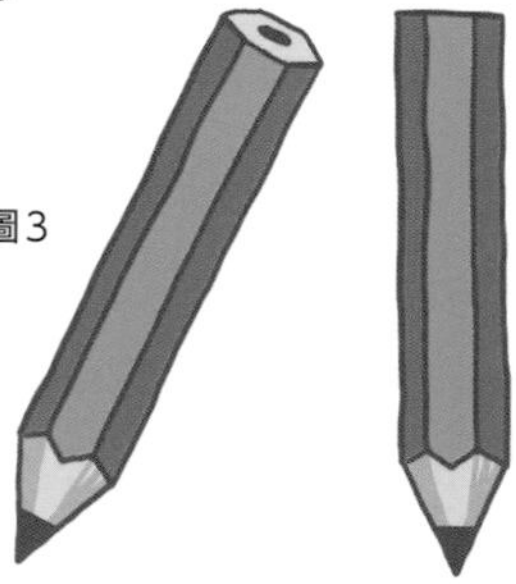

試著想想看

這是從哪個角度看見的形狀呢？

你是不是已經了解到看到東西的形狀，會隨著觀察的角度不同而改變呢？順道一提，直立鉛筆後從正上方看鉛筆，就會是像右圖的形狀喔。

圖4

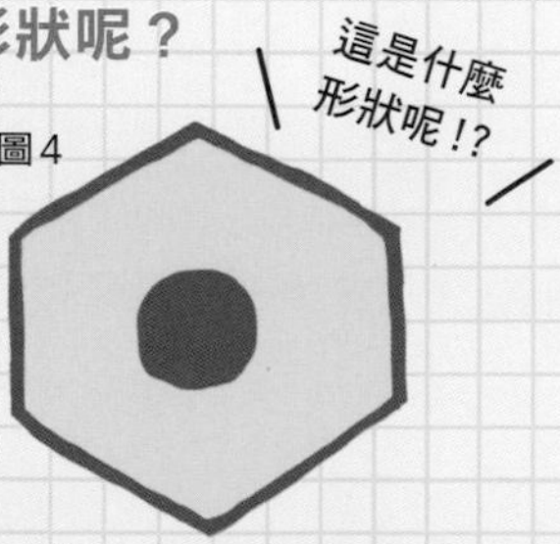

補充筆記　數學領域中，將視角是從正上方看下去的圖稱為「平面圖」，從側邊看過去的稱為「立面圖」，將2種圖融合後稱為「投影圖」（詳情請參照第158頁、第184頁）。

將和算融入生活的江戶人們

大分縣　大分市立大在西小學
二宮孝明老師

閱讀日期　月　日　月　日　月　日

日本獨特的數學

去書店的話，會看到架上排著五花八門的數學書。由此可以發現，數學對我們的生活有多麼地重要。

從很久以前開始，世界上就有許多人以學習數學、解開問題為樂。日本也於江戶時代，發展出了獨特的日式數學「和算」，並融入了當時的生活。當時人們閱讀的和算書籍中，最具代表性的就是日本數學家吉田光由撰寫的《塵劫記》。

江戶時代的熱賣書籍

《塵劫記》中記載了許多對生活有幫助的算術技巧，例如：算盤的使用方法、大數字與小數字的表示方法、面積與體積的計算方法等。

另外也記載了謎題般的數學問題，像是至今仍廣為日本人所知的算術問題「鼠算」與「鶴龜問題」等。

《塵劫記》中也有許多能幫助理解的插畫，因此成了江戶時代的熱賣書籍。書中也有非常困難的問題，也有還沒解出答案的問題，這些問題正是作者獻給讀者的挑戰書。當時解開問題的人，也會再創造出新的問題，讓其他讀者挑戰。在層層堆疊的挑戰之下，創造出了許多優秀的問題，讓和算愈來愈發達。

當時的日本數學已經非常優秀了，與同時代的其他國家相比，也絲毫不遜色呢！

試著做做看

算額繪馬

在日本神社或寺院中祈願時，會使用一種叫做「繪馬」的木板。而當時的人們想出了優秀的數學問題或解開難題時，就會感謝神明。因此他們會將喜悅寫在稱作「算額」的繪馬上，獻給神社。大家平常在學校和朋友玩時，試著設計數學問題給彼此解答，也很有趣喔！

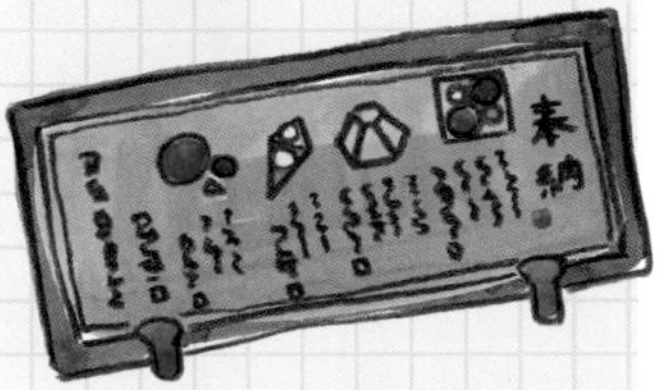

補充筆記　足以代表江戶時代日本數學的和算家關孝和（1640 ?～1708），改良了從中國傳來的數學方法「天元術」，並從事了各種研究（參照第78頁）。

關於圖形

剪開捲筒衛生紙的芯筒後……

4月 28日

青森縣　三戶町立三戶小學
種市芳丈老師

閱讀日期　月　日　月　日　月　日

切開之後出乎預料的形狀

圓筒狀的物品剪開後，會變成長方形。

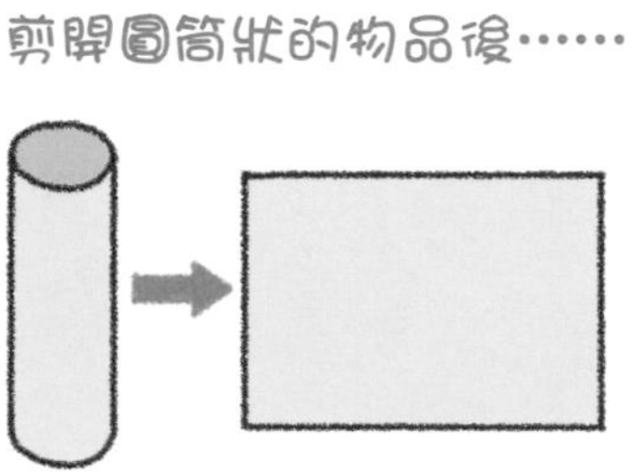

但是仔細觀察捲筒衛生紙的芯筒時，會發現上面有斜線。拿出剪刀沿著斜線剪開的話，會變成什麼形狀呢？沒想到竟然出現了平行四邊形（圖1）。

剪開後會變成奇妙形狀的還有「立體三角包裝」。

日本超市或便利商店裡，會販售這種包裝的咖啡牛奶，沿著黏合的部分剪開的話，會變成什麼形狀呢？

沒想到竟然會變成長方形或平行四邊形（圖2）。

平行四邊形比較環保？

為什麼捲筒衛生紙的芯筒，以及金字塔形狀的立體三角包裝，剪開後都會變成長方形或平行四邊形呢？

其實這是為了在製造芯筒或容器的時候，不要浪費任何的紙張材料。只要斜切長方形的話，就會變成平行四邊形，接著就能夠輕易黏合，不僅不會浪費材料，對環境也比較好呢！

圖1

圖2

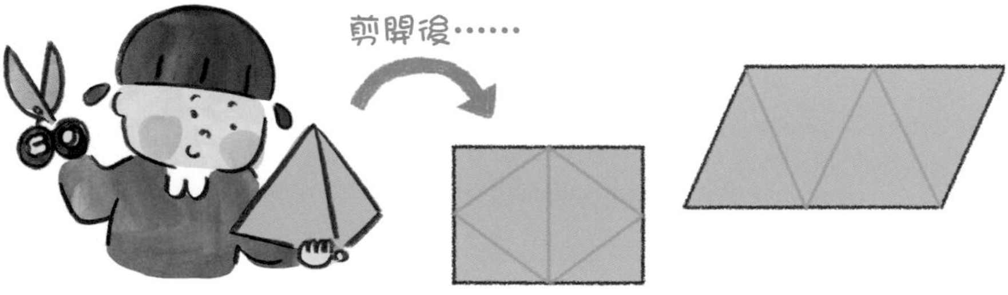

補充筆記　剪開保鮮膜的芯筒，會變成細長的平行四邊形。

「魔方陣」的算術遊戲

4月 29日

北海道教育大學附屬札幌小學
瀧平悠史 老師

閱讀日期　月　日　月　日　月　日

不管從哪個方向相加答案都相同

圖1這種九宮格的數字表叫做「魔方陣」（魔方陣的詳細介紹請參照第322頁）。

圖1

8	3	4
1	5	9
6	7	2

這個魔方陣不管是將縱向、橫向、斜向的數字相加起來，答案都會是15。

那麼，接下來請挑戰圖2的魔方陣吧。

該從哪個地方開始著手呢？

首先請看圖3用紅線圈起來的部分。這3個橫向的數字（8、1、9）相加後的答案是18。由此可知，這個魔方陣不管是將縱向、橫向，還是斜向的3個數字相加起來，答案都會是18。

圖2

	1	4
8	1	9

圖3

接著請看藍線圈起來的部分。這裡的算式應該是4＋□＋9＝18，所以中間的格子應該填入5。

在解答魔方陣時的訣竅，就是從「只剩下1個格子的數列」開始。

而綠線圈起的部分，好像也算得出答案呢！4＋□＋8＝18，所以□要填入6。

現在就只剩3個地方了。如何呢？算得出來圖4的A、B、C的答案嗎？

另外，只要改變縱向、橫向與斜向等各處數字相加後的答案，就能夠轉變成新的題目了。

〈答案〉A・11、B・3、C・7

圖4

B	A	4
C	6	5
8	1	9

補充筆記 「魔方陣」並非只能畫成九宮格，也有縱向4格、橫向4格的魔方陣。不過格子增加的話，必須想出答案的格子也會增加，難度當然也會提高。

關於數字與計算

祭典的入場人數是怎麼計算的呢？

4月30日

福岡縣　田川郡川崎町立川崎小學
高瀨大輔老師

閱讀日期　月　日　月　日　月　日

非常難算出人數

日本人最喜歡祭典了。日本各地舉辦的祭典，會有很多人一起唱歌跳舞，度過歡樂的時光。每年都會舉辦的代表性祭典，到底吸引了多少人參加呢？

如果是像東京迪士尼樂園這種有收門票的主題樂園，就能夠算出正確的入場人數。

但是沒有收門票的祭典，到底是由誰計算實際的參加人數呢？

事實上，算出參加人數的，正是警察與主辦單位。但是，因為要算出精準的人數太困難了，所以他們會依下列基準做計算。

（每m²的人數）×（祭典的場所面積）

其實是用算式算出來的

每m²的人數並非是實際數出來的，而是按照擁擠程度推算：

・每個人都行動自如的話，就是3個人。

・摩肩擦踵的程度時，約6～7個人。

・像塞滿人的電車時，就是10人。

但是人們不會一直待在一個地方，所以還要進一步調查逛完整個會場的平均步行時間，以及人潮的進出狀況，再進行計算。

像這樣算出的概略數字，就稱為「概算」。

像這樣概算出參加人數，不僅可以幫主辦單位宣傳祭典的熱鬧程度，還能幫助警察機構確認該派出幾位警員維護治安。

博多假期祭典（福岡市）
約200萬人
（2015年福岡市民祭典振興會調查）

睡魔祭（青森市）
約269萬人
（2015年「青森睡魔祭執行委員會」調查）

札幌雪祭（札幌市）
約240萬人
（2014年「札幌雪祭執行委員會」調查）

試著想想看

牛蛙生了幾顆卵？

請用概算的方式想想看吧。初春時，河川與池塘都看得到青蛙卵，據說其中又以牛蛙（食用蛙）一次生的卵量最多，1顆1顆去計算有多少卵是不可能的。那麼，你知道該怎麼算嗎？

補充筆記　事實上，牛蛙一次生出的卵量大約有1萬～2萬顆。體型較小的蟾蜍也會生下2000～8000顆卵。研究蛙類的學者們，應該有想出計算的方法吧？

5月

May

鬼腳圖的祕密②

御茶水女子大學附屬小學
岡田紘子 老師

閱讀日期　月　日　月　日　月　日

鬼腳圖有幾根橫線？

想要讓起點與終點的字母一致的話，鬼腳圖上的橫線應該愈少愈好。但是，這邊畫的鬼腳圖，起點與終點的字母排列順序剛好相反。所以在畫圖1這種由5條直線組成的鬼腳圖時，最少需要畫幾根橫線，才能順利走到正確的終點呢？這邊要介紹2個計算方法。

圖1

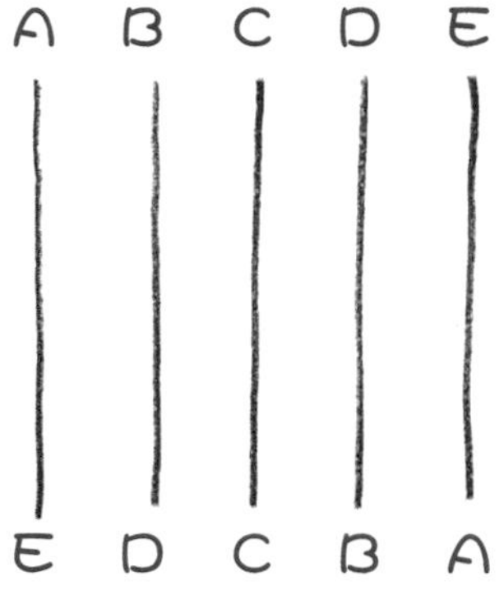

①活用4個字母的情況

只有4個字母的話，就可以先畫出像圖2一樣的鬼腳圖。字母變成5個時，終點字母都會往右邊移動1格。所以，只要在將「A」往右移1格時，增加1條橫線，在「B」、「C」、「D」往右的同時，也各增加1條橫線就可以了。原本有6條橫線，所以只要再增加4條橫線，6＋4＝10，總共需要10條橫線（圖2）。

圖2

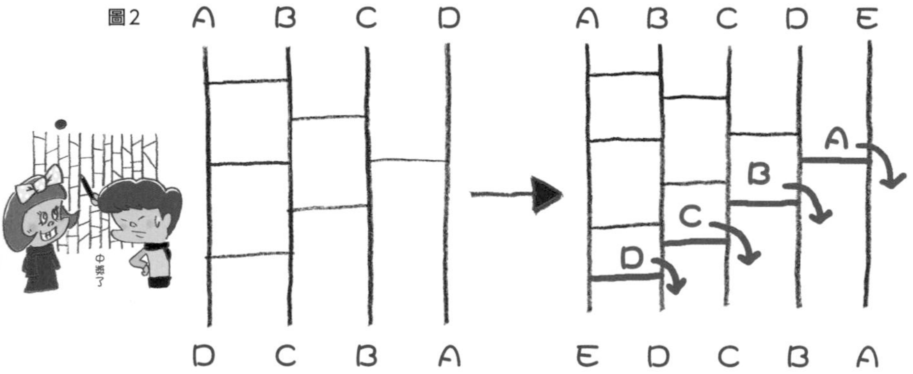

②善用線與線的交會點

4月3日有閱讀過〈鬼腳圖的祕密①〉，裡面介紹的繪製方法，同樣可以用來解開這個問題。首先畫線連接起點與終點上相同的字母，將交會點畫成橫線就可以了。由於共有10個交會點，所以可以知道總共要10根橫線（圖3）。

圖3

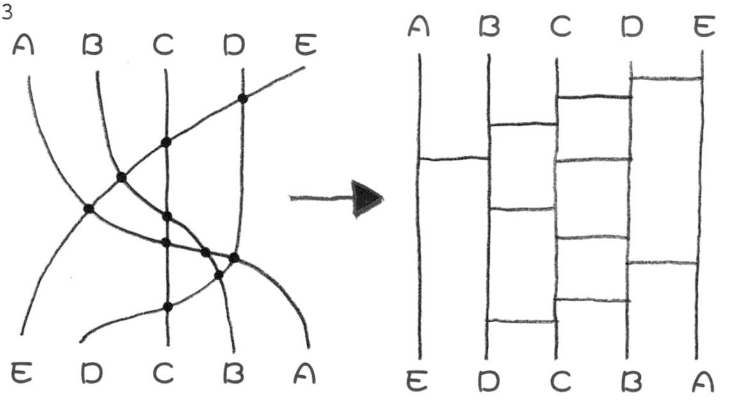

補充筆記

按照上述的規則，但是字母增加到10個「A、B、C、D、E、F、G、H、I、J」時，總共需要幾條橫線呢？答案是45根。試著用各種方法算算看吧。

一起探討微小的數字吧

島根縣　飯南町立志志小學
村上幸人 老師

閱讀日期　月　日　月　日　月　日

小數的唸法?

接下來一起探討比1還小的數字吧。大家有聽過「小數」這個名詞嗎?這在我們量身高或體重的時候會派上用場呢!例如:135.6cm、31.2kg等。

這2個數字分別唸成「一百三十五點六」與「三十一點二」。

那麼,2.17539該怎麼唸呢?答案是「二點一七五三九」。「咦?跟比較大的數字不一樣?」你是不是這麼想呢?

沒錯。小數與之前介紹過的比較大數字不一樣,不是以4個位數為一組的唸法,只要唸出每一位的數字就可以了。但是這麼做的話,就不曉得自己在唸哪個單位了不是嗎?

小數的傳統唸法

很久以前其實是有給這些小數位數各自的單位。

請參考下圖。小數的單位由大至小分別是「分、釐、毛、絲、忽、微、纖、沙、塵、埃、渺、漠、模糊、逡巡、須臾、瞬息、彈指、剎那、六德、虛空、清淨」。

所以剛才的2.17539用傳統的單位唸起來就是「2又1分7釐5毛3絲9忽」。另外,日文的諺語:

「一寸の虫にも五分の魂(一寸蟲也有五分魂,意為「士可殺不可辱」)」

「九分九釐まちがいない(九分九釐沒問題,意為「十拿九穩」)」

以及我們生活中常聽到的「吃飯吃八分飽就好」,都混入了傳統的小數單位呢!

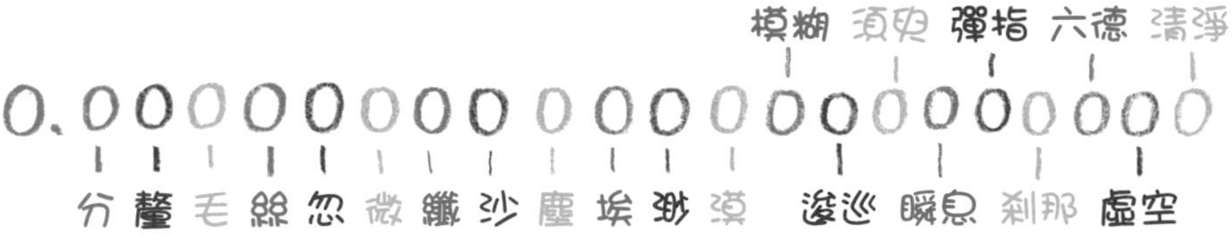

試著記起來

「○成○分○釐」的講法

在學習「比率」時,應該有學過百分比吧?例如:棒球打擊率就會用2成8分6釐等來表示,轉換成小數的話就是0.286。咦!這種表示方法似乎又與傳統的單位不同了。這裡的「成」是表示比率的單位,1成的1/10就是1分、1分的1/10就是1釐……並以此類推。

補充筆記　這裡介紹的數字單位名稱,都記載在日本江戶時代相當有名的數學書籍《塵劫記》(吉田光由著)裡。

該抽哪個箱子的籤呢？

～哪一箱比較容易中獎呢？～

找出規則的方法

5月 3日

神奈川縣　川崎市立土橋小學
山本　直老師

閱讀日期　月　日　月　日　月　日

有獎的籤數不同

傳統雜貨店都擺有抽籤相關的商品，讓人在購物的時候，能夠享受期待心情。最近的便利商店也推出了類似的抽籤箱，箱外會寫著「消費滿○元即可抽籤1次！」

右圖有3個抽籤箱A、B、C。A箱中有1支中獎籤，B箱中有5支，C箱中有10支。只有1次抽籤機會的話，你會選擇哪一箱呢？

中獎機率比較高的箱子？

任誰都會認為，中獎籤數較多的箱子比較容易中獎，所以就會選擇C箱對吧？

但是，其實並不是中獎籤數多，就比較容易中獎。關鍵在於銘謝惠顧的籤有幾支。

例如：A箱裡的中獎籤雖然只有1支，但箱內總共只有2支籤的話，等於抽2次就有1次的中獎機會。

另一方面，如果C箱裡放入90支銘謝惠顧的籤。那麼箱子裡總共有100支籤，而中獎籤僅僅只有10支，等於要抽10次籤才有1次中獎機會。

由此可知，並不是中獎籤數比較多，就一定比較容易中獎。

試著做做看

實際上真的抽2次就有1次中獎機會嗎？

假設從A箱抽完籤後就放回箱子，以這種方式重覆抽籤的話，要抽幾次才會中獎呢？其實不一定是抽2次就一定會中1次獎喔！有時候可能會連續中3次獎，或連抽5次都是銘謝惠顧。但是抽的次數愈多（100次、1000次等），就會愈接近每抽2次中獎1次（抽籤次數的一半）的機率。所以有時間的話，就實際試試看吧。

補充筆記　抽幾次籤能夠中1次獎的思考方式稱為「機率」。在新聞等也很容易聽到「降雨機率××」的說法呢。

關於單位與測量

日本最高的建築物是什麼？

5月 4日

筑波大學附屬小學
中田壽幸老師

閱讀日期　月　日　月　日　月　日

電波塔為什麼這麼高？

以學校的高度來看，2層樓約8m高，3層樓約12m高，4層樓約16m高。

走到街上可以發現，有許多建築物都比學校高上許多呢！

日本最高的建築物是東京晴空塔®，高度大約634m。由於東京以前被稱為武藏國，而武藏與634兩者的日文唸法相同。

東京晴空塔的展望台有位於高350m的天望甲板，以及高450m的天望回廊。這2個展望台的高度，都比日本第2高的東京鐵塔還要高。

為什麼要建造這麼高的電波塔呢？這是因為東京到處都是高樓大廈，使得原本負責發送電波的東京鐵塔，逐漸無法順利將電波發送到各個角落的緣故。

比較日本建築物的高度

截至2016年2月為止，東京最高的大樓是位在港區的中城大廈，共有54層樓，高248m。緊接在後的是高247m的虎之門之丘。全東京超過200m的建築物，除了這2座大廈之外還有多達20棟呢！

但是東京的中城大廈並不是全日本最高的。截至2016年1月為止，最高的是位在阿倍野HARUKAS，共有60層樓，高達300m。第2高的則是橫濱地標大廈，共有70層樓，高達296m。

試著記起來

東京晴空塔的剖面圖？

將東京晴空塔切成片狀來看的話，形狀會有點奇怪呢。0m的地方是正三角形，愈往上形狀就愈圓潤，到了地上約300m的位置，就變成圓形了。

5月

補充筆記：東京晴空塔位在東京都的墨田區，墨田區的標誌是個正三角形。從上方往下看東京晴空塔時，形狀就像墨田區的標誌圖形呢！

「這裡面有你選擇的水果嗎？」

C

「這裡面有你選擇的水果嗎？」

D

假設對方選的是西瓜。

這時，A～D圖片的答案就會是「A＝有、B＝有、C＝有、D＝沒有」。

只要知道這些答案，就能夠猜到對方選擇的水果了。

解答時間

卡片的總分，代表不同的水果

接下來是解答時間。A的水果代表1分、B的水果代表2分、C的水果代表4分、D的水果代表8分。由於西瓜的結果是「A＝有、B＝有、C＝有、D＝沒有」，所以得到的分數就是「A＝1分、B＝2分、C＝4分、D＝0分」，將這些分數加總起來會得到7分。

此外，這15種水果其實就像右上圖一樣寫著編號。剛才西瓜的分數是7分對吧？請看一下7號的水果，就是西瓜呢！也就是說，A～D這4張卡片的總分，就可以對照這些水果的編號。

接下來請試試看其他水果吧。蘋果是「A＝沒有、B＝有、C＝沒有、D＝有」，所以分數是「A＝0分、B＝2分、C＝0分、D＝8分」，總分是10分。再看看10號水果……確實是蘋果呢！

只要使用這4張卡片，就能夠猜出對方喜歡的水果囉！

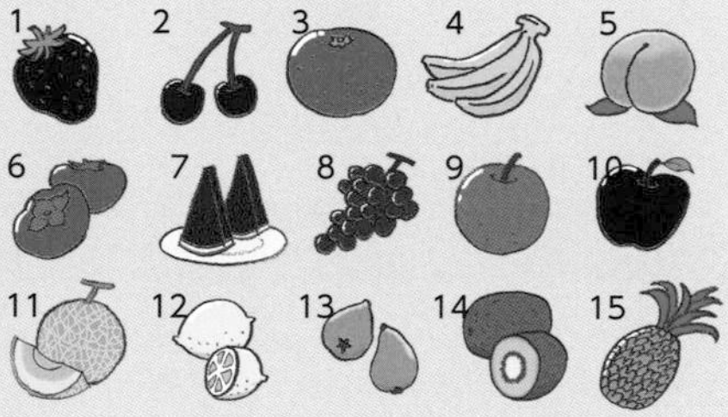

A		B		C		D		
1	+	0	+	0	+	0	=	1
0	+	2	+	0	+	0	=	2
1	+	2	+	0	+	0	=	3
0	+	0	+	4	+	0	=	4
1	+	0	+	4	+	0	=	5
0	+	2	+	4	+	0	=	6
1	+	2	+	4	+	0	=	7
0	+	0	+	0	+	8	=	8
1	+	0	+	0	+	8	=	9
0	+	2	+	0	+	8	=	10
1	+	2	+	0	+	8	=	11
0	+	0	+	4	+	8	=	12
1	+	0	+	4	+	8	=	13
0	+	2	+	4	+	8	=	14
1	+	2	+	4	+	8	=	15

補充筆記　這是利用1、2、4、8可以組合出1～15所有數字的特性，所創造出來的遊戲。

猜中朋友喜歡的水果吧

東京都　杉並區立高井戶第三小學
吉田映子老師

閱讀日期　月　日　月　日　月　日

這是能猜出別人喜歡的水果的遊戲。首先請對方從畫了15種水果的卡片上，選出1種自己喜歡的。接著只要用4張卡片向對方提問，就可以猜中對方喜歡的水果了。

●請對方選出喜歡的水果

首先，請對方從下面15種水果中，選出1種喜歡的。

●提出4個問題

接下來，請邊看著A～D這4張卡片，邊提問：「這裡面有你選擇的水果嗎？」

「這裡面有你選擇的水果嗎？」

A

「這裡面有你選擇的水果嗎？」

B

正方形大變身！
～製作出切割拼圖～

關於圖形

5月 6日

神奈川縣　川崎市立土橋小學
山本 直老師

閱讀日期　月　日　月　日　月　日

將正方形分割成3種形狀

將正方形分割開後，試著組成其他的形狀吧。

首先如圖1的方式將正方形的紙剪成3個不同的形狀。雖然只有3個形狀，看起來不太能組成其他圖形，不過只要找對方法的話，還是可以變身成像是直角三角形、平行四邊形與梯形等各種圖形（圖2）。

將正方形組成長方形或三角形

就能夠組成那麼多圖形是有原因的。這是因為切割時，有刻意留出直角的關係。

只要將2個直角拼在一起，就能夠形成筆直的邊。如此一來，就能夠從正方形變成直角三角形或平行四邊形。

此外，在切割正方形時，其中一邊要從正中央分開，使其中兩個圖形擁有相同的邊長，後續這兩邊才能夠拼在一起。像這樣刻意留出直角或是同長度的邊，就能夠打造出有趣的拼圖。

圖1

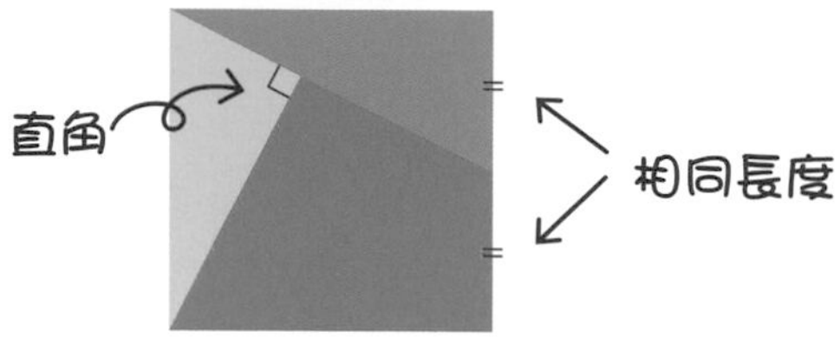

圖2

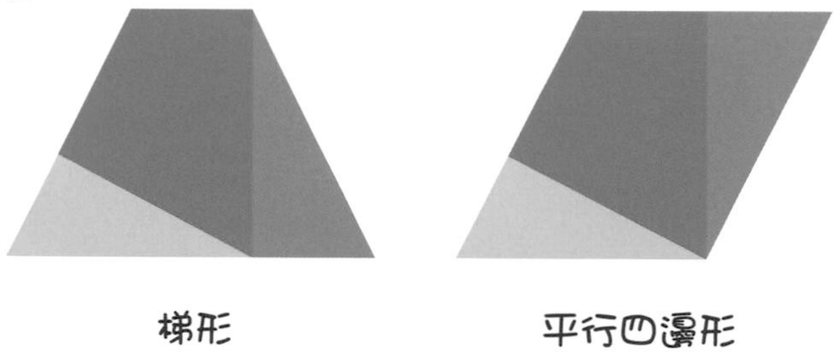

試著做做看

關鍵在於移動方式！

接下來請1張張地依序移動，讓正方形慢慢轉變成其他形狀吧。移動的時候，可以嘗試旋轉或是反過來等各種方向。

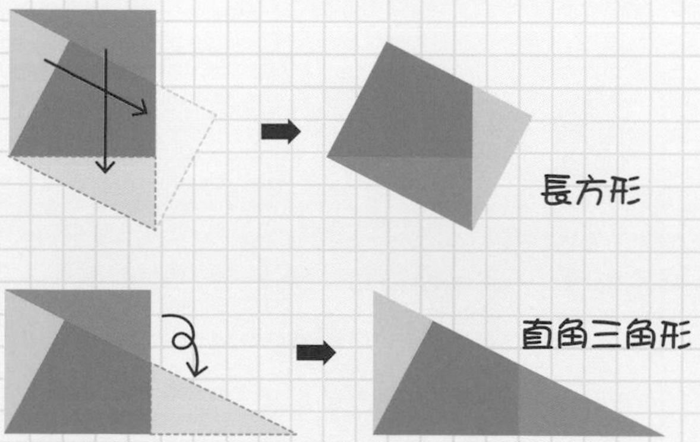

補充筆記　移動圖形的方法，包括「直線移動」、「旋轉式移動」與「顛倒」這3種方法。多多嘗試並發揮創意吧。

找出規則的方法

柔道段級的祕密

5月 7日

御茶水女子大學附屬小學
岡田紘子老師

閱讀日期　月　日　月　日　月　日

圖1

各位知道柔道的段級嗎？

大家有學過柔道嗎？柔道會依選手的體重決定可以出場的比賽，並讓體重相近的選手一起競技。這種讓體重相近的人一起比賽的規則，是為了減少選手因為體重所造成的不利差距。

女子柔道分成7的段級，分別是48kg、52kg、57kg、63kg、70kg、78kg、78kg以上。只有52kg以下的人，才能夠參加52kg級的比賽。所以體重50kg的人，就可以參加52kg級的比賽。

男子柔道同樣分成7個段級，分別是60kg、66kg、73kg、81kg、90kg、100kg、100kg以上。

每幾kg晉升一段級呢？

柔道的段級並不是每增加5kg或10kg，就晉升一個段級的。

那麼，這些段級之間的間隔是什麼呢？請參考圖2的女子段級圖吧。

48kg到52kg之間相隔4kg，52kg到57kg之間相隔5kg，57kg到63kg之間相隔6kg，63kg到70kg之間相隔7kg，70kg到78kg之間相隔8kg。也就是說，這些段級之間是按照4kg、5kg、6kg、7kg、8kg這個規律在提升的。

男子組也一樣，每一次差距都增加了1kg，按照6kg、7kg、8kg、9kg、10kg這個順序增加。柔道各段級之間並不是相同的差距，而是每提升1個段級，增加的kg數就會增加1kg，真是很有趣的規則呢。

圖2

補充筆記　除了柔道之外，摔角與拳擊也會按照體重級別來進行比賽。

關於圖形

從正上方往下看的形狀？

～平面圖、立面圖～

5月 8日

熊本縣　熊本市立池上小學
藤本邦昭老師

閱讀日期　月　日　月　日　月　日

看起來是什麼形狀呢？

請試著用5個骰子形狀（立方體）的物品，組成1個形狀吧（圖1）。

圖2是從正上方往下看時，會看到的模樣。一眼就可以看出這5個立方體是怎麼排列的。

圖1

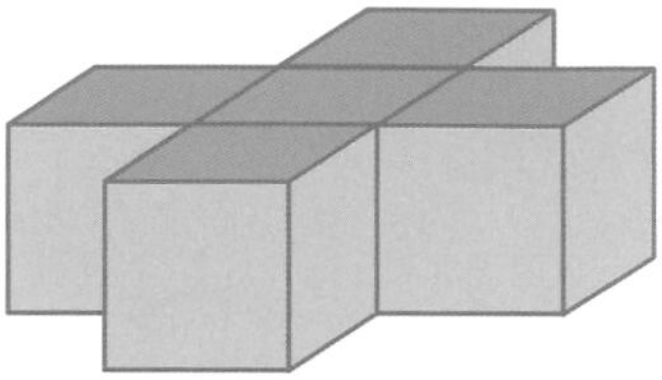

圖2

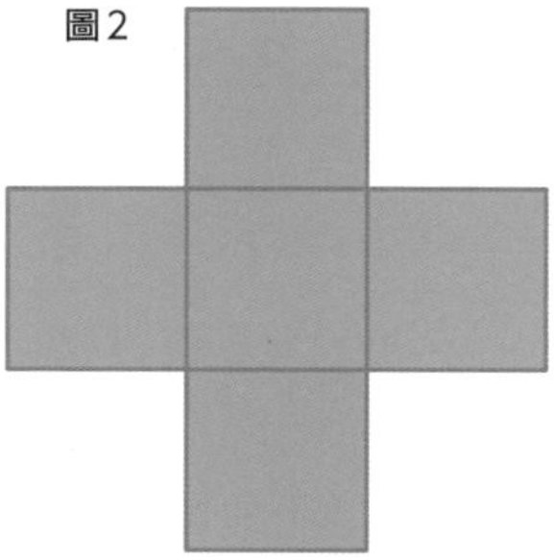

從立體物體的正上方往下看，所看到的圖形稱為「平面圖」。我們平常在看的「地圖」，就屬於平面圖的一種。

那麼，假設從正上方往下看的時候是圖3這種形狀的話，又是怎麼排列的呢？

只看得到4個立方體呢，但其實使用了5個立方體喔！怎麼組成的呢？沒錯，就是將其中2個上下相疊在一起（圖4）。由此可知，光看平面圖的話，有時候會遇到像這樣看不出立體形狀的情況。

那麼，看到像圖5這種平面圖的時候，你想像得出立方體實際上是怎麼排列的嗎？想想有幾種可能性吧（圖6）。

圖3

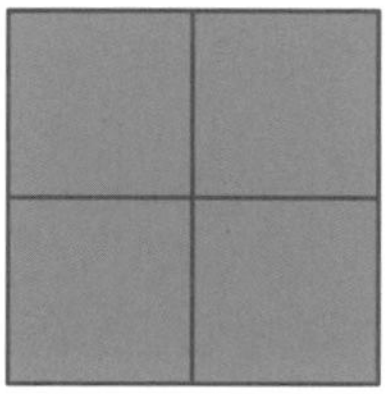

圖4

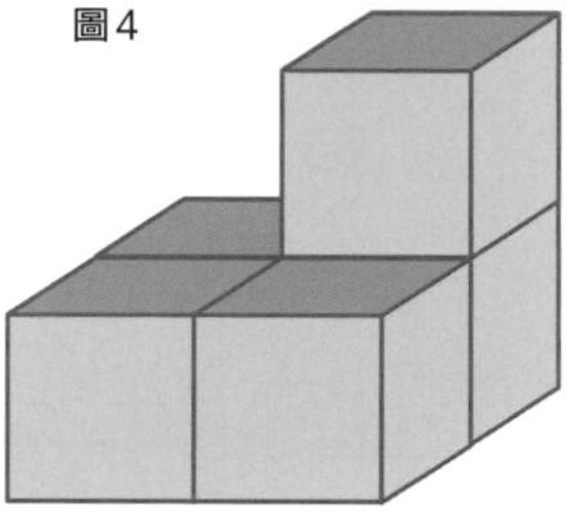

圖5

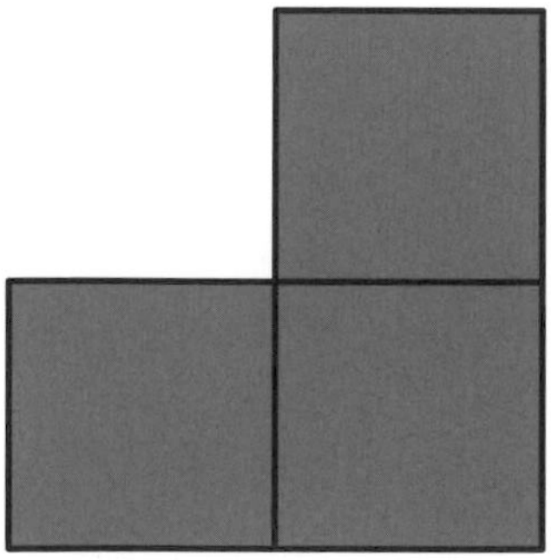

圖6

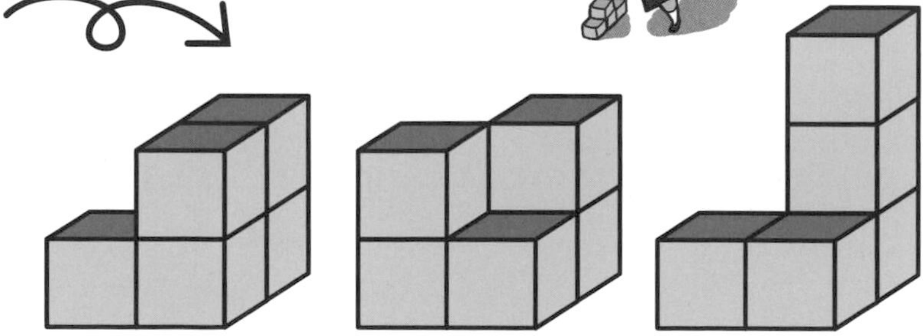

補充筆記　請將積木拼成各式各樣的形狀後，試著畫出平面圖與立體圖吧。這會很有趣喔！

2 與生活有關的算術

錢包裡有幾個10圓硬幣與100圓硬幣呢？

5月 9日

北海道教育大學附屬札幌小學
瀧平悠史老師

閱讀日期 月 日 月 日 月 日

錢包的內容物

大家有沒有自己的錢包呢？錢包裡面都有放錢對吧。

假設現在錢包裡面放了119日圓。這時，裡面放了幾種硬幣？總共是幾枚呢？提示是「總共放了7枚硬幣」。

從較大的數字開始思考

日本使用的硬幣共有6種，分別是1日圓、5日圓、10日圓、50日圓、100日圓、500日圓（圖1）。

接下來從較大的數字開始思考吧。500日圓硬幣已經超過119日圓了，所以可以肯定錢包裡面一定沒有500日圓硬幣。

那麼100日圓硬幣呢？119日圓當中，只放得進1枚100日圓的硬幣呢！也就是說，不管錢包裡的硬幣有幾枚，最多只會有1枚100日圓的硬幣。

假設裡面有1枚100日圓的硬幣好了。剩下只有19日圓，所以當然不可能會有50日圓硬幣。10日圓硬幣也只能放入1枚呢。這麼一來，就有1枚100日圓及1枚10日圓的硬幣，總計是2枚共110日圓了。也就是說，剩下5枚硬幣加起來必須等於9日圓。

要將1日圓硬幣與5日圓硬幣組成9日圓的話，可以參考圖2的方式。這2種方式中，加起來共有5枚硬幣的是B呢。所以剩下的錢應該是1枚5日圓硬幣，以及4枚1日圓硬幣。

圖1

圖2

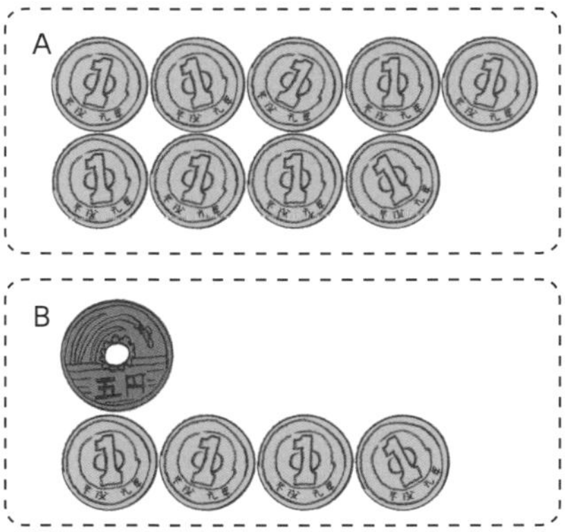

試著做做看

不同總量會出現的組合？

如果不知道錢包裡放了幾枚硬幣時，會有哪幾種可能性呢？也試著想想看其他情況可能會出現的組合吧。

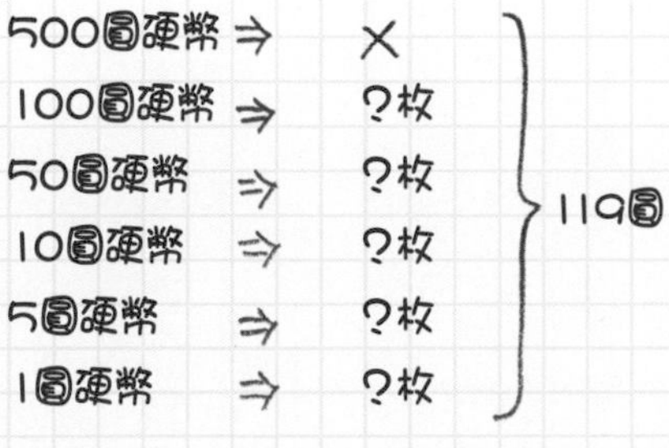

5月

補充筆記
在商店裡購物的時候，先想好付錢的組合也很有趣喔。請假設自己要購買110元的物品，並從錢包中拿出硬幣，試試看各種組合吧。

其實現在也有在用喔！傳統單位（體積）

5月10日

東京都　豐島區立高松小學
細萱裕子老師

閱讀日期　月　日　月　日　月　日

圖1　全日本統一的一升枡大小

為什麼米的單位是1合、2合？

米飯是日本人的主食。商店裡的米通常都是以kg為單位，標示為1袋5kg或10kg等。但是，在煮飯或是製作相關料理的時候，則會用量米杯測量，並使用「合」這個單位，表示為「1合」、「2合」等。此外，電鍋的刻度也會用「合」當作單位。

「合」這個單位其實是從以前流傳下來的。日本以前有一種量體積的工具，叫做「枡」。由於日本各地的「枡」大小都不同，後來就想辦法統一了全國的「枡」。統一過後的1升枡就等於1．804L。而1升的$\frac{1}{10}$就是1合，也就是0．1804L，大約等於180mL。所以1杯量米杯＝180mL＝1合。

也有單位是1升的10倍

此外，1升的10倍就是1斗，1斗的10倍就是1石。大家有聽過「一升瓶」或「一斗罐」等表達方式嗎？

日本的一升瓶專指玻璃瓶，裡面裝有約1．8L的液體，常用來表示醬油、味醂、料理酒等調味料，以及日本酒與葡萄酒等酒類。一斗罐則是指容量18L的金屬罐，會用來裝調味料、食用油、油漆或蠟等。

《上圖枡的容積計算方法》

傳統長度單位

1寸＝約3.03cm　　1分＝約0.303cm

枡的縱長與橫長

4寸9分＝3.03×4＋0.303×9＝14.847cm

枡的高度

2寸7分＝3.03×2＋0.303×7＝8.181cm

長×寬×高＝

14.847×14.847×8.181＝1803.36……cm^3

補充筆記　1合米的重量大約是150～160g。1升約為1.5～1.6kg，1斗約為15～16kg，1石約為150～160kg。日本時代劇中會聽到「百萬石」，大約是15萬～16萬t。

計算小技巧①
把無當有來思考吧

東京都　杉並區立高井戶第三小學
吉田映子 老師

閱讀日期　月　日　月　日　月　日

99＋99的答案是多少？

99＋99的答案是多少呢？請先用筆算計算看看吧。結果是……

```
  99
＋99
 198
```

圖1

因為要進位2次，所以計算時要特別小心才行呢。不過，其實只要稍微發揮巧思，就能夠更輕鬆地算出答案囉。

99再加1就等於100，因此可以先用100＋100，求出200這個答案。

接著再重新思考99與100的關係，會發現100＋100比99＋99多了2個1，所以就要從200中扣掉2。如此一來，就可以算出198這個答案了。寫成算式的話……

100 ＋ 100 ＝ 200
↑＋1　↑＋1　↓－2
99 ＋ 99 ＝ 200 － 2

接下來用圖片做進一步的說明吧。請看圖1。

圖1的●其實是沒有的，把它當成有的話，全部加起來就是200。算完之後，就要把沒有的2個●扣掉，答案就變成198了。

試著做做看

999＋999該怎麼算呢？

同樣先將沒有的當成有，直接把999當成1000來看

1000＋1000＝2000
↑＋1　↑＋1　↓－2
999＋ 999＝2000－2

由此可以算出，答案是1998。

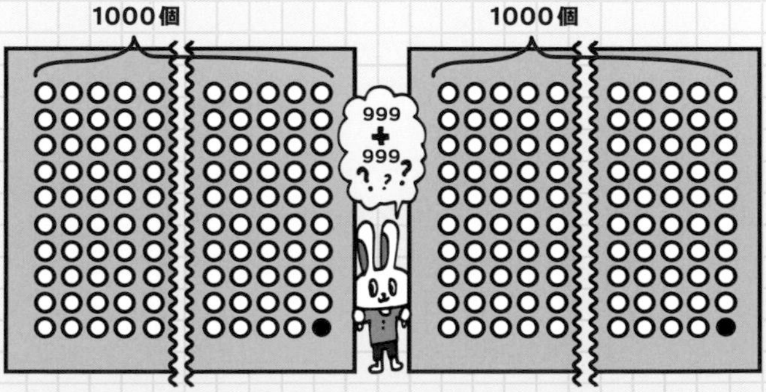

補充筆記　無論是多麼大的數字，只要多發揮巧思，都能夠用比較輕鬆的方法算出來呢！

動手做做看

用牙籤排出正三角形

5月12日

神奈川縣　川崎市立土橋小學
山本　直老師

閱讀日期　月　日　月　日　月　日

正三角形的邊要用幾枝？

三角形是用3條直線圍成的形狀。這時我們稱圍在周邊的直線為「邊」。當這3個邊的長度相同時，就稱為正三角形。

我們先試著用牙籤拼出正三角形。很簡單吧！只要把3枝牙籤排在一起就可以了。那麼要排出2個正三角形的話，需要幾枝牙籤呢？

因為3×2＝6，也就是要6枝牙籤。但其實不用那麼多枝，像圖1一樣讓2個正三角形共用1個邊的話，就只要5枝牙籤了。

圖1

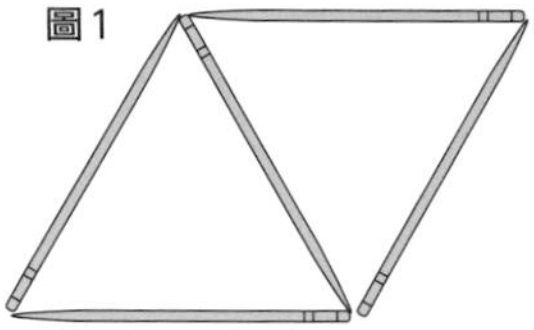

圖2

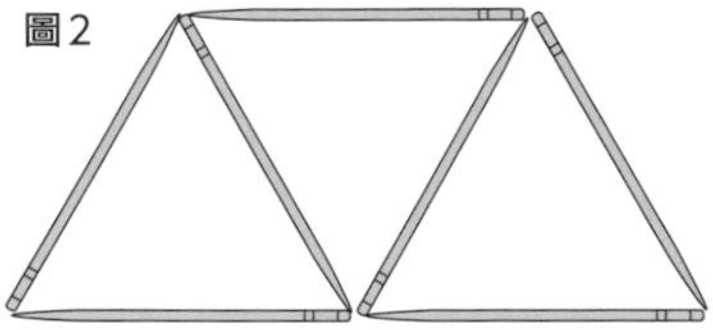

圖3

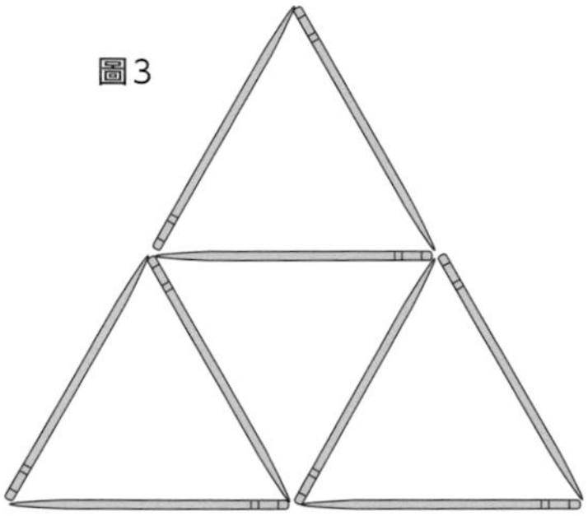

3個、4個正三角形？

要再進一步增加正三角形的數量時，該增加幾枝牙籤呢？像圖2、圖3一樣，一次增加2枝牙籤的話，3個正三角形使用了7枝牙籤，4個正三角形則使用了9枝牙籤。如果要排出5個或6個正三角形的話要增加增加幾枝呢？不過，也有只增加1枝牙籤就能夠增加正三角形數量的方法喔（圖4）。

依正三角形的排列方式，所要使用的牙籤數量也會不同。隨著正三角形的數量增加，圖形也變得愈來愈漂亮呢。請嘗試看看各種排列方法吧。

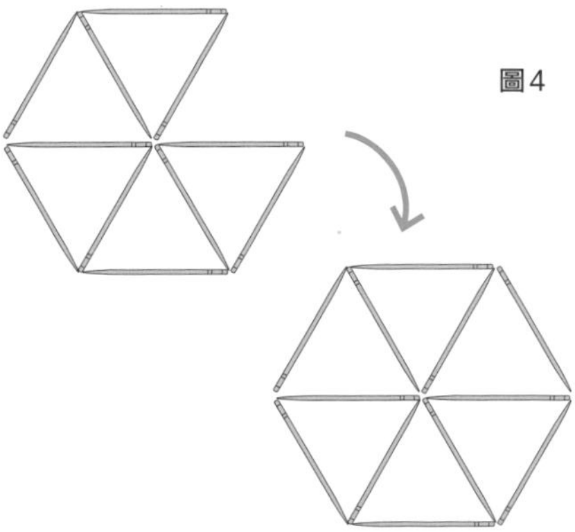

圖4

試著做做看

用6枝牙籤組成4個正三角形？

只要6枝牙籤，就能夠組成4個正三角形了。那麼該如何排列呢？正確答案就是右圖這個看似立體的圖形。像這樣轉換一下想法，就能夠找到不同的答案，正是圖形排列的有趣之處呢。

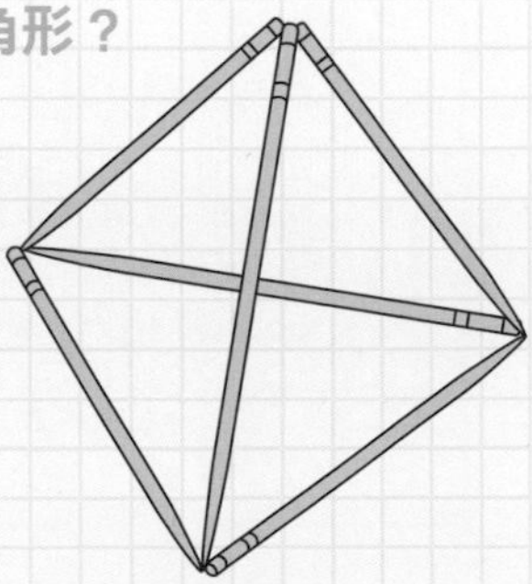

補充筆記　將三角形組成六角形的話，只要增加1根牙籤，就能夠從5個三角形變成6個三角形（圖4）。

2 與生活有關的算術

從富士山頂端看到的景觀

5月 13日

岩手縣　久慈市教育委員會
小森　篤老師

閱讀日期　月　日　月　日　月　日

從山頂上能看多遠呢？

站在高處時的視野會比較好，能夠看到比較遠的景觀。那麼站在日本最高的富士山上，能夠看到多遠的風景呢？

善用三角形的話，就可以測量視野有多遠囉（圖１）。

圖１的三角形ＡＢＣ是直角三角形。紅色ＡＢ邊的長度，就代表站在富士山頂時能夠看見的距離。

●地球的半徑（ＢＣ邊）：約６３７８km
●富士山的高度：３７７６m
●地球半徑＋富士山高度（ＡＣ邊）：６３８１．７７６km

由此可以算出，紅邊長約２２０km（中學的時候就會學到計算方法囉）。

圖1

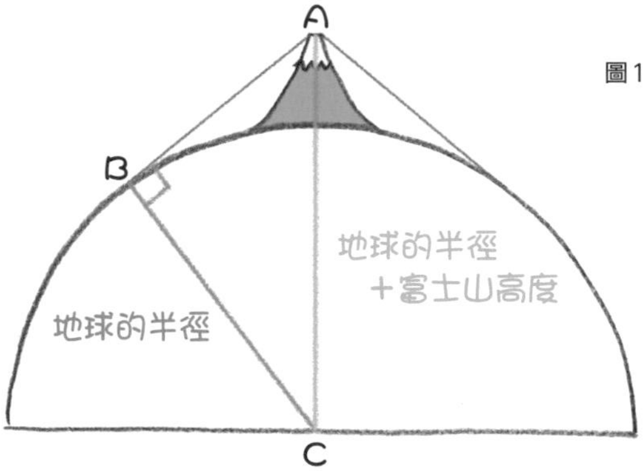

不愧是富士山，太厲害了！

圖２是以富士山為中心畫出的圓，圓的半徑為２２０km。

由此可知，站在富士山頂時，往西可以看見滋賀縣，往北可以看見福島縣。真不愧是日本最高的山。

古今的日本學者也善用了富士山頂的高度優勢，在這裡進行了許多的觀測。

圖2

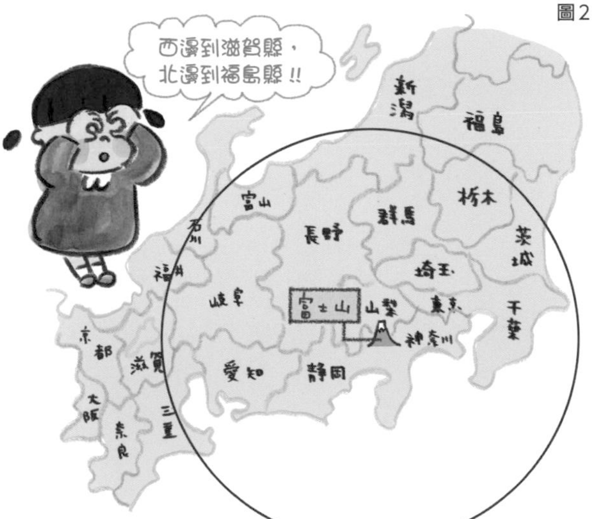

補充筆記　使用同樣的計算方法，算出了從東京最高的塔——東京晴空塔（參照第153頁）的第２展望台（450ｍ）往外看時，最遠可看到約76㎞的距離。

算出林木道的長度？「植樹問題」的奇妙之處

2 與生活有關的算術

5月 14日

北海道教育大學附屬札幌小學
瀧平悠史老師

閱讀日期 月 日 月 日 月 日

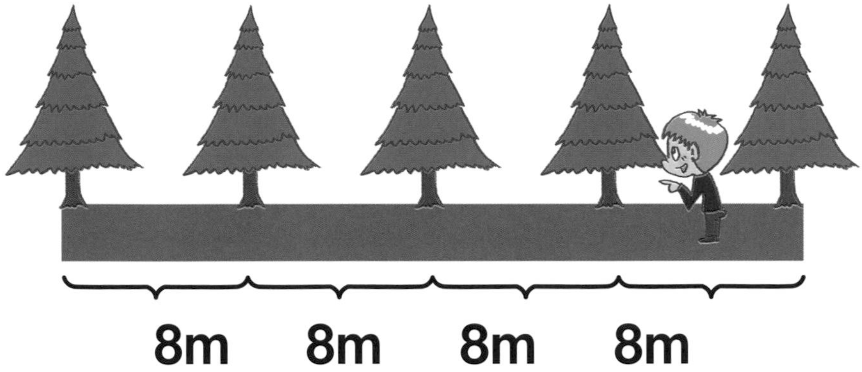

什麼是植樹問題？

日本有種自古流傳至今的算術問題，叫做「植樹問題」。「植樹」，指的是種植在街道兩旁或是家中庭園等地的樹木，「植樹」問題就是依這種樹木衍生出的算術問題。

請閱讀下面這個問題。

【有一條筆直的道路，兩端各種有1棵樹木，總共種了5棵樹木，每棵樹木的間距為8m。請問這條道路有幾m呢？】

像這樣在問題中敘述樹木的數量以及間距，藉此求出道路長度，就稱為「植樹問題」。

這條道路有幾m呢？

這個問題聽起來是很簡單的乘法問題呢。因為樹與樹之間的間隔有8m，總共有5棵樹，所以8×5＝40m。

但這真的是正確答案嗎？我們一起來畫圖確認吧。

只要實際畫圖確認，就可以發現，剛才的思考方式中有個奇怪的地方。雖然總共有5棵樹，但是樹與樹之間的間隔（8m），卻不是5個。也就是說，以8×5這個算式，是算不出正確答案的。

樹與樹之間的8m，其實比原本以為的5個還要少1個，所以只有4個而已。因此，正確的算式應該是8×（5－1）＝32才對，所以這條道路總長應該是32m。

在解這道題目的時候可要小心，不要直接乘上樹木的數量，就以為是正確答案囉。

試著做做看

池塘周邊的林木道路要怎麼算？

如果植樹問題中的道路不是筆直的，而是像右圖這樣繞著池塘的話，又該怎麼計算呢？這次的題目同樣有5棵樹，而且樹與樹之間的距離是8m，請算出道路的長度。請想想看樹木的數量與間距的數量後，試著求出答案吧。

補充筆記 當一群人在「向前看齊」的時候，最前面的人不用舉起手，對吧。在算排隊時的間距數量時，間距的數量同樣比人數少1個喔。

關於單位與測量

有cL這種單位嗎？

5月15日

御茶水女子大學附屬小學
久下谷 明老師

閱讀日期　月　日　月　日　月　日

將各種單位放在一起

大家已經在學校學過水的體積了嗎？在上這堂課的時候，應該已經認識了L（公升）、dL（分升）及mL（毫升）。這3個單位的大小關係，就如同圖1粗體字所寫的一樣。

長度單位則有m（公尺）、cm（公分）與mm（毫米），這3個單位的長短關係，就如同圖2粗體字所寫的一樣。

咦？我以前都不知道！

看到圖1與圖2的時候，你是否發現各有1個單位沒學到呢？那就是cL（厘升）與dm（公寸）。你可能會感到疑惑——真的有這種單位嗎？其實，世界上真的有在使用這2個單位。

雖然這2個單位在生活中幾乎沒有用到。不過cL的話，努力尋找一下，還是能夠找到的。你覺得這個單位會用在什麼樣的地方呢？

其實cL這個單位會用在表示藥物含量，以及從國外進口的飲料量。所以請大家針對這些地方找找看吧。

圖1

圖2

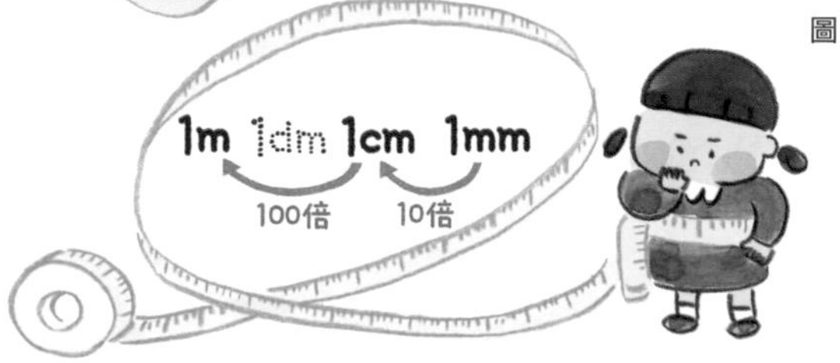

試著記起來

1L？還是1l？

L的英文符號有大寫的「L」、小寫的「l」與小寫書寫體的「ℓ」。其實國際間最早是使用小寫的「l」，但是看起來與數字「1」太像了，所以於1979年的第16屆國際度量衡大會，決定使用大寫的「L」。

日本以前的數學課本會使用小寫書寫體的「ℓ」，現在也已經統一改成「L」。順道一提，雖然日本現在還習慣使用書寫體的「ℓ」，不過這並非國際認證的符號。

補充筆記 許多單位符號都是小寫，但是源自於人名的單位，則會使用大寫。像是依照艾薩克・牛頓（Isaac Newton）這個名字命名的「N（牛頓，力的單位）」等。

有幾張貼紙？看著圖片唸出算式吧

5月16日

明星大學客座教授
細水保宏老師

閱讀日期　月　日　月　日　月　日

有幾張貼紙呢？

將貼紙貼成圖1這種圖形時，請問要怎麼算出全部的貼紙數量呢？

圖1

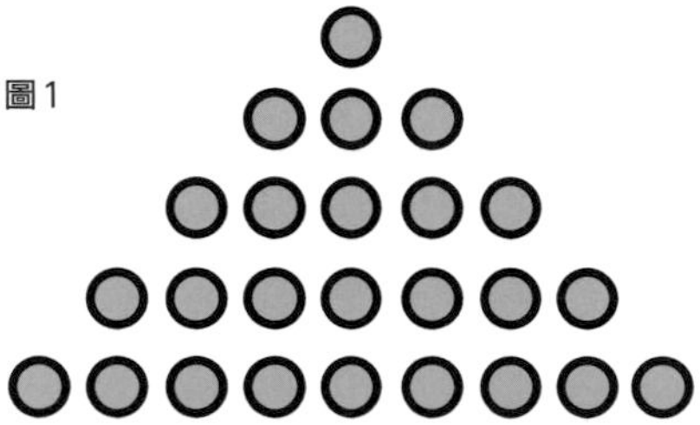

看完圖1後，請闔上本書。邊想像這個圖，邊在筆記本上畫出來。

這個金字塔形狀的圖案，由上往下分別有1、3、5、7、9個，共有5層。

順利畫出圖的人，只要算一算圖中的圓圈數量，就能夠知道總共有25張貼紙了。

「咦？」、「真的嗎？」、「你確定有25張？」當別人提出疑問時，能夠好好說明理由的人，就更厲害了！

這時如果能夠用算式表現自己的想法，就更棒了呢！

看得懂這個算式嗎？

如果能夠看懂算式，並且將算式與圖案結合在一起的話，數學就會變得更有趣了。

舉例來說，請閱讀1＋3＋5＋7＋9＝25這個算式，再試著理解圖2的思考方式吧。

圖2

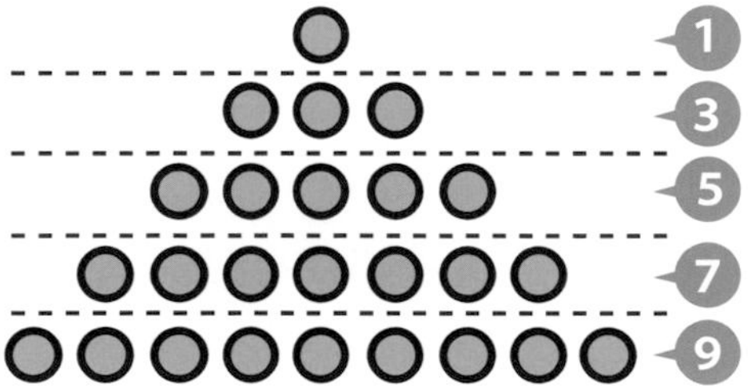

試著做做看

看得懂下面的算式嗎？

請閱讀下列算式，然後找出符合的圖案吧。

①1+2+3+4+5+4+3+2+1=25

②（1＋9）×5÷2=25

③5×5＝25

（答案在補充筆記）

圖3

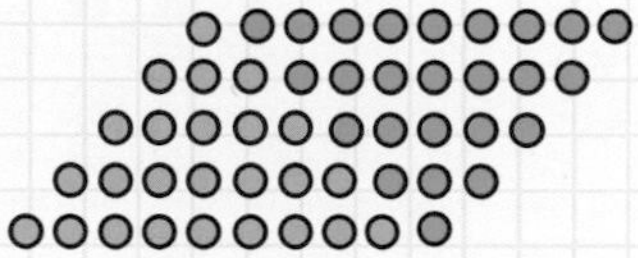

圖4

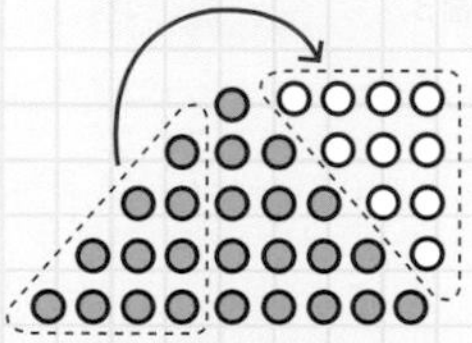

圖5

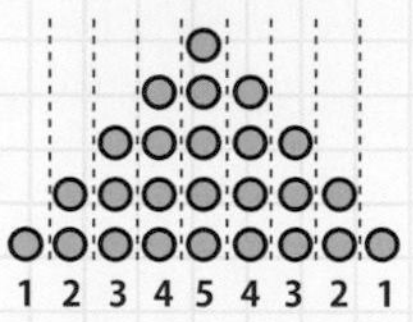

補充筆記　1＋3＝4＝2×2、1＋3＋5＝9＝3×3、1＋3＋5＋7＝16＝4×4。想要將奇數依序相加時，只要將奇數的數量乘以相同的數量（平方數），就可以求出答案了。〈試著做做看的答案〉①→圖5、②→圖3、③→圖4

機器人保全
～周邊長度與面積～

學習院初等科
大澤隆之老師

閱讀日期　月　日　月　日　月　日

能不能注意到螞蟻呢？

機器人保全正在看守方糖，而螞蟻想要偷走方糖（圖1）。

機器人保全會繞著方糖巡邏，只要順利繞完1圈相同的路徑，就會判斷「沒有問題」。

如果螞蟻偷偷搬走1塊方糖的話，機器人保全會注意到嗎？咦？結果因為繞1圈的路線長度沒變，所以機器人保全沒有發現（圖2）。

圖1

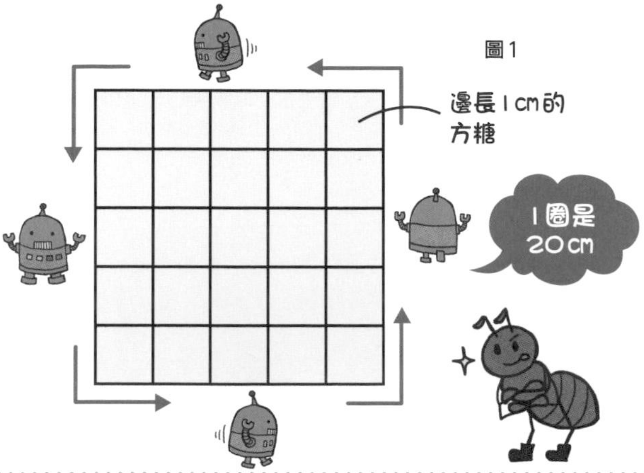

圖2

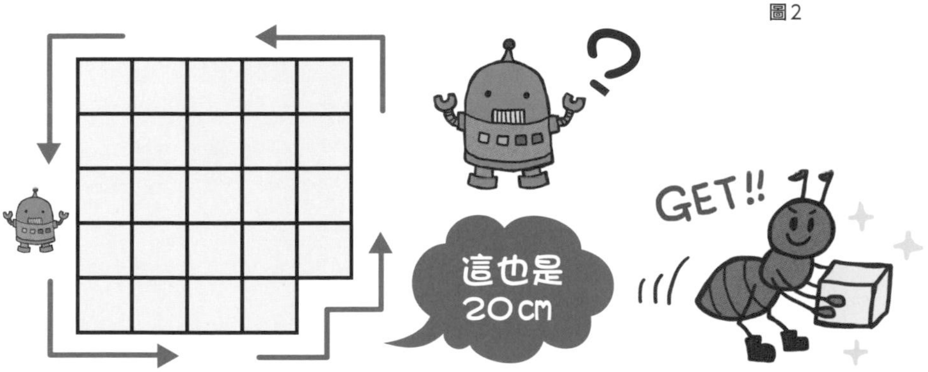

搬走1塊方糖後，繞1圈的路線長度真的沒變嗎？讓我們一起來確認看看吧。結果發現，不管減少幾塊方糖，繞1圈的路線長度都一模一樣（圖3）！

事實上像圖4這樣剩下5顆方糖的情況下，繞1圈的路線長度還是不會變。

圖3

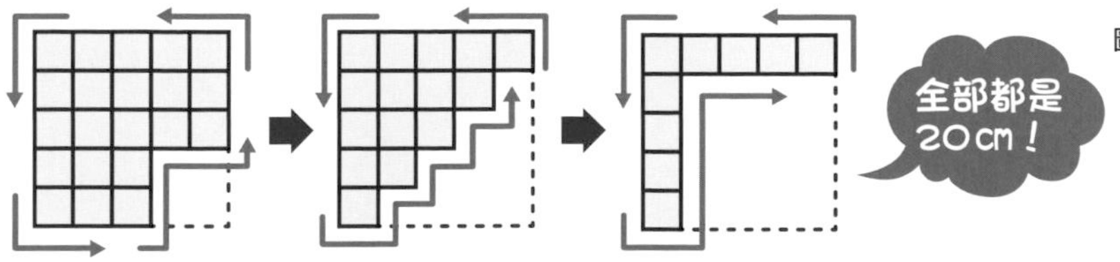

圖4

補充筆記　周邊長度相同，不代表面積就會相同。所以只能測周長的機器人，是無法成為保全的。

使用1到5的加法

5月 18日

青森縣　三戶町立三戶小學
種市芳文老師

閱讀日期　月　日　月　日　月　日

真奇妙！用3除得盡

這裡有1～5的數字。請將這5個數字自由組合後加起來吧。例如：1＋2＋3＋4＋5＝15、12＋34＋5＝51等，請試著組合出3個算式後計算看看吧。

接著將算出的數字除以3吧。不只剛才算出來的15與51都能夠以3除盡，連自己組合出來的算式，都能夠被3除盡對吧？

應該有些人認為這是巧合吧。所以讓我們列出這種方式能夠組合出的所有算式，確認是不是每個答案都能夠被3除盡吧（圖1）。

把重點放在餘數上

事實上，有個方法能夠輕易確認某個數字是否能夠被3除盡。「將各個位數的數字都加起來，只要加總後的答案能被3除盡，那麼該數字也能夠被3除盡。」

使用這個方法的話，就可以注意到每個算式都是1＋2＋3＋4＋5，而這5個數字相加後的答案能夠被3除盡，所以不管怎麼組合，算出來的答案都能夠用3除盡（圖2）。

像這樣著眼於除法的餘數時，就比較好說明了。

圖1

- 全都是1位數
  1＋2＋3＋4＋5=15
- 2位數＋2位數＋1位數
  12＋34＋5=51
  12＋3＋45=60
  1＋23＋45=69
- 3位數＋2位數
  123＋45=168
  12＋345=357
- 5位數
  12345
- 2位數＋1位數＋1位數＋1位數
  12＋3＋4＋5=24
  1＋23＋4＋5=33
  1＋2＋34＋5=42
  1＋2＋3＋45=51
- 3位數＋1位數＋1位數
  123＋4＋5=132
  1＋234＋5=240
  1＋2＋345=348
- 4位數＋1位數
  1234＋5=1239
  1＋2345=2346

圖2　**例**

12＋34＋5=51
(1＋2＋3＋4＋5)÷3=6

1234＋5=1239
(1＋2＋3＋4＋5)÷3=6

12345
(1＋2＋3＋4＋5)÷3=6

補充筆記　高中數學裡會教到「取餘數」的概念。例如：「19＝1（mod3）」就是指19除以3的話，餘數是1的意思。

2 與生活有關的算術

北海道與香川縣的占地祕密

5月 19日

筑波大學附屬小學
盛山隆雄 老師

閱讀日期　　月　　日　　月　　日　　月　　日

北海道是日本的幾分之1？

你知道北海道占日本面積的幾分之幾嗎？

請從下列選項中，選出正確答案吧。

①約5分之1
②約8分之1
③約10分之1

事實上，北海道約8萬km^2，日本總面積約38萬km^2，所以答案是約5分之1。由此可以看出，北海道真的很遼闊呢！

香川縣是日本的幾分之1？

那麼，接下來看看日本最小的縣——香川縣吧。

香川縣的面積大約是日本的幾分之幾呢？請從下列選項中，選出正確答案吧。

①約50分之1
②約100分之1
③約200分之1

香川縣的面積只有約1876km^2，差不多是日本總面積的200分之1。全日本有47個都道府縣，香川縣卻只占了200分之1，真是令人印象深刻的數字。

試著想想看

四國與岩手縣哪個比較大？

日本的四國有香川縣、德島縣、愛媛縣與高知縣。將擁有4個縣的四國與位在東北的岩手縣相比較的話，哪一個地方比較大呢？

①四國
②岩手縣
③幾乎相同

（答案在補充筆記）

補充筆記

〈試著想想看的答案〉①四國。四國的4縣面積總和約1萬9000km^2，岩手縣的面積約1萬5000km^2。但是試著將地圖上的兩地疊在一起時，占地看起來卻差不多大。

總共有幾層樓呢？

～每個國家計算樓層數的方法都不同～

5月 20日

神奈川縣　川崎市立土橋小學
山本　直老師

閱讀日期　月　日　月　日　月　日

玄關位在1樓？

日本的建築物中，會將與戶外相連且設有玄關的樓層稱為「1樓」，但是有些國家會將這層樓稱為「G樓」，必須再往上1層樓才會稱為「1樓」。也就是說，對日本來說的「2樓」在某些國家其實是「1樓」。「G」這個字是取自Ground floor的字首，意思是「地面上的樓層」。

不使用不吉利的數字？

有些國家覺得數字「4」是不吉利的數字，所以建築物都不會有與「4」相關的樓層。所以，日本人的4樓到了這些國家時，會變成幾樓呢？

將日本建築物的1樓改成G樓的話，樓層數字就要加1，再拿掉4樓的話，樓層數字則會少掉1，所以最高的樓層還是10樓。

那麼總共有20層樓或50層樓的時候，又會如何呢？如果是日本的話，10樓上再增加10樓的話，就會變成20樓。但是忌諱「4」的國家，會跳過14樓，因此增加10層樓之後，最高樓層會變成「21樓」。

如果總共是30層樓的話，因為跳過24樓的關係，所以最高樓層就變成「32樓」。

最困難的是50層樓。34樓不用說，一定要跳過，但因為40～49樓全部都跳過的關係，所以到這裡已經與日本建築物相差13層樓。所以最高樓層會變成63樓，但是可別忘了跳過54樓與64樓，因此，日本的「50樓」到了這些國家時，就會變成「65樓」。

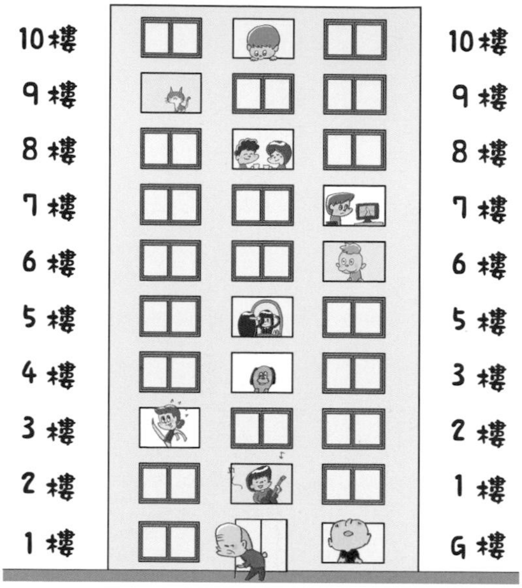

試著想想看

去掉2個數字的話

假設去掉「4」與「9」這2個數字的話，「50層樓」應該會是幾樓呢？如下面列出的一樣，50樓之前會去掉18個數字，接著從51～70還要跳過4個數字，所以總共跳過22個數字，也就是變成72樓了。

1～10 ➡ 4與9
11～20 ➡ 14與19
21～30 ➡ 24與29
31～40 ➡ 34與39與40
41～50 ➡ 50以外的全部（9個）
此外
51～60 ➡ 54與59
61～70 ➡ 64與69

補充筆記　使用這種規則計算數字的時候，必須仔細確認中間有沒有漏掉的數字。

2 與生活有關的算術

視力1.0與0.1的測量方式

5月 21日

東京學藝大學附屬小金井小學
高橋文夫老師

閱讀日期　月　日　月　日　月　日

「C」符號的名稱是？

量視力的時候會看見「C」這個符號，你是否覺得好像在其他地方看過呢？這個符號其實叫做「蘭氏環」。

視力檢查時，要站在5m遠的距離，看著與圖1相同大小的蘭氏環，如果能夠看清楚中間僅1．5mm的切縫方向，就可以判斷視力為1．0。如果能夠在5m的2倍距離——10m遠的地方，看清楚切縫的位置時，視力就是2．0。相反的，如果必須前進到2．5m，才能夠看清楚切縫的話，視力就是0．5。但是測量視力的時候，如果要一直換位置的話可能會出現誤差，所以就乾脆改變蘭氏環的大小。

圖1

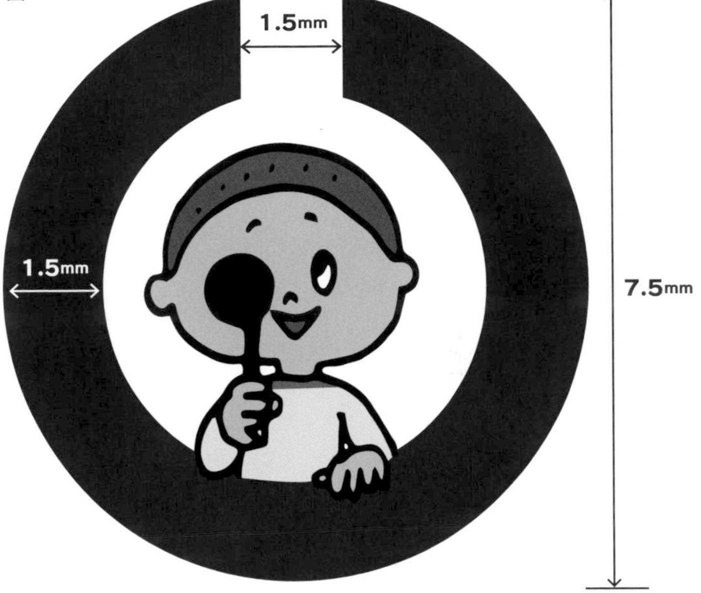

視力5．0也量得出喔

也就是說，能夠判斷視力為2．0的蘭氏環，是正常蘭氏環的一半大小；能夠判斷視力為0．5的蘭氏環，是正常蘭氏環的2倍大。

如果在一般條件下還看不清楚最大的蘭氏環（視力0．1），距離就會從5m縮短至4m，如果縮短1m後就能夠看見最大的蘭氏環時，視力就是0．08。

按照這個方式的話，就算視力是5．0也測得出來。貼近日常生活的視力檢查，其實也運用了數學呢。

5月

補充筆記　順道一提，在5m的5倍距離，也就是25m遠的地方，能夠看見視力1.0用的蘭氏環切縫時，就會判斷視力為5.0。

關於圖形

骰子形狀的畫法

5月22日

學習院初等科
大澤隆之老師

閱讀日期 月 日 月 日 月 日

學習畫圖的技巧吧

你會畫骰子嗎？今天要教的就是畫骰子的方法喔。

第1種方法是先繪製正方形，然後從3角分別畫出往後的平行斜線，這3條斜線的長度要相同。最後畫上連接這3條線的直線。為了不要讓骰子看起來好像透明的，所以看不到的線就不用畫（圖1）。

當然，還有其他的骰子畫法。

接著要教的第2種方法，則是先畫2個錯開的正方形，再把4個角分別用斜線連接起來就完成了！（圖2）

不管表面是長方形還是三角形，只要以這個方法為基礎，然後再稍微做出變化就可以了。練習完之後，請再挑戰看看圓筒狀的立體圖形吧。

圖1

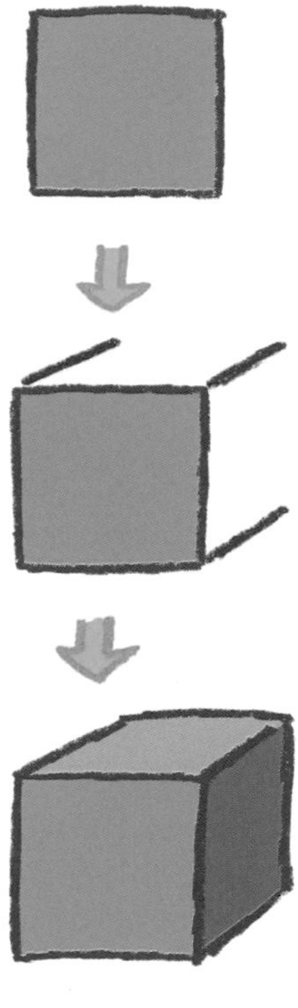

圖2

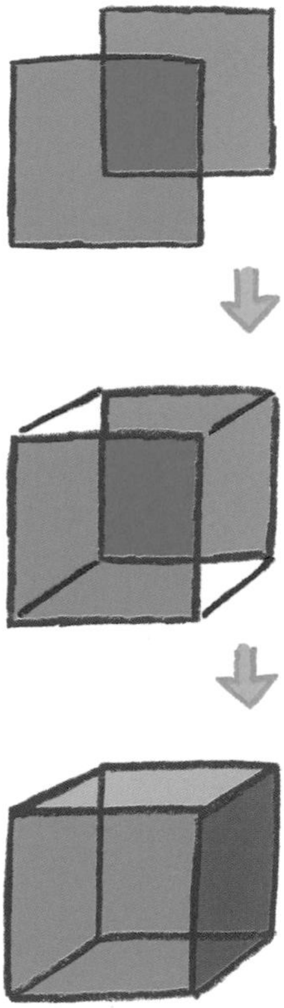

試著做做看

能夠畫出圓筒狀嗎？

一起想想看其他形狀的畫法吧。

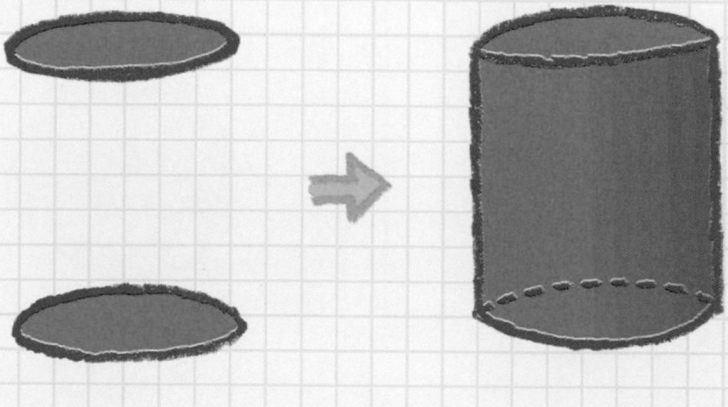

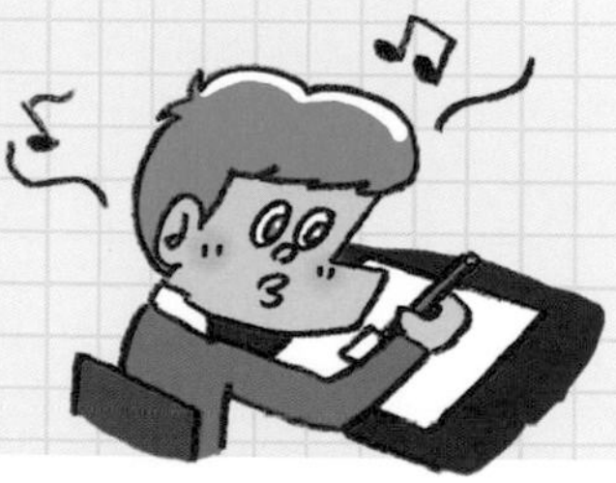

補充筆記

熟悉這種畫法的話，就可以把技巧運用在一般繪圖上。除了畫大樓或住家以外，人的身體其實也很類似圓筒狀或角柱狀喔！

將饅頭分給2個人吧！

5月 23日

北海道教育大學附屬札幌小學
瀧平悠史老師

閱讀日期　月　日　月　日　月　日

咦？該怎麼分才好？

這裡有12顆饅頭，現在要分給兩兄弟。

但是，分的時候要多給哥哥2顆。那麼哥哥與弟弟各拿幾顆饅頭呢？

首先將12顆饅頭分成一半吧。這時每個人就拿到6顆。接著，因為哥哥要多2顆的關係，所以從弟弟手上拿2顆給哥哥。這麼做的話，哥哥的饅頭真的會比弟弟多2顆嗎？（圖1）

仔細看會發現，哥哥竟然比弟弟多了4顆。為什麼會變成這樣呢？讓我們回過頭按照順序來檢查一下吧。

首先，將弟弟原有的2顆拿給哥哥。所以弟弟手上的饅頭就是6－2＝4，也就是說，少了2顆饅頭之後，弟弟只剩下4顆而已。

這時從弟弟手中拿到2顆饅頭的哥哥，就變成6＋2＝8，也就是多了2顆後變成8顆。

弟弟減少2顆，且哥哥增加了2顆的結果，結果產生了4顆的差異。

圖1

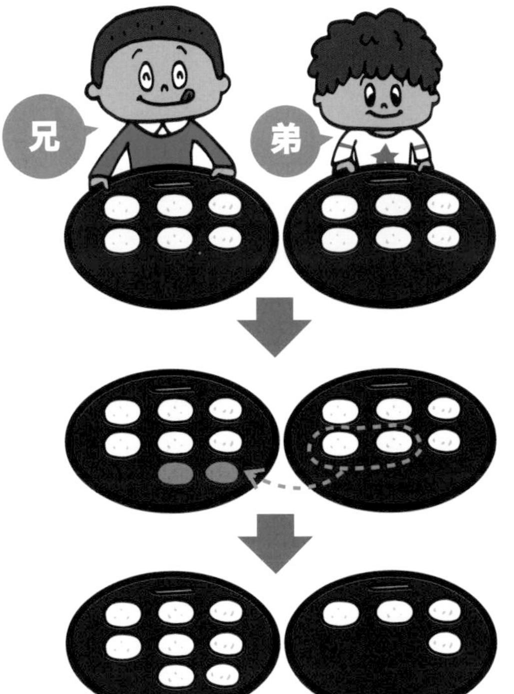

該怎麼做才能差2顆呢？

這下子哥哥就拿太多了，所以還1顆給弟弟吧（圖2）。

於是，哥哥就減少了1顆，弟弟則增加了1顆。2個人終於順利相差2顆了呢！

圖2

試著做做看

試著改變相差的顆數

將兄弟倆的饅頭顆數差異，從2顆改成3顆、4顆……。實際準備彈珠分分看，就能夠輕易看懂該怎麼分囉。在必須相差3顆、4顆的情況下，是否也順利找到答案了呢？

補充筆記　想要讓2人相差2顆時，總數必須是用2除得盡的數字，例如：6顆、8顆、10顆……等，這種數字就稱為「偶數」。相反的，用2除不盡的數字就稱為「奇數」。

用4種顏色為地圖上色的方法？

東京學藝大學附屬小金井小學
高橋丈夫老師

閱讀日期　月　日　月　日　月　日

歷史悠久的上色問題

你曾經聽說過這個問題嗎——「以相鄰的國家不能使用相同的顏色為前提，不管是什麼地圖，都能只用4種顏色上色嗎？」

要探究這個問題的話，必須追溯到大約160年前的1852年。

當時有位住在倫敦的年輕數學家——法蘭西斯・古德里（1831~1899）在為地圖上色的時候，發現不管拿到什麼樣的地圖，只要使用4種顏色，就足以使所有相鄰的地區不同色。

100年後才獲得證實

假設地圖像圖1這樣的話，一眼就看出要怎麼用4種顏色去塗。但是要證明所有地圖都符合這個理論，是件非常困難的事情。所以這個理論過了100年以上，才在1976年由2名數學家——凱尼斯・艾佩爾與沃夫岡・哈肯，證實了這個理論，而這個理論就是現在所說的「四色定理」。

2位數學家是用電腦證實這個理論的。他們用電腦調出所有能想得到的地圖，並要求電腦只用4種顏色顯示這些地圖，終於證明了理論的正確性。由此可以看出，這是個非常困難的問題。

圖1

補充筆記

大家也試著自己製作地圖，然後挑戰四色定理吧。不管是學習用的日本全國白地圖，還是自己所居住的縣市地圖，都很適合挑戰四色定理喔！

□5×□5可以直接用心算算出答案！

東京學藝大學附屬小金井小學
高橋文夫老師

閱讀日期　月　日　月　日　月　日

個位數都是5的數字相乘

來仔細觀察看看□5×□5（個位數都是5的數字）這個算式吧。你有發現什麼規律嗎？

15 × 15 =	2 2 5
25 × 25 =	6 2 5
35 × 35 =	1 2 2 5
45 × 45 =	2 0 2 5
55 × 55 =	3 0 2 5
65 × 65 =	4 2 2 5
75 × 75 =	5 6 2 5
85 × 85 =	7 2 2 5
95 × 95 =	9 0 2 5

應該很快就發現後2位數字都是25了吧？但是，百位數與千位數又有什麼規律呢？這邊先一起把算式畫成圖確認一下吧。

以25×25這個算式為例，畫成圖1來看看吧。將圖稍微變形一下，就會變成圖2了。

發現了嗎？旁邊的數字一定都是5＋5＝10。

所以，20×（5＋5）＋25＝225。也就是說，如果乘數與被乘數的十位數都相同，且個位數都是5的時候，一下子就能夠求出答案了。

只要把算式畫成圖，就能夠輕易找出算式的規律，更進一步了解算式的意思。

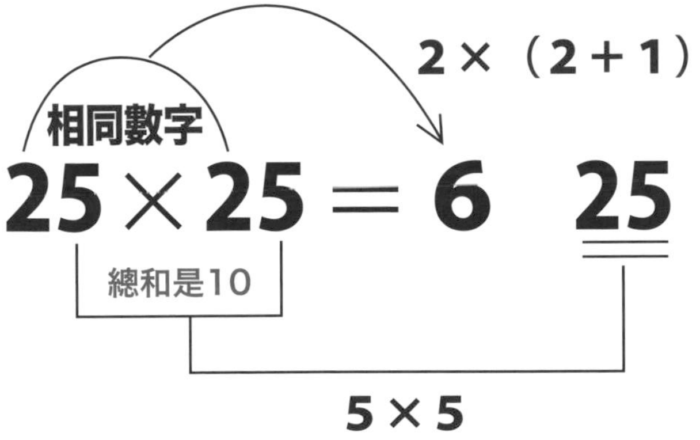

圖1

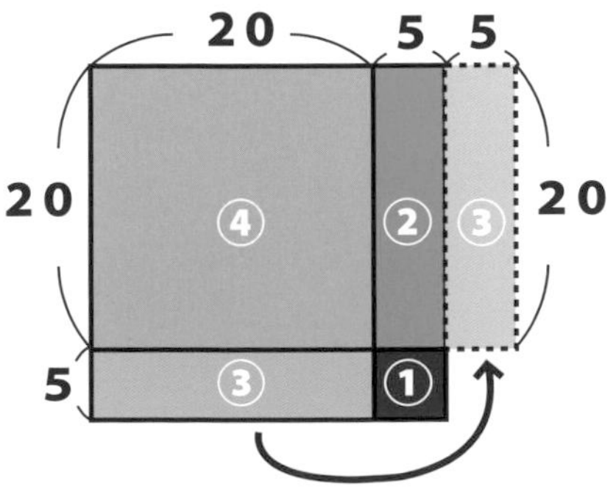

圖2

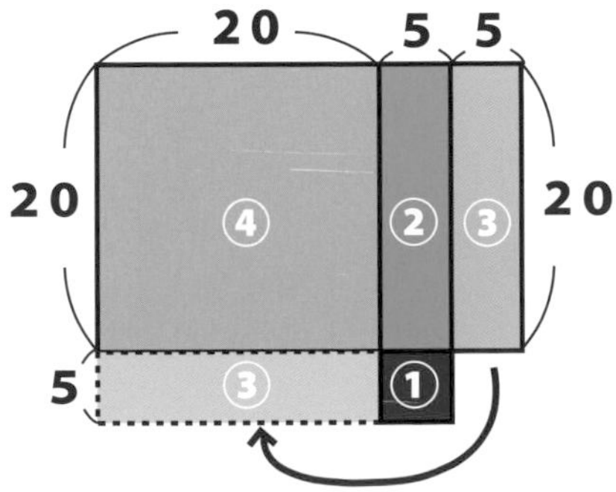

25	
×25	
25	① 5×5
100	② 20×5
100	③ 5×20
400	④ 20×20
625	

補充筆記：說不定其他有特定形式的算式，也會像「□5×□5」一樣藏著某種規律。請大家努力找找看吧。

用圖形畫出花紋

5月 26日

東京都　杉並區立高井戶第三小學
吉田映子老師

閱讀日期　月　日｜月　日｜月　日

將圖形組合在一起

圖1

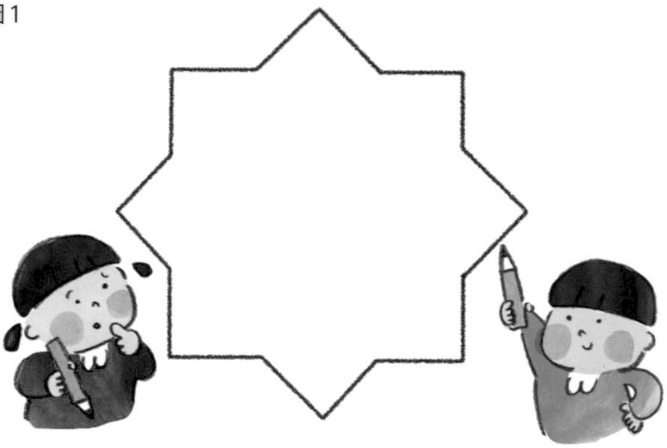

大家想畫這個圖形的時候，會怎麼做呢？

只要多費點工夫，要畫出這個圖形並不難，不過這邊要介紹的，是將各種圖形巧妙組合，以畫出這個圖案的方式。

首先請準備2個同樣大小的正方形。接著分別折出像A與B的折線。

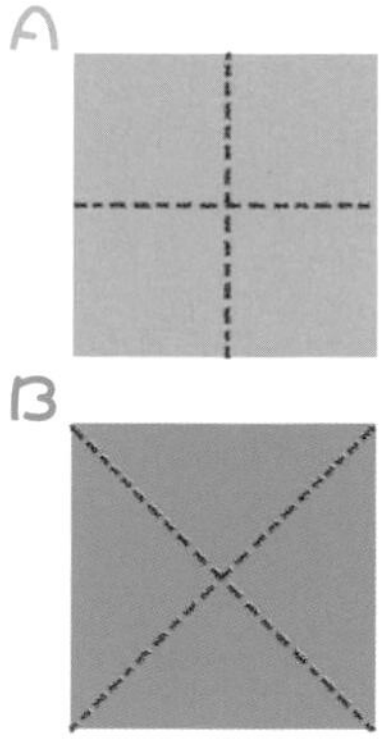

將B擺在下方，讓2張紙折線的中心點對齊。

以這個圖形為基準，沿著邊緣描繪的話，就畫出圖1的形狀了。

描線的時候，只要先在頂點做記號，然後再拿尺將各頂點連接起來，就能夠畫出漂亮的圖案了。

請大家也動手畫畫看吧。

試著想想看

將其他形狀組合起來？

還有什麼形狀能夠一起組合呢？

（圖2）鑰匙孔形狀→（圖3）圓形與等腰三角形

（圖4）愛心→（圖5）正方形與2個圓形

圖2　圖3

圖4　圖5

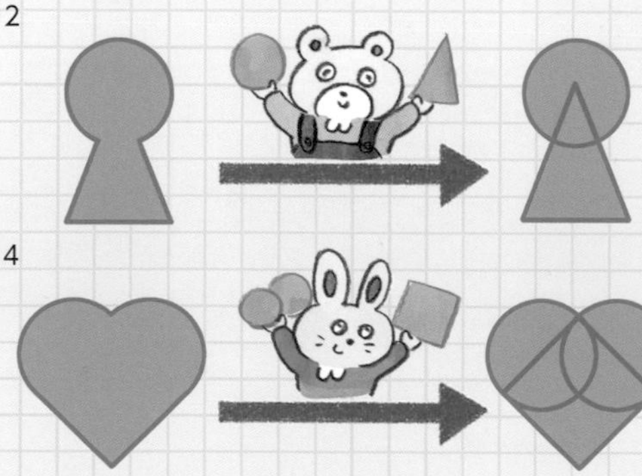

補充筆記　仔細觀察身旁，就能夠找到各式各樣的靈感。所以請試著找找看，能夠將什麼樣的圖形拼在一起吧。

關於單位與測量

不必實際渡河，就能測出河川寬度？

5月27日

島根縣　飯南町立志志小學
村上幸人老師

閱讀日期　　月　　日　　月　　日　　月　　日

善用算術的力量

這裡有條流向某個地方的河川。政府想架一座跨過河川的橋，但是因為不知道河川的寬度，所以不曉得該怎麼準備材料。

該怎麼做才能夠量出河川的寬度呢？要請人拿著繩子游到對岸嗎？要是溺水的話就不好了。這時，我們就必須善用算術的力量了。

這邊請先準備量角器，或是2個角度相同的三角板。沒有工具的話，就拿1張正方形的紙，對半折成三角形，就變成與三角板相同的形狀。

接著從對岸找到適合當作指標的樹，再找到該樹與自己所在的河岸會形成直角的位置。接著沿著岸邊走，找到與河川與對岸的指標樹木都屬於45度角的位置。

然後測量行走距離之後，這段距離就等於河川的寬度。

著眼於直角與45度！

為什麼不用實際在河川上行進，就能夠測出河川的寬度呢？請仔細觀察三角板吧。沒錯，形成直角的兩邊長度是一樣的呢。此外，兩邊的角也擁有相同的角度（45度）。所以是利用等腰三角形的特色，量出河川的寬度。

只要透過自己所在這一岸，找到直角與45度角的話，就能夠假設河川上有個大大的三角板。所以就能知道河川的寬度與步行的距離是相同的，如此一來，就能夠測出河川的寬度囉。

試著做做看

連樹木的高度都能測量喔

這種做法還可以運用在測量樹木高度。請找個寬敞的地方試試看吧。

補充筆記　像這裡使用的三角板一樣，1個角是直角，且直角兩邊的邊長相等的三角形，就稱為「等腰直角三角形」。也請參閱7月3日（第218頁）介紹的類似概念喔！

用於數字與計算

用數字卡玩遊戲
～加法篇～

5月 28日

御茶水女子大學附屬小學
久下谷 明老師

閱讀日期　月　日　月　日　月　日

用數字卡玩玩看

這裡有1～4的4張數字卡（圖1）。今天要用這些數字卡來玩計算遊戲。下面共有2個題目，請一起找出答案吧。

【問題1】

請將數字卡，擺在圖2的虛線框上，組合出2位數＋2位數的算式。請問該怎麼組合才能夠讓加起來的數字，是所有排列法中最大的呢？

【問題2】

方式與問題1相同，但是這次的組合，要是相加後答案為所有排列法中最小的。該怎麼組合才好呢？（圖3）

求出答案了嗎？想不出來的話，也可以實際製作出數字卡，試著親手擺擺看。

對答案時間

現在讓我們來對答案吧。

首先是問題1，像圖4這樣擺放數字卡的話，就能夠算出最大的數字。

但擺法並不是只有這1種。例如：像4與3這種放在同一位數的數字，就算互相對調，答案都會是73，不會改變。2與1也是一樣。由此可知，使用加法的時候，可以用不同的組合法求出相同的答案呢。

再來是問題2，只要像圖5這樣擺放的話，就能夠算出最小的數字。而且與問題1一樣，同位數的數字互相對調的話，並不會影響求出的答案。

圖1

圖2

圖3

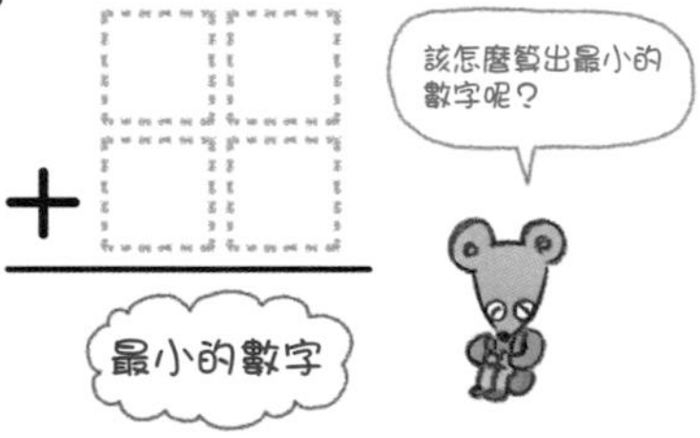

圖4

圖5

試著做做看

試著延伸問題吧

算完2位數＋2位數之後，可以稍微轉換一下，創造出新的問題。例如：「使用1～6這6張數字卡」、「用3位數＋3位數的算式計算。」接下來一起思考看看，以1～6的6張數字卡，組合出3位數＋3位數的算式時，該怎麼加總出「最大的數字」與「最小的數字」。

補充筆記　算完加法之後……接下來，或許已經有人想到了，不妨以相同的規則，套用在減法上玩玩看（第204頁）。

關於碟形天線 ～奇妙的反射板～

岩手縣　久慈市教育委員會
小森　篤老師

閱讀日期　月　日　月　日　月　日

球掉在反射板上會怎麼樣？

像圖1這種天線，叫做碟形天線；看起來像盤子的部分，就叫做反射板。這個反射板有個相當有趣的特徵。

圖2是球垂直落在反射板上的模樣，可以發現不管球從哪個位置垂直落下，反彈後都會飛往相同的位置（焦點）。

圖1

從相同的高度落下會怎麼樣？

更有趣的還在後面——如果同時有數顆球，從相同的高度落下的話，它們也會同時反彈至焦點。形成的畫面就會像圖２一樣，有６顆球在焦點上相撞。

碟形天線就是活用這種性質，以反射板來有效接收從遠方傳來的電波。

圖2

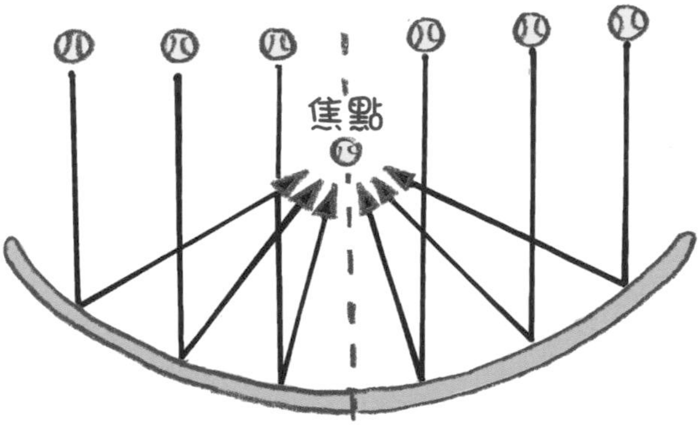

試著記起來

將球丟出去的話？

將球丟出去的時候，球行經的路線形狀，就如同右圖的線，也和碟形天線的反射板的形狀一樣。這條線就稱為「拋物線」。

補充筆記　碟形天線的英文是「parabolic antenna」，其中，「parabolic」就是「拋物線」的意思。日本住宅屋頂等處的衛星接收天線，使用的就是碟形天線。

數字與圖形小遊戲

快速筆算遊戲的祕密

5月30日

東京學藝大學附屬小金井小學
高橋丈夫老師

閱讀日期　月　日　月　日　月　日

和朋友一起玩玩看

請和朋友一起玩玩看快速筆算的小遊戲吧。

先請朋友說出3個3位數的數字，自己則說出2個3位數的數字，接著快速將這5個3位數的數字加起來。遊戲的實際過程，就如同圖1一樣。

接下來就實際玩玩看吧。假設朋友先說了346，接著再說出283。然後就輪到自己了，而這裡其實藏著一個祕密喔。那就是請說出與朋友的第2個數字「283」相加後變成999的數字，也就是716。

接著再輪到朋友說出第3個數字，假設是472的話。這時又輪到自己說出第2個數字。這時也同樣要選擇與「472」相加後變成999的數字，所以是527。

因為自己說的2個數字，和朋友說的2個數字相加後都會變成999，因此999＋999＝1998，也就是比2000少掉2。因此，只要先從朋友說出的第1個數字「346」中扣掉2，再加上2000的話，就能夠迅速求出2344這個答案了（圖2）。

圖1

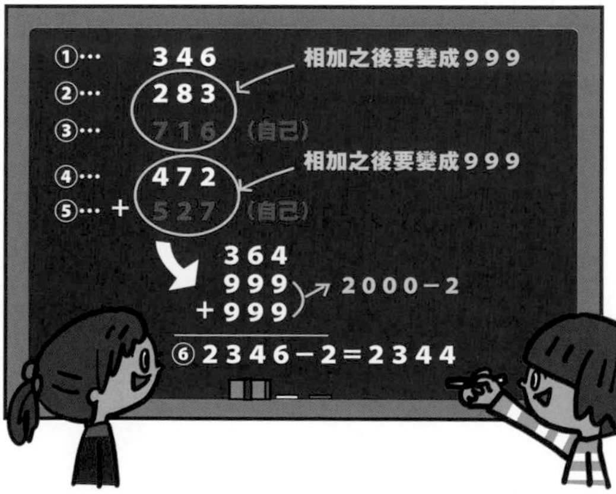

圖2

可以當成魔術喔

當朋友說出第1個數字時，就可以先寫出⑥的答案後，放進口袋裡。接著再按照遊戲流程玩到最後。

結果從口袋拿出的紙張，上面的答案就會很神奇地與答案相同。筆算的小遊戲變成了預言數字的魔術呢！

補充筆記　4位數的數字也可以玩喔。不過就必須讓朋友的數字與自己的數字總合為9999。請試著挑戰看看吧！

找出藏起來的四邊形

北海道教育大學附屬札幌小學
瀧平悠史老師

閱讀日期 月 日 月 日 月 日

總共有幾個四邊形呢？

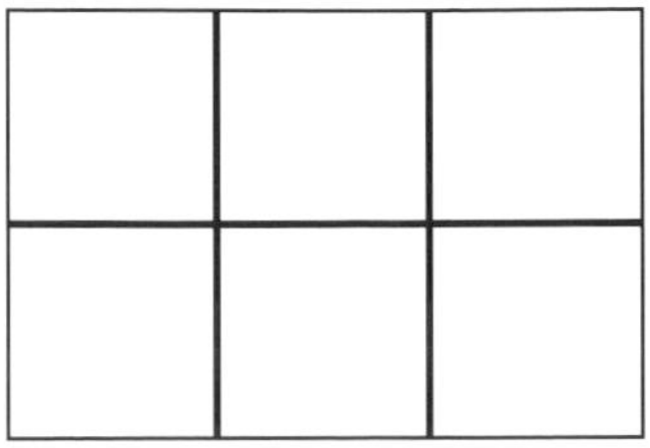

圖1

請觀察一下圖1，是個畫有許多格子的大型四邊形對吧。那麼這個圖案裡，總共有幾個四邊形呢？請算算看吧。

算出來的結果是幾個呢？說不定會有人認為是「6個」。按照圖2這種算法，只算小格子的話確實是6個。但這個圖案裡面，其實擁有更多的四邊形。

重疊在一起的也要算在內

或許已經有人察覺哪裡有問題了吧？透過圖3可以看出，這個圖案其實包含著「縱向長方形」與「和縱向長方形重疊的橫向長方形」。從這個角度來看的話，會發現圖案裡的長方形真的很多呢！進一步使用圖4的找法時，又找到了2個「更長的橫向長方形」。此外，圖5也找到了2個大型的正方形，當然，這一整個圖案也是1個大型的長方形，可別忘了算進去喔！

這下子就找到全部的四邊形了。總共有6個小正方形、3個縱向長方形、4個橫向長方形、2個更長的橫向長方形、2個大型正方形，以及1個包含所有格子的大型長方形。全部加起來共18個四邊形。

考慮到「重疊」的問題，就能夠讓視野更加開闊呢！

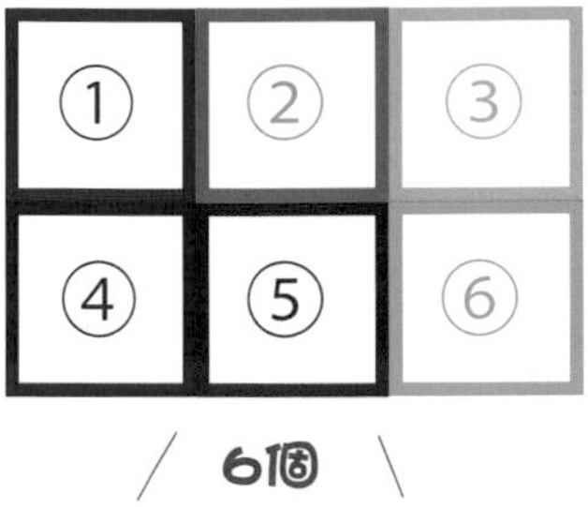

圖2

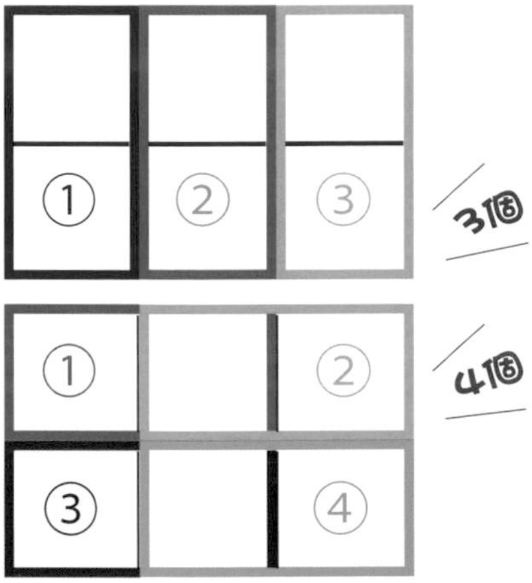

圖3

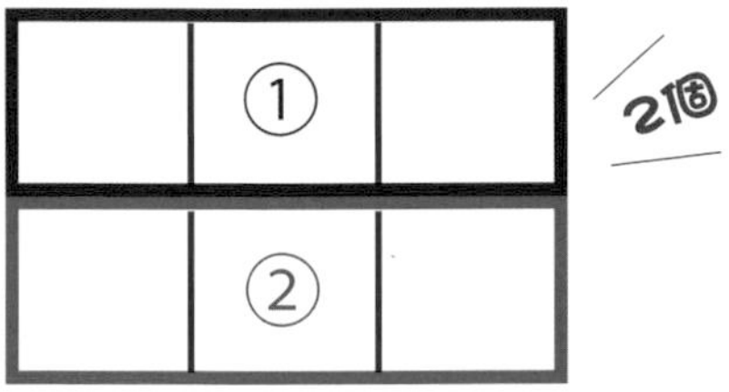

圖4

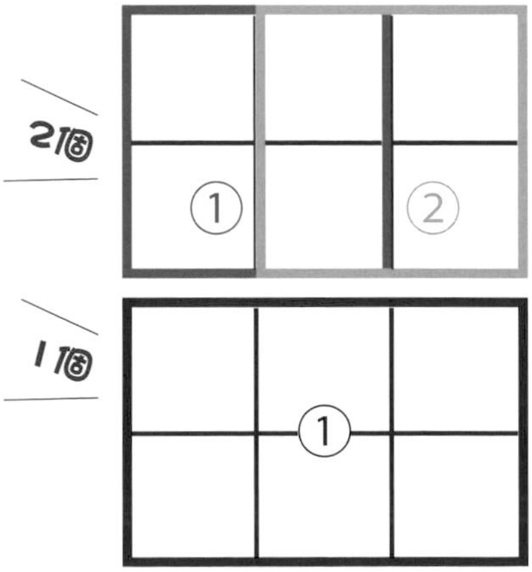

圖5

補充筆記

增加格子數的話，會讓這道題目更有趣喔。內文的圖1是縱向2格、橫向3格，所以先將縱向與橫向各增加1格試試看吧。

感受一下吧

小孩的科學照相館 vol.4

這邊要介紹與算術有關的獨特照片。
這才知道，原來算術的世界
這麼有趣、這麼美麗。

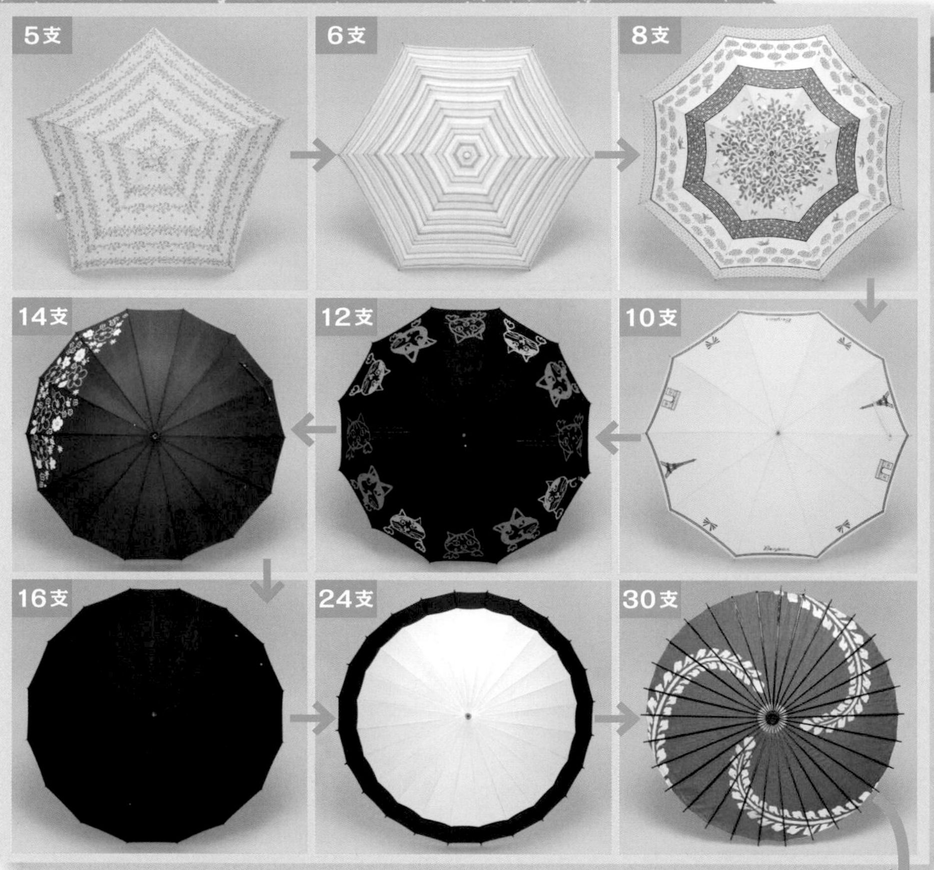

◉雨傘提供／吉田映子・攝影／青柳敏史

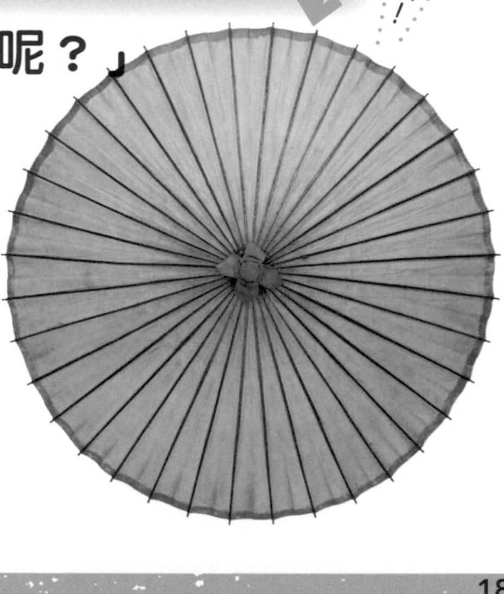

「你的雨傘是幾邊形呢？」

傘骨數量增加的話，雨傘就愈來愈……？

上面有許多雨傘的照片排在一起呢！照片左上角的5支、6支等，指的就是傘骨的數量。你有沒有發現——傘骨的數量會與雨傘展開後形狀的邊長數量相同呢？有5支傘骨的時候，展開的雨傘就會是五邊形，有6支傘骨的時候，展開的雨傘就會是六邊形。

雨傘展開後的形狀，會隨著傘骨的數量改變，形狀也會變得愈來愈接近圓形呢！右側的傘是江戶時代時誕生的番傘，共有36支傘骨！看起來就像圓形一樣呢！

6月

June

從正側邊看過去的形狀？

～平面圖、立面圖～

關於圖形

6月 1日

熊本縣　熊本市立池上小學
藤本邦昭老師

閱讀日期　月　日　月　日　月　日

看起來是什麼形狀呢？

球形的物體，不管是從正上方還是正側邊看過去，都是相同的「圓形」（圖1）。

圖1

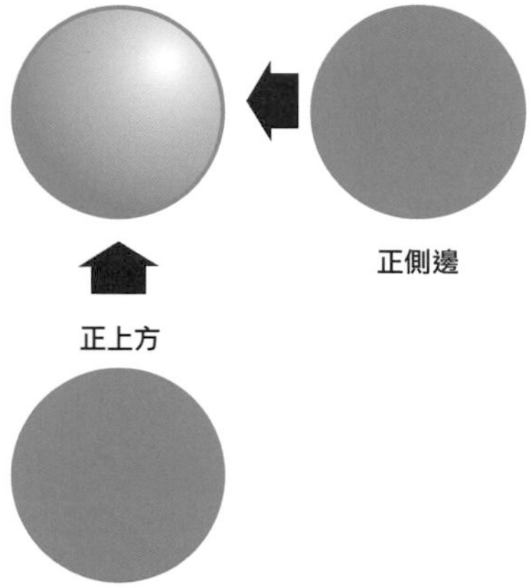

今天不僅要認識從正上方往下看時的形狀，還要認識從側邊看過去的物體模樣。

有一種物體，雖然從正上方看是圓形，但是從側邊看過去的話，卻是很像三角形的立體形狀（圖2）。

圖2

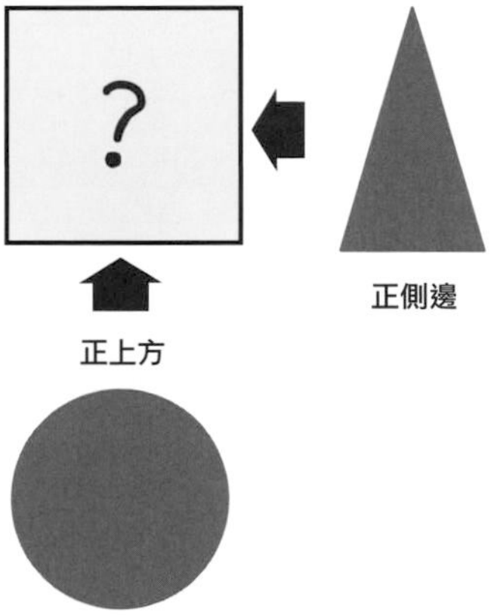

你想到是怎樣的形狀了嗎？

沒錯，就是上面尖尖的帽子（圖3）。

圖3

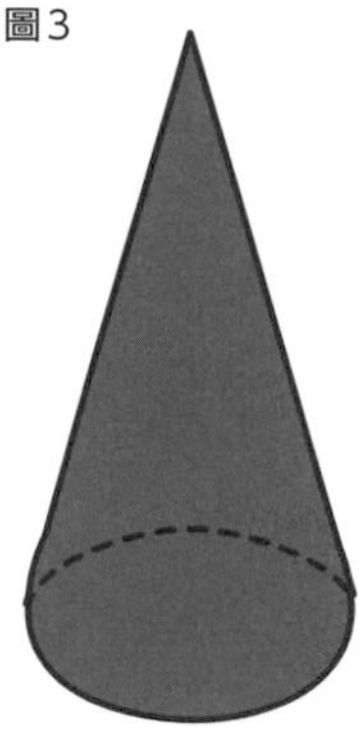

那麼，從正上方往下看的時候是正方形，但從正側邊看過去卻是三角形的物體，又是什麼形狀呢？（圖4）

沒錯，就是圖5的形狀。

像這樣從正上方或正側邊看向一個立體物體，再畫出這一面的「平面圖形」時，就能夠更具體地表達出這個立體形狀。

請和家人、朋友一起玩玩看這個「猜形狀遊戲」吧。

圖4

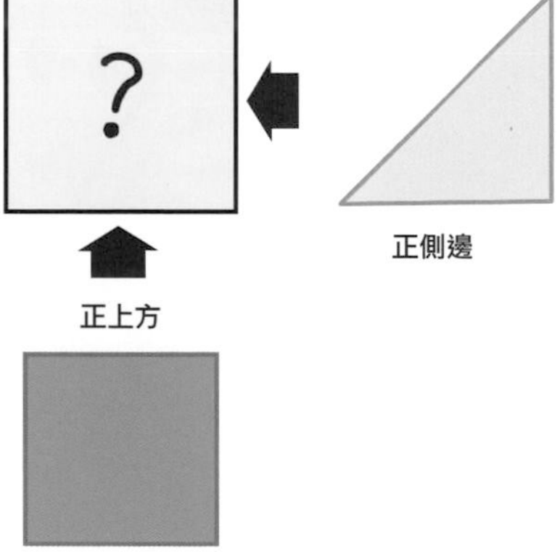

圖5

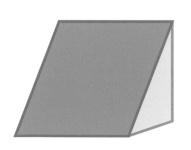

補充筆記　圖面的視角是從物體的正上方往下看的話，就稱為「平面圖」，如果是從正側邊看過去的話，就稱為「立面圖」（請參照第144頁、第158頁）。

伊能忠敬親自走過所畫出的日本地圖！

明星大學客座教授
細水保宏老師

閱讀日期　月　日　月　日　月　日

在江戶學習天文曆學

現代製作地圖的時候，會使用機器從天空拍照來測量距離，並調查地形。那麼，在這些技術還沒出現的時候，人們都是怎麼製作地圖的呢？

在日本的江戶時代即將結束時，有些人是用自己的雙腳，走過全日本後，用親自測量到的數據製作地圖。其中最有名的就是伊能忠敬（1745～1818年）。伊能忠敬在50歲時前往江戶（東京的舊稱），拜一流的天文學家為師。因為他從小的夢想，就是研究天文與曆制。

準確得驚人的伊能圖

伊能忠敬最早測量的地方，就是遙遠的蝦夷地區（現代的北海道）。他一開始是用自己的步伐寬度當作尺，邊走邊算1步、2步，藉此測量出距離。遇到轉角的時候，他會拿出磁石確認方位，並用望遠鏡確認遠處山脈的高度。

後來他漸漸學會使用更多的工具，例如：在道路上或海岸豎立做記號用的棒子，或是用繩子、鐵鍊測量距離。從陸地實在無法靠近的地方，他就會乘著小船到海上調查。

就這樣，伊能忠敬花了15年，從北海道一路到九州，測量了日本全國的地形與距離。

他步行的距離大約4萬km，幾乎與繞行地球1圈的距離一樣了。

1821年完成的《大日本沿海輿地全圖（伊能圖）》，就是按照伊能忠敬測量出的數據製成。遺憾的是，伊能忠敬在地圖問世的3年前就過世了，所以無緣見到完成的地圖。

如果有機會看見伊能圖的話，不妨拿來與現代的日本地圖比較看看吧，相信一定會為伊能圖的精準程度感到驚訝的。

試著做做看

試著用走路測量距離

首先，請量一下自己的步伐寬度（走每1步的距離）是幾cm。接著邊前進邊數1步、2步，最後再將步伐寬度與步數相乘，就能夠求出距離了喲！但是在戶外測量距離的時候，要注意汽車之類的交通工具喔。

補充筆記 伊能圖分為大圖、中圖、小圖3種類型。最大的大圖是將全日本分割成69塊，所以全部拼起來居然有500張榻榻米的大小喔！超驚人的！

動手做做看

奴先生的身高

6月 3日

東京都　杉並區立高井戶第三小學
吉田映子 老師

閱讀日期　月　日　月　日　月　日

用色紙折折看吧

日本有一種折紙圖案，叫做「奴先生（やっこさん、YAKKO SAN）」，大家有折過嗎？折法相當簡單。

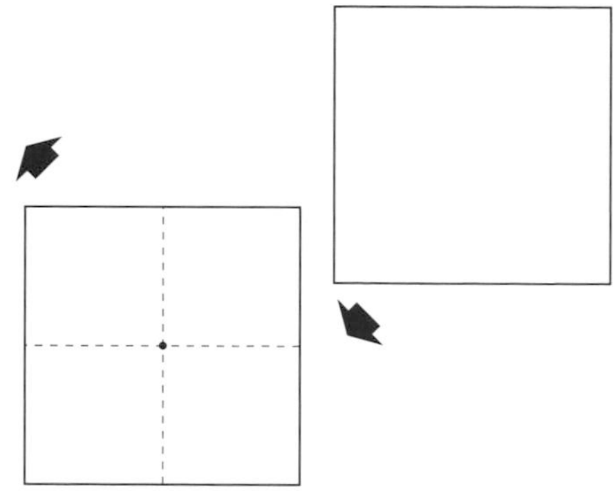

①先將色紙對折2次，折出像上圖一樣的折線。

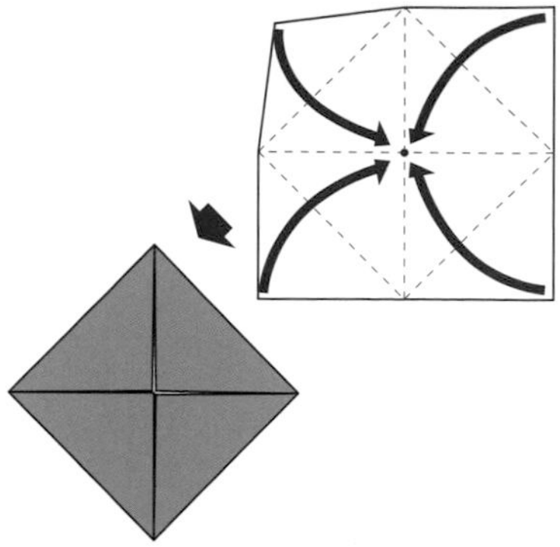

②將4個角往中心折起。

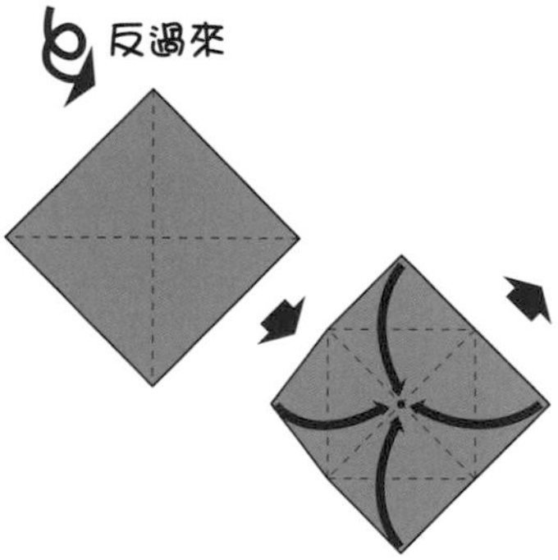

③反過來後，再將4個角往中心折起。

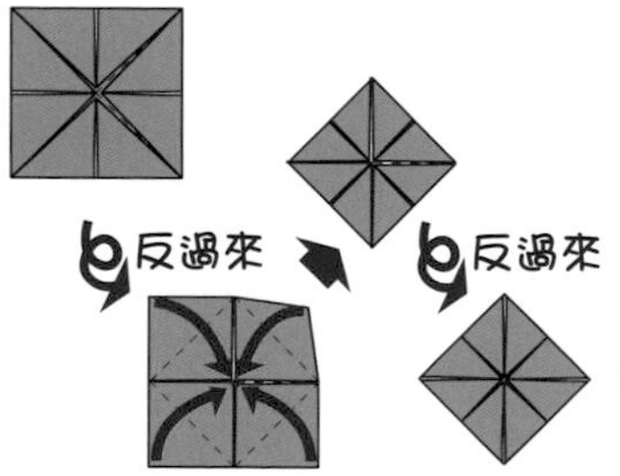

④接著，再反過來，同樣將4個角往中心折起。

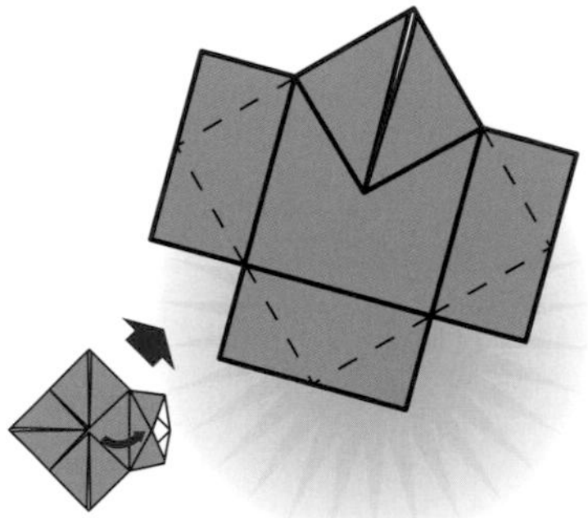

⑤最後就是修飾了。
再度反過來後，打開三角形的部分並壓平，就變成雙手與下半身了。

如此一來，「奴先生」就大功告成囉。

折紙的過程中，將紙往中心折了3次，每折1次正方形就愈小。這邊試著比較一下大小吧。

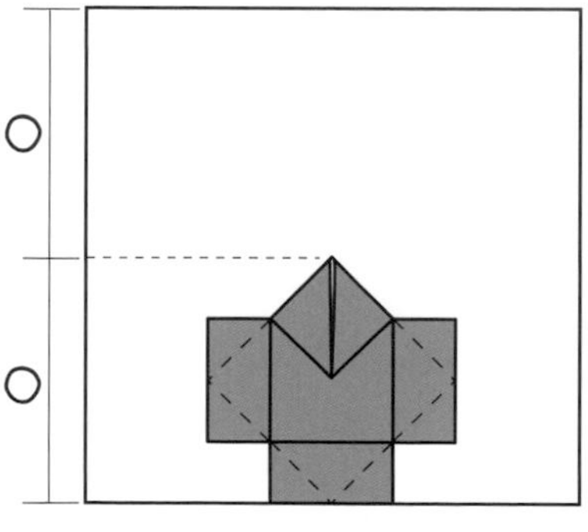

「奴先生」的身高，正好是最初紙張的一半。

為什麼會這樣呢？

仔細觀察會發現，第1次與第3次往中心折的時候，雖然將4角往內折，但正方形的縱長沒有變。只有第2次往內折的時候，正方形的縱長才縮短了。

補充筆記　將色紙剪成4個正方形的話，正方形的面積就變成1/4，邊長則縮短至1/2，所以折出來的「奴先生」身高，會是剪完的小正方形的一半。

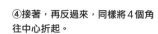

關於圖形

生活中的正多邊形

6月 4日

御茶水女子大學附屬小學
岡田紘子老師

閱讀日期　月　日　月　日　月　日

正多邊形是什麼？

多邊形當中有些形狀看起來特別漂亮。這種多邊形的所有邊長都相等，角度也都相同，所以看起來特別優美。而這種多邊形就稱為「正多邊形」。在我們的日常生活中，也有許多漂亮的正多邊形，一起找找看吧。

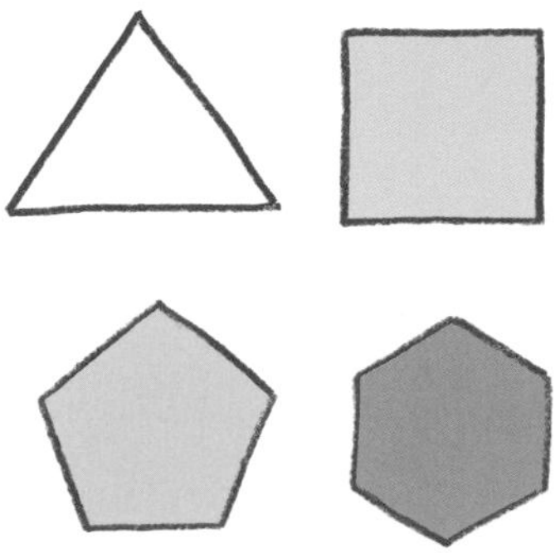

生活中的正多邊形

首先就從大自然開始尋找吧。蜂窩的洞穴形狀，就是正六邊形呢！此外，蜻蜓與蒼蠅的眼睛、烏龜的背殼等，也都是正六邊形。

接著一起從生活中尋找正多邊形吧。日本武道館的屋頂，是正八邊形。據說是因為考慮到要讓觀眾容易欣賞到表演，所以才會設計成這種形狀。

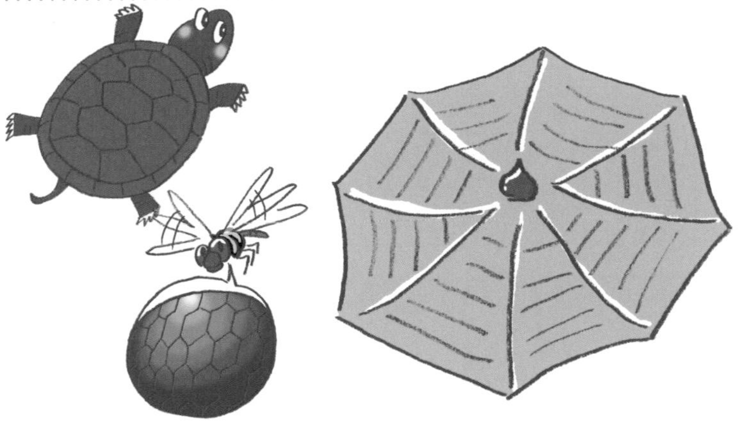

足球的球網也一樣，透過電視等看到的網眼形狀，也都是正六邊形呢。

此外，鉛筆的斷面可以看見正六邊形或正三角形呢。足球則是用正五邊形與正六邊形組成的。

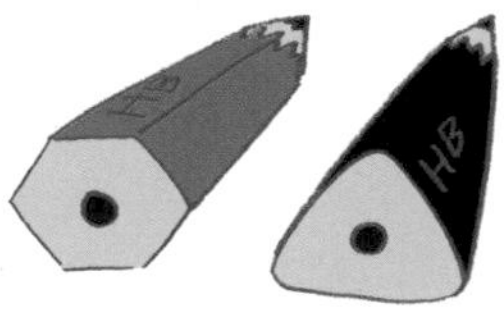

其他還有盤子與時鐘等，很多貼近我們生活的物品也是正多邊形。一起找找看吧。

補充筆記　第250頁也有正多邊形的介紹，請參考看看吧。此外，每一面都是正多邊形的立體形狀，就稱為「正多面體」，第306頁也有介紹喔。

關於數字與計算

計算小技巧② 加法的規律

6月 5日

東京都　杉並區立高井戶第三小學
吉田映子老師

閱讀日期　月　日　月　日　月　日

生活小智慧

接下來一起算加法吧。

45＋20

我好像聽到有人說「太簡單了」。

答案是65。

那麼接下來這個算式又如何呢？

45＋38

這次是不是稍微思考了一下呢？畢竟要進位呢。

但其實只要稍微發揮巧思，就能夠讓這個算式變簡單。38再加2就變成40，當數字往上加到變成10的倍數時，算式就會變得簡單許多。所以這邊讓我們將數字加至40後，再重新計算一次吧。

45＋40＝85

但實際上應該是38，所以這個答案比原本還要多2呢。也就是說，從求出的答案85中再減2，就是正確答案。

答案是85－2＝83。

既然如此……沒錯，還有另外一種方法。

還可以這麼做喔

45＋38這個算式中加了2，所以變成45＋40，結果就比原本多了2，那麼如果我們從45扣掉這多出來的2時，結果會如何呢？（圖1）

最後答案也不會變。

45＋38＝43＋40

這2個算式的答案都是83，所以就可以用「＝（等號）」連接起來囉。

像這樣在算加法的時候，將其中一個數字變成好算的數字，再從另外一個數字扣掉多餘的數字，答案也不會變喔。

接下來，請試著算算看29＋67吧！

圖1

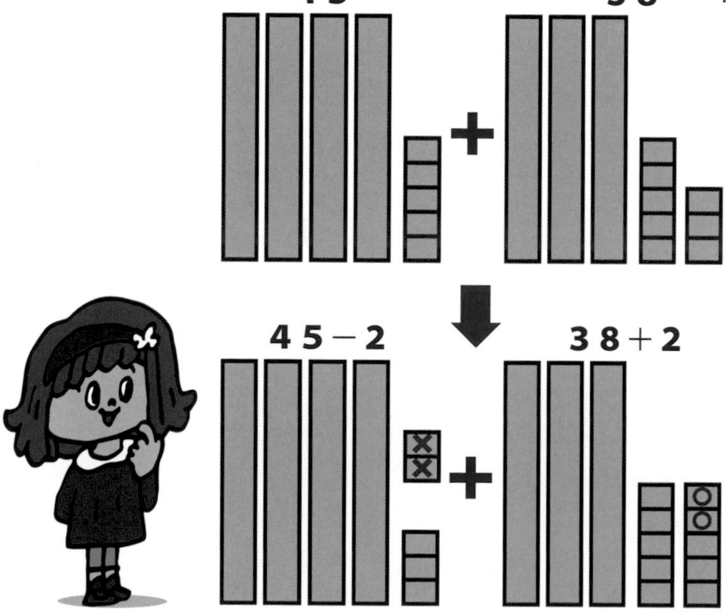

補充筆記　減法也可以用類似方法讓計算更簡單嗎？請參考第219頁的〈計算小技巧③減法的規律〉。

你知道這些傳統的（長度）單位嗎？

東京都　豐島區立高松小學
細萱裕子老師

閱讀日期　月　日　月　日　月　日

「尺八」名稱的由來

你有聽過「尺八」這種樂器嗎？這是一種日本傳統的木管樂器。很久以前，是從中國唐朝傳到日本的，用於日本雅樂的演奏上。因為長度為一尺八寸（約54cm），所以將其命名為「尺八」。

尺與寸是日本和中國在使用的長度單位，一尺約30.3cm，一寸則是尺的1/10，大約3cm。也就是說，尺八的長度大約是一尺＝約30cm加上八寸＝3×8＝約24cm，總共約54cm。

大佛有多大尊呢？

你有見過大佛嗎？現在日本最古老的大佛，是位在奈良縣飛鳥寺的飛鳥大佛，高度大約有3m。

大佛，指的是巨大的佛像。那麼所謂的「巨大」到底有多大呢？雖然沒有具體的定義，但一般會將丈六以上的佛像稱為大佛。

而丈六指的就是一丈六尺，大約4.85m。當立像（站立的佛像）達到丈六（約4.85m）以上，或是座像（坐著的佛像）達到8尺（約2.5m）以上時，就會稱為大佛。

飛鳥大佛屬於座像，且高度超過8尺，所以就稱為大佛。由此可知，現在的生活中其實還是有不少傳統單位呢！

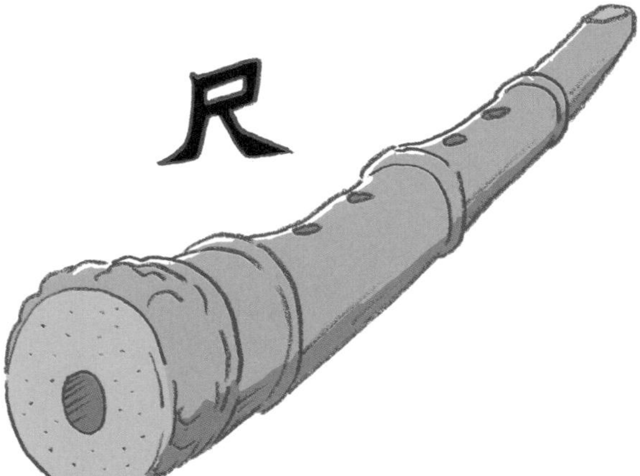
尺

試著記起來

還有這些長度單位喔！

日本還有很多傳統單位，從小單位到大單位來看看吧！

1分＝1/10寸＝約0.303cm
1寸＝1/10尺＝約3.03cm
1尺＝10寸＝約30.3cm
1間＝6尺＝約1.8m
1丈＝10尺＝約3m
1町＝360尺＝約110m
（參照第24頁）

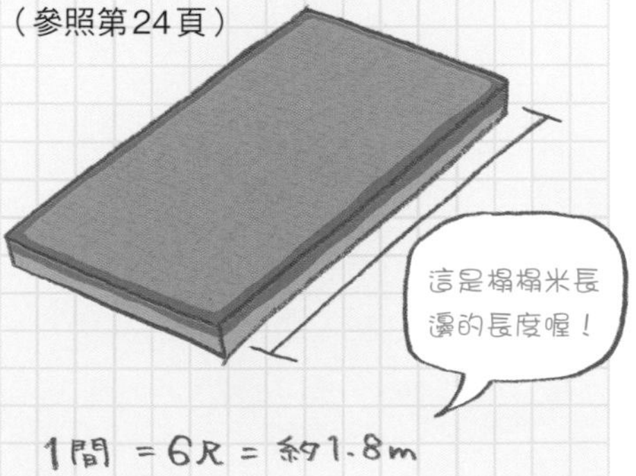
這是榻榻米長邊的長度喔！
1間 ＝6尺＝約1.8m

補充筆記　使用木工用「曲尺」等工具時，1尺＝約30.3cm；使用傳統服飾店等使用的「鯨尺」時，1尺＝約38cm。

關於圖形

被包裝的盒子是什麼形狀呢？

～從包裝紙的痕跡來思考～

6月 7日

神奈川縣　川崎市立土橋小學
山本　直老師

閱讀日期　月　日　月　日　月　日

A

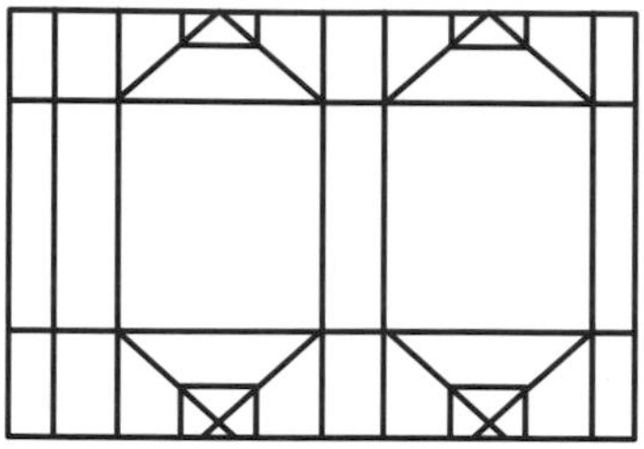

B

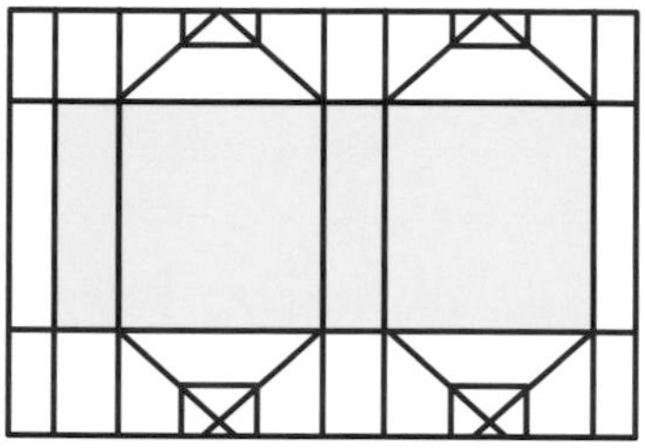

C

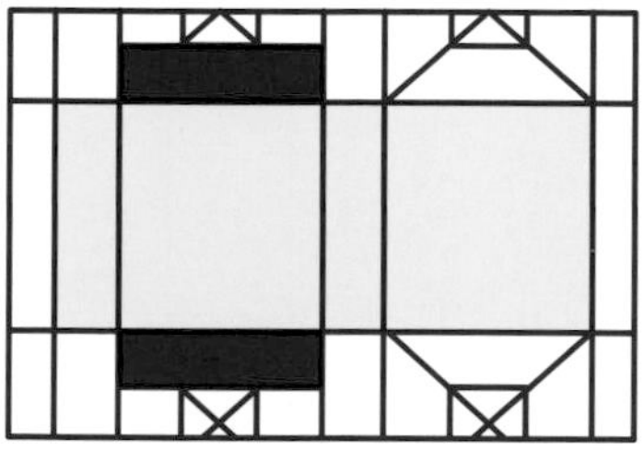

從包裝紙的折痕觀察

在店裡購物或是送朋友禮物時，有時會用紙將物品包得漂漂亮亮的，而這種紙就稱為「包裝紙」。大部分情況下，都是先將物品放進盒子裡，再用紙包在外面。實際上要自己動手包裝時，會發現其實相當困難。所以店員們能夠那麼俐落地包裝完成，真的很厲害呢！

話說回來，將包裝紙拆開時，一定會看見折線。A圖就是將某張包住盒子的包裝紙拆開後，所呈現出的折痕。那麼看到這個折痕時，你會注意到什麼事情呢？

能夠看出箱子的尺寸或形狀？

仔細觀察會發現，盒子的6面中，有4面的痕跡還完整保留在包裝紙上（B的黃色部分）。那麼剩下的2面在哪裡呢？C的紅色部分，就是剩下的2面，但是因為折成斜線的關係，所以已經看不出來了。

用包裝紙包住盒子的方式有很多種，就算包裝一樣的盒子，最後拆開時的折痕，也會隨著折法而不同。

據說很多店員從第1個步驟就會折出斜線，這種情況拆開的話，又會形成什麼樣的折痕呢？

試著做做看

試著包一遍後再展開

請試著拿紙包住身邊的盒子後，再拆開來看看會出現什麼樣的痕跡吧。確認完折痕後，再直接沿著折線折回去，就能製作出新的小盒子了。只要多觀察折線（邊）與面，就能夠看出紙張曾經包過什麼樣的盒子了。

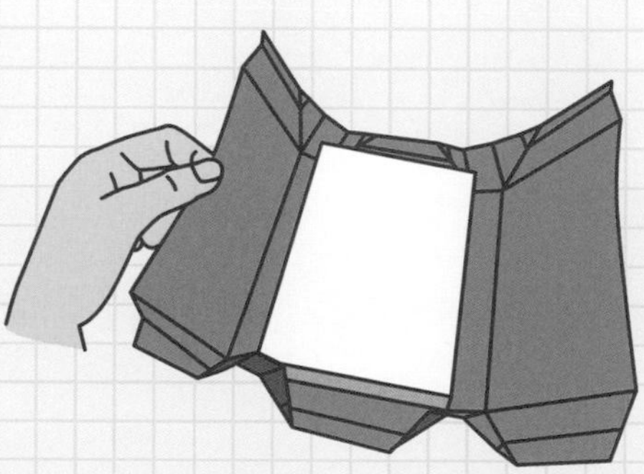

補充筆記

確認過折線後，就能夠了解與盒子尺寸有密切關係的邊、面、頂點與角等圖形特徵。仔細觀察各種包裝紙的折線，也是件很有趣的事情呢！

為什麼會用「商」這個字呢？

青森縣　三戶町立三戶小學
種市芳丈老師

閱讀日期　月　日　月　日　月　日

除法的答案叫做「商」

加法算出的結果稱為「和」，減法算出的結果稱為「差」，乘法算出的結果稱為「積」，除法算出的結果稱為「商」。「和」與「差」在生活中也有用到，「積」則有種「層層堆積」的感覺，所以能夠理解。

但是，除法的「商」又是怎麼一回事呢？為什麼除法的結果要稱為「商」呢？

中國以前有本數學書叫做《九章算術》，裡面就有「商功」這個名詞。這是土木工程中用來計算工作量與工作人數的意思，這個計算就會用到除法。

「商」除了有「做生意」的意思外，還有「討論」的意思，除法的計算因為似乎同時具有2種意思，所以才用「商」。

江戶時代也有在用！

另外，日本的江戶時代會使用以算木（用竹子製成的計算工具）組成的算盤，當時使用的格子裡也有「商」這個字，表示的是除法的答案與方程式的答案。

所以現代會稱除法的答案為「商」，應該與這些歷史有密切的關係。

大家不妨邊使用，邊細細品味這些蘊含歷史的文字吧！

補充筆記　「加減乘除」的加就是指「加法」，減就是指「減法」，乘就是指「乘法」，除就是指「除法」。

●製作正八面體吧

接著挑戰看看正八面體吧。正八面體是由8個正三角形組成的立體形狀。首先，準備8張正三角形的紙。

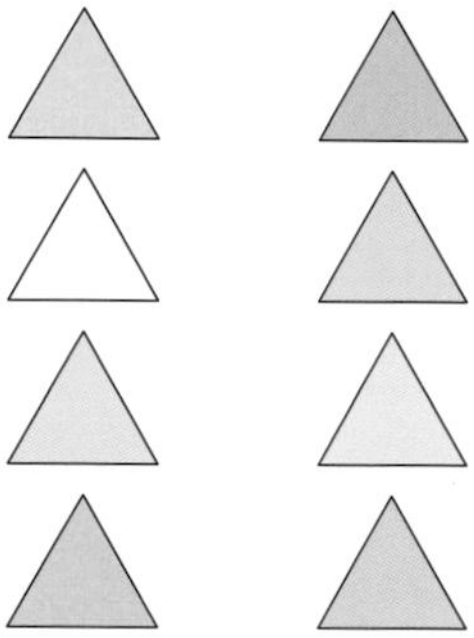

將4張正三角形的紙，參考下圖黏貼，這個圖形要做2組。

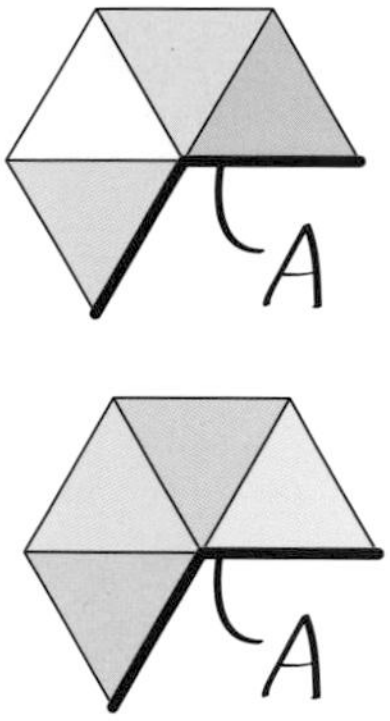

沿著正三角形的邊，折起已經貼合的紙張，再用膠帶將A的部分黏起來，就會變成立體形狀。

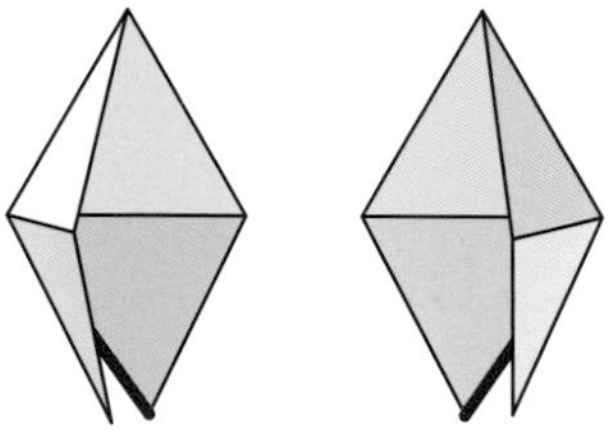

將2個立體形狀黏在一起⋯⋯。

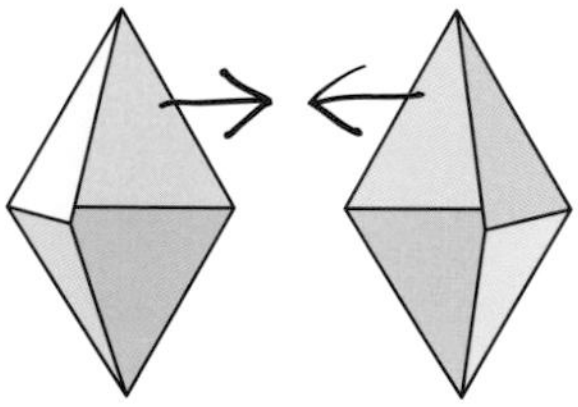

正八面體完成了。

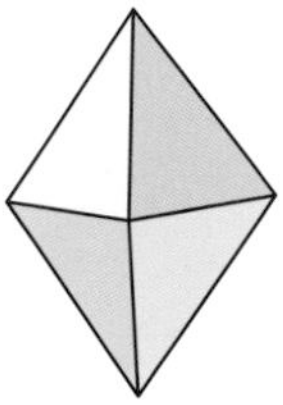

●正八面體的展開圖是什麼形狀？

調查看看用剛才的方式，把正八面體攤開的話，會變成什麼形狀呢？

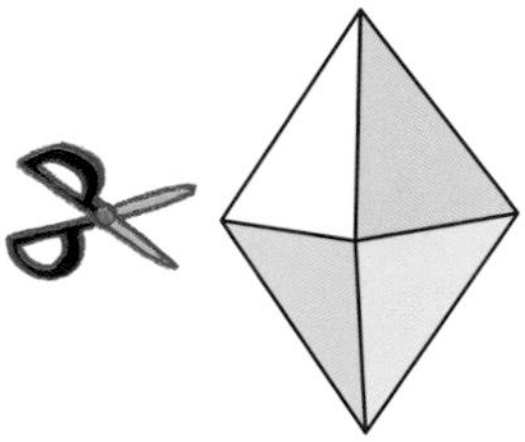

是否有變成這4種樣子的其中一種呢？除了這4種以外，正八面體還有7種展開圖喔！

正八面體總共有11種展開圖喔

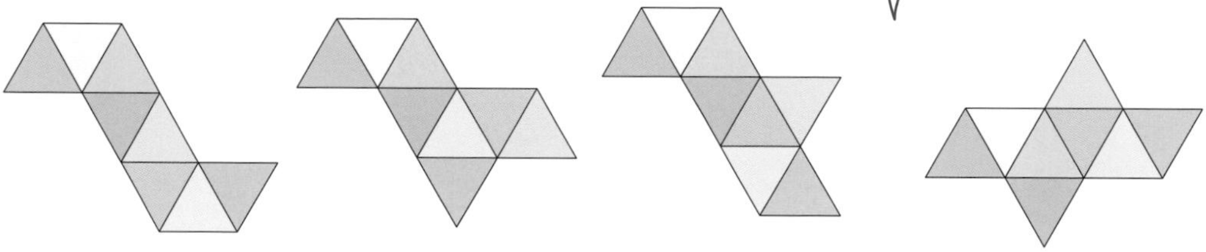

試著做做看

20個正三角形組成的立體圖形，就稱為正二十面體。展開圖會變成右圖這樣。請黏貼出這樣的展開圖，試著製作出正二十面體吧。

展開圖

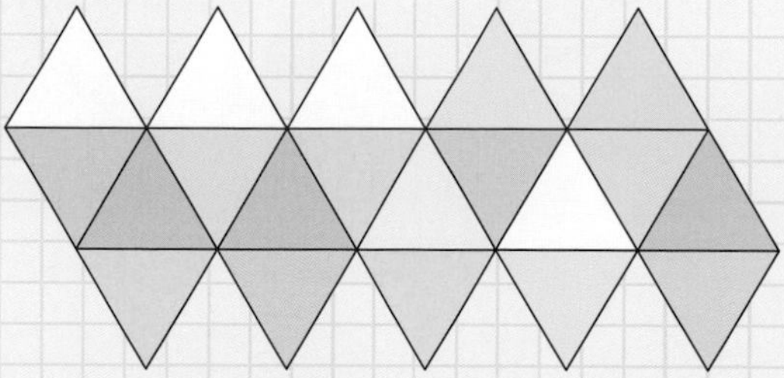

完成

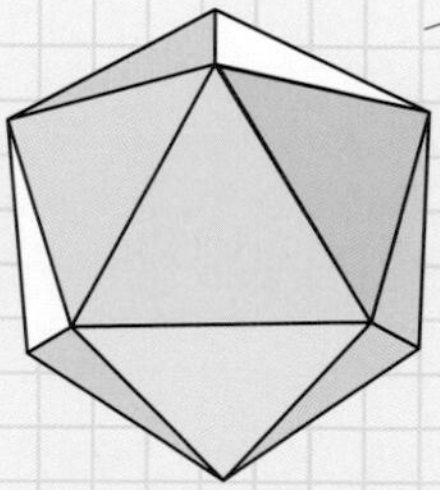

補充筆記 使用正三角形能夠製作出正四面體、正八面體與正二十面體。使用正方形可以製作出正六面體，正五角形則可以製作出正十二面體。

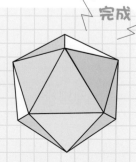

動手做做看

用正三角形製作出立體形狀吧

6月 9日

島根縣　飯南町立志志小學
村上幸人老師

閱讀日期　月　日｜　月　日｜　月　日

接下來要將4張正三角形的紙，連接成立體的形狀。再試著將正三角形的張數增加，用8張、20張等製作出更複雜的立體形狀。

要準備的東西

▶色紙
▶剪刀
▶膠帶

●試著製作出正四面體

首先準備4張相同尺寸的正三角形紙張。

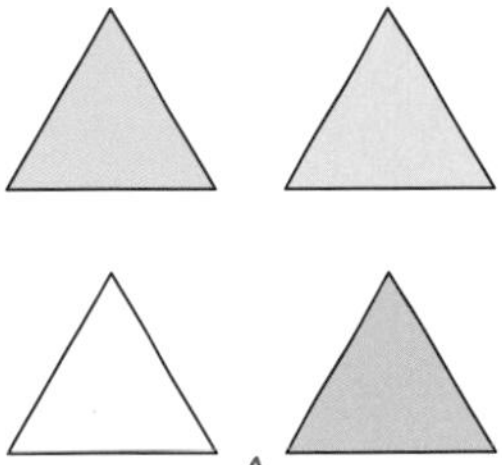

正三角形的製作方法，請參照第127頁

用膠帶將正三角形的邊參考下圖黏在一起……。

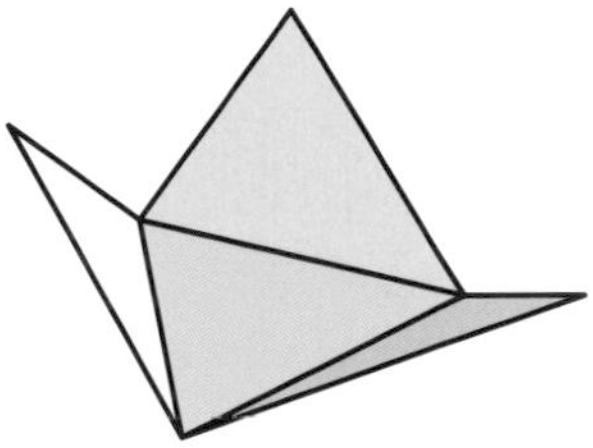

就完成了這樣的立體形狀。這種由4個正三角形組成的形狀，就稱為正四面體。

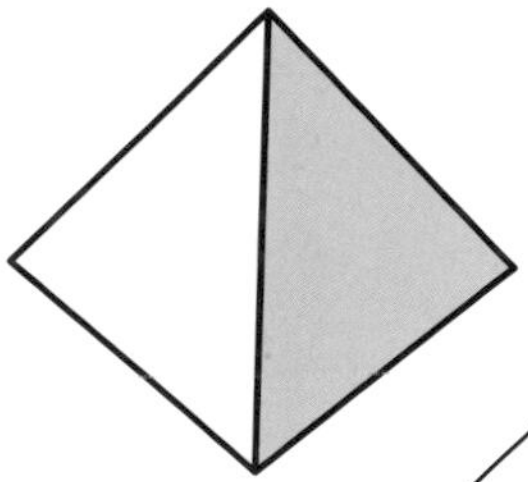

在4面分別寫上1～4的數字，就可以當成骰子使用囉

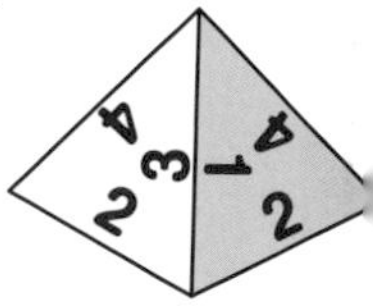

●展開正四面體的話……

接著用剪刀剪開正四面體再攤開，會變成什麼形狀呢？

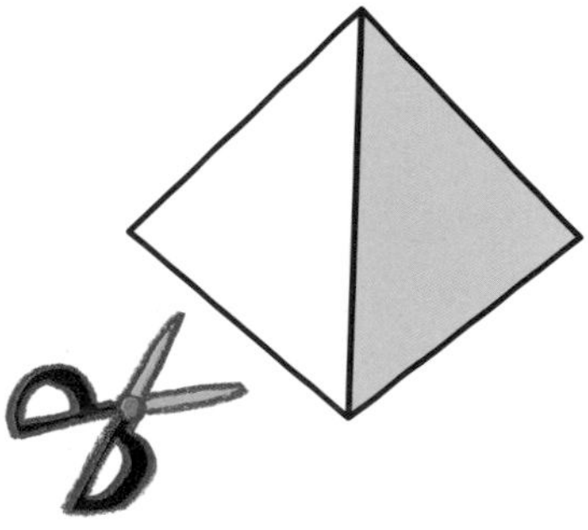

剪開後會出現下列2種圖形的其中一種。
所以正四面體展開之後，會有2種展開圖呢！

重新組合這2種展開的紙張，每種都會變成正四面體喔

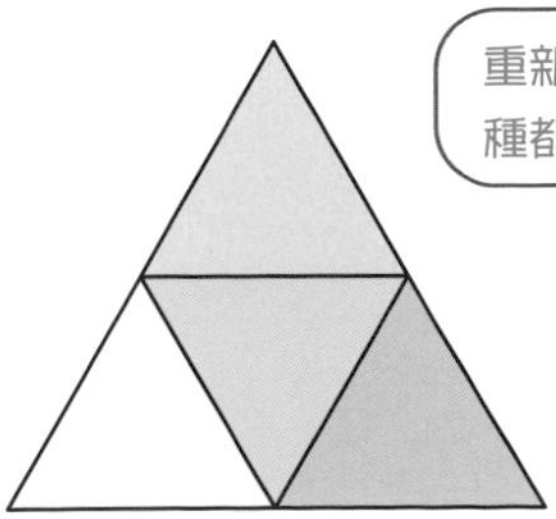

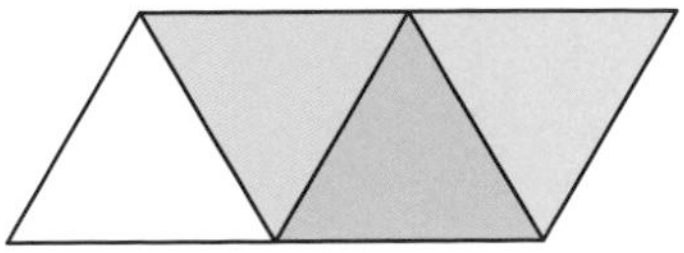

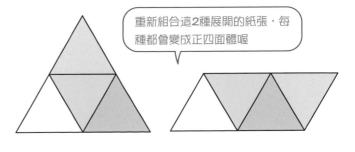

2 與生活有關的算術

時鐘是怎麼誕生的呢？

6月 10日

島根縣　飯南町立志志小學
村上幸人 老師

閱讀日期　月　日　月　日　月　日

日晷

前人的智慧「日晷」

「現在幾點？」聽到這個問題時，如果手邊有時鐘的話，就能夠馬上回答了吧。就算沒有時鐘，打開電視或手機就能夠確認時間了。那麼，在沒有時鐘的古代，人們是怎麼確認時間的呢？

如同大家所知道的，只要確認太陽的方位，就能夠知道大概的時間了。畢竟一天的長度本來就是以太陽為基準，當時的人們將太陽在白天升到最高的時候（正午），視為一天的開始，並將隔天的正午視為一天的結束。

但是，因為我們無法直視太陽的關係，所以就運用影子製作出「日晷」。

不過，陰天、雨天以及夜晚，沒有清晰的影子時，就無法使用日晷。因此人們開始針對這一點絞盡腦汁。

製作了各種時鐘

時間會源源不斷且按照一定規則運行，所以人們就製造出刻有時間的「裝置」，而這種裝置上的刻度都按照相同的間隔，不斷地反覆運行。這類裝置包括藉水溢出的量計算的漏壺、使用沙子的沙漏，此外，人們也會依蠟燭或油燃燒後減少的情況計時。

漏壺

1582年左右，伽利略發現物品會以相同時間擺動，所以就將懸吊物與齒輪、發條組合在一起，發明出「鐘擺式時鐘」。日本是在1873年，才引進這種時鐘。

後來又經過了各式各樣的開發，1969年終於發明出石英時鐘。這是用水晶製成的時鐘，1個月頂多錯開幾秒鐘而已，只要使用電池就可以長時間使用。

鐘擺式時鐘

補充筆記　電波時鐘現已在日本普及化，這種時鐘能夠藉由標準電波發送設施，讓全日本都能接收到正確的時間。另外，天智天皇也將開始使用漏壺的6月10日訂為「時之紀念日」。

如果時鐘指針的長度都相同的話？

御茶水女子大學附屬小學
久下谷 明老師

閱讀日期　月　日　月　日　月　日

如果有這種時鐘的話？

今天要談的也是時鐘。

先來問個問題吧！圖1代表的是幾點呢？

短針位在7點與8點之間，長針則正好位在6的位置，也就是代表30分。由此可知，這個時鐘代表7點30分。

像這樣分成短針與長針的話，就能夠清楚讀出時間了。那麼，想想看如果指針的長度都相同的話，還能知道時間嗎？

舉例來說，當同樣長度的針指著9與12的時候，你覺得是幾點呢？請試著思考看看吧（圖2）。

如何呢？看得懂嗎？

圖1

按照順序思考就能夠想通了！

使用下面介紹的邏輯時，就算2根指針的長度相同，還是能夠確認時間。

①如果指著12的是短針時……？

➡那麼指向9的就是長針，也就是12點45分。但是，12點45分的話，短針應該位在12與1之間，所以這張圖就不對了。

②如果指著9的是短針時……？

➡這樣就正好是9點了。

圖2

透過以上的論點，可以確認這張圖應該是9點才對。只要按照這個邏輯去思考的話，就算時鐘的指針長度相同，還是能夠判斷時間。

接下來讓我們練習一下吧！圖3的時鐘，指的是幾點呢？（答案在補充筆記裡）

圖3

補充筆記　上面問題的答案是4點。你也可以自己創造問題，拿去問家人與朋友喔！

重量單位「公斤」的誕生

岩手縣　久慈市教育委員會
小森　篤老師

閱讀日期　月　日　月　日　月　日

以石塊或穀物的基準

能夠表示農作物分量等的重量單位，對以前人的生活來說非常重要。因此國外便將1粒大麥的重量當成重量單位，稱為「格林」，並進一步衍生出「磅」這個單位。「磅」不僅是磅蛋糕的名稱來源，也是英國金錢的單位。

另一方面，日本以前會用「貫」表現重量，並從「貫」又衍生出「斤」、「兩」與「匁」這些單位（參照第210頁）。

現代在表示吐司大小的時候，也會用到「斤」這個單位。此外，「兩」也是日本江戶時代在用的金錢單位。

據說以前的人在設定重量單位時，都會以石塊或穀物的重量當成基準。

但是這些基準之間都有很大的差異，所以後來便開始取金屬製成的「分銅」，當成重量單位的基準（圖1）。

江戶時代是取分銅當作基準

圖1

決定好公尺之後……

隨著時代演進，日本與國外的貿易逐漸繁盛，結果發現各個國家所使用的長度與重量等單位都不同，交易時非常不方便。

因此在18世紀即將結束時，終於訂立出國際通用的單位「1公尺」（參照第88頁）。決定好「1公尺」的長度單位後，便逐漸衍生出了表示其他長度的單位。同時，也衍生出了重量單位「公斤」（圖2）。

「1kg」誕生之後，1889年將「國際公尺原器」與「國際公斤原器」，一起發送到世界各國，終於讓單位慢慢統一。

隨著科技進步，現代也已經決定出了更精準的「1公斤」。

圖2

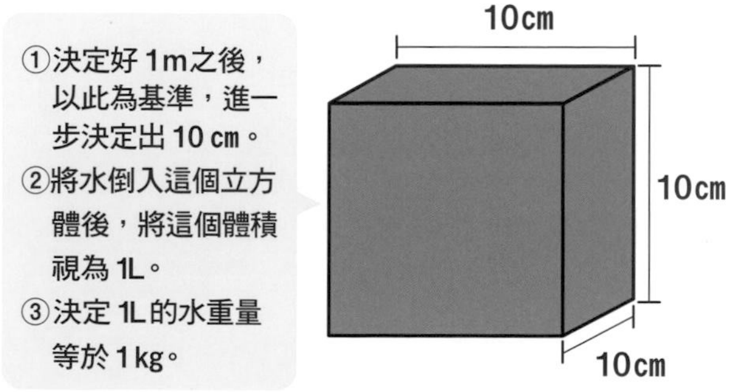
①決定好1m之後，以此為基準，進一步決定出10cm。
②將水倒入這個立方體後，將這個體積視為1L。
③決定1L的水重量等於1kg。
10cm
10cm
10cm

找出符號的規則！

神奈川縣　川崎市立土橋小學
山本　直老師

閱讀日期　月　日　月　日　月　日

看得出是什麼樣的算式嗎？

大家在計算的時候都會用到符號對吧！像是加法就用「＋」、減法就使用「－」、乘法會使用「×」，除法則會使用「÷」。那麼下方Ⓐ的☆是在做什麼樣的計算呢？其實我擅自訂了一個規則——「某種算式會使用☆當作符號」。看得出來是什麼樣的算式嗎？

找出數字的變化規律

請觀察一下同樣含有☆的算式。2☆3＝7、3☆3＝9，也就是說，當☆的左側增加1的時候，答案就會增加2。那麼其他算式又是如何呢？7☆5＝19、8☆5＝21，發現答案還是增加2呢！另一方面，2☆2＝6、2☆3＝7的情況下，☆的右側增加1時，答案卻只有增加1。

為什麼會這樣呢？只要從這些算式中，找出某3個數字比較，就能夠看出其中的規律了。只要將答案減去☆右側的數字，就能夠得到很大的提示了！

使用這個方式時，2☆3＝7這個算式得到的數字是4，7☆5＝19是14，9☆5＝23則是18。這些數字都是☆左側數字的2倍呢！其實☆的算式規則就是「將左側的數字乘以2後，再加上右側的數字」。

那麼Ⓑ的♡又是什麼樣的規則呢？其實是用♡左邊的數字減掉右邊數字後，再乘以2的規則。

☆與♡都是我自創的規則。大家要不要也創造幾個喜歡的算式規則呢？

Ⓐ

2	☆	2	=	6
2	☆	3	=	7
3	☆	3	=	9
7	☆	5	=	19
8	☆	5	=	21
9	☆	5	=	23

Ⓑ

2	♡	1	=	2
3	♡	1	=	4
10	♡	1	=	18
2	♡	2	=	0
3	♡	2	=	2
10	♡	2	=	16

試著做做看

試著自己創造出規則吧

不管是什麼算式都可以，請找個自己喜歡的符號，想想看能夠創造出什麼樣的算式吧。創造出來再拿給家人與朋友想想看吧！和朋友一起互相出題、互相解謎，也是一件很有趣的事情呢！不過如果出的題目太難時，也要事前想好提示喔！

補充筆記　＋、－、×、÷稱為演算符號。這4種算式則合稱為「四則運算」。

用6根算數棒組成的角度

青森縣　三戶町立三戶小學
種市芳丈老師

6月14日

閱讀日期　月　日　月　日　月　日

試著組合出60度與30度

在不使用量角器的情況下，只要使用6根算數棒，就能夠組合出各式各樣的角度。

首先要組合的是60度。請將算數棒排得跟圖1一樣吧。

為什麼能夠排出60度角呢？因為正三角形的每個角度都是60度。

接下來是30度。參考圖2，不要動到右下60度的角，再改變另外一邊的算數棒。

為什麼這樣就能夠排出30度角呢？因為這種排法，能夠讓正三角形的其中一個角剖半，所以就變成30度角了。

那麼排得出75度角嗎？

接下來試著排排看75度角吧。這次要以圖2為基礎，保持剛才排出的30度角不動，只動底邊讓直角三角形變成等腰三角形（圖3）。

為什麼這麼做會出現75度角呢？因為等腰三角形的兩側角大小相同，而180－30＝150，150÷2＝75度。

圖1

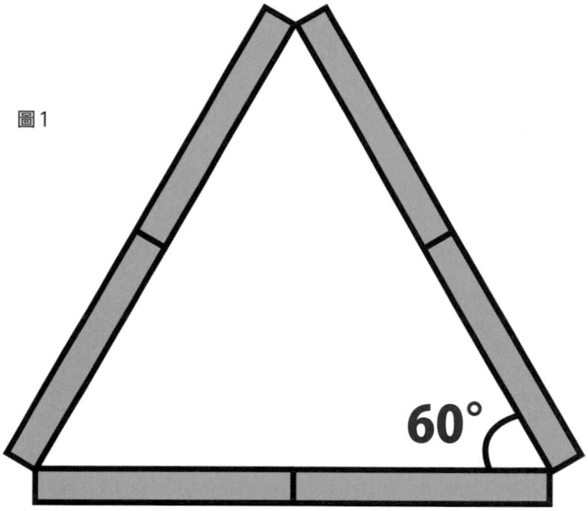

圖2

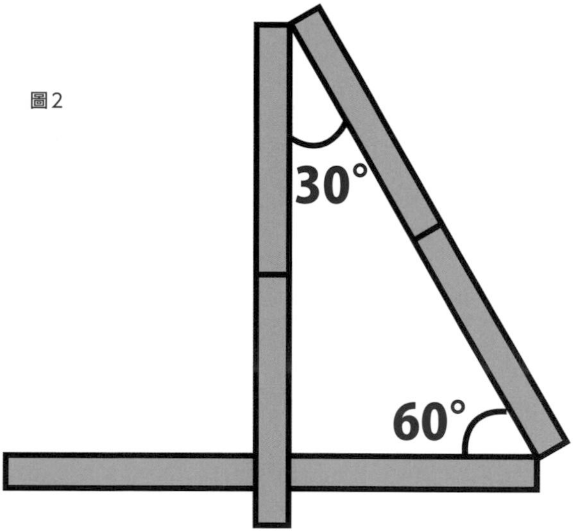

圖3

補充筆記　我們今天用算數棒組出了各式各樣的角度，而在古埃及則是用繩子做出這些角度的。這些負責用繩子排出角度的人，就稱為「拉繩師」（參照第131頁）。

槓桿原理
～抬起重物～

熊本縣　熊本市立池上小學
藤本邦昭老師

閱讀日期　月　日　月　日　月　日

抬起１００kg的重物

1位體重20kg的小學生，能夠抬起１００kg的重物嗎？（圖１）

圖1

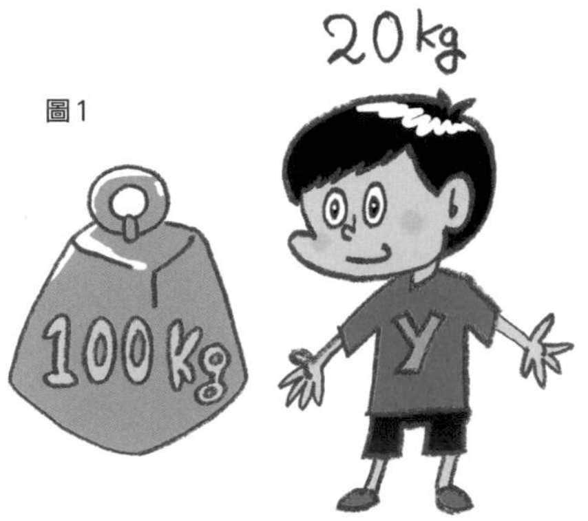

小學生要抱起這麼重的物體，是件非常困難的事情。

但是如果有像翹翹板一樣的長板子及支撐的底座的話，就能夠抬起１００kg的重物了。

什麼是槓桿原理？

像圖2這樣在支撐的底座上擺設長板，接著將１００kg的重物，擺在離支撐底座１m的位置。然後讓體重20kg的小學生坐在另一端。

圖2

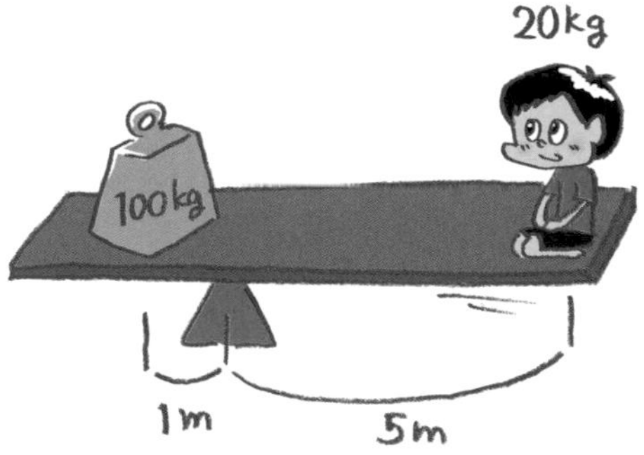

但是，小學生不是要坐在距離支撐底座１m的位置，而是要坐在距離５m的地方。如此一來，兩邊就正好達成平衡了。也就是說，這位小學生成功地將１００kg的重物，抬到與支撐底座相同的高度了。而這個裝置就稱為「槓桿」。

如果重物是80kg的話，那麼這位20kg的小學生，就要改坐到離支撐底座４m的位置。如果重物是60kg的話，這位小學生就要改坐到３m的位置（圖３）。你有發現什麼規律嗎？（答案在補充筆記）

圖3

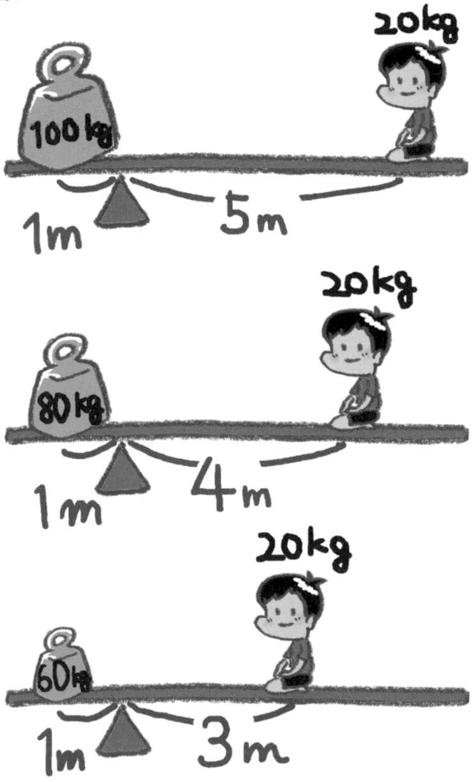

補充筆記　槓桿兩側的（重量）×（與支點的距離）要相同，才能夠保持平衡。上述的例子左側是100(kg)×1(m)＝100，右側是20(kg)×5(m)＝100，所以兩邊相等。另外兩個例子也一樣——80×1＝20×4、60×1＝20×3。

關於數字與計算

小數誕生的理由

6月 16日

島根縣　飯南町立志志小學
村上幸人老師

閱讀日期　月　日｜月　日｜月　日

分數與小數的思維

小數是怎麼誕生的呢？

中國與日本從以前就很熟悉小數的概念，但是歐洲似乎比較習慣分數的概念。日本在講雙方平分的時候，會說「五五分」，但是英文則會說成「half and half（half的意思是一半，也就是1／2的意思）」。

古埃及人在思考「1分成2的時候」，就會用「把1個物品分給2個人」的一般生活思維去想。也就是說，1個人會得到1／2的物品，而不是0・5個。這種分數概念後來也流傳到希臘，並在整個歐洲傳開。

借錢時的利息

但是距今約400年前，在軍隊裡負責會計的比利時人——賽門・史蒂芬（Simon Stevin），為了處理借錢事務時，發現用分數計算利息實在是太麻煩了。

舉例來說，要是向他人借了2479元的時候，1年要支付的利息如果是「2／11」的話，利息就會變成「4958／11」。

金額更大或是連續借2年、3年的時候，分子與分母的數字就會愈來愈大，變得愈來愈麻煩。

因此，他便想辦法讓分母變得更簡單，將11或12等數字轉化成10、100、1000等比較好計算的數字，後來又想辦法消除分母（圖）。

舉例來說，使用史蒂芬的方法時，3・659就會變成「36①5②9③」了。這就是小數的起源。

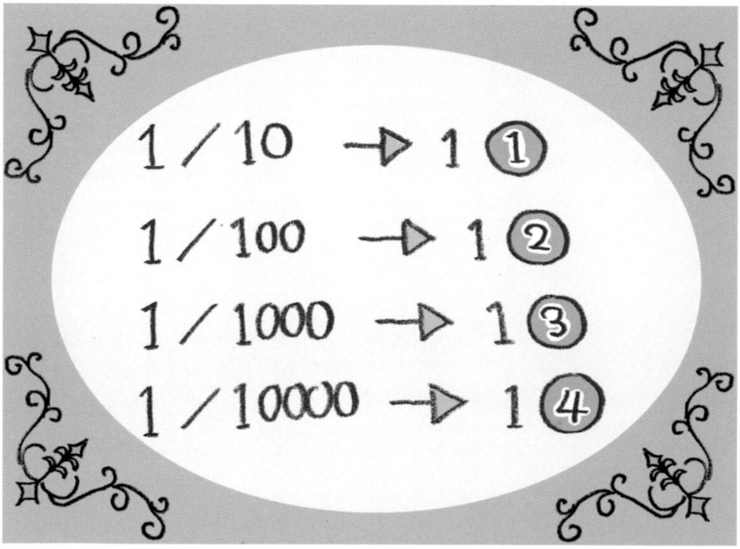

補充筆記：後來有許多數學家又針對這些數字加以研究，發現整數與小數之間不使用①等符號也無所謂，最後就加入了小數點，變成現在的形式。而日本的3.14在某些國家會標成3・14或3,14。

關於數字與計算

絕對會變成495的算式！

6月17日

東京學藝大學附屬小金井小學
高橋丈夫老師

閱讀日期　月　日　月　日　月　日

不可思議的3位數計算

今天要認識的是很奇妙的3位數算式，能夠讓計算出的答案都變成495。

①首先請在腦海裡浮現3位數的數字，且3個數字不能都相同（111或222等）。

這3個數字中，只要有1個數字不同就可以了，所以這邊就決定選擇355。

②接著將各個位數的數字互相調整後，用調整出來最大的數字，扣掉調整後最小的數字。

把算出來的答案，再用②的方式計算，重複幾次後，如果得出重複的結果，這個數字就是最終答案。也就是「495」。

真的會變這樣嗎？

以355為例，調整過後最大的數字是553，最小的數字是355，所以553－355＝198。而198調整完後的最大數字是981，最小數字是189，所以981－189＝792。792調整完的最大數字是972，最小數字是279，972－279＝693。693調整完的最大數字是963，最小數字是369，963－369＝594。594調整完的最大數字是954，最小數字是459，而954－459就等於495。

495調整完的最大數字是954，最小數字是459，因此954－459＝495，由於得出了重複的結果，所以這個計算就可以停止了。請大家也找朋友一起，拿許多不同數字試試看吧。

補充筆記：取各式各樣的數字相加或相減後，說不定就會發現藏在其中的規律。所以請試著把數字變大或變小，尋找各種祕密吧。

總共有幾個正三角形？

關於圖形

6月 18日

福岡縣　田川郡川崎町立川崎小學
高瀨大輔老師

閱讀日期　月　日｜月　日｜月　日

尋找隱藏的正三角形！

請看一下圖1，用手指沿著正三角形的邊邊畫出形狀吧。這時，一定有人是指小的正三角形，也會有人指著大正三角形。這張圖裡藏了許多大小不同的正三角形。那麼，你知道總共藏著幾個正三角形嗎？

圖1

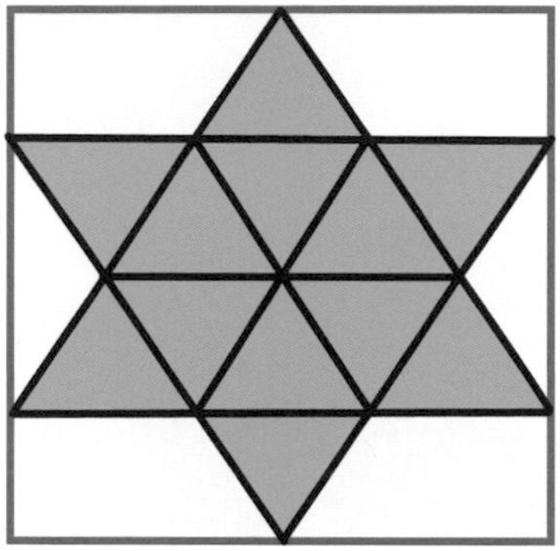

這邊要介紹一個方法，就是先找出相同大小的正三角形，然後按照順序慢慢找出所有正三角形。

首先從最小的正三角形開始尋找吧。可千萬別漏掉不同方向的正三角形喔！

透過圖2～圖4的算法，可以知道12＋6＋2＝20。

也就是說，總共隱藏了20個正三角形。

圖2

最小的正三角形

總共有12個
依照順序數的話
就很簡單。

圖3

中等尺寸的正三角形

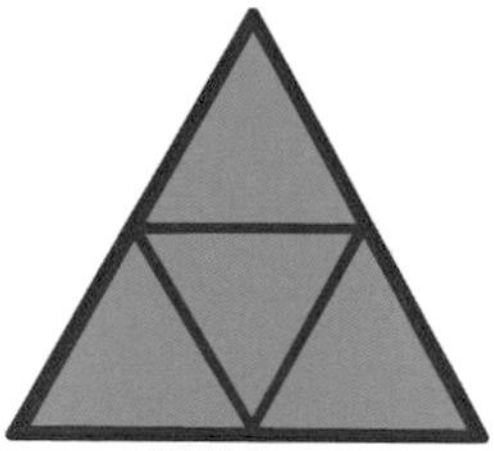

總共有6個
計算的難度稍微有點高。
在星形的圖案中畫線，就能夠全部找出來囉。

最大的正三角形

圖4

總共有2個
只要在星形圖案上畫線，
就能輕鬆找到囉。

試著做做看

這張圖有幾個正三角形？

圖中到底藏著幾個正三角形呢？這次總共藏了4種不同尺寸的正三角形。請一個不漏地全部找出來吧！

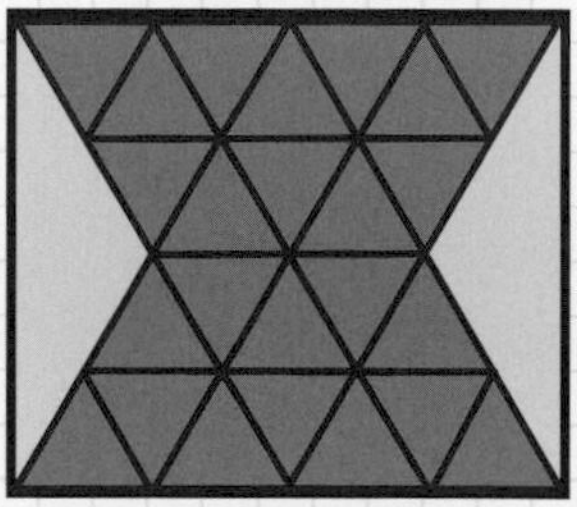

補充筆記　使用相同的思考方法，也能夠算出四邊形的數量喔！

找出規則的方法

一定會有相同的人！

6月19日

御茶水女子大學附屬小學
岡田紘子老師

閱讀日期 月 日 月 日 月 日

理所當然？但是很重要！

這裡有13個小孩，裡面有同一個月份出生的人嗎？還是沒有呢？答案是「至少會有1個人的出生月份與其他人相同」。一年總共有12個月，因此，既然有13個人的話，就一定會有人重複！肯定有人會認為這是理所當然的吧。但這其實是數學裡一個很重要的思考方法，名為「鴿籠原理」。

善用鴿籠原理

其他還有許多運用鴿籠原理的例子。

①只要有5個人以上，就一定會有相同血型的人。

②只要有367個人以上，就一定會有同一天生日的人。

③只要有48個日本人以上，就一定會有出生在日本同一個都道府縣的人。

就像將鴿子分配在各個籠子（或巢）裡一樣，只要數量比類別數量多1以上的話，就一定會出現重複。

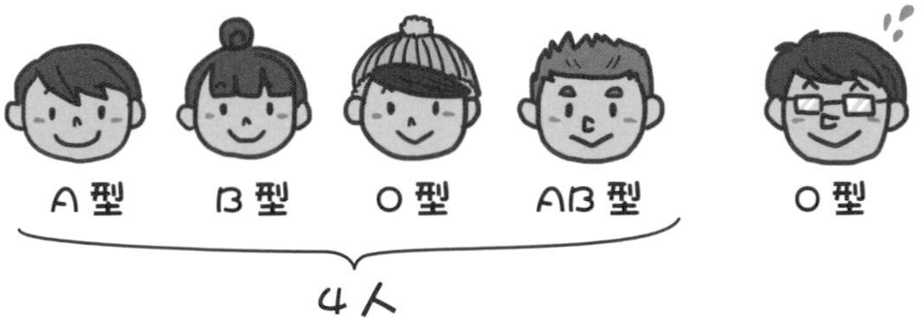

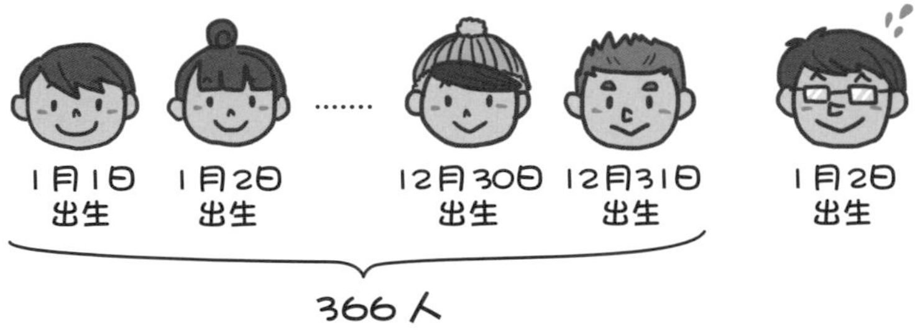

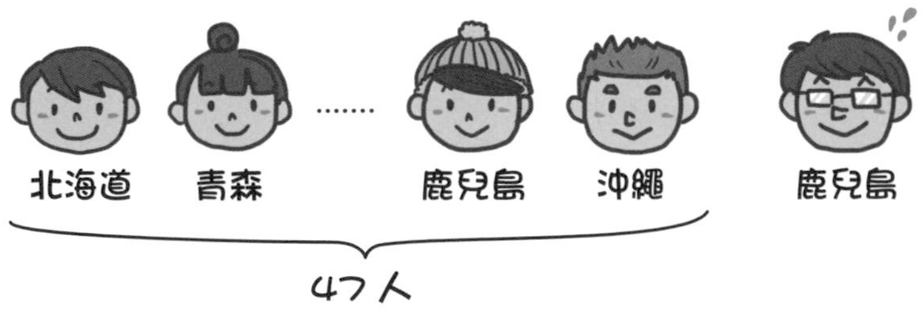

補充筆記 如果你的學校有367位以上的學生時（包括2月29日出生的人），就至少會有2個人的生日是同一天。

關於數字與計算

用數字卡玩遊戲
～減法篇～

御茶水女子大學附屬小學
久下谷 明老師

6月20日

閱讀日期　　月　日　　月　日　　月　日

用數字卡玩玩看

大家覺得5月28日（參照第178頁）的〈用數字卡玩遊戲～加法篇～〉有趣嗎？當時介紹的是加法的問題，今天就用減法來玩玩看吧。

這裡有1～4的數字卡各1張（圖1）。這次要使用這些數字卡。

【問題1】

請將數字卡，擺在圖2的虛線框框上，組合出2位數－2位數的算式。該怎麼組合才能夠讓減完的數字，是所有排列法中最大的呢？（圖2）

圖1

圖2

該怎麼排列才好呢？
最大的數字

【問題2】

方式與問題1相同，但是這次的組合，要是相減後答案為所有排列法中最小的。該怎麼組合才好呢？（圖3）

這次也和玩加法時一樣，可以先實際製作出數字卡後，邊動手排列邊思考。如何呢？想出答案了嗎？

圖3

這個題目比較困難呢。仔細想想看該怎麼算出最小的數字吧！
最小的數字

對答案時間

現在讓我們來對答案吧。

首先是問題1，像圖4這樣擺放的話，就能夠算出最大的數字。

想要用減法求出最大的答案時，就要用「最大的數字」減掉「最小的數字」，如此一來，就能夠輕易求出數字最大的答案了。

圖4

$$43 - 12 = 31$$

再來是問題2，只要像圖5這樣擺放的話，就能夠算出最小的數字。這裡的關鍵在於要思考退位的狀況。

圖5

$$31 - 24 = 7$$

試著做做看

3位數與3位數的減法

剛才已經練習過2位數－2位數的算式，接下來要做一些變化，出點新的問題。和練習加法時同樣，進一步改用1～6的數字卡，想想看3位數－3位數時，要怎麼排列才能夠分別求出「最大的數字」與「最小的數字」。

補充筆記　那麼用4位數－4位數的時候又要怎麼排列呢？5位數－5位數時又是如何呢？請一起思考看看吧。

總共有幾種塗色的方法？

北海道教育大學附屬札幌小學
瀧平悠史老師

閱讀日期　月　日｜　月　日｜　月　日

相似的國旗

你認得出圖1的圖案嗎？

這些是各國的國旗，由上至下依序是荷蘭、保加利亞共和國、匈牙利、馬達加斯加共和國。

保加利亞共和國與匈牙利的花紋雖然相同，但是用色的順序不同。世界各國的國旗，就是用這樣的方式組合出來的。

接下來請創造出自己的旗子吧。

先畫出像圖2一樣的格子，這個模樣與馬達加斯加共和國的國旗很像呢！但是我們要使用的是紅、藍、黃這3種顏色，至於要怎麼配置就請自由選擇吧。

例如：在①塗上藍色、在②塗上黃色、在③塗上紅色，就會變成圖3上面的圖案了。

只要改變塗色的位置，就能夠創造出各種旗子。

算算看，全部會有幾種旗子的排列組合呢？

能夠畫出幾種旗子呢？

首先，想想在①塗上藍色時的情況吧，這時就會有「②是黃色與③是紅色」與「②是紅色與③是黃色」的情況。也就是說，①是藍色的情況下，會出現2種不同的旗子。

同理可證，①塗上紅色或黃色的時候，就會像圖4一樣各出現2種組合。

也就是說，這種圖案與顏色能夠組合出6種不同的旗子（圖5）。

圖1

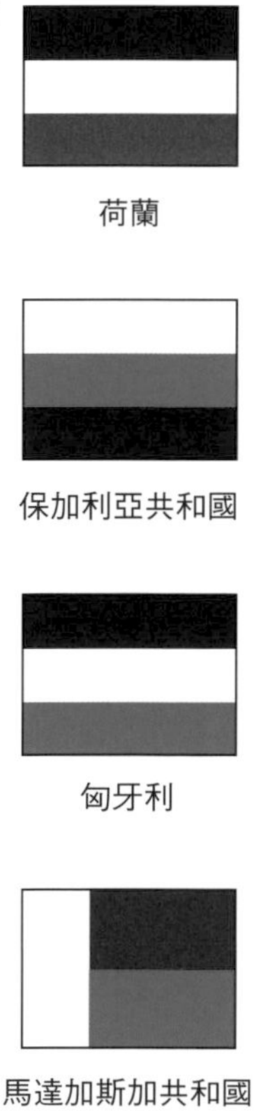

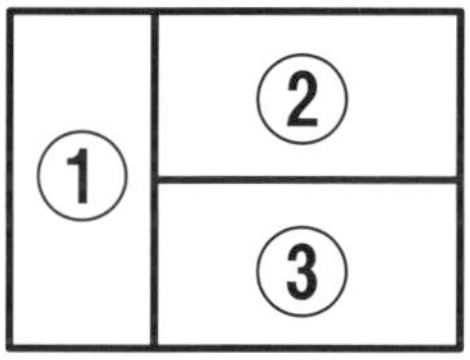

圖2

圖3

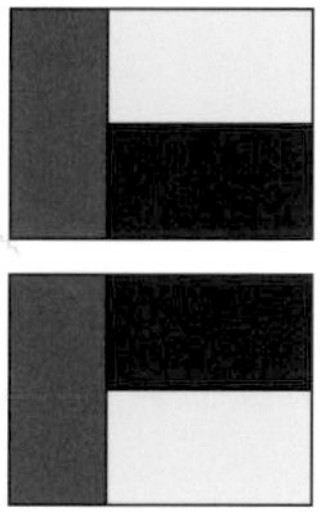

圖4

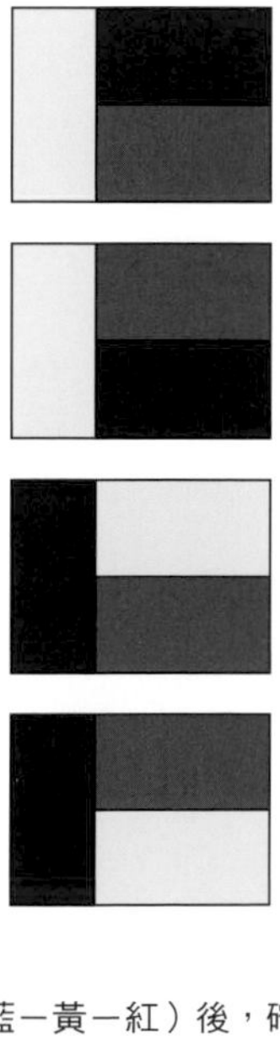

圖5

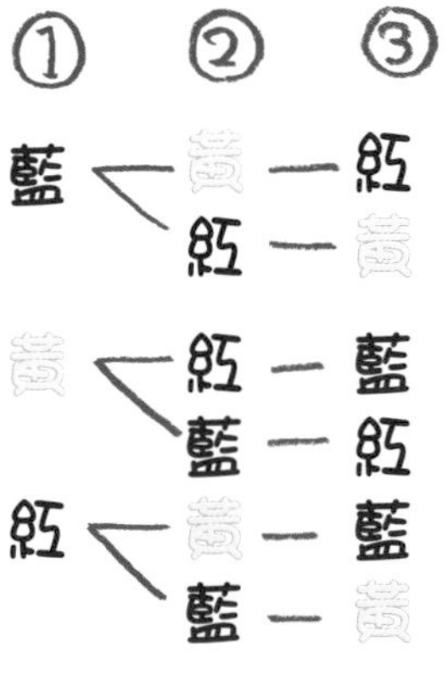

補充筆記　像圖5這樣列出（藍－黃－紅）後，確認有哪些可能性的圖案，就稱為「樹狀圖」。因為圖形看起來就像樹枝一樣不斷分岔，所以才這麼稱呼。

關於數字與計算

將數字排在一起的加法

6月22日

東京都　杉並區立高井戶第三小學
吉田映子老師

閱讀日期　月　日｜月　日｜月　日

圖1

① 1 ＋ 2 ＝ 3

② 4 ＋ 5 ＋ 6 ＝ 7 ＋ 8

③ 9 ＋ 10 ＋ 11 ＋ 12 ＝ 13 ＋ 14 ＋ 15

④ 16 ＋ 17 ＋ 18 ＋ 19 ＋ 20 ＝ 21 ＋ 22 ＋ 23 ＋ 24

新發現！奇妙的加法

1＋2的答案是多少呢？是3對吧。那麼，4＋5＋6的答案是多少呢？答案是15。

請將4＋5＋6＝15這個算式的答案改寫成7＋8吧。接著將這個算式與前面的算式排在一起（圖1的①②）。

有注意到什麼嗎？這些數字是照順序排列的呢！不只如此，等號的左右也呈現有規律的變化。等號左邊依2個、3個的順序增加，右邊則按照1個、2個的順序增加，兩邊看起來都像階梯一樣。

繼續寫出後續的算式時，就會出現圖1的③。那麼，等號左右兩邊的算式答案真的都一樣嗎？一起來算算看吧（圖2）。

算完之後發現真的相同呢！

這樣的規律會一直持續下去嗎？

你是否連圖1的④都完成了呢？試著計算後發現，算式兩邊真的相等呢！

看來圖1的規律能夠一直持續下去呢。繼續寫下去的話，到了第10層的時候會是什麼樣的算式呢？這邊從每一個算式的開頭仔細觀察吧。

結果看到了1、4、9、16……這些數字，而這些數字都是九九乘法表中，由2個相同數字乘出來的結果。例如：第2層的4就是2×2，第3層的9就是3×3，因此第10層的時候就應該是10×10，也就是會從100開始的意思。

依前面所說的規律，如果這個算式從100開始，而且等號左邊有11個數字，右邊則會有10個數字。接著再驗證看看，第10層的算式是否也成立吧！

圖2

補充筆記　2×2＝4、3×3＝9這種由2個相同數字相乘得出的數字，就稱為「平方數」。

2 與生活有關的算術

善用枡測量！

6月 23日

大分縣　大分市立大在西小學
二宮孝明老師

閱讀日期　月　日　月　日　月　日

枡是以前日本的測量工具

以前的日本人會拿名為「枡」的工具量酒或油。「枡」是種用木材製成的盒狀物，從正上方往下看的話會呈現正方形（圖1）。

假設現在眼前有個裝滿水的大水缸，手邊則有一個「枡」，且裝滿水後等於6dL（公合）。只要用這個「枡」，將大水缸的水舀到另外一個容器，就能量出水量。那麼，究竟會量出幾dL呢？

最簡單的方法，就是直接拿「枡」裝滿水，如此一來，舀一次就有6dL了。但如果想舀其他的量怎麼辦呢？

圖1

枡

針對1個枡多發揮點巧思

請看圖2。將裝滿水的枡傾斜後，就可以倒掉一半，量出3dL的水。接著再像圖3一樣傾斜的話，枡裡就只剩下1dL了。而傾斜枡時倒出的水，就是2dL。

那麼想要取4dL與5dL時，又該怎麼辦呢？首先，一樣裝滿整個枡。然後傾斜枡，讓裡面只剩下1dL。如此一來，傾斜時倒進另外一個容器的水，就是5dL了。

接著再裝滿一次水之後，就傾斜枡將其中3dL倒至其他的容器，接著再傾斜一次量出1dL後，再將這1dL與剛才的3dL倒在一起，就能夠量出4dL了。

圖2

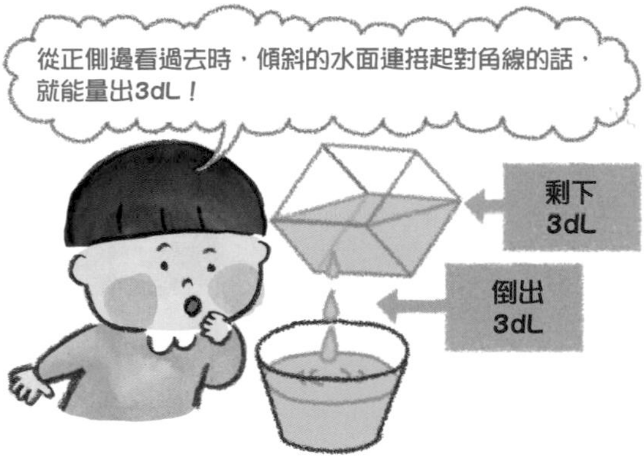
從正側邊看過去時，傾斜的水面連接起對角線的話，就能量出3dL！
剩下3dL
倒出3dL

圖3

當傾斜的水面呈現三角形，並連接起3個頂點時，枡中的水就是1dL。
剩下1dL

補充筆記　這個問題中，用來量3dL的水量時，呈現的形狀是三角柱。但在量1dL時就變成三角錐了。三角錐的體積，是三角柱的1/3。

關於單位與測量

哪種走法繞最遠？

6月24日

學習院初等科
大澤隆之老師

閱讀日期　月　日　月　日　月　日

請邊看著圖邊思考吧

從若葉車站出發的公車，要前往櫻花市公所。那麼公車該怎麼走，才是最短的路徑呢？像圖1一樣，沿著這條由5個「⬇」組成的路線行進，就是最短路徑。除此之外，還有好幾種行進的方法。

但是要讓每個地方的居民都能搭到公車。接下來，想想看怎麼才能讓公車走最遠的路徑。這條最遠的路徑又是由幾個「⬇」所組成的呢？（圖2）

這條最遠的路線，可以重複經過同一個路口，但是不能重複走同一條路喔！（答案是13個。你找到路線了嗎？）

圖1

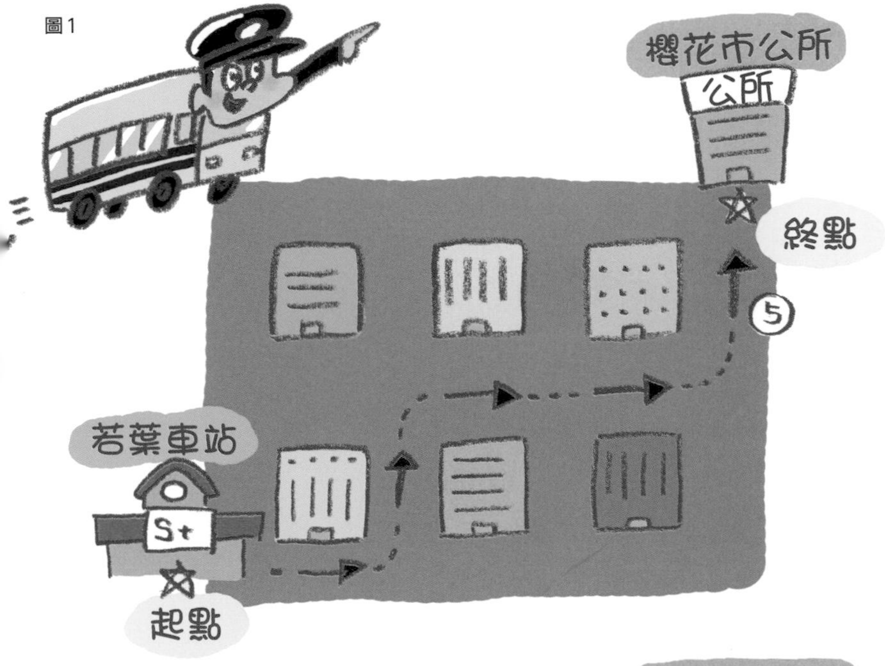

圖2

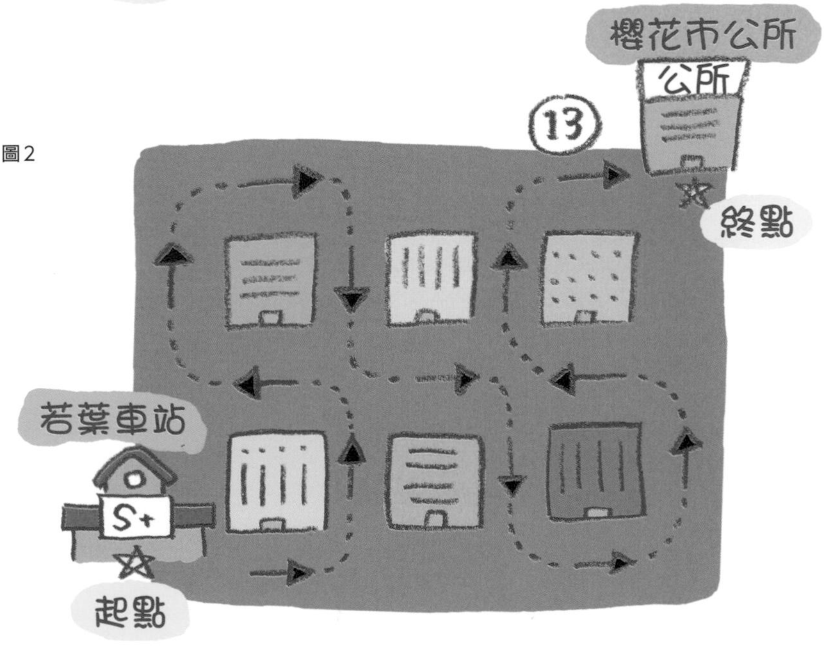

補充筆記

行進路線依序是5個箭頭、7個箭頭、9個箭頭……11個箭頭、13個箭頭，每次增加2個箭頭。你注意到了嗎？想想看為什麼吧。繞遠路的時候，同一個路口都會有兩兩成對的「箭頭」呢！

至少必須得到幾張票才能夠當選呢？

6月 25日

御茶水女子大學附屬小學
岡田紘子老師

閱讀日期　月　日　月　日　月　日

如果只有2位候選人？

動物村要舉辦選舉了。而動物村的居民總共有200人，每個人都可以投1票。

首先，大家想要選出動物村的村長。這次的村長候選人有熊先生與狐狸先生。那麼，要提問囉！想要讓熊先生當選的話，他必須得幾票才行呢？

例如：熊先生要是拿到195票的話，就一定會當選了呢！但是不用拿到這麼多票數，也有機會當選。所以熊先生最少要拿到幾票才能夠當選呢？假設熊先生也得到100票，狐狸先生也得到100票的話，兩人就同票數了。因此，只要熊先生拿到的票數可以比100多1的話，也就是在拿到101票時，就確定當選了（圖1）。

圖1

如果有2位以上的候選人？

接下來要選的是村裡的幹部，而且要選出3個人。這次的幹部候選人共有5人，分別是兔子先生、鴨子先生、貓先生、熊貓先生與松鼠先生。

如果想讓兔子先生當選的話，這200票中，兔子先生最少該拿到幾票呢？（圖2）

圖2

想要讓兔子先生當選的話，只要他的票數在前3名就可以了。也就是說，兔子先生的票數只要贏過第4名就能夠當選了呢。所以只要比第4名多1票的話，就一定會當選幹部了。

200÷4＝50　50＋1＝51

也就是說，兔子先生在拿到51票時，就確定當選了（圖3）。

不管競選幹部的有幾個人，只要能夠贏過第4名就一定會當選。所以，不管對手有幾個人，只要拿到51票就穩贏了。

圖3

補充筆記　不用算完全部的票，也能夠推測出當選人。有種叫做「票站調查」的方法，只要站在投票站的出口做「剛才投給誰」的問卷調查，就能夠在還沒全部開票的情況下，推測出可能的當選人物。

關於單位與測量

你知道這些傳統的（重量）單位嗎？

6月26日

東京都　豐島區立高松小學
細萱裕子老師

閱讀日期　月　日　月　日　月　日

以前的花是秤重賣的

「買～了就會開心，鮮花一匁♪」、「錯～過了會傷心，鮮花一匁♪」

你是否有聽過這些句子呢？這是日本兒童遊戲的一種「鮮花一匁」。這種遊戲不需要道具，也不需要寬敞的空間，短時間內就能夠輕易進行。

3.75g
1匁重

「鮮花一匁」中的「匁（monme）」，是日本傳統的重量單位，1匁＝3．75g，等於1錢。鮮花一匁也就是鮮花3．75g的意思。以前的花都是用秤重來賣的。

5日圓硬幣的重量是1匁

事實上，現代日本人的身邊，也藏有1匁這個重量，那就是平常在用的「5日圓硬幣」。

1枚5日圓硬幣的重量是3．75g，也就是等於1匁。據說古老的日本社會，也曾經將硬幣當成秤重的單位。

所以，如果存錢筒裡面只有5日圓硬幣的話，只要能夠測出重量，就可以計算出裡面存了幾枚5日圓硬幣了。

假設存錢筒內容物的重量是300g，因為300÷3.75＝80，所以可以算出裡面應該有80枚5日圓硬幣（必須扣掉存錢筒本身的重量）。

試著記起來

還有這種重量單位喔！

以前的日本還有其他重量單位。
不曉得你有沒有聽過呢？
1匁＝3.75g
1兩＝10匁＝37.5g
1斤＝160匁＝600g
1貫＝1000匁＝3.75kg

我的體重是
30貫
在下的體重是
13貫

補充筆記　以前的日本使用了中間有開孔的硬幣，這些硬幣1枚的重量是1匁，用繩子將1000枚硬幣串在一起，就成了1貫的重量。現在的5日圓硬幣中間有開孔，也是受到了傳統的影響。

算術相關的偉人故事

將牛頓扛在肩膀上的巨人——克卜勒

6月 27日

明星大學客座教授
細水保宏老師

閱讀日期 月 日 月 日 月 日

支持「地動說」吧！

你有聽說過「克卜勒太空望遠鏡」嗎？這種望遠鏡使用了2片凸透鏡，能夠看得非常遠。現代的折射望遠鏡，幾乎都是按照這個原理製成的。

想出這種結構的是德國天文學家克卜勒（1571～1630年）。

在克卜勒出生的年代，人們所認為的宇宙與現在截然不同。當時人類認為地球位在宇宙的中心，所有天體都是繞著地球運行的。

但是16世紀時，波蘭學者哥白尼表示：「宇宙的中心是太陽，地球與所有行星都是繞著太陽運行的。」

克卜勒寫了封信給年輕學者伽利略，希望他一起支持這個「地動說」。但是伽利略擔心自己公開支持克卜勒時，會遭到世人的嘲笑。所以一直過了10年以上，才真正認同地動說。

牛頓證明了法則！

後來，克卜勒前往布拉格（現在的捷克共和國），成為侍奉皇帝的學者，獲得了崇高的身分。

他藉由這個機會獲得了龐大的天文觀測數據，並開始研究起行星的動向。

最後終於讓他發現，原來行星繞行的軌道並不是完美的圓形，而是橢圓形。此外，他也發現這些繞著太陽運行的行星，愈靠近太陽時運行速度就愈快，離太陽愈遠的話速度就愈慢。因此這些現象就稱為「克卜勒定律」。

後來牛頓自行計算了行星的軌道，進而證明了「克卜勒定律」是正確的。並以「克卜勒定律」為基礎，導出知名的「萬有引力定律」。

有人詢問牛頓為什麼能夠發現這麼厲害的定律時，他如此回答：

「我之所以能夠看得這麼遠，都是因為站在巨人的肩膀上。」他所說的巨人，指的就是哥白尼、伽利略與克卜勒這些人吧！如果沒有他們這些偉大的發現，說不定就沒有牛頓的萬有引力定律了。

補充筆記

據說克卜勒也寫出了世界上第1本科幻小說，這本書以「夢」為主題。講述的是喜歡天文的少年到月球旅行的故事，裡面充滿了許多當時最尖端的科學知識。

了解之後才知道厲害，完全數的故事

6月 28日

御茶水女子大學附屬小學
久下谷 明老師

閱讀日期 月 日 月 日 月 日

6的因數 → 1，2，3，6
除去數字本身的因數總和 1＋2＋3＝ **6**

28的因數 → 1，2，4，7，14，28
除去數字本身的因數總和 1＋2＋4＋7＋14＝ **28**

畢達哥拉斯的名言

今天要談的是與數字相關的故事。大家有聽過畢達哥拉斯這個名字嗎？他是個偉大的數學家，同時也是一位哲學家（上中學後會學到的「畢氏定理」，就是畢達哥拉斯所發現的）。

畢達哥拉斯的名言是「萬物皆數」，他認為全世界所有事物，都可以用數字來說明。後來，畢達哥拉斯學派的人們（畢達哥拉斯與他的學術夥伴），則從所有數字中找出6與28等完美的數字，稱其為「完全數」。為什麼會稱作完全數呢？

什麼是完全數？

如果數字A能夠整除數字B的時候，數字A就稱為數字B的「因數」。

將6或28的所有因數列出來時，除去數字本身的因數相加後，也會得到6或28的數字本身。畢達哥拉斯學派的人們，就將這種數字稱為「完全數」。

而6、28的下一個完全數則是496，但是目前還無法算出到底有幾個完全數。

試著記起來

數字之間也有友誼!?

有些數字雖然不是完美的「完全數」，但是卻與其他的數字有深刻的友誼，除去數字本身的所有因數加起來的答案會等於彼此。具有這種關係的成對數字，就稱為「相親數」。最小的「相親數」是220與284，這也是從畢達哥拉斯時代就已經解開的相親數。

220的因數 → 1，2，4，5，10，11，20，22，44，55，110，220
除去數字本身的因數總和 1＋2＋4＋5＋10＋11＋20＋22＋44＋55＋110＝ **284**

284的因數 → 1，2，4，71，142，284
除去數字本身的因數總和 1＋2＋4＋71＋142＝ **220**

補充筆記 目前已知的完全數都是偶數（能夠用2整除的數字）。到底有沒有奇數的完全數呢？坦白說，「完全數」現在還帶著許多謎團呢！

關於單位與測量

多方塊與四連方

6月29日

北海道教育大學附屬札幌小學
瀧平悠史老師

閱讀日期　月　日｜月　日｜月　日

有聽過多方塊嗎？

大家知道「正方形」這種四邊形嗎？今天要介紹的，是將許多正方形邊對邊相連所組成的圖形。請先看向圖1，這裡有6個拆開的正方形，試著將這些正方形的邊適當地相連。這時，小正方形就會組成一個圖形呢。這種圖形就稱為「多方塊」。

事實上，「多方塊」有很多夥伴喔！

其中像圖2這種由4個正方形組成的圖形，就稱為「四連方」。

圖1

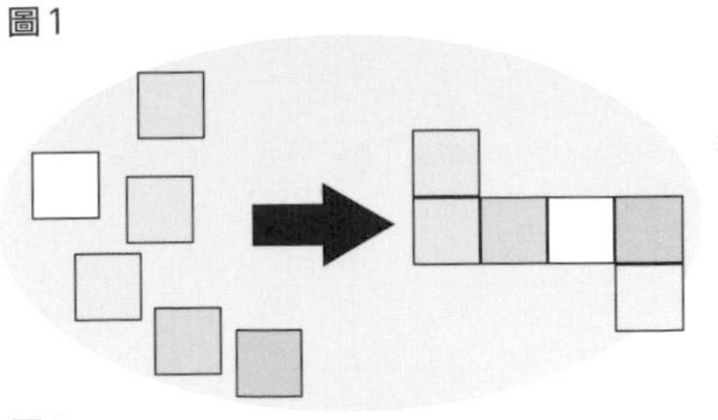

圖2

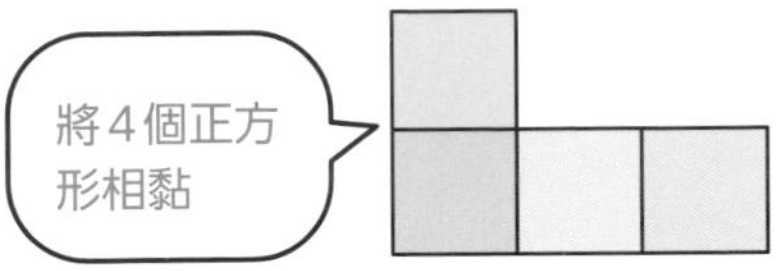

有幾種四連方呢？

那麼，這種將四個正方形邊對邊相連所組成的「四連方」，到底有幾種呢？請實際製作出正方形後，試著組組看吧。

大家找出了幾種呢？像圖3的A一樣把4個正方形都碰在一起的圖形，或是像E一樣把正方形排成橫線的圖形，都稱為「四連方」。

圖3列出了5種四連方，其中C與D翻轉後，就變成別的圖形了。如果將這些圖形也視為獨立的種類時，總共就有7種呢！

圖3

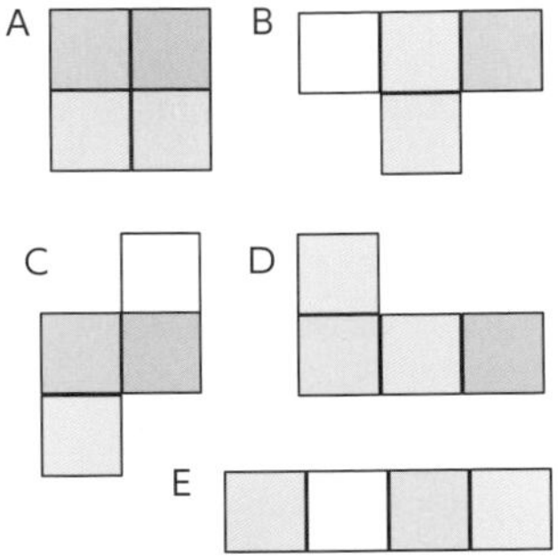

將翻轉前後當成同一種形狀的話，就只有5種。

試著做做看

五連方與六連方

將5個正方形邊對邊組合在一起，就會形成「五連方」，使用6個正方形的話就會變成「六連方」。請使用組合「四連方」的方法，試著找找看五連方與六連方各有幾種吧！

12種五連方

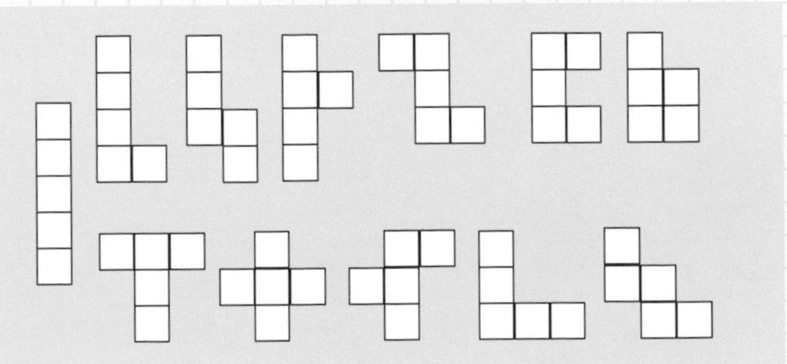

補充筆記　「多方塊」的英文是「polyomino」，「poly」有「多」的意思，「omino」則是正方形的意思。順道一提，「tetra」、「penta」、「hex」分別代表四、五、六。

換個方向思考看看

6月30日

神奈川縣　川崎市立土橋小學
山本　直老師

閱讀日期　月　日　月　日　月　日

完美相疊的形狀？

請觀察圖1的4個三角形。這裡面有部分三角形的大小與形狀完全相同喔！你知道是哪幾個能夠完美相疊嗎？

答案是這4個都能夠完美重疊。

事實上這4個三角形都是相同的三角形，只是換了個方向而已。

圖1

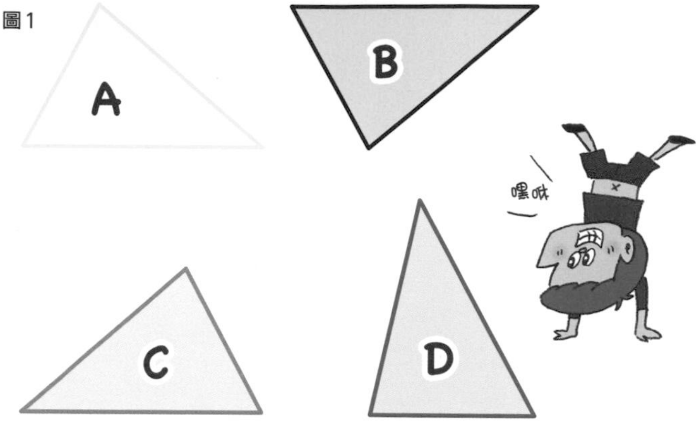

這邊以A為基準觀察一下吧！

B與A只是上下顛倒而已，就像按住下側的邊，再將三角形從上往下翻的感覺。另外，C與A是左右相反，而A順時針轉半圈就會變成D了。

這種圖形只是換了個方向，看起來就像不同的圖形，如果我們懂得怎麼看出圖形是否一樣就好了呢！

圖2

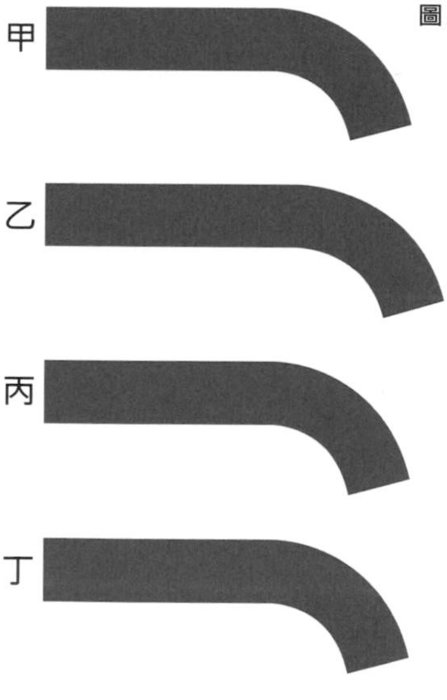

利用眼睛的錯覺……

圖2中同樣有能夠完全重疊的圖形，這次是哪個與哪個呢？很多人都會認為是甲與丙相同，乙與丁相同，那麼你的答案呢？

正確解答是——甲、丙、丁都是完全相同的圖案，只有乙不一樣。如果橫著看本書的話，就會發現只有乙比較高而已。沒想到只是換個方向看，呈現出來的圖形就有如此大的差異，真的很有趣呢！

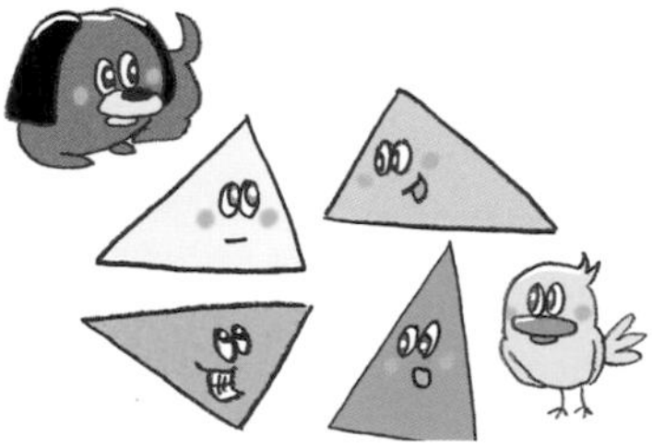

補充筆記　像這樣能夠完美重疊在一起的圖形，就稱為「全等圖形」。小學高年級就會學到囉！

7月

July

關於數字與計算

禮盒組的組合方法

～將不同的數字組合？～

7月 1日

神奈川縣　川崎市立土橋小學
山本　直老師

閱讀日期　月　日　月　日　月　日

方便的禮盒組

日本在夏季正式來臨前的「中元節」以及年底的「歲暮」時，都習慣送禮給平常關照自己的人。所以每到這個時期，店家都會將許多商品組成禮盒，方便大家送禮。因為是將本來就有在賣的東西組合在一起，所以這些禮盒的種類非常多樣化。

能夠組合出幾種禮盒呢？

假設這邊有某間店打算準備1種禮盒，裡面有3條毛巾、4盒面紙與5塊香皂。

結果店員檢查倉庫時，發現這3種商品都各剩下50個。那麼，能夠組合出幾個禮盒呢？

首先來確認毛巾──每3條放1盒的話，因為50÷3＝16餘2，所以總共可以組合出16個禮盒，且會多出2條。接著要確認的是面紙──因為50÷4＝12餘2，所以只能組合出12個禮盒。再來是每個禮盒要裝5塊香皂──因為50÷5＝10，剛剛好整除，所以正好可以組合出10個禮盒。由此可知，要組合出同時有這3種商品的禮盒時，最多只能組合出10個。

雖然毛巾與盒裝衛生紙都有剩餘，但是卻沒有香皂可以搭配。所以可以看出，這種情況下必須以香皂的數量為準。

試著想想看

該怎麼做才能剛剛好？

如果想要讓倉庫的商品一個也不剩的話，店員該怎麼進貨呢？首先，毛巾雖然可以組成16個禮盒，卻會多出2條，所以只要再進1條毛巾，就能夠湊成17個了。如此一來，面紙與香皂的數量，也要能湊成17個禮盒才行。面紙需要4×17＝68盒，香皂則需要5×17＝85塊。由於原本就有各50個了，所以只要再買進8盒面紙及35塊香皂，就能夠拼湊出17個各有3種商品的禮盒了。

補充筆記　51條毛巾、68個盒裝衛生紙以及85個香皂，這些數字都能夠被17整除。

1年最中間的日子，是幾月幾日呢？

御茶水女子大學附屬小學
岡田紘子老師

閱讀日期 月 日 月 日 月 日

※朝西的武士

1年裡最中間的日期？

當1年有365天的時候，位在正中間的日期，是幾月幾日呢？「因為1年有12個月的關係，所以應該是6月30日左右吧？」說不定有人會浮現這樣的想法呢！那麼，正中央的日期到底是幾月幾日呢？

365除以2的話，就是365÷2＝182餘1，由此可以得知，最中間的日期是第183天。不過，1年中的第183天到底是幾月幾日呢？

什麼是「朝西的武士」？

只要從1月按照順序加總每個月的天數，就能夠輕易找到第183天了呢！但是有的月份是30天，有的是31天，這樣算的話會亂掉呢！因此，日本有個諧音，能夠讓大家分辨哪些月份有30天。

「不到31天的月份是朝西的武士」，因為「朝西的武士」的日文是「にしむくさむらい（ni shi mu ku sa mu ra i）」，以日文發音來看，に＝2也就是2月，し＝4月，む＝6月、く＝9月。那麼さむらい又各代表幾月呢？「さむらい」的意思就是武士，所以就取「武士」的「士」，並拆解成「十」與「一」，所以さむらい＝11月。

因此，將1～6月的天數加起來的話，就會變成……

31（1月）＋28（2月）＋31（3月）＋30（4月）＋31（5月）＋30（6月）＝181

也就是說，6月30日是第181天，7月1日是第182天，7月2日就是第183天，由此可知，7月2日就是1年裡最中間的日期。

所以7月2日的正中午，就是1年裡最中間的時刻呢！

補充筆記　將每天的日期與月份的所有數字相加時（例如：12月12日就是1＋2＋1＋2＝6），數字最小的日期是1月1日（1＋1＝2）。那麼，相加後數字最大的是幾月幾日呢？提示：日期與月份相加後等於20的日子。

關於單位與測量

因為泰勒斯而測出的金字塔高度

7月 3日

岩手縣　久慈市教育委員會
小森　篤老師

閱讀日期　月　日　月　日　月　日

第1個測量的人是泰勒斯

位在埃及的金字塔，是很久以前的人，用石塊堆積出來的巨大遺跡。

從金字塔建造完成起，有4000年的期間都沒人測量過金字塔的高度。第1個測量金字塔高度的，是個叫做「泰勒斯」的人。這件事情就發生在距今2500年前左右。

怎麼測量呢？

泰勒斯要測量金字塔高度時，準備了1根棒子。他將棒子豎立在地面，使棒子與地面呈直角，等棒子長度與影子長度相同時，就趕緊測量金字塔的影子。在太陽位置相同時，如果棒子長度與其影子的長度相同時，金字塔的高度也會與影子的高度相同。

泰勒斯的這個發現，讓當時的國王以及身邊的人，都感到非常震驚。

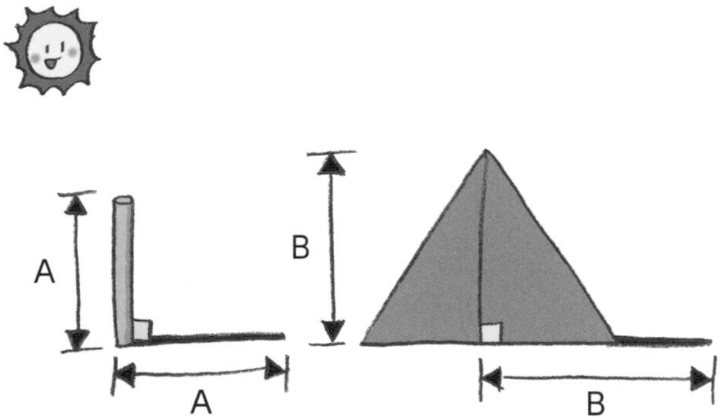
A
A
B
B

試著做做看

試著測量建築物與樹木吧

用泰勒斯的方法，就可以測量學校建築物或校園裡樹木的高度了。只要準備50㎝左右的棒子，以及大型三角板、捲尺，就可以像右圖一樣和朋友一起測量囉！

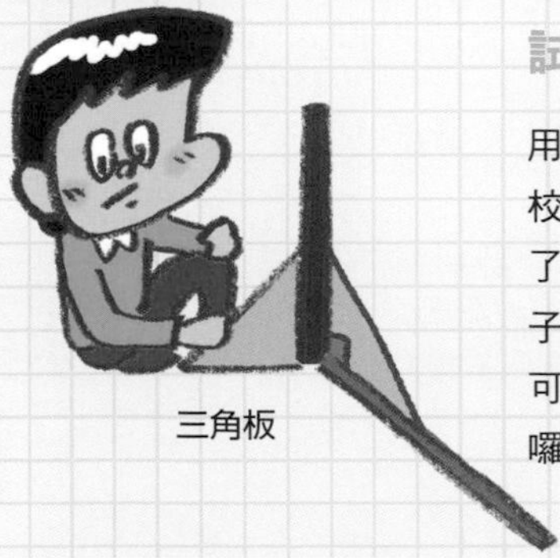
三角板

當棒子長度，與棒子影子的長度相同時，就用捲尺測量樹木的影子。

補充筆記　世界第1位測量金字塔高度的泰勒斯，是西元前624～546年左右的人物，他當時是希臘的自然哲學家。

計算小技巧③ 減法的規律

東京都　杉並區立高井戶第三小學
吉田映子 老師

閱讀日期　月　日　月　日　月　日

能夠輕易計算的智慧

請試著做減法的計算吧。

67－30

我好像聽到有人說「太簡單了」。

答案是37。

那麼接下來這個算式又如何呢？

72－29

這次是不是稍微思考了一下呢？畢竟必須借位呢。

但是其實只要稍微發揮巧思，就能夠讓這個算式變簡單。29再加1就變成30，當數字加到變成10的倍數時，算式就變得簡單許多。所以，讓我們將數字加至30後，再重新計算一次吧。

72－30＝42

但實際上應該是29，所以比原本多減了1呢。也就是說，從求出的答案42中再加上1，就是正確答案。

所以答案是42＋1＝43。

既然如此……沒錯，還有另外一種方法。

還可以這麼做喔

72－29這個算式中加了1，所以變成72－30，出來的答案就比原本少了1，那麼如果在72加上多扣的1時，結果會如何呢？（圖1）

73－30，答案還是43。

2種算式都能夠算出相同的答案。

72－29＝73－30

這2個算式的答案都是43，所以就可以用「＝（等號）」連接起來囉。

那麼54－21的話要怎麼算呢？讓2個數字同時扣掉1，變成53－20的話，算出來的答案也不會變。

像這樣在算減法的時候，為減數與被減數同時加上或扣掉相同的數字時，算出的答案不會改變。只要善用這個性質，就能夠讓算術變得簡單許多。

接下來，請試著算算看193－68吧！

圖1

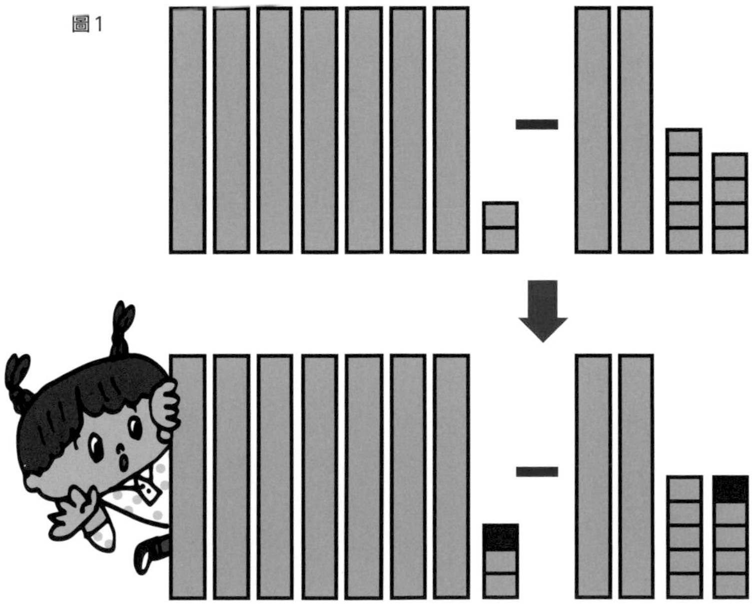

補充筆記　想辦法讓減數變成好算的數字（30、200……）的話，相減時使用再大的數字都會很好算。也請閱讀一下第188頁的「加法的規律」吧。

單腳單腳雙腳跳的腳印有幾個呢？

找出規則的方法

7月 5日

福岡縣　田川郡川崎町立川崎小學
高瀨大輔老師

閱讀日期　月　日　月　日　月　日

將腳印畫成圖案吧

日本有個傳統遊戲叫做「單腳單腳雙腳跳」，幾乎每個人都會聽過下面這段節奏。

「單腳　單腳　雙、單腳　單腳　雙、單腳　雙、單腳　雙、單腳　單腳　雙」

這種遊戲的有趣之處，就是必須在保持身體平衡的情況下，配合歌詞與節奏運動雙腳。

考考你！這個「單腳單腳雙腳跳」的遊戲中，會踩出幾個腳印呢？

請跟著前面的歌詞，邊用手打拍子邊確認吧！結果有人說是「13個」，也有人說是「18個」。

圖1

單腳單腳雙　單腳單腳雙　單腳雙　單腳雙　單腳單腳雙

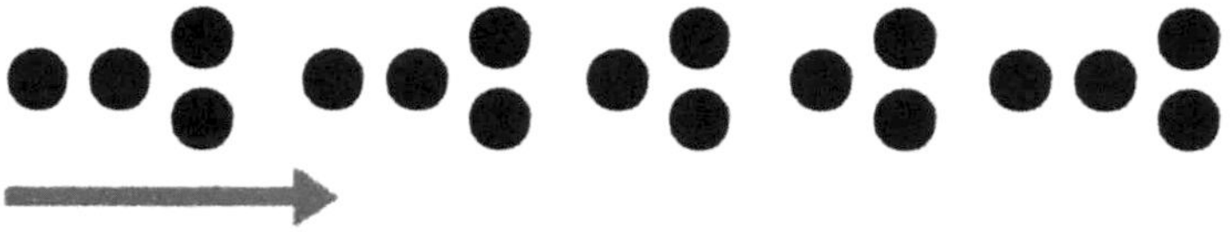

光憑自己的想像，實在沒辦法確認的時候，就可以畫圖出來數數看。這邊直接把腳印的圖案簡化成●，並如圖1所示。

試著用算式表示這個圖吧

用算式表現出圖1的話，會出現什麼樣的算式呢？

4＋4＋3＋3＋4

2＋2＋2＋2＋3＋3＋2＋2

2×6＋3×2

4×3＋3×2

可以用來表現圖1的算式相當多種呢！

就算是同樣一張圖，也會依不同的分類法，以及不同的解讀方法，形成多種不同的算式。

這邊稍微改變一下「單腳單腳雙腳跳」的旋律，請參考圖2，想想看會出現幾個腳印吧！

看到這些算式時，有辦法聯想到腳印的數字嗎？請試著用筆圈出這些腳印來想想看吧！

像這樣用圖案或數字表現出實際上看不到的腳印，就能夠算出總共有21個了呢！

節奏　「單腳雙雙　單腳雙雙　單腳雙　單腳雙　單腳雙雙」

用圖表示

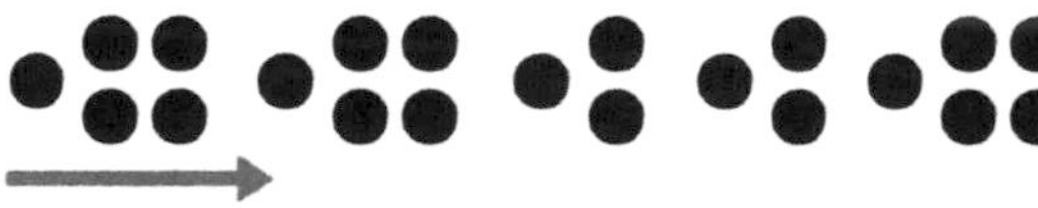

用算式表示

3+2+3+2+3+3+3+2

5+5+3+3+5

5×3+3×2

4×3+3×2+3

圖2

補充筆記　將同樣的數字或同樣的圖案分在一起，再整理一下的話，就比較容易思考出答案呢！

紅綠燈有幾顆LED燈泡呢？

青森縣　三戶町立三戶小學
種市芳丈老師

閱讀日期　月　日｜　月　日｜　月　日

仔細觀察紅綠燈……

紅燈的時候，是不是會忍不住盯著燈瞧呢？仔細觀察的話，會發現紅綠燈是由許多LED燈泡組成的（照片）。那麼，紅綠燈裡到底使用了多少顆LED燈泡呢？

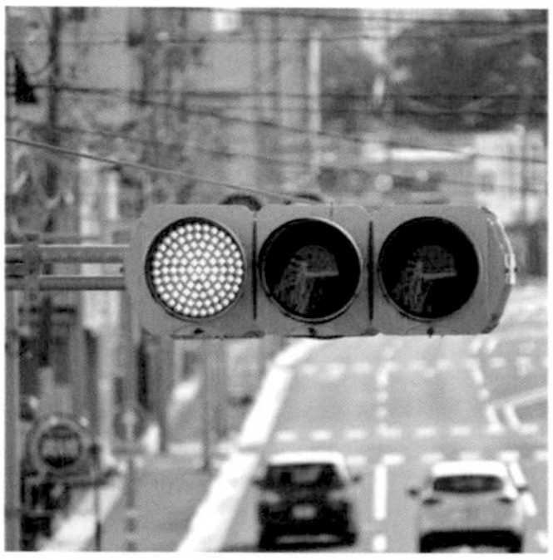

照片來源／photolibrary

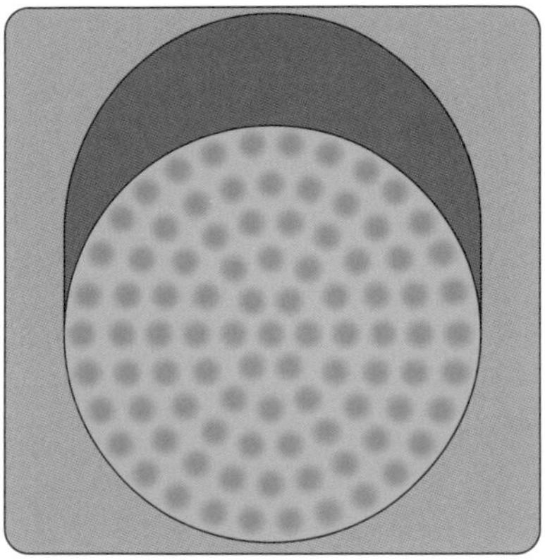

圖1

來介紹2種算法

請看著圖1好好思考一下。因為這些LED燈泡都排得很整齊，所以其實有很多算數的方法。

【方法1：想像成煙火】

LED燈泡的排列法，就像煙火從內往外綻放開一樣（圖2）。從內側開始算的話，就能夠得出1＋6＋12＋18＋24＋30＝91這個算式了。

仔細觀察算式中的數字，會發現都是九九乘法表中「6的乘法」呢！

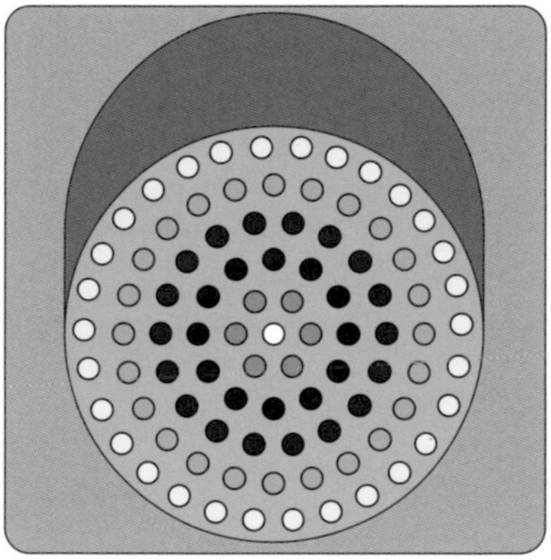

圖2

【方法2：切成三角形】

先不管正中間的1個，將其他的燈泡都分成均等的三角形吧（圖3）。如此一來，就能夠求出1＋2＋3＋4＋5＝15這個算式，再將這6個三角形與正中央的1個加起來時，就能夠求出答案了。

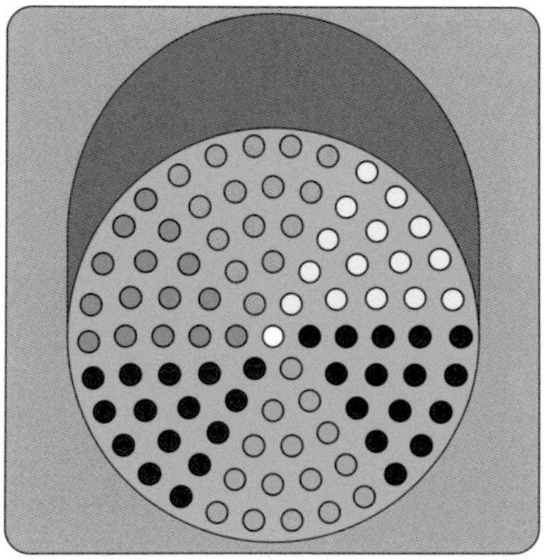

圖3

實際上的紅綠燈，最外圈其實是30＋1顆，所以總共有92顆。

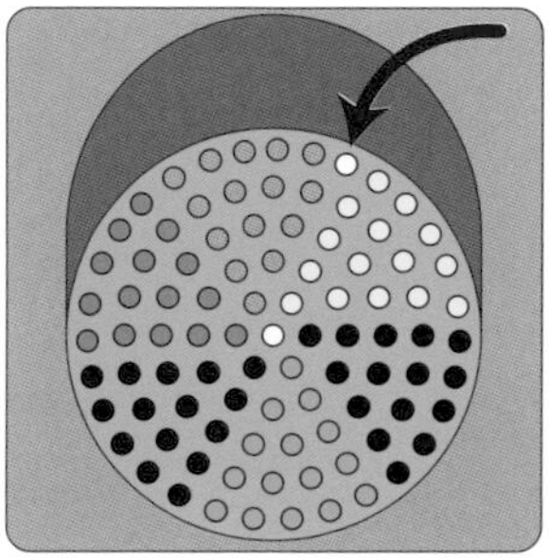

7月

補充筆記　LED燈泡的數目會依紅綠燈的製造廠商而有所差異。有的燈泡會超過92顆，有的還多達191顆呢！

關於圖形

關於飄浮在空中的三角形

7月 7日

島根縣　飯南町立志志小學
村上幸人老師

閱讀日期　月　日　月　日　月　日

請仰望夏季的夜空吧

4月12日（請參照第130頁）有請大家找找身邊的三角形對吧？那個時候有記得抬頭看看天空嗎？

沒錯，找到其中3顆特別亮的星星後，再想像用線把它們連起來的話，就會形成一個大三角形。現在抬起頭時，是否還看得到呢？如果今晚天氣晴朗的話，就抬頭看看夜空吧。

這次與上次一樣，要請你望向東南方的天空。這時，一樣會找到3顆明亮的星星，而且同樣可以畫成大型的三角形。但是總覺得這個三角形，與春天時看到的不太一樣呢！像是星星的亮度、三角形的形狀、周遭星星的模樣等……沒錯，這其實不是「春季大三角」，星星們的排列狀況已經改變了。

好美的夏季大三角

這3顆星星分別是天琴座的一等星織女星（Vega）、天鵝座的一等星天津四（Deneb）與天鷹座的一等星牛郎星（Altair），它們所組成的三角形就稱為「夏季大三角」。

盯著這3顆並非排列在一直線上的星星，自然而然就會看出三角形了呢！

試著記起來

在七夕夜空上閃耀的星星？

「夏季大三角」中的天琴座與天鷹座，其實分別是織女星與牛郎星。沒錯，今天就是七夕情人節，可以看見牛郎星與織女星之間的銀河好像在流動一般。

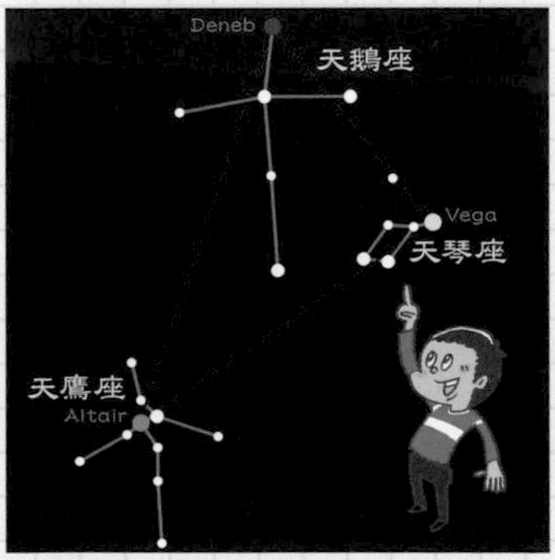

補充筆記　夜空中閃閃發亮的星星雖然看起來是在同一平面上發光，但每顆星星與地球的距離相差很大。

讓大家都算出相同答案的算式

東京學藝大學附屬小金井小學
高橋丈夫老師

閱讀日期 月 日 | 月 日 | 月 日

首先就動手試試看吧！

今天要介紹相當奇妙的遊戲，能夠讓大家一起算出相同的答案。請按照圖1的流程，一起動手試試看吧！

每個人最後應該都算出「3」對吧？

一一詢問參加遊戲的人的答案時，問到途中就會發現原來算出相同答案並不是偶然，這時肯定會感到訝異吧！

如果將中途加上的6改成其他數字的話，就能夠改變最後算出來的數字。請大家一起試著挑戰這個魔術般的算式吧！

為什麼答案會一樣呢？

接下來就說明一下，為什麼算出來的答案會一樣吧！

將說明至今的算式統整一下，會發現都是「（選擇的數字×2＋6）÷2－選擇的數字」。

請試著計算圖2的算式吧！

仔細觀察這些算式，就會發現不管一開始選擇了什麼數字，最後算出來的答案一定是3。

圖1

①請從1到9的9個數字中，選擇其中1個數字。
②請將選擇的數字乘以2，變成2倍。
③請將2倍的數字再加上6。
④將請將算出的數字（③的答案）除以2。
⑤請將算出的數字（④的答案）扣掉①所選擇的數字。
⑥最後會算出什麼樣的答案呢？

圖2

（選擇的數字×2＋6）÷2－選擇的數字
＝（選擇的數字×2÷2）＋（6÷2）－選擇的數字
＝（選擇的數字×1）＋3－選擇的數字
＝選擇的數字＋3－選擇的數字
＝3

補充筆記 善用計算的順序與括號，就能夠創造出許多有趣的魔術。請一起思考看看吧！

算術相關的偉人故事

天才牛頓是計算高手！

7月 9日

明星大學客座教授
細水保宏老師

閱讀日期　月　日　月　日　月　日

最喜歡數學的少年

看到蘋果從樹上掉落後，就有了驚人發現的人，是誰呢？

沒錯，就是大家都有聽說過的牛頓。

艾薩克・牛頓（1642～1727年）出生在英國一個小村莊，伍爾斯索普。他非常不擅長交朋友，總是獨自閱讀，或是用樹木製作出許多模型。

他在18歲的時候，就考上了聞名全球的劍橋大學。但是學校裡教的都是陳舊學問，沒有他喜歡的數學與物理。

因此，他便開始自行閱讀科學與數學新知識，獨自鑽研這些學問。

他親手製作出道具，並進行各項實驗，然後將想到的靈感與疑問都寫在筆記本中，努力尋找出答案。他的數學筆記本，很快就塞滿了各種圖形與算式。

發現「萬有引力」！

但是後來倫敦爆發了瘟疫，學校因此關閉。瘟疫是種可怕的疾病，奪走了許多人的性命。於是牛頓就回到家鄉伍爾斯索普，開始在自己的家中從事研究。

他當時沉迷於最喜歡的數學問題，並發現了求出不規則圖形面積、曲線長度的方法。當時並沒有計算機等工具，所以他完全是靠自己的腦袋，計算這些多達幾十位數的算式。

某天，牛頓望著自家庭園的蘋果樹時，不禁開始思考：「蘋果會往下掉，是受到地球重力的影響。既然如此，為什麼月亮不會像蘋果一樣掉下來呢？這是因為月亮與地球互相拉扯，且取得良好平衡的關係。這種不可思議的力量，說不定就充斥著宇宙各處，對各式各樣的事物發揮作用……」

這些想法就是後來廣為人知的「萬有引力」。

就這樣，牛頓光是待在伍爾斯索普的1年半間，就有了許多名留青史的重大發現。

補充筆記　東京的小石川植物園等地，種有用牛頓老家蘋果樹繁殖出來的樹木。雖然「牛頓的蘋果」故事非常有名，但是沒有人知道到底是真是假。

最討厭不公平的投球比賽了！

關於圖形

7月10日

福岡縣　田川郡川崎町立川崎小學
高瀨大輔老師

閱讀日期　月　日　月　日　月　日

靠近目標與遠離目標的人

接下來一起玩投球比賽吧。從紅色的界線框外拚命投球，投進數量愈多的隊伍就贏了（圖1）。

圖1

但是比賽開始後，馬上就有孩子陸續提出抗議：

「不公平！」

為什麼不公平呢？

「有些人離目標比較近，太狡猾了！」

「大家的距離都要一樣才行！」

看來是比賽的框線形狀不好呢！所以，就與大家一起討論該怎麼畫線吧。

「要畫成正方形或正三角形。」

「這樣的話，不管從哪個位置投球，與目標的距離都會相同。」

因此這次就畫出正方形的界線，重新開始比賽。但是，很快又有人抗議了。

「還是不公平！」

最憤憤不平的孩子，是站在什麼位置呢？

那就是站在4個頂點的孩子。看來他們與目標間的距離，比其他人還遠呢！

就算改畫成正三角形，3個頂點與目標的距離還是比較遠（圖2）。

圖2

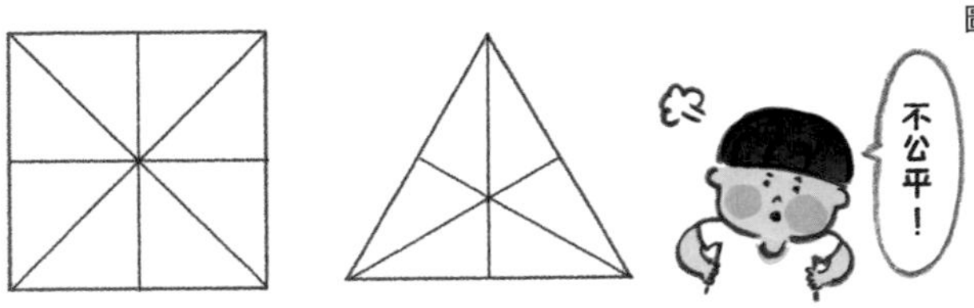

圓形才是最公平的形狀？

到底該畫什麼樣的形狀，才能夠讓每個人的距離都相同呢？

「畫成圓形就可以了。」

「這樣的話，不管從哪個位置投球，與目標的距離都會相同。」

就這樣，每個孩子都開開心心地玩起了投球比賽。看來「圓形」才是對所有人最公平的形狀呢！（圖3）

圖3

補充筆記　從一個中心點出發，畫出許多距離相同的點，再將這些點連起來，就會變成「圓形」（詳情請參照第132頁）。

●展開「折、折、剪」的色紙

接下來把色紙攤開。變成這種形狀了。

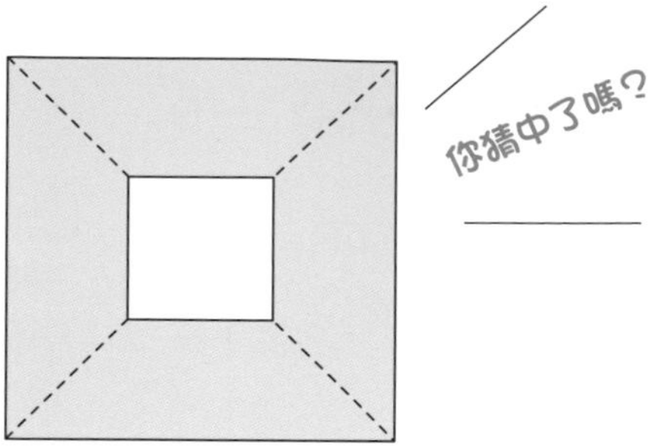
你猜中了嗎？

●折、折、折、剪

這次折 3 次三角形吧。

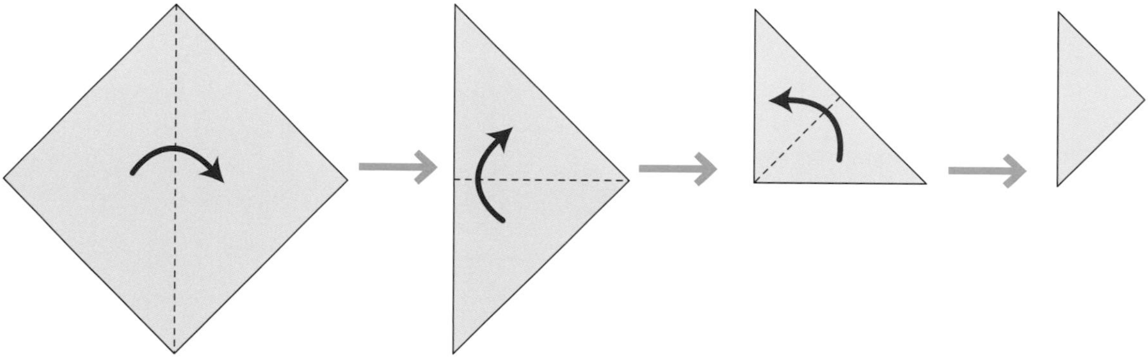

最後以相同的方法，剪掉三角形的尖端。你覺得這次會變成什麼樣的形狀呢？

這次三角形
變得比剛才更小，
紙張也更厚了，
剪的時候要小心喔！
再猜一次看看

●答案就在這裡面

展開後的圖案，就在下列 4 個選項當中。你覺得是哪一種呢？

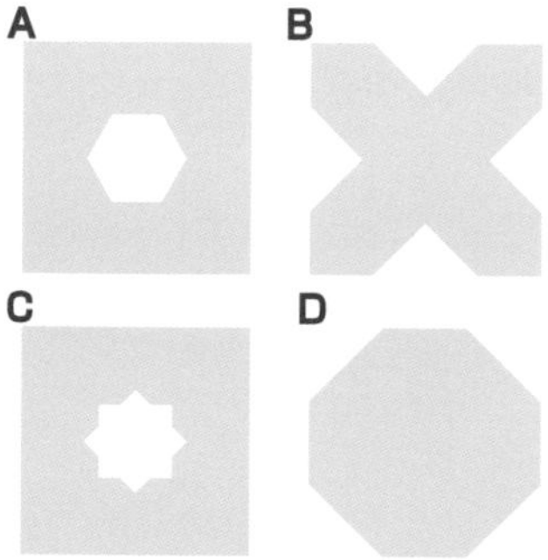
A
B
C
D

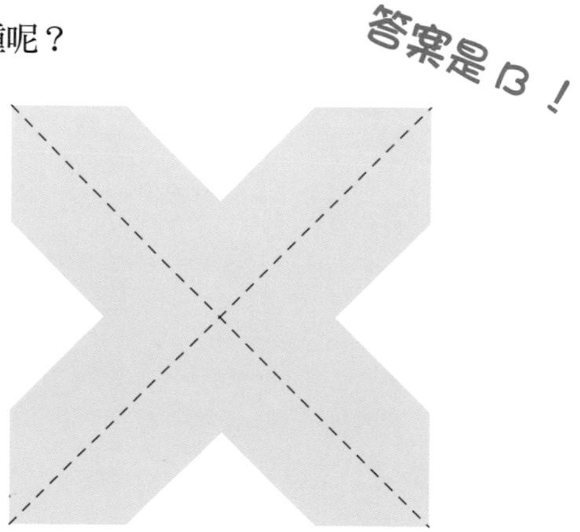
答案是B！

補充筆記 接著繼續挑戰「折、折、折、折、剪」吧！折 4 次之後，三角形變得更小，而且變得更厚了，所以在剪的時候要請家人幫忙喔！

動手做做看

用正方形做出許多奇妙的圖形

北海道教育大學附屬札幌小學
瀧平悠史老師

閱讀日期 月 日 月 日 月 日

將正方形的色紙折成三角形，然後剪掉尖端的部分，攤開後就會變成奇妙的形狀。而且折起色紙的次數不同時，呈現出的圖形也不一樣。請動手做做看，看能夠做出什麼樣的圖形吧！

要準備的東西
- 色紙
- 剪刀

●折、折、剪

首先將色紙折成三角形，記得要讓頂點對準頂點喔！接著以相同的方法，再對折一次，折成一半大的三角形。

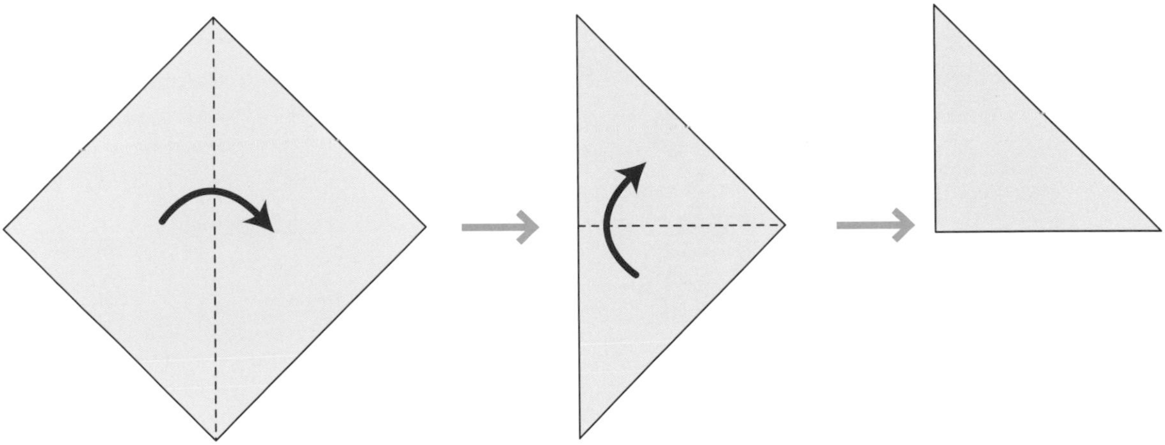

接著剪掉三角形的尖端。你猜，會變成什麼樣的形狀呢？

表示數字的語詞
～Tetra、Tri、Oct～

7月12日

東京都　豐島區立高松小學
細萱裕子老師

閱讀日期　月　日　月　日　月　日

圖1

Tetra Pak與tetrapod

你有聽說過Tetra Pak嗎？這是正四面體的紙質容器名稱。所謂的正四面體，就像圖1一樣是由4個全等三角形所組成的立體形狀，多半用在牛奶容器或是茶包等商品上（圖2）。

那麼有聽說過tetrapod嗎？這就是我們平常說的消波塊，是由混凝土製成的塊狀物，共有4隻腳。消波塊主要沿著海岸設置，能夠預防海岸線受到波浪侵蝕（圖3）。

Tetra源自於希臘文

這2個名詞的共通點，就是都有代表「4」的意思的「tetra」。這也是源自於希臘文，代表數字的英文字首。

其他也源自於希臘文的，還有trio（3人組）、triangle（三角形）、triathlon（鐵人三項，是由游泳、自行車與短程馬拉松所組成）等，這幾個英文字的共通字首，也就是「tri」代表數字「3」。另外，octave（八度音）與octopus（八爪章魚）的共通點，則是都有「oct」這個代表「8」的字首。

只要記下這些字首的意思，下次遇到不認識的生字時，也能夠透過字首猜出意思喔！

圖2

圖3

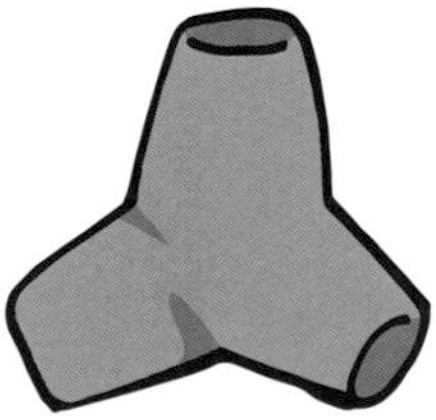

試著記起來

源自於希臘文的字首

下面整理了源自於希臘文的字首，以及使用了這些字首的單字。

1（**mono**）monorail（單軌，只有1條軌道的鐵路）
2（**di**）dilemma（進退兩難，有2個選擇卻無法選出其中1種）
3（**tri**）triceratops（三角龍，有3支角的恐龍）
4（**tetra**）Tetra Pak
5（**penta**）pentagon（五邊形）
6（**hexa**）hexagon（六邊形）
7（**hepta**）heptagon（七邊形）
8（**oct**）octave
9（**nona**）nonagon（九邊形）
10（**deca**）decagon（十邊形）

補充筆記　Tetra Pak是由法國利樂包裝公司開發，並為了推廣到日本，而設立了日本利樂包裝股份有限公司（現在的不動Tetra股份有限公司）。目前Tetra Pak這個包裝，就屬於不動Tetra所註冊的商標。

圓形的中心會怎麼運作？

學習院初等科
大澤隆之老師

閱讀日期　月　日｜　月　日｜　月　日

試著轉動圓形吧

在圖畫紙上畫1個圓，裁切下來後，在正中央開設小孔。接著將鉛筆插進小孔裡，讓圓形紙順著盒子的邊轉動，最後會畫出什麼樣的圖形呢？（圖1）

畫出來的圖案中，四角會變成什麼樣子呢？會變成圓形嗎？一起來試試看吧（圖2）。

沒錯，四角都變圓潤了，看起來就像拿圓規畫出來的一樣。

那麼這次在沿著盒子的內側畫線，結果還是畫出圓潤的四角了嗎？（圖3）

這次會形成像左圖一樣的四角，非常有趣。

請親自拿盒子與材料畫畫看吧，除了沿著內側與外側各畫1次外，也可以把圓形換成三角形等各種形狀挑戰看看喔！

圖1

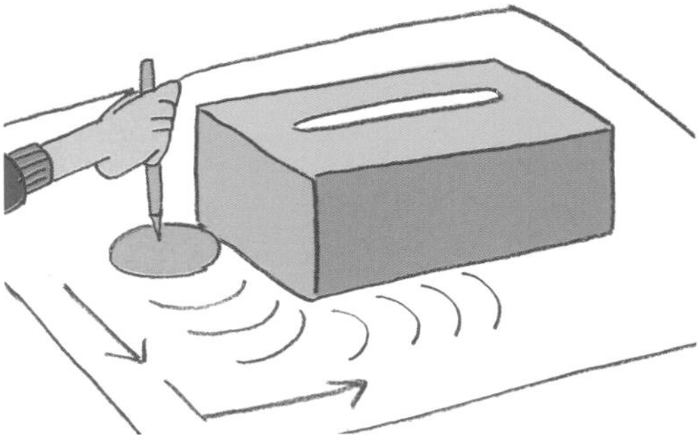

圖2

圖3

試著做做看

將鉛筆插進邊緣的孔？

試著在圖形的各個位置戳洞，然後將鉛筆插進洞裡畫畫看吧。最後畫出的形狀，可是連拿圓規都畫不出來的呢！另外，用正三角形或正方形來畫的話，也很有趣喔！

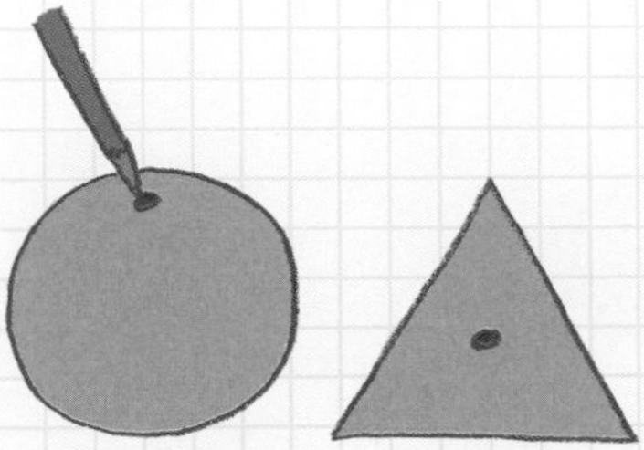

圖4

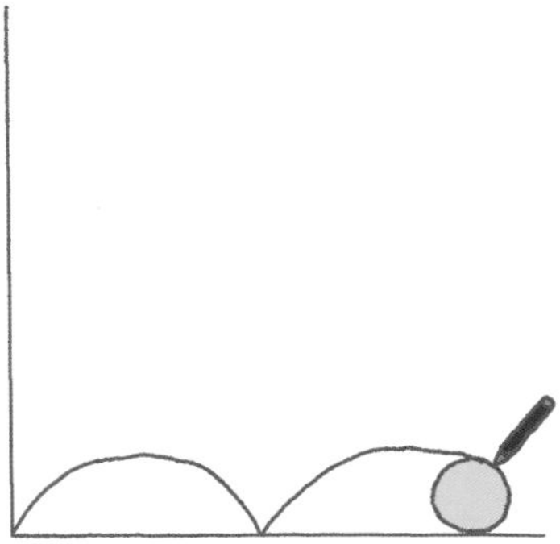

補充筆記　像圖4一樣，將鉛筆的筆尖固定在圓形的圓周上，再邊轉動圓形紙邊畫線的話，就會形成這種叫「擺線」的線條。

7的倍數判斷法

東京學藝大學附屬小金井小學
高橋文夫老師

閱讀日期　月　日　月　日　月　日

這個數字是7的倍數嗎？

今天要說明的是7的倍數判斷法。

接下來要舉的例子，是已經超出九九乘法表範圍的3位數。

想要判斷3位數的數字，重點是要背熟7的倍數中的2位數。7的倍數中的2位數，你記得哪些？

九九乘法中，7的乘法最多到63而已，這邊應該都沒問題。接下來的數字是70、77、84、91、98，也請記起來吧！

遇到3位數字時，只要使用圖1的方法，就能夠確認是不是7的倍數。

圖1

實際計算確認真假吧

這邊以861為例，861的百位數是「8」，後面的2位數是「61」，所以「8×2＝16」。將16加上後面的2位數「61」，就是16＋61＝77，由於77是7的倍數，所以透過這個判斷法，可以知道861是7的倍數（圖2）。

實際計算看看吧！由於861÷7＝123，所以確定861能夠用7除盡，確實是7的倍數。

圖2

那麼接下來思考一下798吧！使用「（百位數的數字）×2＋（後面2位數）」這個算式的話，就是7×2＋98＝14＋98，也就是112。因為結果還是3位數，所以要再一次判定，計算1×2＋12＝14（圖3）。

實際計算的話，就是798÷7＝114，可以被7除盡。

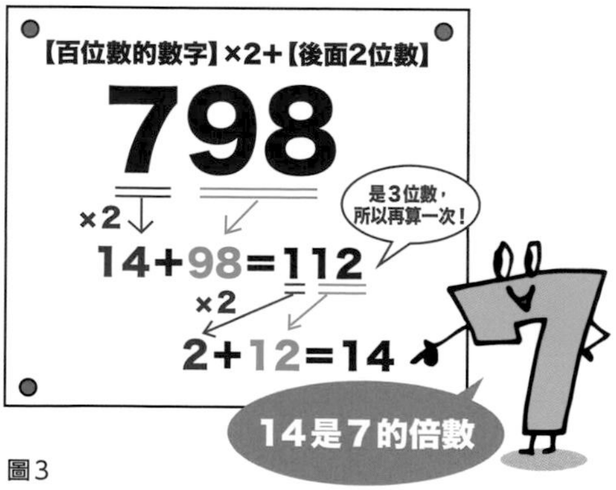

圖3

補充筆記　遇到4位數的時候，只要分成前面2位數與後面2位數，就可以使用這個算式確認是否為7的倍數了。

豪雨有多大？

東京學藝大學附屬小金井小學
高橋丈夫老師

閱讀日期 月 日 月 日 月 日

500ml
茶

要用幾支寶特瓶裝呢？

大家應該都聽過「豪雨」這個名詞吧？只要3小時的降雨量超過100㎜的話，就稱作豪雨。

降雨量，指的是1小時內，邊長1m（100㎝）的正方形土地內，所接受到的雨量。

「豪雨」的降雨量是100㎜的話，要用幾支500㎖的寶特瓶裝才夠呢？

假設是500㎖寶特瓶的話，總共需要200支。

這麼多的雨量都是數十分鐘內降下的，由此可知道豪雨會造成相當大的災害。

降雨量100㎜等於水100L

這邊再針對降雨量進一步詳細說明吧。

只要想像有個邊長1m的透明盒子，大雨降下來時都落在盒子裡，就很好理解了。1小時的降雨量達100㎜，代表盒子中的水深達100㎜，也就是10㎝。

邊長10㎝的正方體盒子，體積等於1L。而邊長1m的透明盒子，長寬都等於10個盒子，也就是總共需要100個盒子。由此可知，降雨量100㎜，等於1個小時內在1㎡的範圍內，降下了100L的雨水。因此，降雨量為1㎜的時候，就代表降了1L的雨（參照第61頁）。

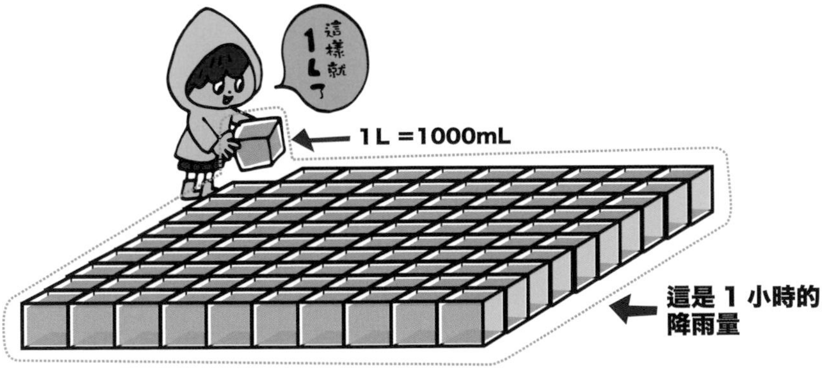
這樣就1L了
1L =1000mL
這是 1 小時的降雨量

補充筆記 我們的日常生活中有許多單位，試著調查這些單位是怎麼組成的吧，一定會很有趣喔！

選擇冰淇淋的方法

7月16日

北海道教育大學附屬札幌小學
瀧平悠史老師

閱讀日期　月　日　月　日　月　日

一起去買冰淇淋吧！

炎炎夏日，總是讓人忍不住想吃冰淇淋呢。

今天，我們特地到店家購買好吃的冰淇淋，而且想要奢侈一點，直接買2球的冰淇淋。

冰淇淋店裡的冰淇淋有下列5種：

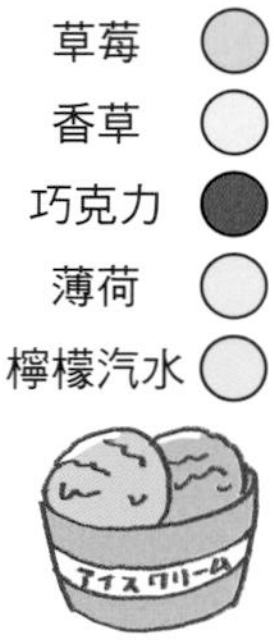

圖1

那麼，當我們要從中選擇2球的時候，有幾種選擇方法呢？

首先，我們思考一下其中1種是草莓口味的情況。除了草莓口味外，還有4種口味，因此草莓口味與其他4種口味，能夠共同組成4種選項（圖2）。

同理可證，當我們已經先決定其中1種是香草口味的時候，與其他口味也可以組合出4種選項。巧克力、薄荷與檸檬汽水也各有4種選項。

由此可知，5個口味都各有4種選項時，因為4×5＝20，所以總共有20種選項（圖3）。

圖2

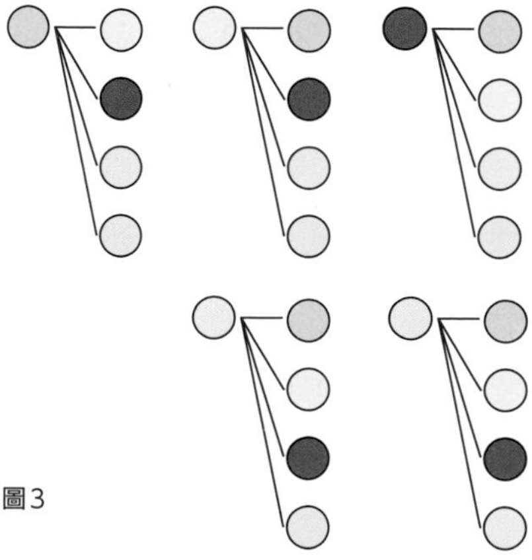

圖3

可別忽略重複的選項

接下來仔細觀察這20種選項吧。

大家是否注意到不對勁的地方了？原來，圖4中框起來的冰淇淋組合都重複了呢！

因此，這些重複的選項就必須從這20種刪除了，最後就只剩下10種選項，比原以為的數量還少一半呢！

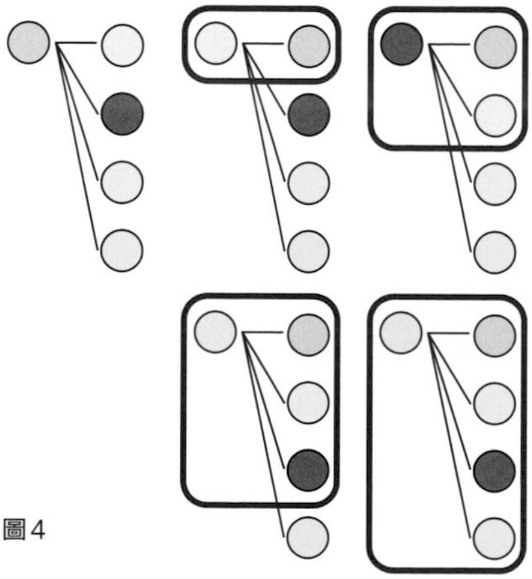

圖4

補充筆記　將冰淇淋放在甜筒餅乾上的時候，就會有巧克力放在香草上，或是香草放在巧克力上的狀況，如果將這2種狀況當成不同選項的話，總共就有20種選項了。

2 與生活有關的算術

錢的大小與重量

7月 17日

御茶水女子大學附屬小學
久下谷 明老師

閱讀日期　月　日｜　月　日｜　月　日

1日圓硬幣的硬幣直徑？

圖1

你知道1日圓硬幣的硬幣，直徑是幾cm嗎？（圖1）

答案就在下列3種選項當中：

①1cm　②2cm　③3cm

請說出你的答案。

因為是1日圓硬幣的關係，所以很多人都會猜是不是1cm吧？正確答案其實是②2cm。請實際調查並測量看看吧！

今天要介紹的，就是近在身邊的金錢。我們要探討一下這些錢的大小與重量。

1日圓硬幣與1萬日圓鈔票的重量

接下來要提問囉。假設這裡有1日圓硬幣以及1萬日圓紙鈔，請問你覺得哪一個比較重呢？（圖2）

答案是「幾乎相同」。1日圓硬幣的重量是1g。以金錢的價值來說，要1萬枚1日圓硬幣，才能夠換1張1萬圓紙鈔，但是這兩者的重量竟然幾乎相同，聽起來很不可思議呢！

日本的鈔票長度都相同，但是價值愈昂貴，寬度就愈寬（參照第70頁）。不過，硬幣（1圓、5圓等）就沒有這種規則了。

圖2

試著記起來

要是鈔票破掉的話怎麼辦？

當非故意造成鈔票破掉或是燒掉時，可以按照剩下的面積，拿去台灣銀行換成相應的金額。

①如果剩餘面積在3/4以上時，就能兌換與鈔票面額相同的金額。

②如果剩餘面積在1/2以上，但不滿3/4時，只能兌換鈔票面額的一半。

③如果剩下不到1/2的面積，那麼這張鈔票就失去價值，不能兌換新的鈔票了。

補充筆記 日本政府在推出新貨幣（錢）的時候，會募集各方設計，並從中選擇。所有日本硬幣中，只有5日圓硬幣不是使用阿拉伯數字，也只是剛好選到不是阿拉伯數字的設計而已。

為什麼雲霄飛車不會掉下來？

東京都　豐島區立高松小學
細萱裕子老師

閱讀日期　月　日　月　日　月　日

水桶裡的水不會灑出來？

你有沒有試過不斷旋轉裝了水的水桶呢？

在轉的過程中，就算水桶在頭上倒過來，裡面的水也不會灑出來。這是為什麼呢？

這是因為離心力發揮作用的關係。

離心力能夠把水按在水桶底部，因此就算水桶在頭上倒過來，也不怕裡面的水灑出來。

但是，速度愈快的話離心力愈大，速度愈慢的話離心力愈小。

換句話說，只要旋轉水桶的速度太慢，裡面的水就還是會灑出來。想要避免水灑出來的話，就必須擁有很大的離心力，因此必須用很快的速度旋轉水桶才行。

離心力的奇妙之處

你有搭過會繞一整圈的雲霄飛車嗎？既然要繞一整圈的話，當然就會有頭下腳上的時候，但是雲霄飛車與人卻不會掉下來呢！

這個原理也與水桶的水相同，身體受到離心力的影響，會被緊緊按在座位上，所以就不會掉下來了。

如果雲霄飛車的速度變慢的話……是不是會感到擔心呢？但是請放心，雲霄飛車在製造的時候，從速度到翻轉過來時的高度等，都經過了嚴密的計算，所以不會掉下來喔！

試著做做看

選擇小水桶，並且注意安全

請挑個又小又輕的水桶，裝一些水後到學校庭園、操場或泳池邊等寬敞的地方，試著用不同的速度旋轉水桶吧（水可能會灑出來，所以要注意安全）！

補充筆記　離心力，指的是物體進行圓周運動時，由圓心往遠方推出的力量。

碼表的大小事

島根縣　飯南町立志志小學
村上幸人老師

閱讀日期　月　日　月　日　月　日

百分之一秒的世界

大家有跑過50m嗎？測量出來的速度是多少呢？在測量跑50m的速度時，都會以跑完全程所花的時間為準，所以會以「9秒」、「10秒14」、「8秒87」等方式表示，而且秒數愈少的人，跑的速度就愈快。

當看到朋友的紀錄時，有沒有覺得奇怪呢？

我們之前學習過的時間，不管是分鐘還是小時，都是每60就前進1個單位。時鐘上也是，60分鐘等於1個小時，60秒等於1分鐘。因此，平常在表達時間的時候，不管是分或是秒都不會出現比60還大的數字。

不過，仔細看碼表的數字會發現，比1秒還小的時間裡，會出現比60還大的數字呢。

為什麼1秒以下是10進位？

請和家人一起打開手機的碼表功能吧。如此一來，就可以發現雖然分與秒是60進位，但是比1秒更短的時間卻是採用10進位。為什麼會不同呢？

類比碼表
照片來源／NY.P/shutterstock.com

很久以前使用的類比碼表中，比較大的刻度是代表1秒，大刻度之間會有4個小刻度，分別代表1/5秒。也就是說，以前最多只能測到1秒的1/5，像是「9秒2」、「8秒6」等。

運動世界等很重視瞬間的測量，所以才會發明出碼表。把原先1秒的刻度切成1/5、1/10等更細的刻度，並提升精確度，最後就變成10進位了。

數位碼表
照片來源／ziviani/shutterstock.com

補充筆記　如果一開始就設計出能測量1/60秒的碼表，或者小刻度是1/6秒而不是1/5秒的話，那麼小於1秒的時間說不定就會使用60進位……。不過，現在的技術其實已經可以測量到1/1000秒囉！

數字與圖形小遊戲

數字環的智力遊戲

7月20日

熊本縣　熊本市立池上小學
藤本邦昭老師

閱讀日期　月　日　月　日　月　日

從1開始按順序製作

圖1是用1、2、3、4、5這幾個數字組成的環。

我們要從2個位置剪斷這個環，然後將相連的數字加起來。

以圖2這種剪法為例，短的一邊是「3」，長邊的數字加總後是「12」。

像這樣從1開始依序改變剪斷的位置，到底能夠算出那些數字呢？

圖1

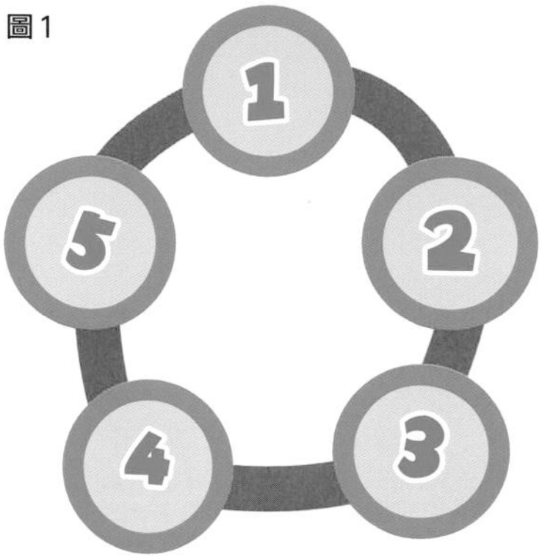

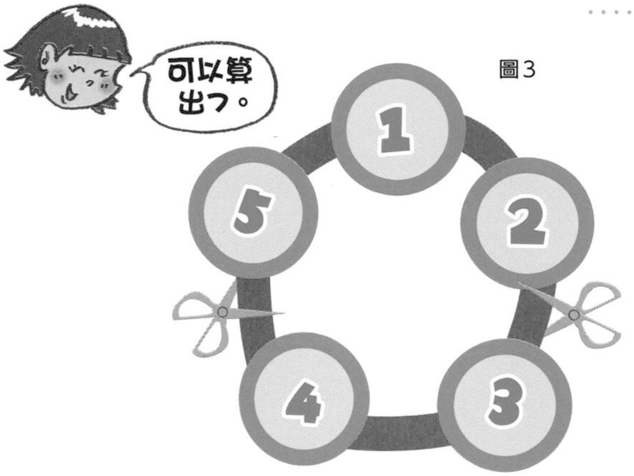

改變剪斷的位置！

想要算出「1」、「2」、「3」、「4」、「5」這些數字的話，就把那個數字剪下來就好，非常簡單。

想要算出「6」的話，剪斷時讓「5」跟「1」相連就可以了。

那麼該怎麼算出「7」呢？如果只是普通的算式時，「5+2」就可以解決。但數字環中的「5」與「2」是分開的，中間還隔了1個「1」。按照前面的剪法，沒有辦法算出「7」。但是，「3」跟「4」是相連的，所以剪斷這邊就好囉（圖3）。

像這樣思考不同的剪法，就能夠組合出許多數字囉！

試著做做看

創造出智力遊戲！

你可以增加數字環的數字，或改變數字的順序，藉此創造出許多有趣的智力遊戲。

補充筆記　〈內文的答案〉「8」＝「5＋1＋2」、「9」＝「5＋4」（或是「2＋3＋4」）、「10」＝「4＋5＋1」（或是「1＋2＋3＋4」），「11」＝「4」以外的數字相加，「12」＝「3」以外的數字相加……完全不剪的話就能算出15。

動手做做看

會變身的奇妙之環

東京都　杉並區立高井戶第三小學
吉田映子 老師

閱讀日期　月　日｜　月　日｜　月　日

從2個環的正中央剪開

請準備剪刀、色紙與膠水。先將色紙剪成長條狀，再用膠水把兩端黏起來，製成環狀。接著從環的正中央剪開吧。

圖1

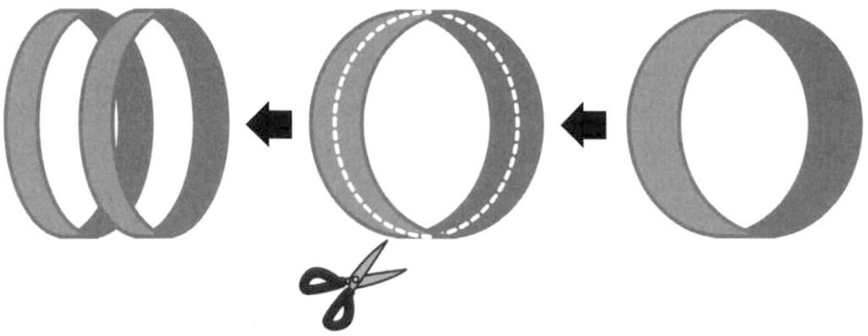

這下就形成2個環了。目前都還很普通呢！

那麼，如果把2個環接在一起會如何呢？首先，將2張紙條排成十字型，然後用膠水黏住正中央。然後繞起這2張紙條，製作出相連的上下兩個環。

然後分別從這2個環的正中央剪開時……。

圖2

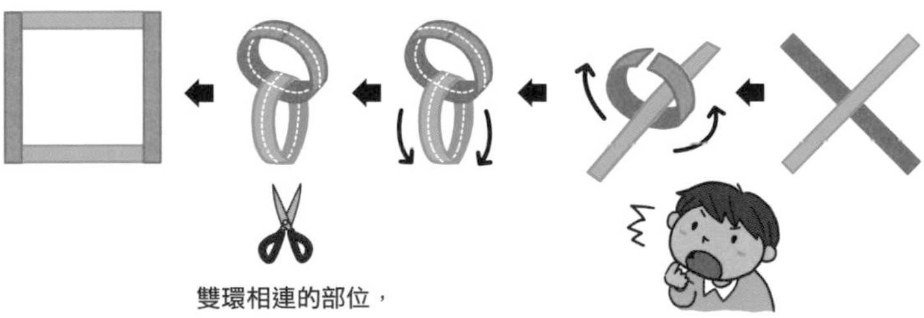

竟然變成了好大的正方形。沒想到圓環竟然會變成正方形，太不可思議了。

讓3個環相連

讓我們再增加環的數量。首先，像剛才一樣，製作出2個相接的環。接著再剪出1張紙條，繞過上側的環，製作出3個相連的環。

接著，讓我們用剛才的方法，從3個環的正中央剪開吧！

圖3

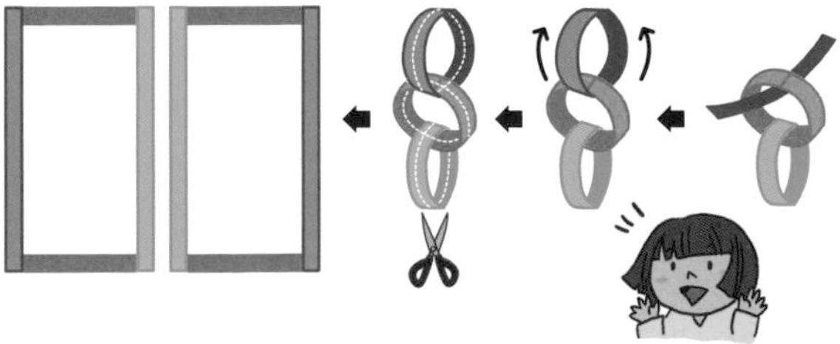

沒想到竟然變成了2個大長方形！沒想到3個相連的環，竟然能夠變成2個長方形，愈來愈奇妙了呢！

補充筆記　改變紙條的長度與相接的角度，最後呈現的形狀也會跟著改變喔！請試試看各種不同的長度與角度吧！

不用捲尺就能測量100m！

7月22日

青森縣　三戶町立三戶小學
種市芳丈老師

閱讀日期　月　日　月　日　月　日

你知道自己的步伐距離嗎？

要測量出100m的時候，只要使用長長的捲尺，就可以輕易測量出來了。但是，手邊沒有捲尺的時候該怎麼辦呢？因此請熟記下列方法，以備不時之需喔！

●用腳步測量

這是用自己走路的步數來測量距離的方法。日本江戶時代有個叫做伊能忠敬的人，就是用這個方法製作出日本地圖的（參照第185頁）。專業高爾夫球賽的人們，到現在也都還會用腳步測距離呢！

請先了解自己的步伐有多寬吧。先走10步之後，測量行走的距離後除以10。

圖1

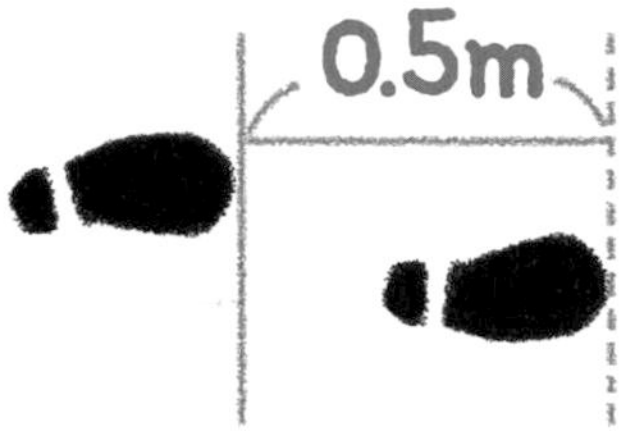

假設自己的步伐距離是0.5m，那麼走200步就等於100m了（圖1）。

善用電線桿與道路白線

●計算電線桿的數量

電線桿之間的距離大約30m，所以3支電線桿就等於90m，剩下10m就用自己的腳步測量吧。如此一來，就能夠在很短的時間內測量出100m了。

●道路的白線

日本道路中央的白線長度是5m，白線間的距離也是5m，加起來總共10m。台灣的白線長度則是4m，白線間的距離是6m，加起來也是10m。也就是說，有11條白線的話，最後一條白線的前端就是100m的位置（圖2）。

●路邊護欄

日本大部分的路邊護欄，長度都是4.3m。由於100÷4.3＝23.25……所以23個護欄就大約等於100m了。

圖2

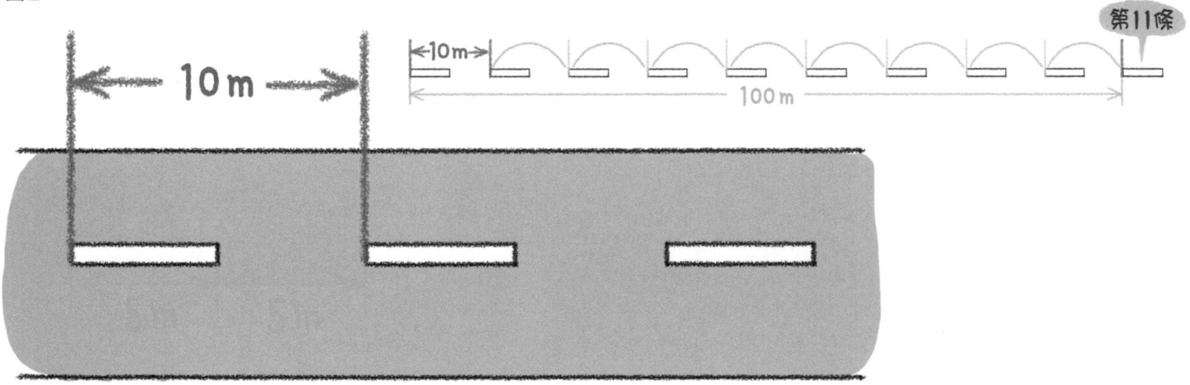

補充筆記　如果步伐沒有固定的距離時，就會產生誤差。據說當年伊能忠敬（參照第185頁）經過訓練，才把自己的步伐寬度控制在精準的69cm。

把紙對折幾次之後就能到達月球？

高知大學教育學系附屬小學
高橋 真老師

閱讀日期　月　日　月　日　月　日

要折幾次才能夠到達呢？

地球與月球之間的距離大約38萬km，是非常遙遠的距離。就算使用在高速公路上行駛的車速（假設1小時前進100km），日夜不間斷地持續行駛，仍必須耗費5個月以上才能夠到達。接下來就要用個有趣的方法，來表達如此遙遠的距離。

首先請準備1張紙。隨處可見的紙就行了，用學校講義的影印紙也可以。將紙對折、對折、再對折……。像這樣1次、2次、3次……不斷地折紙，紙就會愈來愈厚。

那麼，我們該對折幾次，才能夠讓紙的厚度到達月球呢？

學校所使用的影印紙，厚度大約是0．08mm。對折1次後，厚度就會變2倍為0．16mm，再對折1次，就是再2倍的0．32mm。如果對折3次，就是再2倍的0．64mm。只要對折10次的話，厚度就會達81．92mm，也就是8cm左右。雖然已經變得很厚了，但是距離月球還遠得很呢！

答案是43次！

但是，對折40次之後，竟然就厚達8萬8000km呢！因此41次時，就瞬間變成17萬km，第42次就是35萬km，第43次就變成70萬km！這個距離根本已經比38萬km大太多了！

雖然地球與月球之間是遙遠的38萬km，但是只要將1張紙對折43次，厚度就能夠超過地球與月球間的距離呢！

試著記起來

超厲害的「老鼠繁殖算式」

數字不斷加倍的話，很快就會變成龐大的數字，而這類計算就稱為「老鼠繁殖算式」。因為老鼠一胎會生很多小老鼠，小老鼠又會生下很多小小老鼠，小小老鼠也會再生出很多小小小老鼠。就像這樣數量增加的速度非常迅速。

補充筆記　當然，紙是無法對折43次的。在數學的世界裡，連一些現實生活不可能發生的事情，都能夠用來計算呢！

與生活有關的算術 2

比較慢聽到聲音的原因？

7月24日

東京都　豐島區立高松小學
細萱裕子老師

閱讀日期　月　日　月　日　月　日

光速與音速

射到夜空的壯麗煙火，真的很漂亮呢！紅、藍、黃、綠等繽紛的顏色，帶來了一場視覺饗宴。而且還可以聽到「砰——」這種非常有魄力的聲音。

從很近的地方欣賞煙火時，看到煙火在天空綻放的同時，就會聽到聲音。但是在很遠的地方欣賞時，會先看到煙火，等等才會聽到聲音。

這是因為「光的傳播速度」與「聲音的傳播速度」不同的關係。

光在1秒內大約可以前進30萬km，幾乎可以繞地球7圈半了，真的非常快呢！由此可以想像得出來，光會在瞬間進入視線。相較之下，聲音在1秒內大約只能前進0．34km，也就是說，每傳播1km就需要耗費3秒鐘。所以，如果我們站在離煙火1km遠的地方時，光瞬間就到達視線，聲音則要在3秒後才會聽見。

砰～！
砰～！
好～美呀～！
砰～！

雷電很遠？還是很近？

雷電也是相同的道理。你有記錄過從看到閃電，到聽到轟隆隆的雷聲之間，相隔了幾秒鐘嗎？從「閃電」到「雷聲」之間的秒數，可以推斷出我們與雷電之間的距離。如果相隔了10秒，就因為0.34×10＝3.4的關係，可以推算出雷電距離我們3．4km遠（參照第105頁）。

試著做做看

確認聲音的傳播方式

請找朋友一起到廣場，以相同的間距，並朝向同方向排成一列。接著，最後面的人就用鼓或笛子發出短音，其他人聽見後就馬上舉手。由此可以看出聲音依序傳播的模樣。

咚
我聽到了！
我聽到了！
聲音
聲音
聲音

補充筆記
聲音的傳播速度會隨著氣溫改變。氣溫15℃的時候，1秒內約前進0.34km。氣溫每上升1℃，聲音的每秒傳播速度就會提升0.0006km（60cm），速度會稍微快一些。

減法之後是加法？

7月25日

學習院初等科
大澤隆之老師

閱讀日期　月　日｜　月　日｜　月　日

圖1

背面

2	3	4	5
2	3	4	5
	3	4	5
		4	5
			5

圖2

正面

2	3	4	5
⋮	⋮	⋮	⋮
12-10	13-10	14-10	15-10
11-9	12-9	13-9	14-9
10-8	11-8	12-8	13-8
9-7	10-7	11-7	12-7
⋮	⋮	⋮	⋮

圖3

正面

2	3	4	5
⋮	⋮	⋮	⋮
11-9	12-9	13-9	14-9
10-8	11-8	12-8	13-8
9-7	10-7	11-7	12-7
8-6	9-6	10-6	11-6
7-5	8-5	9-5	10-5
⋮	⋮	⋮	⋮
3-1	4-1	5-1	6-1
2-0	3-0	4-0	5-0
?			

把減法卡排在一起

日本小學1年級的學生為了學習借位，會使用「減法卡」，圖1是將卡片的反面朝上排列。答案是2的卡片正面會是什麼算式呢？是「10－8」嗎？應該也會想到「11－9」、「12－10」、「9－7」與「1+1」等算式吧！

正確答案是「11－9」。讓我們將卡片翻過來看看吧。接著請看圖2，並留意黑框內的算式。這就是將圖1的減法卡翻回正面後排列的樣子。

但是剛才談到的「12－10」與「10－8」，算出來的答案也是2。所以，我們該怎麼把這些卡片也排進去呢？

用數學的邏輯來思考，就可以像圖2的紅字卡片一樣，將這些算式擺在「11－9」的上下了。一起思考看看，其他黑字卡片的上下，是否也可以像這樣排入其他卡片呢？

加法卡登場！

「11－9」的上方排列著「12－10」、「13－11」、「14－12」，下方則有「10－8」、「9－7」、「8－6」～「2－0」，咦？下面沒得排了嗎？（圖3）

可以擺在這裡的算式，答案必須是「2」。由於上面依序是3、2，再下來就沒有算式可以擺了。不對，還記得我們一開始有提到一個「錯誤」的算式嗎？那就是「1+1」。排上這個算式之後，下面就可以放「0+2」囉。

試著寫出「2」右方的算式列吧！多算幾次就會發現，排完減法卡後，就會自然轉變成加法卡呢！

補充筆記

為什麼「2－0」的下方會是「1＋1」呢？因為，這裡其實是「1－（－1）」，當2個減法符號碰在一起，就會變成加法了。雖然要到中學才學到，但現在學會的話，就能夠把表格繼續往下方及左方延伸了！

關於圖形

支撐相機的三腳工具

7月 26日

福岡縣　田川郡川崎町立川崎小學
高瀨大輔老師

閱讀日期　月　日｜　月　日｜　月　日

支撐相機的工具

請回想一下，在學校請攝影師幫我們拍攝紀念照的時候吧。你有沒有注意到，相機是放在1個有3支腳的東西上面呢？這個工具就叫做「三腳架」。因為總共有3支腳，所以就叫做三腳架囉。

為什麼教室與家裡的桌椅都是「4支腳」，只有支撐相機的工具，會是「3支腳」呢？

少了1支腳不會晃來晃去的嗎？

在凹凸不平的地方也能使用

一般桌椅都是放在平面上使用，但是相機使用的「三腳架」，卻會拿到戶外攝影，有時候也會擺在崎嶇的路面。這時，「3支腳」用起來就比較靈活囉（圖1）。

為什麼在凹凸不平的地方使用3支腳，就不會晃來晃去呢？

假設有4支不同長度的鉛筆，將它們豎立起來後，將墊板擺在上方的話，就會出現1支碰不到墊板的鉛筆，結果這支鉛筆就會搖搖晃晃的。

只有3支腳的話，不管長度差異如何，只要斜放墊板就能夠完美接觸到每1支筆了（圖2）。

因此，只有3支腳的時候，只要調整腳的長度，就可以形成一個與地面平行的平台。

圖1

圖2

補充筆記　除了桌椅之外，帳篷、爬梯等，也會依照要用的場所與目的來選擇物品的腳數。所以，請留意一下身邊物品的腳吧！

在沖繩時體重會變輕？

7月27日

東京都　豐島區立高松小學
細萱裕子 老師

閱讀日期　月　日　月　日　月　日

地球自轉造成的離心力

大家應該都有用體重計量過自己的體重吧？事實上，在北極量到的體重，會與在赤道附近量到的體重有些許差異喔。為什麼會這樣呢？

這是因為地球自轉造成了離心力。

離心力是在物體做圓周運動時所產生的，是種會從圓心往外推展的力量（參照第234頁）。

旋轉的速度愈快，離心力就愈強。這邊假設地球的形狀就跟球一樣吧！

圖1

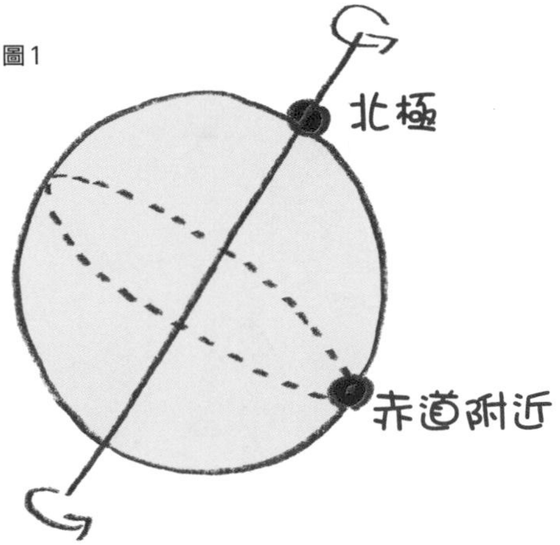

地球自轉的時候，赤道附近的旋轉速度比北極還要大，所以可以推測出赤道附近的離心力比較強（圖1）。

日本南北的重力不同？

此外，地球上的物體都受到重力（地球拉住物體的力量）拉扯。地球上每個地方的重力都不同，當離心力愈大的時候，重力就愈小。

重力＝引力－離心力（圖2）。

也就是說，赤道附近的重力也會比北極還要小，所以體重也會跟著受影響。在北極測的體重比較重，在赤道附近測的則比較輕。這也就是體重為何會發生變化的理由。

同樣的事情也會在南北狹長的日本國土發生。在北海道量的體重，會比在沖繩時量的還要重。所以從日本的北端前往沖繩時，站上體重計會發現自己稍微變輕了，真是令人開心！

圖2

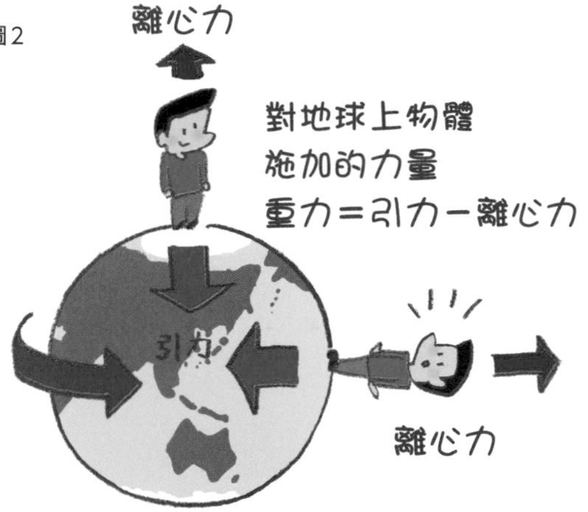

補充筆記　有種體重計可以隨著地區調整數字，其他體重計雖然沒有這種功能，但是以日本來說，就會依地區分成北海道用、本土用與沖繩用3種體重計。

關於單位與測量

紙飛機的飛行時間？

7月 28日

神奈川縣　川崎市立土橋小學
山本　直老師

閱讀日期　　月　　日　　月　　日　　月　　日

紙飛機能夠飛幾秒呢？

相信應該很多人都用色紙等折過紙飛機吧？

實際上射出紙飛機時，大約飛了多久呢？是1分鐘還是30秒呢？

大部分的情況下，都不到10秒就墜落了吧？

雖然10秒聽起來感覺很短，但是以紙飛機的飛行時間來說，其實已經算滿久了。

人們對時間的感覺真是不可思議，有時候覺得特別長，有時候又覺得特別短。

如果一堂課在30秒左右就結束的話，是不是會覺得只有一下子而已。但是，如果紙飛機能夠持續地飛行30秒的話，說不定會破世界紀錄呢！

長短的感覺會依情況而異

人類的感覺不一定正確。例如：想認真唸書30分鐘，但是還不到15分鐘就覺得應該已經過了30分鐘，甚至有可能認為已經過了1個小時。因此，考試與運動比賽等時間很重要的活動，就必須使用時鐘或碼表，才不會受到人體的感覺影響。

試著想想看

鍛鍊時間感的方法

很多人每天都會重複執行一樣的事情。以刷牙為例，有的人每天刷牙的方式都不同，但是大部分的人都會用相同方式刷牙，因此每天花費的時間也差不多。所以每天早上起床、盥洗、上廁所與吃早餐等所花費的時間都差不多。養成習慣的話，每天從起床到走出家門的時間都會相同，形成有規律的生活。像這樣養成規律生活習慣的話，或許就能夠鍛鍊出更敏銳的時間感了！

補充筆記　經驗能夠磨練感覺，所以每天都做一樣的工作時，就算不看時鐘，也感覺得出大約的時間。

有聽過「分裝油計算」嗎？

北海道教育大學附屬札幌小學
瀧平悠史老師

閱讀日期　月　日｜月　日｜月　日

分裝油計算

「分裝油計算」是日本創造出來的「和算」的問題。這到底是什麼樣的問題呢？先來讀一讀下面的句子吧。

「在10L的容器裡，裝了10L的油。有2個人分別拿來了7L與3L的容器，那麼要均分給這2個人的時候，該怎麼分裝呢？」

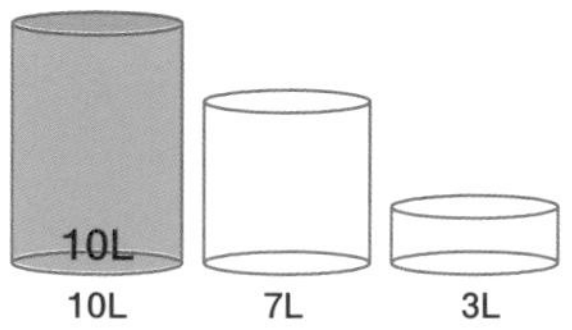

要讓2人均分的話，就代表1個人要拿5L。如果2個人的容器都是5L的話，這個問題就簡單了。但是這邊卻必須使用3L與7L的容器來分裝……真的辦得到嗎？讓我們一起試試看吧。

實際試試看！

首先，我們用3L的容器，從10L容器中取出3L的油，並倒進7L的容器中。接著再重複做一次。

用3L的容器，再從10L容器中取油，然後倒入7L的容器。由於7L的容器本來就有6L的油了，所以這時只能再倒入1L而已。

接著請將已經裝滿的7L油，倒回10L容器。然後將3L容器裡的2L油，全部倒進7L的容器裡。

然後，用3L的容器，從10L容器裡取出3L的油，倒入7L容器，2個容器就都有5L的油了。

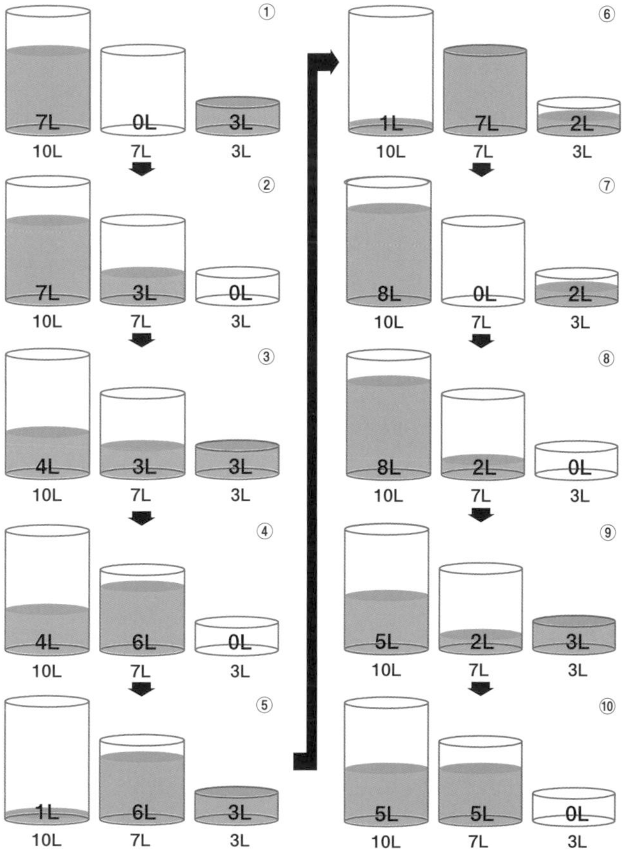

補充筆記 其他還有個一開始就使用7L容器的方法。上面介紹的方法，必須倒來倒去達10次，使用7L容器的話就只要9次。請務必要挑戰看看！

2 與生活有關的算術

在海面上容易浮起？

7月30日

東京都　豐島區立高松小學
細萱裕子老師

閱讀日期　月　日　月　日　月　日

身體在水中會浮起的原因

進入水中時，會覺得身體變輕（浮起）喔！這是因為水擁有能夠抬起物體的力量（浮力）。

不曉得你有沒有感受過，在海上時比在游泳池時容易漂浮呢！這是因為浮力會隨著水的種類改變，而游泳池使用的是自來水，海裡則是鹹水。

那麼，為什麼鹹水比自來水容易浮起呢？

這就與密度有很大的關係。密度指的是每1㎤的重量，而日本自來水每㎤約重1g，所以會使用1g／㎤表示。相對的海水的密度約為1．03g／㎤。使用「自來水（或是海水）的密度×物體沉進自來水（或是海水）中的體積」的公式就能夠求出，單位則是「g重」。

浮力與體積的關係

假設有2個物體，各自漂浮在自來水與海水上，而沉進水中的體積都是1000㎤，那麼自來水的浮力就是1×1000＝1000g重，海水就是1.03×1000＝1030g重。

由此可知，當沉進水中的物體體積相等的時候，密度較大的海水會產生較大的浮力。

所以，如果是相同物體分別漂浮在自來水與海水上的話，那麼物體在海面上時，沉進水中的體積會較小。

也就是說，漂浮在海面上時，露出來的體積會比較大，當然會覺得比較好漂浮。

試著做做看

會浮？還是會沉？

往裝滿水的水缸裡，丟進各種物品吧。有些東西雖然很重，卻會漂浮在水上，有些雖然很輕卻會下沉。只要物品的密度比水的密度（1g/㎤）還要大，就會下沉，比較小的話就會浮起。請邊預測邊確認吧！

補充筆記　中東的約旦與以色列之間，有座人稱「死海」的鹽湖。死海的密度約1.33g／㎤，據說每個人都能夠輕鬆漂浮在上面（參照第248頁）。

數字與計算的歷史故事

製作出100！
～小町算～

御茶水女子大學附屬小學
久下谷 明老師

7月31日

閱讀日期　月　日｜月　日｜月　日

試著計算小町算吧

今天要介紹的是名為「小町算」的計算遊戲，計算方法如圖1。

用這樣的數字排列，能夠組合出多少種算式呢？請努力想出各種算式吧！

有沒有成功找到可以算出100的算式呢？

圖1

1 2 3 4 5 6 7 8 9 = 100

將1～9這9個數字排在一起，然後自行在中間加上＋或－的符號，想辦法組合出可以算出100的算式。

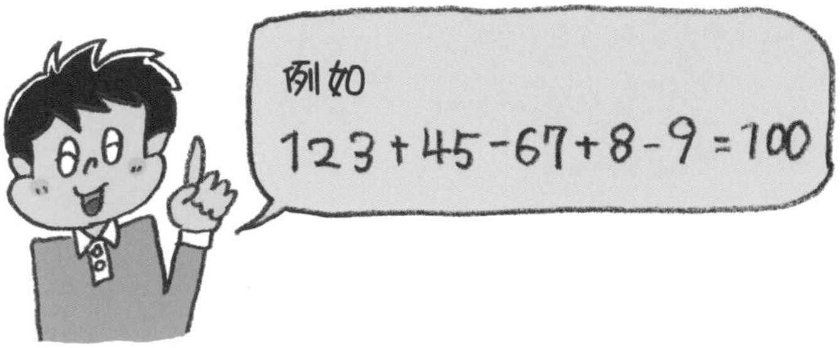

除了＋、－之外，這次也加上×與÷一起想看看吧。肯定能夠想出更多算式的。

例如……
1+2+3×4−5−6+7+89
1+2×3+4×5−6+7+8×9

源自於小野小町的傳說

小町算是源自於日本傳說《百夜通》。

小野小町是日本平安時代（794～1192年）的歌人（創作和歌的人），長相非常美麗。因此有位深草少將對小野小町一見鍾情，所以就向她求婚。但是當時的小野小町還不想結婚，為了讓深草少將知難而退，就出了一個難題：「如果你能連續100天來找我，我就和你結婚。」結果，深草少將真的連續99天現身，沒想到卻在最後一天，因為寒冷與疲憊而死在半路上。

真是悲傷的故事呢！後來就有數學家，以這個故事為背景，想出了小町算。

補充筆記　在玩「小町算」的時候，也可以試著改變數字的排列，像是「987654321」，並讓相加後的數字變成99。試著自己創作出各種題目，同樣很有趣呢！

這邊要介紹與算術有關的獨特照片。
這才知道，原來算術的世界
這麼有趣、這麼美麗。

◉攝影／村上幸人

「沉進水裡的冰塊好奇妙」

◉照片提供／細水保宏

◆ 因為海水裡有鹽分，所以會比普通的水還要重，人體也比較容易漂浮。中東就有座叫做「死海」的湖，鹽分很高，所以人們都漂在上面看書。

裡面的液體不是水!?

請看一下上圖。有幾顆冰塊沉在杯子裡。平常喝茶或喝果汁時，冰塊明明都浮在上面，為什麼這裡會下沉呢？好奇妙！這些冰塊有什麼特別的呢？其實特別之處不在冰塊，而是因為杯中放的不是水，是沙拉油。

物體有「輕」也有「重」，決定這些輕重的則是物體的「密度」。由於水的密度是1，以此為基準來比較物體的輕重。冰塊的密度約0.92，所以冰塊會比水還要輕，但是卻比密度0.91的沙拉油還要重，所以將冰塊放進沙拉油時，就會形成上圖的畫面。

8月

August

蜂巢為什麼是六邊形？

8月 1日

大分縣　大分市立大在西小學
二宮孝明老師

閱讀日期　月　日｜月　日｜月　日

非常工整的蜂巢形狀

你有看過蜜蜂的巢嗎？蜂巢，是蜜蜂用自己分泌出的蠟與唾液，所製造出來的。

蜂巢中有許多小房間，孕育著大量的幼蟲，同時也保存採集到的蜂蜜。

仔細觀察這些小房間的入口，會發現都是正六邊形，而且排得相當工整。

為什麼蜂巢會是這種形狀呢？

接下來要介紹幾個製作成正六邊形比較好的理由。

六邊形比較有效率！

首先，正六邊形可以在不浪費空間的情況下，填滿整個平面空間。

不過，就算不用正六邊形，用三角形與四邊形也是一樣呢！

但是用六邊形組成的結構，會比用三角形組成的運用上還要具有彈性。

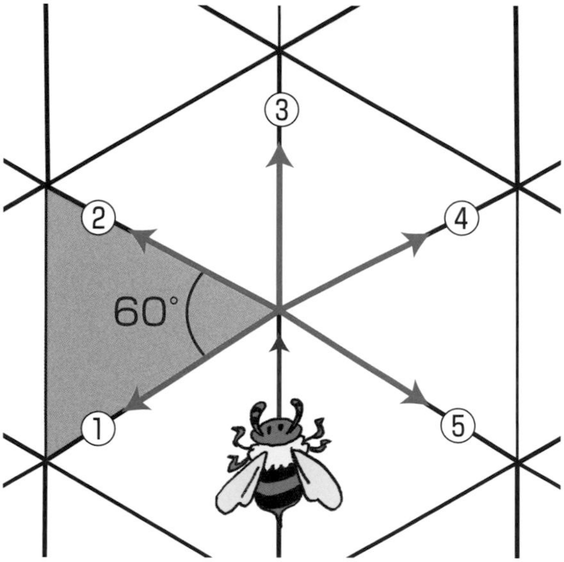

先製作出1面牆壁，再製造出5個三角形，六邊形必須朝2個方向建造牆壁。

此外，要用同一個形狀填滿整個平面空間時，選用六邊形才能獲得最寬敞的空間。

對蜜蜂來說，建築蜂巢肯定是件辛苦的事情。如果是正六邊形的話，牠們在運用空間時會比較有效率，築出的蜂巢也會比較堅固。

試著找找看

生活周遭的正六邊形

將正六邊形毫無間隙地排在一起，能夠組成堅固的空間。這種結構就稱為「蜂巢結構」。會運用在新幹線牆壁與飛機的機翼等建築物上。

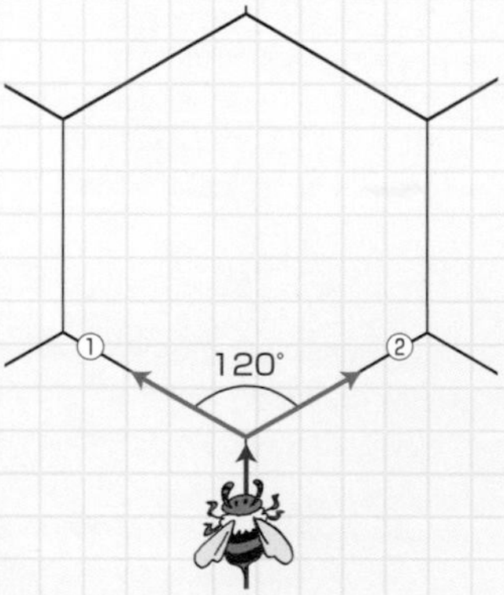

補充筆記　能夠毫無空隙地填滿整個平面空間的正多邊形，有正三角形、正方形、正六邊形。正三角形的角度是60度、正方形是90度、正六邊形是120度，全部都能夠整除360度。

2 與生活有關的算術

藏在詞彙裡的數字故事①

8月 2日

福岡縣　田川郡川崎町立川崎小學
高瀨大輔老師

閱讀日期　月　日　月　日　月　日

聽過這些詞彙嗎？

學校的科目會分成國語課與數學課，所以很多人以為這2個科目完全沒關係。但是，大家有聽過「七五三」嗎？「七五三」是日本與兒童有關的節日，從古代就使用到現在。不過，仔細看會發現這個名詞是由七、五、三這3個數字組成。其他還有什麼詞彙，也像這樣藏有數字呢？

這邊舉了幾個例子：

●雙六：類似中國的升官圖。是一種利用骰子擲出的點數前進的遊戲。

●百足蟲：蜈蚣的別名，蜈蚣是種擁有很多腳的蟲，所以別名裡就包含了「百」的數字。

●二重眼皮（雙眼皮）：因為眼睛上面有溝紋，看起來就像有2層（二重）眼皮一樣。

●兩人三腳：是一種遊戲，會將2人的其中1隻腳綁在一起，因此原本的4隻腳就變成3隻腳了。

其他還有這些地名

日本許多地名裡也含有數字喔。

●九州：包含有福岡、佐賀、大分、熊本、長崎、宮崎、鹿兒島與沖繩，總共只有8個地方，卻命名為九州，真是令人好奇原因呢！

●四國：這裡有香川、愛媛、德島與高知這4個縣，很符合四國這個名稱。

●千葉：拆開來看就是一千片葉子。總覺得這裡好像會有很多葉子呢！

●九十九里濱：這是位在千葉縣的長長沙灘。「里」是以前的長度單位，一里約4㎞。99再加1就變成100了，所以聽起來真的很長呢！

●四萬十川：高知縣的河川，有「日本最後的清流」之稱。名字裡的數字都很龐大呢！

試著找找看

翻開辭典的話……！

辭典裡也記載了一、十、百、千等數字相關的詞彙呢！而且也能夠找到許多帶有數字的名稱與地名。由此可知，人們從古老的時代開始，就不是只把數字用在算術而已，也大量運用在生活上呢！

補充筆記

將數字放進語詞中，聽起來就比較好理解，讓生活更加方便。大家在不知不覺間，其實也學會了不少藏有數字的詞彙喔！那麼，最常使用的數字是什麼呢？

2 與生活有關的算術

藏在詞彙裡的數字故事②

8月 3日

福岡縣　田川郡川崎町立川崎小學
高瀨大輔 老師

閱讀日期　月　日｜　月　日｜　月　日

聽過這些諺語嗎？

諺語與成語都是以前的人流傳至今的詞彙，這些詞彙中也都藏有數字呢。

●有「一」的諺語／成語：
「柳暗花明又一村」、「百聞不如一見」、「退一步海闊天空」、「寧走十步遠，不走一步險」、「聞一以知十」。

●有「二」的諺語：
「大門不出，二門不邁」、「只知其一，不知其二」、「九牛二虎之力」、「一山不容二虎」。

●有「三」的諺語：
「不管三七二十一」、「冰凍三尺，非一日之寒」、「士別三日，刮目相看」、「新官上任三把火」、「此地無銀三百兩」。

●有其他數字的諺語：
「五十步笑百步」、「千叮嚀萬囑咐」、「一旦無常萬事休」。

由此可知，藏有數字的諺語真的很多呢！從小數字到大數字，應有盡有！

聽過這些成語嗎？

接著來介紹藏有數字的成語吧。

●藏有數字的四字成語：
「十拿九穩」、「一石二鳥」、「七葷八素」、「三令五申」、「五花八門」、「舉一反三」。

其他還有許多藏有數字的諺語與成語，查查看是哪些數字用在哪些意思上，也是一件很有趣的事情。

當一天和尚，就該敲一天鐘！
這才是真正的三日和尚※啊！

※日本諺語，指三分鐘熱度。

試著做做看

創造含數字的詞彙，來進行猜謎吧！

請自行創造出含數字的成語吧，例如：「七起九睡：7點起床，9點睡覺」、「五筆一擦：鉛筆盒裡面有5支鉛筆與1塊橡皮擦」、「一月三百：1個月有300元的零用錢」等。也可以找身旁的人一起，各自創造出成語後，互相猜猜有什麼意思吧！

我知道了！是睡一整天的意思
一日不起

補充筆記

你知道本頁介紹的諺語與成語是什麼意思嗎？「柳暗花明又一村」是「陷入絕境後，又看到機會」的意思。其他有不知道的詞就當作暑假作業中的研究主題吧。

把箱子高高地堆起

8月 4日

神奈川縣　川崎市立土橋小學
山本　直老師

閱讀日期　月　日　月　日　月　日

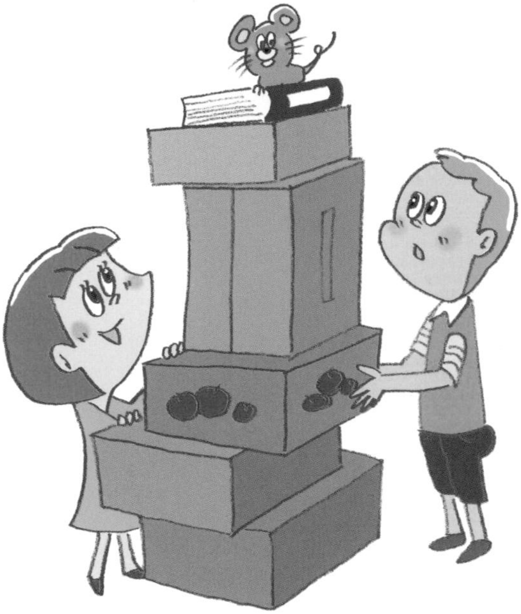

要選擇什麼形狀的箱子呢？

箱子的形狀五花八門，請大家蒐集各種箱子後高高疊起吧！能夠疊到多高呢？疊得愈高，平衡就愈差，最後看起來會搖搖晃晃的，好像隨時會垮掉。

想想看使用什麼形狀的箱子，才能夠疊得比較高呢？

到處都有許多六面體的箱子

蒐集完許多箱子後，這些箱子可能會有三角形、六邊形或圓形等各式各樣的面，不過最多的應該是六面體箱子吧！

事實上，六面體才是最適合堆高的形狀。因為六面體的每一面都是長方形或正方形，每一個角也都是直角，所以不管怎麼堆疊，都會與地面保持水平，比較不容易傾斜。因此，像插圖這樣堆疊的時候，就會比較容易保持穩定。所以像店家要堆疊大量商品時，通常都會使用六面體的箱子。

接著，來蒐集各種六面體的箱子，試著堆高一點吧！

試著想想看

其他形狀就要各憑本事！

就算柱狀或圓筒狀的接觸面不是長方形或正方形，還是可以疊得很高。只要上側的面與下側的面互相呈平行的話，就能夠疊得很高了。

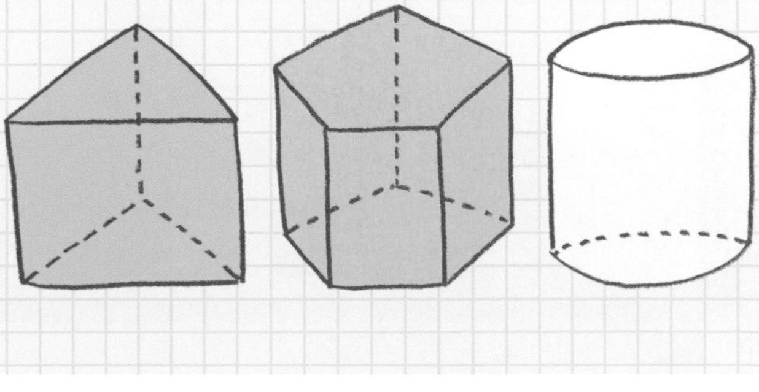

8月

補充筆記　所有面都是長方形或正方形的形狀，就稱為長方體。如果是像骰子這樣，每一面都是正方形所組成的多面體，就稱為立方體。

關於數字與計算

分辨哪一年有奧運的方式

8月 5日

島根縣　飯南町立志志小學
村上幸人老師

閱讀日期　月　日　月　日　月　日

4年1次的奧運

2016年8月5日，巴西里約熱內盧舉辦了夏季奧運，接著，2020年就換日本東京舉辦了！

奧運是4年舉辦1次的盛典，讓我們回顧一下之前舉辦過的年份吧。

2012（倫敦）、2008（北京）、2004（雅典）、2000（雪梨）、1996（亞特蘭大）、1992（巴塞隆納）、1988（首爾）、1984……。是不是每個年份都剛好可以用4整除呢？

「咦，不計算看看的話怎麼知道呢？」為了有這類想法的人，就來介紹一下判斷數字是否能夠被4整除的方法。

重點在於後2位

100也可以被4整除呢！「100÷4＝25」沒有餘數，由此可知，100的2倍（200）、3倍（300），以及900、1000、2000都可以被4除盡。所以我們只要注意比100更小的數字就好。2012的後2位是12，是4的倍數，因為2000也能被4整除，所以2012也可以被4整除。

那麼1992又如何呢？因為1900一定可以被4整除，所以不用考慮，只要計算後面的92是否能夠被4整除就行了。計算完後發現，92也是4的倍數呢！

不管是多麼大的數字，只要觀察後面2位的數字，就能夠知道能不能被4整除。

當然，這種邏輯也可以運用在4以外的數字喔（圖）！

以2016為例

● 判斷能不能被4整除的方法 ➡ 確認後2位
※是否能被4整除

2000 ＋ 16
可以被4整除　可以被4整除

● 判斷能不能被2整除的方法 ➡ 確認個位數
※0、2、4、6、8←偶數

2010 ＋ 6
可以被2整除　可以被2整除

● 判斷能不能被5整除的方法 ➡ 確認個位數
※0或5

2010 ＋ 6
可以被5整除　可以被5整除

補充筆記

使用這種判斷方法的話，可以發現後3位數是000的數字（例如1000或97000等），都能夠被2、4、5、8整除。此外，透過第255頁認識其他數字的判斷方法，也很有趣喔！

關於數字與計算

能夠被3整除的數字？

8月 6日

島根縣　飯南町立志志小學
村上幸人老師

閱讀日期　月　日　月　日　月　日

確認九九乘法表3的乘法

8月5日介紹的，是分辨數字能不能被4除盡的方法。

我似乎聽到有人問：「那麼3、6、7、9要怎麼判斷呢？」因此今天要介紹的，就是分辨數字能不能被3除盡的方法。

首先，我們先利用九九乘法表中3的乘法，把答案都列出來吧。

3、6、9、12、15、18、21、24、27、30、33、36、39、42、45、48、51、54、57、60、63、66、69……。

請仔～細觀察這些數字，有發現什麼嗎？可能有點難發現，所以我先給個提示吧！先把十位數與個位數分開再相加吧。以12為例，就是分成1與2後相加變成3。用這種方式依序計算……。

（3）、（6）、（9）、3、6、9、3、6、9、3、6、9、12、6、9、12、6、9、12、6、9、12、15……。

如何呢？這些數字都能夠被3整除吧！用這種方法就能判斷比這些數字還要大的數了。因為只要把數字中的每一位數都相加後，再確認是否能被3除盡就可以了。

位數很多的數字該怎麼辦

那麼「1876萬3502」這個數字，能夠被3除盡嗎？要將1+8+7+6+3+5+0+2都加起來太麻煩了。所以遇到這麼大的數字時，使用圖1的方法會比較快。

圖1

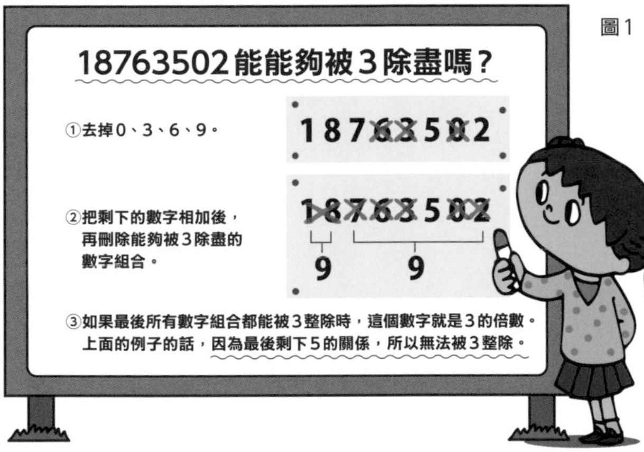
18763502能能夠被3除盡嗎？
①去掉0、3、6、9。
②把剩下的數字相加後，再刪除能夠被3除盡的數字組合。
③如果最後所有數字組合都能被3整除時，這個數字就是3的倍數。上面的例子的話，因為最後剩下5的關係，所以無法被3整除。

為什麼這種方法可以判斷出數字是否是3的倍數呢？等到中學後就會學到了，敬請期待！

判斷數字能不能被9或6整除的方法，就在圖2裡。

圖2

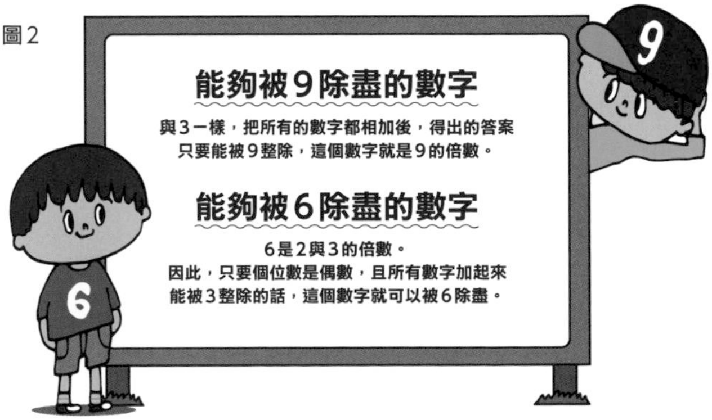
能夠被9除盡的數字
與3一樣，把所有的數字都相加後，得出的答案只要能被9整除，這個數字就是9的倍數。
能夠被6除盡的數字
6是2與3的倍數。
因此，只要個位數是偶數，且所有數字加起來能被3整除的話，這個數字就可以被6除盡。

補充筆記　用來判斷數字能不能被個位數字除盡的方法，就如同上面介紹的一樣。說不定會有人發現「奇怪？怎麼沒有7？」其實是有判斷數字是否能夠被7整除的方法，但是有點困難。請調查看看吧（參照第230頁）。

找出規則的方法

淘汰制的比賽數量？

8月 7日

御茶水女子大學附屬小學
久下谷 明老師

閱讀日期　月　日　月　日　月　日

圖1

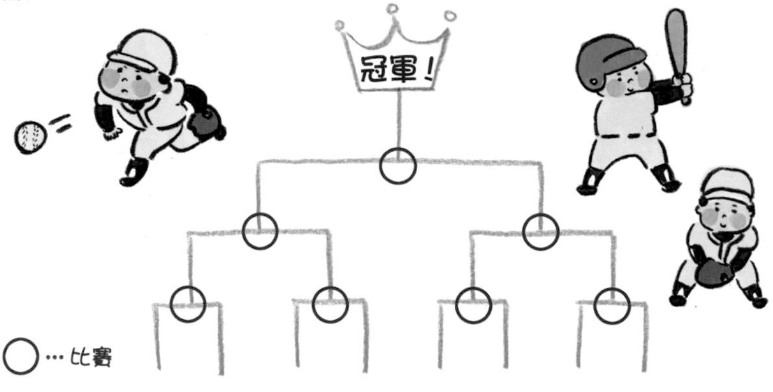

高中棒球熱鬧起來的夏季！

暑假同時也是日本高中棒球比賽開始的季節，幾乎每天都會展開火熱的戰事。棒球大賽會採取淘汰制，藉此決定出冠軍隊伍。

今天要介紹的，就是淘汰制比賽中參賽隊伍的數量與比賽數量的關係。

假設有8個隊伍參加淘汰賽，而且沒有平手這回事，每一場比賽都一定要分出勝負。在這種規則下，要舉辦幾場比賽才能夠決定出冠軍隊伍呢？

這場有8個隊伍參加的淘汰制比賽，會畫出如圖1的賽程圖。

那麼這次的大賽中，會舉辦幾場比賽呢？

數一數賽程圖，就可以知道總共有7場比賽。

隊伍數量與比賽數量的關係

那麼參賽隊伍數量與比賽數量之間有什麼關係呢？以這次情況來說，有8支參賽隊伍與7場比賽。能夠猜得到關連嗎？在思考數字的時候，使用較小的數字，比較容易找出規律。

舉例來說，如果有2支隊伍的話（雖然這就稱不上淘汰制了），只要1場比賽就能夠決定出冠軍隊伍。

如果有3支隊伍的話，就需要2場比賽，有4支隊伍的話就需要3場比賽（圖2）。

那麼有5支隊伍參賽的時候呢？沒錯，就是4場比賽。

由此可知，只要用隊伍數量減掉1，也就是

參賽隊伍數量－1

就可以知道比賽數量了。

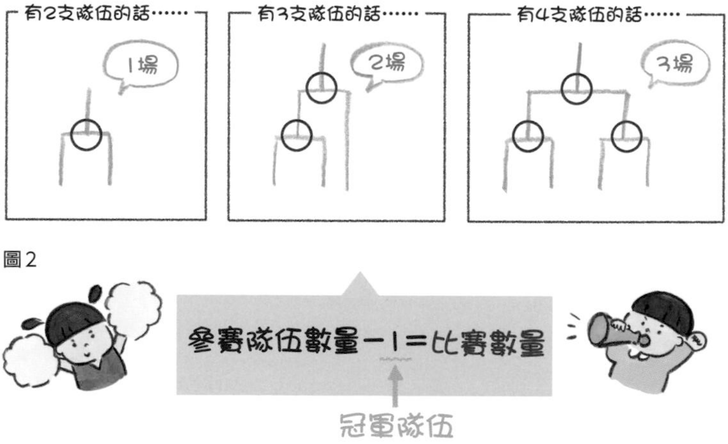

圖2

補充筆記　如果有100支隊伍參與淘汰制比賽，而且沒有平手的話，總共必須舉辦幾場比賽呢？（答案是99場）。因為比賽數量（99場）＝敗戰的隊伍數量（99隊）。

關於數字與計算

使用算盤從1開始相加

8月 8日

立命館小學
高橋正英老師

閱讀日期　月　日｜　月　日｜　月　日

算盤真有趣！

因為日文的「八」發音是「ha chi」，與撥算盤時的「pa chi」聲很像，所以日本將8月8日訂為「算盤日」。

現在的小學生學習才藝時，幾乎都會選擇英文、鋼琴與游泳，但是以前的小學生可是很多都學習算盤，甚至曾經有班上7成的學生都學習算盤的時期。

現在多半用電子計算機進行較複雜的計算。

但是學習算盤的話，就能夠了解數字的有趣之處。

舉例來說，大家應該都知道從1加到10的話，會算出55這個答案。但是，使用算盤表現這個數字的話，就是上面2顆代表5的算珠並排在一起，不管是視覺上還是計算過程時都清爽許多，數字的有趣之處也慢慢浮現出來。

繼續謹慎撥算盤的話，就可以算出1～24全部相加時，得到的答案是300，加到36時就是666，加到44時就變成990，都是些很漂亮的數字呢！

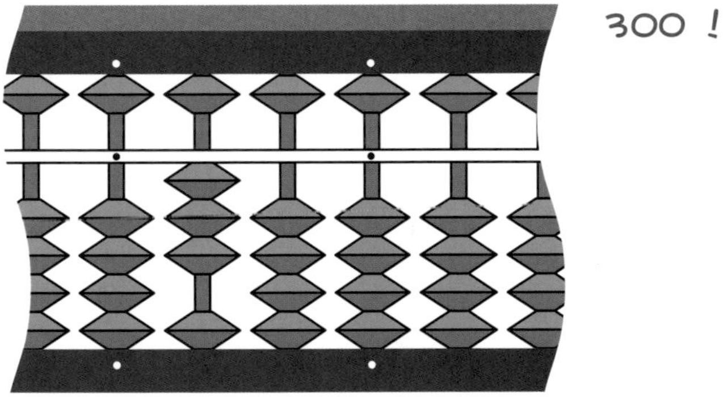

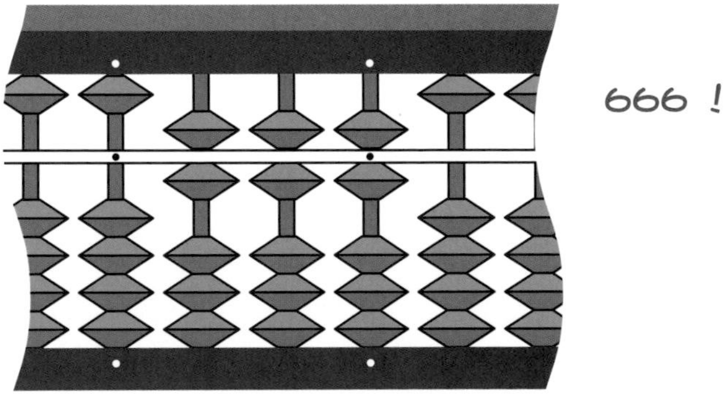

補充筆記　接著再繼續加到66、77或95的時候，還能夠遇見更有趣的數字世界喔。所以請實際拿出算盤試試看吧。加到算盤的極限——100的話……。請家裡有算盤的人，一定要親自試試看喔！

2 與生活有關的算術

馬拉松的跑步距離

～42.195km的測量方法～

8月 9日

東京都　豐島區立高松小學
細萓裕子老師

閱讀日期　月　日　月　日　月　日

王妃要求變更距離？

大家曾經聽過42・195這個數字嗎？沒錯，這就是田徑長距離跑步的一種——全程馬拉松的距離。

雖然現在的全程馬拉松是42・195km，但以前卻是大約40km。

全球是在第4屆倫敦奧運（1908年）才統一的。當時的馬拉松賽道，是從國王所居住的溫莎城堡跑到西部牧者叢競賽場，距離總長為26英哩（41・843km）。

但是亞歷山大王妃提出要求：「我想觀看開跑，所以把起點設在宮殿的庭園，終點就設在競賽場的包廂前面。」於是賽道就延長了385碼（352m），變成了42・195km。

原來，決定馬拉松的賽道是這麼辛苦的工作呢！

實際上是怎麼測量的？

現在的日本多半使用鋼繩測量賽道長度，並會選擇「從馬路邊端往內側延伸30cm的位置」。

鋼繩的直徑是5mm，長度是50m，會用宛如尺蠖幼蟲般的方式測量。

由此可知，他們會將42・195km分成好多個50m，所以用42195÷50計算，可以知道總共要反覆測量844次。

假設每測量1次要花5分鐘，5×844就等於4220分鐘，大約需要70小時。

就算1天連續工作7個小時，也必須花費10天。

試著查查看

多蘭多的悲劇

1908年倫敦奧運的馬拉松比賽中，最早到達競技場的，是義大利籍的多蘭多・佩特里選手。但是他卻在到達終點前倒地，由工作人員攙扶完賽，結果因此失去資格，這就是「多蘭多的悲劇」。但是，他努力不懈的精神，卻讓許多人深受感動。

補充筆記　馬拉松還有半程馬拉松（21.0975km）與四分馬拉松（10.54875km）等。半程是一半的意思，四分則是四分之一的意思。

關於數字與計算

你找得出來嗎？鴿子躲貓貓

8月10日

大分縣　大分市立大在西小學
二宮孝明老師

閱讀日期　月　日　月　日　月　日

悄悄逃跑的鴿子

今天要介紹的，是從很久以前就流傳在世界各地的謎題。

首先要說的故事，故事中的主角是位養了很多鴿子的人。這位飼主每天都會到鴿屋，算算看自己的鴿子是否都好好地待在裡面。他在計算的時候，並不是一間一間地看，而是站在4邊確認是否每間都有9隻鴿子（圖1）。好，接下來要提問囉！

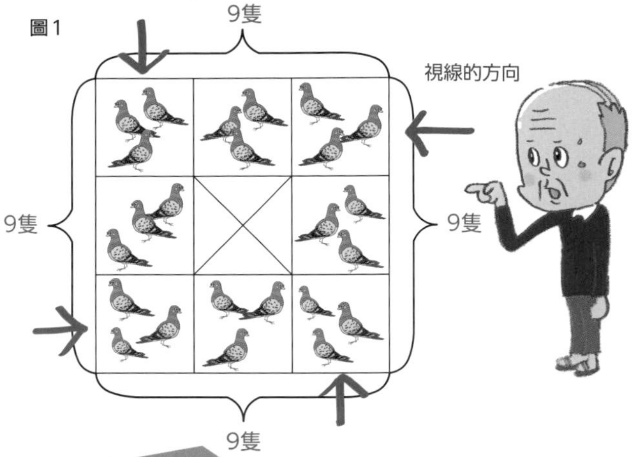

圖1

【問題1】

某天有4隻鴿子悄悄逃跑了。雖然這位飼主依舊站在4邊，確認是不是每個房間都有9隻，卻還是沒發現有4隻鴿子不見了。那麼，你知道鴿屋裡的各個小房間裡，現在各有幾隻鴿子嗎？

鴿子竟然悄悄增加了？

【問題2】

鴿子是非常聰明的鳥，不管飛得多遠，最後都還是會回家。昨天逃跑的鴿子，也在不知不覺間回來了，但是牠們竟然還帶回了另外4隻鴿子。這天，飼主依然從4邊確認是不是每個房間都有9隻鴿子，但他竟然還是沒發現多了4隻。那麼，你知道鴿屋裡的各個小房間裡，現在各有幾隻鴿子嗎？

（這裡有部分混入了古典謎題──「盜賊隱身」，答案則公布在補充筆記）

8月

試著想想看

有哪些配置法呢？

請先看最初的數量配置。因為4個角落會重複計算，所以雖然從每邊看起來都是9隻，實際上的數量卻不是9×4＝36隻。所以只要留意4個角落，就能知道答案囉！

24隻

3	3	3
3	╳	3
3	3	3

→ 20隻

4	1	4
1	╳	1
4	1	4

↘ 28隻

2	5	2
5	╳	5
2	5	2

補充筆記

〈內文的答案〉【問題1】如果右上是4隻，順時針數過來就變成1、4、1、4、1、4、1。【問題2】如果右上是2的話，順時針數過來就變成5、2、5、2、5、2、5。這2個問題都不只一種答案喔。

2 與生活有關的算術

用空氣推壓的力量折斷免洗筷？

8月 11日

東京都　豐島區立高松小學
細萱裕子老師

閱讀日期　月　日｜　月　日｜　月　日

用免洗筷試試看吧

請先將1支免洗筷（從1雙中抽出1支）擺在桌邊，讓筷子的一半在桌子上，一半懸空（擺著就好，不必用手按著）。這時，用手刀對準筷子的正中央切下時，筷子會斷掉嗎？

答案是不會呢！事實上，只要善用某種東西，就能夠輕易折斷囉——那就是報紙。

首先打開報紙後，蓋住筷子擺在桌上的部分，並且一定要讓筷子與報紙之間毫無空隙。桌子與報紙之間也不能有空隙。在這種情況下用手刀切下筷子時，筷子竟然真的斷掉了（斷掉的筷子可能會亂飛，所以做實驗的時候要注意安全喔）。

大氣的力量太強了！

為什麼這種情況下，筷子會折斷呢？只是在筷子上方蓋上很輕的報紙，竟然就能夠切斷筷子，真是令人太難以置信了。其實，這是受到大氣壓力的影響。

大氣壓力的意思，就是空氣按壓物品的力量。平均每1㎠的範圍內，就有1kg的大氣壓力。

報紙攤開後的尺寸大約是55㎝×80㎝，所以是4400㎠左右。也就是說，總共有4400kg的大氣壓力壓在報紙上。這樣力道就足以壓緊筷子，所以當然能夠切斷。此外，如果再將報紙折半的話，就變成2200㎠，大氣壓力也會減半至2200kg，再對折的話則是1100㎠對應1100kg……像這樣，按壓筷子的面積愈小，按壓的力量就愈小。

試著記起來

你也正被壓著嗎!?

我們的身體同樣受到1㎠約1kg的大氣壓力按壓，但是我們的身體也會用相同的力量反推回去，所以平常不會有被壓住的感覺。

補充筆記

【注意】報紙與筷子之間有縫隙的話，報紙就壓不住筷子了。而且因為用手刀切下時，筷子可能會飛到意想不到的方向，所以要留意環境與自身的安全喔！

找出規則的方法

誰的猜拳比較強？

8月12日

神奈川縣　川崎市立土橋小學
山本 直老師

閱讀日期　　月　　日　　月　　日　　月　　日

猜拳比較強是什麼意思？

你在猜拳的時候，應該有過「對手看起來好強，我應該會輸」的想法吧。猜拳中真的有強弱之分嗎？

猜拳時有贏、輸與平手這3種結果，因此每次猜拳時贏的可能性是$\frac{1}{3}$。

但是，考量到平手時要再比一次的規則，在2人猜拳的情況下，最後肯定會有人贏，所以獲勝的機率就是$\frac{1}{2}$。

因此2人猜拳好幾次的話，贏的次數超過一半的人比較強，輸的次數超過一半的人比較弱。

次數不同時也能夠比出強弱嗎？

假設A同學猜拳10次中贏了6次，B同學猜拳8次中贏了5次，那麼哪一個人比較強呢？光看獲勝次數的話，是A同學比較強。但是如果以各猜拳80次的情況來看，A同學贏的次數就是6的8倍共48次，B同學贏的次數就是5的10倍共50次。如此一來，就是B同學比較強了。

從這個角度思考的話可以發現，要用數字表現出「強度」時，必須先考慮到規則（條件）。將所有條件整理起來後再思考，也是數學的一種。

到底是哪一位比較強呢？
我猜拳10次贏了6次！
我猜拳8次贏了5次！
如果B同學猜拳8次中贏了5次，那麼猜拳16次時就會贏10次嗎？所以如果2人都猜拳80次的話……B同學就贏了50次……。那麼猜拳80次的話，A同學贏了幾次呢……？

試著查查看

運動世界的表現方式

在棒球領域中，打者完成一次打擊的次數（打席數），扣掉犧牲觸擊、四壞球保送、觸身球保送、高飛犧牲打後，稱為打數。將安打數除以打數，就稱為打擊率。職業棒球中，會表揚打擊率最高的打者，並封為「打擊王」，但是有規定打席數。也就是說，受表揚的打者的打席數有最低的限制，藉此避免只上場1次，也剛好打中1次的打者就成為「打擊王」。

補充筆記　足球中也有類似的數據，會用射門的次數與進球次數算出「進球率」，藉此表示球員射門的技術。其他也有很多運動領域，都使用了這種計算方法喔！

接著按照下圖的方式，將三角形往右折起。

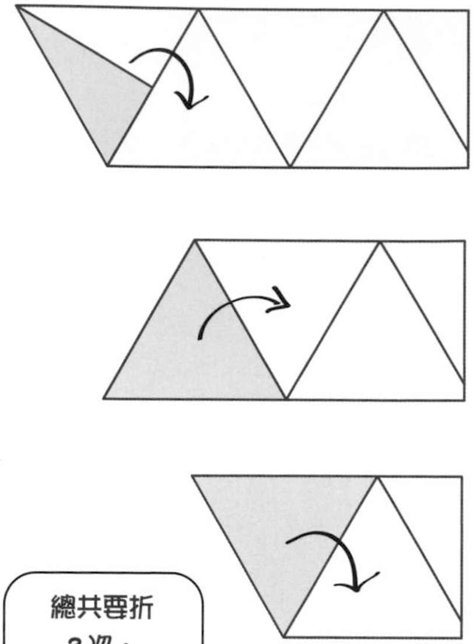

最後，將右邊多餘的部分往左折。

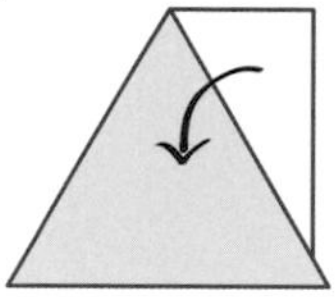

這樣，正三角形就完成囉。

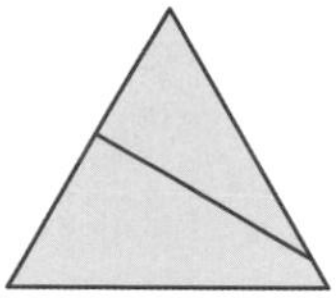

●一起折成正四面體吧

完成剛才的正三角形後，再攤開來重新組成正四面體吧。

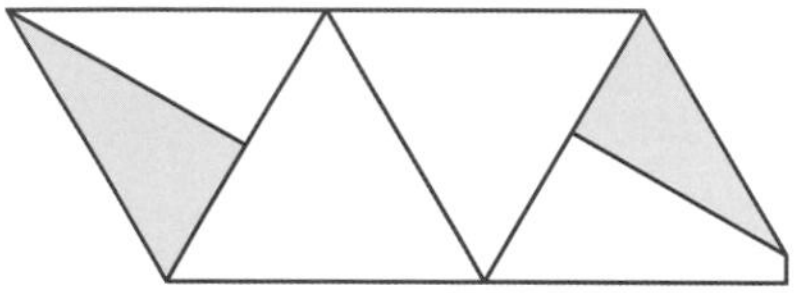

將紙張的兩端往中間靠攏。

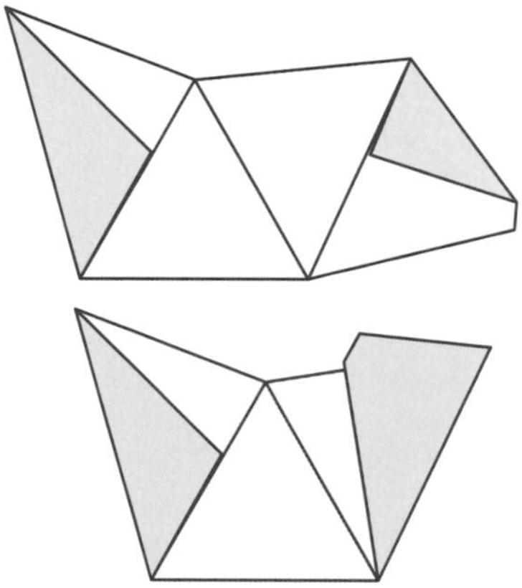

將右側的角插進左側的三角形中。

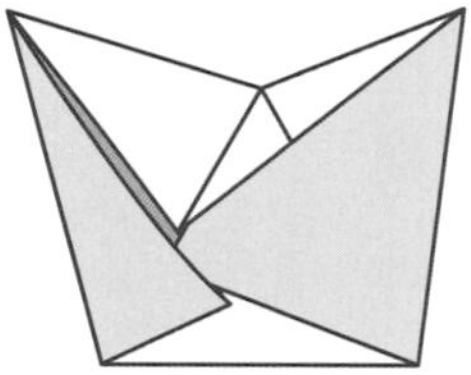

將右側的角插進深處。

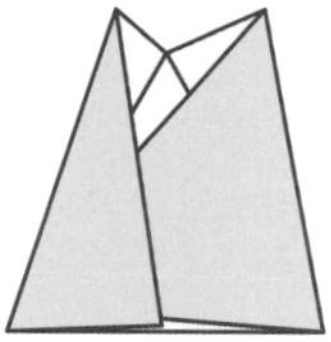

這樣，正四面體就完成了。

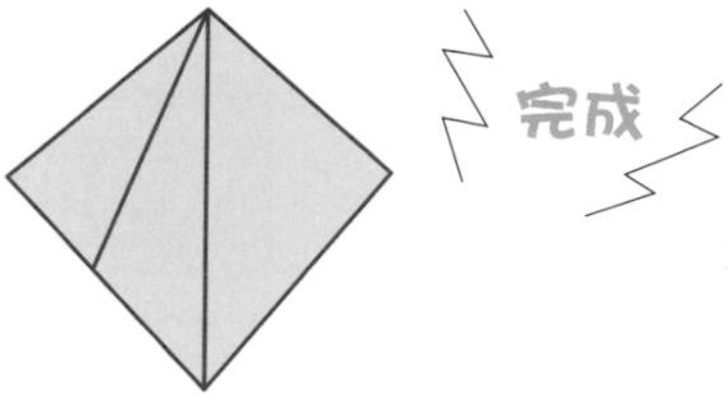

補充筆記　在沒用到剪刀與膠帶的情況下，就用紙折成正四面體很厲害吧？除了圖畫紙以外，也可以拿影印紙與廣告紙來折折看喔！

不用剪刀與膠帶，就能夠做出正四面體

8月 13日

島根縣　飯南町立志志小學
村上幸人老師

閱讀日期　月　日｜　月　日｜　月　日

第192頁中用正三角形的紙製作成立體形狀的時候，不但要剪紙也必須黏貼，過程有點辛苦。但是，其實不用剪剪貼貼，只要把紙折個幾次就能輕鬆做出正四面體喔！

要準備的東西

▶圖畫紙

●試著製作出正三角形

先準備1張圖畫紙，一起用圖畫紙折出正三角形吧。

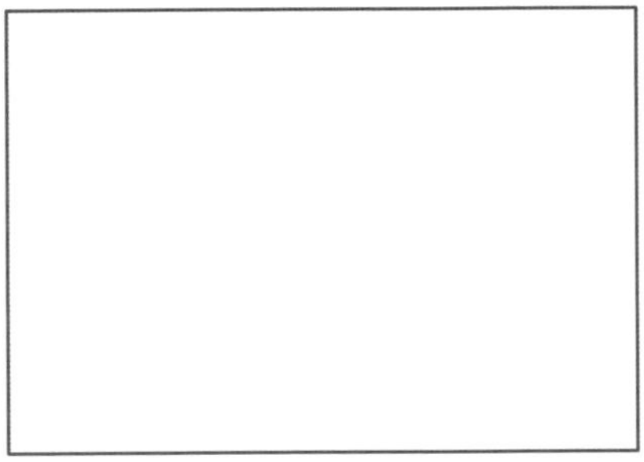

將圖畫紙橫向對折。

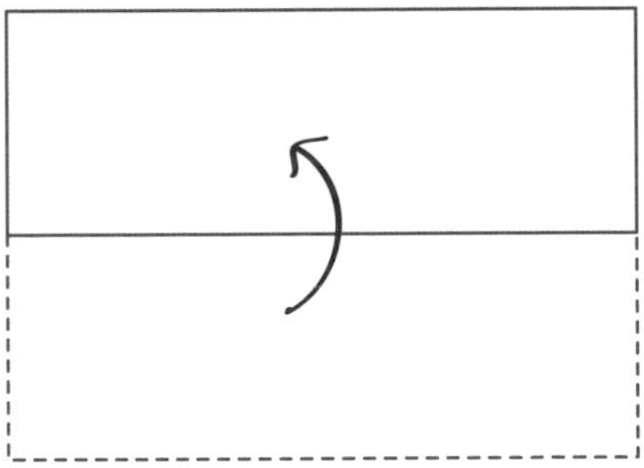

接著再對折一次。

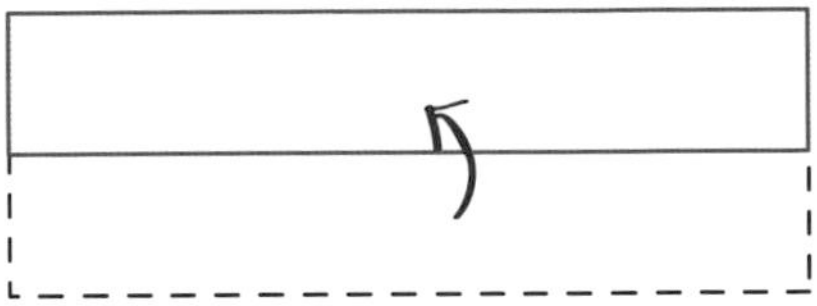

把剛才對折的部分攤開，就會看見正中央的折痕。

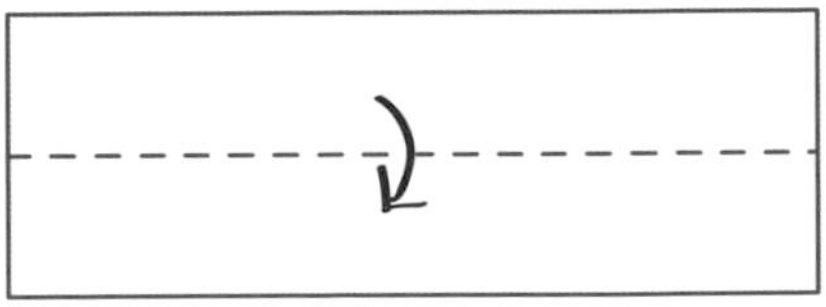

折起紙張的左下角，讓角對準中間的折痕。

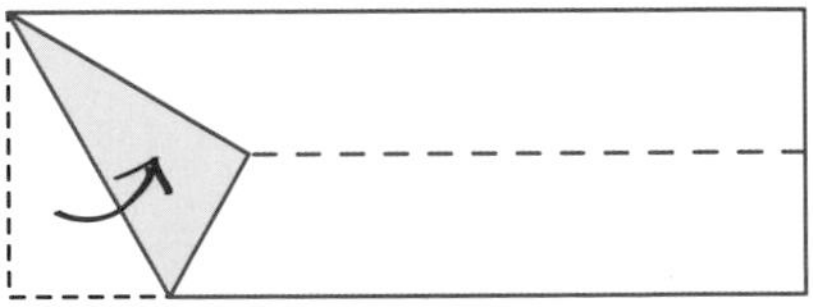

加此一來，左上的直角（90度）就分成三等分了。

找出規則的方法

有搭過新幹線嗎？新幹線算術問題

8月14日

御茶水女子大學附屬小學
岡田紘子老師

閱讀日期 月 日 月 日 月 日

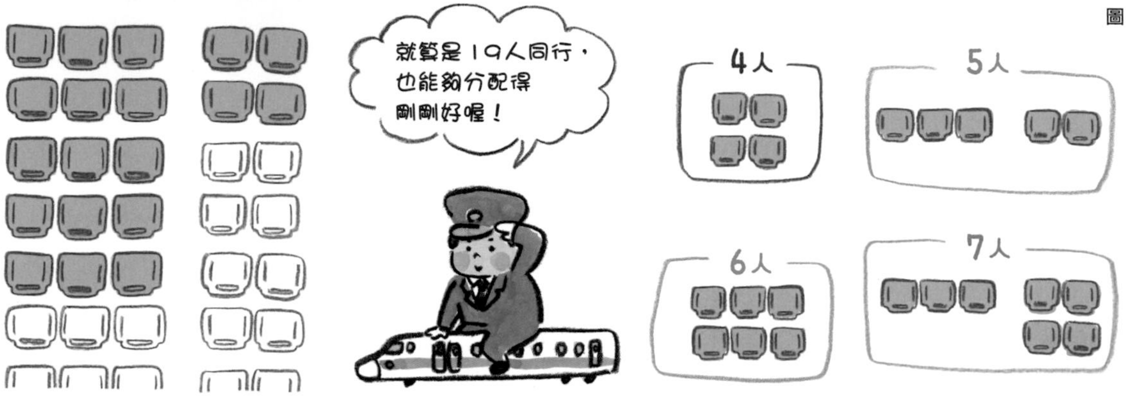

圖1

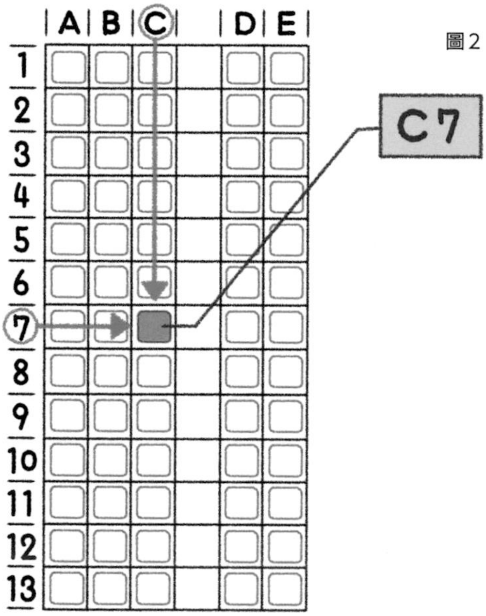

圖2

不管幾個人都很好分配

新幹線有一些車廂的座位，是用走廊分成2人座與3人座。而2與3都是很棒的數字，假設乘客是2人同行的話就坐2人座，3人同行的話就坐3人座。那麼當同行的人數增加到4人、5人、6人……時，又該怎麼分配呢？

如果是4人同行的乘客，就安排2人座×2，5人同行的話就安排2人座＋3人座，6人同行的話就是3人座×2或是2人座×3，都可以分配得剛剛好。如果同行的人數更多時，也能夠分配得剛剛好嗎？如果是19人的話該怎麼辦呢？安排3人座×5＋2人座×2，還是可以坐得剛剛好！但是，只有1個人的時候，安排在2人座時就會空出1個位置呢！不過除了1個人以外，不管是多少人都可以用這2種座位分配得剛剛好（圖1）。

座位編號的祕密

另外，2人座＋3人座所組成的車廂，會用英文字母A、B、C、D、E與1、2、3……組成座位編號。如果座位是C7的話，就表示是從左邊起算的第3排、從前面數來的第7個位置。由此可知，用英文字母與數字的組合，就能知道位置（圖2）。

補充筆記

新幹線的外面也會寫有列車名稱與編號。上行的列車編號是偶數（個位數為0、2、4、6、8），下行的列車為奇數（個位數為1、3、5、7、9）。所以看到希望號列車102號時，可以看出是上行列車。

動手做做看

製作立體4格漫畫

8月15日

東京都　杉並區立高井戶第三小學
吉田映子老師

閱讀日期　月　日　月　日　月　日

用4個三角形組成的四面體

你在買零食或牛奶時，有看過這種形狀的包裝嗎？

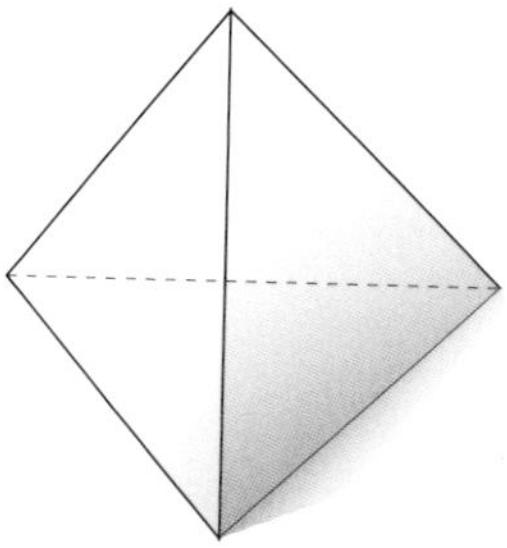

這種形狀是由4個三角形所組成的，名為「正四面體」。「正四面體」就像左圖一樣，是連接4個正三角形，然後折起相接處所組成的。

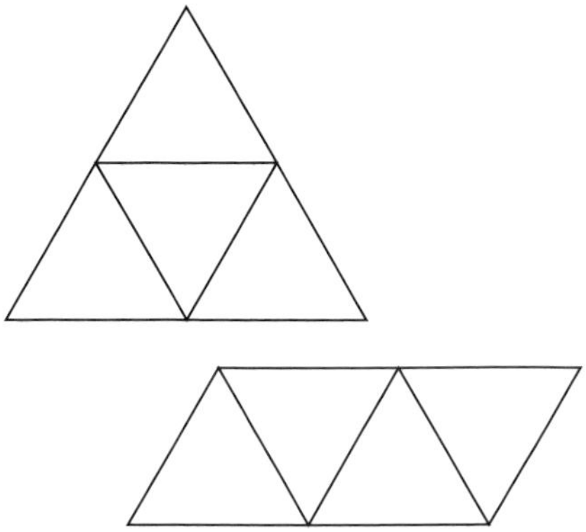

4格漫畫的製作方法

這裡要使用的是正三角形。首先，在圖畫紙上畫出4個相同尺寸的正三角形，並用剪刀剪下來。

只要拿3個長度相同的盒子，在紙面上拼成下圖的樣子，就能夠輕鬆畫出正三角形。

接著在這4個三角形上，分別畫出能夠形成4格漫畫的圖案。

畫好圖之後，就將有圖的這一面朝向內側，並用膠帶將三角形連接起來，讓人從外側看不見圖案。

黏好之後，把四面體的4角用剪刀稍微剪開。

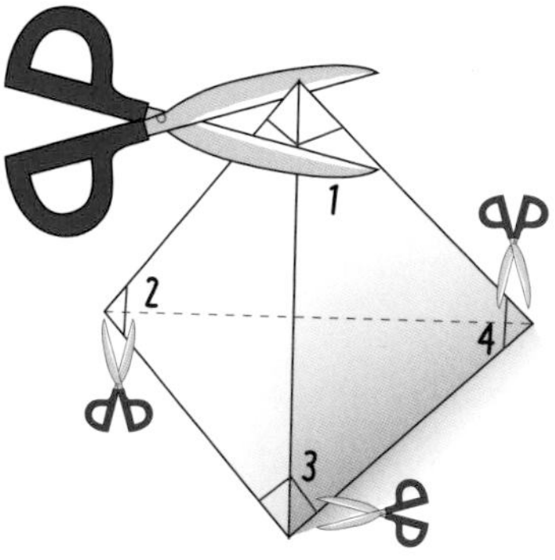

從剪開的小孔窺看，就可以看見漫畫了。4格漫畫大功告成！如果在孔的旁邊寫上1、2、3、4等順序編號的話，就能夠輕易欣賞漫畫了。

補充筆記　窺看剪開的小孔時，只會看見面向小孔的畫。所以在孔旁邊標出編號，才能夠按照順序看出完整的故事。

奇數與偶數，哪個比較多？～九九乘法表～

東京學藝大學附屬小金井小學
高橋丈夫老師

閱讀日期　月　日　月　日　月　日

偶數與奇數是怎樣的數字？

大家已經很熟悉九九乘法表了吧？

今天就要用九九乘法表，介紹新的數學知識。

在聊九九乘法表之前，你有聽過偶數與奇數嗎？偶數指的是能夠被2除盡的數字，所以九九乘法表中，2的乘法、4的乘法、6的乘法與8的乘法算出的答案都會是偶數。

當數字除以2後會餘1的時候，就稱為奇數。奇數包括1、3、5、7、9、11、13等，仔細觀察會發現每個奇數之間，都夾了1個偶數，所以只要想著偶數的前1個數字或後1個數字都是奇數就可以了。

偶數、奇數與乘法的關係

九九乘法表的答案中，偶數與奇數哪一個比較多呢？應該會認為是一半一半吧？

一起來看下圖吧。

沒錯，看圖就能知道偶數多很多呢。圖中紅色的格子全部都是偶數。

那麼，為什麼偶數的數量比較多呢？

九九乘法表的答案，都是用2個數字相乘所得到的積。

乘法的答案有特定的規律，那就是「偶數×偶數＝偶數」、「偶數×奇數＝偶數」、「奇數×偶數＝偶數」、「奇數×奇數＝奇數」。

也就是說，只有2個奇數相乘的時候，才能得到奇數的積，例如：1×1、1×3、3×5等。

奇數與偶數相乘時，得到的答案還是偶數，所以偶數的數量當然會多上許多。

	1	2	3	4	5	6	7	8	9
1	1	2	3	4	5	6	7	8	9
2	2	4	6	8	10	12	14	16	18
3	3	6	9	12	15	18	21	24	27
4	4	8	12	16	20	24	28	32	36
5	5	10	15	20	25	30	35	40	45
6	6	12	18	24	30	36	42	48	54
7	7	14	21	28	35	42	49	56	63
8	8	16	24	32	40	28	56	64	72
9	9	18	27	36	45	54	63	72	81

偶數×偶數＝偶數
偶數×奇數＝偶數
奇數×偶數＝偶數
奇數×奇數＝奇數

紅色是偶數，白色是奇數，
哪一個比較多呢？
九九仙人

補充筆記　第35頁也有用骰子的點數，用相同的方式調查偶數與奇數哪個比較多。

一起省水吧！

～每人每天的用水量～

東京都　豐島區立高松小學
細萱裕子老師

閱讀日期　月　日　月　日　月　日

等於300瓶牛奶!?

你知道自己每天使用了多少水嗎？生活中會用到水的時候，包括上廁所、洗澡、刷牙、洗臉、喝水、煮飯、洗衣服……用途非常多樣化呢！

據說每個人1天的用水量，竟然多達300L左右！換算成1L牛奶的話，就等於300瓶，換算成2L牛奶的話，也等於150瓶！這邊要請一起想想看，自己生活中的場景中各使用了多少水？有哪些地方可以節省用水呢？

上廁所與洗衣服會依馬桶與洗衣機的機型而不同，調查看看自己家裡的機型吧！

太驚人了！馬桶沖水量

家庭用水量中最多的就是馬桶。每次沖大號用的水量達8L，沖小號用的則是6L。第2多的就是洗澡，尤其是要泡澡的話，浴缸裡的水量大約是200L，沖澡的話1分鐘大約會流出12L的水，所以沖澡10分鐘，就需要120L的水。

洗臉與刷牙也是。轉開水龍頭後每分鐘流出的水量是12L，所以花1分鐘洗臉的話，就會用掉12L的水。

刷牙完漱口的時候，如果讓水龍頭一直開著的話，30秒就會流出6L，不過若使用杯子的話只要0.2L。清洗餐具的時候也一樣，由於1分鐘會用掉12L的水，所以若能花點巧思，像是洗快一點或先儲一點水再一起沖等，就能減少用水量呢。

補充筆記　馬桶的沖水量會依馬桶而異，愈老舊的類型花費的水量就愈大，沖大號時甚至會用到13～20L。新型馬桶在沖大號時只要耗費快4L的水。

有趣的魯洛三角形

8月 18日

大分縣　大分市立大在西小學
二宮孝明老師

閱讀日期　　月　　日｜　　月　　日｜　　月　　日

用圓規與尺畫出來

數學領域中有種有趣的圖形，叫做「魯洛三角形」。只要使用圓規與尺，就能夠輕易畫出來。接下來要說明它的畫法，一起來試著畫畫看吧（圖1）。

①先畫出正三角形。

②接著，將圓規的針依序刺進3個頂點，並以正三角形的1邊為半徑，畫出圓弧。

③拿橡皮擦擦掉中間的正三角形。如何呢？是否成功畫出有點圓潤的三角形呢？

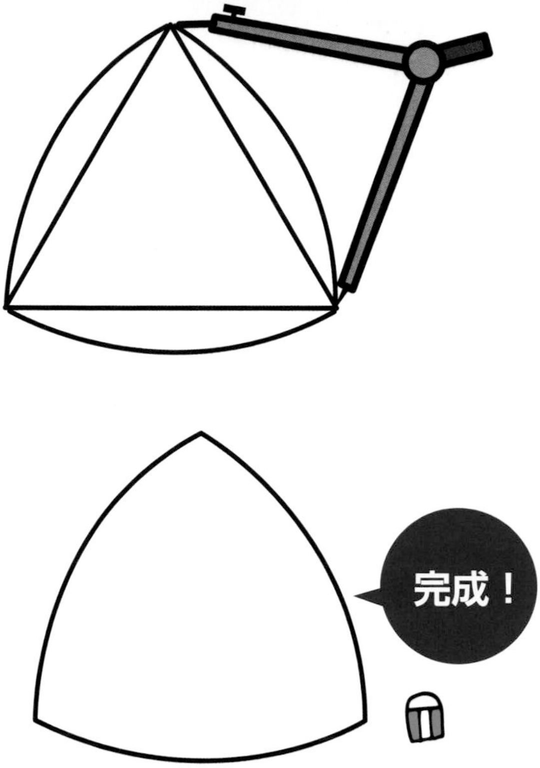

圖1　「魯洛三角形」的畫法

這就是魯洛三角形。這種三角形不管以什麼樣的角度傾斜，都能夠維持相同的寬度。

許多情況都能派上用場

圓形也一樣，不管是怎樣的角度，都能夠維持相同的寬度。舉例來說，放幾根圓形木材在地上，再於圓木的上方放上板子，就能搬運任何物品。

由於圓木的切口是圓型的，所以不管怎麼滾動，板子與地面的距離都會相同。如此一來，就能夠輕易搬運板子上的物品。

將圓形改成魯洛三角形的話，同樣能夠讓板子與地面維持相同的距離，所以能夠輕鬆搬運物品（圖2）。

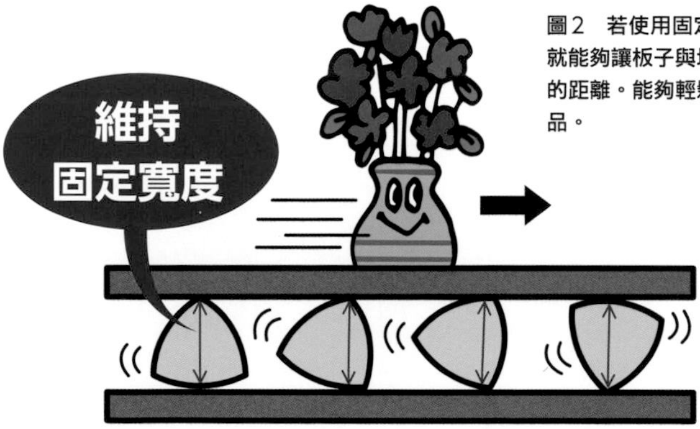

圖2　若使用固定寬度的物體時，就能夠讓板子與地面一直維持相同的距離。能夠輕鬆搬運板子上的物品。

補充筆記　人孔蓋也是圓形的，這樣才不容易掉到洞裡（參照第112頁）。同理可證，魯洛三角形也是很適合人孔蓋的形狀。

能夠算出手機號碼的奇妙計算

東京學藝大學附屬小金井小學
高橋丈夫老師

閱讀日期　月　日｜　月　日｜　月　日

和家人一起玩玩看吧

今天要介紹給大家的是個不可思議的魔術，能夠猜出別人的手機號碼。

這邊以XX12-345-678為例說明吧！

①將計算機拿給對方，請對方按下XX後面那4碼。

②接著以這個數字×125。

1234×125＝154250

③然後再將答案×160。

154250×160＝24680000

④再加上最後面的4碼5678。

24680000＋5678＝24685678

⑤接著，再次加上手機號碼最後面的4碼5678。

24685678＋5678＝24691356

⑥詢問對方算出的答案，然後用「÷2」。

24691356÷2＝12345678

成功算出手機號碼中XX後面的12345678。

為什麼算得出號碼呢？

為什麼能算出手機號碼呢？

這是因為125×160＝20000，乘以XX後面的4碼，就變成這4碼的2萬倍。接著再加上2次最後面的4碼，算出來的數字剛好就是手機後8碼的2倍了，也就是⑤的結果。

所以「÷2」的話，就能夠算出手機號碼的後8碼數字了。

補充筆記　因為手機號碼屬於個人隱私，所以請找家人一起玩猜手機號碼的遊戲吧。

曾呂利新左衛門的米粒

東京都　豐島區立高松小學
細萱裕子老師

閱讀日期　月　日　月　日　月　日

還以為「很客氣」

日本以前有個侍奉豐臣秀吉的人，名叫「曾呂利新左衛門」。他很能幹又很聰明，所以很受豐臣秀吉看重。

某天，豐臣秀吉對新左衛門說：「你想要什麼，我賞給你。」

於是新左衛門回答：

「請賞給我1個月的米。以第1天1粒、第2天2粒、第3天4粒……的方式，每天賞我的米都要是前一天的2倍。」豐臣秀吉答應了，並想著：「這個人真容易滿足呢！」但是就像左圖一樣，每天給的米會愈來愈多。

1個月就拿了224年份!?

當時每個人1年食用的米量是1俵。光是第30天所拿到的米，就等於224年份的量。將第1天～第29天的米加在一起後，總共有448俵。

據說豐臣秀吉中途意識到這個問題，便要求將賞賜改成其他物品了。

第1天……1粒
第2天……2粒（1×2）
第3天……4粒（2×2）
第4天……8粒（4×2）
第5天……16粒（8×2）
第10天……512粒（256×2）
第15天……1萬6384粒（8192×2）
第17天……6萬5536粒（32768×2）
※約1升＝約1.5kg
第20天……52萬4288粒（262144×2）
第25天……1677萬7216粒（8388608×2）
第26天……3355萬4432粒（16777216×2）
※約10俵＝約600kg
第30天……5億3687萬0912粒
（268435456×2）
※約8948升＝約224俵

※只是大概的換算數字。會標示在最接近的米粒數量天數下方。

試著想想看

用報紙折出富士山的高度

這裡有個可以用一樣的方式來思考的問題。假設報紙的厚度為0.1㎜，要對折幾次才能夠超過富士山的高度呢？對折1次變成0.2㎜，第2次變成0.4㎜……。順道一提，富士山的高度為3776ｍ。

補充筆記　1俵的米大約是60㎏。1俵＝40升、1升＝10合，所以1俵＝400合。用1合米大約可以煮出2～3碗飯。〈試著想想看的答案〉26次（詳情請參照第239頁）。

傳統計算工具「納皮爾的骨頭」

8月21日

大分縣　大分市立大在西小學
二宮孝明老師

閱讀日期　月　日｜　月　日｜　月　日

日本用算盤時，外國用？

在沒有電子計算機的時代，人們都是怎麼計算比較大的數字呢？如果是加法與減法的話倒還好，乘法跟除法就令人頭痛了呢。日本為了能夠快速算好正確的數字，會使用算盤這種工具。

英國則有位叫做約翰・納皮爾的人，想出了一種計算工具，名叫「納皮爾的骨頭」。「納皮爾的骨頭」就像圖1一樣，是由11根棒子組成，棒子上寫著許多數字。而這些數字其實是運用了九九乘法的概念。這邊以「213×46」為例，說明一下計算方法吧。

乘數	0	1	2	3	4	5	6	7	8	9
0	0/0	0/0	0/0	0/0	0/0	0/0	0/0	0/0	0/0	0/0
1	0/0	0/1	0/2	0/3	0/4	0/5	0/6	0/7	0/8	0/9
2	0/0	0/2	0/4	0/6	0/8	1/0	1/2	1/4	1/6	1/8
3	0/0	0/3	0/6	0/9	1/2	1/5	1/8	2/1	2/4	2/7
4	0/0	0/4	0/8	1/2	1/6	2/0	2/4	2/8	3/2	3/6
5	0/0	0/5	1/0	1/5	2/0	2/5	3/0	3/5	4/0	4/5
6	0/0	0/6	1/2	1/8	2/4	3/0	3/6	4/2	4/8	5/4
7	0/0	0/7	1/4	2/1	2/8	3/5	4/2	4/9	5/6	6/3
8	0/0	0/8	1/6	2/4	3/2	4/0	4/8	5/6	6/4	7/2
9	0/0	0/9	1/8	2/7	3/6	4/5	5/4	6/3	7/2	8/1

圖1　「納皮爾的骨頭」是由11根棒子組成的。

納皮爾的骨頭使用方法

首先，先放上乘數的專用棒。然後，在乘數棒的右側再參考圖2排列數字棒。接著從乘數的棒子中找出「4」與「6」，並往右依序將同一斜線上的數字加起。為了更好裡解這種算法，圖3挑出了「4」與「6」的數列。這時，就可以算出答案為「9798」。用這種方法，就算不懂九九乘法，只要會使用加法，就能夠輕易計算很大的數字了。

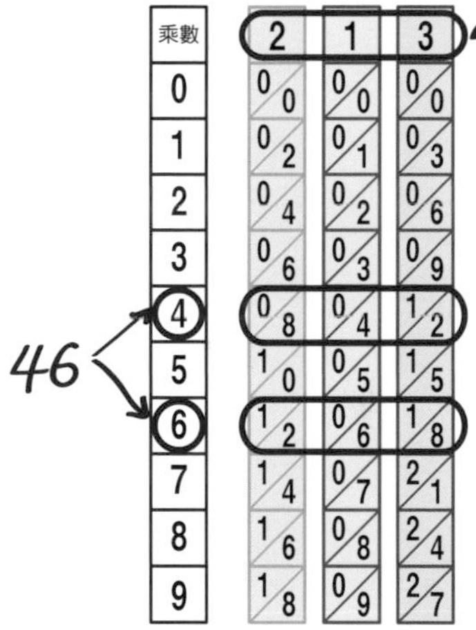

圖2
擺上乘數專用的棒子，在其右側依序擺上2的乘法、1的乘法、3的乘法的棒子。

圖3　最右邊的8直接放下來就好。如果是「213×64」的話，只要把2列數字上下顛倒就行了。

以前很多人都沒有確實學習到九九乘法，所以「納皮爾的骨頭」這麼優秀的計算工具就廣為流傳。製作上會使用動物骨頭、木頭或金屬等材料，也有許多方便隨身攜帶的輕便尺寸。有興趣的人，不妨自己在圖畫紙上寫出這些數字，試著計算看看吧。

補充筆記　約翰・納皮爾（1550～1617年）出生於蘇格蘭，是愛丁堡西南部的莫奇斯頓第8任城主。小數點也是由他想出來的。

隨心所欲變身？變成正方形或長方形

關於圖形

8月22日

學習院初等科
大澤隆之老師

閱讀日期　月　日　月　日　月　日

邊剪貼邊思考

圖1的形狀能夠變成正方形嗎？

請試著剪下這個圖形的某部分，然後轉貼到其他位置，試著改變形狀吧。不可以只有剪而已喔（圖2）。

其實有很多種做法。如果能夠想出很多種方法的話，表示你的腦袋相當靈活。

那麼，請同樣用剪貼的方式，把圖3的形狀改成長方形吧。

遇見自己完全沒想到的新方法，也是件有趣的事情（圖4）。

圖1

圖2

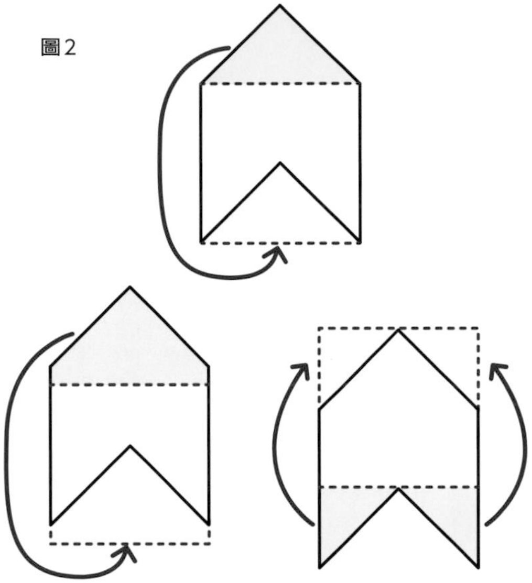

圖3

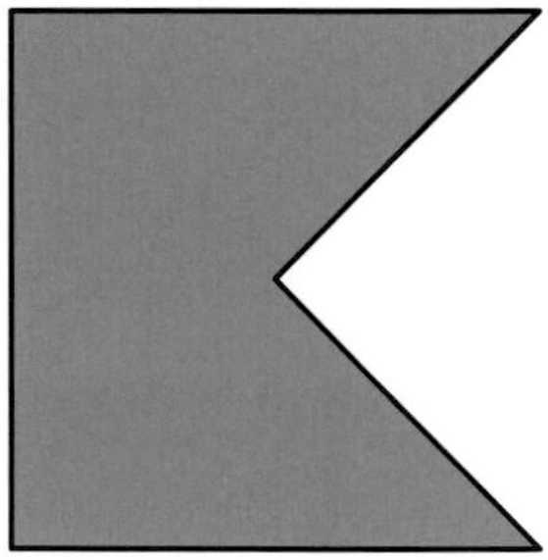

圖4

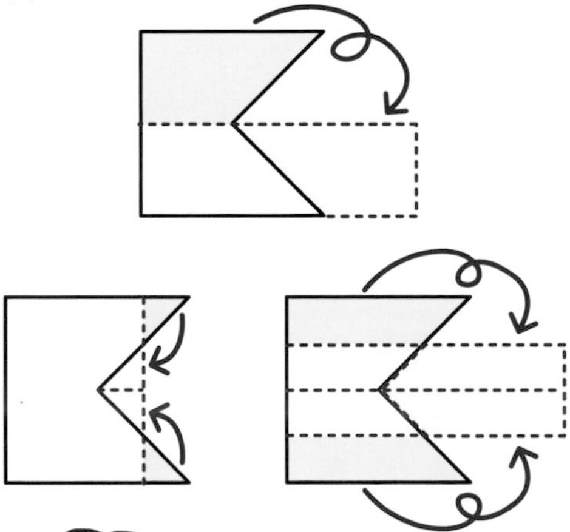

補充筆記　在腦中想像圖形該怎麼剪貼，是件相當有趣的事，也會變得喜歡數學。

你喜歡什麼運動呢？

8月 23日

東京學藝大學附屬小金井小學
高橋文夫老師

閱讀日期　月　日　月　日　月　日

最擅長的運動是？

左圖範例是問了4個好朋友：「棒球、游泳、網球與足球中，你最擅長的運動是什麼呢？」結果每個人的答案都不一樣。

你知道每個人各自擅長的運動嗎？

整理成表格吧！

覺得這個問題很困難的話，就試著畫出左下圖的表格，就能一清二楚了。

首先，可以從敘述知道小櫻只擅長游泳。接著，因為每個人擅長的運動項目都不同，所以說自己擅長游泳與足球的勇紀，最擅長的應該是足球。接下來，從對話能判斷友香擅長的是網球跟足球，刪除跟勇紀重複的足球，所以就是網球了。

最後剩下的正樹，當然就是棒球囉！

我擅長踢球，也擅長游泳。
勇紀
我不擅長游泳。而且也不擅長投球。
友香
只要用球的運動都擅長。
正樹
我不擅長任何要使用球或工具的運動。
小櫻

	棒球	游泳	網球	足球
友香	×	×		
勇紀		○		○
小櫻	×	○	×	×
正樹	○		○	○

補充筆記　這類問題稱為邏輯益智猜謎。使用圖表依序整理問題條件，就能輕鬆找出答案。

關於數字與計算

客人的數量剛好是5萬人？

神奈川縣　川崎市立土橋小學
山本　直老師

閱讀日期　月　日　月　日　月　日

報紙標題與實際數量

每當舉辦體育比賽或演唱會時，隔天報紙就會出現「吸引10萬觀眾熱烈響應！」「5萬人熱血助陣！」等大標題。這些標題雖然都表現出有許多觀眾的事實，但實際到場的人數，真的是剛好10萬或5萬人嗎？

當然不是這樣。這只是要讓大家知道有很多人到場，所以僅會使用大概的數量。

那麼，實際入場人數與宣稱的人數相差多少呢？

名為四捨五入的表示方法

如果實際只有2萬8千人到場，結果卻報導有5萬人的話，就是天大的謊言了吧！所以會使用四捨五入的方法，來表現大概的數字。

使用這種方法的話，如果想要表現位數的下一位數字是5以上就會進位，4以下則會捨去。例如：4萬6千人想要用「○萬人」來表現的時候，因為千位數在5以上所以進位到萬，因此就是「5萬人」；如果是4萬3千人，因為千位數在4以下所以捨去，也就是「4萬人」。如果報紙也是用四捨五入的話，那麼標題寫「5萬名觀眾！」時，實際人數應該是4萬5000人到5萬4999人之間。依照不同的用途，我們會選擇要用實際的數字，還是只取大概的數字。

試著查查看

是大概的數字還是實際的數字？

以前很多報紙在報導職棒觀眾數時，都習慣用大概的數字表示（例①）。但是近年開始會使用實際數字（例②）。不妨查查家裡的報紙，看看最近在報導比賽、演唱會等各種活動的參加人數時，都怎麼表現呢？

例①

最後以完美的投球完封對手，獲得了漂亮的勝利。現場的5萬名觀眾都相當開心！

例②

○○棒球場

中央	0	0	3	0	1	0	0	2	0	6
太平洋	1	0	0	0	2	1	0	0	1	5

勝　○○太郎
負　△△次郎

觀眾人數　48932人

補充筆記　「大概的數字」就稱為「概數」。概數的表現方法除了四捨五入，還有無條件進入與無條件捨去的方法。

電腦也是這種機制！不可思議的二進位

8月25日

東京都　豐島區立高松小學
細萱裕子老師

閱讀日期　月　日｜月　日｜月　日

平常使用的是十進位

我們平常使用的數字，都是用0、1、2、3、4、5、6、7、8、9這10個數字表示的。有10個1的話就會進到十位數，有10個10的話就會進到百位數……像這樣每10個就進1位數的機制，就稱為十進位。

數字2345，就可以分解成1000×2＋100×3＋10×4＋1×5（＝2000＋300＋40＋5）。

用0與1表現的二進位

不過，數字的表現方法還有其他機制喔。

其中一個，就是我們的生活中也有在用的二進位。二進位只會使用0與1這2個數字，只要集滿2個就會進位。

這邊用十進位中用「2」表現的數字為例吧。

因為個位數集滿2個，所以會進到下一位，變成「10」。但這時不會讀作「十」，而是會分開讀作「一、零」。

那麼十進位中的「4」用二進位來表示呢？因為個位數集滿了2個2，所以就要進位2次，變成「20」，但二位數也集滿了2個，所以要再進位變成「100」。這時也不是讀作「一百」，而是「一、零、零」。

二進位就是用這種方式，表現出所有的數字。

十進位		二進位	唸法
0	⇒	0	零
1	⇒	1	一
2	⇒	10	一零
3	⇒	11	一一
4	⇒	100	一零零
5	⇒	101	一零一

2→10　變成2的話就進位

12→20　變成2的話就進位
20→100　變成2的話就進位

試著做做看

用手指表現二進位

用手指也可以表現出二進位喔！只要使用雙手的話，不管數字是多少都比得出來，請試著做做看吧（參照第113頁）。

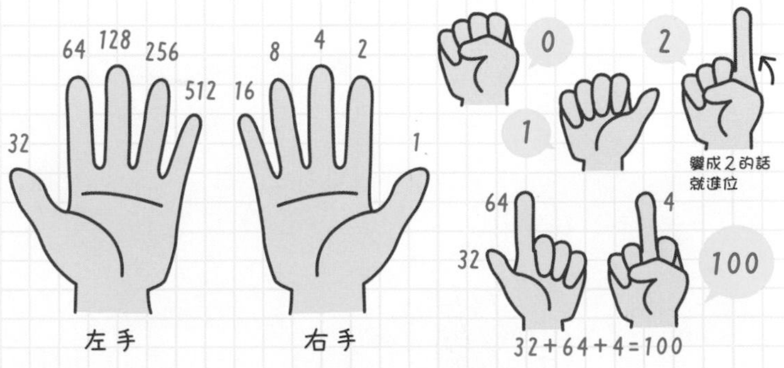

補充筆記　電腦等機器也是使用二進位。電燈的ON與OFF也是用1與0表示的，並會用這2個數字處理各式各樣的動作。

数字與圖形小遊戲

挑戰「清少納言智慧板」

8月26日

青森縣　三戶町立三戶小學
種市芳文老師

閱讀日期　月　日｜　月　日｜　月　日

益智拼圖的一種

你知道什麼益智拼圖的歷史，比七巧板（參照第72頁）還要悠久嗎？就是誕生於日本的益智拼圖，叫做「清少納言智慧板」。之所以冠上「清少納言」的名稱，是因為這是由名為清少納言的聰明人想出來的。讓人不禁好奇，「清少納言智慧板」到底有多困難呢？

讓我們實際動手做看看吧！只要有偏厚的圖畫紙，就可以輕易製作出來了。請先畫出和圖1一樣的線條，然後剪開吧。

試著回答問題！

完成後，就挑戰圖2的問題吧！這些圖案的名稱，都充滿了日本江戶時代的風情，顯得格外有趣（答案是圖3）。

圖1

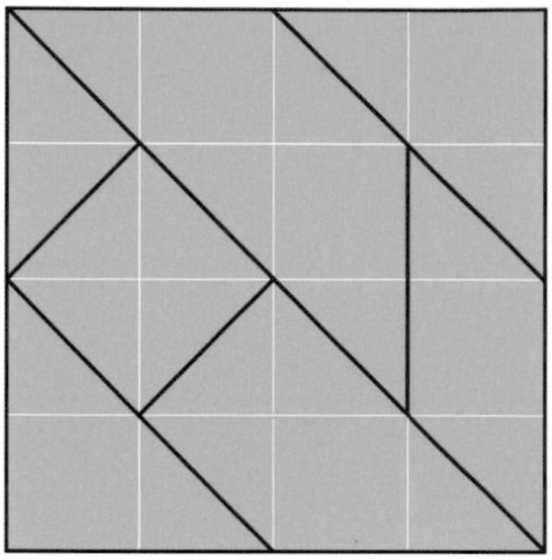

※拼圖時也可以翻面使用。

圖2

圖3

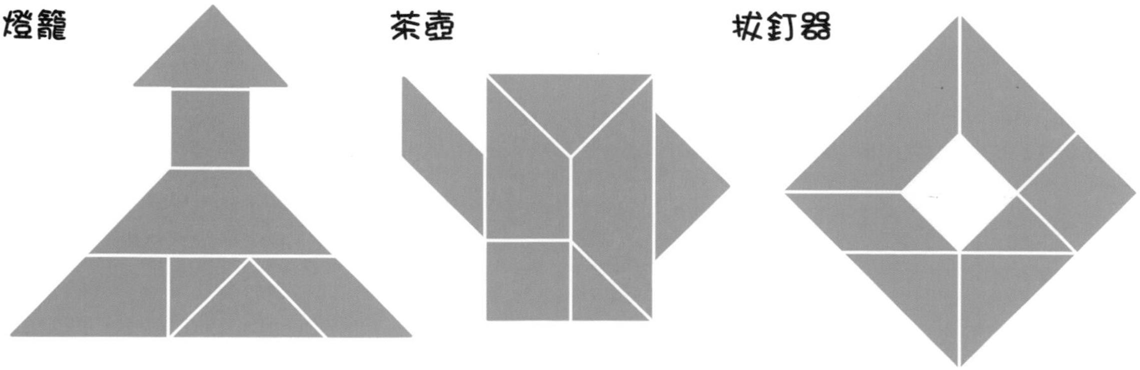

補充筆記　日本於1742年出版的《清少納言智慧板》中介紹了這種益智拼圖。中國則是於1813年的《七巧圖合璧》中介紹了七巧板。所以日本普遍認為，清少納言智慧板的歷史比七巧板悠久。

壞掉的電子計算機

8月27日

筑波大學附屬小學
盛山隆雄老師

閱讀日期　月　日　月　日　月　日

用壞掉的計算機計算

真傷腦筋，計算機的按鍵2壞掉了。

現在想拿這台計算機計算「18×12」，該怎麼辦才好呢？

因為其他的按鍵都還可以用，所以只要發揮巧思，還是可以計算喔！

計算18×12

計算的方式有很多種，這邊就舉幾個例子吧！

1
18 ＋ 18 ＋ 18 ＋ 18 ＋ 18 ＋ 18 ＋ 18 ＋ 18 ＋ 18 ＋ 18 ＋ 18 ＋ 18 ＝ 216

這種方法是以乘法為基礎計算出來的。雖然看起來很麻煩，但是使用計算機的話，一下子就可以算出來了。

2
18 × 6 ＝ 108
108 ＋ 108 ＝ 216

3
18 × 11 ＝ 198
198 ＋ 18 ＝ 216

這邊善用了乘法在計算上的性質。

4
18 × 13 ＝ 234
234 － 18 ＝ 216

4的方法必須使用按鍵2，因此濃縮成18×13－18＝216。

只要濃縮成1個算式的話，就按得出來了。

5
18 × 3 × 4
＝ 216

也可以將12當成3×4來計算。

6
18 × 60 ＝ 1080
1080 ÷ 5 ＝ 216

把12當成60÷5來計算的方法。

8月

補充筆記
將乘數拆成加法，把12看成（11＋1）、（6＋6）、（3×4）、（13－1）、（60÷5），如此一來，也會獲得「換個方向思考的能力」。

關於圖形

創造出骰子拼圖

8月 28日

神奈川縣　川崎市立土橋小學
山本　直老師

閱讀日期　月　日　月　日　月　日

使用立方體的展開圖

立方體的展開圖有11種，這邊將其中幾種組合在一起，創造出了拼圖。

A圖就是由2種展開圖組成的。

A

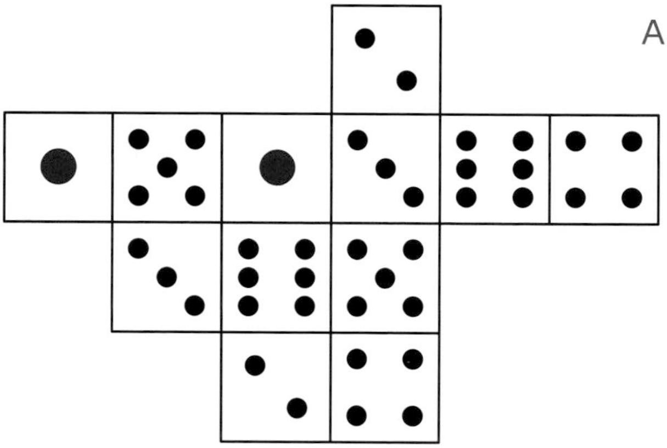

你知道該從哪裡分開2張展開圖嗎？

骰子還是立方體的時候，互為對面的數字相加後一定是7。因此，就算拆成展開圖，原本相對的數字相加後也會是7。

仔細思考每一面的相連處

以相對的面數字相加後是7來思考，就能夠找出像B圖的白色部分的十字展開圖。

但是這裡卻有個陷阱——最右端的4點被漏掉了。

所以，稍微改變一下想法，將十字展開圖改成橫向發展。這時就會像圖C一樣，出現2個漂亮的展開圖。

請試著運用這樣的作法，把3個、4個展開圖組合在一起，創造出專屬自己的骰子拼圖。

B

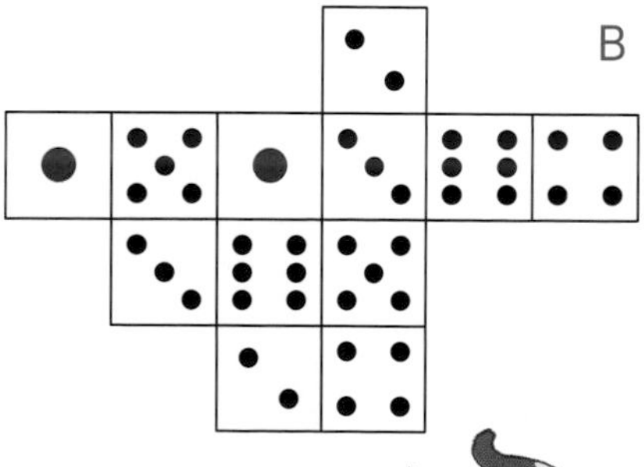

C

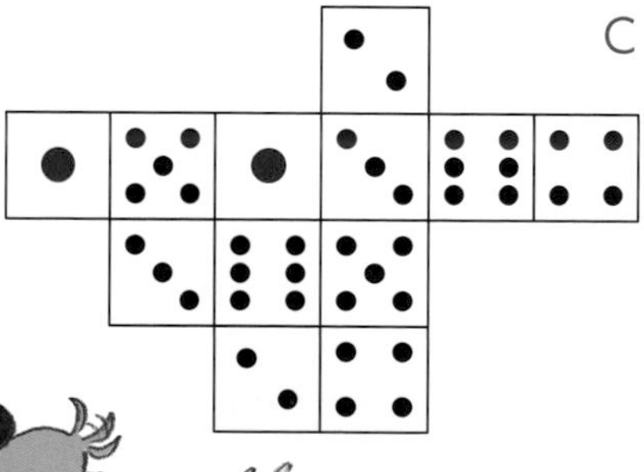

補充筆記　直方體的展開圖同樣可以做出這樣的拼圖，不過記得將重點放在「長度不同的邊是如何組合在一起」。

絕對會算出6174的算式！

東京學藝大學附屬小金井小學
高橋丈夫老師

閱讀日期　月　日｜　月　日｜　月　日

奇妙的4位數計算

今天要介紹不可思議的4位數計算，不管怎麼算，最後都會變成6174。

①首先想個數字，但4位數不能都相同（1111、2222等）。

只要其中1個數字不同就行了，所以選擇1223。

②接著，用這4個數字排列出最大的數字與最小的數字，並用最大數減掉最小數。

把算出來的答案，再用②的方式計算，重複幾次後，如果得出重複的結果，這個數字就是最終答案。也就是「6174」。

試著算算看

將1223重新排列後最大的數字是3221，最小數是1223，3221－1223＝1998；1998可排出的最大數字是9981，最小數字是1899，9981－1899＝8082；8082可排出的最大數字是8820，最小數字是0288，8820－288＝8532；8532可排出的最大數字是8532，最小數字是2358，8532－2358＝6174；6174可排出的最大數字是7641，最小數字是1467，7641－1467＝6174。因為之後再怎麼計算，答案都會是6174，所以是最終答案。

補充筆記

像6174這種數字就稱為「卡布列克數」。再增加數字的位數時，是否也會有像這樣的規律呢？試著找出這些規律很有趣喔！

要選擇哪一個紙杯呢？

御茶水女子大學附屬小學
岡田紘子老師

閱讀日期　　月　　日　　月　　日　　月　　日

糖果在幾號紙杯裡？

這裡分別寫著1～10編號的紙杯。其中只有1個杯子放有糖果，你覺得是哪個紙杯呢？（圖1）

請從中選出1個紙杯吧。假設我們選出了4號杯子。

接著負責將糖果藏進杯子的人，一個個掀開了沒有放糖果的紙杯。

最後只剩下4號與7號紙杯。所以糖果一定藏在這2個杯子的其中1個。

圖1

圖2

圖3

這時，如果有一個能再次選擇紙杯的機會，我們是要維持最初選擇的4號紙杯，還是要換成7號紙杯呢？

這種情況下，是換比較好，還是不要換比較好呢？（圖2）

要不要換呢？

這裡只有2個杯子，所以不管選哪一個，選中的機率都是2個選1個的$\frac{1}{2}$（圖3）。

但是，其實選擇7號紙杯的話，選中的機率是選擇4號紙杯時的9倍。

一開始共有10個紙杯，糖果放在4號杯子的機率只有$\frac{1}{10}$，其他杯子的機率則總共是$\frac{9}{10}$（圖4）。

所以與其繼續選擇4號杯子，不如改選7號杯子，選中的機率才會增加。

再增加杯子的數量確認看看，就更好理解了。如果有100個紙杯的話，剩下的紙杯選中的機率總數，會是一開始選擇的紙杯的99倍。

請試著問問看家人或朋友「要換？還是不換？」吧！肯定會很有趣。

圖4

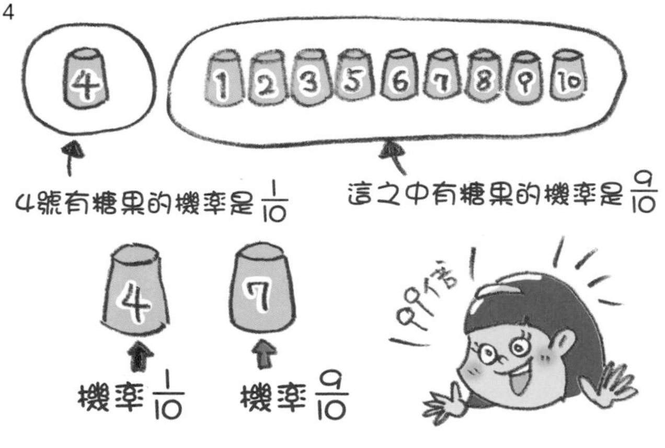

補充筆記　這裡介紹的內容，就稱為「三門問題」，這類問題曾經在美國電視節目引發話題。

人類的大發現！發現0的歷史

8月31日

大分縣　大分市立大在西小學
二宮孝明老師

閱讀日期　月　日　月　日　月　日

數字「0」的奇妙之處

每天的生活中都少不了數字，要不是算數就是計算。我們會用0、1、2、3、4、5、6、7、8、9這10個數字來表示。但是0比其他的數字還要特別。舉例來說，雖然平常會說「1顆草莓、2顆草莓……」，卻不會說「0顆草莓」呢！

試著把0去掉，寫成「十六」、「一百六」、「一百六十」，就會發現比較難理解3個數字之間的差異。0，代表它所在的這個位數「什麼都沒有」。要將0擺在適當的位置，才能夠正確表示出其他數字的位數。

百位數	十位數	個位數
	1	6

百位數	十位數	個位數
1	0	6

百位數	十位數	個位數
1	6	0

加上數字0的話，每個數字會對應到哪個位數就很清楚了。

在古老印度發現的

在古老的時代，有些國家雖然有數字，卻沒有0這個概念。例如很久以前的埃及，會用直棒的數量，表現1~9的數字。並會用符號表示位數，像10是「腳枷」、100是「繩子」、1000是「蓮花」等。每當出現更大的數字時，就必須想出新的符號，這是件非常麻煩的事。

據說，0是誕生於很久很久以前的印度。最初是用點（・）來表示0。只要使用0的話，不管是多大的數字，都只要用這10個數字來表示就行了。

印度人從以前就很擅長計算，他們在做加減法的時候，也會使用0。0這個大發現，從印度開始慢慢拓展到全世界。

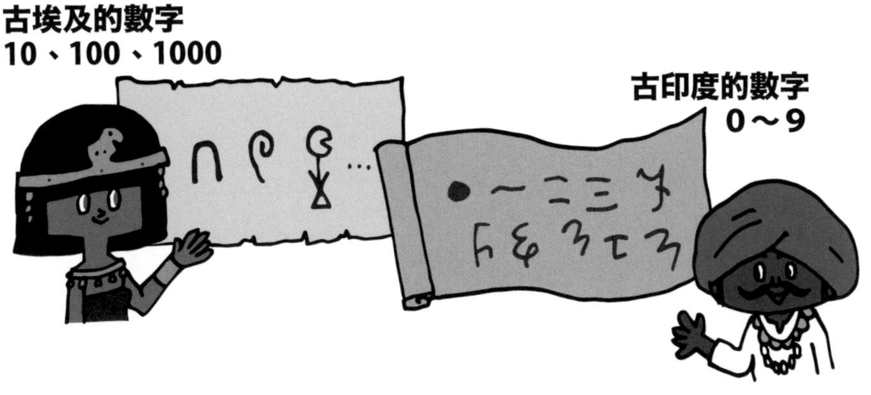

埃及在表示數字時，每當出現更大的數字，就必須想出新的符號。印度則用10種數字就能表現所有數字。

補充筆記　使用0～9這10個數字，擺在各個位數上，藉此表現出數字大小的方式，稱為「十進位計數法」。

感受一下吧

小孩的科學照相館 vol. 6

這邊要介紹與算術有關的獨特照片。
這才知道，原來算術的世界
這麼有趣、這麼美麗。

數學藝廊

要動手體驗數學的話，製作各種藝術作品也是很好的方式喔。這裡介紹的作品，都是活用3～6年級中學過的數學喔！

4年級生［剪紙］

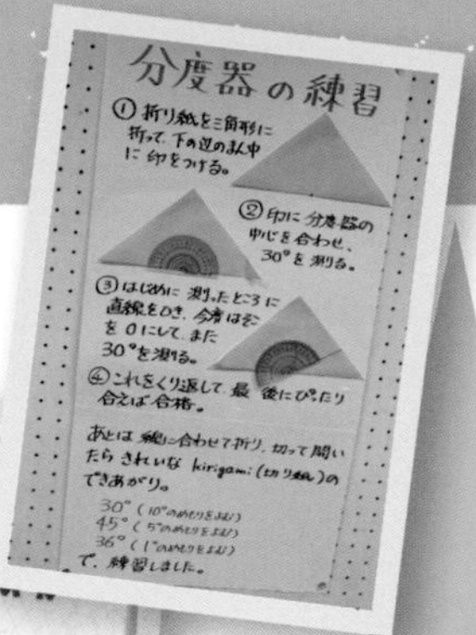

5年級生［無縫花紋］

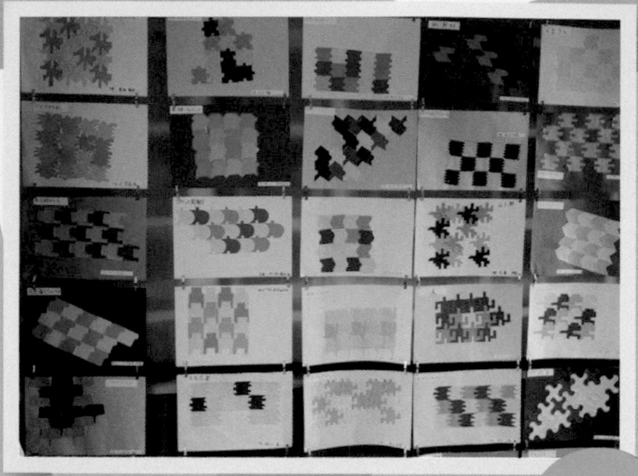

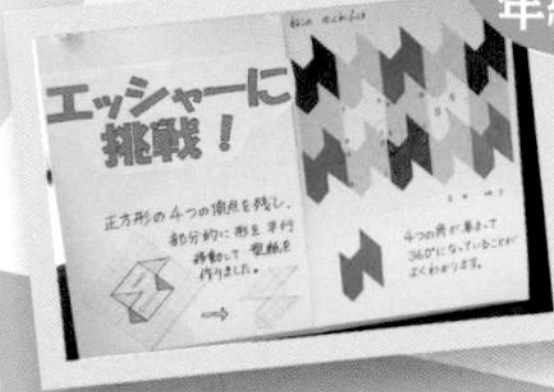

6年級生［對稱圖形］

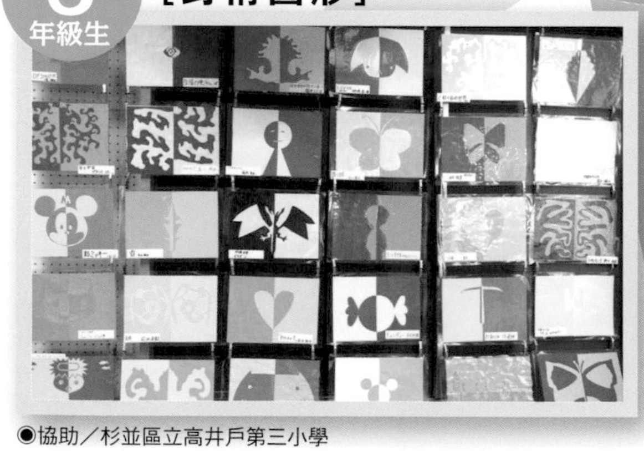

3年級生［圓形花田］

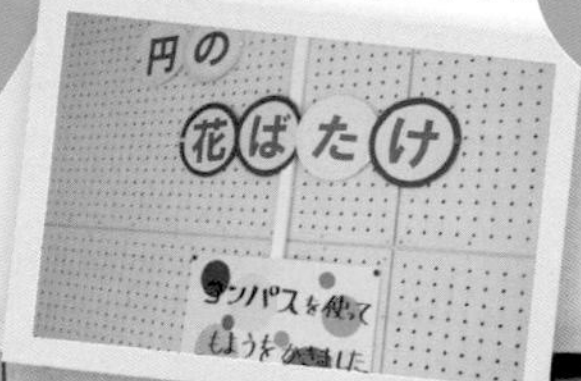

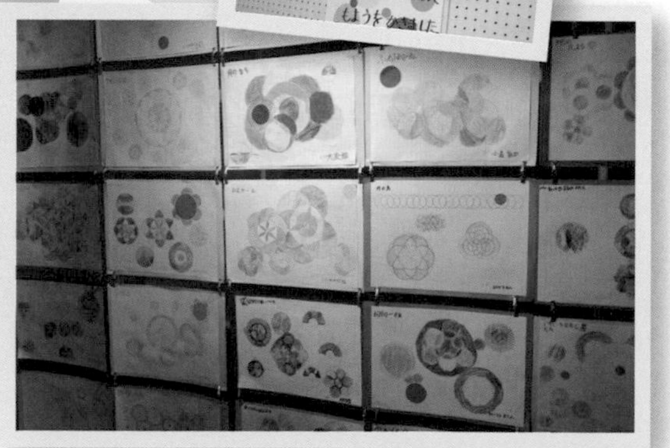

◉協助／杉並區立高井戶第三小學

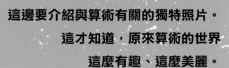

9 月

September

用「÷9」找出餘數

9月 1日

青森縣　三戶町立三戶小學
種市芳文老師

閱讀日期　月　日　月　日　月　日

奇妙的9的除法

應該不少人覺得除法很難吧？但是「除以9」的算式，卻有個方法能輕鬆看出餘數呢！

請先思考看看圖1列出的問題的餘數。提示是被除數。你發現到了嗎？

圖1

① 152÷9＝16 餘 8

② 205÷9＝22 餘 7

③ 772÷9＝85 餘 7

事實上，只要將被除數的各個數字相加，就會等於餘數。舉例來說，問題①是2＋0＋5＝7之前，問題①是1＋5＋2＝8，問題②是2＋0＋5＝7。

奇怪？但是問題③是7＋7＋2＝16，跟餘數不一樣啊？

這時候只要扣掉9，16－9＝7，就和餘數一樣了。

為什麼可以看出餘數？

為什麼將被除數的數字加起來後，會等於餘數呢？

這裡利用的是100與10除以9都會多出1的性質。例如，將問題①的152畫成格子的話，就會出現像圖2的圖形。

然後再用9去除的話，就可以知道每一位數的數字與除以9之後的餘數都相同。

由此可以看出，9的除法計算真的很有趣呢！

圖2

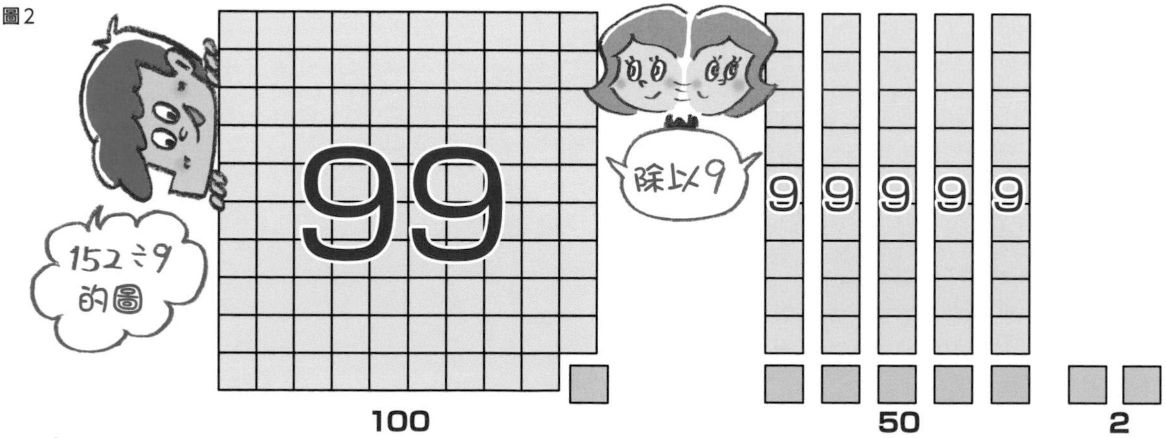

補充筆記　有一種驗算方法稱為「棄九法」，就是運用「除以9」的性質，是古印度所使用的方法。

關於單位與測量

用三角板[redacted]作出各式各樣的角！

9月 2日

神奈川縣　川崎市立土橋小學
山本 直 老師

閱讀日期　月　日　月　日　月　日

三角板的角各是幾度？

大家平常使用的三角板，主要有2種。

一種是直角等腰三角形，3個角分別是90度、45度、45度。另一種則是直角三角形分別是90度、60度、30度。

也就是說，只要照著這些三角板的角度去描線，就能夠畫出30度、45度、60度、90度這4種大小的角。

那麼，使用三角板的話，只能畫出這4種角度嗎？

事實上，只要善用這2種三角板，就能夠畫出其他不同的角度囉。

下點工夫進行組合

首先，是將2個角合在一起。例如：將30度角與45度角合在一起的話，就是75度角。

再來，是讓1個角扣掉另外1個角。

先畫出45度角後，再疊上30度角就可以畫出45－30＝15度的角。

順道一提，畫出75度的話，外側就形成285度（360－75）角；畫出15度角的話，外側就會形成345度角。

像這樣想辦法搭配組合各種角度，就能夠畫出各式各樣的角度。

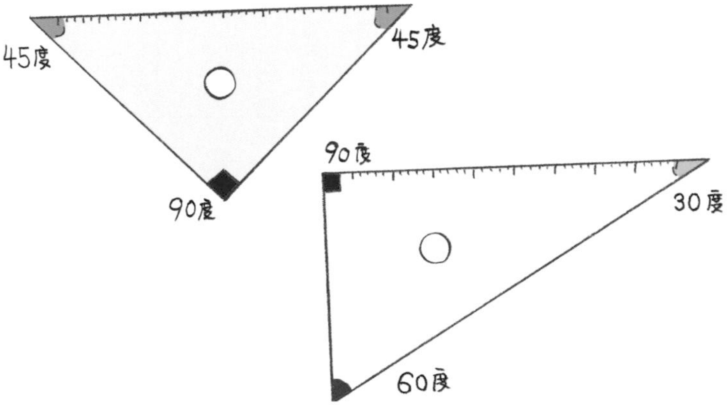

試著做做看

將三角板組合在一起！

善用三角板，可以製作出15度、30度、45度、60度、75度、90度、105度……等以15度為間隔的角度。請先試試看自己還能畫出什麼角度吧！

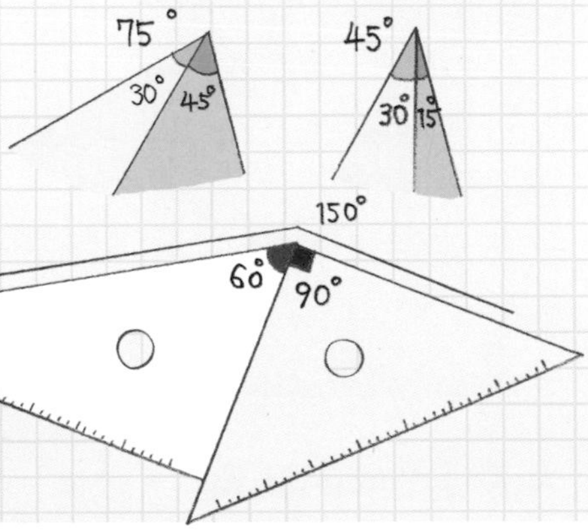

補充筆記　畫180度時會形成直線，可以以直角的角度為單位稱做「2個直角」；360度則是1圈，可以稱作「4個直角」。

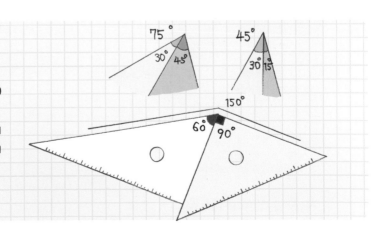

有聽過土地的單位「坪」嗎？

9月 3日

東京學藝大學附屬小金井小學
高橋文夫老師

閱讀日期　月　日　月　日　月　日

教室有多寬？

表現寬廣程度的數字稱作「面積」。例如，學校所使用的筆記本，長度約25cm，寬度約18cm，所以面積是25×18＝450cm²。也就是等於450個邊長1cm的正方形加總後的面積。

那麼，大家的教室有多寬呢？一般而言，寬度大約9m，長度大約10m，所以面積大約是90m²，等於90個邊長1m的正方形加總後的面積。

像這種日常生活周遭的寬廣程度，就會以m²為基礎表示。

米、榻榻米與坪的關係

以前人所使用的單位與現在不同。你有聽過「坪」這種表現寬廣程度的單位嗎？現在也會用「坪」表現土地的寬廣程度。1坪，最早是用能種植出1個大人1天食用米量的田地面積做為基準。

如果把坪以日本人所使用榻榻米來表示的話，1坪大約等於2疊榻榻米的寬度。榻榻米的長大約是180cm，寬大約是90cm（參照第58頁），將2疊榻榻米的拼在一起的話，就變成了邊長180cm的正方形。這種長度大約等於大人走2步的距離，據說以前就是按照步伐寬度，決定榻榻米的尺寸。

沒想到利用步伐測出的正方形面積，與1個大人1天食用米量的田地面積竟然相同，真的很有趣呢！

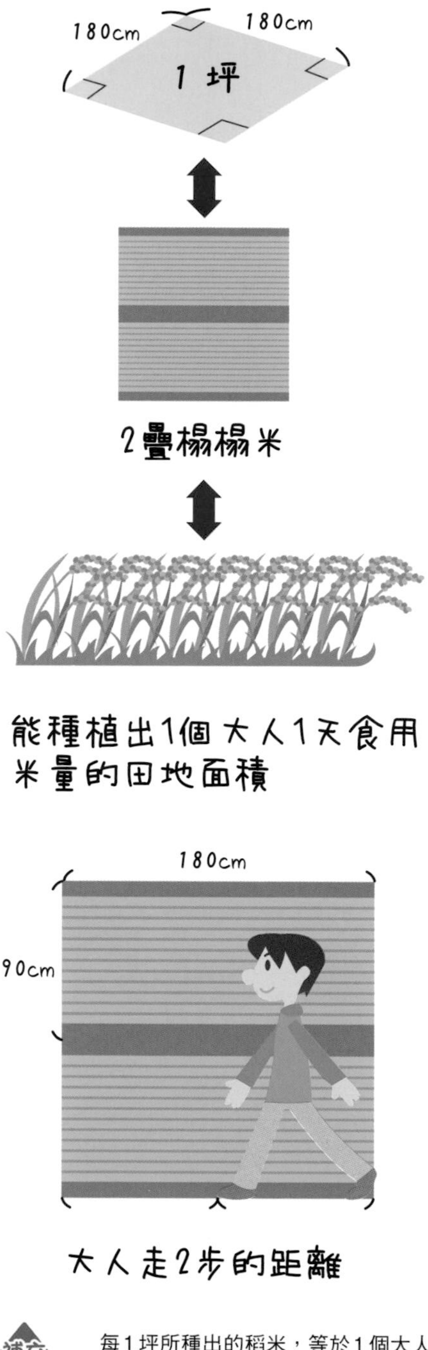

補充筆記：每1坪所種出的稻米，等於1個大人1天食用的米量。所以1年份的米量，就等於365坪。以前的日本人曾經將365坪稱為1反，但後來1反就變成360坪了。此外，也改用1石表示1年份的米量。

關於數字與計算

扁彈珠遊戲！「方陣問題」

9月 4日

學習院初等科
大澤隆之老師

閱讀日期　月　日　月　日　月　日

思考各式各樣的做法

請將扁彈珠排成正三角形，1邊排5個扁彈珠的話，總共會有幾個呢？（圖1）

圖1

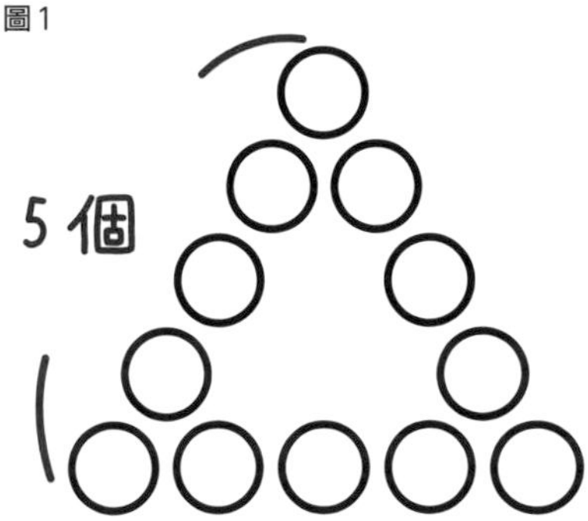

因為1邊有5個扁彈珠，所以是5×3＝15個？不對。

這樣計算的話，在3個角的扁彈珠就會被重複算2次了。

那麼，請想想看怎麼算才會正確呢？

A　5×3＝15個，由於3個角的部分重複計算了，所以就扣掉3。

5×3－3＝12個（圖2）。

B　一開始3個角都只算1次，所以是4×3＝12個（圖3）。

C　在3個角不會重複計算的前提下，按照順序相加3邊的個數。

5＋4＋3＝12個（圖4）。

圖2

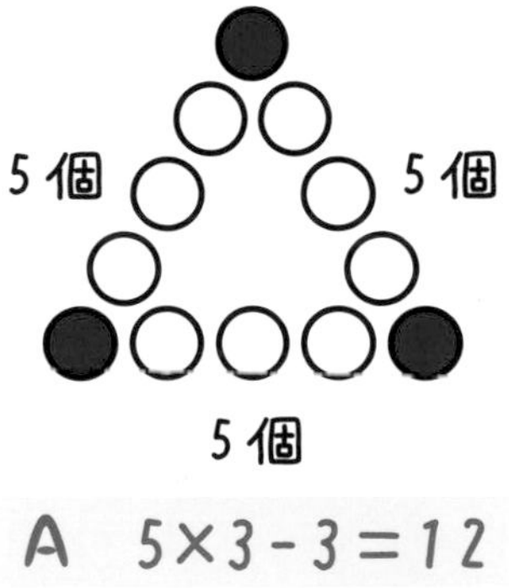

圖4

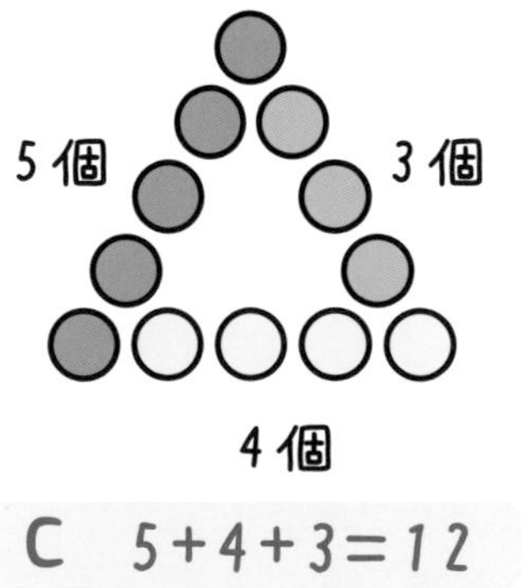

圖3

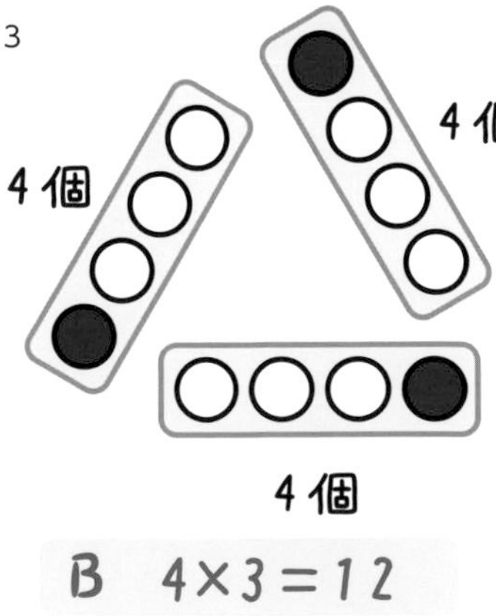

試著做做看

每邊有100個的話？

「每邊有100個扁彈珠的話，總共有多少個呢？」不管用什麼算法都可以，請試著算算看吧！

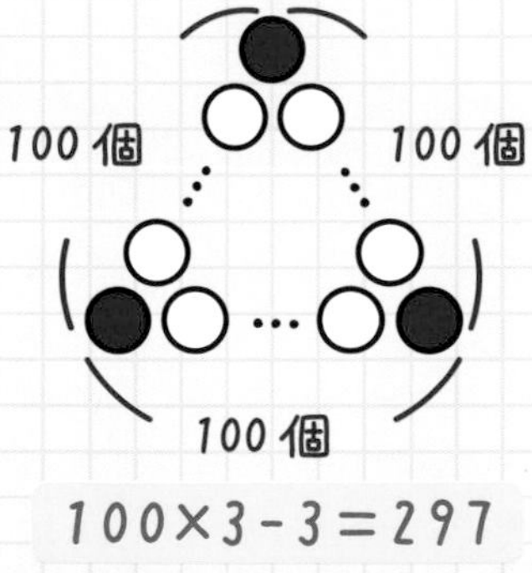

舉例來說，以A的方式計算時，就變成100×3－3，總共有297個。

補充筆記　如果將扁彈珠排成正方形的話，這幾種方法也都適用嗎？請試著算算看吧。

關於單位與測量

頂尖運動員的速度有多快？

9月 5日

明星大學客座教授
細水保宏老師

閱讀日期　月　日　月　日　月　日

馬拉松選手時速幾km？

一般來說，人類走路的速度約為每小時4000m（時速4km）。

自行車速度約15～40km，汽車在一般道路約40～60km，高速公路則是80～100km。

那麼世界頂尖的運動員，時速是多少呢？

一起來看看田徑比賽的世界紀錄吧（圖1）。

圖1

男子100m：9.58秒
（尤塞恩・波特）
女子100m：10.49秒
（佛羅倫斯・格里菲斯・喬伊娜）
男子馬拉松：2小時02分57秒
（丹尼斯・基普魯托・基梅托）
女子馬拉松：2小時15分25秒
（寶拉・雷德克里夫）

※2015年12月為止的世界紀錄。

這些紀錄，都是用「跑完一定距離內所需的時間」去表示速度，所以數字愈小，就代表速度愈快。

統一單位比比看

但是光看圖1的話，還是想像不太出來那些選手到底有多快。所以，把這些速度，轉換成時速看看吧（圖2）。

結果，我們可以看到跑100m的選手，速度等於慢慢行駛的汽車，馬拉松選手則必須維持與自行車差不多的速度，持續跑2小時以上呢！真是令人驚訝。

像這樣統一速度單位，就能夠具體感受到他們有多快了。

圖2

男子100m：約時速37.6km
女子100m：約時速34.3km
男子馬拉松：約時速20.6km
女子馬拉松：約時速18.7km

試著想想看

比一比動物的速度？

比較看看這幾種動物的速度。

・獵豹　400m：約12秒
　⇒（時速約120km）
・大象　500m：約45秒
　⇒（時速約40km）

波特選手能夠贏牠們嗎？

補充筆記

人類瞬間衝刺的速度比較慢，但是卻具有持久力，所以如果是長距離賽跑的話，人類其實擁有不輸獵豹的能力。試著調查並比較其他動物與交通工具的速度，也是件很有趣的事情喔！

正方形中的正方形

熊本縣　熊本市立池上小學
藤本邦昭老師

閱讀日期　月　日　月　日　月　日

就算不知道邊長也沒關係

像圖1一樣，在邊長10㎝的正方形中，畫上剛剛好的圓形，接著在圓形內畫出剛剛好的正方形。

接下來，大家知道內側的正方形面積是多少嗎？

要求出正方形面積的話，就要使用「邊長×邊長」的公式，所以只要知道單邊的邊長就可以算出來了，但光看這張圖根本看不出來呢！

所以，稍微旋轉一下內側的正方形吧（圖2）。

然後，再畫上縱橫2條輔助線……看出來了嗎？

由此可以看出，內側正方形的面積，是外側正方形的一半（圖3）。

因為外側正方形面積是10×10＝100㎠，所以一半就是50㎠。

圖1

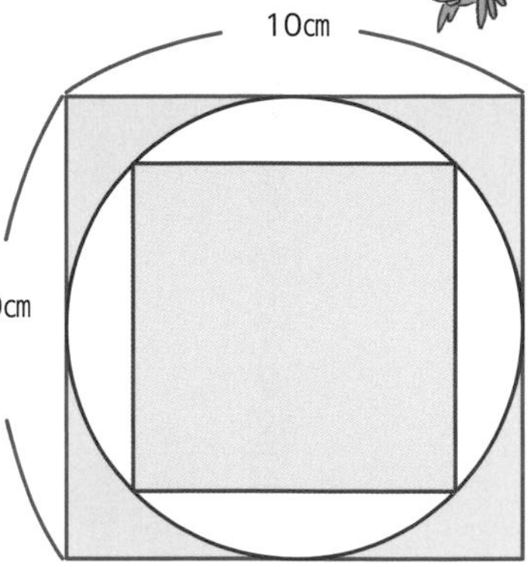

圖2

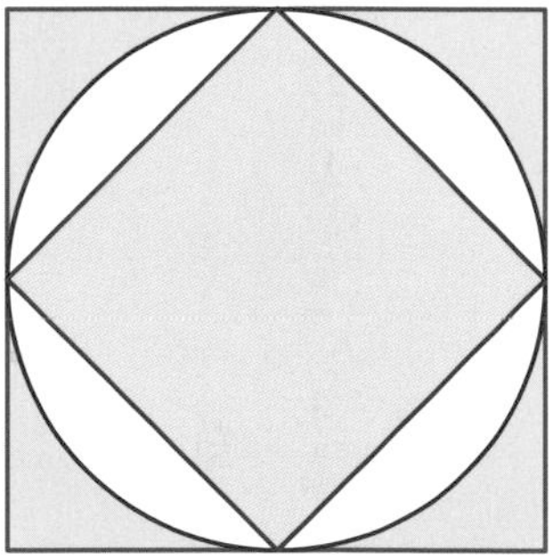

圖3

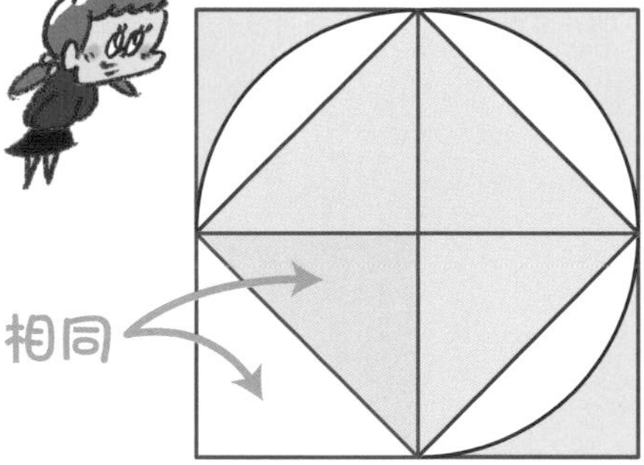

再畫1個正方形

正方形的面積公式是「邊長×邊長」，但也有像這樣即使無法計算，只要挪動圖形，就能簡單知道面積的方法。

那麼，用相同的方式再畫出1個內側的正方形的話，面積會是多少呢？（圖4）只要把正方形用前面的方法旋轉之後，就能知道喔。

圖4

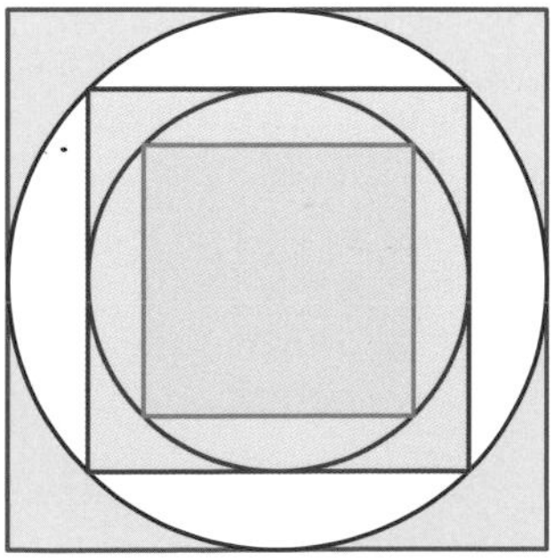

圖5

補充筆記　使用和內文相同的方法，就能知道最內側的正方形，面積是中間正方形的一半，所以50÷2＝25㎠。也就是等於最外側正方形面積的1/4（圖5）。

能夠測量出重量嗎？

御茶水女子大學附屬小學
岡田紘子老師

閱讀日期　月　日　月　日　月　日

用天平測量重量

用天平來秤重吧。但可以使用的砝碼只有6g與7g。如果想要測量13g的物品，只要使用1個6g砝碼與1個7g砝碼，就可以量出重量了（圖1）。

當測量26g的物品時，因為6×2＋7×2＝26，所以使用2個6g砝碼與2個7g砝碼就可以測量。

圖1

哪種重量秤不出來呢？

那麼，在只有6g與7g砝碼的情況下，哪些重量是測不出來的呢？

例如：15g的物品就無法用6g與7g的砝碼測量了呢！其他像是1g、2g、3g……等，都無法使用這2種砝碼測量。

請看一下圖2。G列的數字，都是九九乘法表中7的乘法的答案，所以只要使用7g的砝碼，就可以秤出這一列所有重量。F列只要1個6g砝碼，再加上1個7g砝碼，就可以測出全部的重量。E列中，只有5g無法測量，12g可以使用2個6g砝碼，其他的只要再增加7g砝碼就行了。

按照這種方式計算，可以看出D、C、B、A列中畫○的重量可以使用6g砝碼測量，再往下的重量只要用畫○的重量加上7g砝碼，就可以秤出來，所以可以用6g與7g砝碼來測量。因此，無法測量的重量，只有1、2、3、4、5、8、9、10、11、15、16、17、22、23、29g這15種。

總覺得更大的數字中，一定還有無法測量出來的重量吧？不過其實30g以上的重量，全部都能只用6g與7g的砝碼秤出。很不可思議對吧！

A	B	C	D	E	F	G
1	2	3	4	5	⑥	⑦
8	9	10	11	⑫	13	14
15	16	17	⑱	19	20	21
22	23	㉔	25	26	27	28
29	㉚	31	32	33	34	35
㊱	37	38	39	40	41	42
43	44	45	46	47	48	49

圖2

補充筆記　如果使用3g與10g的砝碼，有哪些重量是無法秤出的呢？請畫成像圖2的表格，再試著思考看看吧。

讓圓變成熟悉的形狀吧！

9月 8日

學習院初等科
大澤隆之老師

閱讀日期　月　日　月　日　月　日

把圓變成四邊形？

請在腦海中想像圓形的披薩，是不是口水直流呢？

現在請將這塊披薩切成16等分，然後試著在自己的腦海中，將這16塊披薩組合成熟悉的四邊形（圖1）。

圖1

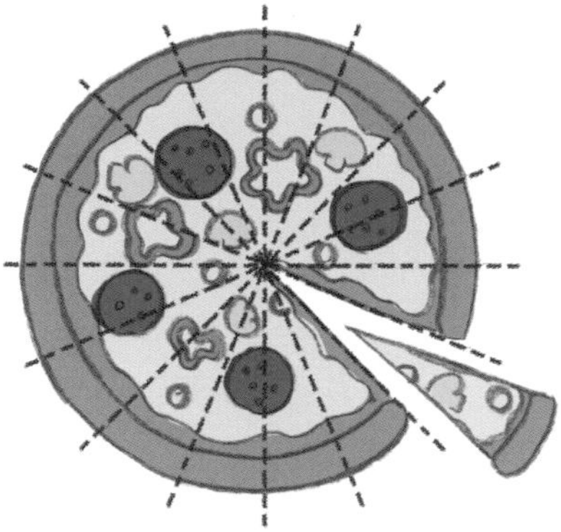

16等分

順利組合出正方形、長方形與平行四邊形了嗎？只要像圖2這樣挪動，就可以組合出這3種圖形囉！

那麼該怎麼組成梯形呢？只要像圖3這樣挪動，就可以囉。

圖2

平行四邊形

變身成熟悉的三角形！

這次一起將披薩組合成正三角形、等腰三角形與直角三角形吧。只要像圖4一樣挪動，就能夠組合成等腰三角形了。

圖3

梯形

圖4

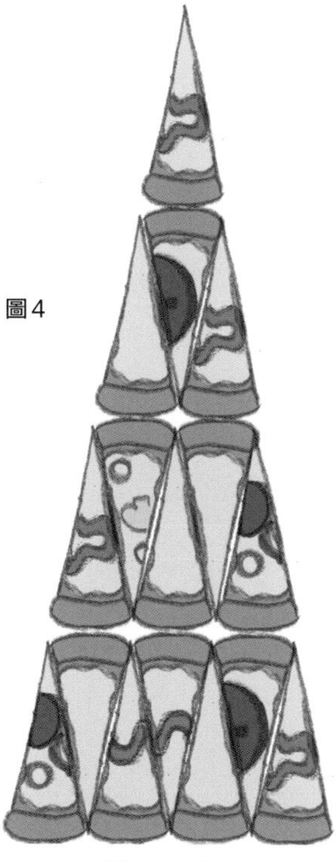

等腰三角形

補充筆記　想要求出曲線圖形的面積時，使用本頁的方法，把圖形變成知道面積計算方式的形狀後，就能夠算出圖形大概的面積囉。

關於數字與計算

用九九乘法表玩文字接龍！

9月 9日

御茶水女子大學附屬小學
久下谷 明老師

閱讀日期 月 日 月 日 月 日

接龍的規則

你有玩過文字接龍嗎？文字接龍就是說完一個名詞後，下一個名詞的第一個字，要與前一個名詞的最後一個字一樣，例如：接龍→龍門→門口→口腔……等，並想辦法接愈多愈好。大家在玩接龍時，每個人能夠接多少的名詞呢？

圖1

※此圖為日文接龍

今天就是要用九九乘法表來玩接龍。規則跟文字接龍一樣。

九九乘法表接龍中，答案的個位數必須與下一個算式的被乘數相同（圖２）。

請用這種方式，把九九乘法表的算式盡量接下去吧。但是，用過一次的算式就不能再用囉！大家能夠接續幾個呢？

圖2

$3 \times 9 = 27$

$7 \times 3 = 21$

$1 \times 9 = 9$

$9 \times 2 = 18$

⋮

試著想想看

背誦九九乘法表的祕密

你是否記得在背九九乘法表時，會不斷複誦「二一得二、二二得四」呢？雖然接下來要談的與接龍無關，不過來了解一下九九乘法表的背誦法。請問圖3的上下2部分差異在哪裡呢？沒錯，就是差在有沒有「得」。什麼時候會不加這個字呢？請查查看其他的九九乘法表吧！

圖3

二三 得 六 （2×3＝6）
三三 得 九 （3×3＝9）
四二 得 八 （4×2＝8）
⋮

四三 十二 （4×3＝12）
六四 二十四 （6×4＝24）
七二 十四 （7×2＝14）
⋮

補充筆記

九九乘法表總共有81個算式，但是卻沒辦法全部接起來。實際上，能夠相接的最多只有50個。請挑戰看看接完50個算式吧！相信一定會注意到接龍的訣竅！

連老師都嚇一跳！計算天才少年——高斯

9月10日

明星大學客座教授
細水保宏老師

閱讀日期　月　日　月　日　月　日

讓教師困擾的計算天才

大家有聽過德國數學家——卡爾・弗里德里希・高斯嗎？

高斯從少年時代就很聰明，他的計算能力高明得令人訝異，轉眼間就能心算出結果讓周圍的人相當震驚。

接下來要介紹的，就是一則高斯年輕時的趣聞。

德國鄉村的一間小學裡，有位計算速度非常快的少年高斯。對於高斯感到頭疼的老師，出了一道需要耗費時間計算的難題給他——「從1依序加到100的話，答案是多少？」一般的學生都必須花上20～30分鐘才能解開。

但是，高斯卻馬上說出了答案：「1＋100＝101、2＋99＝101……50＋51＝101，所以答案是101×50＝5050。」讓老師非常驚訝。

據說數學老師注意到他的才能後，還表示自己沒有什麼能夠教給高斯了。

近代數學創始者

聽到「高斯」這個名字時，很多人可能都覺得「好像在哪裡聽說過」。

事實上，科學世界有很多重要的法則，都以「高斯」命名，而且到現在都還廣泛運用。

高斯在19歲的時候，發現了用圓規與尺畫出正17邊形的方法。

當時能夠用這2種工具畫出的正多邊形，只有正三角形與正五邊形，所以這成了名留數學史的重要發現。

他不只發明了正17邊形的畫法，他的整數論研究也非常有名，對18世紀到19世紀的近代數學帶來了重大影響。

高斯不只是一個出色的數學家，同時也是位優秀的天文學家與物理學家，在天文學、力學、光學、電磁學等領域發光發熱。也有以「高斯」命名的物理單位。

補充筆記　高斯是與阿基米德、牛頓齊名的學者，也是19世紀最偉大的數學家之一。

讓色紙與厚紙板繼續相疊，並用圓規在三角形的中心（重心）穿孔。

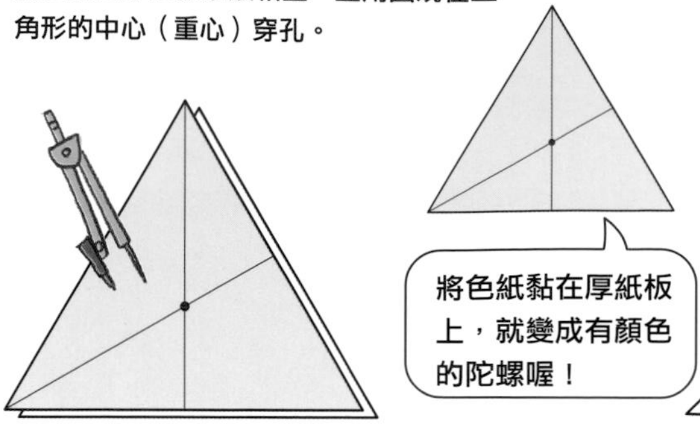
將色紙黏在厚紙板上，就變成有顏色的陀螺喔！

將牙籤戳進厚紙板的孔中，三角陀螺就大功告成了！

看誰轉得比較久！
轉吧！

牙籤的一端是尖的，玩的時候要小心喔！

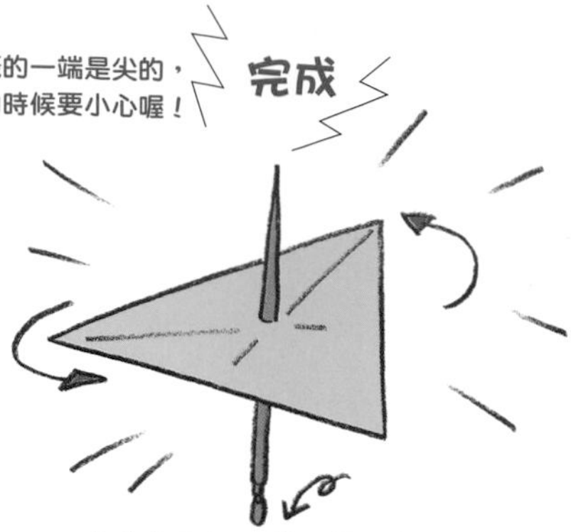
完成

旋轉陀螺時，要讓牙籤不尖的一端朝下。

●挑戰其他三角形吧

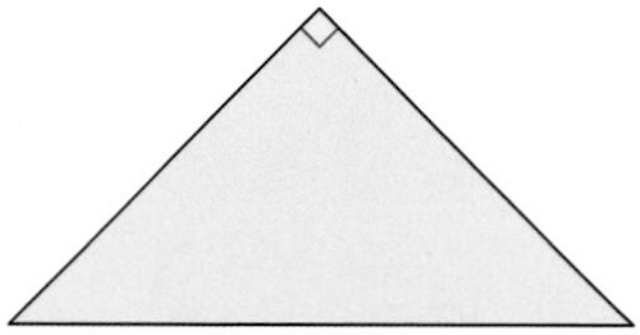

接著製作出直角等腰三角形陀螺吧！把色紙剪成直角等腰三角形。

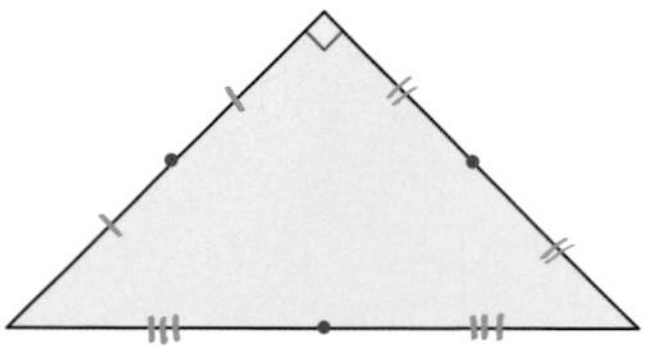

首先要找到三角形的重心。在直角等腰三角形３個邊長的正中間做記號。

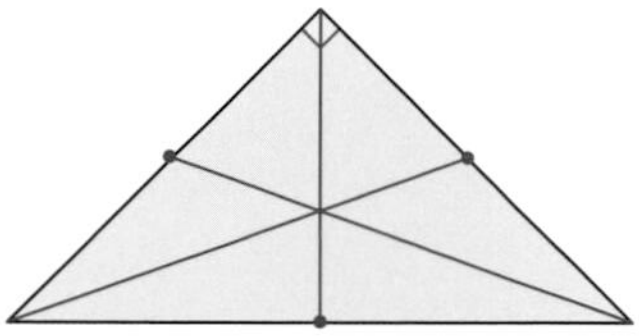

做完記號後，再畫出連接記號與對面頂點的直線。3條線所交錯的點，就是直角等腰三角形的中心（重心）。

將正方形色紙對折後再剪開，就是直角等腰三角形。

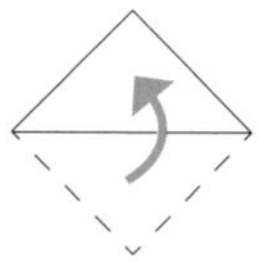

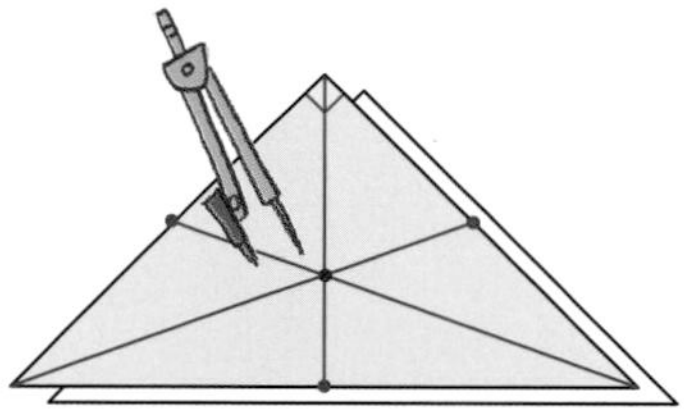

和正三角形一樣，用圓規在重心開孔，再插進牙籤的話，直角等腰三角形的陀螺就完成了。

完成
重心
旋轉

試著查查看

為什麼在三角形的中心裝上軸，就能做出三角形陀螺呢？因為將三角形的重心放在中心的話，就能將三角形分成3等分。每一個等分的面積都相同，所以代表重量也相同。以重心做為陀螺的中心的話，因為重量相等就能夠取得平衡，如此一來，就能夠旋轉起來囉。

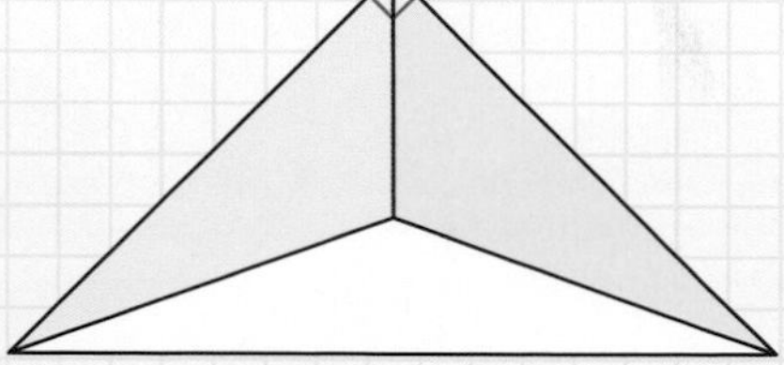

補充筆記 尋找等腰三角形與直角三角形等各種三角形的重心，試著做出其他三角陀螺吧。

動手做做看

製作出三角陀螺吧！

9月 11日

岩手縣　久慈市教育委員會
小森　篤 老師

閱讀日期　月　日｜　月　日｜　月　日

三角陀螺一如其名，就是三角形的陀螺。想要製作出三角陀螺的話，就必須先找到陀螺的中心點（重心），並在這個點裝上軸。

要準備的東西

- ▶色紙
- ▶厚紙板（瓦楞紙）
- ▶牙籤
- ▶尺
- ▶剪刀（美工刀）
- ▶圓規

●製作出正三角形的陀螺

正三角形的製作方法，請參考第126頁

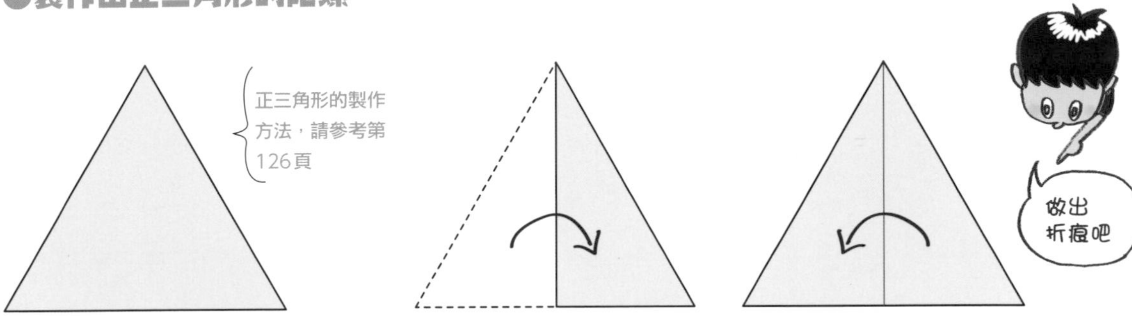

首先，來製作正三角形的陀螺吧。
把色紙剪成正三角形。

以正三角形上方的頂點為中心，對折後打開。

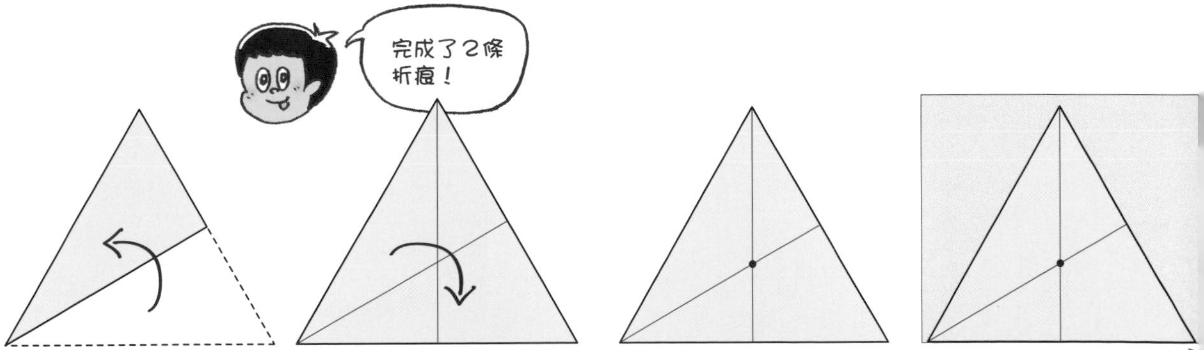

以相同的方式，以正三角形左下的頂點為中心，對折後打開。

2條折痕的相交處，就是正三角形的中心（重心）。

將剪成正三角形的色紙擺在厚紙板上，沿著色紙邊緣剪出正三角形。

找出規則的方法

平均的陷阱

9月12日

大分縣　大分市立大在西小學
二宮孝明老師

閱讀日期　月　日　月　日　月　日

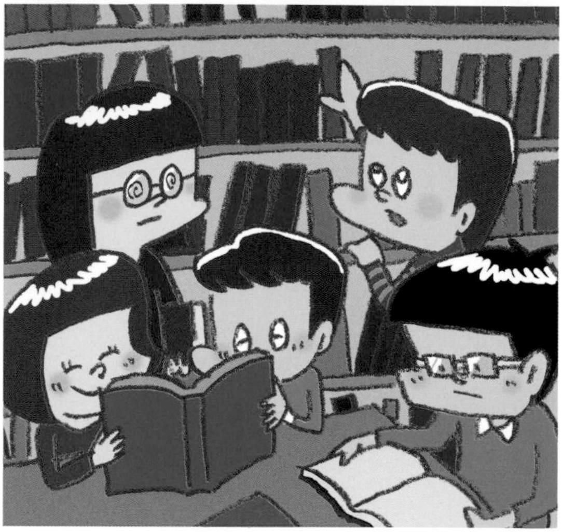

試著比較閱讀量吧

某間學校決定調查哪個班級比較常閱讀，所以就計算了各個班級中，平均每位同學向圖書館借書的本數。

結果5年1班是25本，5年2班是23本。從這個結果可以推測1班比2班還要常閱讀嗎？

確實以平均數來說，1班的數字比較大。但是試著調查每個人各自借閱的本數時，卻有了意外的發現。

圖1把借書的本數與閱讀的人數，製作成棒狀圖。可以發現，1班有些人借閱的本數不多，只有14、15本書而已。

那麼，為什麼1班的平均數字會比較大呢？再仔細觀察棒狀圖。原來是因為1班有些人特別愛閱讀，所以借閱了51本或50本。

事實上，就是這些愛閱讀的人，拉高了1班的平均數值。

有各種解讀方法

1班中閱讀19本的人數最多，按照借書量少到多的順序排列時，正中央的數字是借閱20本書的人。也就是說，1班裡有將近一半的人，都只閱讀19本書以下而已。相較之下，2班幾乎所有人都閱讀20本以上的書。

判斷數字的時候，必須像這樣仔細調查各種數值的特徵，努力從各個角度去探討才行喔！

圖1　將借書的本數與閱讀的人數製成棒狀圖

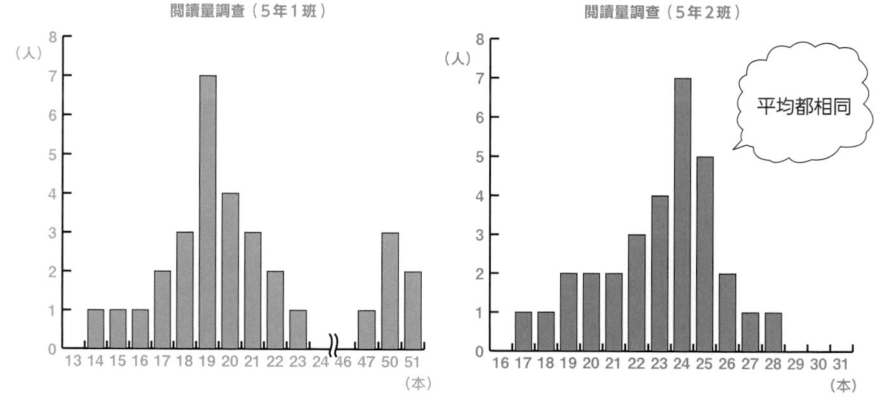

補充筆記

用「總和÷個數」求得的平均，稱為「算術平均數」。最常出現的數值稱為「眾數」、從小到大按照順序排列後，最中間的數值稱為「中央值」。一般會依數值所在的位置，而有不同的意義，數字也會有差異。

原來答案是「不能」!?

御茶水女子大學附屬小學
岡田紘子 老師

閱讀日期　月　日　月　日　月　日

條件是只用圓規與直尺

古希臘時代出現了3個問題，有2000年以上的期間都沒人找得到答案。

①你能夠以某個立方體為基準，畫出體積為2倍的立方體嗎？（立方倍積問題）

②你能夠以某個圓形為基準，畫出面積相同的正方形嗎？（化圓為方問題）

③給你一個角時，你能夠分成三等分嗎？（三等分任意角問題）

這些問題的條件，就是只能使用圓規與直尺。2000年來，有許多數學家挑戰這些題目，但是都沒人成功。直到19世紀才終於了解「這是不可能的」。也就是說，答案是「不能」。

重要的是「不能的理由」

不是每一道數學問題都有答案的，但是無法解答的時候，必須要回答出不能的理由。因為就算試了1000次都失敗後，說不定第1001次就可以成功只用圓規與直尺解出這些問題。

由此可知，要證明「不能」也是一件很困難的事情。

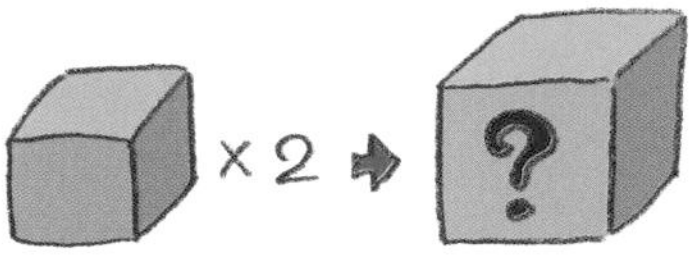

①你能夠以某個立方體為基準，畫出體積為2倍的立方體嗎？（立方倍積問題）

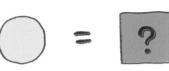

②你能夠以某個圓形為基準，畫出面積相同的正方形嗎？（化圓為方問題）

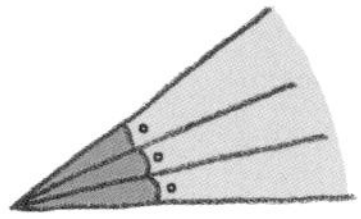

③給你一個角時，你能夠分成三等分嗎？（三等分任意角問題）

試著記起來

阿波羅的傳說

①的問題其實與傳說有關。以前有個叫雅典的地方，流行著一種傳染病，讓人們苦不堪言。他們就向提洛島上的神明阿波羅祈求，於是阿波羅表示：「如果你們將祭壇的立方體變成2倍的話，我就為你們消除災厄。」神明也會提出難題呢！

補充筆記　現在也有很多數學家，在挑戰許多未解的謎題。據說還有懸賞100萬美金（大約3000萬台幣）的難題呢！

2 與生活有關的算術

日曆的起源

9月14日

島根縣　飯南町立志志小學
村上幸人老師

閱讀日期　月　日｜月　日｜月　日

按照太陽運行的「1天」

當我們在表示日期時，會使用「今天是幾月幾日」的表達方式。那麼，請稍微思考一下，為什麼是「月」與「日」呢？其實這與「日曆」的形成息息相關。

大約在4000年前的古代巴比倫人，為了農業需求，必須了解季節與時期。當然，那個年代還沒有現在的時鐘與日曆。因此，他們就透過觀察太陽與月亮的運行，確認現在是什麼時期。

首先，當時人們的生活是在太陽升起時起床，太陽落下後睡眠，並將這段期間訂為1天。所以太陽（日）出來1次就稱為「1太陽＝1日」。

按照月亮運行的「1個月」

接下來看看「月」吧。月亮與太陽不一樣，呈現在我們眼前的形狀會有所變化。每天晚上觀察的話，會發現月亮從新月（光線沒照到月亮上，地球上看不見的狀態）慢慢變大成為滿月，後來又慢慢變小回復為新月。這段期間大約是30天。因此，他們便決定把出現新月這一天，當成新的月份。

當月亮的變化出現12次循環後，就會回到最初的季節，稱為1年。所以現在的月曆上，才會把12個月當成1年。就這樣，人們開始學會掌握當下的季節，並藉此做出有計畫的農業活動，並持續至今。

我們雖然身在地球，卻能夠透過太空裡的月亮與太陽，了解所處的時間，不覺得很厲害嗎？

2016年9月

週	日	一	二	三	四	五	六
第1週					1 新月 月齡 29.3（大潮）	2 月齡 0.7（大潮）	3 月齡 1.7（大潮）
第2週	4 月齡 2.7（大潮）	5 月齡 3.7（中潮）	6 月齡 4.7（中潮）	7 月齡 5.7（中潮）	8 月齡 6.7（中潮）	9 月齡 7.7（小潮）	10 月齡 8.7（小潮）
第3週	11 月齡 9.7（小潮）	12 月齡 10（長潮）	13 月齡 11.7（若潮）	14 月齡 12.7（中潮）	15 月齡 13.7（中潮）	16 月齡 14.7（大潮）	17 滿月 月齡 15.7（大潮）
第4週	18 月齡 16.7（大潮）	19 月齡 17.7（大潮）	20 月齡 18.7（中潮）	21 月齡 19.7（中潮）	22 月齡 20.7（中潮）	23 下弦 月齡 21.7（中潮）	24 月齡 22.7（小潮）
第5週	25 月齡 23.7（小潮）	26 月齡 24.7（小潮）	27 月齡 25.7（長潮）	28 月齡 26.7（若潮）	29 月齡 27.7（中潮）	30 月齡 28.7（中潮）	

試著觀察看看

讓人期盼晴天的「中秋節」

人們會在「中秋節」這天賞月呢！日本人還會在賞月時，品嚐糰子喔！請翻翻每一年的月曆，看看農曆的8月15日是哪一天，記得去欣賞美麗的滿月喔！

補充筆記　月亮的圓缺週期並不是都剛好30天。分有大月（有31天）與小月（不到31天）。想知道日本人怎麼背誦大小月的話，可以複習一下第217頁喔！

2 與生活有關的算術

月球有多大？

9月 15日

島根縣　飯南町立志志小學
村上幸人 老師

閱讀日期　月　日｜月　日｜月　日

滿月看起來有多大呢？

又到了中秋賞月的時期，抬頭望向夜空，有看見了大大的月亮嗎？當我們抬頭看月亮時，看起來的大小會接近哪個選項呢？一起想想看吧！

①把直徑30cm的臉盆拿在手上，再伸直手臂看過去的大小。

②把500日圓硬幣拿在手上，再伸直手臂看過去的大小。

③把1日圓硬幣拿在手上，再伸直手臂看過去的大小。

不管是想著「我不知道啦～」或是「這太簡單了！」的人，都親自走出去看看月亮吧。

答案居然是以上皆非。這個問題有點狡猾呢！事實上，差不多是把5日圓硬幣拿在手上，再伸直手臂看過去的硬幣孔的大小。

用手測量角度

請伸直手臂後握緊拳頭。這時從我們的眼睛看向拳頭時，拳頭的寬度大約等於10度角的寬度；伸直食指的話，食指寬度大約等於2度角（圖）。

要測量月亮大小時，會發現食指前端的寬度，大約等於4顆月亮，所以可以知道月亮大約是0．5度，也就是量角器上1度刻度的一半。

像這樣伸直手臂用手指測量角度時，就能夠知道自己看見的月亮大小、其他星座的大小以及星座的高度等，甚至能夠算出大概的位置，不需要攜帶任何工具，就可以告訴他人資訊。

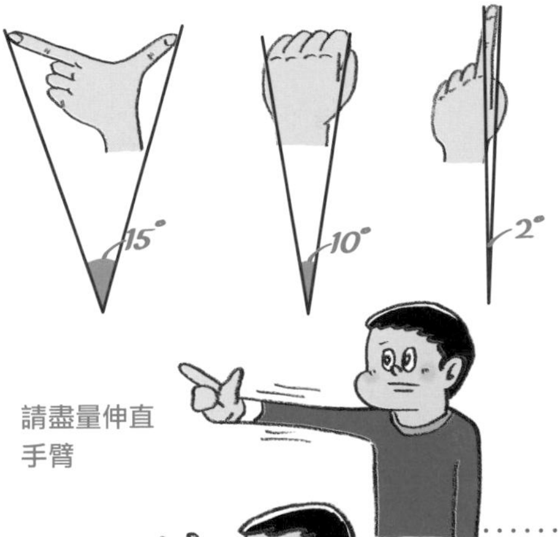

試著想想看

太陽與月亮的大小

站在我們的角度，太陽與月亮的大小差不多。因此，當太陽與月亮完全重合時，就會形成「日全蝕」。但太陽的實際大小是直徑約140萬km，月亮則是約3500km，由此可知，太陽的直徑是月亮的400倍左右。如果說月亮是1cm的話，太陽就是4m。我們從地球上看到的太陽與月亮之所以一樣，是因為太陽、月亮與地球的距離差了400倍。如果能夠搭乘新幹線去月球的話，只要80天就可以到達了，但是卻得花80年以上才到得了太陽。

補充筆記　太陽、月球與地球之間的距離，不會維持固定的距離，而會有所變動。因此，當太陽、月球與地球呈一直線時，有時候看到的不會是日全蝕，而是日環蝕。

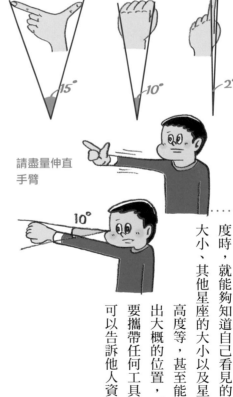

關於數字與計算

九九乘法表中出現的數字？

9月16日

御茶水女子大學附屬小學
久下谷 明老師

閱讀日期　月　日　月　日　月　日

圖1

乘數

	1	2	3	4	5	6	7	8	9
1的乘法　被乘數 1	1	2	3	4	5	6	7	8	9
2的乘法　2	2	4	6	8	10	12	14	16	18
3的乘法　3	3	6	9	12	15	18	21	24	27
4的乘法　4	4	8	12	16	20	24	28	32	36
5的乘法　5	5	10	15	20	25	30	35	40	45
6的乘法　6	6	12	18	24	30	36	42	48	54
7的乘法　7	7	14	21	28	35	42	49	56	63
8的乘法　8	8	16	24	32	40	48	56	64	72
9的乘法　9	9	18	27	36	45	54	53	72	81

登場的數字有幾種？

今天要調查的是，在九九乘法表中出現的數字。

圖1這種九九乘法表你有看過嗎？

九九乘法表，會從1×1＝1到9×9＝81，總共有81個答案排在一起。請仔細觀察表格，就會發現某些數字不斷出現，某些數字（11或13等）卻完全沒出現。

那麼，會在九九乘法表中出現的數字到底有幾種呢？一起調查看看吧！（答案在「補充筆記」裡）

如何呢？調查之後，會發現出現的數字出乎預料的少呢。

圖2

乘數

	1	2	3	4	5	6	7	8	9
1的乘法　被乘數 1	1	2	3	4	5	6	7	8	9
2的乘法　2	2	4	6	8	10	12	14	16	18
3的乘法　3	3	6	9	12	15	18	21	24	27
4的乘法　4	4	8	12	16	20	24	28	32	36
5的乘法　5	5	10	15	20	25	30	35	40	45
6的乘法　6	6	12	18	24	30	36	42	48	54
7的乘法　7	7	14	21	28	35	42	49	56	63
8的乘法　8	8	16	24	32	40	48	56	64	72
9的乘法　9	9	18	27	36	45	54	53	72	81

……出現1次
……出現2次
……出現3次
……出現4次

各出現幾次呢？

接著進一步調查，這些數字各出現多少次吧？

首先，只出現1次的數字有哪些呢？沒錯，就是1、25、49、64、81這5種。

出現2次的呢？出現3次的呢？出現4次的呢？出現5次的呢？話說回來，真的有出現5次的數字嗎？

像這樣邊調查，邊為表格上色的話，就會形成圖2的九九乘法表。

結果就能夠發現，出現2次的數字相當多呢！此外也會發現，數字重複出現的次數最多只有4次，沒有重複出現5次以上的數字。

補充筆記　九九乘法表中出現的數字，全部有36種。進一步觀察個位數的話，會發現有的答案會按照0、2、4、6、8的順序排列。

用4張直角三角形組成正方形

9月 17日

神奈川縣　川崎市立土橋小學
山本　直老師

閱讀日期　月　日　月　日　月　日

圖1

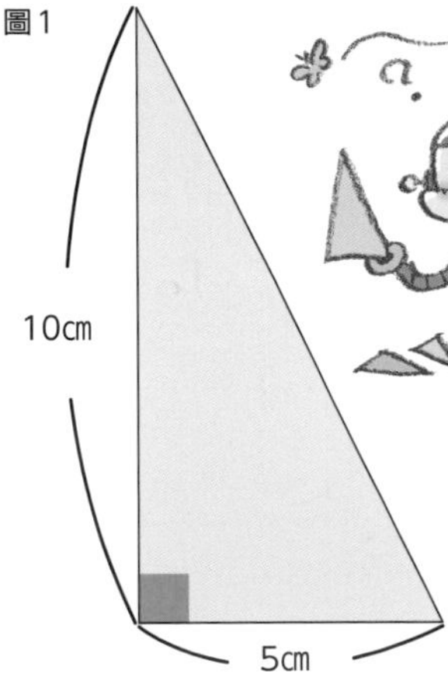

圖2

使用4片直角三角形

把4片像圖1的直角三角形排在一起，就可以組合成正方形。把4片上下交錯位置橫著排列，就可以排出圖2的圖形。其他還可以組成長方形、平行四邊形之類等的四邊形。

稍微發揮一點創意

接著，怎麼才能讓正方形的尺寸比圖2更大呢？事實上，只要稍微發揮一下創意，稍微變化一下就好了。

圖3

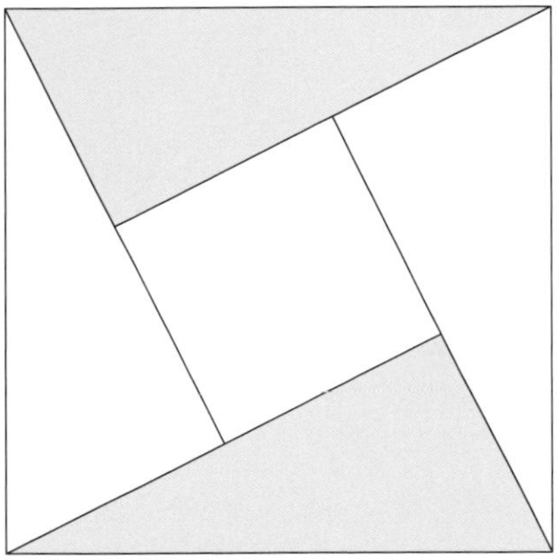

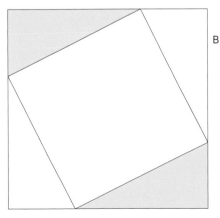

圖2是將直角三角形毫無縫隙地排在一起。但只要四邊好好地相連，就算中間留點空隙，也能夠拼出像圖3的A這種較大的正方形。雖然正中間出現了空隙，卻能夠使正方形變得更大。

更進一步，連邊都不相連，只讓頂點相接的話，就會形成圖3的B這種更大的正方形。

補充筆記　將圖形分割成數種形狀，稱為「分解」，將圖形拼在一起，就稱為「合成」。

關於圖形

用量角器畫圖

9月 18日

青森縣　三戶町立三戶小學
種市芳文老師

閱讀日期　月　日　月　日　月　日

和家人一起玩玩看！

你知道用量角器能夠畫出星形嗎？要準備的東西有：量角器、鉛筆、尺與筆記本。

【畫法】（圖1）

①從起點（S）畫出6㎝的直線。

②將直線的右端對準量角器的0，測量出36度。

③再次畫出6㎝的直線。

④將直線的左端對準量角器的0，測量出36度。

※反覆這個動作直到繞回起點。

事實上，只要改變用量角器測出的角度，就能夠畫出其他漂亮的圖形。

45度時（圖2）。

30度時（圖3）。

20度時（圖4）。

15度時（圖5）。

請看著下面的範例，與家人、朋友一起畫畫看吧。

圖1【星形／36度時】

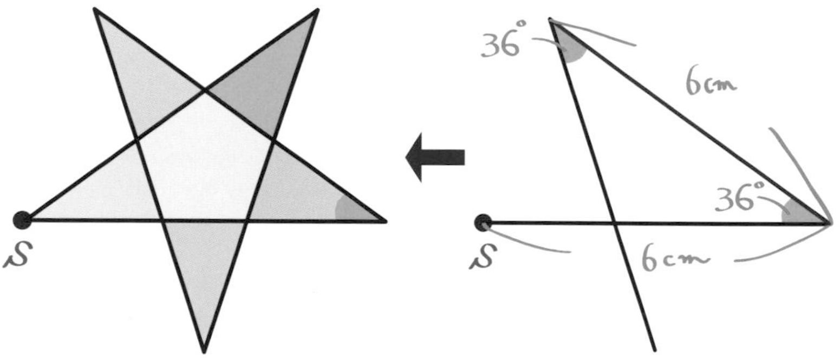

圖2【45度時】

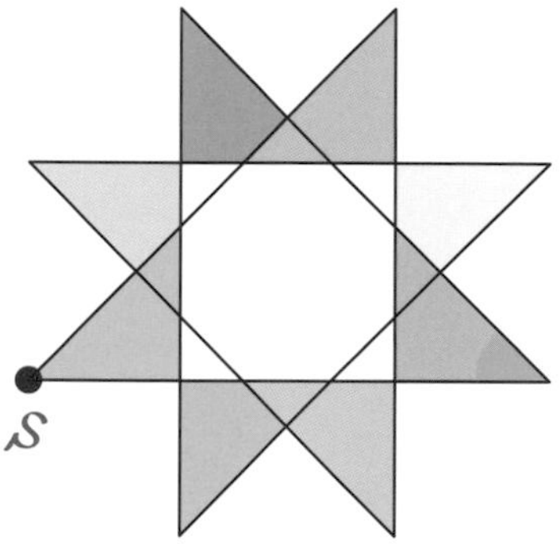

圖3【20度時】

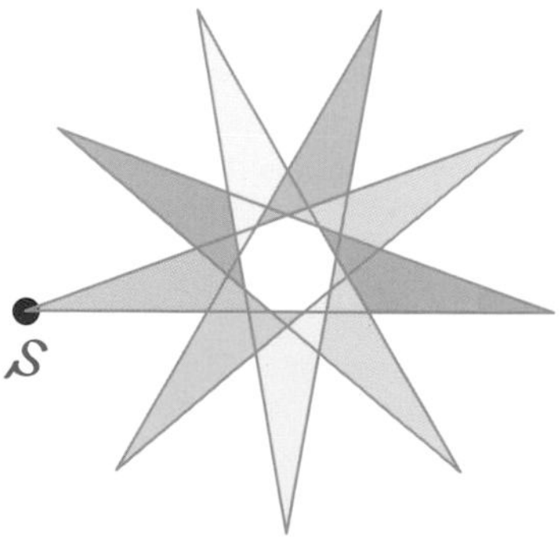

圖4【30度時】

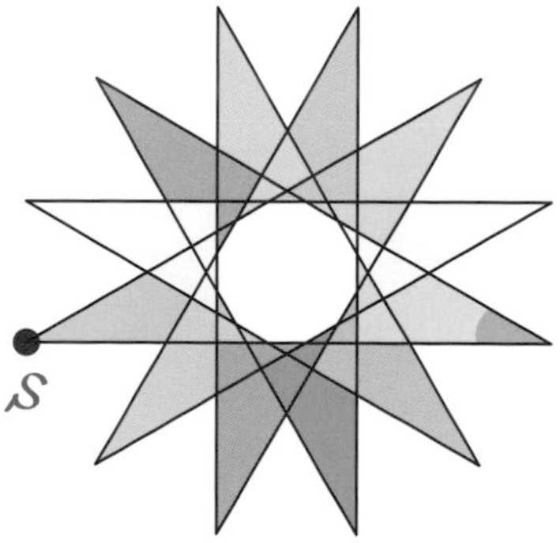

圖5【15度時】

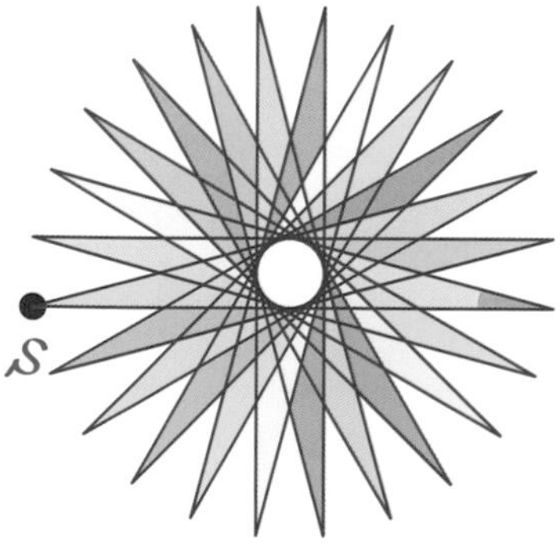

補充筆記

用36度畫出的星形，稱為「正二分之五邊形」。用45度畫出的星形，則稱為「正三分之八邊形」。原來，星形也是正多邊形的一種，而且還是用分數表示呢！

關於數字與計算

九九乘法裡真的有彩虹嗎？

9月19日

立命館小學
高橋正英老師

閱讀日期　　月　　日｜　　月　　日｜　　月　　日

可以看見彩虹喔！

仔細觀察九九乘法表中的5的乘法，就會發現很有趣的事情喔。

例如：將5×1＝5與9×5＝45的答案連成一條線；再把5×2＝10

與5×8＝40的答案連成一條線。發現共通點了嗎？沒錯，兩邊積的總和都是50。再畫更多的線，就會看見彩虹般的圖形囉！雖然5×5看起來有點寂寞，不過25的2倍也是50呢！

像這樣的「彩虹圖形」，就算去掉「×1」與「×9」也能完成。像是將5×1＝5與5×8＝40的積相連，兩個積相加後是45，用這個規則就能出現彩虹囉！

試著想想看

為什麼會出現彩虹呢？

請參考右圖。這是用50顆饅頭排成的長方形（5×10）。就算在饅頭中間畫出區隔線，也無法改變總共50顆饅頭的事實。

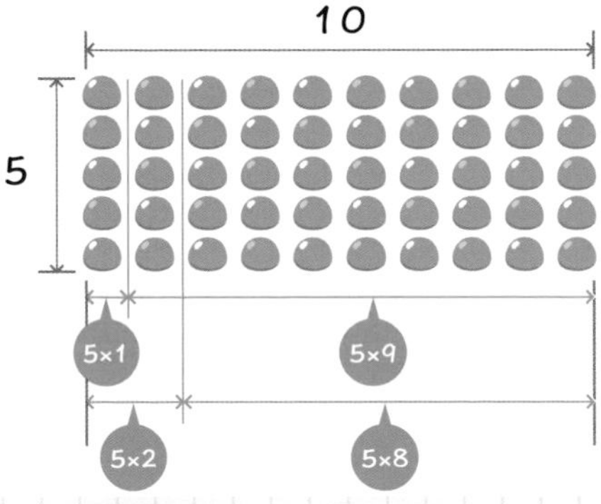

補充筆記　調查看看能不能在其他的乘法中找到彩虹，也很有趣喔！

跑道的祕密

東京都　豐島區立高松小學
細萱裕子老師

閱讀日期　　月　　日　　月　　日　　月　　日

圖2

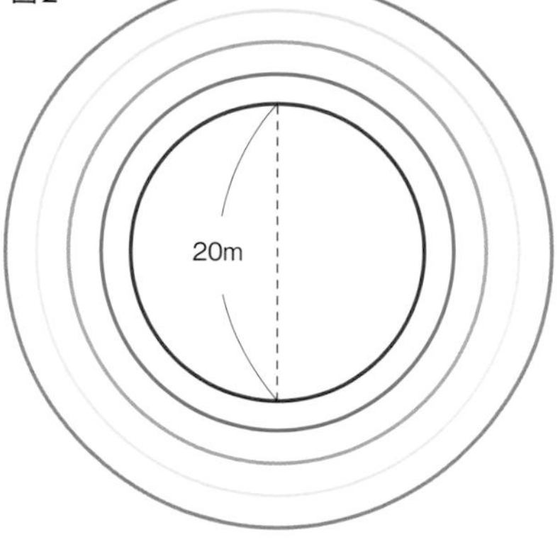

圖1

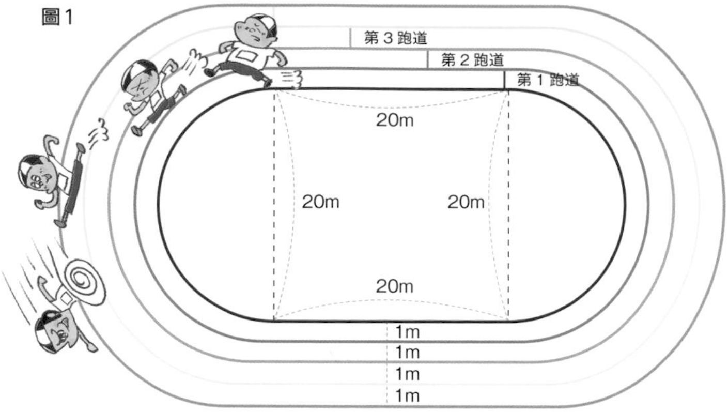

這些跑道的長度，都以內側線為準。

各跑道的長度？

運動會有個賽跑的項目。如果是直線跑道的話，每個人的起跑點都一樣，但如果是跑1整圈的比賽，每個人的起跑位置就不同。一般人雖然知道跑道愈外圈的距離愈長，但是清楚每條跑道的長度差距嗎？

這邊以圖1這種跑道為例吧。每條跑道的直線部分長度都一樣，所以直接扣除直線部分。而曲線的部分加起來後，就與圓周相同（圖2）。

按照圖3這種算法，可以發現每往外1圈，就會增加6．28m。

圖3

第1跑道
20 × 3.14=62.8
　相差 6.28m
第2跑道
22 × 3.14=69.08
　相差 6.28m
第3跑道
24 × 3.14=75.36

留意跑道的寬度

這6．28m的長度，是受到什麼的影響呢？每條跑道的寬度是1m，所以以跑道寬度為直徑畫圓時，6．28m就等於圓周的2倍（圖4）。

增加的部分即是跑道寬度，也就是說，跑道長度的差異與跑道寬度有關。

圖4

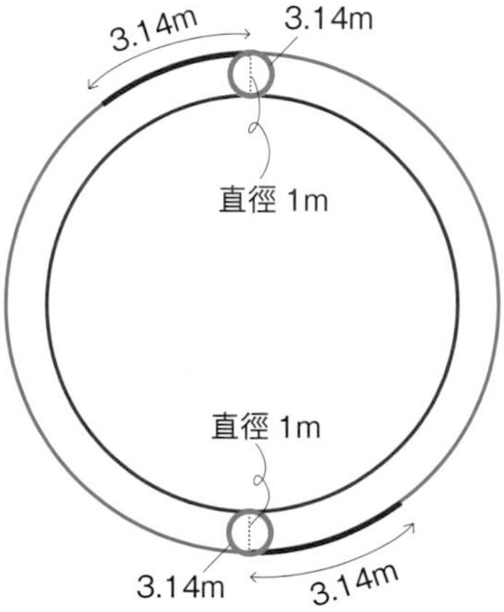

補充筆記　圓周指的是圓的周長，計算公式為：圓的直徑×圓周率。一般在計算時，都會直接取3.14當作圓周率（參照第98頁）。

20×20與21×19哪一個比較大？

9月21日

筑波大學附屬小學
盛山隆雄老師

閱讀日期　月　日　月　日　月　日

試著預測看看

你知道20×20與21×19的積，哪一個比較大嗎？在計算之前先預測一下吧。

①20×20比較大。
②21×19比較大。
③相同。

預測好之後再計算看看吧。沒錯，20×20＝400，21×19＝399，所以是20×20比較大呢！

由於這2個算式的積只差1，所以或許會有人覺得幾乎相同呢！

20×20與22×18呢？

那麼，20×20與22×18的積中，哪一個比較大？22×18＝396，所以還是20×20比較大呢！這次，相差了4。

那23×17又是如何呢？這次應該已經可以預測出，還是20×20比較大吧？那麼，差距會是多少呢？23×17＝391，與20×20相差了9。

像這樣繼續調查下去，就會出現下面的結果。

20×20＝400	
21×19＝399	相差 1
22×18＝396	4
23×17＝391	9
24×16＝384	16
25×15＝375	25
26×14＝364	36
27×13＝351	49
28×12＝336	64
29×11＝319	81

試著想想看

這些差有什麼規律呢？

這些差依序是1×1＝1、2×2＝4、3×3＝9、4×4＝16、5×5＝25、6×6＝36……都是用2個相同的數字乘出的積。這類數字就稱為平方數。

補充筆記

30×30與31×29哪個比較大呢？兩者的答案又相差多少呢？另外，30×30與32×28算出的積，又相差多少呢？

關於圖形

奇妙的立體形狀——正多面體

9月22日

御茶水女子大學附屬小學
岡田紘子老師

閱讀日期　月　日　月　日　月　日

正多面體是什麼?

當多面體的每一面都全等（可以完美重疊），且所有頂點接觸的面數都相同時，就稱為正多面體。

正多面體總共只有5種。雖然感覺上應該有更多種，但實際上卻僅5種多面體符合條件，很不可思議對吧。

有幾條邊呢?

正十二面體有幾條邊呢？要用算的很麻煩對吧。但是，其實可以用算式輕易求出喔！

正十二面體有12個正五邊形的面。正五邊形有5條邊，因為有12個面，所以5×12＝60。不過，因為每一面都彼此相接，所以60條邊，代表每一條都重覆數了2次。於是可得知總共有60÷2＝30條邊。

那麼正二十面體又有幾條邊呢？

只要用與正十二面體相同的算法就可以了！因為正三角形有3個邊，總共有20個面，所以就是3×20＝60，60÷2＝30。由此可知，正十二面體與正二十面體的邊數相同呢！

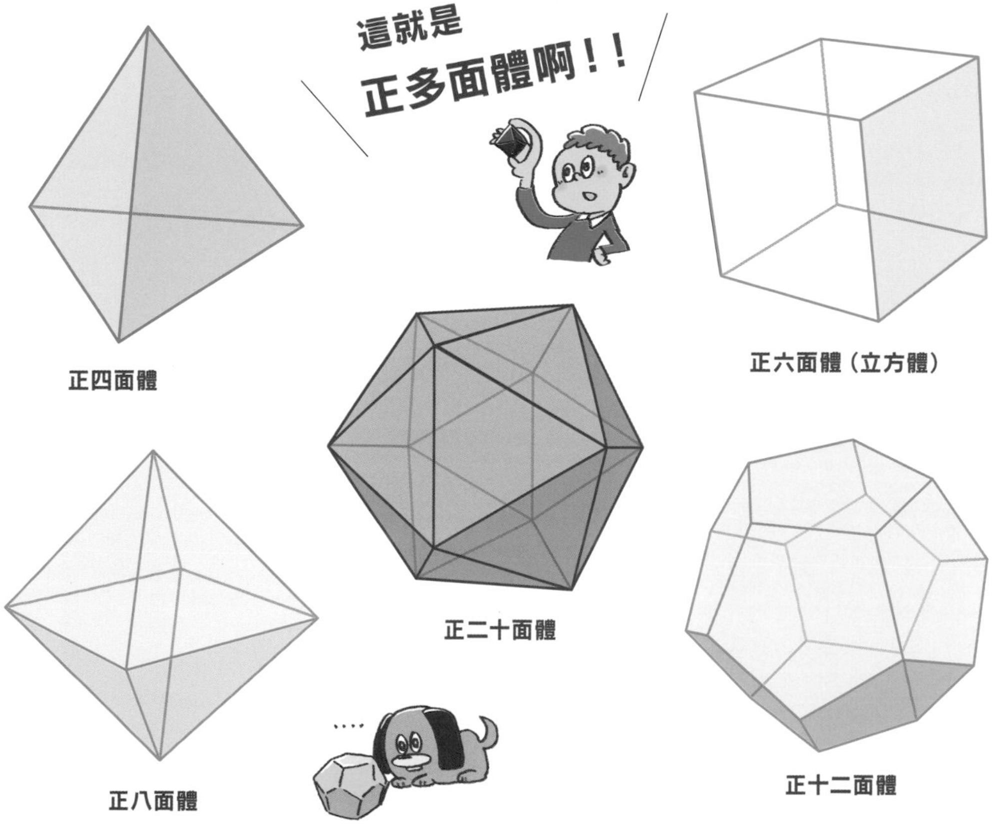

補充筆記　正六面體與正八面體的邊都是12個。試著調查正十二面體與正二十面體，以及正六面體與正八面體的面、頂點數量關係時，同樣會發現有趣的事情喔！

手冊裡頁數的祕密

東京學藝大學附屬小金井小學
高橋丈夫老師

閱讀日期　月　日　月　日　月　日

頁數是怎麼排列的呢？

大家有製作過手冊嗎？

手冊的製作方法大概可以分成2種。

①將好幾張紙疊在一起後，用釘書機或膠帶固定起來。

②將1張紙對折後，重疊好幾張再固定。

使用方法①的話，就會做成像圖1的手冊。

圖1

這時，手冊的頁碼就要在同一張紙的正反面，分別寫上1與2、3與4這樣的數字。

使用方法②的話，會變成什麼樣子呢？假設用2張紙製作手冊，那麼做出來就會像圖2這樣。

如果使用3張紙的話，又會變成如何呢？

圖2

發現規律了！你看出來了嗎？

事實上這裡藏著某種「規律」。

將使用方法②製作出來的手冊，一張張拆開來觀察頁碼，會發現第1張紙的正面是第1頁與第8頁、反面是第2頁與第7頁，第2張紙的正面是第3頁與第6頁、反面是第4頁與第5頁。

打開對折的紙後，紙張同一面所寫的頁碼加起來的答案，會與手冊的第一頁加上最後一頁頁碼的總和相同。

接下來，想想看拿3張紙製作手冊時的狀況吧。

因為是用3張紙對折製成的手冊，所以總共會有12頁。將手冊拆開後，第1張紙的正面就是第1頁與第12頁。也就是說，所有同一面的頁碼相加後，數字都會是13。只要遵照這個規律的話，手冊就不會錯頁囉（圖3）！

圖3

補充筆記　努力找出數字的規律，就能夠讓難懂的數字，變得淺顯易懂囉！

關於單位與測量

哪一塊披薩的面積最大？

9月24日

明星大學客座教授
細水保宏老師

閱讀日期　月　日　月　日　月　日

計算出相同的面積？

「今天烤了好幾塊披薩，A、B、C哪一個披薩的總面積最大呢？」

看到這個問題時，你有什麼想法呢？

A雖然很大塊，卻只有1塊，C雖然很小塊，卻有9塊。這讓人有些迷惘呢！

從直覺來思考的話應該是A最大吧。但真要說的話，B與C的面積也不小。

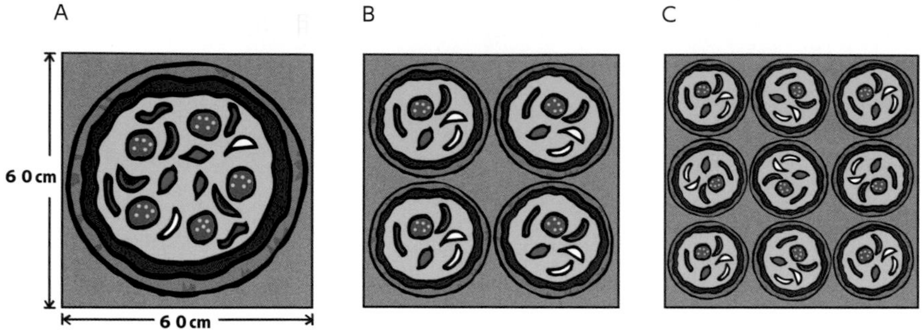

把A、B、C的面積都求出來比較看看吧。

圓的面積公式是「半徑×半徑×圓周率」。所以，用這個公式來求出A、B、C的面積（圓周率是3．14）。

A　30×30×3.14＝2826

B　15×15×3.14×（2×2）
＝30×30×3.14＝2826

C　10×10×3.14×（3×3）
＝30×30×3.14＝2826

A、B、C的面積看起來完全不同，但是實際計算後，才發現都一樣呢！

實際面積與目測面積的差異，是不是很有趣呢？

試著比較算式……

只要活用公式做計算，就能夠求出答案，解決問題。但有時候不用計算出答案，只要在中間轉換一下算式，就能夠看出3個披薩的面積都是30×30×3.14。

像這樣試著在中間轉換一下算式，不僅能夠讓算式變得更簡潔，有時也節省很多計算時間。

試著想想看

下面的披薩面積也相同嗎？

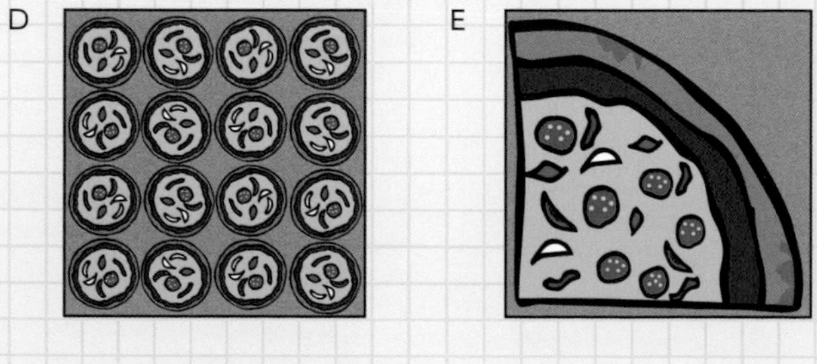

補充筆記

〈試著想想看的答案〉D　7.5×7.5×3.14×（4×4）＝30×30×3.14，E　60×60×3.14÷4＝30×30×3.14，由此可知披薩的面積都相同。只要轉換一下算式，就會很方便呢！

飄浮在空中的四邊形

島根縣　飯南町立志志小學
村上幸人老師

閱讀日期　月　日　月　日　月　日

秋天比較少明亮的星星？

4月時，有請大家觀察一下身旁的三角形對吧？你還記得那時候有抬頭欣賞夜空的事情嗎？於是，我們知道春季與夏季都有明亮的星星所組合成的大三角形（參照第130頁、第222頁）。

那麼秋天又是如何呢？如果天氣不錯的話，再抬頭看看夜空吧。不過……奇怪？好像找不太到明亮的星星呢！秋天夜空中的明亮星星真少。

那麼請往東南方偏高的天空看吧。這時自然就會看見4顆明亮的星星了。

將4顆星星連成線

將這4顆星星連接起來，會出現什麼樣的形狀呢？沒錯，就是四邊形。看起來就是用4條直線圍起來的形狀。

原來，秋季的夜空看得見四邊形。這被稱為「秋季四邊形」或「秋季四角形」，是屬於天馬座的一部分。

四邊形也分成各種形狀，不過「秋季四邊形」是接近正四邊形（正方形）的形狀。因此，日本有些地區曾經稱它為「枡形座」。枡是一種正方形的木器，是用來喝日本酒的酒杯，至今還有在使用。

因為枡對以前的人來說，是非常熟悉的液體測量工具，所以一看到正方形，就會聯想到枡。那麼，生活在現代的你，看到這個四邊形會聯想到什麼呢？

補充筆記　枡是尺貫法（參照第160頁）的單位，可以用來測量「合」、「升」、「斗」。

該準備2條幾cm的紙條呢？

找出規則的方法

9月26日

北海道教育大學附屬札幌小學
瀧平悠史老師

閱讀日期　月　日　月　日　月　日

將2條紙條黏在一起

這裡有2條長度相同的紙條，分別是紅色與藍色。

這次想要用膠水把2條黏成1條（圖1）。

希望連接後的紙條總長是10cm，「黏貼處」要留2cm。「黏貼處」就是紙條沾膠水的部分，會互相重疊。

所以要準備幾cm的紅紙條與藍紙條呢？

既然連完後長度要是10cm，那麼個別的長度就是一半的5cm……

這麼想的話就錯了！因為沒有考慮到「黏貼處」的長度。

因為「黏貼處」要留2cm，而這個部分的紙條長度會重疊。到底該怎麼想才對呢？

畫圖思考看看

這種時候，只要畫圖就能夠輕易確認。

首先請看圖2，完成後應該就會像圖2一樣。

連成1條之後，「黏貼處」會位在紙條的正中央，所以2張紙條的長度關係就像圖3一樣。

圖1
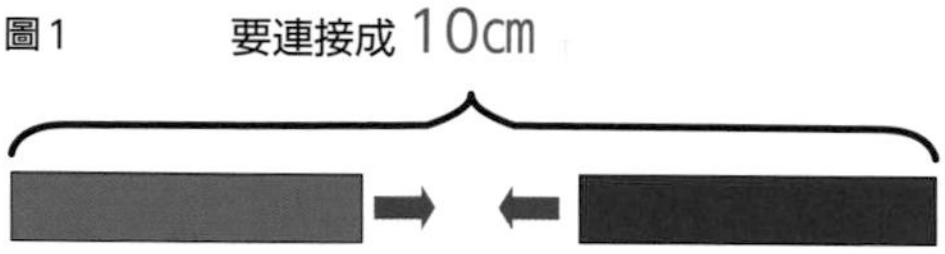

圖2
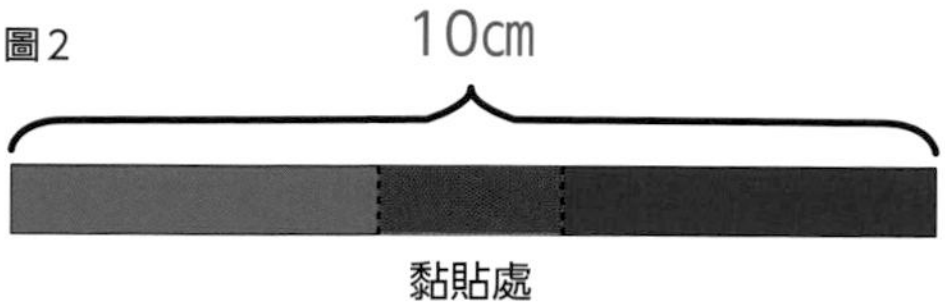

圖3
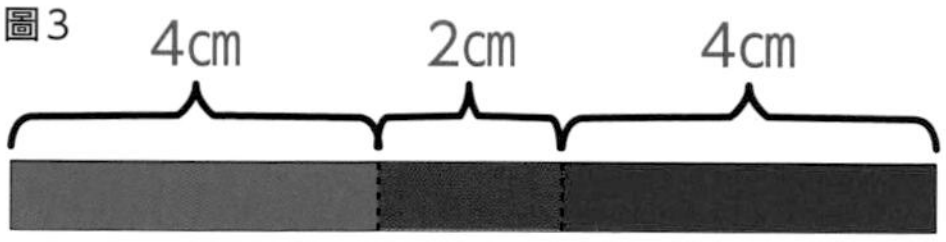

圖4
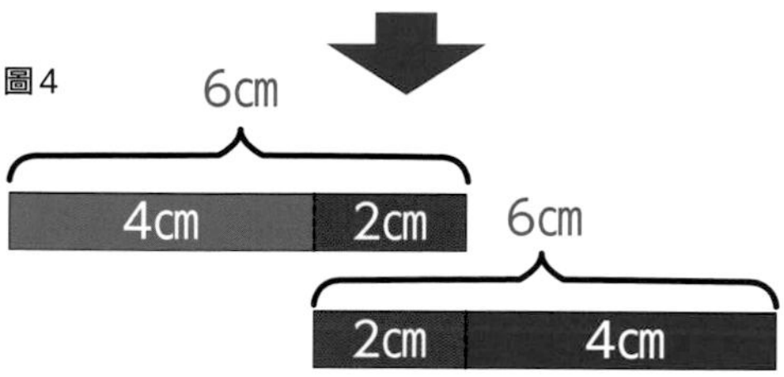

「黏貼處」就代表2條紙條重疊的部分。所以，由此可知這2張紙條的長度，就應該像圖4一樣，各準備6cm才行。

試著做做看

改變黏貼處的長度

接下來將「黏貼處」的長度，從2cm改成3cm、4cm的話，紅藍紙條的長度會怎麼變化呢？

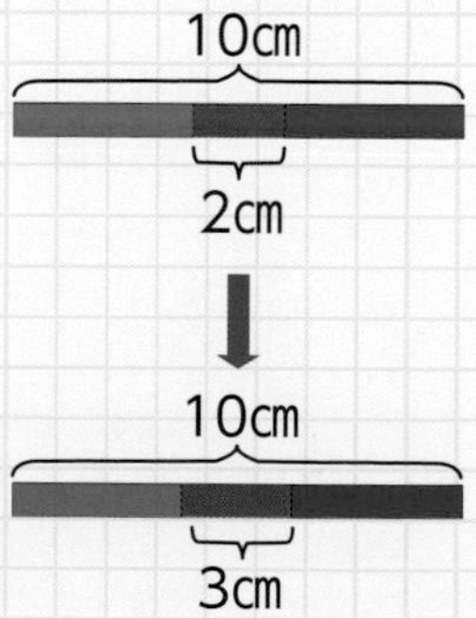

補充筆記　試著做做看的問題，可以用「mm」這個單位去思考。「黏貼處」的長度每增加1cm，紅藍紙條就必須各增加5mm。

關於圖形

總共有幾個立方體呢？

9月27日

福岡縣　田川郡川崎町立川崎小學
高瀨大輔老師

閱讀日期　月　日　月　日　月　日

思考算數的方法

用所有邊都等長的正方形，圍繞成骰子形狀時，就稱為立方體（圖1）。這是很漂亮的形狀呢！那麼，圖2的圖形是由幾個立方體組成的呢？

看不到的地方，也是由立方體堆積而成的喔。請仔細計算，不要漏掉或多算喔！

不使用任何技巧，直接算的話可能會算錯。

請運用下列方法吧：

①分層算。
②照順序相加。

圖1

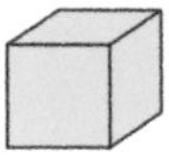

圖2

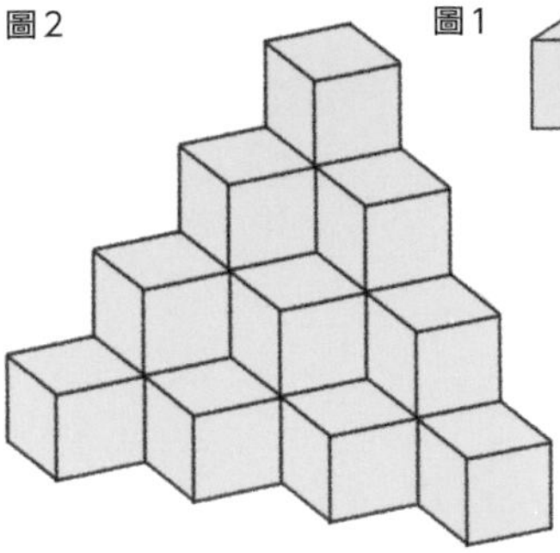

看出規律了嗎？

首先，最上層的立方體是1個。第2層則增加2個，變成3個（圖3）。

因此1＋3＝4。

接著，由上往下數的第3層，又增加了3個，所以是6個（圖4）。

圖3

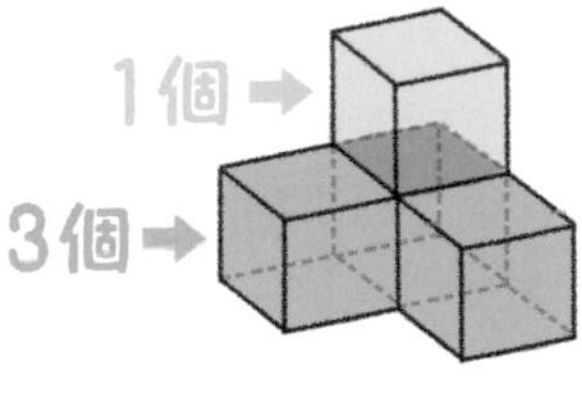

圖4

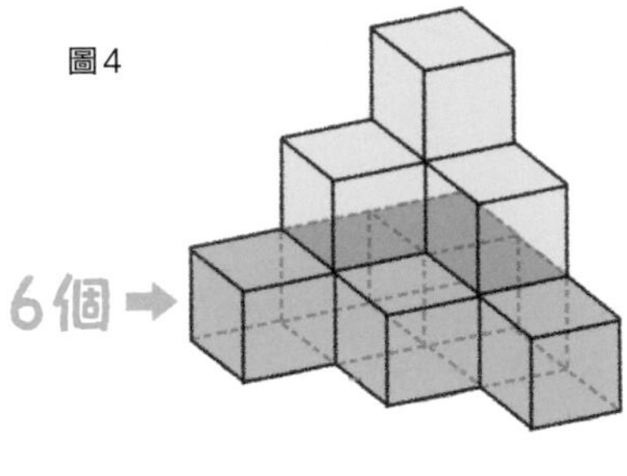

由此可知，第1～3層總共是

1＋3＋6＝10

試著轉換算式後，可以發現每層增加數量的規律。因此，圖2的4層立方體數量是

1＋3＋6＋（6＋4）＝20。

總共是20個立方體。

找到規律之後，不管再增加幾層，似乎都能夠計算出來呢！遇到看起來很複雜的問題，就應該像這樣從簡單的部分，依照順序慢慢解析。

算式

3層數量的合計

＝ 1 ＋（1＋2）＋（1＋2＋3）

第1層　第2層　第3層

3　6

補充筆記　使用上面的方法計算，就算層數增加，也能夠算出立方體的總數量。

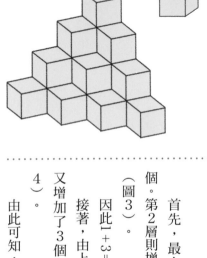

關於單位與測量

「秒」是怎麼誕生的呢？

9月28日

東京學藝大學附屬小金井小學
高橋丈夫老師

閱讀日期　月　日　月　日　月　日

1天有幾秒？1年有幾秒？

完全使用「秒」當成時間單位的話，會變成什麼樣子呢？

1天有24小時，1小時有60分鐘，1分鐘有60秒。所以，60×60×24＝86400，1天就有8萬6400秒。

1年總共有365天，所以86400×365＝31536000，就是3153萬6000秒。

「秒」，其實就是依「1年」的時間制訂出來的。

地球繞行太陽1周的時間，就稱為「公轉週期」，這段期間就是1年。以地球繞行太陽1周的時間為基準，該時間的3153萬6000分之1就是1秒。

與地球公轉息息相關

事實上，地球繞著太陽轉的「公轉週期」比365天稍微長了一些，所以1960年代後半，國際間決議——「1秒是1年的3155萬6925．9747分之1」。現在則使用12部非常精準的「銫原子鐘」，訂出了精準的1秒。

秒與長度單位m（公尺）、重量單位kg（公斤）一樣，都是以地球為基準制訂出來的。

由此可知，單位有以人體為基準制訂出來的與以地球為基準制訂出來的。是不是很有趣呢？

※以1年365天計算出來的。

補充筆記　以前是將地球自轉週期的8萬6400分之1訂為1秒，但是後來發現地球自轉的速度會出現變化，所以就改以公轉週期為準。

關於數字與計算

缺了好多的九九乘法表!?

～消失的數字是多少～

9月 29日

神奈川縣　川崎市立土橋小學
山本　直 老師

閱讀日期　月　日　｜　月　日　｜　月　日

九九乘法表

右表是用九九乘法製成的表格，會按照「乘數」與「被乘數」的順序填入。但是，表內的許多數字都消失了。

你能找出這些消失的乘數與被乘數嗎？找出所有數字，然後填完這個表格吧。

乘數

被乘數

×	H	I	8	J	K	L	M	N	O
A	16		64						56
B				3	9				
3			24						
C							42		
D					18				
E	8			12					
F							54		
6			48		54			24	
G		25							

仔細觀察表中的數字

該怎麼做，才能夠找出消失的數字呢？

首先，從「A」開始思考吧。這邊把被乘數視為□，乘數則是8，所以□×8＝64。接著，因為8×8＝64，所以「A」要填入8。也就是說，最上列就是8的乘法。

如此一來，因為8×「H」＝16，所以「H」就是2，8×「O」＝56，所以「O」是7。既然知道「H」了，當然就能算出「E」，知道「E」的話就可以算出「J」……像這樣按照順序，就能夠解開了。

此外，「G」×「I」答案為25，而在九九乘法表中，只有5×5能夠算出25。所以可以知道「G」和「I」兩者都是5。

像這樣觀察乘數、被乘數與答案的關係，就能夠一格格依序找出答案囉！

補充筆記　製作一張九九乘法表吧。刻意調動乘數與被乘數的順序，就能夠做出獨創的題目了！

哪一個掉落的速度比較快？

～物體的落下～

熊本縣　熊本市立池上小學
藤本邦昭老師

閱讀日期　月　日　月　日　月　日

從相同地方掉落時……

這裡有1顆棒球，以及1顆相同大小的鐵球（10 kg）。假設將這2顆球同時從3樓窗戶往下丟（圖1）。

那1顆球會先著地呢？是棒球？還是鐵球？

總覺得比較重的鐵球，好像會比較快掉到地上呢！

圖1

同時著地!?

沒想到，這2顆球竟然同時著地。也就是說，不同重量的物體，從相同的高度落下時，速度是一樣的呢！

順道一提，因為

1秒內墜落的速度＝9.8×時間（秒）

所以開始墜落10秒後，會以1秒行進98 m的速度下降呢！

仔細觀察這個算式，會發現裡面並不含質量（重量）。因此，不考慮空氣中的阻力時，不管是什麼物體，從相同的高度落下時，都會同時抵達地面。

真是不可思議呢！

試著想想看

如果從東京晴空塔丟下來……

實際上，墜落的距離可以用

【墜落距離＝4.9×時間×時間】

這個公式求出。

由於東京晴空塔的頂端與地面間的距離，是634 m，所以從頂端丟球下去的話（不考慮風的影響等因素），使用這個公式就可以算出約11秒就能到達地面。

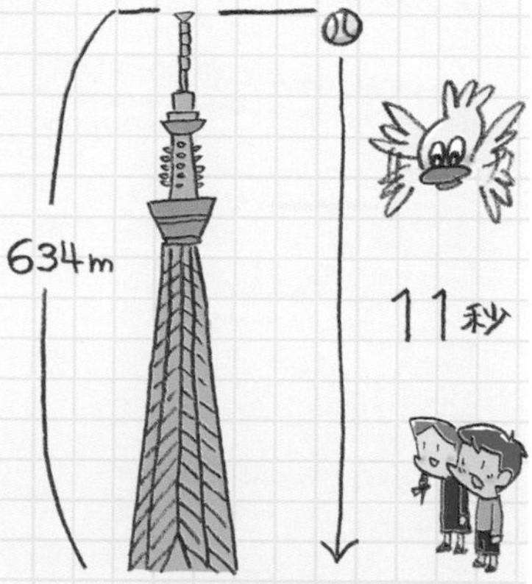

補充筆記　現實生活中不可以從窗戶丟東西，否則會很危險。想要做實驗的話，一定要請大人陪同。

10月

October

絕對會變成1089的算式！

東京學藝大學附屬小金井小學
高橋丈夫老師

閱讀日期 月 日 月 日 月 日

首先，一起算算看吧

今天要認識的是很奇妙的3位數算式，算出來的答案都會變成1089。

①首先請在腦海裡想出3位數的數字，且百位數字和個位數字要不一樣。

假設選擇123。

②接著將數字的百位數與個位數對調，用較大的數字，去減較小的數字。

因為123會變成321，用321－123的話，就會變成198。

③最後再次對調百位數與個位數，這次要將2個數字加起來。

由於剛才計算的結果是198，所以對調後的數字是891，891＋198＝1089。

如果②算出的答案是2位數的時候，就在百位數的部分填上0吧。

選擇其他數字會怎麼樣呢？

假設最初選擇的是132，那麼②的算式就是231－132＝99，這邊在百位數補上0變成099，然後再用③的加法，就變成099＋990＝1089。

請找朋友一起玩，用不同數字驗證看看是不是都如此。

補充筆記　算完3位數後，不妨試試4位數。這回是要對調個位數與千位數的數字，最後就會得到10989。

仔細觀察骰子吧！

御茶水女子大學附屬小學
久下谷 明老師

閱讀日期　　月　　日　　月　　日　　月　　日

神奇的骰子點數

你有玩過「雙六」這個遊戲嗎？玩雙六的時候，一定要用骰子，而今天要介紹的正是骰子。

像圖1這種正六面體（立方體）的骰子，就會有「1」、「2」、「3」、「4」、「5」、「6」這些點數。

圖1

這些骰子的點數位置，其實是有規則的。與「1」相對的面一定是「6」，與「2」相對的面一定是「5」，與「3」相對的面一定是「4」，而這些相對面的數字相加後一定是7。

看不見的面總計是多少？

讓我們像圖2一樣，把3個骰子堆起來。這時就看不見接觸地板的面，以及骰子彼此接觸的面了。你知道這些看不到的面，點數加起來是多少嗎？

算出答案了嗎？只要用「相對面的數字相加後一定是7」這個規律，就能夠輕鬆算出答案是16了（圖3）。

不管骰子堆了4顆還是5顆，想法都是一樣的。請試著出題考考家人與朋友吧！

圖2

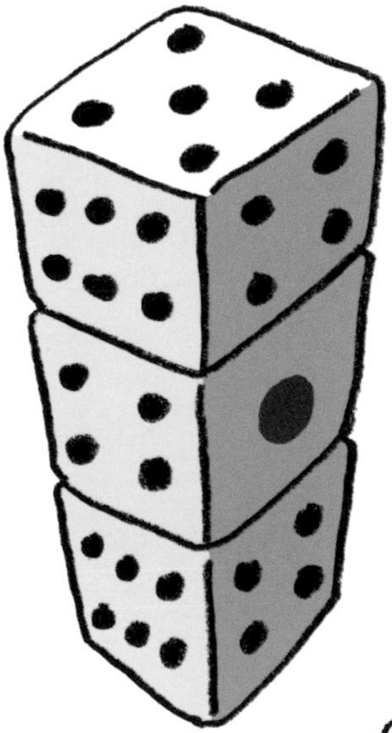

提示
相對面的數字
相加後
一定是7

圖3

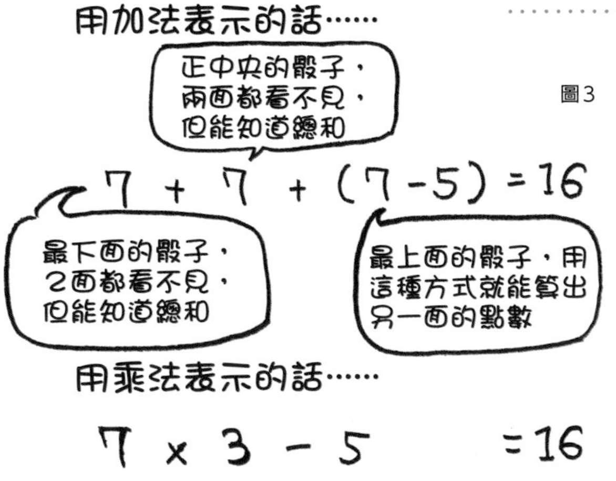
用加法表示的話……
正中央的骰子，
兩面都看不見，
但能知道總和
7 + 7 + (7 - 5) = 16
最下面的骰子，
2面都看不見，
但能知道總和
最上面的骰子，用
這種方式就能算出
另一面的點數
用乘法表示的話……
7 × 3 - 5 = 16

補充筆記　提到骰子的時候，腦中就會浮現有1～6這6種點數的立方體，但是其實骰子的種類相當多。另外還有10面骰子，上面寫著0～9這10種點數。蒐集各種骰子，也是件有趣的事情。

●平行四邊形

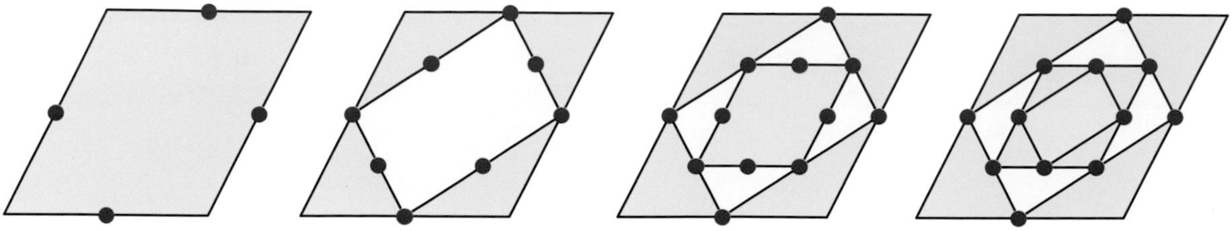

這次試試看平行四邊形吧。將平行四邊形的四邊中點連起來的話……。

出現了平行四邊形。接著，再將平行四邊形的四邊中點連起來……。

這次出現的還是平行四邊形。再將小平行四邊形的四邊中點連起來……。

結果還是出現平行四邊形。

●梯形

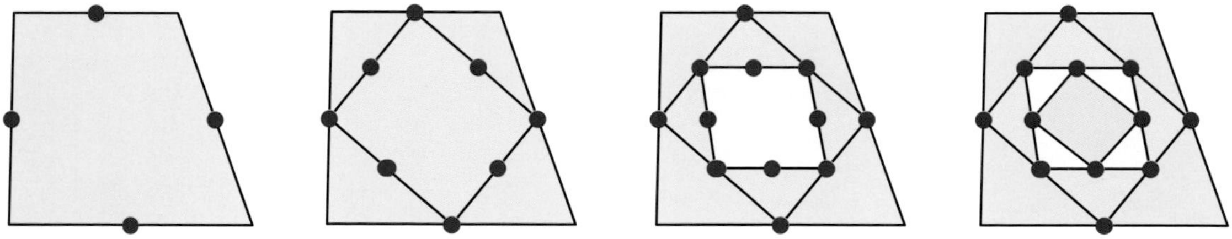

試試看梯形吧。將梯形的四邊中點連起來的話……。

出現了平行四邊形。接著，再將平行四邊形的四邊中點連起來……。

這次出現的還是平行四邊形。再將小平行四邊形的四邊中點連起來……。

結果還是出現平行四邊形。

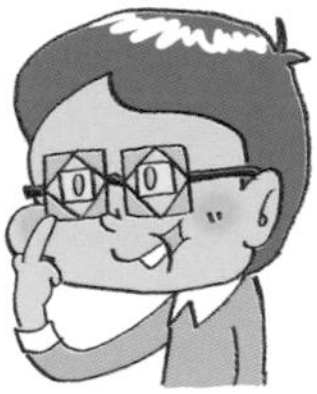

●三角形

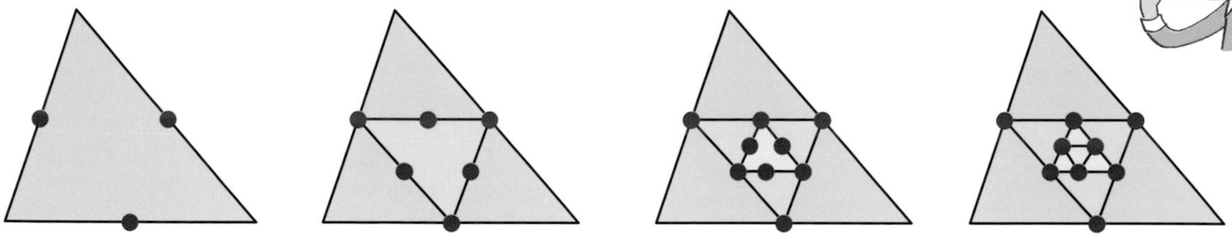

最後，一起試試看三角形吧。將三角形的三邊中點連起來的話……。

出現了頂點朝下的三角形。接著，再將倒三角形的三邊中點起來……。

這次出現的是頂點朝上的三角形。再將小三角形的三邊中點連起來……。

結果還是出現三角形。

補充筆記

任何的四邊形只要將四個邊的中點連起來，就會出現平行四邊形。可見長方形、正方形、菱形都是平行四邊形的好朋友。而三角形則會出現頂點朝下的倒三角形。

能夠一直延伸下去的四邊形

學習院初等科
大澤隆之老師

閱讀日期　月　日｜　月　日｜　月　日

在四邊形的四邊找出中點，再把四個點連起來，就會形成比較小的四邊形。接著，再從小四邊形的四邊找出中點，然後將四個點連起，就會再出現更小的四邊形。不斷反覆這些動作的話，最後會變怎樣呢？

●長方形

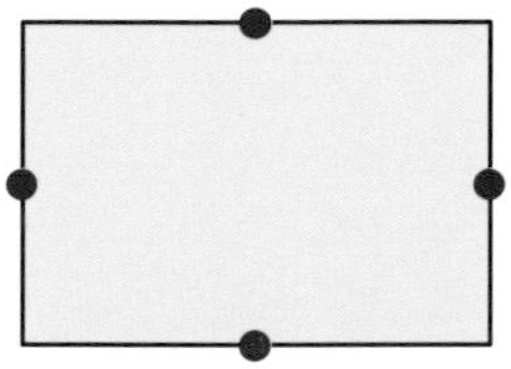

首先用長方形試試看吧。將長方形的四邊中點連起來的話⋯⋯。

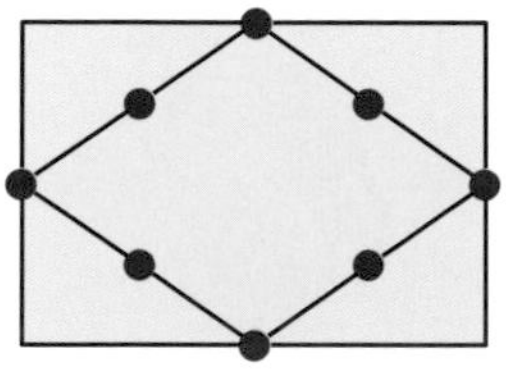

出現了菱形。接著，將菱形的四邊中點連起來⋯⋯。

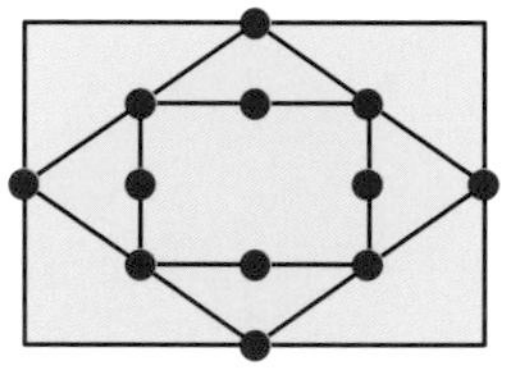

這次出現了長方形，接著再將長方形的四邊中點連起來⋯⋯。

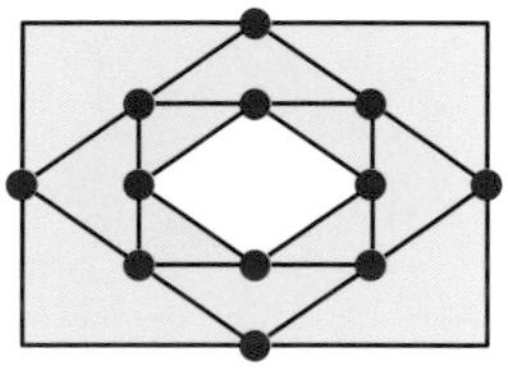

竟然再次出現菱形。

●正方形

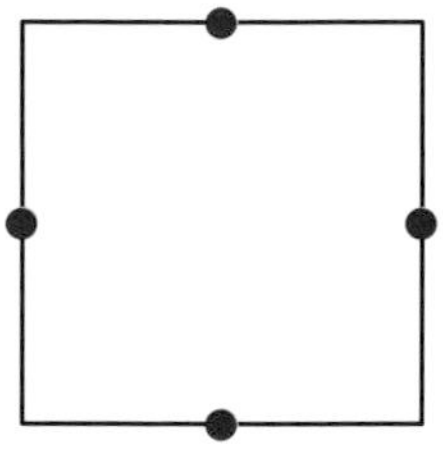

接著試試看正方形吧。將正方形的四邊中點連起來的話⋯⋯。

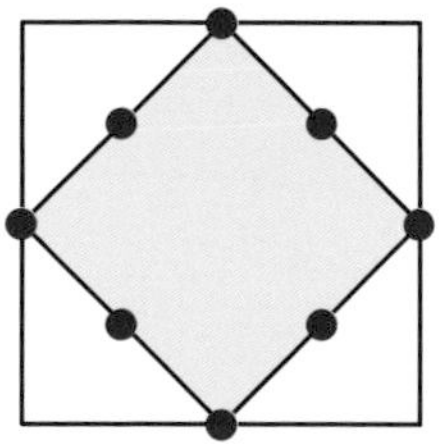

出現了正方形。接著，將正方形的四邊中點相連⋯⋯。

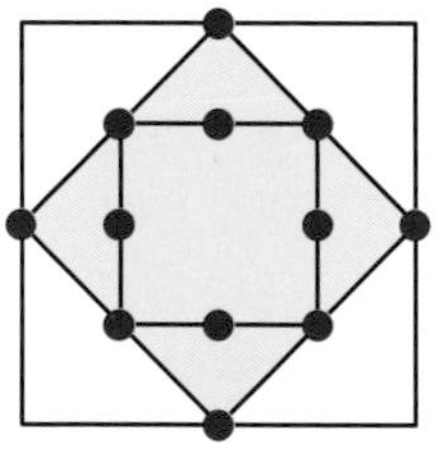

這次出現的還是正方形。再將小正方形的四邊中點連起來⋯⋯。

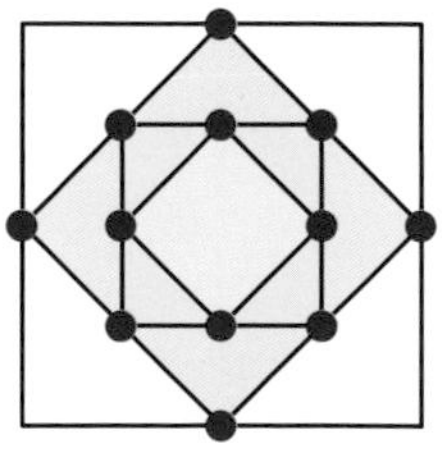

結果還是出現正方形。

關於數字與計算

創造出回文吧！

10月 4日

筑波大學附屬小學
盛山隆雄老師

閱讀日期　月　日　月　日　月　日

什麼是回文？

像「ＡＢＢＡ」這種正讀反讀都可以的排列，就稱為「回文」。

數字裡的１２１也可以稱作回文。

因為不管是從上面看下來，還是從下面看上去，都會是相同的數字。

找出數字回文吧

例如把91反過來是19，91＋19＝110，因為１１０還不是回文數字，所以就讓１１０反過來變成０１１，接著110＋11＝121。由此可知，這組數字重複２次顛倒後再相加，就能變成回文。

接著看看92吧。

92＋29＝121。所以這個數字只要顛倒１次再相加，就能夠變成回文了。

ABBA
想啊想
人人為我，我為人人
水幫魚，魚幫水

試著算算看

挑戰91～99的回文

接下來就用91～99這些2位數，挑戰算出回文吧！前面已經介紹過91與92，所以請從93開始挑戰。在變成回文前，要不斷顛倒再相加。例如：97要顛倒6次才能變成回文。對了，這邊要提醒大家特別留意98。這個數字必須顛倒相加20次以上，才能夠變成回文，真是一個恐怖的數字。

補充筆記　這類數字就稱為回文數。98必須反覆計算24次，才能夠變成8813200023188這個回文數。

第2重的橘子是哪顆？

御茶水女子大學附屬小學
岡田紘子老師

閱讀日期　月　日　月　日　月　日

找出第2重的橘子！

這裡有8顆橘子（圖1）。今天想用天平找出最重的橘子。先2個2個秤重之後，找出最重的1顆。

舉例來說，先秤A與B後確定A比較重，接著再比較C與D的重量。

就像在進行淘汰賽一樣，將橘子2個2個比較後，最後剩下的就是A與G，並且得出G最重的結果（圖2）。接下來就是今天要問的問題了。

你知道第2重的橘子是哪顆嗎？

肯定是進入決賽的A第2重吧？

還是……你認為不一定如此，必須使用相同的方法，再次秤A、B、C、D、E、F、H才會知道呢？

如此一來，就必須再使用6次的天平呢！

能不能用比較少的次數，求出想知道的答案呢？

圖1

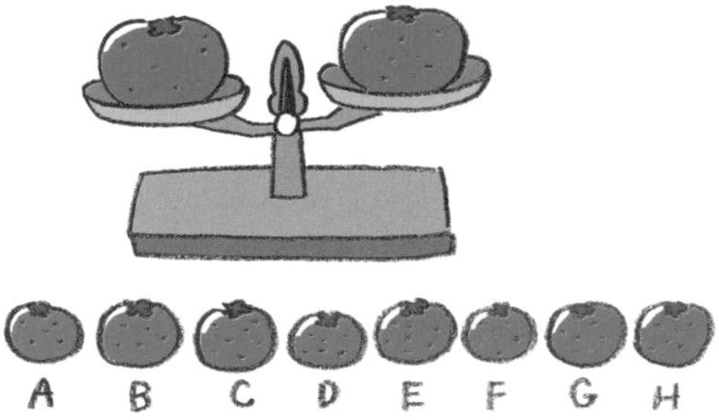

圖2

正確答案不一定是A？

既然比較出了「G最重」這個結果，那麼這些橘子裡，一定會有第2重的。與G比較過的是H、E、A，而B、C比A輕，F比E輕，所以第2重的橘子肯定在H、E、A裡面。

所以只要用天平測量H、E、A的重量就行了，也就是說，這次只要秤2次就能夠找到第2重的橘子了。

假設以A與H比較的時候，可能會發現H比較重（圖3）。由此可知，第2重的不一定是A——是不是很有趣呢？

圖3

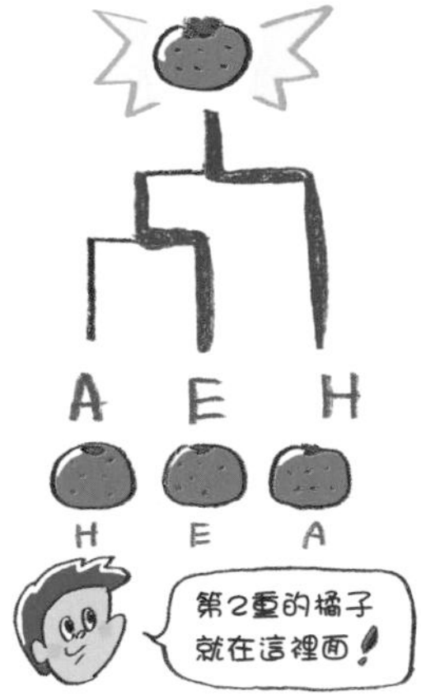

補充筆記　最輕的橘子是哪顆呢？只要取在第1次比較時較輕的B、D、F、H來秤，所以秤3次就能夠知道答案囉。

魔方陣擁有神祕的力量？

10月 6日

青森縣　三戶町立三戶小學
種市芳丈老師

閱讀日期　月　日　月　日　月　日

以前的占卜或護身符

魔方陣，是指在3×3或4×4等縱橫格子數相同的框框裡，填入從1開始的不同整數，且縱、橫、斜向的數字相加後，都是相同的答案。

數學課本上也介紹過魔方陣，所以大家應該都有看過吧？

圖1

縱、橫、斜向的數字總合都相同

4	9	2
3	5	7
8	1	6

事實上，以前的人類相信魔方陣中，隱藏了神祕的力量，所以會將它用來占卜，或是當成護身符使用。

最古老的魔方陣，出現在距今4500年前的中國，當時有位叫做大禹的皇帝，正努力整頓名為洛水的河川時，據說有隻背上紋路像圖1的烏龜，在治水工程順利的時候出現在河裡。將這個花紋轉換成數字後，就變成縱、橫、斜向的數字總合都是15的三方陣，因此人們開始相信魔方陣具有神秘的力量，並稱為「洛書」。

據說，洛書後來也成為九星等占卜的原理。

西洋的「木星魔方陣」

西洋同樣也相信魔方陣具有神祕的力量。

至今500年前，由德國畫家杜勒所畫的作品《憂鬱》中，就畫有像圖2一樣的魔方陣。這是縱、橫、斜向的數字合計都是34的四方陣，在西洋命理中又稱為「木星魔方陣」。

現代在占卜中也會注意「幸運數字」。相信以前的人也是用相同的心情，在看待魔方陣的神祕力量吧。

圖2

16	3	2	13
5	10	11	8
9	6	7	12
4	15	14	1

照片來源／Bridgeman Images／Aflo

補充筆記　仔細觀察《憂鬱》裡的魔方陣，會看見「15」與「14」排在一起，據說1514就是這幅畫創作的年份（詳情請參照第348頁）。

關於圖形

正方形與4個三角形
～拼起來後哪個較寬廣～

10月 7日

熊本縣　熊本市立池上小學
藤本邦昭老師

閱讀日期　月　日｜月　日｜月　日

4個三角形的面積

圖1的正方形對角線（連接頂點與頂點的直線），會在中間交會成一點（交點）。把交點視為O，並將正方形分成4個三角形。

接著將相對的2個三角形，塗上相同的顏色，總共分成了紅色與白色（圖2）。大家應該看得出來，紅色與白色的部分，都是由2個一樣的三角形構成，所以大小（面積）都一樣。

那麼，移動一下O點吧！（圖3）這時紅色與白色的面積，哪一個比較大呢？非常不可思議的，其實2組還是一樣大。

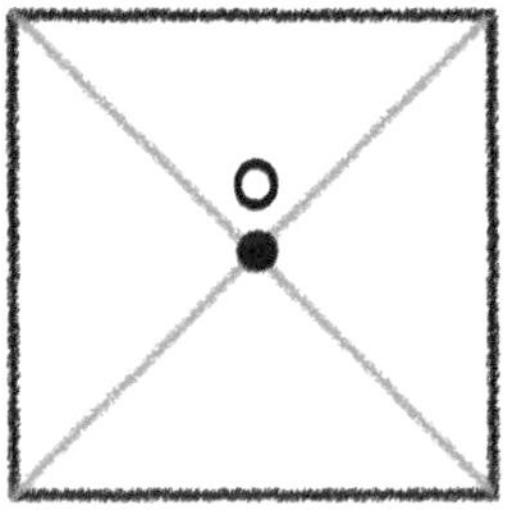

圖1

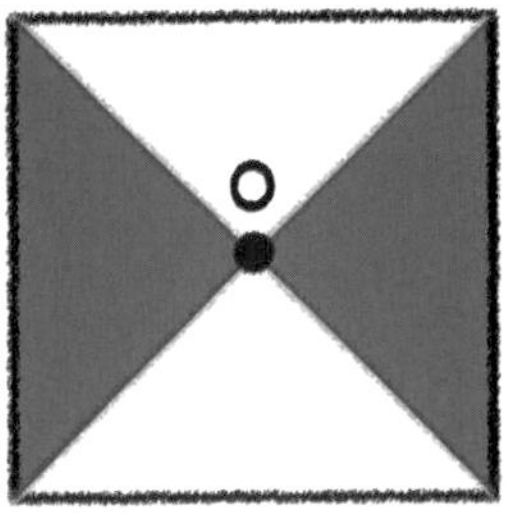

圖2

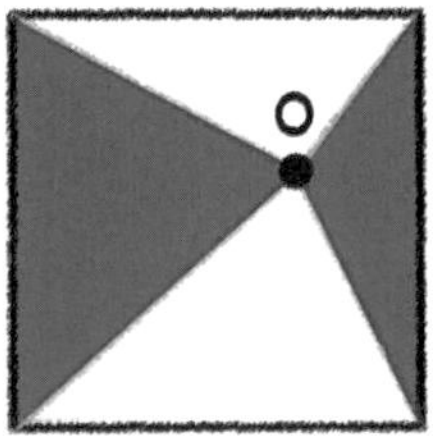

圖3

圖4畫了縱橫2條虛線，就能看得更清楚。虛線切割出了4個四邊形，裡面的紅白三角形面積都是相同的。

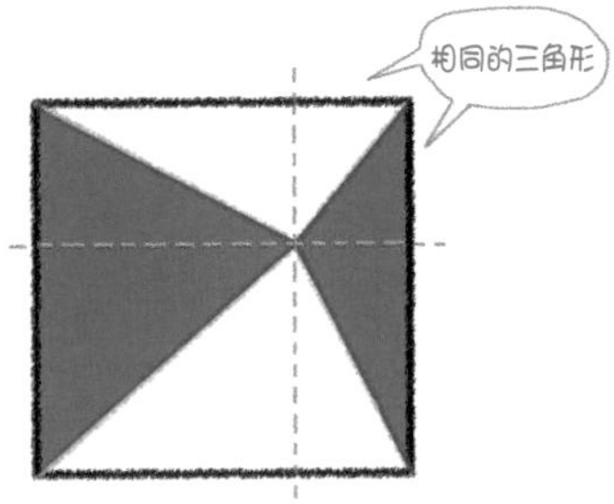

圖4

交點O放到哪裡都一樣？

圖5的2組三角形，面積仍然一樣嗎？請試著說明看看。

將交點O擺在正方形的邊上時，有塗色的部分與沒塗色的部分，面積仍然相同嗎？（圖6）

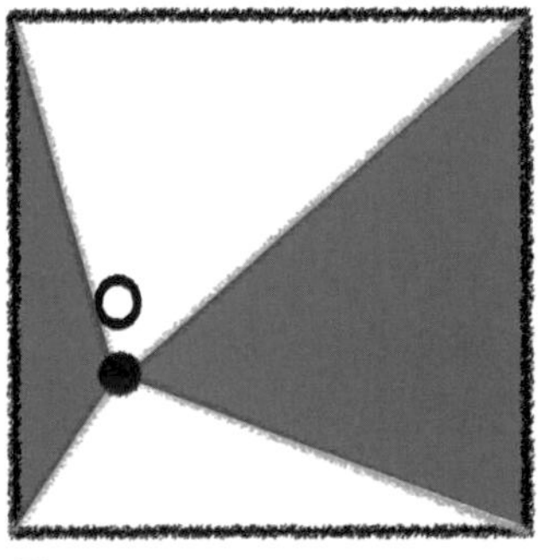

圖5

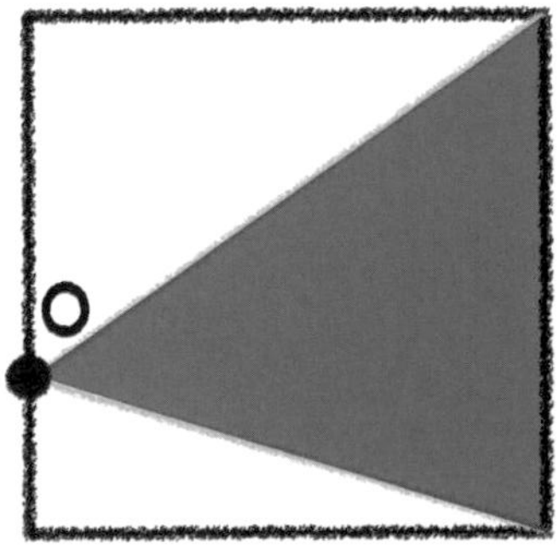

圖6

補充筆記

不管把交點O放在正方形的哪裡，紅色與白色的面積都會相同。在高年級時，就會學習進一步思考，交點O放在正方形外面時的狀況。

10月

找出規則的方法

自行車齒輪的祕密

10月 8日

岩手縣　久慈市教育委員會
小森　篤老師

閱讀日期　月　日　月　日　月　日

後輪的齒輪有什麼功用？

騎自行車時，必須將旋轉踏板的力量，轉換成旋轉輪胎的力量。這時，力量的傳遞方式，會隨著與踏板、後輪相連的齒輪改變。照片中的自行車後輪裝有6種齒輪，而且尺寸都不同。齒輪愈大的時候，踩踏板時需要的力量就愈小，所以起動與爬上坡的時候就會輕鬆許多。

為什麼齒輪比較大的時候，踩起來會比較輕鬆呢？這與齒輪的齒數有關。

自行車後輪的齒輪。
照片提供／小森 篤

從插圖來思考

齒輪A是與踏板相連的齒輪，齒輪B是與後輪相連的齒輪。

以圖1上圖的狀況來說，因為齒輪A與B的齒數都是16個，所以踏板轉動1圈時，齒輪A就會跟著轉動1圈。如果是圖1下圖的狀況時，因為齒輪C的齒數是32，所以齒輪A必須轉動2圈，才能夠讓齒輪C轉動1圈。

圖1

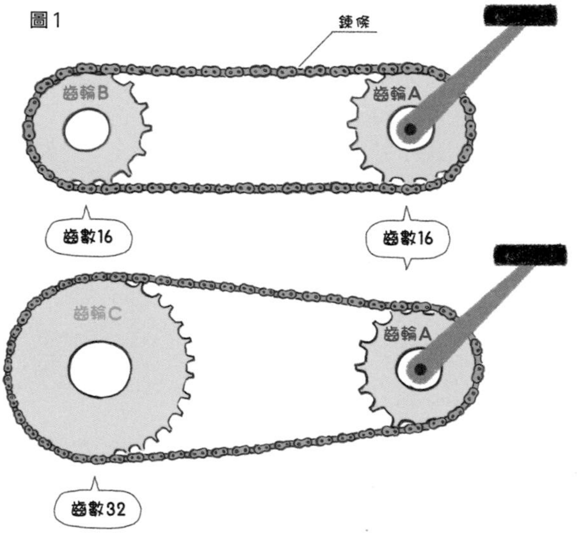

只要看著圖2思考，或許就比較容易想通了。要讓較大的齒輪C旋轉的話，所需要的力量只需要原本的一半，所以踩起來會比較輕鬆。相對的，如果要增加速度的話，就必須踩很多次的踏板。

圖2

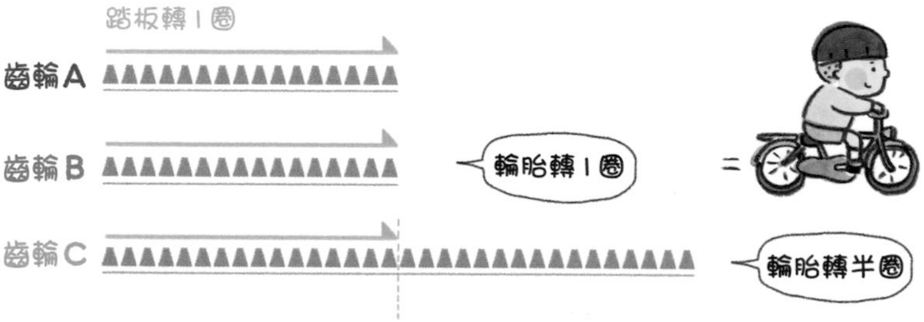

補充筆記　用數字表現齒輪A旋轉1圈時，齒輪B會跟著轉動幾圈時，就稱為「齒輪比」。

以前的九九乘法

青森縣　三戶町立三戶小學
種市芳文老師

閱讀日期　月　日｜　月　日｜　月　日

從中國傳到日本的九九乘法

背誦九九乘法表時，會按照「一一得一、一二得二……九九八十一」的順序誦出對吧。不知道你會不會覺得奇怪，明明是從一一得一開始，為什麼要叫做「九九」乘法呢？

事實上，最初是按照「九九八十一、九八七十二……一一得一」的順序誦出的，所以才會稱為「九九」乘法。

證據是從中國敦煌發現的木簡（用木片組成，可以書寫文字）上，就記載著從九九八十一開始的九九乘法。

此外，日本平安時代有本叫做《口遊》的書籍，也是從九九八十一開始（如照片）。因此可以推測，當初九九乘法應該就是以「從九九八十一開始」的方式傳進日本的。

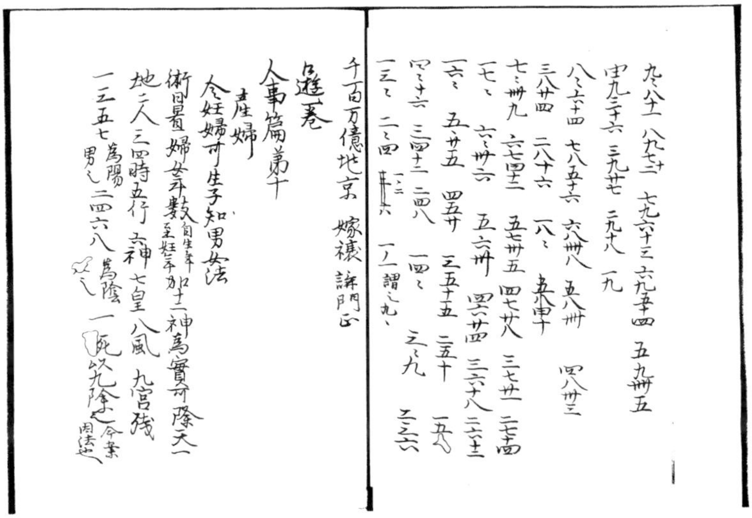

照片來源／東北大學附設圖書館（和算資料庫）

原來這是前人的智慧

仔細觀察《口遊》中的九九乘法，卻發現裡面只有45個！只有現代九九乘法的一半左右！

這時，只要拿《口遊》的九九乘法對照現代的九九乘法表，就一目了然。為什麼以前的九九乘法會這麼少呢？

舉個例子說明，像9×8與8×9這種只要記1個就夠了，所以古代的九九乘法考慮到這個問題，就把要記的量減到最少。

從「九九」乘法這個名字，可以看出日本與中國的關聯，以及老祖宗的智慧。

乘數（橫）／被乘數（縱）

	1	2	3	4	5	6	7	8	9
1的乘法 1	○	○	○	○	○	○	○	○	○
2的乘法 2		○	○	○	○	○	○	○	○
3的乘法 3			○	○	○	○	○	○	○
4的乘法 4				○	○	○	○	○	○
5的乘法 5					○	○	○	○	○
6的乘法 6						○	○	○	○
7的乘法 7							○	○	○
8的乘法 8								○	○
9的乘法 9									○

補充筆記
日本稱現在小朋友學習的九九乘法表為「總九九」，並將《口遊》中介紹的稱為「半九九」。以前遇到像4×6與6×4這種算式時，就會只記6×4而已。

是眼睛的錯覺嗎？不可思議的圖形

10月 10日

大分縣　大分市立大在西小學
二宮孝明老師

閱讀日期　月　日　月　日　月　日

比較左與右

今天要介紹的是一些不可思議的圖形，也就是利用眼睛錯覺產生的「錯視圖／錯覺圖」。

圖1有上下2條附上箭頭的藍線，請比較看看這2條線的長度吧。

上面的線與下面的線，哪一條比較長呢？

圖1

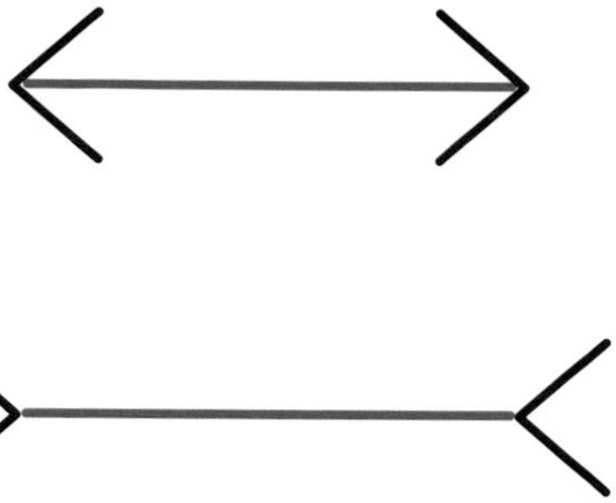

上下這2條藍色橫線，哪一條比較長呢？

乍看之下，應該會覺得下面這條線比較長。但是請拿尺量量看。結果，會發現上下2條藍線的長度都一樣。

接著請看向圖2。這裡有2個被白色圈圈圍住的紅圈圈。請目測一下紅圈圈的大小。你覺得哪一個比較大呢？

圖2

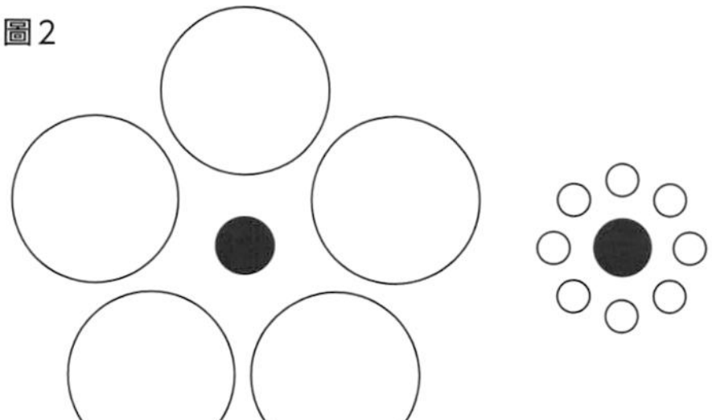

左邊和右邊的紅圈圈，哪一個比較大呢？

這次看起來是右邊的比較大。但實際上左右2個的大小還是相同。有很多圖形都像範例一樣，明明相同的大小或長度，看起來卻覺得不太一樣。

為什麼會這樣呢？

請看一下圖3。是否有發現什麼奇怪的地方呢？如果用手遮住一角的話，看起來非常正常。但是把手拿開後再仔細看整體圖案的話，就會發現這是個相當不可思議的三角形。

從很古老的時代，人類就已經知道這種「錯視圖／錯覺圖」的存在了。有許多科學家、數學家與藝術家都投入研究，並畫出許多奇妙的圖形。

圖3

這是名為「潘洛斯三角」的奇妙三角形

補充筆記　圖3的「潘洛斯三角」，是由一位名叫奧斯卡・路特斯瓦德的瑞典藝術家，於1934年想出來的。1958年由數學家潘洛斯介紹給大家，進而聲名大噪。

5塊餅乾的分法
～除不盡的時候怎麼辦～

神奈川縣　川崎市立土橋小學
山本　直老師

閱讀日期　月　日　月　日　月　日

將5塊餅乾分給2個人

今天要提的問題，是依照從以前就很有名的故事改編的。

「有5塊餅乾。媽媽告訴哥哥和妹妹：『我要給哥哥$\frac{1}{2}$，給妹妹$\frac{1}{3}$，你們自己去分吧。但是，不可以切開餅乾喔！』但是5塊餅乾只能分成2塊與3塊，而且又不能切開，所以這對小兄妹該怎麼分才好呢？」

稍微改變一下想法

小兄妹心想：「$\frac{1}{2}$等於$\frac{3}{6}$，$\frac{1}{3}$於$\frac{2}{6}$，所以如果有6塊餅乾的話，就好分多了！」

哥哥說：「我去跟鄰居借1塊餅乾吧，這樣就有6塊了！」

妹妹說：「但是媽媽叫我們分這5塊，這麼做太奇怪了。」

哥哥說：「如果有6塊的話，我是拿$\frac{3}{6}$，所以就拿走3塊，妳是$\frac{2}{6}$，所以就可以拿走2塊。因為我們兩個總共只要5塊，所以剩下的1塊再還給鄰居就行了。」

妹妹說：「這麼一來，我們就能按照媽媽說的將餅乾分好了呢！」

大家怎麼看待這個故事呢？

（參照第372頁）

試著想想看

其他的數字也能這麼做嗎？

這種分法可不是每次都行得通。這次將2人的分數相加後會變成5/6，分母比分子多了1，所以才可以「借1塊餅乾之後再還回去」。那麼像右邊的狀況時，又該怎麼分呢？提示是把分母都統一成12後再思考（A是6/12、B是3/12、C是2/12）。

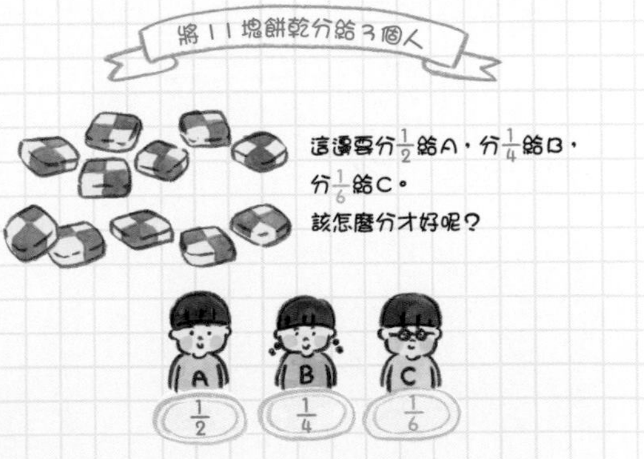

補充筆記　將餅乾分成2塊與3塊時，可以稱為分成「2比3」的比例。等到高年級時，就會學到囉！

關於數字與計算

將100個連續數字相加的挑戰！

10月12日

福岡縣　田川郡川崎町立川崎小學
高瀨大輔老師

閱讀日期　　月　日　　月　日　　月　日

可以輕易算出的方法？

聽到老師說「請把100個連續數字相加」時，應該很少人會覺得開心吧？多半都會覺得「好麻煩」。不知道有沒有能夠快速且輕易算出來的方法？

每當遇到數字龐大且很複雜的問題時，不妨試著用較小的數字計算同樣的問題，就有機會找出解決問題的靈感。因此，雖然問題是「把100個連續數字相加」，但是可以先想想「把10個連續數字相加」的狀況，從中尋找解決方法。

1＋2＋3＋4＋5＋6＋7＋8＋9＋10＝55

接著算算看其他情況吧。

2＋3＋4＋5＋6＋7＋8＋9＋10＋11＝65

3＋4＋5＋6＋7＋8＋9＋10＋11＋12＝75

4＋5＋6＋7＋8＋9＋10＋11＋12＋13＝85

漸漸看到規律了呢！這些數字的個位數都是5。接著再試試大一點的數字吧。

8＋9＋10＋11＋12＋13＋14＋15＋16＋17＝125

範例）8＋9＋10＋11＋12＋13＋14＋15＋16＋17＝125

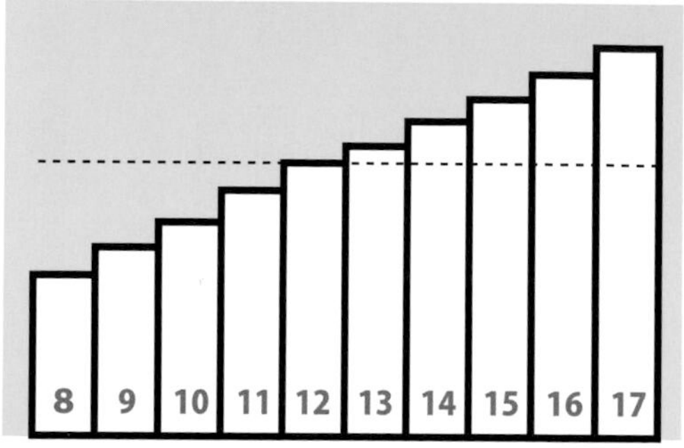

圖1

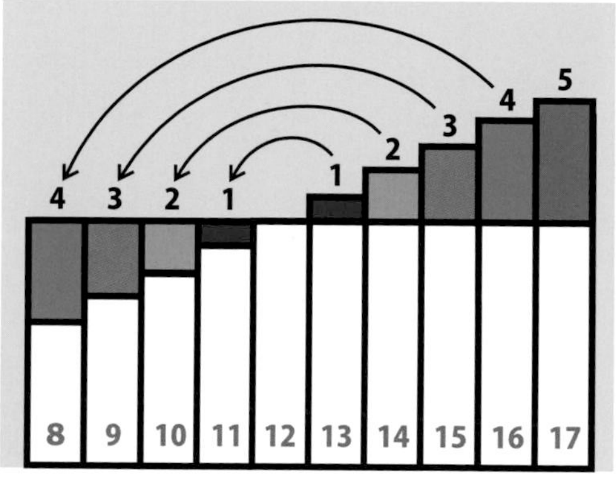

圖2

一起把這個算式畫成圖想想看吧（圖1）。

在圖1畫上讓大家都齊頭的橫線後，用多出來的數補比較少的數，就有10個12了，最後多出來的是5（圖2）。

也就是說，12×10＋5＝125。因此第5個數字會出現在十位數或百位數。

接下來總算要正式計算100個連續數字了（圖3）。既然已經用比較小的數字與圖求出規律了，那麼一定算得出來的。別擔心！要對自己有信心！（答案在下面的補充筆記）

圖3

補充筆記

〈答案〉總共有100個數字，第50個數字是50。像圖2這樣畫出讓大家都齊頭的橫線後，後半段會有50這個數字超出這條橫線，也就是說，答案是50×100＋50＝5050。你算出來了嗎？

關於單位與測量

找出公升吧！

10月13日

東京都　杉並區立高井戶第三小學
吉田映子老師

閱讀日期　月　日　月　日　月　日

在自己的家尋寶吧

大家都有學過「比較容積」，並且認識了L、dL與mL等單位對吧！說不定有可能還看過cL的單位呢！

今天要在自己的家裡找一找，看看有什麼東西是使用「L」這個單位的。

・紙盒裝牛奶　1L
・寶特瓶裝水　2L
・寶特瓶裝茶　1L

另外，洗衣機附近也找得到。

・洗衣精　1L

尋找L的同時，是不是也找到許多mL呢？

不是液體的東西也找得到喔

L與mL是容積單位，平常都用來表示飲料與清潔劑等液體，但是其實也有很多不是液體的東西，也會使用這個單位。

例如：可以把垃圾整理在一起的垃圾袋，就會標示20L或15L。冰箱、背包與行李箱的大小，也都會用L表示。

實際找找才知道有這麼多東西。原來L可以表示這麼多東西的容積（體積），不是只能用在液體上而已。

mL也是一樣，主要用來表示某種容器裡面能夠裝多少東西。

另外，氣體與土壤等有時也會使用L。請到處找找看還有什麼是用L表示的吧！

補充筆記　日常生活中很少看見dL，但是種子或豆子等的重量，以及醫療領域都會使用這種單位。

關於圖形

差一面就可以組成骰子的形狀？

10月 14日

學習院初等科
大澤隆之老師

閱讀日期　月　日｜月　日｜月　日

是哪裡不夠呢？

將圖1組合起來後，會變成什麼形狀呢？沒錯，就是骰子的形狀——立方體。不對，其實還少了1個正方形，結果就變成沒有蓋子的立方體了。

因此，請你幫忙增加1個正方形，完成立方體吧。那麼，該把這個正方形加在哪裡呢？先在腦海裡想像看看吧。

首先選擇要當作底部的正方形，再畫上記號。並在腦袋中想像周遭的正方形都拼起來的樣子。相信你已經知道了，拼起的立方體就像圖2一樣。

接下來再回頭看看圖1，思考要將正方形放在什麼地方。基本上，只要擺放在圖3所表示出的位置，就能夠組合成完整的立方體了。都順利完成了嗎？原來不是只有一個地方可以擺放蓋子用的正方形，總共有4個位置可以擺呢！

圖1

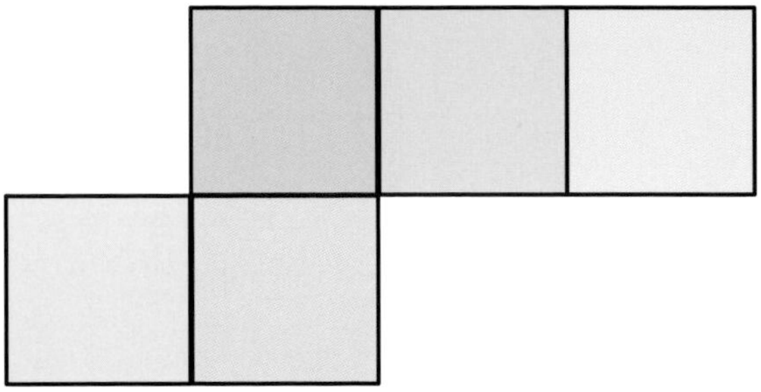

圖2

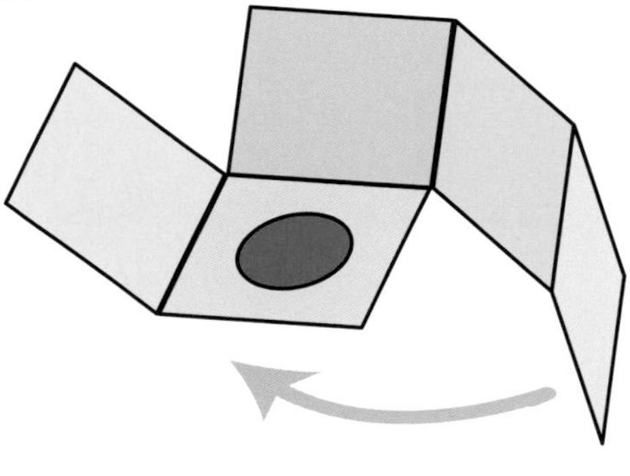

試著做做看

邊動手邊確認

請準備5張正方形，排成右圖這個樣子後，再確認看看要將最後1個正方形放在哪裡吧！

圖3

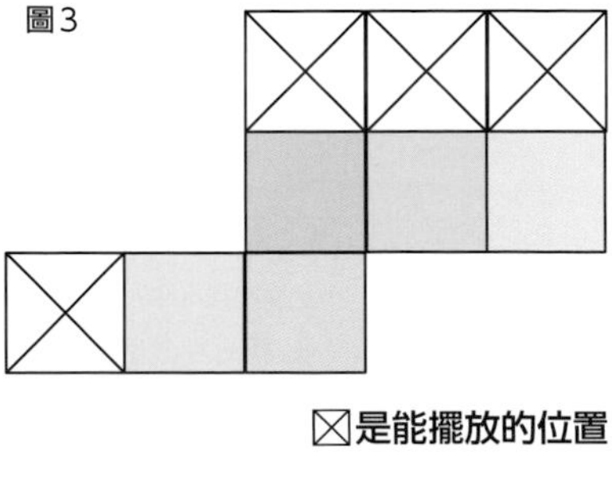

☒是能擺放的位置

補充筆記　製作沒有蓋子的立方體時，最後1個正方形能擺放的位置就是蓋子4個邊的位置。

調換數字的位置，算出來的答案仍相同？

熊本縣　熊本市立池上小學
藤本邦昭老師

閱讀日期　月　日　月　日　月　日

使用筆算計算乘法

請準備好紙與鉛筆。接下來要計算2位數的乘法。

12×42是多少？答案是504。

接著將乘數與被乘數的數字位數對調（圖2）。再計算1次，結果……。

圖1

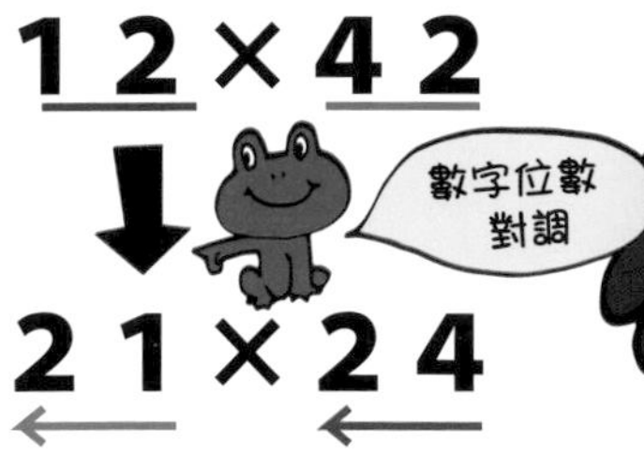

圖2

沒想到答案竟然與對調前相同（圖3）。這難道是巧合嗎？

那麼，36×21與63×12的答案會一樣嗎？（圖4）請動手算算看吧。

圖3

是否發現了祕密？

這2個算式也都是756。

裡面到底隱藏著什麼樣的祕密呢？太不可思議了。

另外，其他還有什麼數字也像這樣，對調後能夠求出一樣的答案呢？一起想想看吧（答案就在補充筆記）。

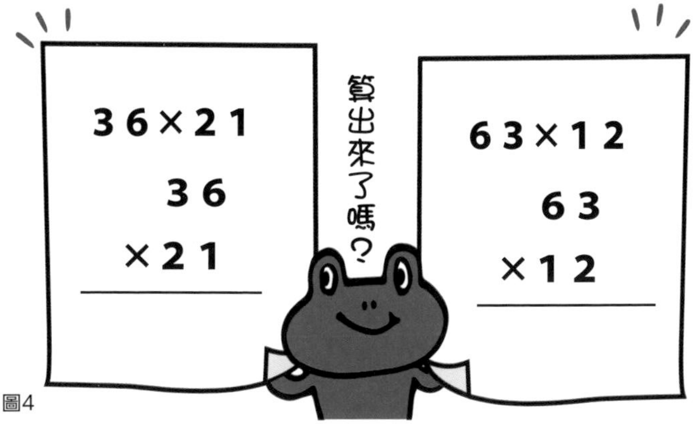

圖4

補充筆記　除了這裡舉的例子，其他對調後能夠求出相同答案的，還有24×84＝42×48、23×64＝32×46等。計算2位數的乘法時，當算式為AB×CD時，只要A×C＝B×D，就會出現這樣的狀況。

第16個數字的不可思議之處

10月16日

筑波大學附屬小學
盛山隆雄老師

閱讀日期　月　日｜　月　日｜　月　日

第16個數字是什麼？

請先選擇1個個位數後，再選擇另外1個個位數。假設一開始選擇的是3，後面選擇的是5。

想要用「3、5」這個關係，讓數字繼續延伸下去的話，第3個數字就是3＋5＝8，這排數字就變成「3、5、8」。而第4個數字就是5＋8＝13。繼續加下去的話，數字就會愈來愈大，所以這邊取「13」的個位數做為第4個數字，就變成「3、5、8、3」。由於第5個數字是8＋3＝11，所以個位數就是1。

請用這樣的方式，將最尾端的2個數字相加後，演變成下一個數字，藉此讓數字不斷延續下去。

那麼第16個數字會是多少呢？

3 5 8 3 1 4 5 9 4 3
7 0 7 7 4 1

這串從3開始的數字，到了第16個時就會變成1。

那麼，從4或5開始的時候，第16個數字會是多少呢？試著計算，然後找找看吧。

從4開始的時候

4 7 1 8 9 7 6 3 9 2
1 3 4 7 1 8

從5開始的時候

5 1 6 7 3 0 3 3 6 9
5 4 9 3 2 5

試著想想看

隱藏著什麼樣的祕密呢？

第1個數字與第16個數字似乎有著某種關係。右側列出了第1個數字為1～9時，各自會出現的第16個數字。想想看裡面藏有什麼樣的祕密呢？

1⇒7
2⇒4
3⇒1
4⇒8
5⇒5
6⇒2
7⇒9
8⇒6
9⇒3

補充筆記　事實上，第16個數字都會是第1個數字乘以7後的個位數，為什麼會這樣呢？很不可思議對吧？

拉長直線玩遊戲！

學習院初等科
大澤隆之老師

閱讀日期　月　日　月　日　月　日

用直線框起貓咪與松鼠

用連接2個點的直線，把動物框起來吧（圖1、圖2）。

用直線框起貓咪時，會呈現四邊形呢！（圖3）

你框起松鼠了嗎？上面2個點似乎無法連起來呢，真是令人傷腦筋。

松鼠下面的2個點，只要以正常的方法就能夠相連了。但是想連起上面2個點的話，就會碰到松鼠的尾巴。該怎麼辦才好呢？可以從松鼠背後繞過去嗎？從立體圖形來看，從後面繞好像也可以。但是，這邊其實有個方法，不用特地繞過去，也可以框起松鼠。

將直線往後方延伸

提示是「連接著點的直線，不要停在點上，要繼續往後方延伸」。

直線是能夠一直延伸下去的，最後在某個點自然交會，形成一個框起松鼠的三角形。使用這種思維的話，會發現也可以用三角形框住貓咪呢（圖4）。

圖1

圖2

圖3

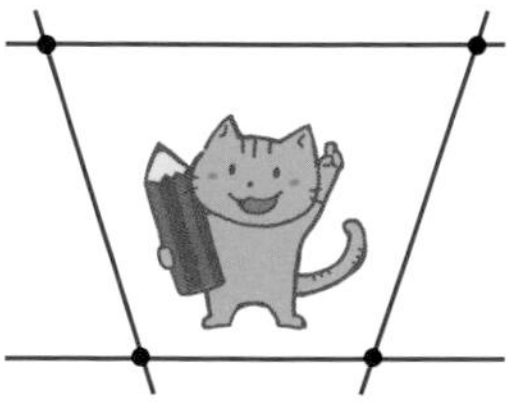

圖4

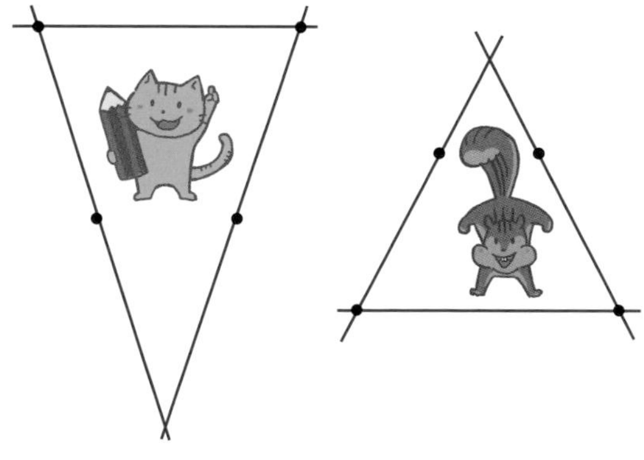

補充筆記

用「通過2點的直線」連成三角形或四邊形時，不一定要讓直線停在點上面。在思考問題時，別忘了靈活運用各種方法喔！

找出規則的方法

猜猜看排隊方式吧

10月 18日

熊本縣　熊本市立池上小學
藤本邦昭老師

閱讀日期　月　日｜　月　日｜　月　日

表示排隊順序的方法

這邊有幾個小朋友排成1列。請想辦法形容出他們的隊伍吧。

・總共有5個人排成1列。
・A在最前面。
・B的後面就是C。
・B跟E的中間有2個人。
・D不是在最後面。

這邊舉了幾種方式，形容了這個隊伍。

從形容的句子裡找出順序

接下來調整一下5個人的排隊順序。

新的排隊方法如後面的形容，閱讀之後再想想他們是怎麼排列的吧。

【問題】
・E不是在最前面。
・C的後方就是A。
・D跟E的中間有2個人。
・E的後方就是B。

想出來了嗎？

區區一個表達方式，還是有許多可能性，所以很難推測出每個人的位置呢！

這時只要把圖畫出來思考，答案就很清楚了（答案在補充筆記）。

這邊說明一下推測時的思考方式。

首先畫出排在一起的人。因此，讓我們先把CA與EB畫出來吧。

接著思考「D跟E的中間有2個人」這句話。如果D在E的前面，就代表從前方開始是D○○EB。

如果D在E後面的話，就是EB○D，但是這樣的話，C與A就沒辦法排在前後了。

另外，因為E不是最前面，所以不會是EB○D○。

1. ⒸⒶ與ⒺⒷ
2. Ⓓ◯◯ⒺⒷ
　或
　◯ⒺⒷ◯Ⓓ
3. Ⓒ與Ⓐ沒有排在前後。
4. Ⓓ◯◯ⒺⒷ
　所以這裡要放入ⒸⒶ。

補充筆記　〈答案〉你推測出正確答案了嗎？答案是D→C→A→E→B。

關於數字與計算

最常用的數字是什麼？

10月 19日

御茶水女子大學附屬小學
岡田紘子老師

閱讀日期　月　日　月　日　月　日

查查看報紙使用的數字

報紙裡會出現很多數字（圖1）。就算只調查其中1面，也能夠發現許多1開頭的數字。

8月11日的東京外匯市場中，日幣不斷升值。在14：00時，漲到了1美金＝123．73～123．76日幣，相較於10日17：00時的行情，上漲了0．38日幣。過14：00時，行情則落在123．66日幣左右，且日經平均股價下跌超過2000日幣，所以今天……

圖1

查查看報紙以外的地方

只有報紙會出現許多1開頭的數字嗎？

以現在閱讀的這本書來說，同樣能夠找到很多數字呢！試著查查看的話，肯定會發現1開頭的數字出現次數最多。以最單純的方式，思考1～9的出現機率時，每個數字都是1／9，大約等於11%。

但是，其實1出現的機會將近30%，而2開頭的數字則將近18%。這是因為生活中一半左右的數字，都是1或2開頭的。

這種情況就稱為「班佛定律」，已經在數學面上得到證實。

由於證明方法很困難，所以就不介紹了，但是根據「班佛定律」指出，愈大的數字出現的機率就愈低（圖2）。

請找找看報紙與書本以外的地方，看看是不是龐大的數字中，也很容易出現1呢？

圖2

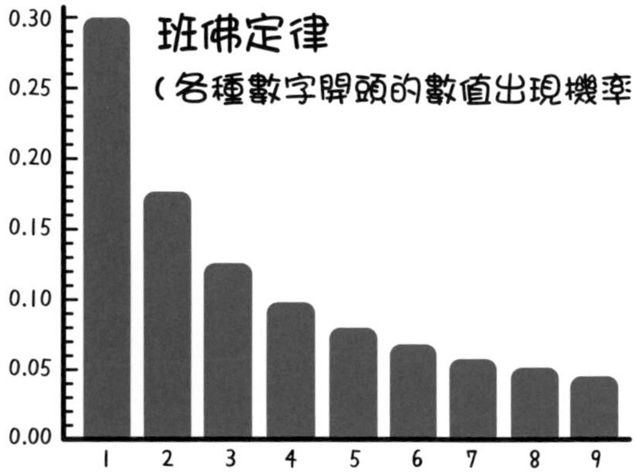

補充筆記　如果某個情況下，出現了大量不是1的數字時，就有人為操縱的可能性。因此，班佛定律也是一種看出違法事情的方法。

2 與生活有關的算術

你會分辨時刻與時間嗎？

10月20日

學習院初等科
大澤隆之老師

閱讀日期　月　日｜　月　日｜　月　日

出發的時間是幾點？
出發的時刻是幾點？

時刻與時間，哪個正確？

①「出發的時間是幾點？」

這是正確的表達方式嗎？還是有點奇怪呢？

實際上，這句話不應該使用「時間」，應該要用「時刻」才對。

「時間」，是指某個時刻到某個時刻之間的長度，也就是說，指的是「量」，所以有長有短。不過，「時刻」則是指時間流動中的某個時間點，所以沒有長、短、多、少的區分。①裡面有提到「幾點」，指的就是「時刻」，所以這句話正確的說法是「出發的時刻是幾點？」。

近年才開始區分用法

雖然現在會把「時間」與「時刻」分開使用，但其實這種分法的歷史在日本並不算久。日本是到1955年之後，才正式在小學課本上做出區分（台灣現於生活用語中則常會將2個名詞混用）。

日本從明治時代到昭和時代所銷售的鐵路時刻表，都稱為「汽車時間表」。第二次世界大戰後到西元1975年左右，市面上都還有「時刻表」與「時間表」2種表現法。直到1989年左右，才正式區分成「時刻」與「時間」。

好了，今天的時間就差不多到這邊了。咦？這裡要用哪個比較正確呢？

試著記起來

「時辰」是有寬度的？

江戶時代的用語又是如何呢？當時有「時辰」這個詞，也有「時刻」的觀念，但是當時的用語意思比較廣泛。例如，說到子時的時候，可能代表的是時間點，也可能是指這個時辰的時間帶，也就是大約2個小時的長度。

差不多是子時了呢……

補充筆記 英文的time，會翻譯成「時刻」還是「時間」呢？「What time is it now ？」的time是「時刻」，「a long time」的time則是指「時間」。

如果全世界只有3種數字~3進位~

10月21日

熊本縣　熊本市立池上小學
藤本邦昭老師

閱讀日期　月　日｜月　日｜月　日

有幾個數字？

大家在使用的數字有幾個呢？1億個？無限多？不不，其實只有10個而已。

數值雖然有無限多，但是「數字」只有「0、1、2、3、4、5、6、7、8、9」這10個而已。

我們都是用這10個數字，表現許多小數值與大數值。

如果只有「0、1、2」的話……？

如果全世界只有「0、1、2」這3個數字的話，數值會是怎麼表現的呢？

這邊以盤子上的糖果為例吧。圖1的盤子最多只有2顆，所以與一般情況相同。

但是當顆數比2多1顆的時候，會怎麼表示呢？

以我們目前的世界，當然會用「3」表示，不過現在可沒有這個數字。

這時，就必須將多出來的數字進到下一位，變成「10」顆（圖2）。因為個位數最多只能夠容納2而已。

再增加1顆的話，就變成「11」顆（圖3），再增加1顆就變成「12」顆（圖4）。

那麼，在這個只有3個數字的世界裡，如果有「100」顆糖果的話，拿到我們的世界（有10個數字的世界）會變成幾顆呢？（答案在補充筆記）

圖1

圖2

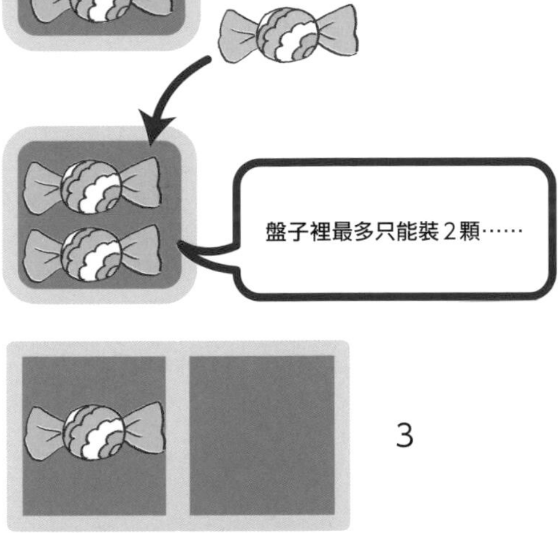

圖3

圖4

補充筆記　「100顆」就是3顆＋3顆＋3顆，因此在我們的世界就是「9」顆。

遇到「大名隊伍」就麻煩了!?

10月22日

高知大學教育學系附屬小學
高橋 真老師

閱讀日期　月　日｜　月　日｜　月　日

2000人的大陣仗

江戶時代管理各藩（領地）的大名（領主稱謂），每年都必須往返江戶（東京舊稱）與領地1次。這時，他們會帶著許多家臣與家僕，形成非常驚人的陣仗，而這場行動就稱為「大名行列（大名隊伍）」。

隊伍的人數會依藩地領取的米量為準，以加賀藩（現代石川縣一帶）為例，因為他們的米量是103萬石，所以「大名行列」就必須帶著2000人出發。

所以，如果被這支隊伍擋住去路的話，不知道該等多久才能夠結束？

隊伍長達1.5km!?

首先讓我們求出隊伍的長度吧。

假設這2000人排成2列行進時，每列就有1000人。由於隊伍裡會有帶刀的武士，所以與前面的人必須間隔1m以上，因此

1m×1000人＝1000m＝1km。

光是家臣與家僕就長達1km以上了。此外，他們還會攜帶弓箭、大砲等武器，以及大名要使用的餐具、沐浴桶等，再算上大名要搭乘的轎子，以及許多運送行李的馬匹的話，這條隊伍應該長達1.5km吧。

接著讓我們求出他們走路的速度吧。從大名的城堡所在地金澤出發，要走480km左右才能夠到達江戶。據說大名行列會走12～13天，也就是：

480km÷12天＝40

也就是說，1天的步行距離長達40km（40000m），1天走10個小時的話，他們走路的速度就是：

40000m÷10小時＝4000m（4km）。

也就是說，每小時走了4000m（4km）。

試著想想看

大名行列通過的時間

接下來要計算的，是加賀藩隊伍通過的時間。因為他們每小時走4000m，所以用4000m÷60分鐘的話，代表1分鐘的行進距離大約是67m。整條隊伍長達1500m，所以1500÷67＝22.388059，也就是大約需要花22分鐘！因此對路人來說，遇到大名行列應該是件很困擾的事情吧。

補充筆記　日本的大名每年必須往返江戶與領地1次的規定，稱為「參勤交代」。

學會聰明購物！找零的問題

與生活有關的算術 2

青森縣　三戶町立三戶小學
種市芳丈老師

閱讀日期　月　日　月　日　月　日

實際購物情況？

讓我們直接進入正題吧。

【問題1】

你帶著3枚100日圓硬幣去買東西。買了1顆80日圓的蘋果，以及1顆90日圓的高麗菜。最後會找回多少零錢呢？

很多人看到這個問題時，都會直接認為是300－170＝130，但是實際情況真的是如此嗎？因為80＋90＝170，所以只要遞出200日圓就夠了。也就是說要用200－170來算，算出來的答案30日圓，也就是實際會找回的零錢（圖1）。

圖1

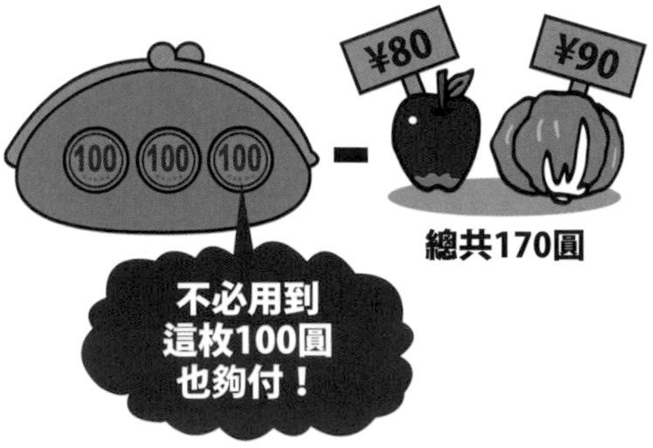
¥80
¥90
100
100
100
總共170圓
不必用到這枚100圓也夠付！

思考零錢的數量

【問題2】

要買的東西總共是260日圓。這時錢包裡有1枚500日圓、1枚50日圓、2枚10日圓，總共有4枚硬幣。請問會找回多少零錢呢？

應該很多人都會立刻想到500－260＝240，從數學的角度來看這是正確答案，但是從現實面來看，錢包裡有一堆零錢的話會很困擾。而240日圓的零錢，就代表有2枚100日圓、4枚10日圓，總共有6枚。加上沒用到的1枚50日圓、2枚10日圓，錢包裡就會有9枚硬幣，比一開始的錢包還多了4枚硬幣。

所以，請試著從錢包裡拿出560日圓，讓對方找你300日圓吧。這時，錢包裡的硬幣就是3枚100日圓與1枚剛才沒用到的10日圓，總共就是4枚硬幣，與最初的數量相同。

也就是說，從現實角度來看的話，找回的零錢也可能是300日圓（圖2）。

圖2

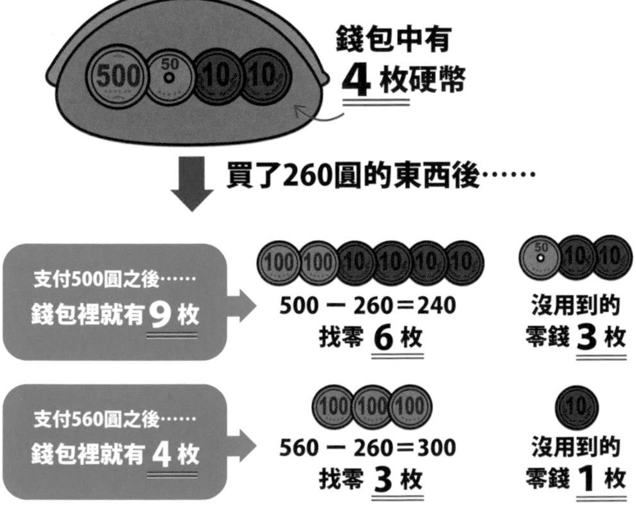
錢包中有4枚硬幣
買了260圓的東西後……
支付500圓之後……錢包裡就有9枚
500－260＝240
找零6枚
沒用到的零錢3枚
支付560圓之後……錢包裡就有4枚
560－260＝300
找零3枚
沒用到的零錢1枚

補充筆記：自己掏錢買東西的時候，不妨在結帳之前，先想清楚要拿多少錢出來，才能夠控制錢包中的零錢數量。

關於圖形

立方體的點到點

10月24日

學習院初等科
大澤隆之老師

閱讀日期　月　日｜　月　日｜　月　日

紅與藍，哪個比較近？

像骰子一樣用6面正方形組成的形狀，稱為「立方體」。如果要將圖1的A點與B點連起來時，該怎麼連接才能畫出最短的線呢？

圖2的紅線是正方形的對角線（沒有相鄰的2個頂點所連成的直線），如何呢？應該是捷徑了吧？還有更短的線嗎？

沒錯，連接A與B的邊，也就是圖中的藍線比較短。你能夠說明為什麼嗎？只要展開立方體，應該就會一清二楚了吧？紅線其實會像圖3一樣折起，但是藍線卻是直線，由此可知，藍線會比較短（圖3）。

還有更短的線？

還有更短的途徑嗎？只要稍微旋轉一下立方體，就能夠找到了。後方其實還有一條更短的綠線（圖4）。像這樣只要改變角度，就能夠找到更短的線了（圖5）。

圖2

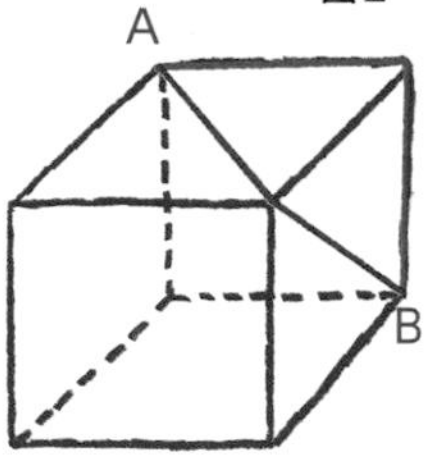

圖1

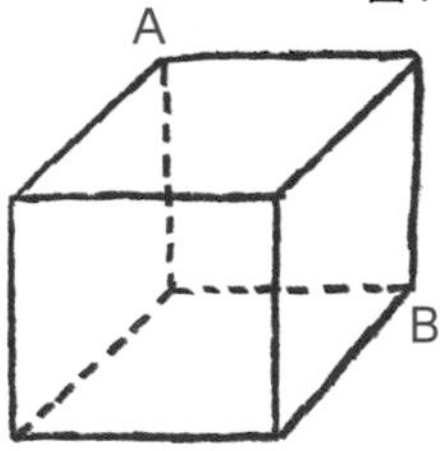

圖3

圖4

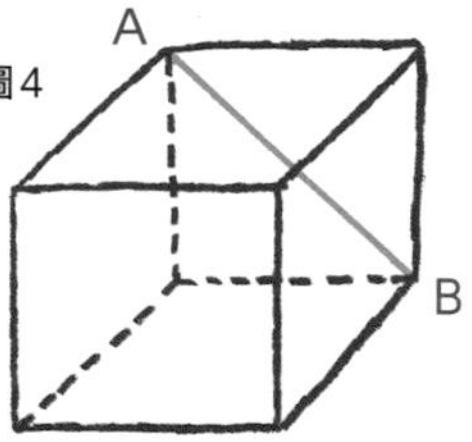

圖5

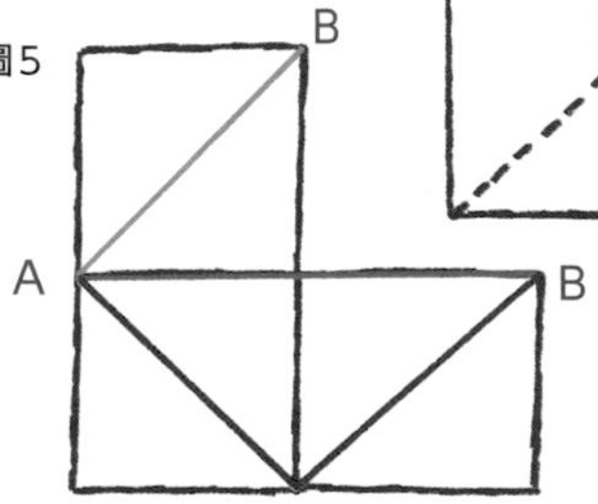

試著做做看

連接A與C的最短線？

最中間的紅線如何呢？（圖6）其實藍線跟綠線還是有機會更短喔！該怎麼比較才好呢？請展開立方體後，仔細比較一下吧。展開後可以發現藍線是直線（圖7）。並請自己找出綠線會是什麼樣的線條吧！

圖6

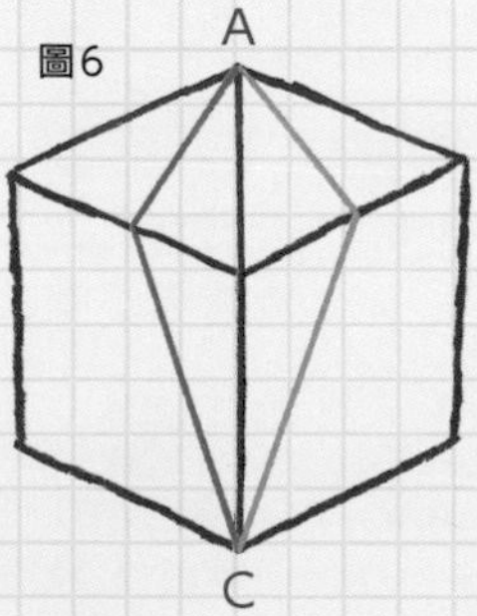

圖7

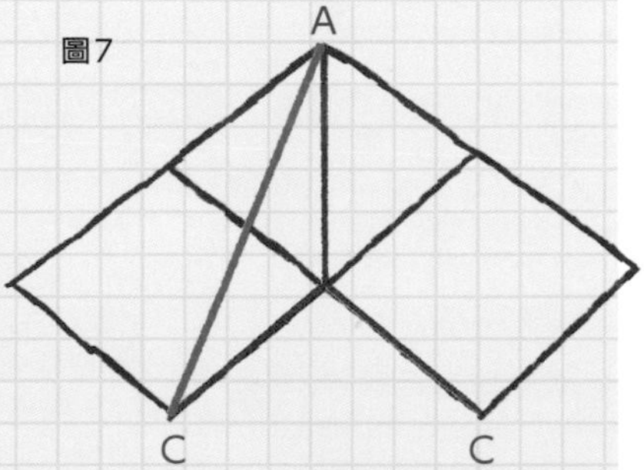

補充筆記

其實上面還有更短的線喔！那就是通過立方體中間的直線。相較於沿著立方體表面通行的線條，從中間剖開才是最短的路徑。不妨自己製作出立方體後試試看吧。

找出假錢吧！

10月 25日

御茶水女子大學附屬小學
岡田紘子老師

閱讀日期　月　日　月　日　月　日

要拿天平量幾次呢？

這裡有8枚硬幣，其中有1枚是假的，比真正的硬幣還要重。使用天平來找出其中的假幣吧（圖1）。

只要2次就可以找出假幣？

首先將硬幣分成3枚、3枚、2枚，然後在天平的兩端，各放上3枚硬幣。如果兩邊的重量相同時，就代表假幣在2枚之中。因此，只要將剩下的2枚硬幣，分別放在天平的左右，比較重的那一方就是假幣（圖2）。

另外，如果一開始在量3枚硬幣時，就有其中一方比較重的話，代表假幣就藏在這3枚硬幣中。接下來從中選出2枚硬幣，分別放在天平的左右，比較重的那一方就是假幣；如果2枚硬幣的重量相同時，就代表剩下那枚是假的。由此可知，只要使用2次天平就能夠找出假幣了（圖3）。

圖1

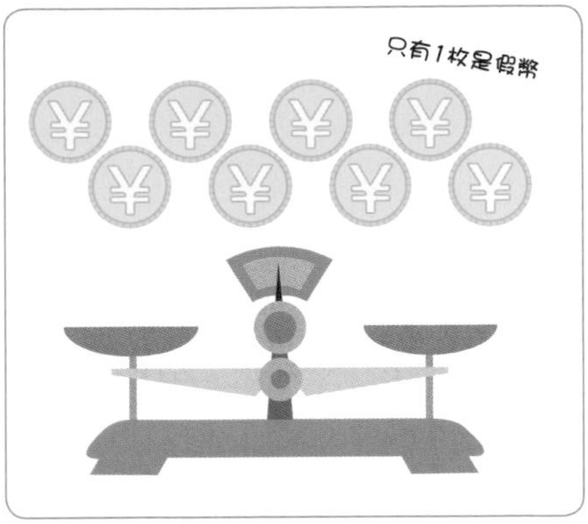

圖2

圖3

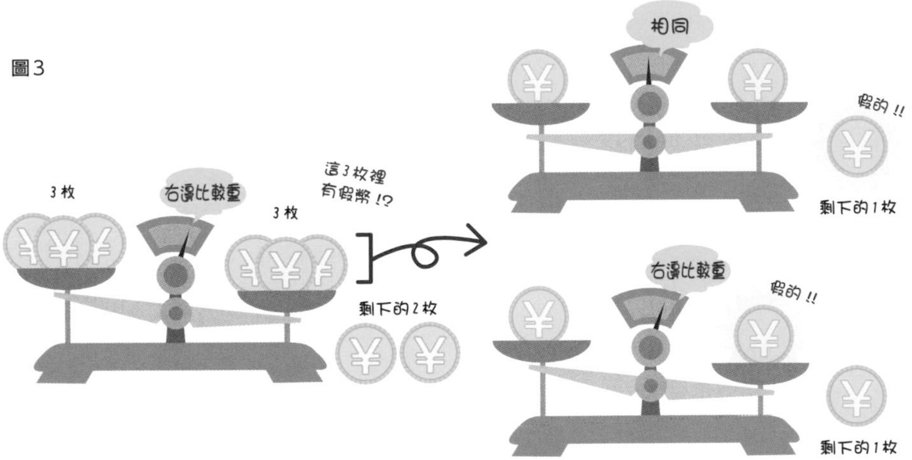

補充筆記　如果有12枚硬幣的話，要使用幾次天平，才找得到假幣呢？只要使用3次，就可以分辨出假幣囉！

關於數字與計算

能夠被1～6所有數字整除的整數

10月26日

青森縣 三戶町立三戶小學
種市芳丈老師

閱讀日期 月 日 月 日 月 日

可以輕易找出答案……

今天要介紹的是除法問題。這裡有某個整數，能夠被1～6中所有數字整除，那麼這個整數最小會是多少呢？

「簡單！」這麼想的人，肯定以為只要把1～6全部相乘就行了吧。畢竟除法與乘法是相反的算式。

$1\times2\times3\times4\times5\times6=720$，咦？這數值好大喔，讓人有點不安，所以先確認一下720的一半360吧。$360\div1=360$、$360\div2=180$、$360\div3=120$、$360\div4=90$、$360\div5=72$、$360\div6=60$，每個數字都能夠順利除盡呢！

所以答案一定是比720更小的數字。

還有更小的整數？

讓我們再一次重新確認一下$1\times2\times3\times4\times5\times6$這個算式吧。因為$4=2\times2$、$6=2\times3$，所以算式可以改成$1\times2\times3\times(2\times2)\times5\times(2\times3)$。想要被4除盡的話，就必須要有2個2，想要被6除盡的話，就必須有各1個的2與3。所以$1\times2\times3\times(2\times2)\times5\times(2\times3)$就多了2個2與1個3。

像這樣，只要用乘法表現整數的話，就可以知道這個數字能夠整除什麼樣的數值。

也就是說，能夠被1～6所有數字整除的整數，最小的應該是$1\times2\times3\times2\times5=60$，比想像中的還要小呢！

圖1

$1\times2\times3\times\underline{4}\times5\times\underline{6}=720$（$4=2\times2$，$6=2\times3$）

$=\underline{1}\times\underline{2}\times\underline{3}\times(\underline{2}\times2)\times\underline{5}\times(2\times3)$

能夠被4除盡……2個2

能夠被6除盡……1個2、1個3

$1\times2\times3\times2\times5=60$

能夠被1～6所有數字整除的最小整數是60!!
嗚嘿～！
啪哩——!!

圖2 $1\times2\times3\times2\times5\times7\times2\times3=2520$

能夠被1整除…1個1
能夠被2整除…1個2
能夠被3整除…1個3
能夠被4整除…2個2
能夠被5整除…1個5
能夠被6整除…1個2、1個3
能夠被7整除…1個7
能夠被8整除…3個2
能夠被9整除…2個3
能夠被10整除…1個2、1個5

補充筆記 能夠被1～10所有數字除盡的最小整數是多少呢？只要使用上面的方法，用乘法表現出數字（圖2）的話，就能夠求出答案囉。〈答案〉2520

找出規則的方法

3人加起來是幾歲？

～找出規律吧～

10月 27日

神奈川縣　川崎市立土橋小學
山本 直 老師

閱讀日期　　月　日　　月　日　　月　日

3人的歲數相加……

A同學是3年級生，今年9歲，有1個哥哥與1個妹妹。哥哥今年12歲，妹妹才4歲而已，3個人的歲數相加是多少呢？這問題並不難，只要把3個人的歲數相加，12＋9＋4＝25，就可以算出3個人歲數相加是25歲。

3個人加起來100歲？

那麼要幾年後，3個人的歲數相加後會是100歲呢？

試著畫成表格和圖案，可以知道3人的歲數合計在1年後會變成28歲、2年後變成31歲、3年後變成34歲……用這個表格繼續推算下去雖然也沒問題，但是這麼做有點麻煩呢！

有更簡單的方法嗎？

我們先一起思考合計數字是怎麼增加的吧。因為3個人每年會各長1歲，所以每年的歲數合計都會增加3。

而現在合計是25歲，到100歲之前要增加多少呢？100－25＝75，所以只要增加75歲就行了。這時搭配除法計算75÷3＝25，由此可知再25年，3個人的歲數相加就是100歲了。

最後再確認一下吧。

25年後，哥哥從12歲加25變成37歲，A同學從9歲加25變成34歲，妹妹從4歲加25變成29歲。37＋34＋29＝100，加起來真的是100歲呢！

	現在	1年後	2年後	3年後	4年後	5年後	6年後	7年後	
哥哥	12	13	14	15	16	17	18	19	
A同學	9	10	11	12	13	14	15	16	
妹妹	4	5	6	7	8	9	10	11	
合計	25	28	31	34	37	40	43	46	

10月

試著想想看

什麼時候合計是9歲？

3個人在幾歲的時候，加起來的歲數會跟A同學現在一樣是9歲呢？以同樣的方式去思考的話，25－9＝16，所以用16÷3，但是……除不盡。也就是說，這3個人的年紀加起來不可能是9歲嗎？不是這樣的，雖然到4年前為止3人的歲數合計，都是每年減去3，但是5年前妹妹還沒出生，所以從這個時間點開始，合計歲數就是每年減2，所以算出來是在6年前。

	現在	1年前	2年前	3年前	4年前	5年前	6年前
哥哥	12	11	10	9	8	7	6
A同學	9	8	7	6	5	4	3
妹妹	4	3	2	1	0	-	-
合計	25	22	19	16	13	11	9

每年減3→　　↖從這裡起每年減2→

補充筆記　有時候找到數字增減的規律後，就能夠輕易找到答案。

關於圖形

三角形內角的大小？

10月28日

熊本縣　熊本市立池上小學
藤本邦昭老師

閱讀日期　月　日　月　日　月　日

沒有量角器也可以量

請拿出鉛筆從頂點A開始，沿著三角形ABC三個邊移動（圖1）。

首先，讓鉛筆沿著邊移往頂點B。

筆尖到達頂點B的時候，再順時針旋轉，以鉛筆尾端朝著頂點C移動（圖2）。

當鉛筆尾端到達頂點C時，再順時針旋轉，朝著頂點A移動（圖3）。

圖1

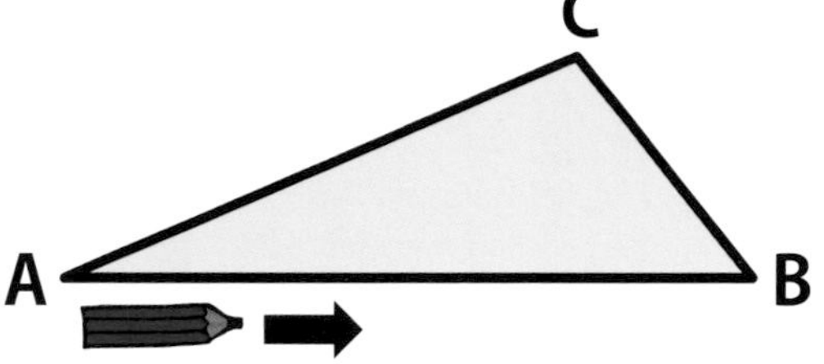

當筆尖到達頂點A的時候，再順時針旋轉移到最初的起點（圖4）。

圖2

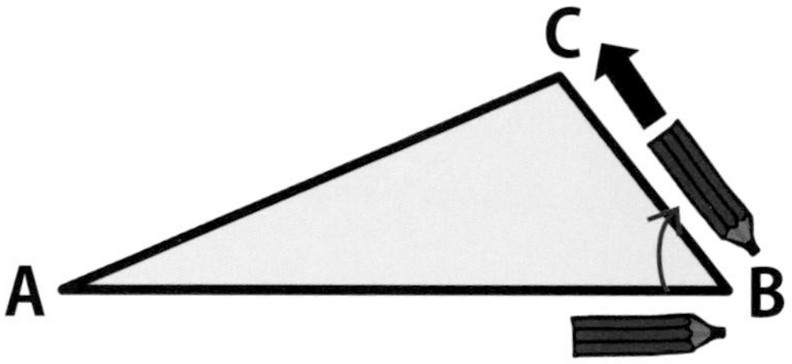

圖3

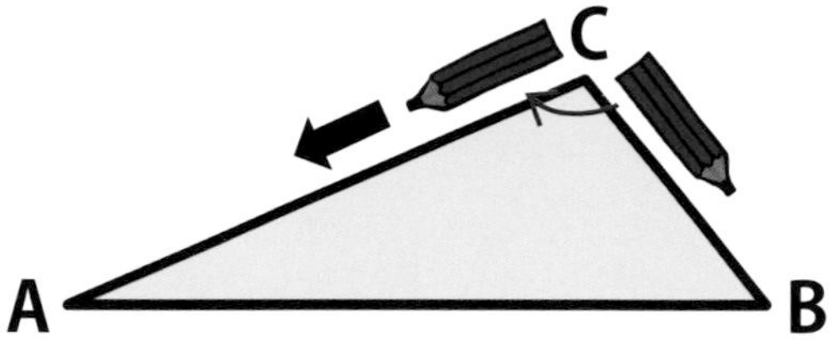

這時會發現，鉛筆的方向與原本相反了。也就是說，鉛筆在移動過程中旋轉了180度，由此也可以看出，三角形的內角總和是「180度」。

圖4

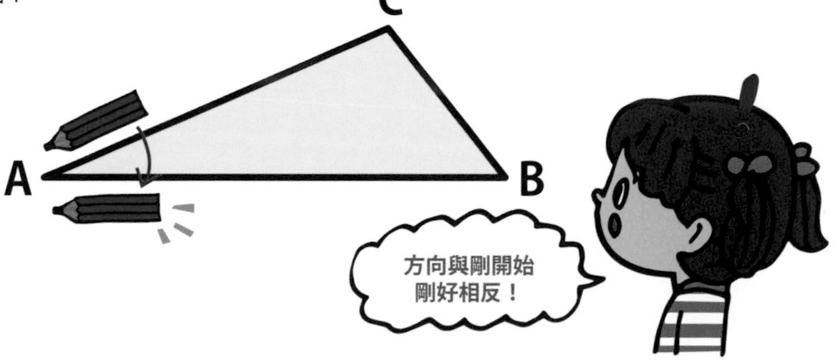

補充筆記　如果沿著四邊形移動的話又會如何呢？會和三角形一樣轉半圈嗎？不不，這次可是會轉1整圈呢！由此可知，四邊形的內角和是360度。

關於數字與計算

雖然算式不同，但答案卻相同？？？

10月 29日

神奈川縣　川崎市立土橋小學
山本　直老師

閱讀日期　月　日　月　日　月　日

「＝」等號的意義

「＝」是唸做「等號」的符號，經常用在書寫算式時。下圖①的算式中，「＝」代表符號的左側（3×6）等於右側（18）。也能用在像②的算式中這樣兩邊都是算式的情況。

那麼請一起看看③的算式吧。□中該填入＋、－、×、÷哪個符號呢？

仔細一看，會發現兩邊的數字排列是一樣的呢。如果兩邊的□填入不同的運算符號，感覺答案就不相等了。但是，只要好好思考一下，還是能夠在填入不同符號的情況下，讓兩邊的答案相等。那麼要怎麼填呢？

試著填入各種符號

首先，在左邊的□填入所有運算符號，試著計算看看。填入＋的話答案就是7，填入－的話就是3，填入×就是13，填入÷的話就是1。接著再開始思考右側的□要怎麼安排，才能夠算出與左側相同的答案。

如此一來，假設右側的□都放上＋的話，答案就是13，與左側的□填入×時的答案相同。因此算式就變成：

8×2－3＝8＋2＋3

① 3×6＝18

② 3×6＝9×2

③ 8□2－3＝8□2□3

試著做做看

填入運算符號，使等號成立

請一起想想看，該怎麼填入右側算式的□，才能夠讓兩側的運算符號不同，答案卻相同。熟悉這種題目之後，就可以試著自己創造出題目囉。

8□4□1＝8□4□1

10□2□4＝10□2□4

16□8□3＝16□8□3

<答案>

8－4－1＝8÷4＋1

10＋2＋4＝10×2－4

16－8－3＝16÷8＋3

補充筆記　數學裡有先計算「×」、「÷」，後計算「＋」、「－」的規則，善用這種規則的話，就能夠填寫出「6＋2＋2＝6＋2×2」。

關於圖形

這也是眼睛的錯覺嗎？①

10月 30日

御茶水女子大學附屬小學
久下谷 明老師

閱讀日期　　月　　日　　月　　日　　月　　日

不可思議的眼睛錯覺

如果將10月10日的「10 10」打橫來看，就會變成眼睛與眉毛的形狀，所以日本把這天訂為「愛護眼睛日」。所以那天的故事，就是關於眼睛錯覺的事情。

今天也要介紹幾則與眼睛錯覺有關的圖形。請一起享受這個不可思議的世界。

圖1

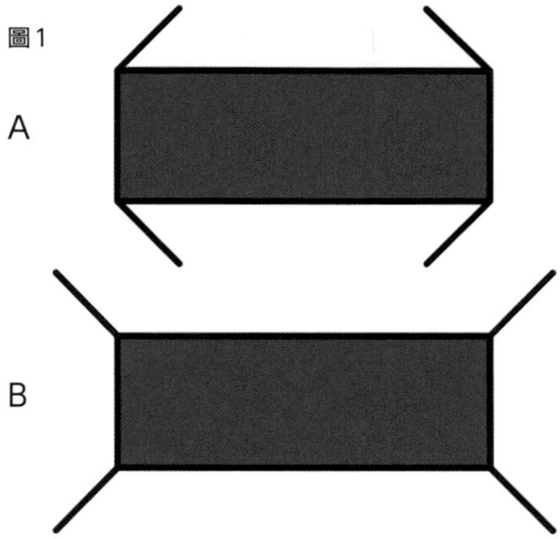

哪一個比較大（長）？

這是好吃的羊羹（圖1）、蜂蜜蛋糕（圖2）以及年輪蛋糕（圖3）。既然都要吃點心，當然就想吃大塊一點。

A與B哪一個比較大呢？你第1眼看到時，覺得哪一個比較大呢？

請實際拿出尺測量，確認哪個比較大塊吧。

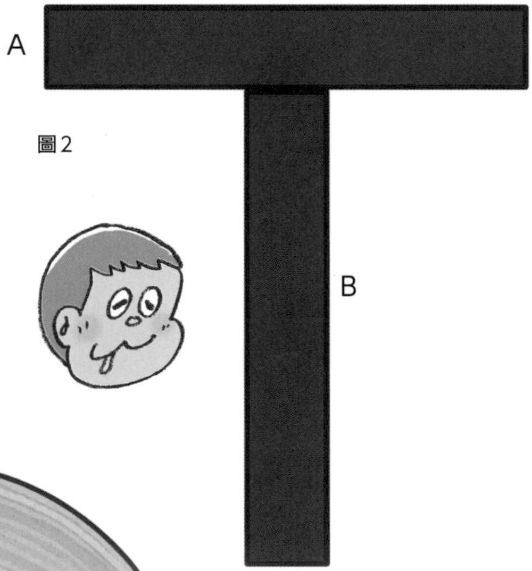

圖2

圖3

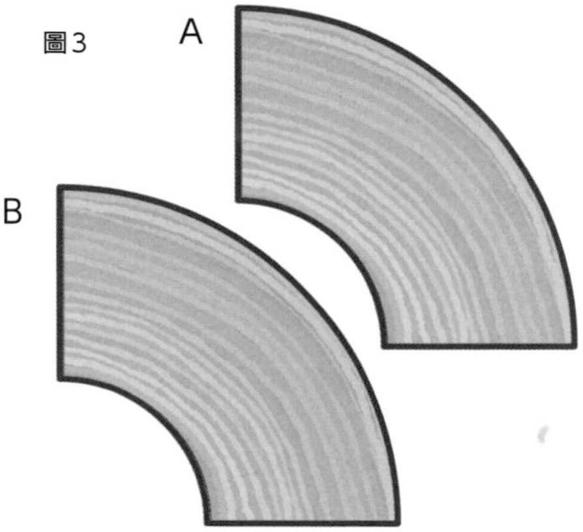

試著記起來

對對看上面的答案！

相信你已經找出答案了。其實每個圖形的A與B大小是一樣的，但是乍看之下，B卻大上許多，總覺得很奇妙也很有趣呢！

補充筆記 眼睛的錯覺稱為「錯視」。內文介紹的錯視圖，都是按照發現者的姓名來命名，依序是：圖1…偉特馬沙洛錯視圖，圖2…菲克錯視圖，圖3…加斯特羅錯視圖。

關於單位與測量

畫成圖表就可以看清很多事情

10月31日

大分縣　大分市立大在西小學
二宮孝明老師

閱讀日期　月　日　月　日　月　日

數學家與麵包店的故事

圖表有非常多種，包括棒狀圖、折痕圖、圓餅圖、帶狀圖、柱狀圖等。用圖表就能夠讓數量、變化等數值特徵一目了然。這邊還有個善用圖表看穿矇混手法的有趣小故事。

某位數學家常去的麵包店，會銷售「1kg的麵包」，但是數學家懷疑麵包實際的重量比較輕。因此，他每次買完麵包後都會做記錄，並且製成圖表（圖1）。

用圖表看穿對方的矇混手法

因為麵包店每天都要烤許多麵包，所以重量有變化是正常的。如果老闆真的是以1kg為基準去烤的話，圖表會呈現出像圖2這種山型。但是實際畫出來的圖表卻像圖3一樣，也就是說，麵包店偷工減料了50g，是用950g為基準去烤的。

當數學家將圖表拿給老闆看時，老闆也表現出反省的態度。後來，數學家還是繼續記錄麵包的重量，結果畫出來的圖就像圖4一樣。

也就是說，麵包店還是繼續烤比較輕的麵包，只是賣給數學家時，會特別挑出1kg以上的麵包而已。結果麵包店的伎倆，再次被數學家看穿了呢！

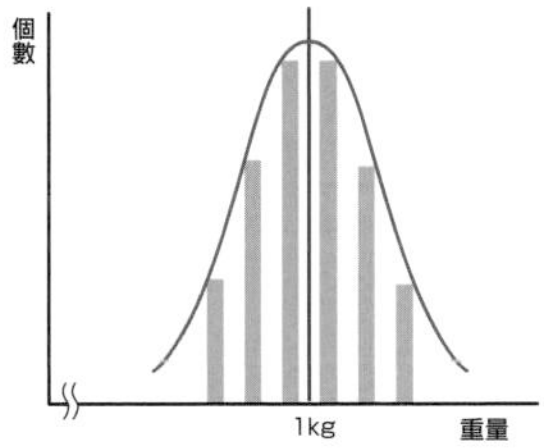

圖1
每次買麵包回家後就記錄重量，並畫成直方圖。

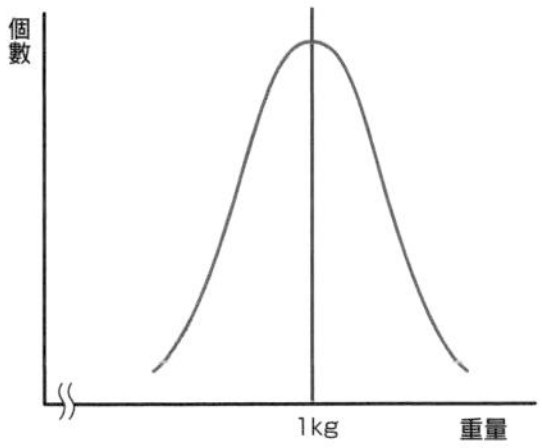

圖2
以1kg為基準烤麵包時，會形成這種頂端是1kg的山型圖。

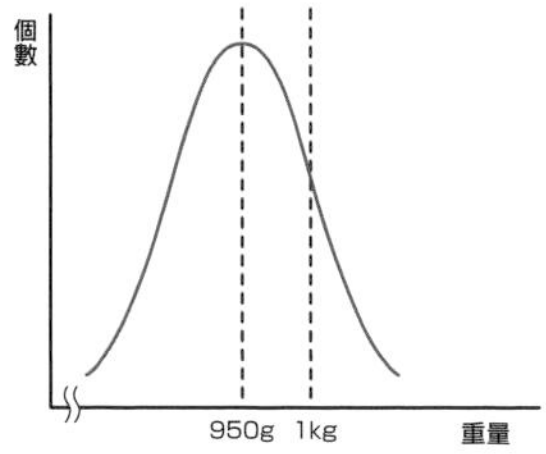

圖3
以950 g為基準烤麵包時，會形成這種頂端是950 g的山型圖。

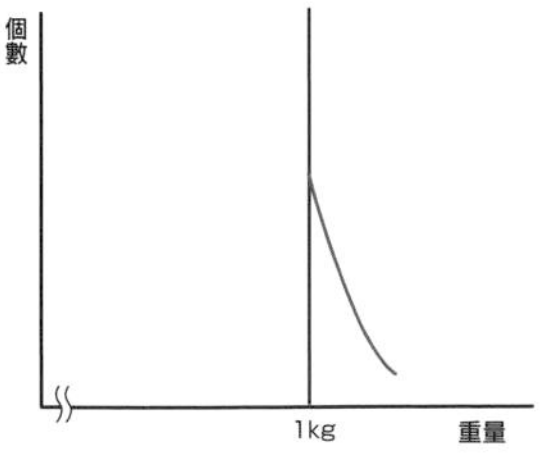

圖4
因為老闆刻意選擇1kg以上的麵包，所以山型左側的線條就不見了。

補充筆記　世界上有許多東西畫成圖表後，會變成上面這種左右對稱的山型圖。這種形狀就稱為「常態分配」。

這邊要介紹與算術有關的獨特照片。
這才知道，原來算術的世界
這麼有趣、這麼美麗。

「數學的神祕力量」

魔方陣可不是普通的拼圖

以前的歐洲人認為數字有神祕的力量，同時也相信自然界寄宿著神靈。所以能夠用算術或數學理論解釋自然界的美麗形狀，藉此理解數學的話，就能夠更接近神靈了。右圖是第322頁介紹過的版畫《憂鬱Ｉ》，下圖則是藏在其中的魔方陣。

畫中有位沉思中的天使，魔方陣就藏在他的身後。對當時的人來說，魔方陣說不定就像現代的護身符一樣呢！

照片來源／Bridgeman Images/Aflo

11月

November

賀年卡的開賣日期

11月 1日

青森縣　三戶町立三戶小學
種市芳文老師

閱讀日期　月　日｜　月　日｜　月　日

用1萬日圓購買150張？

今天是日本賀年卡開賣的日子（每年不一定相同）。

小吉同學的媽媽請他去買賀年卡，所以拿了1萬日圓給他，並且交代小吉說：「請幫我買每張52日圓的賀年卡，總共要150張。」小吉心想：「1萬日圓夠嗎？」所以他想用筆算確認一下，可是手邊沒有筆也沒有紙，所以他決定用心算來算看看。如果是你的話，會怎麼算呢？

3種心算的方法

●小吉的心算範例①

因為是52×150，所以乘數可以拆解成100與50。因此52×100＝5200，52×50的答案則是5200的一半，所以是2600。也就是說，52×150＝5200＋2600＝7800（日圓）（圖1）。

圖1

圖2

●小吉的心算範例②

因為是52×150，所以被乘數可以拆解成50與2。因此50×150就是100×150＝15000的一半，也就是7500，剩下的2×150＝300。也就是說，52×150＝7500＋300＝7800（日圓）（圖2）。

●小吉的心算範例③

因為是52×150，所以就把乘數乘以2，將被乘數除以2。52÷2＝26，150×2＝300，所以就變成26×300＝7800（日圓）（圖3）。

小吉確認1萬日圓夠用後，就放心地出門去買賀年卡了……。

圖3

補充筆記　日本還有一種附捐款的公益賀年卡，1張57日圓（2015年11月）。此外，附捐款的公益賀年郵票1張55日圓。這2種似乎都可以用心算來確認1萬日圓是否可以購買150張。

關於單位與測量

表示單位的漢字（國字）

岩手縣　久慈市教育委員會
小森　篤 老師

閱讀日期　月　日　月　日　月　日

將m與g寫成漢字（國字）？

日文裡有假名與漢字，而漢字長得與中文字很像，今天要介紹的是用來表示單位的漢字，括弧內則為中文的用法。像「m（meter）」的漢字就是「米（公尺，亦稱為米）」、「g（gram）」的漢字是「瓦（公克）」、「L（Litre）」是「立（公升）」。

那麼，「km（kilometer）」與「mg（milligram）」是否也有相應的「漢字」呢？當然有！「km」的漢字是「粁（公里，亦稱為千米）」，「mg」則是「瓱（毫克）」。

請注意漢字的結構

請仔細觀察這些漢字。「粁」是以表示m的「米」為基礎，「瓱」則是以表示g的「瓦」為基礎。從「1km＝1000m」與「1g＝1000mg」來看，就能夠理解為什麼會選用這些字了。

接下來請猜猜看，「mm」與「kg」的漢字會是什麼呢（圖1）？

有想出正確答案了嗎？原來是用「千」與「毛」來表現大小的呢！另外也猜猜看「kL」與「mL」的漢字吧（圖2）。

是不是很簡單呢？另外，「cm（centimeter）」與「dL（deciliter）」當然也有漢字，「cm」的漢字是「糎（公分，亦稱為厘米）」，「dL」則是「竕（分升）」，這邊把漢字整理成表格了，參考看看吧（圖3）。

圖1

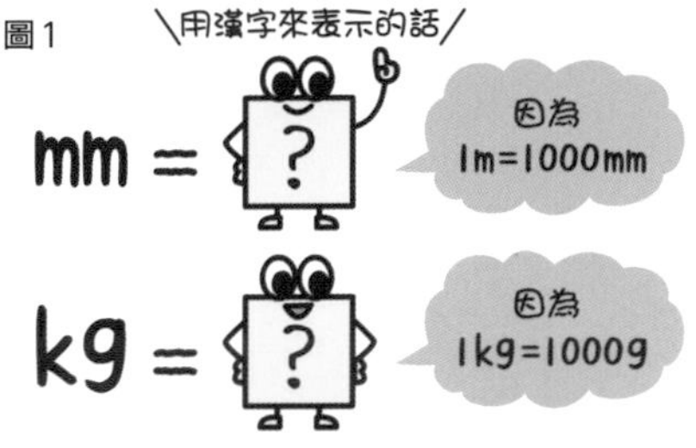

圖2

kilo (1000)		deci (1/10)	centi (1/100)	milli (1/1000)
粁 (千米)	米 (meter)		糎 (厘米)	粍 (毫米)
瓩 (千克)	瓦 (公克) (gram)			瓱 (毫克)
竏 (千升)	立 (公升) (Litre)	竕 (分升)		竓 (毫升)

圖3

試著記起來

聽過「和製漢字」嗎？

「m、g、L」是距今約120年前，從其他國家引進日本的單位，當時日本就決定用「米、瓦、立」這些原本在用的漢字去表示這些單位。但是，後來又增加了「km、cm、mm」，日本人從原本在用的漢字中找不到適合的，所以就按照單位之間的關係，創造出「粁、糎、竕」這些字。這種由日本特別創造出來的漢字，就稱為「和製漢字」。

補充筆記　「圖3」的空格部分也有相對應的單位名稱。比方說，「centiliter」這個單位名稱在日本很少用到，但在外國卻很常使用。請試著觀察看看外國的飲料和果醬的包裝標示吧。

知道後就會很有趣！相加後會變成1的分數計算

11月 3日

青森縣　三戶町立三戶小學
種市芳文老師

閱讀日期　月　日　月　日　月　日

你會分數的計算嗎？

請思考一下，圖1的□要放入什麼數字。

圖1

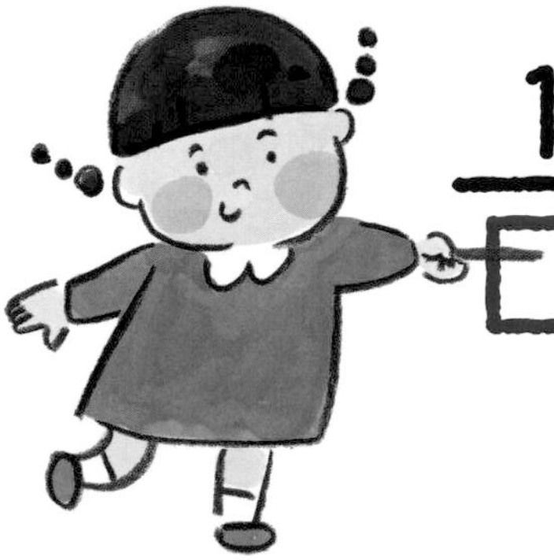

$$\frac{1}{\square}+\frac{1}{\square}+\frac{1}{\square}=1$$

「簡單！□要填入3！」有想到答案的人就算及格了。但是，這個問題其實還有2個答案，你知道是多少嗎？

這邊給個提示。請看一下指針式時鐘，思考這些分子是1的分數。$\frac{1}{2}$等於時鐘上12到6、$\frac{1}{3}$等於12到4、$\frac{1}{4}$等於12到3、$\frac{1}{6}$等於12到2、$\frac{1}{12}$等於12到1的大小（圖2）。

將時鐘當成提示

將分數轉換成時鐘的鐘面時，就能夠找出□的答案了。舉例來說，如果左邊的□填入2，正中央的□填入4的話，右側的□就一定是4。此外，在左側的□填入2，並在正中央填入3的話，最右邊一定就會是6（圖3）。

像這樣只有算式而不知道答案的時候，只要搭配圖案思考，就能夠輕易解出答案了。如果覺得題目很困難時，就試試看這個方法吧。

圖3

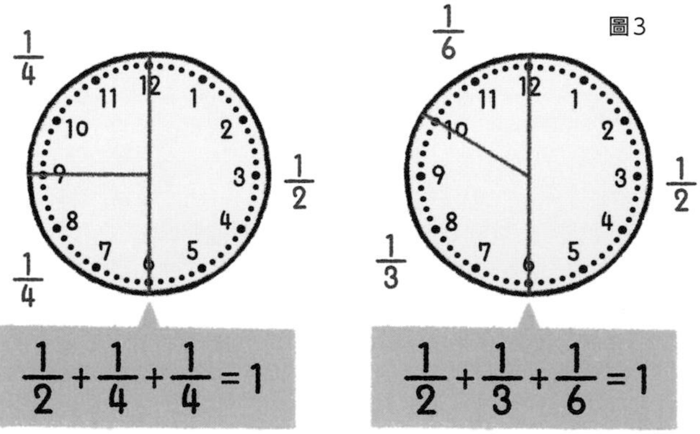

$$\frac{1}{2}+\frac{1}{4}+\frac{1}{4}=1$$

$$\frac{1}{2}+\frac{1}{3}+\frac{1}{6}=1$$

圖2

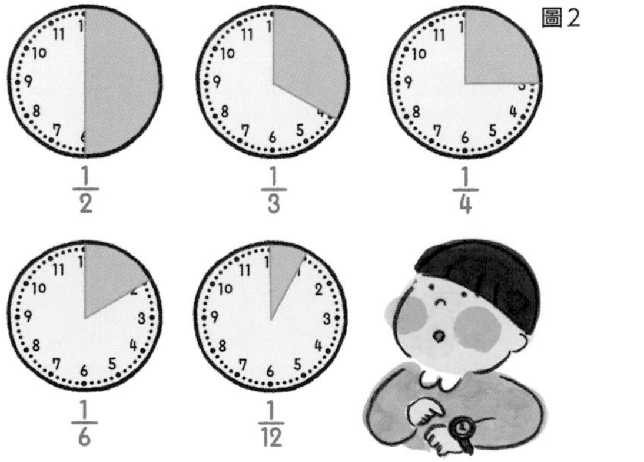

補充筆記　古埃及在使用分數的時候，分子都固定為1。例如，5/6對他們來說，就是「1/2＋1/3」。

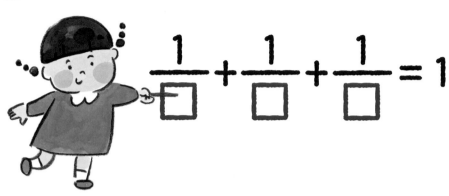

有幾條折痕呢？

岩手縣　久慈市教育委員會
小森　篤老師

閱讀日期　月　日　月　日　月　日

把紙折起來的話……

將1張紙像圖1一樣不斷往同個方向對折。

折1次時會出現1條折痕，折2次時會出現3條，折3次的話就會出現7條。那麼，折5次會出現幾條呢？

當然可以實際拿紙出來折折看，但是1張影印紙的厚度是0.1mm，折5次的話就會變成3.2mm，所以多折幾次就不太好折了。因此，請試著找出數字增加的規律。

圖1

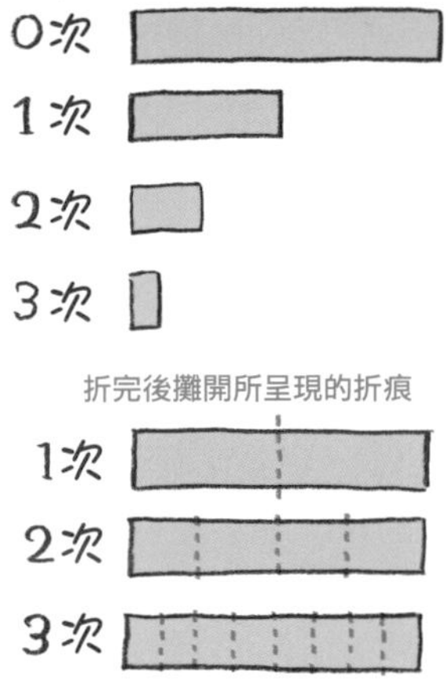

請找出增加的規律

仔細觀察圖1的話，會發現折1次的時候，紙張以折痕為界線分成2區。折2次的時候分成4區，折3次的時候則會分成8區。也就是說，每多折1次，區塊數量就會增加成2倍。

由於區塊的數量比折痕數多1，所以只要算出折5次後會有幾個區塊，就能夠算出折痕數了（表1）。從前面的推算方式，可以得知折5次時，總共會分成32個區塊，因此折痕的數量就是32－1＝31，所以答案就是「31」。

對折的次數	1	2	3	4	5
折痕的數量	1	3	7	?	?
區塊的數量	2	4	8	16	32

(−1)　×2　×2　×2　×2

表1

折痕數量的增加方式，同樣有個規律。看一下表2就可以發現，每次折痕增加的數量都是前一次增加數量的2倍。由於折5次時折痕增加的數量為16，所以折6次時會增加16×2＝32，而31＋32＝63，所以折6次時會有63條折痕。

對折的次數	1	2	3	4	5
折痕的數量	1	3	7	15	31

+2　+4　+8　+16

表2

這個結果就跟折6次時會出現64個區塊，將64減1後所得到的答案是一樣的！

補充筆記：每折1次，區塊增加的數量就會是前一次數量的2倍，而折痕的數量則會比區塊增加數量還要少1。因此可以把求出折痕的公式，寫成「（2×2×……折幾次就乘幾個2）－1」。

2 與生活有關的算術

誕生在印度的方便計算方法「三數法」

11月 5日

大分縣　大分市立大在西小學
二宮孝明老師

閱讀日期　月　日　月　日　月　日

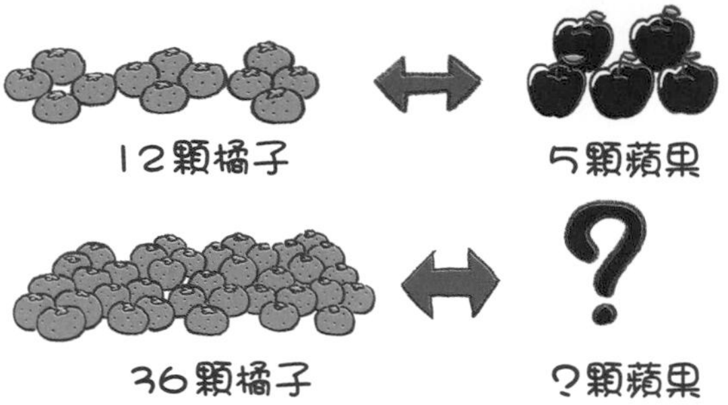

$$36 \times 5 \div 12 = 15$$

使用「12、5、36」這3個數字做計算，藉此求出答案。

誕生於印度的三數法

今天要介紹的是一種方便的計算方法，那就是印度人想出來的「三數法」。

這是藉由已知的3個數字，求出答案的方法，這邊以下面的問題為例：

「12顆橘子可以換到5顆蘋果。拿出36顆橘子的話，能夠得到幾顆蘋果呢？」從這個題目中，我們可以看到「12、5、36」這3個數字。

使用三數法的話，就要「將不同種類的數字相乘，然後除以同種類的數量」。我們現在想知道的是36顆橘子可以換幾顆蘋果，所以就先用橘子的36乘以蘋果的5，接著再用這個答案除以橘子的12。寫成算式的話，就是36×5÷12＝15，也就是說，36顆橘子可以換到15顆蘋果。

被稱為「黃金定律」

三數法主要用在哪種情況呢？這就必須回溯到16世紀左右，當時歐洲為了獲取印度的珍寶，就派船隻到達印度。但是歐洲的金錢在印度不能使用，所以就必須用以物易物的方式，這時他們就想出了三數法。

後來，三數法還傳到了日本與歐洲等國，並且因為很方便的關係，就被稱為「黃金定律」。

試著做做看

用「三數法」算得出來嗎？

試著用三數法解開下列問題吧。「8顆糖果240元，那麼14顆糖果多少錢呢？」→用數量14乘以價格240，再除以數量的8，就可以求出14顆糖果420元的答案。

補充筆記　印度從很久很久以前開始，數學研究的風氣就很盛行，「發現0」與「進位制」（參照第281頁）等都是非常有名的發現。有興趣的人不妨調查一下印度數學，肯定會覺得很有趣喔！

關於單位與測量

洞裡的水量？

11月 6日

神奈川縣　川崎市立土橋小學
山本　直 老師

閱讀日期　　月　　日　　月　　日　　月　　日

從以前流傳下來的腦筋急轉彎

有許多腦筋急轉彎從古流傳至今，其中有個問題如下：

「長1m、寬1m、深1m的洞穴裡，含有多少的土壤呢？」

答案是「0」。因為這是洞穴，所以裡面空空如也。畢竟，要是裡面填滿了土壤，就稱不上是洞穴了呢！

當人們聽到問題中詢問「有多少」的時候，會直覺地按照洞穴的尺寸思考土壤的量，而腦筋急轉彎就是抓準了這種直覺反應，刻意讓大家上當的呢！

如果倒進滿滿的水

那麼，如果往洞穴裡倒很多水，直到填滿洞穴的話，需要多少的水量呢？正確答案是1000L。以1L包裝的牛奶來看的話，就是得倒入1000瓶才行。

如果要用長、寬、高各1㎝的骰子，填滿這個洞穴的話，要放入幾顆才行呢？

因為洞穴的長度是1m，所以這個方向要放100顆骰子。寬同樣1m，所以也要放100顆才行，因此可先計算出100×100是10000顆，此外，高度也是1m，所以必須疊上100層的骰子。所以，總共需要1000000（100萬）顆骰子。這個洞穴還真大呢！

試著記起來

表示容積大小的單位

淨水廠、自來水廠與泳池等場所，在表示水量時，都是以1　（立方公尺）為1個基本單位，這也是「長、寬、高都是1m」的物體體積。這些場所在思考長度時，都是以「1m的幾倍」來思考。順道一提，長25m、寬15m、深1m的游泳池，就等於375個基本單位。1個基本單位等於1000瓶1L裝的牛奶，所以想要裝滿這個游泳池的話，就需要37萬5千瓶牛奶。

補充筆記　長、寬與容積都有各自做為基準的基本單位，在思考尺寸的時候，都會以「幾個基本單位」來表示。

2 與生活有關的算術

「多出來的部分」是關鍵！～挑戰藥師算～

11月 7日

熊本縣　熊本市立池上小學
藤本邦昭老師

閱讀日期　月　日　月　日　月　日

猜猜棋子的總數

請先準備許多扁彈珠或是棋子，並邀請朋友一起玩。

開始的時候，請先背對棋子，然後請朋友取12顆以上的棋子，隨意排成正方形（圖1）。

圖1

接著請對方只保留1邊的棋子，再撤除其他的棋子（圖2），然後按照圖3的方式，將剩下的棋子排在被保留這1邊的棋子旁。

圖2

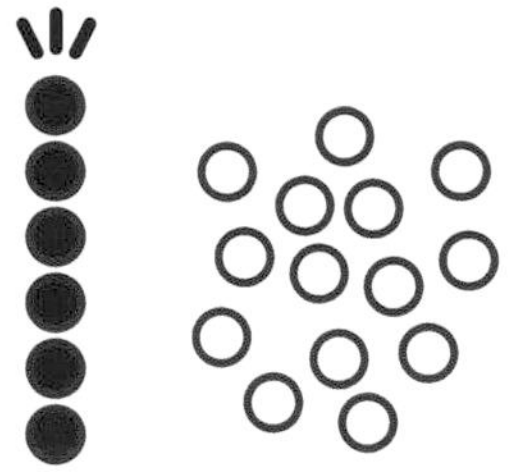

只留下左邊

圖3

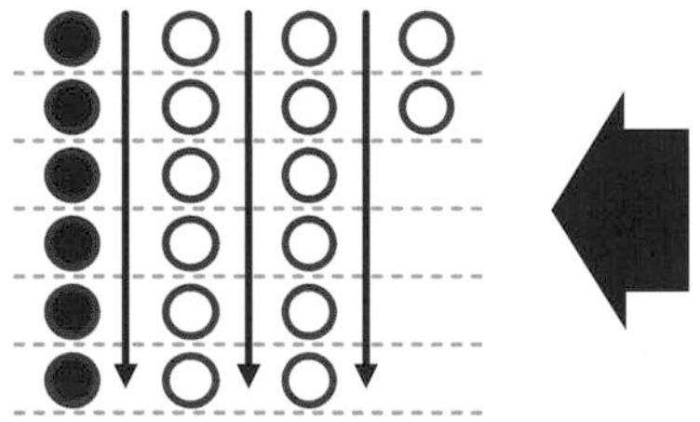

將其他棋子依序排列

接著請對方告訴你，最右邊（第4列）棋子的數量。以這個例子來說，就是「2顆」（圖4）。

只要知道多出來的棋子數量，就能夠猜到排出正方形的棋子總數囉。

猜總數的方法

聽到數量之後，使用下列算式，就能夠猜出棋子總數了。

（多出的數量）×4＋12

因為多出的數量是2顆，所以……

2×4＋12＝20

也就是說，對方排列正方形時，總共使用了20顆棋子。

圖4

補充筆記　藥師如來是立下「12」大願後成佛的，祂會派「12」位武神守護信徒，可以說是與12具有深刻緣分的佛。而今天介紹的遊戲裡的常數是「12」，所以又稱為「藥師算」。

條碼的祕密

11月 8日

東京學藝大學附屬小金井小學
高橋丈夫老師

閱讀日期 月 日 月 日 月 日

購物時常見的條紋

大家知道什麼是條碼嗎？條碼是用黑色及白色條紋的數量與所在位置來表現出數字，這些數字就能代表各種事項。

舉例來說，像圖1這10個格子，就可以透過塗滿不同格子的方式，表現出1023個數字。而這些數字都具有意義，能夠代表商品名稱、價格、製造地名稱，結帳時只要掃描條碼，這些資訊就會隨著「嗶」的一聲顯示出來。

圖1

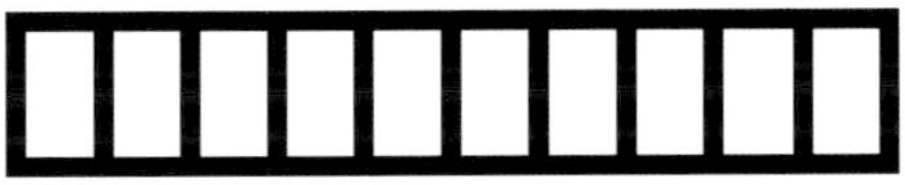

圖2

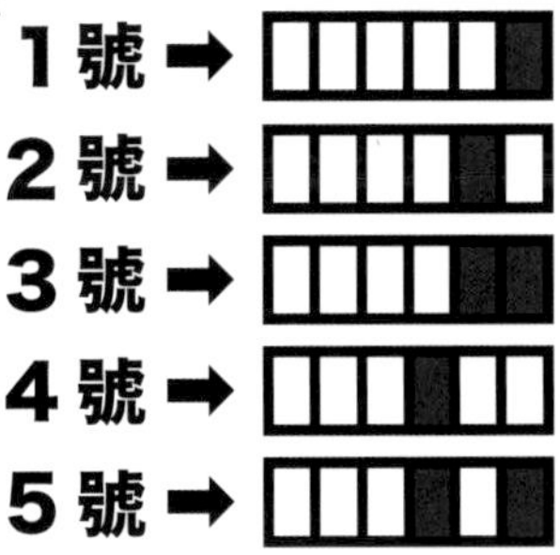

圖3

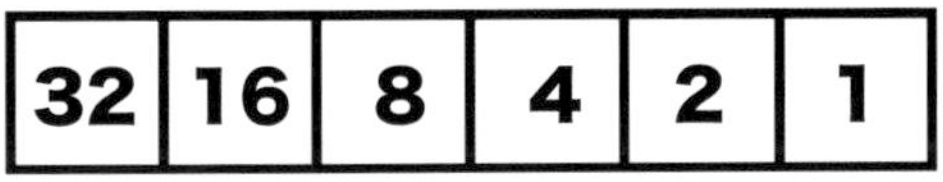

以大家上學用的座號為例，如果全班有40個人的話，只要使用6格就可以囉。這時，1～5各數字的表現方式就如圖2一樣。

事實上，這些格子都像圖3一樣代表著數字，會搭配加法表示相關資訊。

內含各式各樣的資訊喲

這些標示在商品上的條碼，下方都會排著相應的數字，而這些數字都代表著已經註冊的公司名稱與商品名稱等。日本最常見的條碼數字，則是13碼或8碼。

此外，條碼最前面的2個數字代表的是國家，是世界通用的號碼，其中，日本註冊的就是45與49。由此可知，只要條碼前2個數字是45或49，就可以看出是日本製造的商品了。

補充筆記 現在常用的QR Code，能夠在比較少的空間裡，放入更大量的資訊。QR Code則是將條碼組合起來，從直向及橫向輸入資訊。

●A碎片

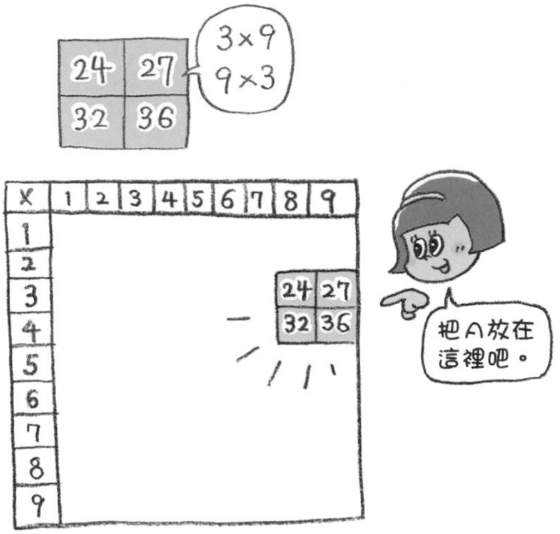

請注意27。27在九九乘法表中，可以透過3 × 9與9 × 3求出。因此，27不是3的乘法就是9的乘法。

接著再看上面2個數字，24到27之間增加了3，因此應該是3的乘法。由此可知，A碎片應該要拼在右圖這個位置。

●B碎片

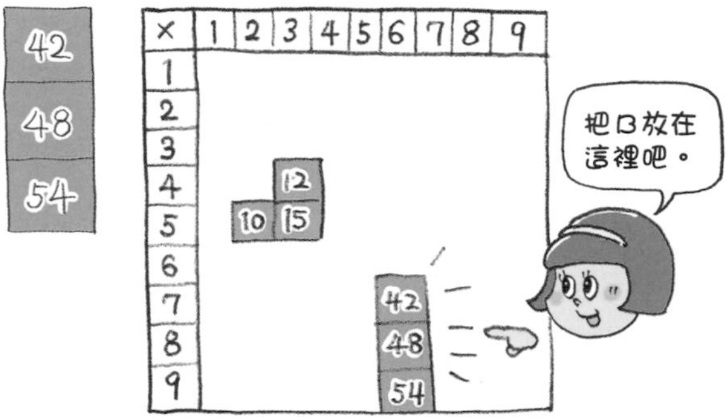

接著請注意42。42在九九乘法表中，可以透過6 × 7與7 × 6求出。因此，42不是6的乘法就是7的乘法。

42的下方是48，兩者之間增加了6，因為乘法中就算乘數與被乘數對調，也不會影響算出來的答案，所以可以看出直向是6的乘法。因此就可以把B碎片，放在右圖這個位置。

●C碎片

接著請注意12。12在九九乘法表中，可以透過3 × 4、4 × 3、2 × 6與6 × 2求出。因此，12可能是3的乘法、4的乘法、2的乘法或6的乘法。

接著再看向10與15，因為10接著就是15，所以兩者之間增加了5，由此可知是5的乘法。而12位在5的乘法上面，所以就是4的乘法。

補充筆記　25、36、49等都是只在九九乘法表中出現1次的數字，所以是非常棒的提示。請找出含有這些數字的碎片，想想看該擺在什麼地方吧！

數字與圖形小遊戲

用九九乘法表做成拼圖

11月 **9**日

神奈川縣　川崎市立土橋小學
山本　直老師

閱讀日期　月　日　月　日　月　日

九九乘法表是用九九乘法所製成的表格。請把九九乘法表做成拼圖後，跟朋友一起玩吧。

要準備的東西

▶九九乘法表　▶剪刀

●將九九乘法表製成拼圖

首先要製作拼圖，請將右邊的九九乘法表放大影印，然後沿著粗線剪下來。

乘數

被乘數

×	1	2	3	4	5	6	7	8	9
1	1	2	3	4	5	6	7	8	9
2	2	4	6	8	10	12	14	16	18
3	3	6	9	12	15	18	21	24	27
4	4	8	12	16	20	24	28	32	36
5	5	10	15	20	25	30	35	40	45
6	6	12	18	24	30	36	42	48	54
7	7	14	21	28	35	42	49	56	63
8	8	16	24	32	40	48	56	64	72
9	9	18	27	36	45	54	63	72	81

這個部分是外框

●將剪下來的碎片拼成九九乘法表

接著來介紹玩法。首先，將剪下來的碎片都混在一起，再試著拼回原本的九九乘法表，只要拼出原來的表格，遊戲就結束囉。

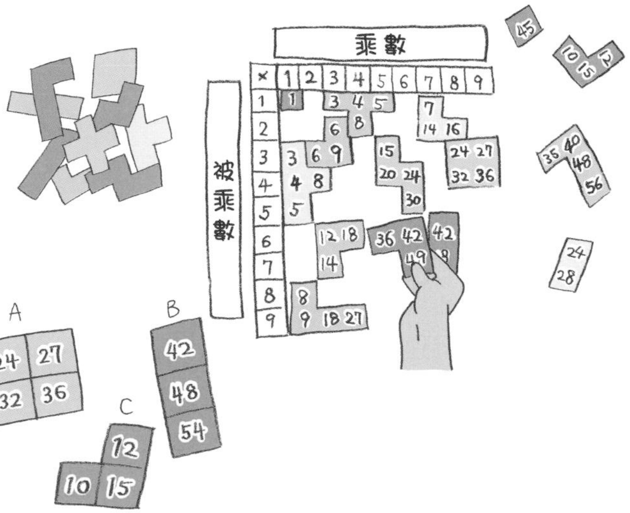

●把碎片組合在一起

接下來要使用A～C這3塊碎片，示範一下要怎麼拼才好。

永遠持續下去的形狀

～讓分母加倍的話～

11月10日

學習院初等科
大澤隆之老師

閱讀日期　月　日　月　日　月　日

用圖形思考計算

$\frac{1}{2}+\frac{1}{4}+\frac{1}{8}+\frac{1}{16}+$……的答案是多少呢？這是個困難且沒有盡頭的算式，所以根本看不出來。

但是畫成圖形來思考的話，說不定就可以找到解答了。

首先將最初的形狀當成1，接著把$\frac{1}{2}$的部分塗上顏色，接著把$\frac{1}{4}$的部分塗上顏色，接著再塗$\frac{1}{8}$的部分。

現在有塗色的地方，就是$\frac{1}{2}+\frac{1}{4}+\frac{1}{8}$了。

接著繼續把$\frac{1}{16}$的部分塗上顏色，這時可以發現，幾乎整個圖形都要塗滿了。最後會超出1嗎？

這下應該明白了吧？

照這個情況持續下去的話，會接近什麼數字呢？就算這個算式不斷延伸下去，也只是愈來愈接近1而已。

直角三角形也能夠使用相同的思維，所以試著做做看吧。

圖1

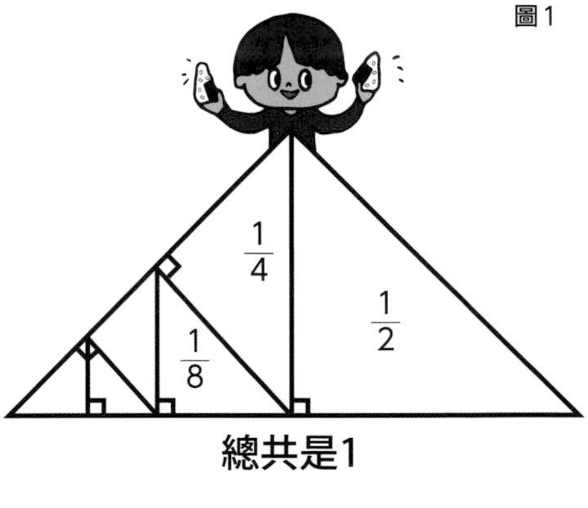

果然，不斷地將剩下的部分切半的話，就會愈來愈接近1呢！

補充筆記　上述的作法在其他三角形上也能夠成立嗎？從圖1來看，似乎沒問題呢！請一定要挑戰看看喔！如果能夠找家人或朋友一起玩的話，就會更加有趣。

關於數字與計算

製作出數字金字塔吧

11月 11日

島根縣　飯南町立志志小學
村上幸人老師

閱讀日期　月　日｜月　日｜月　日

1	x	1	=	1
11	x	11	=	121
111	x	111	=	12321
1111	x	1111	=	1234321
11111	x	11111	=	123454321
111111	x	111111	=	12345654321
1111111	x	1111111	=	1234567654321
11111111	x	11111111	=	123456787654321
111111111	x	111111111	=	12345678987654321

讓由1組成的數字相乘

今天是11月11日，有4個1整齊地排在一起呢！計算看看11×11，結果會變成多少呢？沒錯，就是121。

接下來算算看111×111，結果得到12321的答案。接著再繼續算1111×1111……？

其實不用計算，只要像上圖一樣排出這些算式，就會看出其中的奧妙了吧？「什麼嘛，原來不用實際計算，也能夠知道答案啊！」對於這麼想的人真是抱歉，在這種情況下還要求你們計算如此麻煩的算式。透過這張圖就可以看出，數字排列得相當整齊呢！

算出充滿1的答案

接下來就要逆向思考，改算出充滿1的答案。你是否對於「能不能算出這種答案」感到懷疑呢？首先示範幾個算式吧，你算得出答案嗎？

1×9＋2＝11

如何呢？出現了2個1對吧！

接下來是這個算式……。

12×9＋3＝111

需要用筆算，才算得出答案嗎？答案是3個1呢！看到這2個算式後，就能夠想出下一個算式，計算出4個或5個1、列出9個或10個算式時，就代表你有很優秀的推理能力呢！請一起仔細觀察這些算式的變化吧。

123×9＋4＝1111

1234×9＋5＝11111

12345×9＋6＝111111

成功算出了全部都是1的答案，還按照了一定的規律排列，簡直就像變魔術一樣。但是，這裡可沒有要什麼小聰明或造假喔！

試著算算看

用計算機算算看吧

A　12345679　×　3　×　9　＝

B　12345679　×　2　×　9　＝

C　12345679　×　1　×　9　＝

接下來再提供幾個不同的算式。首先請用計算機算出A，完成後再算算看B與C，結果肯定會令你感到驚訝喔！請想想看後續的算式吧。

補充筆記　努力找找看的話，說不定還能夠找到其他排列整齊的數字喔！拿出計算機嘗試各種計算，說不定會有大發現喔！！有興趣的人，不妨親自挑戰看看。

11月12日

挑戰河內塔遊戲！

數字與圖形小遊戲

御茶水女子大學附屬小學
久下谷 明老師

閱讀日期　月　日　月　日　月　日

如果有3個圓盤

你有聽過河內塔遊戲嗎？「河內塔」，指的是遵循下列規則的益智遊戲（圖1）。

舉例來說，有2個圓盤時，想要像圖2一樣移動的話，總共必須挪動圓盤3次。

那麼，有3個圓盤的時候，要挪動幾次才能全部移到其他柱子呢？

請挑戰看看最少的移動次數吧。

如何呢？有3個圓盤的時候該挪動幾次呢？（答案在補充筆記）

完成3個圓盤的問題時，就繼續挑戰下去吧。

沒錯，完成3個圓盤的問題時，就接著挑戰4個圓盤的問題吧！有4個圓盤時，該移動幾次才好呢？

河內塔問題　圖1

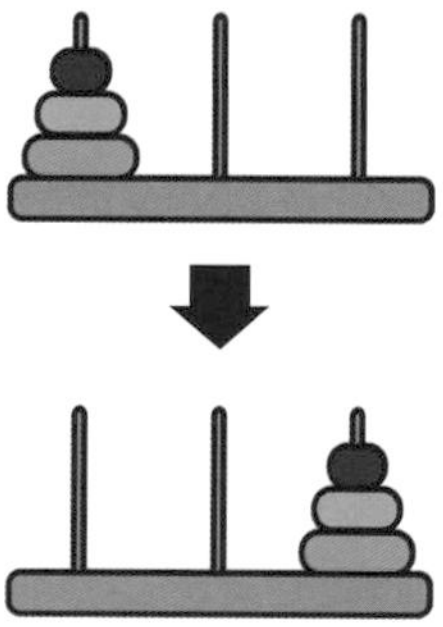

板子上豎立著3根柱子，將幾個圓盤插進其中1根柱子上。接著就要挑戰以最少的次數，把圓盤移到其他柱子上。但是移動的時候必須遵守下列2項規則：

① 1次只能移動1個圓盤

② 小圓盤不能夠放在大圓盤下面

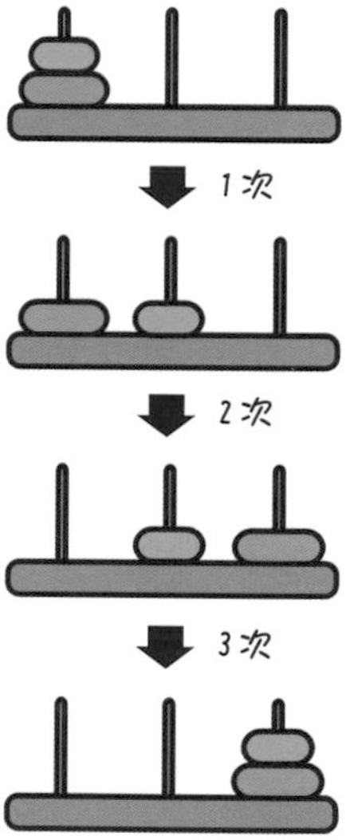

圖2

試著做做看

自己就能夠DIY

雖然市面上有販售河內塔，不過只要善用身旁的物品，不必購買也可以輕易製作出來喔。像照片一樣選擇尺寸與顏色都不同的紙，就能夠當成圓盤使用。當然也可以用不同大小的橡皮擦等，代替河內塔的圓盤。柱子也一樣，不用豎立棒子，只要做記號讓玩的人知道「這裡是柱子」就夠了。請一定要在家裡試著做做看喔！

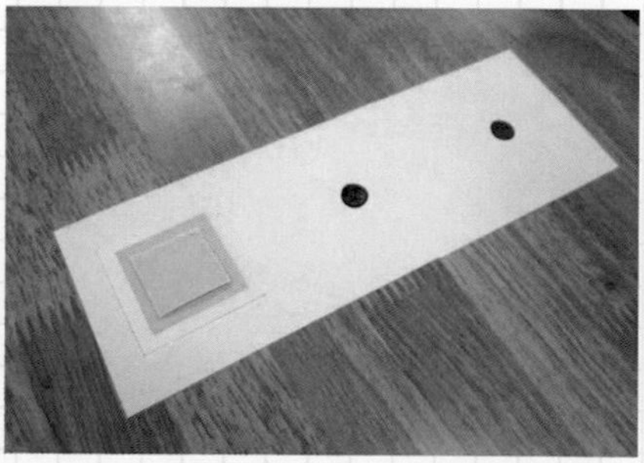

照片提供／久下谷 明

補充筆記　〈內文的答案〉3個圓盤的時候，要挪動幾次才能順利完成呢？答案是最少需要挪動7次呢！

這是 $\frac{1}{4}$ ？

11月13日

學習院初等科
大澤隆之老師

閱讀日期　月　日　月　日　月　日

用色紙做做看吧

請拿出色紙，像圖1一樣折成4等分吧。將1個東西分成4個相同的尺寸時，每個部分就稱為原本的1/4。

圖2上色的地方，是否稱得上是1/4呢？

A同學說：「上色部分的形狀與其他部分不一樣，所以不能稱為1/4。」

B同學說：「這部分是一半的一半，所以當然是1/4。」

你贊成哪一種說法呢？是不是很難抉擇呢？

圖1

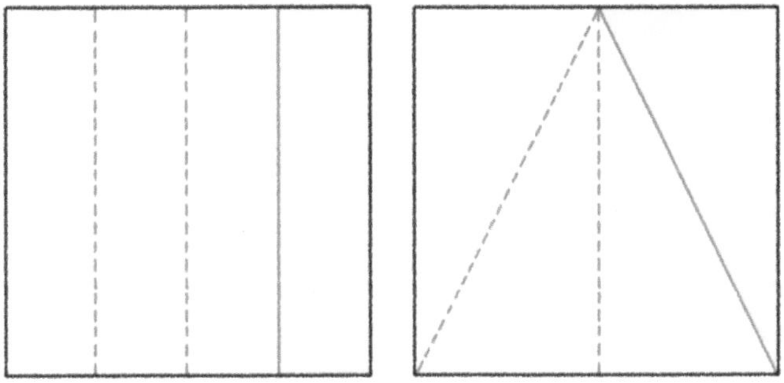

圖2

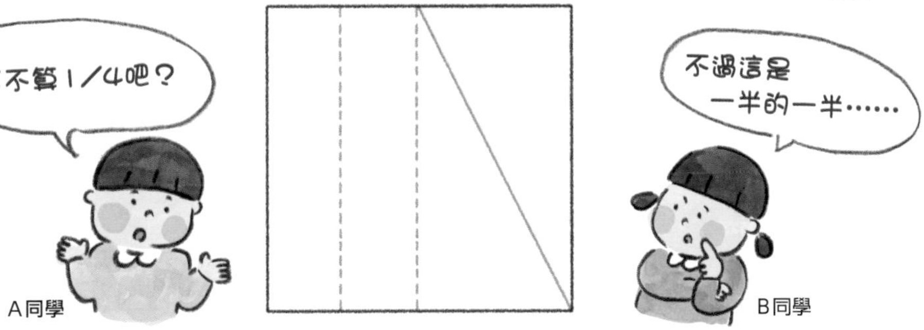

迷惘的話就回歸基本

那麼，圖3上色的部分，稱得上是1/4嗎？

這次又更困難了呢。一起回歸基本思考看看吧。剛才有說過：「將1個東西分成4個相同的尺寸時，每個部分就被稱為是原本的1/4。」所以就算形狀不同，只要大小均等的話就可以了。

只要像圖4這麼做，就能夠確定大小均等了。

圖3

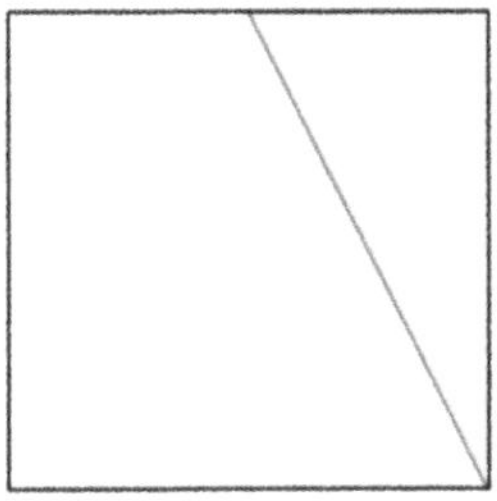

圖4

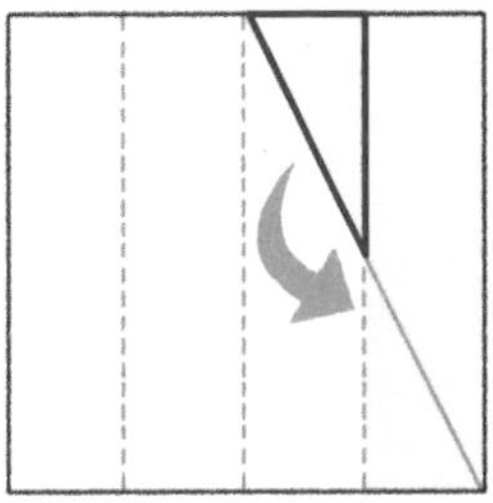

補充筆記　迷惘的話，就確認「各區塊的大小是否相同」吧。

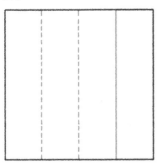

關於圖形

打開骰子的話？

11月 14日

北海道教育大學附屬札幌小學
瀧平悠史老師

閱讀日期 月 日 月 日 月 日

試著打開骰子吧

這裡有像圖1一樣的骰子形狀盒子，擁有6個正方形的面、8個頂點、12條邊。這個箱子的面與面都是用膠帶連接的，而且膠帶都是沿著邊貼起。如果想要展開這個盒子的話，該拆掉幾條膠帶呢？

圖1

首先，要將A面像蓋子一樣掀起，所以會像圖2一樣，必須拆掉3條膠帶。

圖2

接著，打開兩側的B面與C面，由於各有2條膠帶要拆，所以總共拆開了4條膠帶（圖3）。

圖3

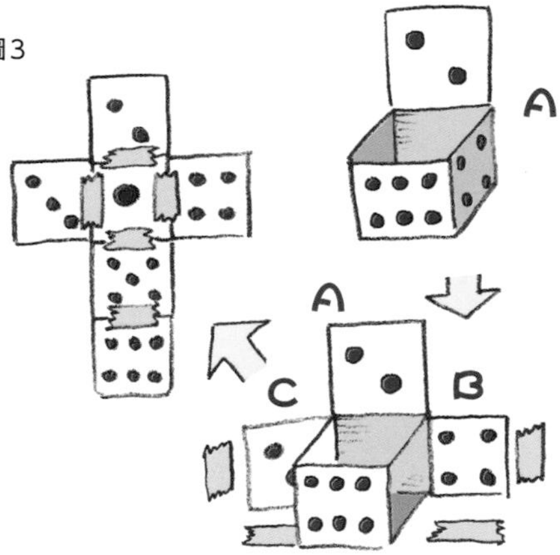

如此一來，就可以展開整個盒子了。結果拆掉的膠帶數量，就是最初的3條加上後面的4條，3＋4＝7，總共拆掉了7條膠帶。

從展開的形狀思考

接下來從展開的形狀來思考吧。剛才已經知道這種骰子形狀的盒子有12個邊，那麼拆開之後還剩下幾條膠帶呢？總共有5個地方對吧。

也就是說，12個邊當中還剩下5邊黏有膠帶，所以從展開的形狀來確認拆掉膠帶的數量時，就是12－5＝7。從展開的形狀來思考，所得到的答案還是7條膠帶。

試著做做看

找出其他方法吧

其他還有很多打開骰子形狀盒子的方法。請親自製作出盒子，然後挑戰其他的打開方式。此外也算算看，使用其他方式時，總共需要拆掉幾條膠帶呢？

補充筆記 受到正方形圍繞的骰子形狀盒子，稱為「立方體」。而打開這種箱子的方法有11種。請一定要挑戰看看，找出所有的方法吧。

真的？假的？

～矛盾的奇妙之處～

福岡縣　田川郡川崎町立川崎小學
高瀨大輔老師

閱讀日期　月　日　月　日　月　日

蘇格拉底與柏拉圖

希臘文「paradox」的意思是矛盾與悖論。

今天要介紹相關的故事，內容相當不可思議，聽起來似是而非，很難理出一個頭緒。

很久很久以前的古希臘有2名哲學家，分別是蘇格拉底與柏拉圖，他們曾有一段知名的軼事。

蘇格拉底：「柏拉圖說的是謊話。」

柏拉圖：「蘇格拉底說的是實話。」

你相信哪一位呢？

如果蘇格拉底說的是真的，那麼柏拉圖就是在說謊，但是這麼一來，柏拉圖說的話就不太對了。

相反的，如果蘇格拉底是說謊的話，就代表柏拉圖說的是真話，但是這麼一來，2個人的話還是互相矛盾。

其他還有類似的故事存在。

理髮師的矛盾故事

某座村莊只有一位男性理髮師，他總是這麼說：「我會幫所有不會自己刮鬍子的人刮鬍子，但是會自己刮鬍子的人，我就不幫他刮鬍子了。」

那麼這位理髮師的鬍子，又是誰刮的呢？

如果理髮師自己刮自己的鬍子，那麼他就幫了「會自己刮鬍子的人」刮鬍子了，這樣好奇怪。

相反的，如果理髮師不刮自己的鬍子時，他就沒有「幫所有不會自己刮鬍子的人刮鬍子」了，這段話真的非常矛盾呢！

真的很不可思議呢！

補充筆記　柏拉圖是蘇格拉底的弟子，同時也是知名哲學家亞里斯多德的老師。

關於數字與計算

不可思議的格狀計算

～使用幽浮想想看～

11月 16日

熊本縣　熊本市立池上小學
藤本邦昭老師

閱讀日期　月　日　月　日　月　日

圖1

+	8	7	6
4			
5			
9			

圖2

+	8	7	6
4	12	11	10 (4+6)
5	13	12	11
9	17	16	15

圖3

+	8	7	6
4	12	11	10
5	①	12	11
9	17	16	15

圖4

+	8	7	6
4		11	10
5	①		
9		16	15

圖5

+	8	7	6
4			10
5	①		
9		②	

圖6

+	8	7	6
4			③
5	①		
9		②	

① ② ③ 合計
13 ＋ 16 ＋ 10 ＝ 39

試著格狀計算吧

請畫出像圖1的表格後，在直向與橫向的地方，各填入3個數字吧。

範例中是在直向填寫4、5、9，在橫向填寫8、7、6。

接著，在交叉的格子上，填寫縱橫2個數字相加的答案（和）。這時，就會有9個數字填滿這個表格了（圖2）。

如此一來，事前準備就大功告成。

用幽浮擋住數字……

這時，幽浮①像圖3一樣降落在「13」的上面，然後往上下左右射出雷射光波，被光波射到的數字都消失了（圖4）。

接著幽浮②降落在「16」的上面，然後往上下左右射出雷射光波，被光波射到的數字都消失了（圖5）。最後，幽浮③降落在「10」的上面（圖6）。

請把3台幽浮降落處的數字加起來吧。13＋16＋10＝39。

接著再隨興地讓3台幽浮降落在各處，做出相同的計算吧。結果如何呢？不管幽浮降落在哪裡，算出的答案都是39！

真不可思議呢！

補充筆記　不管幽浮降落在哪一格，3個格子加總的答案，都會等於外圍6個數字的合計。所以不妨改變一下外圍數字或位置，算出自己喜歡的數字吧！

雲霄飛車其實不快？

東京都　豐島區立高松小學
細萓裕子老師

閱讀日期　月　日　月　日　月　日

與田徑世界紀錄相比

能夠享受刺激與速度的雲霄飛車，是遊樂園中很受歡迎的遊樂設施。

但是，雲霄飛車的速度到底有多快呢？

雲霄飛車的速度可以用「軌道的總長÷花費的時間」算出。

雖然世界上有各式各樣的雲霄飛車，不過其實時速大約20～30km而已。

最常見的雲霄飛車時速是10km左右，雖然也有超過30km的，不過並不多。這速度與騎自行車差不多呢！

順道一提，尤塞恩．波特創下的100m世界紀錄是9秒58，大約等於時速38km。

平均速度與瞬間速度

奇怪？雲霄飛車的速度比尤塞恩．波特跑100m還要慢？原來雲霄飛車沒有我們以為的那麼快嗎？

不，其實不是這樣的。剛才求的速度是平均速度，但是雲霄飛車並非從頭到尾保持相同的速度。當雲霄飛車往上攀爬的時候，還有接近終點的時候，速度都會放很慢。而剛才計算的時速，就包含了這些慢慢行駛時的速度。

相較於這些緩慢的速度，雲霄飛車瞬間衝刺的速度大約是80～100km，最快的甚至還高達170km。我們就是受到這段距離的影響，才會覺得雲霄飛車衝得很快。

試著做做看

看得出跑步的風格!?

測量短跑速度的時候，會以10m為單位進行測量，看看每段距離的跑步速度。如此一來就能夠看出跑步的風格，例如：「從開跑就盡全力的風格」、「後半段急起直追的風格」等。

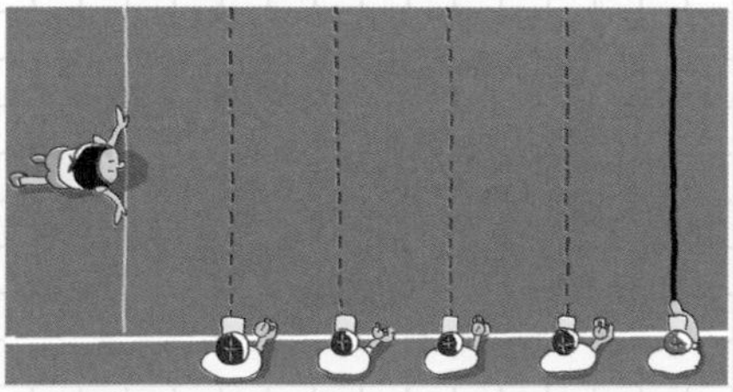

補充筆記　日本的7月9日是「雲霄飛車日」。因為1955年7月9日「後樂園遊樂園（現在的東京巨蛋城樂園）」開幕，設置了全日本第1座正統的雲霄飛車。

關於圖形

奇妙的拼圖，正方形竟然會自己增加

11月18日

大分縣　大分市立大在西小學
二宮孝明老師

閱讀日期　月　日　月　日　月　日

試著創作出拼圖吧

眼前有64個格子，但是不知不覺間，卻多出了1個格子，變成了65個。

這麼不可思議的事情，會在算術時發生呢！百聞不如一見，就讓我們實際製作出這種拼圖，親眼確認看看吧！

首先請準備好8格×8格的正方形方眼紙，並畫上像圖1一樣的線條。

由於是8×8的方眼紙，所以總共會有64個格子。

接下來沿著剛才畫的線割開，排成像圖2一樣的長方形。這時算算看，總共有幾個格子呢？5格×13格＝65格。奇怪？格子真的增加1個了呢！是從哪裡跑出來的呢？

其實不是增加了……

謎題的關鍵，就在於長方形的對角線上。

仔細觀察會發現，對角線其實是折線而非直線，中間會有些許的縫隙。這個縫隙的寬度，正好與1個格子的大小相同，也就是說，其實格子沒有增加。為了更好理解，這邊用圖3把對角線的縫隙畫得誇張一點。

此外，邊長的5格、8格與13格是相當不可思議的數列，稱為「費伯納西數列」（費伯納西數列會在第397頁進一步介紹）。

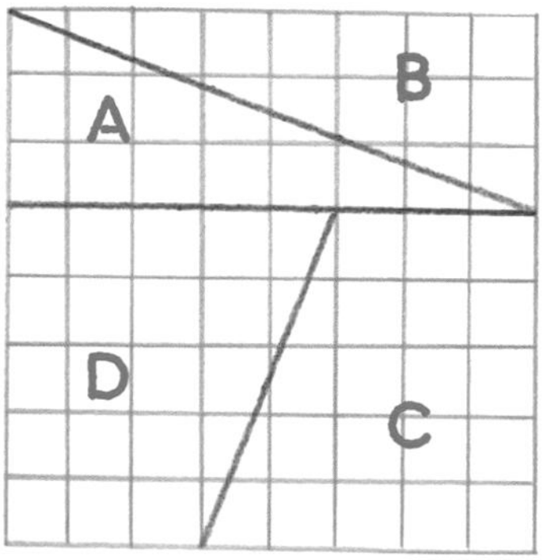

圖1
在8格×8格的方眼紙上畫線，並且沿著線剪開。

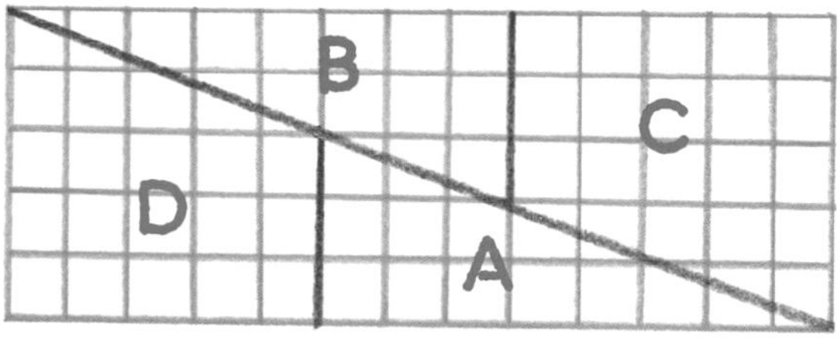

圖2
排成三角形後，就變成5格×13格。

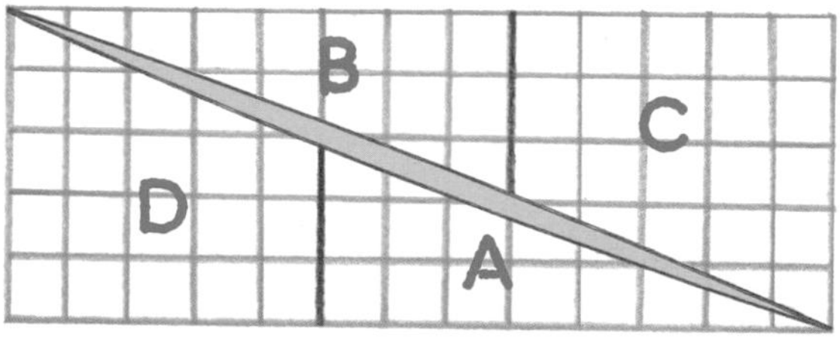

圖3
其實是因為中間的縫隙，讓紙張多出了1格的量。

補充筆記　費伯納西數列，是像1、1、2、3、5、8、13、21……這種前2個數字相加後，會等於後面這個數字的數列。例如：數列中的2＋3＝5，5＋8＝13。

關於圖形

有幾條對角線？

11月19日

東京都　杉並區立高井戶第三小學
吉田映子老師

閱讀日期　月　日　月　日　月　日

四邊形有2條對角線

長方形等由直線圍成的圖形中，各個角的頂端都稱為「頂點」。連接頂點與頂點的直線，則稱為「對角線」。四邊形有2條對角線（圖1）。

參考圖1就可以確認每個四邊形都有2條對角線。

圖1

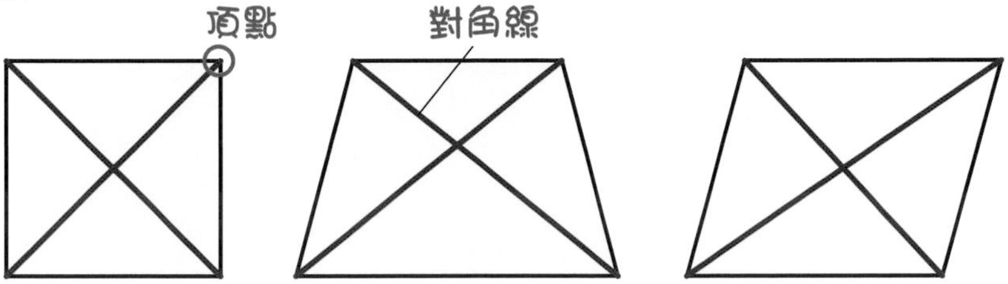

五邊形有幾條對角線？

接下來一起確認五邊形有幾條對角線吧（圖2）。

從頂點A出發的話，可以畫出2條對角線。再從頂點B出發，畫出2條對角線。然後從頂點C出發，只能畫出1條對角線。因為已經沒辦法再畫了，所以可以知道五邊形總共有5條對角線。

因為這個五邊形的所有邊長都相同，5個角度也相同，就稱為「正五邊形」。畫出正五邊形的所有對角線的話，就可以形成漂亮的星形喔！

圖2

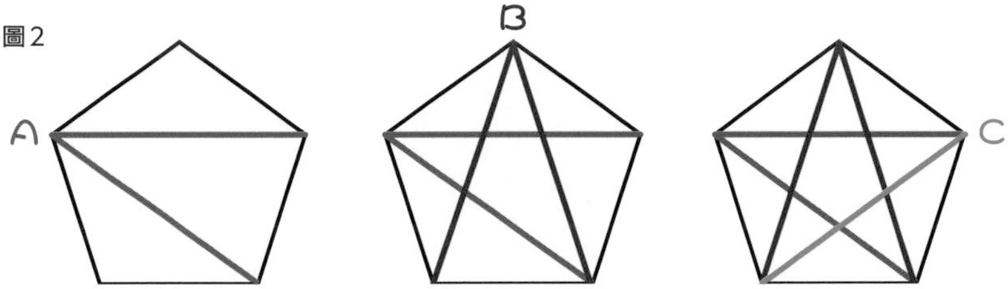

試著做做看

挑戰一筆畫

畫五邊形的對角線時，其實可以用一筆畫就完成喔！此外，繪製星形的時候，只要想像星星四周是正五邊形的話，就可以畫得很漂亮喔。那麼六邊形或七邊形的情況又是如何？實際畫畫看吧！

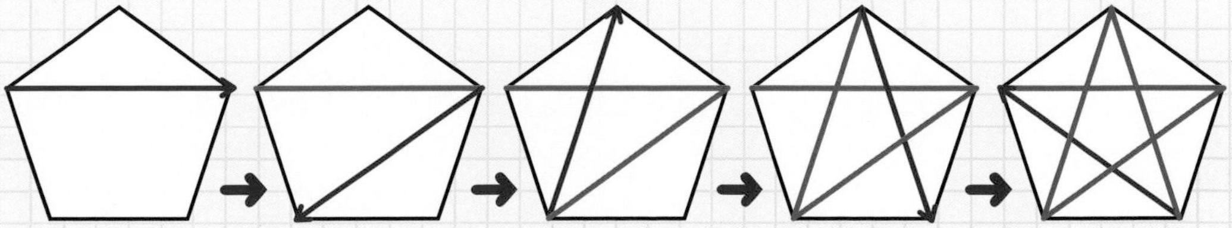

補充筆記　每個奇數邊形的對角線都可以一筆畫完，偶數邊形的對角線就沒辦法了（參照第38頁）。

關於數字與計算

除法中的「去掉0」是什麼意思？

11月 20日

東京學藝大學附屬小金井小學
高橋丈夫老師

閱讀日期　月　日　月　日　月　日

幫助計算的訣竅

你知道除法的規律嗎？

這邊以780÷60的除法計算為例。如果有學過筆算的話，應該覺得筆算是可以最快求出答案的方法吧。

不過，請先等一下。與其不管三七二十一就使用筆算，不如讓除數與被除數的位數小一點再去計算，才可以降低算錯的機率，算起來也比較輕鬆。

這裡要介紹的是相當常用的方法，就是把除數與被除數的「0去掉」。

以剛才舉的例子780÷60，就是同時去掉780與60的0，用78÷6來計算。

為什麼可以這樣呢？

把除數與被除數的「0去掉」，到底是怎麼一回事呢？

舉例來說：「這裡有780顆糖果，每個人要分60顆的話，能夠分給幾個人呢？」遇到這樣的題目時，算式就是780÷60＝13。如果先將糖果以每袋10顆的方式裝袋的話呢？

沒錯，780顆糖果就會變成78袋，因為每個人要給60顆的關係，裝袋之後就變成每人給6袋了。

因此算式就變成78÷6了，而可以分配的人數同樣是13。也就是說，在這種情況下「去掉0再除」的意思，就是把10顆視為1的意思。那麼，如果要計算7800÷600的話，又該怎麼計算呢？這個算式也可以去掉0嗎？這次請去掉00，把算式變成78÷6再計算吧！

補充筆記　那麼78000÷6000該怎麼處理，才會讓算式比較容易計算呢？

關於單位與測量

將2個正方形疊在一起

11月 21日

熊本縣　熊本市立池上小學
藤本邦昭老師

閱讀日期　月　日　月　日　月　日

讓大小相同的正方形重疊

這裡有2個大小相同的正方形。圖1右側的正方形畫了2條對角線（連接頂點與頂點的直線）。再將另1個正方形的頂點，對準對角線的交點（圖2），藉此讓2個正方形重疊。

圖1

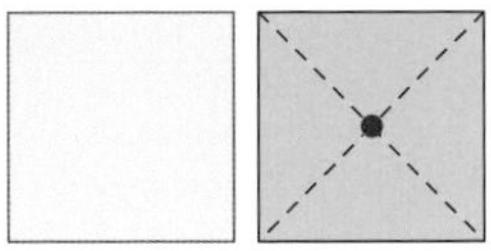

圖2

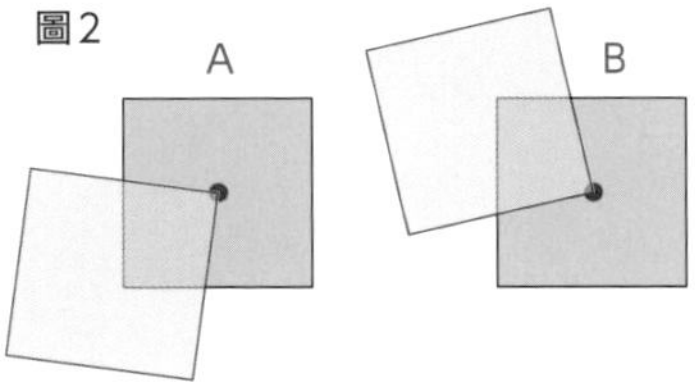

那麼AB重疊的部分，哪一個的面積比較大呢？

其實2個正方形重疊部分的面積是一樣大的，都是原本正方形的1/4（圖3）。

只要讓藍色正方形的頂點，對準粉紅色正方形的交點，不管正方形如何旋轉，重疊部分都會是原本正方形的1/4。

相同大小的長方形呢？

那麼換成長方形的話，重疊的部分也會是1/4嗎？

像圖4一樣，讓其中一個長方形的頂點，對準對角線的交點，結果重疊的部分還是1/4呢！

但是，稍微旋轉一下……。這次看起來就比1/4大一點了（圖4）。看來2個長方形重疊時，重疊部分的面積不會一直都相同。

再試試看正六邊形的話，會發現重疊部分與正方形一樣，不管怎麼轉都相同（圖5）。

圖3

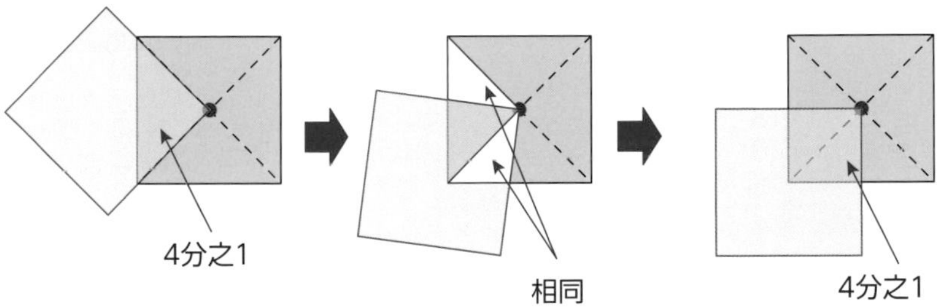

圖4

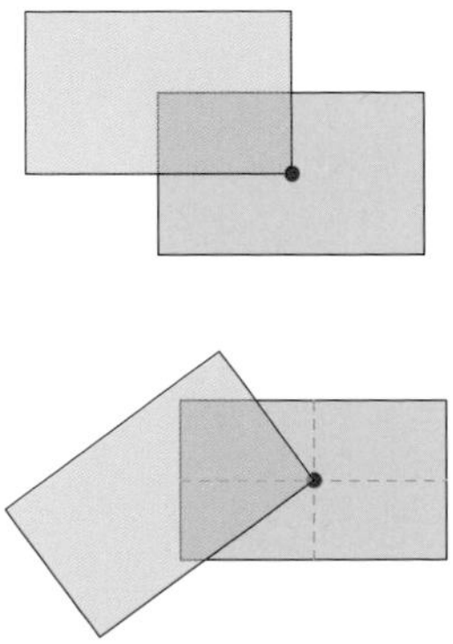

圖5

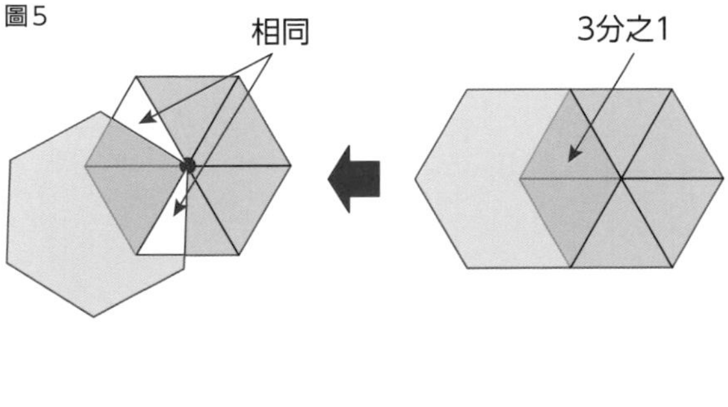

補充筆記

正六邊形重疊的部分就像上圖5一樣，不管怎麼轉都會是原本正六邊形的1/3。說不定還有其他形狀也像這樣，不管怎麼旋轉，重疊部分的面積都不會變喔！

關於數字與計算

11月22日

要怎麼分配駱駝？

明星大學客座教授
細水保宏老師

閱讀日期　月　日　月　日　月　日

該怎麼分配呢？

今天要介紹一則有名的小故事，裡面用到了數學中的分數。

【有位老人擁有17頭駱駝，他留下這段遺言後就過世了：「我的駱駝有$\frac{1}{2}$要給長男，$\frac{1}{3}$要給次男，$\frac{1}{9}$給三男。」】

但是總共有17頭，沒辦法被2、3或9除盡，這讓三兄弟感到相當困擾。

這時出現了一個人順利解決了這個問題。你知道這個人是怎麼分配駱駝的嗎？

不可思議的方法！

這則小故事的結尾，就告訴我們該怎麼分這17頭駱駝了。

首先，他將自己的1頭駱駝借給三兄弟，總共湊成18頭。然後將$\frac{1}{2}$（9頭）分給長男，$\frac{1}{3}$（6頭）分給次男，$\frac{1}{9}$（2頭）分給三男，這時3個人得到的駱駝總計是9＋6＋2＝17，剩下的1頭就由他自己帶回家。

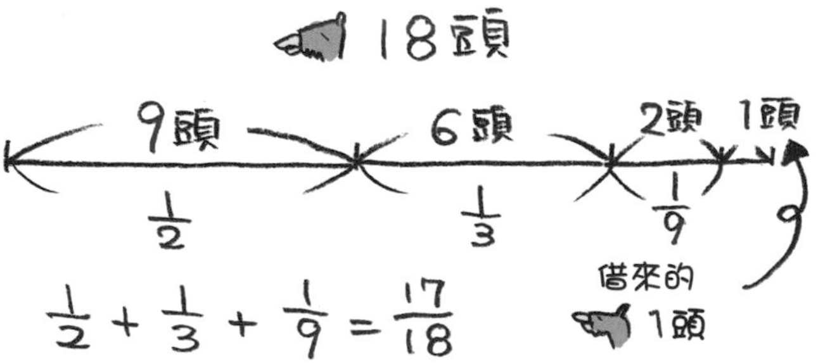

試著想想看

這個問題哪裡不一樣？

【有位老人擁有11頭駱駝，他留下這段遺言後就過世了：「我的駱駝有1/2要給長男，1/3要給次男，1/6給三男。」】有個人聽過剛才那則故事，所以就把自己的1頭駱駝加進去，湊成12頭之後，將1/2（6頭）分給長男，1/3（4頭）分給次男，1/6（2頭）分給三男，結果3個人得到的駱駝總計是6＋4＋2＝12，這個人就沒辦法帶回自己的駱駝了。為什麼會這樣呢？這2個問題哪裡不一樣呢？

補充筆記　「試著想想看」中的算式是1/2＋1/3＋1/6＝12/12＝1，所以不會有多餘的駱駝。

關於圖形

這也是眼睛的錯覺嗎？②

11月 23日

御茶水女子大學附屬小學
久下谷 明老師

閱讀日期　月　日　月　日　月　日

哪一個才會中獎呢？

今天又要談談關於眼睛錯覺的數學知識（相關頁數：第346頁、第399頁）。

請一起來享受這個不可思議的世界吧。

和朋友一起參加快樂的秋季祭典時，發現了抽籤的攤子。抽籤的方法是從①、②、③這3條繩子中抽1條，其中1條會連接著「中獎」。

請問大家會選擇哪一條繩子呢？請睜大眼睛選看看吧。

如何呢？你選了哪一條呢？接下來拿出尺來比一比，看是哪一條繩子中獎了！

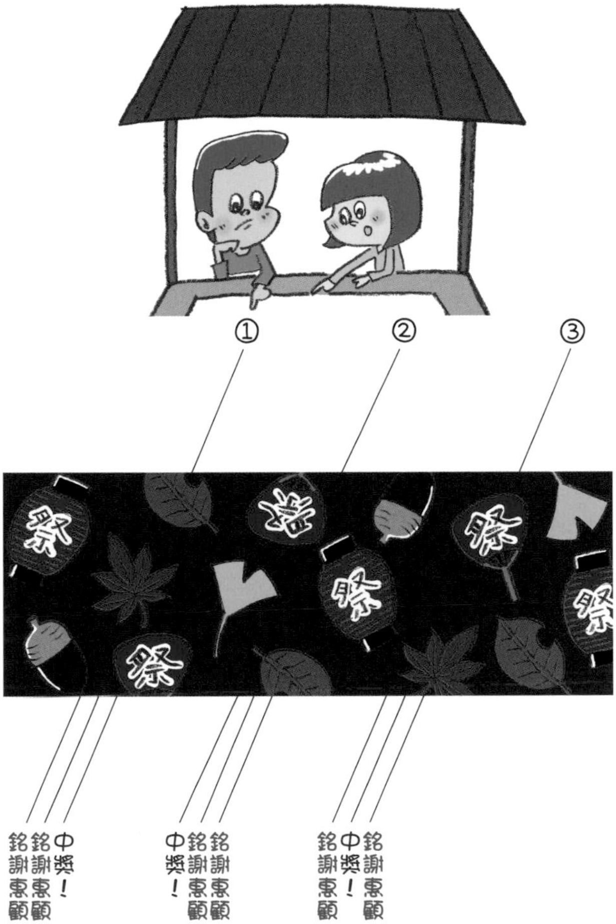

試著記起來

解答時間

每條斜線都相當筆直，但是因為中間遮住了，所以看起來不像1條直線，這就是眼睛錯覺所造成的，很奇妙吧！

補充筆記　內文介紹的錯視圖，稱為「波根多夫錯視圖」。市面上也有專門介紹各種錯視圖的書喔！

○☆△◎◇□各代表1～9中的哪些數字？

北海道教育大學附屬札幌小學
瀧平悠史老師

閱讀日期　月　日｜月　日｜月　日

各代表什麼數字呢？

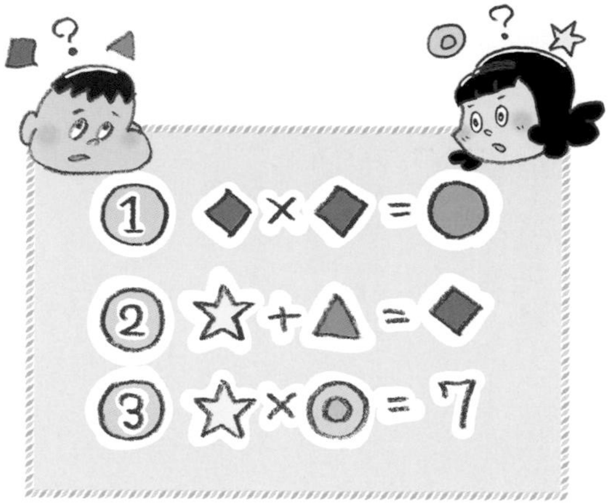

圖1

○、☆、△、◎、◇、□這些符號各自代表1~9的那些數字呢？請根據圖1的提示，想出各符號所代表的數字吧。

首先思考①這個提示。答案的範圍是1~9，所以①的算式可能是1×1、2×2、3×3這3個，但是1×1的答案也是1，所以不符合。也就是說，◇不是2就是3。

代入各種可能性

如果◇是2的話，②這個算式會怎麼樣呢？②的答案是◇，也就是說數字相加後的答案是2。以題目的條件來說，相加後等於2的算式只有1＋1，但算式是☆＋△，2個數字並不相同，所以也不符合。由此可以判斷出◇是3。這時再回推到算式①，就可以知道○是9（圖2）。

圖2

既然◇是3的話，因為算式②☆＋△的答案等於3，所以算式不是1＋2就是2＋1。由此可知，☆與△的其中一方是1，且另外一方是2。

接下來繼續看③的算式。如果☆是2的話，2×◎＝7，但是1~9中找不到適合放在◎的數字。由此可知，☆一定是1，△就是2（圖3）。

圖3

已經知道☆是1的話，③的算式就變成1×◎＝7，由此就可以看出◎是7了。

補充筆記　因為這個題目已經公布範圍是1～9，所以「不曉得該從哪裡開始下手」時，就從1開始把每個數字代進去試試看，肯定會從中看見線索的。

埃及是從右往左計算！

11月 25日

學習院初等科
大澤隆之老師

閱讀日期　月　日　月　日　月　日

右邊的數字最大!?

古埃及的算術問題，會寫在莎草紙（用草製成的紙）上面。目前最古老的莎草紙，是3500年前所留下來的。

上面用符號表示了1、10、100、1000……等（圖1）。因為當時還沒有位數的關係，所以必要的數字需要用符號取代，藉此表示出數值（圖2）。

現代的阿拉伯文是從右邊往左邊寫的，順序與古埃及相同。從古埃及流傳下來的莎草紙上，數字也是由右往左，愈右邊的數字所代表的數值就愈大。

試著用加法算算看吧（圖3）。

圖1

圖2

圖3

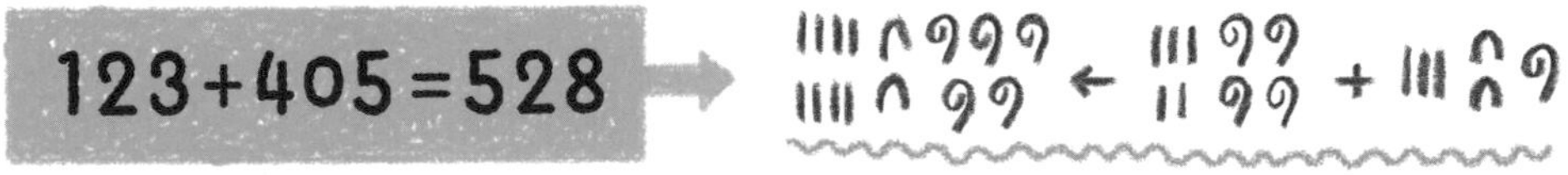

試著記起來

古埃及怎麼算乘法？

古埃及是用加法來求出乘法的答案。以14×15為例。

1倍	14
2倍	28
4倍	56
8倍	112

將1倍、2倍、4倍、8倍的答案相加後，就可以得到15倍的答案，所以古埃及會採用下列計算方法。

14＋28＋56＋112＝210

將這些數字加在一起，就可以求出與乘法相同的答案囉。

補充筆記　雖然古埃及還沒有數字單位的觀念，但是會由右至左按照數字大小排列。

在決鬥中喪命的天才數學家伽羅瓦

11月26日

明星大學客座教授
細水保宏老師

閱讀日期　月　日　月　日　月　日

數學天才少年現身！

名留青史的數學家中，有不少人在十幾歲的時候，就有了驚天動地的大發現。

法國的埃瓦里斯特．伽羅瓦（1811～1832年）就是其中一位天才少年。

伽羅瓦15歲時遇見了1本書，這本書記載了許多與圖形有關的問題以及解答方法，是一本內容非常困難的書。

連大人都必須花2年才能夠讀完的這本書，他只花2天就看完了。

此後，他便滿腦子都是數學相關的問題，並挑戰了許多還未得到答案的數學問題，寫出了人生第1份論文。

這就是知名數學家伽羅瓦的誕生。

但是，他的想法並未立刻得到大眾的認同。

因為他寫的內容太過困難，所以沒有人看得懂。

他再也沒機會研究了！

16歲的伽羅瓦，參加了法國最困難的理工科大學的考試。

他認為只要進入這間學校，就能夠接觸到難度更高的數學。

不過，結果卻出乎意料地沒有合格，隔年再次挑戰仍舊失敗。他這2次失敗的原因至今仍是一團謎。

儘管如此，他還是埋首於研究，並寫出了許多論文。

某天，他卻遭遇了件麻煩事——有個男人突然要求與他決鬥，詳細的原因沒有人知道。

決鬥前一天晚上，伽羅瓦緊急寫了一封長信。

信裡頭記滿了他腦袋中無數個新發現，其中甚至包括了足以顛覆數學歷史的大發現——「伽羅瓦理論」。

遺憾的是，伽羅瓦在20歲還很年輕時就離世了。但是他的名字卻會永遠留在數學世界裡。

補充筆記　伽羅瓦一直考不上的理工科大學「巴黎綜合理工學院」，是培育出許多理工菁英的名門大學。歷屆畢業生包括了法國總統與諾貝爾獎得主等。

關於數字與計算

11月 27日

既單純又深奧的計算難題「算出10」

大分縣　大分市立大在西小學
二宮孝明老師

閱讀日期　月　日　月　日　月　日

首先找出4個數字

今天要介紹的是「算出10（Make a ten）」這個題目。雖然只使用了4個數字，相當單純，但是卻又相當深奧。

想玩這個數學遊戲時，什麼都不用準備，只要環顧四周後找到4個數字就行了。

因為今天是11月27日，所以就把它拆成「1、1、2、7」這4個數字。請用這4個數字與「+、−、×、÷」算出10，需要的話也可搭配「（）」使用，當然也可以改變數字的排列順序。選用運算符號時可以視情況任意挑選，不一定要全部使用，也可以重複使用。但是像「2」與「7」不可以結合成「27」的2位數來使用。

算出答案了嗎？

「1、1、2、7」該怎麼計算成10呢？答案是「（1＋1）×（7−2）」。可能有人會覺得這個遊戲很簡單，但是其實也有很困難的問題，甚至必須思考好幾天才解得出答案。其中，最有名的問題就是「1、1、5、8」，這邊刻意不寫出答案，請自己思考看看吧。

這個遊戲隨時隨地都可以玩，就連車牌中的4個數字也可以拿來用。不妨與朋友互相出題，或是比賽誰解題的速度比較快，肯定會很有趣的。

試著做做看

解得開嗎？

這邊準備了5個「算出10」的問題。要怎麼排列才能算出10呢？請認真思考看看吧（答案在補充筆記）。

①2、2、0、7
②2、3、4、5
③8、6、4、1
④4、4、6、7
⑤3、4、9、9

補充筆記　「試著做做看」問題的答案如下。你算出來了嗎？〈答案〉①（7−2）×2＋0、②2×4−3＋5、③（8＋6−4）×1、④（6−4）×7−4、⑤4＋9−9÷3　※但是，答案可不是只有一種喔。

關於單位與測量

是寬還是窄？與「量」有關的感覺

11月28日

神奈川縣　川崎市立土橋小學
山本　直老師

閱讀日期　　月　　日　　月　　日　　月　　日

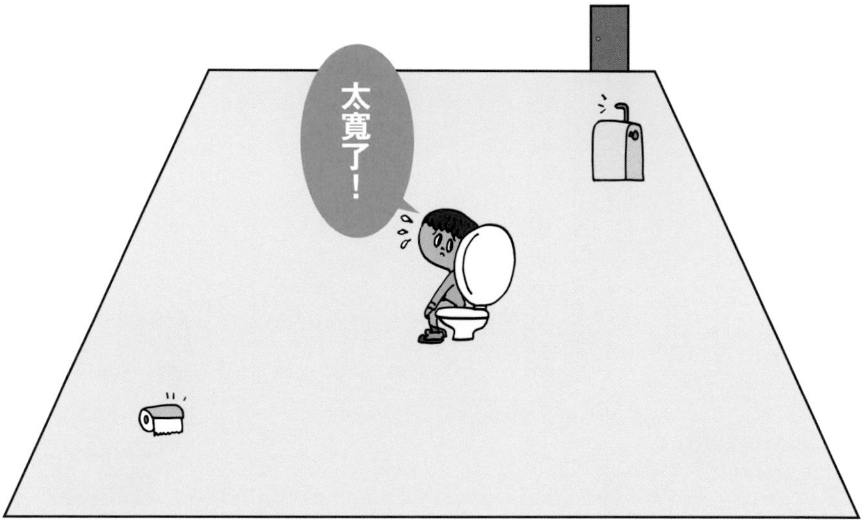

你覺得寬還是窄呢？

你覺得學校的體育館是「寬敞」還是「狹窄」呢？每個人的看法應該都不一樣呢！如果是全班要一起打躲避球的話，就會覺得體育館的大小剛剛好；但如果是全校５００個人要一起玩躲避球大賽時，就覺得體育館似乎太狹窄了。

接下來一起思考更極端的情況吧。假設要辦棒球比賽的話，學校的體育館就太「狹窄」了。但是，如果家裡的廁所與學校體育館一樣大的話，會怎麼樣呢？是不是覺得空間大得讓人坐立難安呢？

由此可知，在空間不變的情況下，會根據用途與目的不同，感受到寬敞或者是狹窄。

長度與時間也是

你覺得１００ｍ是「長」還是「短」呢？這同樣會依目的而異呢！想要騎腳踏車兜風的話，１００ｍ就太短了，根本不過癮。但是如果學校走廊有１００ｍ的話，幫老師搬重物時就會覺得很遙遠呢！

時間也是一樣的，快樂的時候就會覺得時間過得特別快，討厭的時候就會覺得時間過得特別慢。因為人類的感覺會受到各種條件影響，所以必須實際拿出數字來比較。

我們就是靠這些感覺在過生活的，因此必須按照目的決定出「剛剛好」的長度、寬廣度與時間。畢竟，廁所可不是愈大愈好呢……。

補充筆記　其他像是重量與容積等，帶給人們的感受同樣會隨著目的而異。請試著想像各種場景的感覺，一定會很有趣喔！

用4個9算出1～9

東京學藝大學附屬小金井小學
高橋文夫老師

閱讀日期　　月　　日　　月　　日　　月　　日

該怎麼算出1呢？

使用4個「9」、+、−、×、÷與括號的話，你能夠算出1～9所有的數字嗎？

如果要算出1的話，該怎麼算呢？

只要使用9÷9＝1、1＋9＝10、10−9＝1就可以算出來了呢！

把它整理成1個算式來表示的話，就變成1＝9÷9＋9−9。

該怎麼算出2與3？

又該怎麼算出2呢？

使用9÷9＋9÷9就會等於2了。因為除法與加法出現在同1個算式時，必須先算除法再計算加法，所以要先算好2個9÷9後，再把答案相加。

因此9÷9＋9÷9就等於1＋1，答案當然會是2囉。

接著該怎麼算出3呢？這種情況下就要懂得善用括號，使用（9＋9＋9）÷9就可以了。因為數學中有必須先計算括號內的規則，所以以（9＋9＋9）÷9的算式就變成27÷9，得出的答案就是3（圖1）。

數學中相關計算規則如圖2。

請善用這些規則，試著算出4、5、6、7、8、9吧！

圖1

1＝9÷9＋9−9
2＝9÷9＋9÷9
3＝(9＋9＋9)÷9

圖2

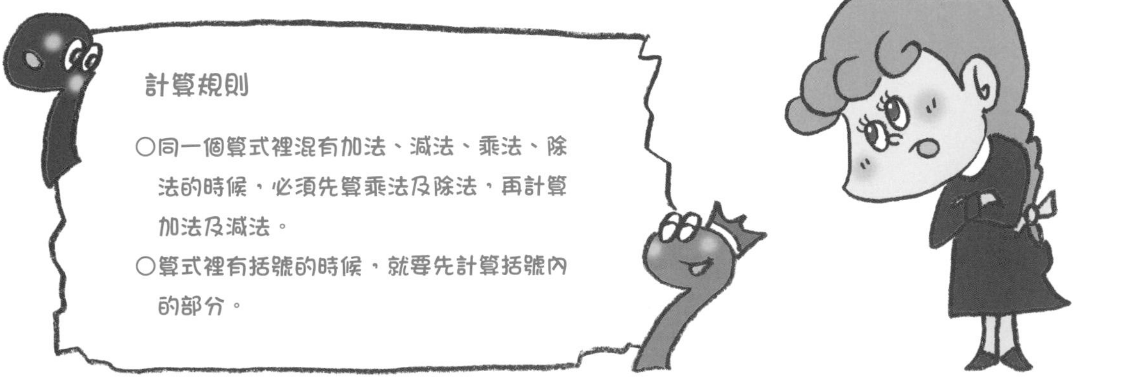
計算規則
○同一個算式裡混有加法、減法、乘法、除法的時候，必須先算乘法及除法，再計算加法及減法。
○算式裡有括號的時候，就要先計算括號內的部分。

補充筆記　使用4個「4」、＋、－、×、÷與括號，同樣能夠算出1～9的所有數字。詳情請參照第121頁。

十人十色
～使用數字的日本成語～

學習院初等科
大澤隆之老師

閱讀日期　月　日　月　日　月　日

你聽過這些成語嗎？

日本有個成語叫做「十人十色」，意思是有10個人的話，就會有10種不同的想法。

類似意思的成語還有「三者三樣」與「千差萬別」，並使用了3、千與萬等數字。

請翻翻字典，查查看使用數字的成語吧。

首先，就從使用1的成語開始。例如：「一朝一夕」指的是「時間短暫」，例如：「不是一朝一夕的學習就能夠應付這場考試的」。

還有很多喲！

「一長一短」，指的是「有優點也有缺點」。

「一石二鳥」，意思是「做1件事情得到2種效果」。另外還有一句諺語是「同時追2隻兔子的話，最後一隻都追不到」，意思是「同時瞄準2個目標時，結果就會一場空」。

「三寒四溫」則是指「寒冷的天氣與溫暖的天氣交互出現，然後漸漸變溫暖的情況」。

像這樣使用了數字的成語非常豐富。請查查看吧，應該會覺得很有趣喔！

試著查查看

你聽過哪些呢？

請查查看字典，確認這些使用數字的成語的意思吧。

- 一步一蹝
- 一文不值
- 千鈞一髮
- 說一不二
- 接二連三
- 丟三落四
- 四面楚歌
- 四平八穩
- 五里霧中
- 七跌八撞
- 七顛八倒
- 八面玲瓏
- 才高八斗
- 十之八九
- 九死一生

補充筆記　你現在的閱讀或許是「一期一會（一輩子只有一次）」。但卻是能吸收新知「千載一遇（千載難逢）」的好機會。

12月

December

關於單位與測量

汽車的輪胎

12月 1日

岩手縣　久慈市教育委員會
小森　篤老師

閱讀日期　月　日｜月　日｜月　日

輪胎上標示的意思?

汽車輪胎上會標示數字與英文字母，圖1中就是「205／55 R16」。

這些數字與英文字母也各有各的意思（圖2）。

「205」這個數字代表輪胎的寬度，單位是㎜（圖3），數值愈大的話輪胎就愈粗。

「55」則是輪胎的扁平比，這個數值可以理解為「輪胎橡膠的厚度」。

因此，這個數字愈大的話橡膠就愈厚，愈小的話橡膠就愈薄（圖4）。

「R」這個英文字母代表輪胎的種類是「輻射層輪胎」，一般轎車多半使用這種輪胎。

「16」則是輪圈直徑，也就是輪胎內側圓洞的直徑。

尺寸與輪框相同，單位是吋（1inch＝30.48㎝），與電視螢幕的單位相同呢！這個數值愈大，輪胎就愈大。

圖1

圖2

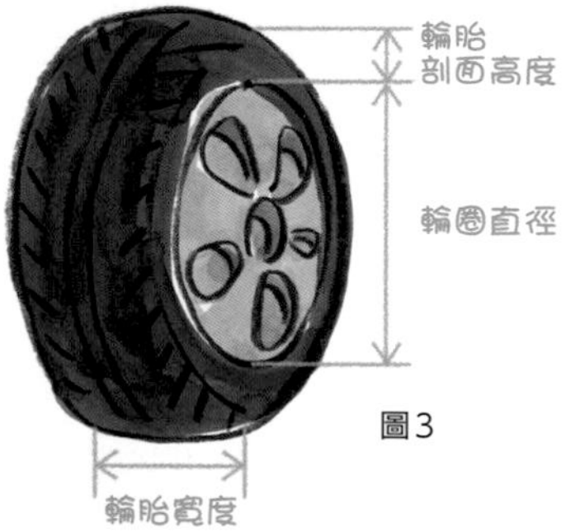

圖3

圖4

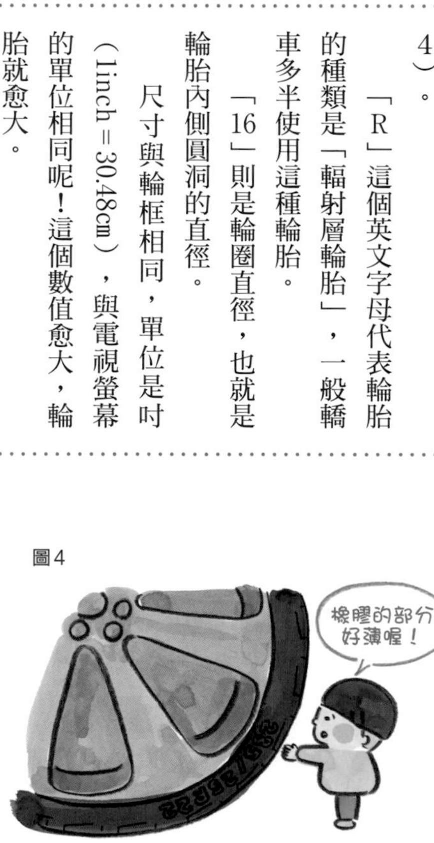

試著記起來

「扁平比」的計算方法

使用下列的計算方式，就可以算出輪胎的扁平比。轎車用的輪胎扁平比通常是25、55、60，都是5的倍數。

扁平比＝輪胎剖面高度 ÷ 輪胎剖面寬度

補充筆記　接在「輪圈直徑」後面的數字與英文字母，則代表「最大荷重」與「速度代號」。

用直線畫出曲線

御茶水女子大學附屬小學
岡田紘子老師

閱讀日期　月　日　月　日　月　日

用直線畫出曲線？

直線，指的是筆直的線條，曲線則是彎曲的線條。只要畫幾條直線，就能夠形成宛如曲線的花紋。一起動手畫畫看，確認這是不是真的吧！

【畫法】

找出相加後等於11的2個數字，用直線連接將這些數字所在的點。這時請拿出定規尺，仔細地畫出筆直的直線（圖1）。

畫出漂亮的花紋

請使用圖1的曲線畫法，試著畫出漂亮的花紋吧！只要增加點的數量，畫出來的花紋就會更流暢。請試著搭配其他曲線或塗色，藉此創造出擁有自我風格的花紋吧（圖2、圖3）。

和是11　圖1

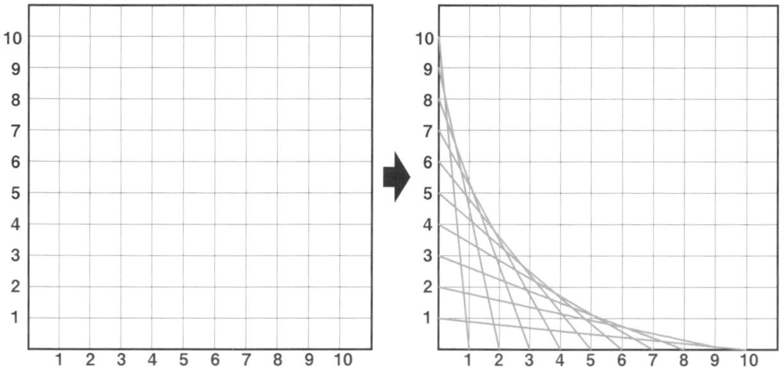

和是11　圖2

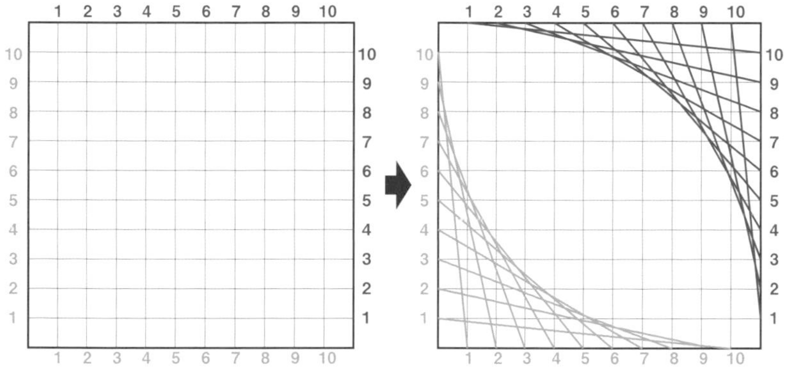

和是6　圖3

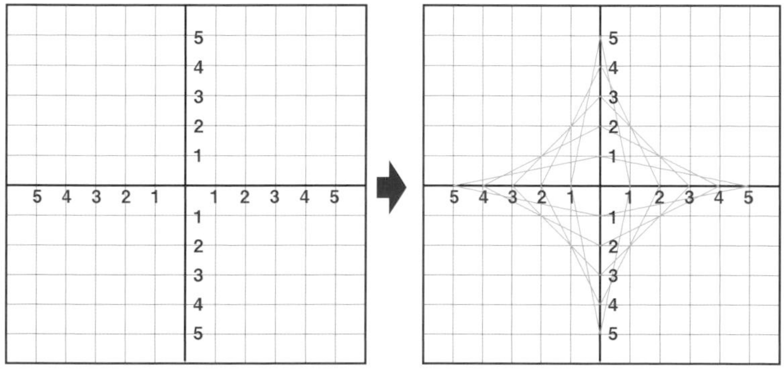

補充筆記　你知道「尺」與「定規尺」的差異嗎？用來畫線的是「定規尺」，用來測量長度的才叫做「尺」（參照第119頁）。

2 與生活有關的算術

今天是3萬天中的1天

12月 3日

高知大學教育學系附屬小學
高橋 真老師

閱讀日期 月 日 月 日 月 日

今天是你出生後的第幾天？

1年有365天，假設今天是你的10歲生日，那麼在這之前你已經出生了9年，所以「365天×9年」+1天（365×9+1），今天就是你出生後的第3286天。那麼，今天滿11歲的話是出生第幾天呢？答案是第3651天。

人的一生會有幾天呢？日本有很多人都活超過80歲，是世界頂尖的長壽國家。

這邊假設每個人都活到83歲，所以就用83來計算。如此一來，人的一生就有365天×83年＝30295天。也就是說，大部分的日本人都可以活3萬天左右呢！

一生中有27年都在睡覺？

你能夠在這3萬天裡，一直很有精神地活動著嗎？沒辦法對吧，因為人是需要花時間睡眠的。大家每天大約睡幾個小時呢？假設1天睡8個小時，8個小時就是1天的1/3，由此可知，人活著的3萬天之中，有1萬天都在睡覺，換算成年的話就是27年了。

從這個角度思考的話，是不是該重新思考如何運用時間了呢？舉例來說，每天玩1小時電動的人，就代表人生中有1250天都在玩電動。如果每天玩2個小時的話，就是2500天；如果每天玩3個小時的話，就是3750天！這與10歲小朋友出生至今的天數相同呢！

所謂的今天，就是3萬天中珍貴的1天。你是怎麼運用的呢？

試著算算看

出生後過了幾秒鐘呢？

試著計算出生至今過了幾秒鐘呢？1天有24小時，24小時等於1440分鐘，1440分鐘等於8萬6400秒。既然已經知道自己出生了幾天，那麼就將天數乘以8萬6400秒吧。以今天迎接10歲生日的人為例，就是出生後過了2億8391萬400秒呢（以當下的時間和出生的時間相同來計算）。

1天 = 24小時 = 1440分鐘 = 86400秒

補充筆記 雖然4年會有1次366天的「閏年」，但是這裡為了更方便大家理解，直接使用1年＝365天來計算。

正2.4邊形是什麼？

筑波大學附屬小學
盛山隆雄 老師

閱讀日期　月　日｜　月　日｜　月　日

圖4

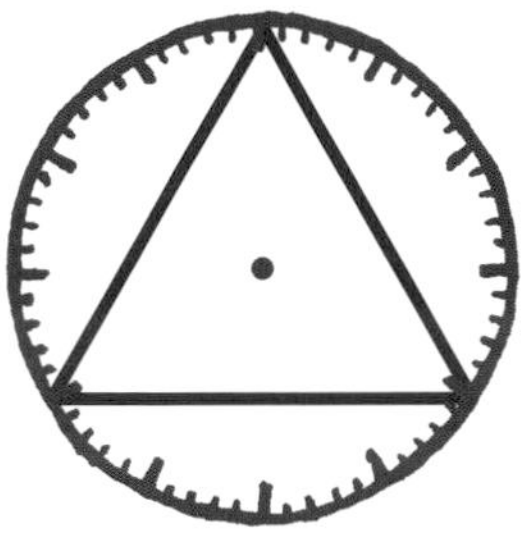

正三角形

圖3

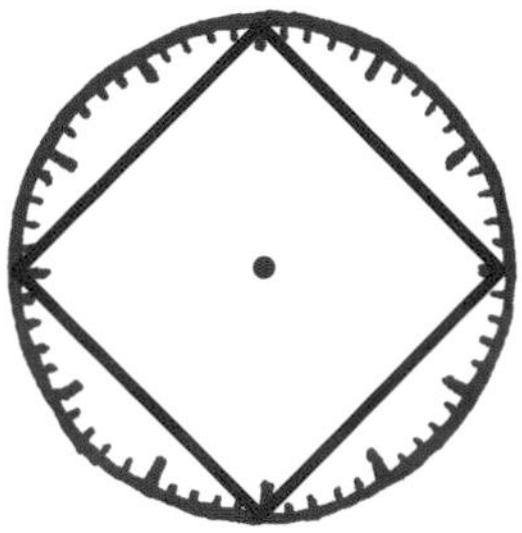

正方形

圖2

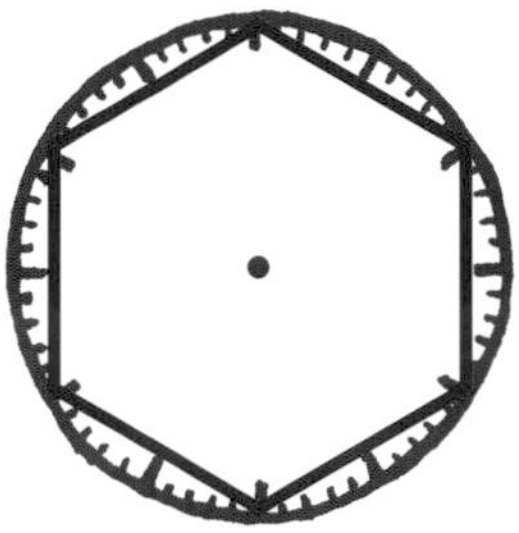

正六邊形

圖1

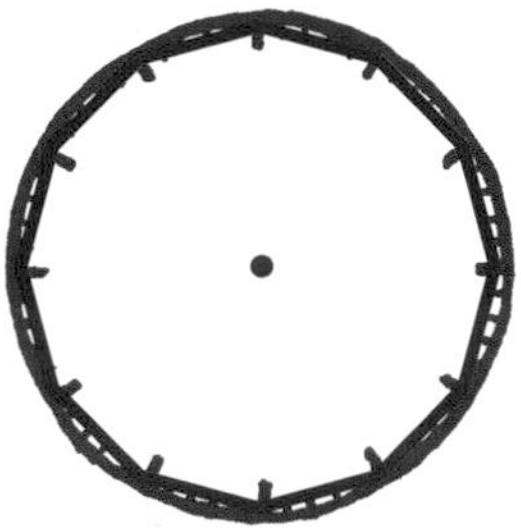

正十二邊形

正多邊形是什麼？

當多邊形的所有邊都等長，所有的角都一樣大時，就稱為正多邊形。接下來一起利用時鐘上的數字鐘面，畫出漂亮的正多邊形吧！

以1個小時為單位畫直線時，就會形成正十二邊形（圖1），以2個小時為單位時，就會形成正六邊形（圖2），以3個小時為單位時，就會形成正方形（圖3），以4個小時為單位時，就會形成正三角形（圖4）。

那麼，以5個小時為單位的時候，會畫出什麼形狀呢？

圖5

有正2・4邊形？

實際動手的話，也可以畫出像圖5這種圖形喔！

首先探討一下剛才的規則——以2個小時刻度為單位時，12÷2＝6，會變成正六邊形。以3個小時刻度為單位時，12÷3＝4，會變成正方形。以4個小時刻度為單位時，12÷4＝3，會變成正三角形。

而以5個小時刻度為單位時，因為12÷5＝2.4，所以就稱為正2・4邊形（正12/5邊形）。這種正多邊形，又被稱為星形正多邊形。

補充筆記　我們的身旁也有許多正多邊形，第182頁也有介紹喔！

哪一種比較划算？停車場的費用

神奈川縣　川崎市立土橋小學
山本　直老師

閱讀日期　月　日　月　日　月　日

生活中的停車費

你家附近是否有收費停車場，外面豎立著「○分鐘□元」的招牌呢？全國各地都有這種停車場喔！

假設家裡附近的停車場，就是左圖的這2處的話，你覺得停哪一間會比較划算呢？

A停車場
10分鐘100元
※不管停多久，
1天（24小時）內
最多只收2000元
B停車場
1小時　400元
※超過1分鐘的話
就加算1小時。

	10分鐘	20分鐘	…	60分鐘	…	3小時20分鐘	…	5小時	5小時10分鐘	5小時20分鐘	…	24小時
A	100元	200元	…	600元	…	2000元	…	2000元	2000元	2000元	…	2000元
B	400元	400元	…	400元	…	1600元	…	2000元	2400元	2400元	…	9600元

哪一間比較划算

A停車場是10分鐘100元，30分鐘的話只要100元，比B停車場還要划算，但是如果要停50分鐘的話，就比B停車場的400元還貴了。所以如果要停很久的話，就要停B停車場比較划算。但是A停車場「不管停多久，1天（24小時）內最多只收2000元」，從這個角度來看，好像又比較划算，我們到底該怎麼比較呢？

停在A停車場的話，只要是在1天內，就不會超過2000元。所以就要思考B停車場在什麼情況下會超過2000元。

2000÷400＝5，所以停5小時的時候，A、B停車場的費用都相同。再多停一段時間的話，A還是2000元，但是B卻必須按小時增加費用。因此，如果會停超過5小時的話，就要停在A停車場比較划算。

試著算算看

這種情況下要怎麼選呢？

百貨公司等場所的停車場，經常提供「消費○元以上，就可以免費停車□小時」的服務。對有購物的人來說，當然停在這裡的停車場會比較划算，但是，如果剛好有其他的事情要辦，所以必須停更久的話怎麼辦呢？實際上到底划不划算，必須按照個人的使用方式決定。因此要停車之前，應先想好停車的目的，然後仔細計算一番。

補充筆記　當要將條件不同的事物進行比較時，重點在於要設法讓條件一致。

動手做做看

製作出圓錐屋頂吧！

12月 6日

學習院初等科
大澤隆之老師

閱讀日期　月　日　月　日　月　日

圖1

使用圓規的話就很簡單

用積木或紙製作出城堡時，最頂端都會有圓錐形的屋頂，要不要試著自己動手做做看呢？

有圓規可以使用的話，製作方法就很簡單。只要在紙上畫出圓形，然後剪下捲成圓錐狀，最後再上色或畫出圖案的話，就大功告成了（圖1）。

覺得很困難嗎？那麼這邊就來教製作的訣竅。

記起訣竅後再做做看吧

要準備的東西是：圖畫紙、圓規、剪刀與膠帶，另外還有要用來畫圖案的筆。如果選擇有顏色的圖畫紙，做出來的屋頂就會更華麗。

首先要畫的是圓錐屋頂底部的圓形，決定好大小後，在圖畫紙上畫出圓形。

接著再畫出另外一個圓，但是半徑必須是剛才的2倍。將大圓形剪成一半後，再把小圓形當成圓錐屋頂的底部，照著這個形狀捲起大圓形（圖2）。

如果想要做出更長的圓錐屋頂時，大圓形的半徑必須是小圓形的4倍，然後只使用一半的一半（1/4），如此一來，做出來的圓錐屋頂就會剛剛好喔！而且這時大圓形的中心角也會是直角（圖3）。

圖2

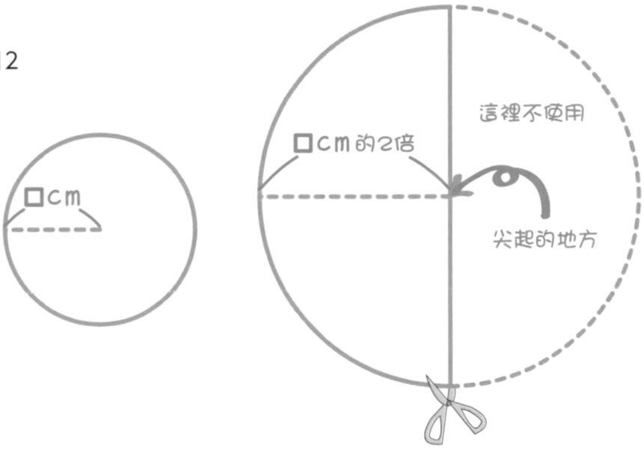

圖3

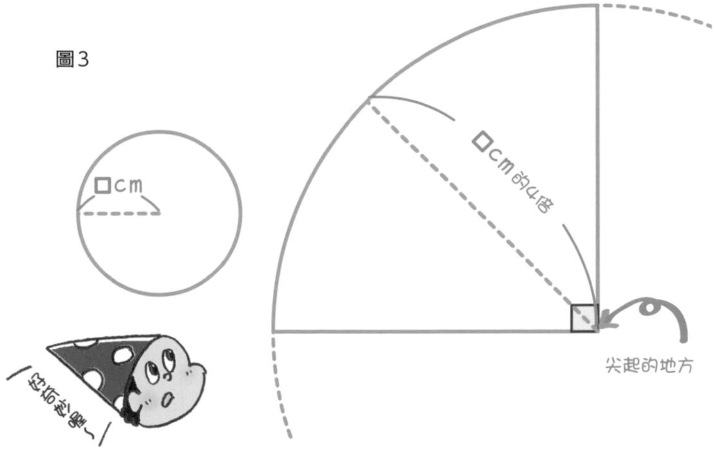

補充筆記　圓錐屋頂的「圓錐」，指的就是上方尖尖的這個形狀。

規則

- 2個人猜拳，從贏的人開始。
- 輪到自己的時候，就拿出剪刀直直地沿著線條剪下。線條不能轉彎喔。然後把剩下的交給對方。
- 對方同樣要拿剪刀直直地沿著線條剪下，然後把剩下的還回來。
- 雙方反覆輪流進行。
- 交出最後1片的人就贏了，得到最後1片的人就輸了。

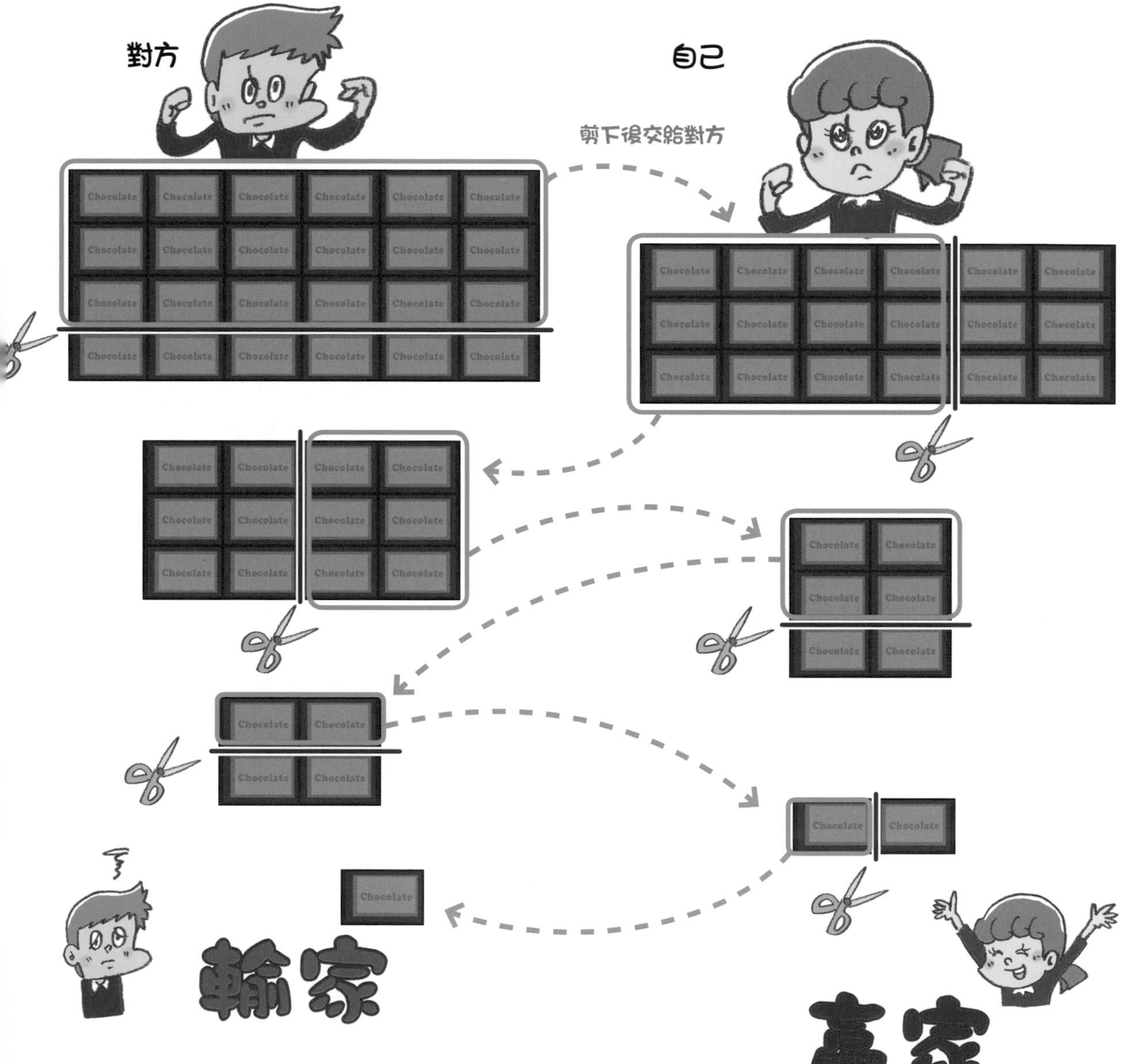

第390頁有介紹贏的方法喔！

補充筆記　多玩幾次後，就會漸漸發現贏的訣竅。建議可以試著改變格子數量，例如：5×7、6×8等。

數字與圖形小遊戲

一起玩板狀巧克力遊戲吧！

12月 7日

御茶水女子大學附屬小學
久下谷 明老師

閱讀日期　　月　　日　　月　　日　　月　　日

今天要介紹的是板狀巧克力遊戲，規則相當簡單，就是由2個人輪流切下巧克力，得到最後1片的人就輸了。請找家人或朋友一起玩吧。

要準備的東西
- ▶紙
- ▶剪刀

●用紙做出巧克力的形狀

玩遊戲時不使用真正的巧克力，而是用紙做成的巧克力。請把下圖拿去影印吧。下圖有直向４格×橫向６格，如果想要玩不同的格數時，當然也可以自己動手畫。

請影印這張圖

數字與圖形小遊戲

板狀巧克力遊戲必勝法

12月 8日

御茶水女子大學附屬小學
久下谷 明老師

閱讀日期 月 日 月 日 月 日

交出正方形的人獲勝

今天要介紹的與第389頁有關，那就是板狀巧克力必勝法。

玩這個遊戲的時候，只要能夠把2×2的格子交給對方，自己就一定會獲勝。

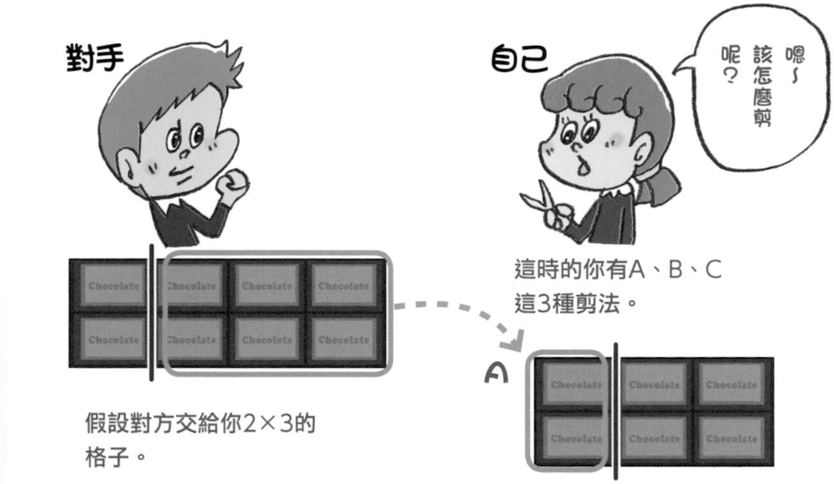
對手
自己
嗯～該怎麼剪呢？
Chocolate
假設對方交給你2×3的格子。
這時的你有A、B、C這3種剪法。
A

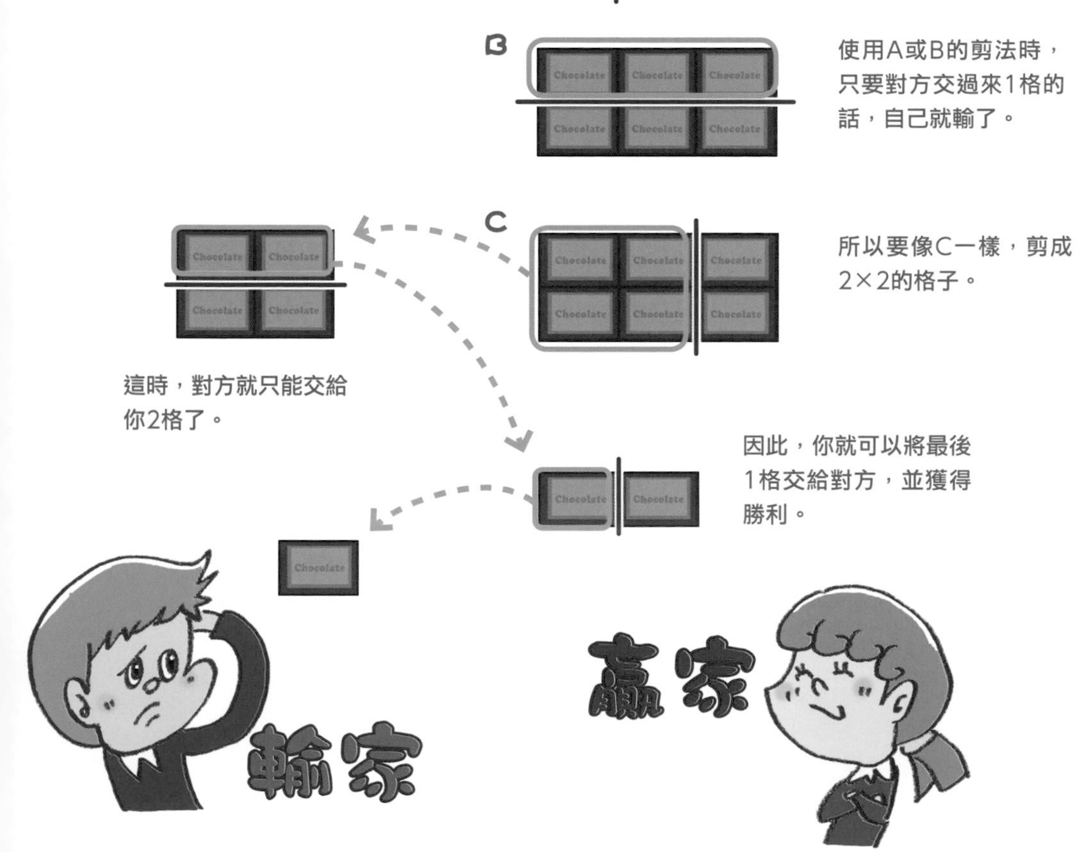
B
使用A或B的剪法時，只要對方交過來1格的話，自己就輸了。
C
所以要像C一樣，剪成2×2的格子。
這時，對方就只能交給你2格了。
因此，你就可以將最後1格交給對方，並獲得勝利。
Chocolate
輸家
贏家

補充筆記 不管拿到多少格，都要維持同樣的思維，那就是趕快剪成2×2後交給對方。玩過幾次後，就告訴對方這個方法吧！

2 與生活有關的算術

養綿羊的訣竅
～沒有數字的古老故事～

青森縣　三戶町立三戶小學
種市芳文老師

12月 9日

閱讀日期　月　日　月　日　月　日

以前會用石頭算綿羊？

人類從很久以前就開始飼養綿羊了，打從世界上還沒有文字與數字的時候，綿羊就已經與人類一起生活了。那個年代在飼養綿羊時，並不會建造柵欄圈養綿羊。他們會在白天時，將綿羊放到廣闊的土地，到了晚上再帶回小屋子裡以避免野狼襲擊。但是，明明就沒有數字，該怎麼確認綿羊都回到屋子裡了呢？

據說他們將綿羊從小屋子放出來的時候，就會堆疊石頭。每出來1頭，他們就放上1顆石頭。將綿羊趕回屋子裡的時候，進屋1頭，就拿掉1顆石頭。

如此一來，就算沒有數字的概念，還是可以確認綿羊是否都已經回家。這種思考邏輯，就是讓綿羊與石頭互相對應（圖1）。

圖1

也會利用繩結的數量

此外，那個年代的人類，為了避免忘記飼養綿羊的數量，會在繩子上打結後掛在腰部。當時每養1頭羊，就會打1個繩結。如果有1頭綿羊遭到野狼的襲擊而回不了家，他們就會拆開1個繩結。這種思考邏輯，就是讓綿羊與繩結互相對應。

如果讓這些飼養綿羊的古代人認識數字的話，或許就會養得更得心應手呢！

補充筆記　當時也有人會拿石頭在地上畫線，藉此表示綿羊的數量，而據信這就是數字的起源。

關於圖形

一起玩拼圖遊戲

12月10日

學習院初等科
大澤隆之老師

閱讀日期　月　日｜　月　日｜　月　日

仔細觀察愛心的形狀……

生活中到處都可以看見愛心呢！請仔細觀察圖1的愛心吧。

圖1

你有注意到，愛心其實是由2個半圓形與正方形所組成的嗎？

只要注意到這個特徵，就能夠輕鬆畫出漂亮的愛心了。首先畫出1個正方形，接著以正方形的邊長為直徑，畫出與正方形相鄰的半圓形。改變正方形的邊長時，就可以畫出各種大小的愛心了（圖2）。

製作出專屬自己的拼圖

學會畫出愛心之後，就畫在厚紙板上剪下來，製成拼圖吧。只要沿著正方形的1條對角線剪開，就變成了2個三角形。總共要有4塊碎片——2個三角形與2個半圓形。請用這些碎片，拼出圖3的形狀吧！

圖2

圖3

試著記起來

也可以剪成這樣的拼圖喔！

將愛心的半圓形和正方形，再分解得更細後，就形成了名為「心碎」的拼圖了。這個名稱很有趣對吧！

補充筆記　將正方形與圓形各自分成4等分的話，就可以組成許多有趣的形狀。一起享受這個遊戲吧！

金錢的誕生與物品的價值

福岡縣　田川郡川崎町立川崎小學
高瀨大輔老師

閱讀日期　月　日　月　日　月　日

猴子與螃蟹，誰比較賺？

「我拿1000日圓鈔票跟你換10000日圓的鈔票，好不好？」聽到這個提議的時候，應該沒人會開心答應吧？

這是因為，10000日圓的價值比較高，同意交換的話就會損失9000日圓。

日本有個童話叫做「猴蟹大戰」，故事裡的猴子擁有柿子的種子，螃蟹則擁有飯糰，這個故事是從牠們以物易物時展開的。牠們交換物品時，誰會比較划算呢？

飯糰雖然擁有「可以馬上食用」的價值，但是1個吃完就沒有了。另一方面，柿子的種子從種下到長出柿子之間，雖然需要很長的時間，但是在柿子樹枯萎之前，卻有很多柿子可以吃。所以這場以物易物，說不定對雙方都有利。

古老的時代都是以物易物

很久很久以前的人類社會，也和「猴蟹大戰」中的猴子、螃蟹一樣，交易時交換的是物品。他們會比較彼此的東西，然後衡量對自己是否有利，只要雙方都同意的話就可以順利交換。

但是隨著社會的擴大，就會有更多的人需要交換，還得跑去各種地方進行，所以就出現了「金錢」這種方便的工具。「金錢」讓社會上的人有了統一的價值觀，能夠讓交易更加順利。

試著想想看

探究物品的價值

在我們肚子餓和肚子飽的時候，對於同一份零食會有不同的感覺。因此使用自己的零用錢時，也要仔細思考東西對自己的價值，才能夠做出聰明的交易。

補充筆記　世界上仍有國家會在露天市場等進行以物易物，日本也有專門的跳蚤市場等，不是使用金錢，而是各自拿出物品來交換。

周長是12cm時的面積

12月12日

青森縣　三戶町立三戶小學
種市芳丈老師

閱讀日期　月　日　月　日　月　日

首先確認正方形與長方形

在小學4年級就學過，周長相同的不同圖形，面積可能不同。那麼，這個面積差異有多大呢？

首先請準備方眼紙與鉛筆，想出所有周長是12cm的圖形。因為面積有小數點的話會比較難計算，所以只要挑面積是整數的來討論就好。

首先找出來的面積是9、8、5cm²呢（圖1）。

圖1

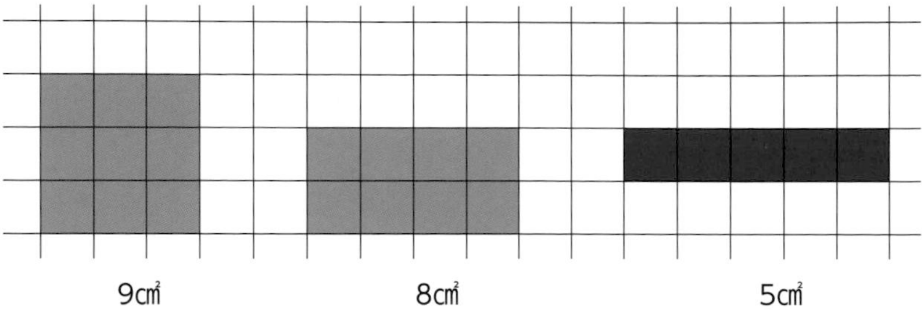

想出面積會改變的形狀吧

這邊提供1個提示，幫助大家找出更多的圖形，那就是——不是只有長方形或正方形才可以喔！所以接下來又找到像圖2這種凸形，並求出面積是7cm²。

這個圖形的周長也確實是12cm呢！

另外還有喔，提示是凹凹凸凸。找到了嗎？將圖2的直角往內縮的話，面積就會變成6或5cm²了（圖3）。

數一下目前找到多少種面積了吧！有9、8、7、6、5cm²，總共有5種。你是否覺得可能會有4與3cm²的形狀呢？沒錯，確實有喔！提示是「箭形」（圖4）。這種形狀還拼得出1與2cm²的圖形喔。

從這些圖形可以看出，就算周長相同，只要形狀不同的話，還是會有很大的面積差異。

圖2

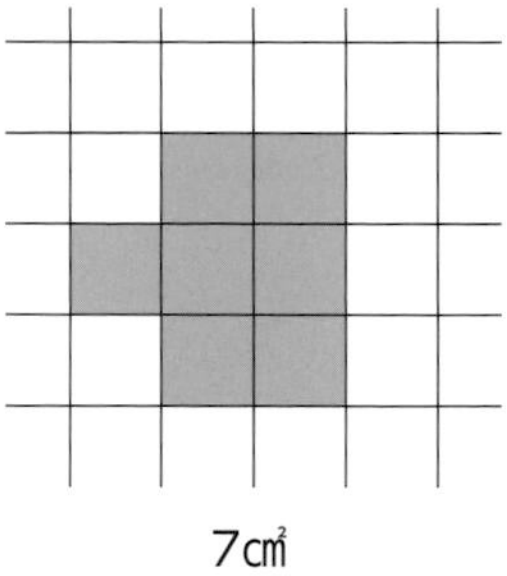

圖3

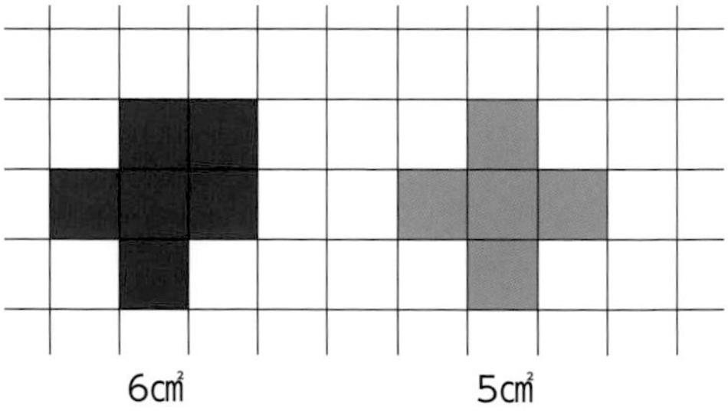

圖4

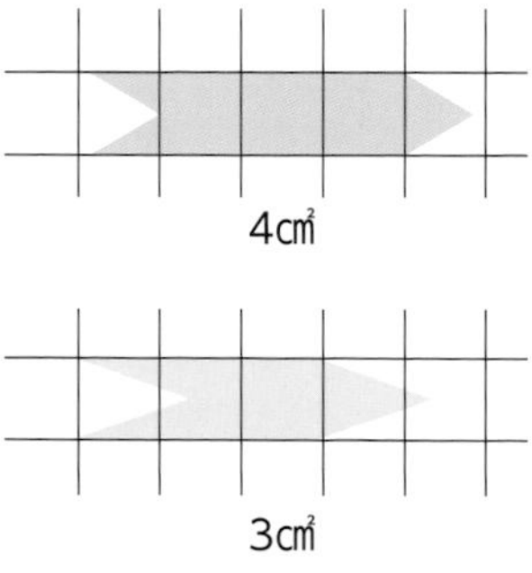

補充筆記　小學課程會學到計算長方形、平行四邊形、梯形、菱形、圓形與扇形等的面積。中學則會學習計算球形的表面積。在計算新的形狀面積時，都會運用之前學過的面積計算法喔！

該怎麼通過所有格子

熊本縣　熊本市立池上小學
藤本邦昭 老師

閱讀日期　月　日　月　日　月　日

圖2

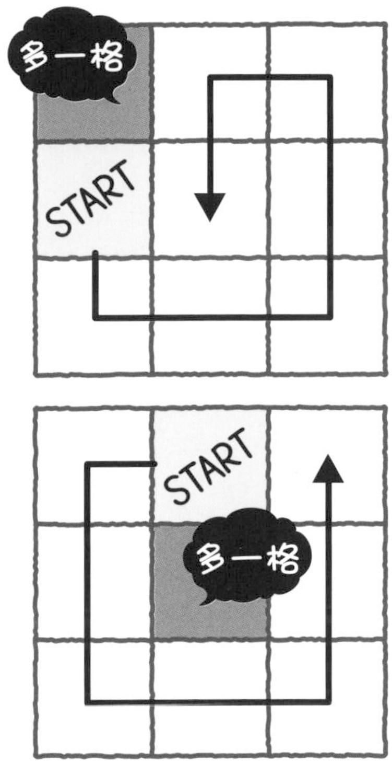

圖1

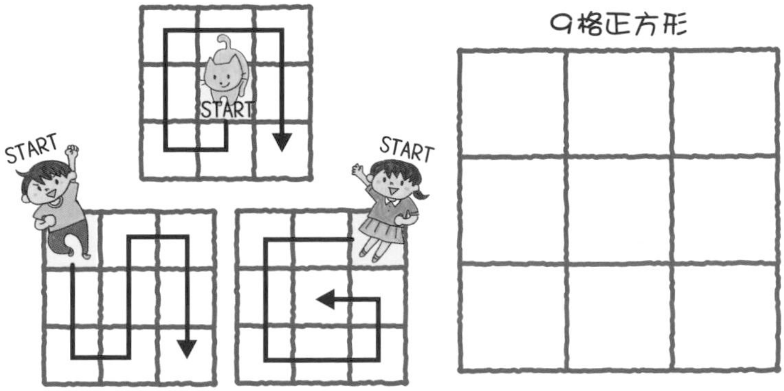

能夠通過所有格子嗎？

圖1是1個有9個格子的正方形。你能用一筆畫畫出通過所有格子的線嗎？

不過有個規則，那就是線條只能往直向或橫向前進（不可以是斜線，而且不能重複通過同1個格子）。

在思考各式各樣的畫法時，會發現隨著標記START位置的格子不同，有時會有無法通過每個格子的情形（圖2）。某些情況下，不管怎麼畫都會有漏掉的格子。

能夠通過所有格子的起點是？

在這9個格子中，要從哪幾格開始，才能畫出通過所有格子的線條呢？

標示出可以做為出發位置與不能做為出發位置的格子後，看起來就像日本的市松花紋（圖3）。

從畫×的格子出發時，就沒辦法畫出通過所有格子的線條了。為什麼呢？

算算看畫有○與×的格子，可以得知有5個○與4個×。因為只能直向或橫向前進，所以從○出發後，下一格一定是×。也就是說，線條會輪流通過○與×，但是從×出發的話，就一定會多出1格○。

圖3

從這裡出發，能畫出通過所有格子的線條時，就會畫○，不能的話就會畫×。

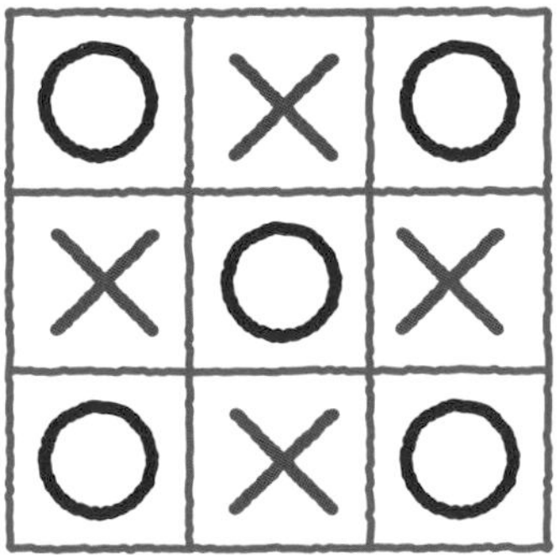

補充筆記　試試看把縱向、橫向各改成4格，變成16格後畫畫看。該從哪裡出發才能通過全部的格子呢？原因為何？

關於單位與測量

1天的開始是什麼時候？

12月14日

學習院初等科
大澤隆之老師

閱讀日期　月　日　月　日　月　日

從前不是從午夜12點開始

日本在江戶時代的時候，是將黎明當作1天的開始，黎明（拂曉）的定義是「在眼前展開雙手，能看見手的時候」。因此就算過了午夜12點，只要天還沒亮，就不算隔天。舉例來說，日本的「赤穗浪士報仇事件」，就是發生在12月15日凌晨4點左右，但是因為天還沒亮，所以人們都將其視為12月14日發生的事情。

有些國家從傍晚就算隔天

伊斯蘭國家與巴基斯坦，將夕陽西沉的時刻視為1天的開始（大約是日落後30分鐘起）。基於相同原因，基督教與猶太教的許多節日與儀式（聖誕夜或斷食等），也都是從傍晚開始。充滿沙漠地帶的地區，因為白天太炎熱的關係難以活動，所以往往會從傍晚開始從事各種活動。

但是黎明與日落的時間會隨季節變動，使得「1天開始」的時間會有所改變，這會使人感到困擾。因此歐洲從產業革命時期開始，就把午夜12點視為1天的開始。畢竟從這個時代開始，人們會在夜晚打開電燈，工作時間也會延長，按照原本的區分法時，1天的開始與結束時間就顯得特別模糊。

你是否覺得將從午夜12點開始視為隔天，是一件理所當然的事情呢？其實各個時代與國家裡的「1天開始的時間」，都可能有所差異喔！

試著記起來

奈良時代是從午夜12點展開新的一天!?

中國漢朝（西元前）時就已經有精準的天文水鐘，所以當時的學者，就已經找出夜晚的中心，並且知道這與白天太陽位在最高處時，是剛好互相相反的時間，因此就把午夜12點視為1天的開始。日本在奈良時代引進了這個方法，也開始以午夜12點為1天的起點。

補充筆記　江戶時代的學者曾經留下這樣的字句：「雖然這個世界將黎明當成1天的起始，但是真正的起始時間是午夜子時，必須將這件事情告訴大眾」（1740年）。

按照順序相加時的數字排列～費伯納西數列～

熊本縣　熊本市立池上小學
藤本邦昭老師

閱讀日期　月　日｜　月　日｜　月　日

你知道這些數字排列方法嗎？

你看得出來下面的數列（一組按順序排列的數），是以什麼樣的規則排列呢？

1、1、2、3、5、8、13、21、34、55、89……。

除了最前面的2個「1」以外，從第3個數字開始所有數字都是前面2個數字的總和。

1
1
2 = 1 + 1
3 = 1 + 2
5 = 2 + 3
8 = 3 + 5
⋮

這種數列就稱為「費伯納西數列」。

「費伯納西」是義大利12～13世紀間，一位真實存在的數學家的名字。

大自然中的數列

自然環境中也找得到費伯納西數列。舉例來說，松果的「鱗片」數量與樹枝分岔規律，都符合費伯納西數列。

此外，試著調查葵花子等的排列數字時，也會發現經常出現「5」、「8」與「21」、「34」等數字。

試著算算看

能夠不使用「0」嗎？

費伯納西數列的規則，就是「所有數字都是前面2個數字的總和」。使用這種規則，我們也能自己創造出各式各樣的數列。假設這種數列的第5個數字是「10」，在不使用「0」的前提下，第1～第4個數字各是多少呢？

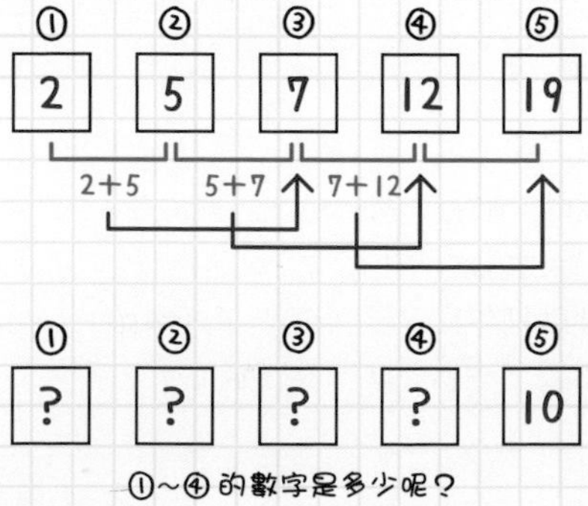

補充筆記　「試著算算看」的解答是2、2、4、6、10。訣竅是從右邊開始思考。不妨自行決定第5個數字後，再來想想看前面該怎麼排序吧？說不定能夠找到2個以上的答案，或是看見不同的規律喔！

數字與計算的歷史故事

為什麼要叫做甲子園？

12月 16日

明星大學客座教授
細水保宏老師

閱讀日期 月 日 | 月 日 | 月 日

有聽過六十干支嗎？

在日本高中棒球中最有名的甲子園球場，之所以命名為「甲子」，是因為球場落成的1924年，正好是甲子年的緣故。甲子是源自於六十干支，接下來就來認識六十干支吧！

古代的中國將天空分成12等分，並定下了12個方位，並按照位置擺上了十二地支。

北方為子、南方為午，因此通過北極與南極的經線，就稱為子午線。

此外，中國將1個月分成3等分，按照順序分別是上旬、中旬與下旬，每旬各10天，並用文字來表示順序。這就是十天干。

中國從殷朝開始，就會將十天干與十二地支組合在一起，藉此計算日期與年份。因為10與12的最小公倍數是60，所以從十天干與十二地支中各取1個來組合的話，總共會有60種組合。

十二地支
子、丑、寅、卯、辰、巳、午、未、申、酉、戌、亥

十天干
甲 乙 丙 丁 戊 己 庚 辛 壬 癸

六十干支

甲子 1	乙丑 2	丙寅 3	丁卯 4	戊辰 5	己巳 6	庚午 7	辛未 8	壬申 9	癸酉 10
甲戌 11	乙亥 12	丙子 13	丁丑 14	戊寅 15	己卯 16	庚辰 17	辛巳 18	壬午 19	癸未 20
甲申 21	乙酉 22	丙戌 23	丁亥 24	戊子 25	己丑 26	庚寅 27	辛卯 28	壬辰 29	癸巳 30
甲午 31	乙未 32	丙申 33	丁酉 34	戊戌 35	己亥 36	庚子 37	辛丑 38	壬寅 39	癸卯 40
甲辰 41	乙巳 42	丙午 43	丁未 44	戊申 45	己酉 46	庚戌 47	辛亥 48	壬子 49	癸丑 50
甲寅 51	乙卯 52	丙辰 53	丁巳 54	戊午 55	己未 56	庚申 57	辛酉 58	壬戌 59	癸亥 60

補充筆記 用六十干支計算日期時，日曆每經過60年就會循環一次。因此到了60歲時，就會慶祝「還曆」。

這也是眼睛的錯覺？③

御茶水女子大學附屬小學
久下谷 明老師

閱讀日期　月　日　月　日　月　日

以相同間距排列的直線……

在之前內容中已經介紹過幾則容易產生眼睛錯覺的圖形。今天是這個系列的最後1則（相關頁數：第326頁、第346頁、第373頁）。

一起享受這個不可思議的世界吧。

首先請看圖1Ⓐ和Ⓑ裡的2條直線。

圖1

Ⓐ平行

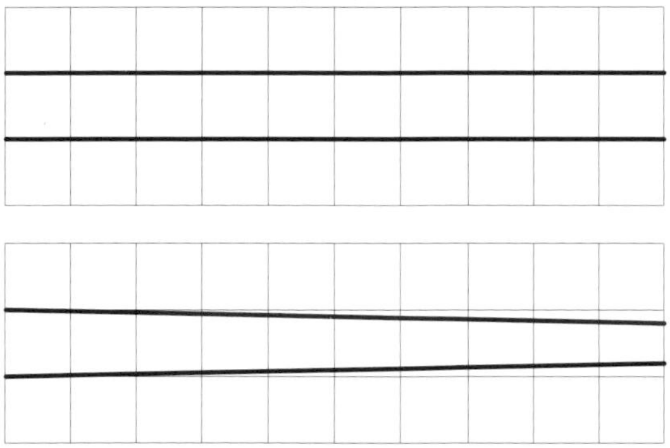

Ⓑ不是平行

Ⓐ的2條直線，一直保持相同的間距，所以不管延伸得多長，2條線都不會交錯。這樣的直線關係就稱為「平行」（Ⓑ的2條直線就不是平行）。

看起來歪掉也只是錯覺？

接著請看圖2、圖3與圖4。看起來像一堆扭曲的橫線嗎？其實這些橫線都是互相平行的，只是圖2與圖3看起來像是往左邊或右邊偏斜了。圖4看起來則是中間最寬，兩側則變窄了。

這也是眼睛的錯覺，請仔細確認，看這些橫線是否真的互相平行。

本書介紹了不少會引發眼睛錯覺的圖案，但也只是眾多案例中的一小部分。平常也找找看還有哪些錯視圖吧！

圖2

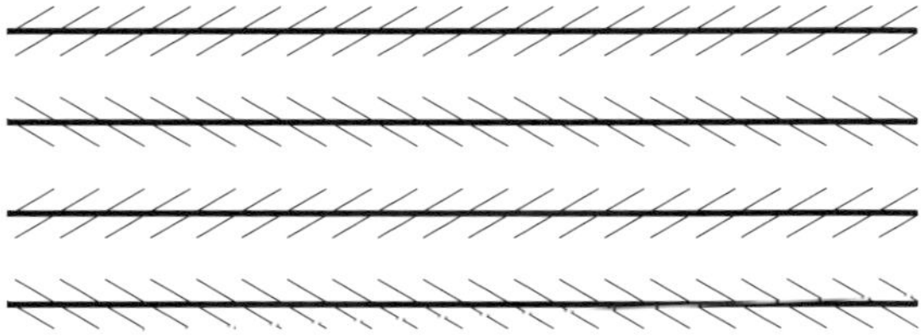

圖3

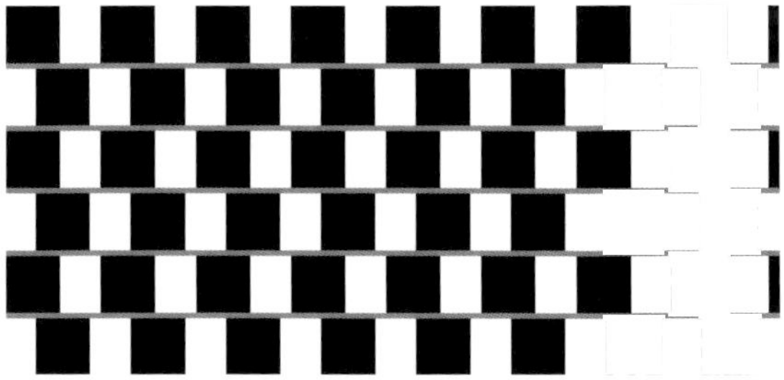

圖4

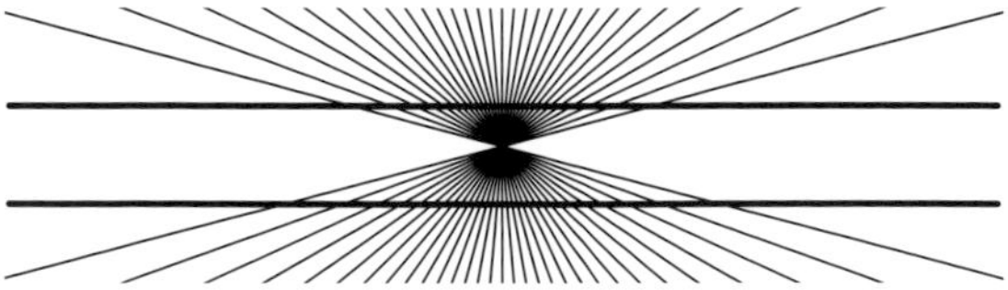

補充筆記　圖2：傑魯納錯視圖，圖3：咖啡廳牆錯視圖，圖4：赫林錯視圖。圖2與圖4都是使用發現者的名字，圖3則如字面上的意思，是指咖啡廳的牆壁。

旋轉10元硬幣

北海道教育大學附屬札幌小學
瀧平悠史老師

閱讀日期　月　日｜　月　日｜　月　日

10元硬幣會朝向哪邊？

大家的家裡應該有10元硬幣吧？請準備2枚後，排列成和圖1一樣。

圖1

請先用手指按住下方的10元硬幣，然後讓上面的10元硬幣，貼著下面硬幣的邊緣繞轉1圈。重點是要讓2個硬幣的邊緣相互緊貼，以滑動的方式繞轉。

那麼，當上面的硬幣繞完下面的硬幣1圈後，上面的硬幣會轉幾圈呢？

首先試著思考，像圖2這樣把上面的硬幣，繞到下面硬幣的3點鐘方向時，上面的硬幣會轉幾圈。

因為是繞轉到下面硬幣的圓周$\frac{1}{4}$位置，所以猜測10元硬幣應該會呈現橫向。但是實際操作後會發現，10元硬幣的方向竟然顛倒過來了，真是不可思議（圖3）。

圖2

圖3

讓硬幣轉1圈吧

接著繼續繞轉，當上面的硬幣繞到不動的硬幣正下方時，會朝著什麼方向呢？這時候因為上面的硬幣本身轉了1圈，所以又回到原本方向了（圖4）。

圖4

也就是說，上面的硬幣繞著不動的硬幣轉半圈時，上面的硬幣就會自己轉動1圈，所以繞完不動的硬幣1圈的話……沒錯，上面的硬幣本身就會轉動2圈。實際做做看，就能夠證實這件事情了（圖5）。

圖5

補充筆記　當不動的硬幣，換成直徑是2倍的圓形時，上面的硬幣在繞完不動的硬幣1圈後，會轉幾圈呢？不妨嘗試看看，一定很有趣喔！

關於數字與計算

中間數的奇妙之處
～有3個數字時～

12月 19日

熊本縣　熊本市立池上小學
藤本邦昭老師

閱讀日期　月　日　月　日　月　日

算出合計數字吧

請從數表（按照特定規律排出的數字表）中，選出3個相連的數字圈起來。比方說，在以1、2、3……順序排列的數表中（圖1），圈出14、15、16這3個數字，然後將這些數字加起來，14＋15＋16＝45。

接著挑出這3個數字的中間數「15」乘以3倍（15×3＝45），算出來的答案會和合計數字相同。這是巧合嗎？

接著再選擇3個斜向相連的數字圈起。假設這次選擇的是20、31、42這3個數字，那麼總計就是93。

然後取出中間的數字「31」乘以3看看。結果31×3＝93，還是跟合計數字一樣呢！

圖1

0	1	2	3	4	5	6	7	8	9
10	11	12	13	14	15	16	17	18	19
20	21	22	23	24	25	26	27	28	29
30	31	32	33	34	35	36	37	38	39
40	41	42	43	44	45	46	47	48	49
50	51	52	53	54	55	56	57	58	59
60	61	62	63	64	65	66	67	68	69
70	71	72	73	74	75	76	77	78	79

拿出月曆試試看吧

請參考圖2，選出3個縱向相連的數字吧。這次的合計數字是3＋10＋17＝30。

中間的數字是「10」，乘以3之後是10×3＝30。果然還是與合計數字相同呢！

只要是以這種形式排列的數表，任3個相連（縱、橫、斜向）的數字相加後的答案，都會與中間數的3倍相同。

真奇妙呢！

如果把3個數字改成5個的話，又會有什麼樣的結果呢？答案會是正中央數字的5倍嗎？請一起試試看吧。

圖2

日	一	二	三	四	五	六
		1	2	3	4	5
6	7	8	9	10	11	12
13	14	15	16	17	18	19
20	21	22	23	24	25	26
27	28	29	30	31		

12月

補充筆記　選3個連續數字後，正中間的數字就是3個數字的「平均值」，因此只要將「平均值」×「個數」，就能計算出「合計數字」了。

關於圖形

關於飄浮在空中的六邊形

12月 20日

島根縣　飯南町立志志小學
村上幸人老師

閱讀日期　月　日　月　日　月　日

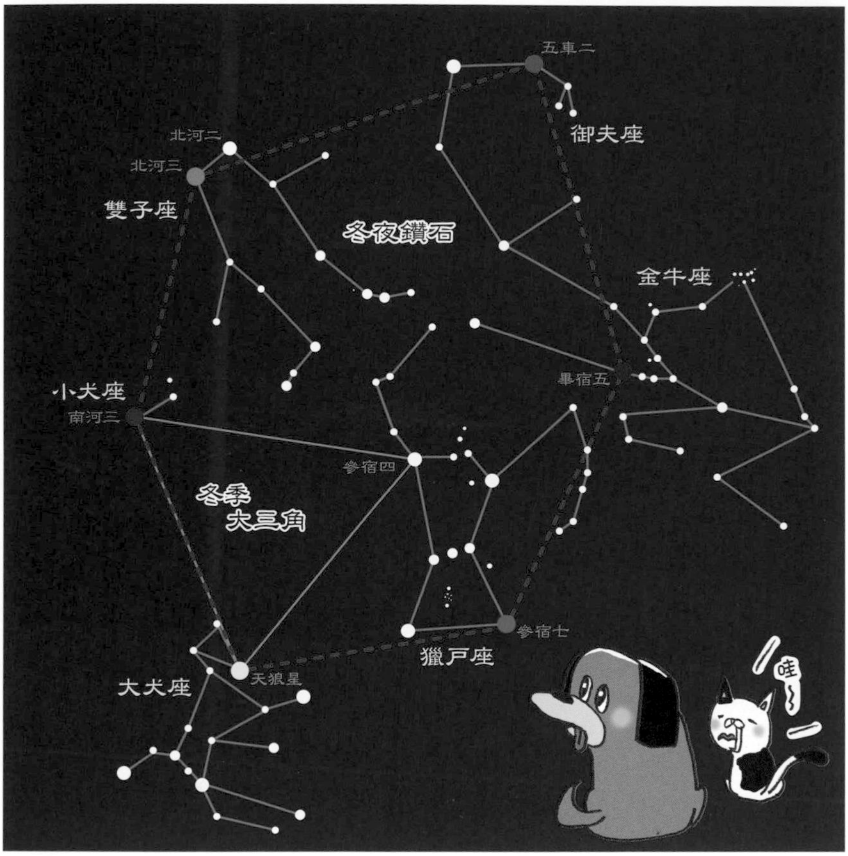

冬天有很多明亮的星星！

本書在春、夏、秋季時，都有請大家仰望夜空，找找看三角形與四邊形（參照第130頁、第222頁、第309頁）。那麼冬天時可以看見什麼樣的形狀呢？如果今晚天氣晴朗的話，就抬頭看看夜空吧。

冬天有很多明亮的一等星，夜空非常美麗。往東南方看的話，還能找到3顆特別顯眼的明亮星星。將這3顆星星連起來後，會很接近正三角形，這就叫做「冬季大三角」。

這是由紅色的參宿四（知名的獵戶座左上方）、其左下角的大犬座天狼星（除了行星以外最亮的星星），以及小犬座的南河三所組成。

6個星星組成的鑽石

冬天的夜空不是只有三角形而已，以紅色的參宿四為中心，搭配獵戶座左下的參宿七、金牛座的畢宿五、御夫座的五車二、雙子座的北河三，最後再繞回來小犬座的南河三。

將這些星星連接起來的話，就會形成六邊形，又稱為「冬夜鑽石」。這個由一等星組成的大型六邊形，看起來就像鑽石一樣耀眼吧！

補充筆記　將夜空的星星看成點狀的話，2點就能連成直線，3點就能連成三角形。使用這種方式，就可以看見許多圖形呢！

關於數字與計算

偶數與奇數，哪個比較多呢？

12月 21日

御茶水女子大學附屬小學
岡田紘子 老師

閱讀日期 月 日 月 日 月 日

圖1

蝴蝶與花，哪個比較多？

請看一下圖1，蝴蝶與花哪個比較多呢？只要用線把蝴蝶與花連起來，還有剩的那一邊就是比較多的。把它畫成圖2看看，這樣是不是一眼就看出花比較多呢？

如果兩邊數量相同的話，全部的蝴蝶與花都可以用線連起來。像圖3這樣，把蝴蝶與花連起來之後，就知道兩邊的數量相等了。

圖2

圖3

沒有多餘的時候……

接下來一起算算數量更大的東西吧。2、4、6、8這些能夠被2除盡的「偶數」，與1、3、5、7這些用2除不盡的「奇數」，哪一個比較多呢？

當然也可以像圖4這樣，把所有的數字都用線連起來。雖然偶數與奇數都是永無止盡的，但還是可以用線相連。因為畫了線之後，不會有多出來的部分，由此可知，偶數與奇數跟剛才的蝴蝶與花一樣，數量是相等的。

圖4

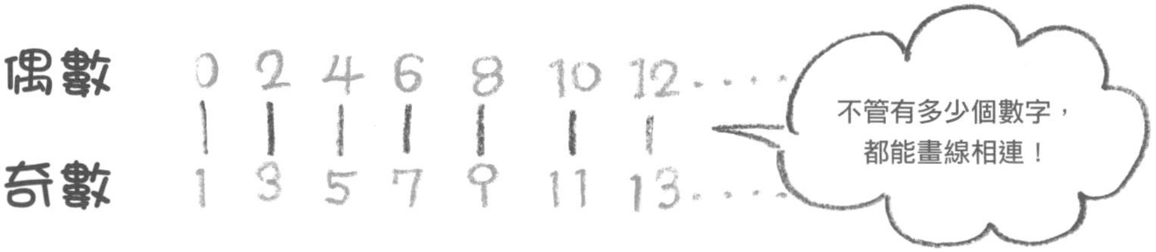

補充筆記 偶數與自然數（1、2、3、4、5……）哪一個比較多呢？實際去比較的話，也不會有多出來的部分，所以可以將兩者視為一樣多。數學的世界是不是很奇妙呢？

邊長變成2倍的話……？

關於圖形

12月22日

熊本縣　熊本市立池上小學
藤本邦昭老師

閱讀日期　月　日　月　日　月　日

邊長變成2倍的話，面積呢？

圖1有個正方形ＡＢＣＤ。

圖2將正方形的每個邊，都朝同方向拉長2倍。

然後將周遭的點連接起來，形成正方形ＥＦＧＨ，這時正方形ＥＦＧＨ的面積會是正方形ＡＢＣＤ的幾倍呢？因為邊長變成2倍，所以面積也是2倍？看起來好像更大，所以是4倍？

答案是5倍。為什麼會這樣呢？請像圖３一樣，挪動圖中的直角三角形，用長方形來思考就可以理解了。

進一步延伸問題

圖4是使用前面介紹的方法，將正方形ＡＢＣＤ的邊延長至3倍，然後畫出來的正方形ＩＪＫＬ。這時新畫出來的正方形面積，就變成正方形ＡＢＣＤ的13倍了。

該怎麼做才能算出13倍這個答案呢？請像圖５一樣挪動直角三角形，轉換成長方形思考看看吧。

圖1

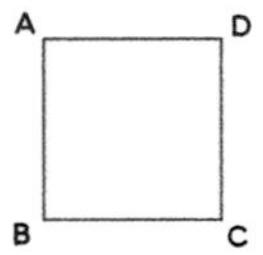

圖2

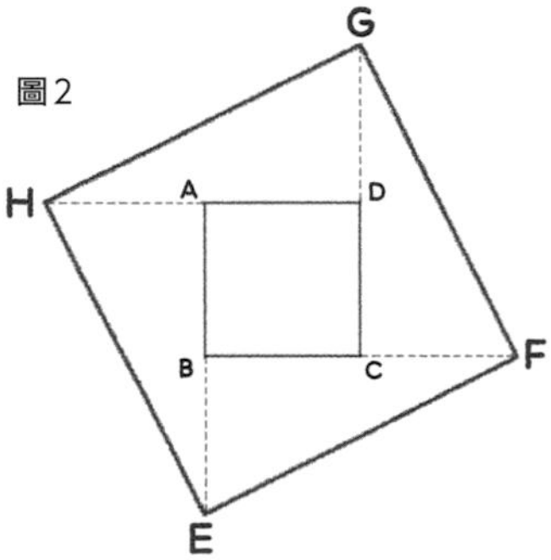

圖3

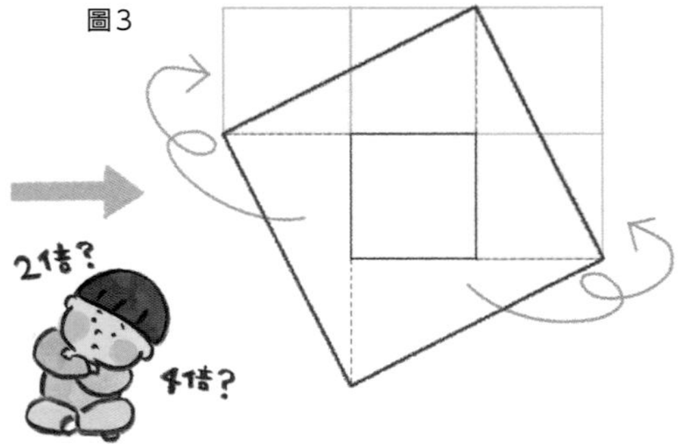

圖4

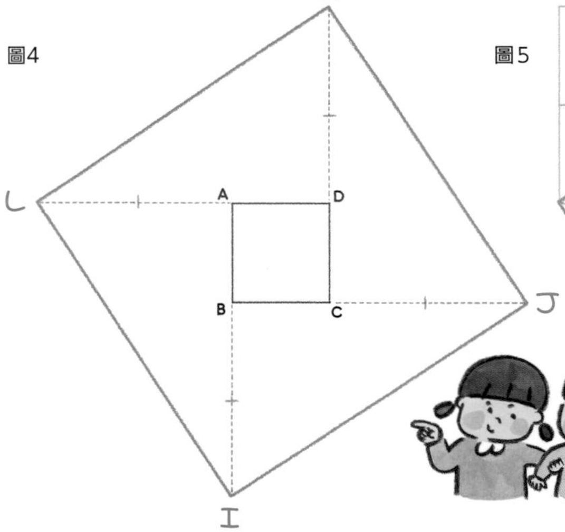

圖5

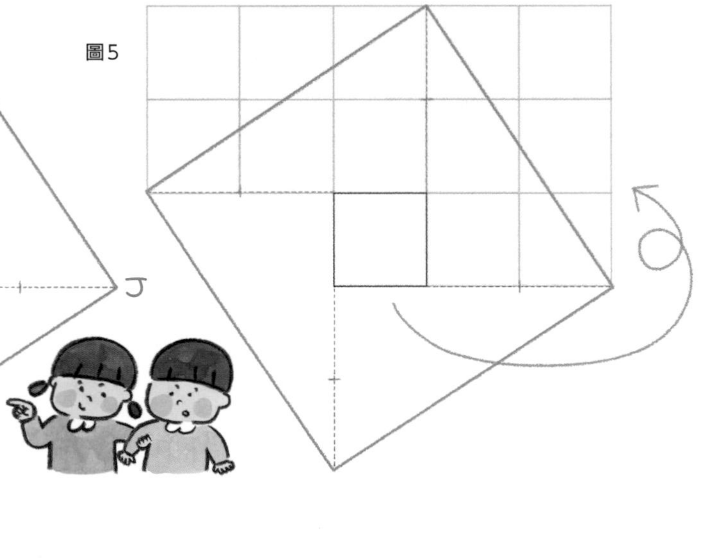

補充筆記　9月17日有介紹過用4個直角三角形組成正方形的方式（參照第301頁），請複習一下吧。

關於數字與計算

國外的筆算方法五花八門

12月23日

東京都　豐島區立高松小學
細萱裕子老師

閱讀日期　月　日　月　日　月　日

世界共通的數字真方便！

我們平常在使用的1、2、3……等數字（阿拉伯數字），是很多國家都通用的數字。雖然日本也有一、二、三……這種漢字的數字，但平常還是會以阿拉伯數字為主。其他國家也一樣，雖然有各自獨特的數字，但平常主要還是使用阿拉伯數字。像這種各個國家都通用的數字，用起來真的很方便。

但雖然數字是共同的，各個國家仍有各自的計算方法與規則等。日本也有獨特的數學規則，拿到國外的話就不一定通用了。

計算方式五花八門

本頁要帶大家一起看看除法的筆算，日本使用的是左上角的方法。

其他國家的書寫方法就像上圖一樣，五花八門。其中也有不少國家寫法很相似，請一起試著用其他國家的方式進行筆算吧。

補充筆記　各個國家都會按照「列式」、「相乘」、「扣除」的順序計算，差異在於「被除數」、「除數」、「商」與「餘」的書寫位置。

2 與生活有關的算術

蛋糕的尺寸
～「號」的意思～

12月 24日

東京都　杉並區立高井戶第三小學
吉田映子老師

閱讀日期　月　日　月　日　月　日

5號與6號蛋糕？

生日或聖誕節的時候，家裡會不會買來又大又圓的奶油蛋糕慶祝呢？

在日本蛋糕店看見蛋糕時，旁邊的標籤都會寫著這類的標示：

5號　2000日圓

標示上寫的2000日圓是價格，那麼「5號」又是代表什麼呢？

這個數字指的是蛋糕的大小，蛋糕愈大的話，數字就會愈大。

用來表示蛋糕大小的單位「號」，是以3cm為1個單位，所以「5號」蛋糕的直徑，就是3cm的5倍——15cm。

與傳統單位「寸」的關係

為什麼日本的蛋糕店，會決定每增加3cm，就增加1號呢？

這與日本的傳統長度單位息息相關。

日本有個傳統單位是「寸」。原本用來烤出海綿蛋糕的器皿，都是用「寸」當作單位。

因為1寸大約等於3cm，所以以前標示為直徑5寸的器皿，就等於直徑15cm的器皿，使用這種器皿烤出來的蛋糕，就稱為「5號蛋糕」。

所以，想烤出6號蛋糕的話，就要使用6寸的器皿。如此一來，烤出的蛋糕直徑也會比5號蛋糕長3cm，變成18cm。

大家要在日本買蛋糕時，可以好好參考今天介紹的單位。

試著查查看

奶油與裝飾品!?

因為「○號」蛋糕，是用「○寸」器皿烤出來的，所以如果添加大量奶油的話，尺寸也會跟著改變。另外，如果再擺上水果或裝飾品的話，分量感也會跟著改變呢！

補充筆記　日本市面上在標示鍋子等的大小時，也會按照「寸」標成「號」。

聖誕節是什麼樣的節日？

12月 25日

學習院初等科
大澤隆之老師

閱讀日期　　月　　日　　月　　日　　月　　日

耶穌的生日？

12月25日聖誕節，正是耶穌的生日。那麼耶穌是西元幾年的12月25日出生的呢？翻翻世界史的年表後，發現「耶穌出生於西元前4年左右」。

那麼，西元1年是怎麼定下來的呢？「耶穌誕生日」的隔年，就是西元1年。

奇怪？好像不太對勁呢？

是不是算錯了？

事實上，耶穌誕生時的歐洲，使用的是「羅馬曆」。據說耶穌是羅馬曆753年12月25日誕生的。大約在500年後，神學家狄奧尼修斯提議：「從耶穌誕生日開始計算年份！」

後來他們就將耶穌誕生的隔年當成西元1年。這是發生在西元532年的事。

但是當時在計算時卻出了錯，過了很久之後，人們才知道耶穌出生的年份，比西元1年還早了4年。

因此耶穌的出生年份才會變成「西元前（BC）4年」。BC是「Before Christ」，也就是「耶穌基督誕生前」的意思，很有趣吧。

試著做做看

挑戰製作出年表！

請動手做做看年表吧！西元１年的前１年是幾年呢？０年？答錯了，雖然有西元１世紀，但是可沒有０世紀喔。這與一般的數線是不一樣的。

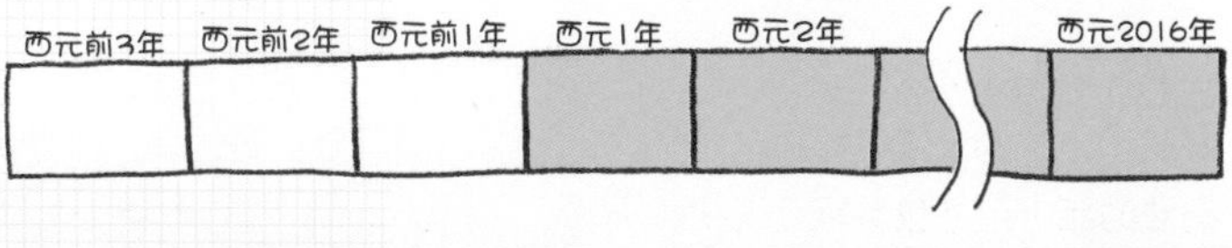

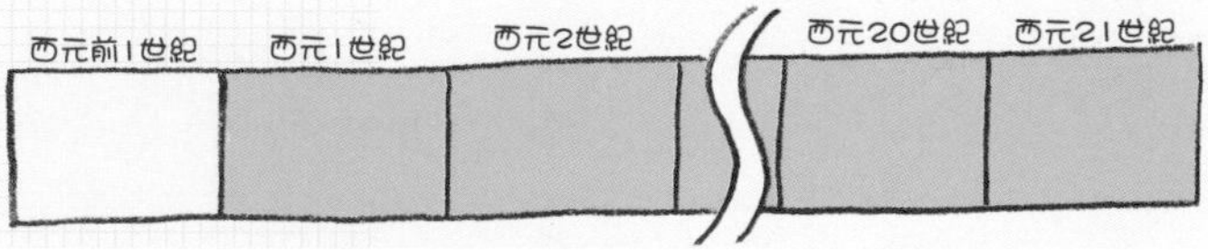

12月

補充筆記 世界上對於耶穌誕生有許多看法。雖然有人把12月25日當成耶穌誕生日，但是因為傳說耶穌誕生時天空有特別的光體，所以從有特別星星存在的季節來計算時，就會出現4月、6月、9月等看法。

2 與生活有關的算術

搭乘率是什麼？

12月 26日

御茶水女子大學附屬小學
久下谷 明老師

閱讀日期　月　日｜月　日｜月　日

新聞裡的搭乘率

日本在中元節或過年期間，都會從新聞中聽到下列句子：

「新年返鄉人潮的高峰落在30日，各地車站與機場都大排長龍。東海道新幹線早上6點從東京出發，往博多方向行進的列車「希望號1號」自由座搭乘率達200%，東北、山形新幹線的搭乘率也達150%……。」

這裡談到的搭乘率200%與150%是什麼意思呢？

搭乘率又稱為混雜率（擁擠率），是用來表示電車擁擠程度的數值。

搭乘率會按照圖1的狀況決定，可以看到搭乘率200%的時候光站都覺得辛苦，250%時又更艱辛了呢！

是怎麼算出來的呢？

那麼「電車的搭乘率100%」與「搭乘率150%」是怎麼判斷出來的呢？

根據鐵路公司的人表示，基本上是用目視確認電車中的狀態，符合圖1的哪一種狀況。例如：

「這個擁擠程度應該是120%呢！」

圖1

搭乘率［擁擠程度］的參考圖

100%：乘客可以坐在椅子上、抓住吊環或是門旁握把。

150%：乘客可以攤開報紙來看。

180%：乘客必須將報紙折得小小的，看得有點辛苦。

200%：乘客的身體會互相接觸，雖然有壓迫感，但還可以翻閱雜誌。

250%：每當電車搖晃時，身體就會跟著傾斜。乘客的身體難以動彈，連手都很難移動。

※取自日本國土交通省官網

鐵路公司的人還告訴我們，繞著東京都中心行駛1圈的山手線，可以透過手機的APP，查到部分車次的即時搭乘率。

那麼APP上的搭乘率是怎麼算出來的呢？原來是從現在行駛中的電車重量，扣掉無人搭乘時的重量，藉此求出乘客的重量，然後再以此為基準計算出搭乘率。沒想到竟然能夠從重量計算出搭乘率，真是令人驚訝呢！

補充筆記　搭乘率所使用的%，又稱為「百分比」，是表示比例的單位。等你升到高年級的時候，就會學到比例與百分比了。

來玩江戶時代的拼圖「裁合」

東京都　杉並區立高井戶第三小學
吉田映子老師

閱讀日期　月　日　月　日　月　日

古老的頭腦體操

江戶時代實施鎖國政策的日本，發展出了一套獨特的數學，名叫「和算」。

現在都會決定好幾年級的學生要學習什麼，以前卻不一樣，不管是大人還是小孩，都會用「拼圖」學習和算。

和算有種拼圖叫做「裁合」。裁縫拿來剪布用的大型剪刀，就叫做「裁縫剪刀」，而「裁合」的「裁」就和「裁縫剪刀」的「裁」一樣，都是「剪」的意思。「裁合」就是指「剪開後再組合起來」。

試著回答問題吧

一起來思考看看，江戶時代《勘者御伽雙紙》這本書當中的問題吧！

【問題】

請剪開圖1這個三角形，重新組合成正方形吧。

【答案】

舉例來說，剪下左側再與右側連接在一起，就會變成正方形了。也想想看有沒有其他方法吧。

圖1

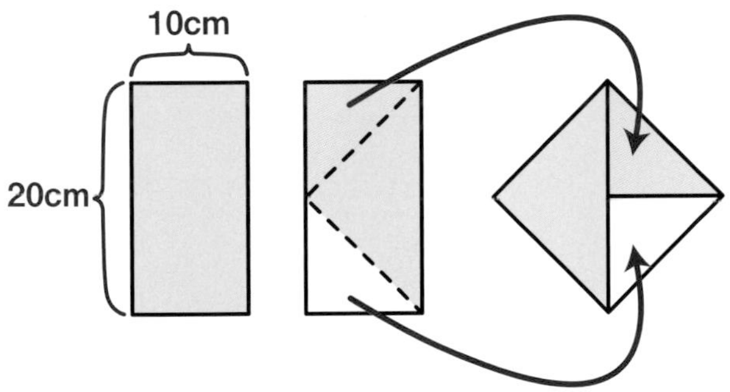

試著做做看

挑戰江戶時代的拼圖

接下來要介紹的，是寫在《和國智慧較》的問題。請將右圖的長方形，剪成2個相同的形狀，然後重新組合成正方形。只要像圖中一樣剪出階梯形狀，就能拼湊成正方形了。長16㎝、寬25㎝的長方形，也可以使用相同的方法喔！

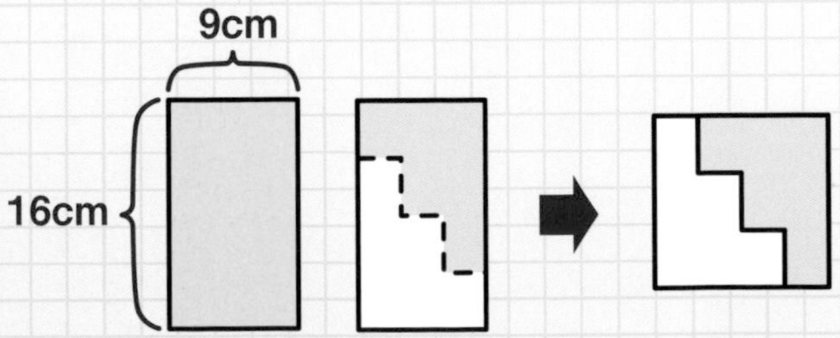

補充筆記　製作和服的時候，會拿一塊長長的布（反物），在不浪費布料的情況下裁剪，然後將這些剪下的布料縫製起來。這個過程也叫做「裁合」（參照第45頁）。

關於漫長時間的故事

立命館小學
高橋正英老師

閱讀日期 月 日 月 日 月 日

佛教世界中的「劫」

江戶時代的數學家吉田光由，寫出了一本熱賣的數學書《塵劫記》（1627年）。

《塵劫記》裡蘊含著這樣的意義——「即使經過等同於永遠的漫長時光，這本書裡的知識，仍是不變的真理」。而今天要介紹的，就是《塵劫記》中的「劫」這個字。

佛教世界裡的「劫」是種時間單位，代表的是非常漫長的時間。佛教就有2則與「劫」相關的故事。

其中一則是「磐石劫」，內容是「天女每3千年會降臨人間，並以天衣磨擦40里（約160km）立方的岩石，磐石劫指的就是天女將岩石磨盡所需要的時間。」

另外一則是「芥子劫」，內容是「將芥子塞滿40里（約160km）立方的箱子，然後100年取1粒出來，芥子劫即是取走所有芥子所需的時間」。不管是哪一個，都漫長得令人無法想像。

有名的「萬壽無疆」？

很多日本人都聽過《萬壽無疆》的故事，內容是一位父親強烈希望孩子能夠長壽，所把很多長壽的吉祥話，都塞進了孩子的名字裡，名字中就包括「劫」這個字。

「萬壽無疆，萬壽無疆，五『劫』磨完石……。」

這裡的五「劫」磨完石，就是指剛才介紹的「磐石劫」。「劫」本身已經非常漫長了，這位父親卻還想要5倍的時間。只要了解「劫」的意思，就能夠更深刻感受到故事的有趣之處。

日本人在抱怨的時候，容易脫口說出「億劫」這個字，意思是非常麻煩。

不過從「一億個『劫』」這個角度來解釋的話，就會覺得這個詞不太適合隨隨便便說出口呢！

補充筆記 「未來永劫」的「劫」也是相同的意思。請找找看「劫」還有沒有運用在什麼地方呢？

2 與生活有關的算術

奇妙的時差
～世界的標準時區～

12月 29日

東京都　豐島區立高松小學
細萱裕子老師

閱讀日期　月　日　月　日　月　日

日本白天時，其他國家是什麼時候？

你有沒有透過實況轉播，觀賞過在國外舉辦的奧運或世界盃足球賽呢？

如果有的話，可能會遇過日本明明還是夜晚，畫面上卻是白天，或是想看某場比賽，結果要大半夜才開始等狀況。

因為每個地區的時間都不一樣，而這種時間上的差異，就稱為「時差」。

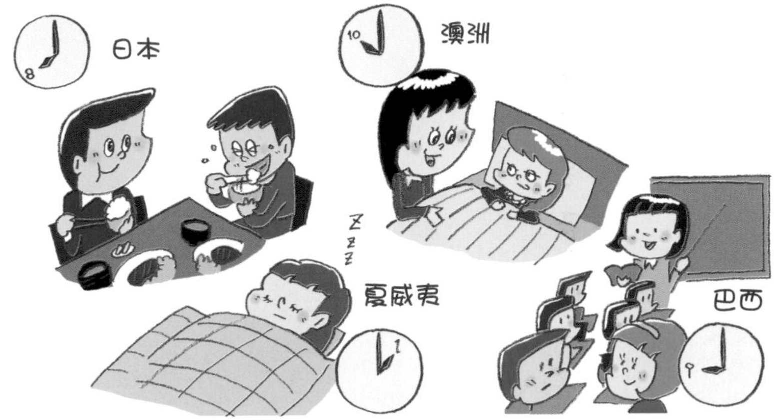

以日本與夏威夷為例。夏威夷比日本晚19個小時，所以當日本處於晚上20點（下午8點）的時候，夏威夷就是20－19＝1，也就是凌晨1點。

那麼在日本20點的時候，澳洲雪梨又是幾點呢？那裡比日本快2個小時，所以20＋2＝22，22點也就是晚上10點。巴西則比日本晚11個小時，所以就是20－11＝9，也就是早上9點。

各地時間的決定方法

世界上有種名叫「標準時間」的全球時間基準。由於經度0度的子午線，通過了英國格林威治天文臺，所以時間就會以這裡為準。把經度0度當成基準後，就會每隔15度就設定1個時區。

往東西兩側延伸的俄羅斯，因為國土遼闊的關係，所以橫跨了9個時區。而日本的東西跨幅大約是30度，並以國土中間的兵庫縣明石市為基準，將全國統一使用同一個時區。所以，當日本人在國內旅行時，不管走到哪裡都不會有時差的問題。

試著記起來

地球的換日線

為了避免時間落差達到1天（24小時）以上，國際間也設定了名為「國際換日線」的界線，能夠讓日期維持正常運作。而世界上時間過得最快的國家，就是位在國際換日線西側的吉里巴斯共和國。

補充筆記　有些國家還使用了「夏令時間制度（日光節約時間）」，他們會在太陽出來時間比較長的夏季，把時間撥快1個小時，藉此活用時間，據說也有助於節能等。

2 與生活有關的算術

從1樓走到6樓要幾分鐘？

12月 30日

學習院初等科
大澤隆之老師

閱讀日期　月　日　月　日　月　日

畫成圖思考看看

這裡有個機器人要上樓，它從1樓走到3樓需要花3分鐘。那麼以相同速度從1樓走到6樓時，需要幾分鐘呢？

既然走到3樓需要3分鐘，那麼走到6樓就需要6分鐘囉？

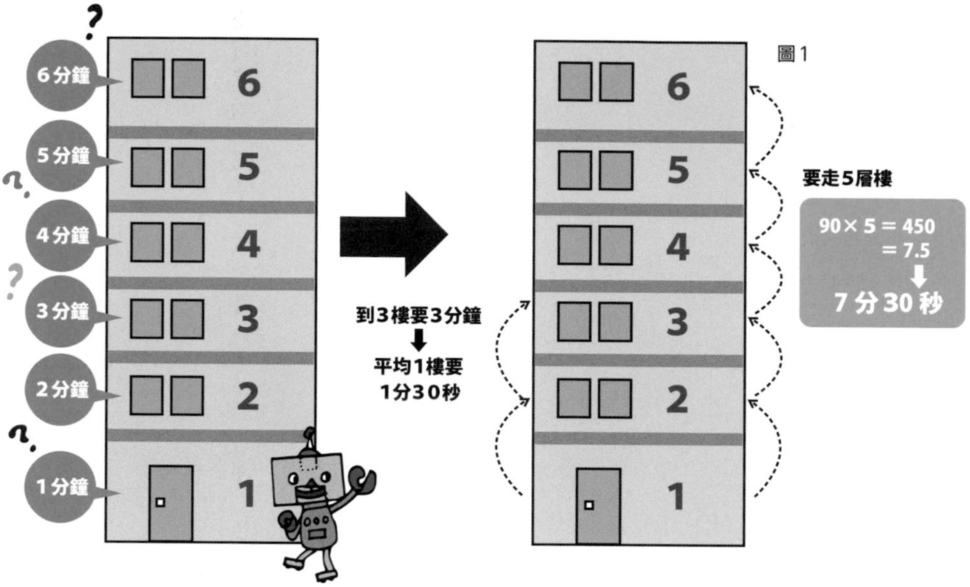

實際上是如何呢？

經過計算後，答案其實是7分30秒，為什麼會這樣呢？（圖1）

因為1樓走到3樓時，其實只走了2層樓的高度，就使用了3分鐘。也就是說，往上走1層樓需要1分30秒。

那麼從1樓走到6樓需要爬5層樓，所需時間就是1分30秒的5倍，可以得出答案是7分30秒。

面臨這種計算問題時，不畫圖就很難懂呢！

試著想想看

測量100 m

今天要測量100 m的距離，所以每10 m就插1支旗子。那麼，插上10號旗子時就是100 m了嗎？很可惜的，其實只有90 m而已。因為1號到2號旗子之間是10 m，到了3號也只有20 m，到4號時只有30 m……所以到10號時也只有90 m。把這個題目畫出來後，就會比較好懂喔！

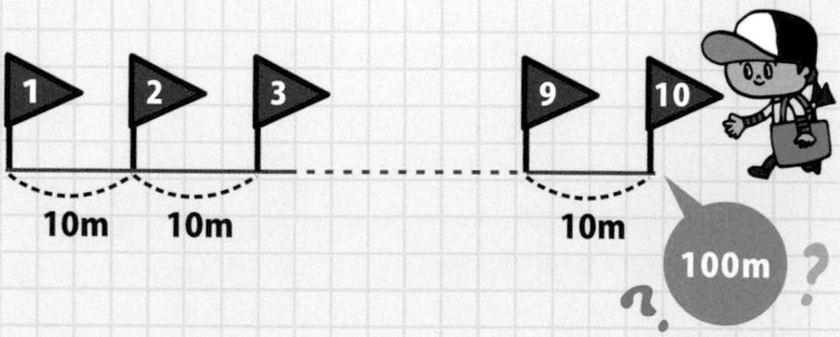

補充筆記　因為間隔的數量，比旗子的數量還要少，所以才會發生這種事情。把數學問題化成簡單的圖案後，就能夠看清楚狀況了。

從數學的角度看待大晦日！

12月31日

明星大學客座教授
細水保宏老師

閱讀日期 月 日 月 日 月 日

12月31日，大晦日

日本將每個月的最後1天稱為「晦日」，又寫作「三十日」，和「二十日」、「十日」一樣都有特殊的唸法。另外，「晦日」又稱「月籠」。

12月31日不僅是這個月的最後1天，還是1年的最後1天。所以又稱為「大晦日」與「大月籠」。

108個煩惱

此外，大晦日就是除去（結束）這1年的日子，所以又稱為「除日」，也因此大晦日這天的鐘響，就稱為「除夜鐘」。

據說人類擁有108個煩惱。煩惱可以說是一種心靈狀態，是欲望、憤怒、埋怨等迷惘與痛苦的原因。

所以日本人認為聆聽「除夜鐘」的鐘聲，能夠清除心靈的煩惱，用純淨的心靈迎接新的一年。因此，日本的「除夜鐘」會敲打108次。

試著想想看

「108」這個數字真奇妙

請從數學的角度，觀察「108」這個數字吧。

108能夠被許多數字除盡。

108÷1＝108　108÷2＝54
108÷3＝36　108÷4＝27
108÷6＝18　108÷9＝12
108÷12＝9　108÷18＝6
108÷27＝4　108÷36＝3
108÷54＝2　108÷108＝1

能夠用來除盡其他數字的數字，稱為「因數」，而108的因數就多達12個。

補充筆記 除了108外，在120之前的數字中，有12個因數的數字包括60、72、84、90、96等5個。

由衷感謝協助本書製作的每一個人，
在此致上深摯的謝意。

【主要參考文獻】

※『書名』（作者、監修者、編者、號數等／出版社等）　※無特定順序，省略敬稱。

『学研版算数おもしろ大事典』（笠井一郎・清水龍之介・高木茂男・坪田耕三・石原淳監修／学習研究社）
『なるほど　数と形』（銀林浩／大日本図書）
『科学のアルバム　月を見よう』（藤井旭／あかね書房）
『授業がおもしろくなる授業のネタ　算数お話教材』（授業のネタ研究会・編　坪田耕三・田中博史著／日本書籍）
『算数授業研究』（第60号／東洋館出版社）
『算数・数学　なぜなぜ事典』（数学教育協議会・銀林浩／日本評論社）
『分数教育に関する史的研究（I）』（石川廣美／愛媛大学教育学部紀要教育科学第44巻第1号）
『新訂 算数教育指導用語辞典』（日本数学教育学会／新数社）
『Newton 統計の威力 2013年12月号』（ニュートン プレス）
『天文学大事典』（天文学大事典編集委員会／地人書館）
『科学の事典第3版』（岩波書店辞典編集部／岩波書店）
『最後の歯車式計算機 クルタ』（アーウィン・トーマッシュ／ぴっちぶれんど）
『実物でたどるコンピューターの歴史』（竹内 伸／東京書籍）
『生き物たちのエレガントな数学』（上村文隆／技術評論社）
『自然界の秘められたデザイン』（イアン・スチュアート／河出書房新社）
『数字マニアック』（デリック・ニーダーマン／化学同人）
『時間の歴史』（ゲルハルト・ロールン　ファン・ロッスム／大月書店）
『暦』（広瀬秀雄／東京堂出版）
『時間の歴史』（ジャック・アタリ／原書房）
『創造性を伸ばす算数の授業』（大澤隆之／東洋館出版社）
『このアイデアが子どもを動かす　第4学年の授業』（算数授業研究会編／東洋館出版社）
『子どもにうける算数教材集』（算数教材開発研究会／国土社）
『プレジデントファミリー』（2015年秋号／プレジデント社）
『マーチン・ガードナー・マジックのすべて』（マーチン・ガードナー／東京堂出版）
『話題源数学』（吉田稔／東京法令出版）
『東西数学物語』（平山諦／恒星社厚生閣）
『数学ゲームII』（マーチン・ガードナー／日経サイエンス社）
『数と図形の発明発見物語』（板倉聖宣編／国土社）
『数学は歴史をどう変えてきたか』（アン・ルーニー／東京書籍）
『算数お話教材』（坪田耕三　田中博史／日本書籍）
『10パズル!こだわり編』（富永幸二郎／ WAVE出版）
『豊かな計算力を楽しく手に入れよう算数的活動』（細水保宏／学事ブックレット）
『発展学習の実践とアイディア集　4～6年』（片桐重男監修／明治図書出版）
『単位のしくみ』（高田誠二／ナツメ社）
『ライフ／数の世界』（デービッド・バーガミニ／タイム ライフ ブックス）
『学研の図鑑　数・形』（大矢真一　高木茂男／学習研究社）
『ピラミッドで数学しよう』（仲田 紀夫／黎明書房）
『非ヨーロッパ起源の数学』（ジョージ・G・ジョーゼフ／講談社）
『学校では教えてくれなかった算数』（ローレンス・ポッター／草思社）
『Oxford 数学史』（エレノア・ロブソン　ジャクソン・ステッドオール／共立出版）
『数え方と単位の本①暮らしと生活』（飯田朝子監修／学研教育出版社）
『Newton　図形に強くなる』（ニュートンプレス）
『数学体験館 小冊子』（東京理科大学）
『算数教育指導用語辞典』（日本数学教育学会／教育出版）
『Gotcha 2』（マーチン・ガードナー／日経サイエンス社）
『統計数学にだまされるな』（M・ブラストランド　A・ディルノット／化学同人）
『塵劫記』（和算研究所）
『すばらしい数学者たち』（矢野 健太郎／新潮文庫）
『算数脳トレーニング赤版』（細水保宏／東洋館出版）
『教えるって何？』（大澤隆之 他　全国算数授業研究会／東洋館出版社）
『Newton 錯視 完全図解』（ニュートンプレス）
『偏愛的数学 魅惑の図形』（アルフレッド・S・ポザマンティエ　イングマール・レーマン／岩波書店）
『全訳解読　古語辞典』（三省堂）
『時刻表百年史』（高田隆雄監修／新潮社）
『時刻表昭和史』（宮脇俊三／角川書店）
『時刻表百年の歩み』（三宅俊彦／成山堂書店）
『時刻表雑学百科』（佐藤常治／新人物往来社）
『汽車時間表』（鉄道運輸局編／日本旅行文化協会）
『算数教育の論争に学ぶ』（手島勝朗／明治図書出版）
『数学の文化人類学』（R.L.ワイルダー／海鳴社）
『零の発見』（吉田洋一／岩波新書）
『ニュートンムック別冊　ゼロと無限』（ニュートンプレス）
『親子で楽しむ!わくわく数の世界の大冒険』（桜井進／日本図書センター）
『遊んで学べる算数マジック』（庄司タカヒト、広田敬一／小峰書店）
『親子で楽しむ!わくわく数の世界の大冒険+入門』（桜井進／日本図書センター）
『親子で楽しむ!わくわく数の世界の大冒険2』（桜井進／日本図書センター）
『初任者必携　小学校算数　楽しく学べる基礎の基礎』（大澤隆之／明治図書出版）
『Developing Problems to Foster Creativity　Takayuki Osawa Short Presentation　in　ICME9 2000』
『本当の問題解決の授業を目指して』（全国算数授業研究会／東洋館出版社）
『論考ゾウの重さを量る話―『三国志』曹沖伝、教材としての可能性―』（岡田充博／横浜国立大学教育デザインセンター）
『古代エジプトの数学問題集を解いてみる』（三浦伸夫／ NHK出版）
『復刻版 カジョリ 初等数学史』（小倉金之助／共立出版）
『校外活動ガイドブック⑥　ウォッチング　雲と空』（江橋慎四郎監修　酒井哲雄著／国土社）
『十二支考』（南方熊楠／岩波文庫）
『単位の辞典』（小泉袈裟勝　監修／ラテイス）
『絵で見る「もの」の数え方』（町田 健／主婦の友社）
『中日辞典』（小学館）
『東京理科大学　数学体験館』（東京理科大学数学体験館）
『平面図形のパズル』（秋山仁監修／学習研究社）
『新しい算数5年　算数をつかってやってみよう』（東京書籍）
『『九章算術』訳注稿（13）』（小寺裕ほか／大阪産業大学論集）
『数と推理のパズル』（秋山仁監修／学習研究社）
『『算数書』の成立年代について』（城地茂／数理解析研究所講究録）
『新訂算数教育指導用語辞典』（日本数学教育学会編著／東京堂出版）
『ズバピタ国語四字熟語』（岡崎純也・高橋優博／文英堂）
『数学マジック』（マーチン・ガードナー／白揚社）

公益社團法人　日本數學教育學會

日本數學教育學會（簡稱「日數教」）創立於1919年，是極具歷史與傳統的研究團體。最初是以中等教育的數學教育研究為主，現在則涉足幼稚園、小學、中學、高中職、大學的數學教育研究。日本教育部在修訂學習課程大綱時，也會參考本學會的研究成果。本會總是引領日本的算術與數學教育，在促進成長方面占有重要的功能。同時也與國外研究團體締結友好關係，使活動成果不僅在日本國內發揮影響力，更推廣至世界各地。

本書是由「日數教」研究部小學部會的成員，秉持著「希望讓小朋友們了解數學的有趣之處！」、「希望幫助小朋友喜歡上數學！」的想法執筆寫成。

●執筆者（省略敬稱，按照日文50音排序）

代表
細水保宏（明星大學客座教授）

大澤隆之
（學習院初等科）

岡田紘子
（御茶水女子大學附屬小學）

久下谷 明
（御茶水女子大學附屬小學）

小森 篤
（岩手縣久慈市教育委員會）

盛山隆雄
（筑波大學附屬小學）

高瀨大輔
（田川郡川崎町立川崎小學）

高橋丈夫
（東京學藝大學附屬小金井小學）

高橋 真
（高知大學教育學系附屬小學）

高橋正英
（立命館小學）

瀧平悠史
（北海道教育大學附屬札幌小學）

種市芳丈
（三戶町立三戶小學）

中田壽幸
（筑波大學附屬小學）

二宮孝明
（大分市立大在西小學）

藤本邦昭
（熊本市立池上小學）

細萱裕子
（豐島區立高松小學）

村上幸人
（飯南町立志志小學）

山本 直
（川崎市立土橋小學）

吉田映子
（杉並區立高井戶第三小學）

國家圖書館出版品預行編目資料

數學科學百科：趣味數學小故事365 /
日本數學教育學會研究部著；黃筱涵譯.
-- 初版. -- 臺北市：臺灣東販, 2017.07
416面；19×24公分
ISBN 978-986-475-397-0 (精裝)

1.數學 2.通俗作品

310　　106008722

日本版工作人員
◉執筆
日本數學教育學會研究部 小學部會

◉編輯協力
ごとう企画　戸村悦子

◉插畫
アニキK.K　イケウチリリー　池田蔵人　キノ
Jack アマノ　ホリナルミ　ほりみき

◉設計
SPAIS（山口真里　大木真奈美　田山円佳　小林紘子　熊谷昭典）
蔦見初枝
高道正行

數學科學百科
趣味數學小故事365

2017年7月1日初版第一刷發行
2018年5月15日初版第四刷發行

著　　者　日本數學教育學會研究部
譯　　者　黃筱涵
編　　輯　劉皓如
美術編輯　黃盈捷
發 行 人　齋木祥行
發 行 所　台灣東販股份有限公司
＜地址＞台北市南京東路4段130號2F-1
＜電話＞(02)2577-8878
＜傳真＞(02)2577-8896
＜網址＞http://www.tohan.com.tw
郵撥帳號　1405049-4
法律顧問　蕭雄淋律師
總 經 銷　聯合發行股份有限公司
＜電話＞(02)2917-8022
香港總代理　萬里機構出版有限公司
＜電話＞2564-7511
＜傳真＞2565-5539

TOHAN